W0263194

PEZOLD · LIPIDE UND LIPOPROTEIDE

PEZOLD · LIPIDE UND LIPOPROTEIDE

LIPIDE UND LIPOPROTEIDE IM BLUTPLASMA

BIOCHEMIE · PATHOPHYSIOLOGIE · KLINIK

VON

FRITZ A. PEZOLD

DR. MED. PROFESSOR FÜR INNERE MEDIZIN AN DER
FREIEN UNIVERSITÄT ZU BERLIN
DIREKTOR DER MEDIZINISCHEN KLINIK
IM STÄDT. BEHRING-KRANKENHAUS, BERLIN-ZEHLENDORF

MIT BEITRÄGEN VON

H. DEBUCH, KÖLN · J. W. GOFMAN, BERKELEY · TH. L. HAYES, BERKELEY
O. F. de LALLA, BERKELEY · H. SECKFORT, MAINZ

MIT 73 ABBILDUNGEN UND 80 TABELLEN

SPRINGER-VERLAG
BERLIN · GÖTTINGEN · HEIDELBERG
1961

ISBN-13: 978-3-642-87366-9   e-ISBN-13: 978-3-642-87365-2
DOI: 10.1007/978-3-642-87365-2

Vorwort

Die Existenz von wasserlöslichen Lipid-Proteinverbindungen im Blutplasma und anderen Körperflüssigkeiten wurde schon zu Beginn dieses Jahrhunderts vermutet. Erst 1928 gelang MACHEBOEUF mit der Isolierung einer stark lipoidhaltigen Proteinfraktion aus Pferdeserum der Nachweis. Mit der Entwicklung und Verfeinerung der physikalisch-chemischen Fraktionierungsmethoden (Elektrophorese, Äthanolfraktionierung, Ultrazentrifugierung), die in erster Linie an die Namen THEORELL, BENNHOLD, TISELIUS, COHN, PEDERSEN und GOFMAN geknüpft sind, wurde die Voraussetzung zur näheren Erforschung dieses wichtigen Transportsystems geschaffen. Die abgetrennten Fraktionen lassen sich unter Zuhilfenahme mikrochemischer, papierchromatographischer, serologischer und immunochemischer Methoden weiter aufarbeiten. In der Klinik haben sich die Papierelektrophorese mit nachfolgender Fettfärbung und die präparative Elektrophorese im Stärkemedium als nutzbringend erwiesen. Es herrscht heute Übereinstimmung darüber, daß fast das gesamte im Blutplasma strömende Lipidmaterial von besonderen Plasmaproteinen transportiert wird.

Die Literatur auf diesem Gebiet ist kaum noch zu übersehen, weit verstreut und teilweise schwer zugänglich. Das vorliegende Arbeitsgebiet ist, wie heute kaum ein zweites, in Bewegung. Angesichts der vielen noch bestehenden Lücken, an deren Schließung von verschiedenen Arbeitskreisen in aller Welt intensiv gearbeitet wird, mag es vermessen erscheinen, schon heute eine Gesamtdarstellung zu versuchen. Ohne mich vorher der Beratung und Unterstützung durch anerkannte Sachkenner versichert zu haben, hätte ich dieses Wagnis nicht auf mich genommen.

Dank schulde ich in erster Linie meinem Chef und klinischen Lehrer, Professor HANS FRHR. V. KRESS, der mein wissenschaftliches Arbeitsvorhaben während der harten Aufbaujahre eines städtischen Krankenhauses zur Universitätsklinik stets verständnisvoll unterstützte. Dankbar gedenke ich der fruchtbaren Zeit an der damals von Professor LÖFFLER geleiteten Züricher Klinik, wo ich im Arbeitskreis von Dr. WUNDERLY und Professor WUHRMANN wertvolle Anregungen erhielt. In leuchtender Erinnerung wird mir stets mein Aufenthalt als Austausch-Professor an der Stanford-Universität in San Francisco und der kalifornischen Staatsuniversität in Berkeley bleiben. Ich danke den Professoren DURRUM, GOFMAN, GOLDSTEIN und RYTAND mit ihren Mitarbeitern nicht nur für die kollegiale Aufnahme, sondern vor allem für ihre stetige Hilfsbereitschaft und positive Kritik.

Weiter sei die Mitarbeit der medizinisch-technischen und chemisch-technischen Assistentinnen ROSMARIE BARTHEL, JUTTA BECKER, CHRISTEL KNAUER, MARIANNE LESCHONSKI, DORIS SCHWARZ und RUTH SYLVESTER dankbar erwähnt. Nicht zuletzt verdient meine Sekretärin, Frau GERDA KUJAS, Lob und Anerkennung. Ohne ihre unermüdliche Arbeit an der Autoren- und Sachkartei, beim Registrieren der Sonderdrucke, Schreiben

und Korrigieren der Arbeit wäre das vorliegende Buch nicht zustande gekommen.

So hoffe und wünsche ich, daß es mir und meinen Mitarbeitern gelungen
sein möge, einen Beitrag zur Ordnung der unübersichtlich gewordenen
Forschungsergebnisse auf dem Gebiet der Lipide und Lipoproteide des Blutplasmas geliefert zu haben.

Berlin, im Sommer 1960

FRITZ A. PEZOLD

Inhaltsverzeichnis

Einleitung

1. Zur Nomenklatur

In diesem Buch werden die im Blutplasma vorhandenen Lipide abgehandelt. Wenn nicht besonders vermerkt, verstehen wir darunter (in Anlehnung an die amerikanische Literatur) die Gesamtheit der „eigentlichen" Fette und fettartigen Verbindungen (Lipoide). Da sie praktisch *im Serum bestimmt* werden, sprechen wir besonders dann, wenn von Konzentrationen die Rede ist, von *Serumlipiden*. Die Bezeichnung *Plasmalipide* kann für unsere Zwecke synonym gebraucht werden, da sie in vivo im Plasma strömen und sich ihre Konzentration durch den bei der Gerinnung entstehenden Fibrinausfall praktisch nicht ändert.

Gesamtlipide = Fette + Lipoide + Lipochrome + andere in Lipoidlösungsmitteln lösliche Verbindungen, z. B. Cholesterin.

Lipoide = fettartige Verbindungen (Glycerinphosphatide, Sphingolipoide).

Neutralfette, auch eigentliche Fette, „Fette im engeren Sinn" genannt, sind Ester des Glycerins mit höheren Fettsäuren (*Glyceride*). Die natürlichen animalischen Fette bestehen gewöhnlich aus Gemischen von Triglyceriden.

Phosphatide. Die Bezeichnung Phosphatide wird gewöhnlich in deutschsprachigen und britischen Zeitschriften gebraucht, während man in USA die gleiche Substanzgruppe *Phospholipide* nennt. Die Gruppenbezeichnung Phosphatide bzw. Phospholipide beruht darauf, daß die hierhergehörigen Verbindungen ein Phosphorsäuremolekül als wesentlichen Bestandteil enthalten.

Cholesterin gehört zu der Gruppe der Sterine, die sich vom Steranring ableiten. In seinen Löslichkeitsverhältnissen ähnelt es den Fetten. Nach dieser Eigenschaft hat CHEVREUL die Substanz „Cholestearin" = Gallenfett genannt, da sie erstmalig in menschlichen Gallensteinen aufgefunden wurde. Im medizinischen Sprachgebrauch werden drei Gruppen unterschieden: Gesamtcholesterin, freies Cholesterin und verestertes Cholesterin.

Die meisten Schwierigkeiten hat die präzise Bezeichnung des veresterten Cholesterinanteils gemacht. Wir nennen ihn *Estercholesterin* und verstehen darunter den Cholesterinanteil, der mit Fettsäuren verestert ist. Mit Estercholesterin ist jedoch nur die entsprechende Cholesterinkomponente *ohne* ihren Fettsäurenanteil gemeint. Aus dieser Definition ergibt sich: *Estercholesterin* = Gesamtcholesterin minus freies Cholesterin. Bisher wurde diese Fraktion im medizinisch-klinischen Sprachgebrauch mißverständlicherweise Cholesterinester genannt. *Cholesterinester* sind jedoch die Verbindungen des Alkohols Cholesterin mit Fettsäuren. Die moderne Lipidchemie beginnt, die Cholesterinester wirklich als Ganzes zu bestimmen. Deshalb sollte man in Zukunft auf eine exakte Namensgebung bedacht sein.

Lipoproteide (engl. lipoproteins) sind Lipid-Protein-Komplexverbindungen, die sich teils wie typische Proteine verhalten, teils sich in ihrem Reaktionsverhalten von ihnen unterscheiden. Siehe Näheres S. 21ff.

Die Bezeichnung Alpha- und Beta-Lipoproteid sollte man nur im Zusammenhang mit den *elektrophoretischen Analysen* gebrauchen [*331*].

Die Bezeichnung S_f bezieht sich auf die Ultrazentrifugenanalyse, soweit die GOFMANsche Technik bei einem spezifischen Gewicht von 1,063g/ml angewendet worden ist.

Bei der Trennung der Lipoproteide mittels der COHNschen Äthanolfraktionierung richten sich die erhaltenen Fraktionen nach der jeweils angewendeten Technik.

Es ist daher unerläßlich, bei jeder Angabe über Lipidkonzentrationen im Serum und anderen biologischen Flüssigkeiten die angewendete Nachweismethode genauestens anzugeben, z. B. Methode X nach COHN oder bei der Ultrazentrifugierung die eingesetzte Zentrifugalkraft, die Analysendauer, die gewählte Dichte der Lösung usw. Die große Verwirrung auf dem Gebiete der Lipidforschung beruht zu einem nicht geringen Anteil darauf, daß Werte verschiedener Autoren aus verschiedenen Laboratorien, mit verschiedenen Analysemethoden gewonnen, kritiklos miteinander verglichen worden sind.

2. Kurzer Überblick über die Entwicklung der Blutlipidforschung

Wenn wir den augenblicklichen Stand der Lipoproteidforschung kennzeichnen wollen, der maßgeblich durch die modernen Methoden der physikalischen Chemie erreicht worden ist, gehen wir am besten von der Situation zu Beginn dieses Jahrhunderts aus.

NERKING [*1685*] beobachtete bereits 1901, daß sich die Serumlipide mit Äther nicht quantitativ extrahieren ließen. Er fand bei Aussalzungsversuchen an Serum und Pseudoglobulin, daß nach Vorbehandlung mit Pepsin + Salzsäure bedeutend mehr Fett mit Äther ausgeschüttelt werden kann als ohne diese Maßnahme. Da dies bei Anwendung des gleichen Verfahrens mit Albumin nicht der Fall war, schloß der Autor auf das Vorhandensein von Verbindungen zwischen den Fetten und ganz bestimmten Proteinen des Blutplasmas. 1905 fand HARDY [*1001*] in der Euglobulinfraktion des Serums Phosphor, und CHICK [*457*] schloß 1914 aus ihren Untersuchungen an Pferdeserum, daß diese Fraktion ein Protein-Lipidkomplex sein müsse. Schließlich fand THEORELL [*2298*] 1930 in dieser Fraktion Lecithin und Cholesterin. 1928 gelang es MACHEBOEUF nach Abtrennung der Globuline in einer halbgesättigten Ammoniumsulfatlösung aus Pferdeserum bei p_H 3,8 eine Proteinfraktion zu isolieren, die trotz ihres Lipidreichtums wasserlöslich war. Diese später nach ihm C. A. M. (= Cénapse acido-précipitable MACHEBOEUF) genannte relativ stabile Substanz bestand aus 23% Lecithin, 18% Cholesterin und etwa 50% Protein. Damit war die schon früher geäußerte Vermutung, daß die Plasmalipide irgendwie mit den Plasmaproteinen verbunden seien, bestätigt.

BENNHOLD [*166*] zeigte 1931 in einem modifizierten MICHAELISschen Kataphoreseapparat, indem er durch Zugabe von Sudan III die Lokalisation fetthaltiger Substanzen und mittels Naphthalingelb die Lage der Albuminfraktion festlegte, daß Cholesterin im Bereich bestimmter Globuline wandert und an diese gebunden erscheint. Er berichtete über diese

Befunde auf dem 43. Kongreß der Deutschen Gesellschaft für innere Medizin zu Wiesbaden im gleichen Jahr unter dem Titel „Über die Bindung des Cholesterins an die Globuline; zugleich ein weiterer Beitrag zur Frage der Funktion der Serumeiweißkörper". Unter dem Wort „Bindung" wollte dieser Autor nur allgemein ein Haften verstanden wissen. Es sollte „nichts über die Natur dieses Vorganges (ob physikalisch oder hauptsächlich chemisch) aussagen" [167]. Unabhängig von BENNHOLD beschäftigte sich 1935 MELLANDER [1597] mit ähnlichen Untersuchungen. Mittels der inzwischen verbesserten Methode der *elektrophoretischen Trennung* von Eiweißgemischen waren BLIX [241], TISELIUS und SVENSSON 1941 in der Lage, zu demonstrieren, daß die Alpha- und Beta-Globuline im Serum als Träger für das im Blut strömende Cholesterin und die Phosphatide dienten. Mittels vergleichender elektrophoretischer Untersuchungen vor und nach Entlipidisierung [240, 241, 1499, 1500, 1586, 2507] wurde schließlich der Beweis erbracht, daß die Alpha- und Beta-Globuline im Serum als *Trägerproteine* fungieren. Damit war ein wichtiges Transportsystem im Blut entdeckt, das den Plasmalipiden, einschließlich den lipidhaltigen Hormonen, Vitaminen und Enzymen dient, das System der *Lipoproteide.*

Einen weiteren Fortschritt brachte die von COHN und seinen Mitarbeitern 1940 in den Harvard-Laboratorien entwickelte Methode der *Plasmafraktionierung unter Verwendung von Alkohol und tiefen Temperaturen.* Damit gelang es dieser Arbeitsgruppe während des zweiten Weltkrieges, im wesentlichen zwei deutlich charakterisierbare Lipoproteidklassen zu isolieren, von denen die eine elektrophoretisch im Bereich der α_1-Globuline, die andere mit den Beta-Globulinen wanderte. Die *Alpha-Lipoproteide* stellen etwa 4%, die *Beta-Lipoproteide* etwa 6% des gesamten Plasmaeiweißes dar. Die ersteren sind relativ lipidarm. Sie enthalten nur etwa 35% Lipidmaterial. Der Lipidgehalt der Beta-Lipoproteide nimmt 75% des Komplexes ein.

Eine neue Ära der Lipoproteidforschung brach mit dem Einsatz der *Ultrazentrifuge* an. PEDERSEN [1777] in Uppsala konnte 1945 mit Hilfe dieser Technik nach Verdünnung eines Humanserums mit einer definierten Salzlösung (zur Erhöhung des spezifischen Gewichtes) eine lipidreiche Proteinfraktion an die Oberfläche des Zentrifugierröhrchens bringen, die er „X-Protein" nannte. In den folgenden Jahren gelang es GOFMAN [877] und seinen Mitarbeitern in Berkeley (USA), durch Einführung geeigneter Suspensionsmedien Bedingungen zu schaffen, unter denen es möglich ist, ohne Eingriffe in die physikalisch-chemische Struktur dieser empfindlichen Lipid-Proteinkomplexe die jeweils gewünschten Lipoproteidgruppen ihrem Molekulargewicht und ihrer Dichte entsprechend zur Flotation zu bringen. Ihrer Anwendung in der biochemischen und klinischen Forschung verdanken wir wertvolle Erkenntnisse auf dem Gebiet der Makromoleküle. Weitere Informationen sind durch Kombination mit anderen Techniken in Zukunft noch zu erwarten. Chemische Analyse der Ultrazentrifugate, säulenchromatographische Trennung mit anschließender Elution mit spezifischen Lipoidlösungsmitteln, Absorptionsmessungen bei verschiedenen Wellenlängen, Fettsäuren-Gaschromatographie, Aminosäurenchromatographie, Endgruppenanalysen, Messung der Umsatzgeschwindigkeit des Lipid- und Proteinanteiles mittels radioaktiv markierter Substanzen. Derartige Untersuchungen übersteigen teilweise die Möglichkeiten klinisch-chemischer Forschung. Andererseits sind der breiteren Anwendung der Ultrazentrifugentechnik in der Klinik Grenzen gezogen, die nicht zuletzt durch die Kostspieligkeit dieses Verfahrens und seiner Hilfsmethoden bedingt sind.

Mit der Einführung der *Papierelektrophorese mit nachfolgender Fettfär-bung* 1951/52 durch verschiedene unabhängig voneinander arbeitende Arbeitskreise (DURRUM, SWAHN, NIKKILÄ, FASOLI, WUNDERLY, PEZOLD) und der *präparativen Elektrophorese* im Stärkemedium (KUNKEL) wurde der Lipoproteidforschung der Weg in die Klinik geebnet. Zusammen mit der chemischen Analyse und weiterer Verarbeitung der abgetrennten Fraktionen (papierchromatographisch, serologisch, immunochemisch) sind damit neue Möglichkeiten erschlossen worden, die durchaus im klinisch-chemischen Forschungslabor durchgeführt werden können.

A. Chemie und Physiologie der Plasmalipide

Die Stoffklassen

I. Die Chemie der im Blut nachweisbaren Fette und Lipoide

Von

HILDEGARD DEBUCH*

1. Einleitung

Unter dem Begriff ,,lipids" werden heute im amerikanischen, teilweise auch im englischen Schrifttum zwei Stoffklassen, die im Deutschen als eigentliche Fette und fettartige Verbindungen (Lipoide) bezeichnet werden, zusammengefaßt. Obwohl die ersten Schritte der Biosynthese für beide Arten von Stoffen nach unserer heutigen Kenntnis dieselben zu sein scheinen, dienen die Fette dem Organismus wohl vorwiegend als Reservestoff, wohingegen den Lipoiden sicher eine ganz andere Bedeutung zukommt. — Selbst in großen Hungerzeiten ändert sich der Lipoidgehalt des Organismus kaum. — Sie werden auch nur unter pathologischen Verhältnissen gespeichert, ihre Funktion scheint sich deshalb von der der Fette grundsätzlich zu unterscheiden, so daß es berechtigt erscheint, sie getrennt zu besprechen.

Die Terminologie der ,,Lipoide" ist durchaus nicht einheitlich und läßt sehr zu wünschen übrig. Es wäre jedoch ratsam, bis eine internationale mehr systematische Benennung erfolgt, an den klassischen Bezeichnungen festzuhalten. Um dem Leser das Verständnis anderer, vor allem ausländischer Literatur zu erleichtern, werden im folgenden Kapitel jeweils einmal Benennungen anderer Autoren in Klammern eingefügt.

In dem hier vorgesehenen Rahmen ist es unmöglich, auf die zum Teil recht lange und interessante Geschichte der einzelnen Stoffe einzugehen. Sie ist ausführlich, soweit es die ,,klassischen Lipoide" betrifft, von THIERFELDER [2304] und KLENK beschrieben. Zusammenfassende Darstellungen über dieses Gebiet sind außer in obengenannter Monographie in englischer Sprache von folgenden Autoren zu finden: DEUEL [551], HILDITCH [1079], HOLMAN [1106], LOVERN [1506].

Über das Vorkommen und die physikalischen Eigenschaften wird hier nur auszugsweise berichtet. — Verbindungen, deren Existenz im Säugetierorganismus nicht sicher nachgewiesen wurden, blieben im folgenden unberücksichtigt.

---

* Aus dem Physiologisch-Chemischen Institut der Universität Köln (Direktor: Prof. Dr. Dr. E. KLENK).

2. Fettsäuren (fatty acids)

Mit Ausnahme des Cholesterins, das auch ohne mit Fettsäuren verbunden zu sein in der Natur vorkommt, enthalten alle hier aufgeführten Stoffe Fettsäuren als Hauptbestandteile. Der weitaus größte Teil der im Säugetierorganismus vorkommenden Fettsäuren besitzt eine unverzweigte Kohlenstoffkette und eine gerade Anzahl von Kohlenstoffatomen. Neben der Isovaleriansäure, die seit langem als Bestandteil des Delphinfettes bekannt ist, wurde seit 1951 eine Reihe von verzweigtkettigen Fettsäuren mit ungerader C-Anzahl besonders von SHORLAND [*2139*] u. Mitarb. in tierischen Fetten entdeckt. Sie kommen jedoch nur in sehr geringen Mengen vor (etwa 1% der Gesamtfettsäuren). — Neben diesen wurden Spuren unverzweigter, ungradzahliger Fettsäuren von denselben Autoren z. B. im Hammelfett nachgewiesen. JAMES [*1153*] und WHEATLEY fanden auch im menschlichen Schweiß diese ungewöhnlichen Fettsäuren. Auf ausführliche Darstellungen der Fettsäuren an anderer Stelle wird verwiesen [*537, 1288*].

a) Gesättigte Fettsäuren

Die allgemeine Summenformel der gesättigten Fettsäuren ist $C_nH_{2n}O_2$ ($CH_3 \cdot (CH_2)_n \cdot COOH$). Außer im Milchfett kommen die niederen Fettsäuren in tierischen Organismen nur in sehr kleinen Mengen vor. Dagegen sind von den höheren gesättigten Fettsäuren vor allem die Palmitinsäure ($C_{16}H_{32}O_2$)

Tabelle 1.

Übersicht über die unverzweigten gesättigten Fettsäuren mit gerader Anzahl von C-Atomen

Summen-formel	Mol.-Gewicht	Trivialname	Systematische Bezeichnung	F	Kp[1]
$C_2H_4O_2$	60,05	Essigsäure	Äthansäure	16,5	118,1
$C_4H_8O_2$	88,10	Buttersäure	n-Butansäure	— 7,9	162,5
$C_6H_{12}O_2$	116,16	Capronsäure	n-Hexansäure	— 1,5	205
$C_8H_{16}O_2$	144,21	Caprylsäure	n-Octansäure	16,3	236—237
$C_{10}H_{20}O_2$	172,26	Caprinsäure	n-Decansäure	31,3	268,7
$C_{12}H_{24}O_2$	200,31	Laurinsäure	n-Dodecansäure	44,0—45,0	225_{100}
$C_{14}H_{28}O_2$	228,36	Myristinsäure	n-Tetradecansäure	54,0	$250,5_{100}$
$C_{16}H_{32}O_2$	256,42	Palmitinsäure	n-Hexadecansäure	62,85	$268,5_{100}$
$C_{18}H_{36}O_2$	284,47	Stearinsäure	n-Octadecansäure	70,1	$291,0_{100}$
$C_{20}H_{40}O_2$	312,55	Arachinsäure	n-Eicosansäure	75,2	$203—205_1$
$C_{22}H_{44}O_2$	340,57	Behensäure	n-Docosansäure	80,0	306_{60}
$C_{24}H_{48}O_2$	368,62	Lignocerinsäure	n-Tetracosansäure	84,0	

[1] wo nichts anderes angegeben bei 760 mm Hg.

und die Stearinsäure ($C_{18}H_{36}O_2$) vertreten. Sie finden sich praktisch in jedem tierischen Fett, häufig neben kleineren Mengen von Myristinsäure ($C_{14}H_{28}O_2$).

Vergleicht man die einzelnen Glieder der homologen Fettsäurereihe, so ändern sich die physikalischen Eigenschaften derart, daß sowohl der Schmelzpunkt als auch der Siedepunkt von der Buttersäure ab mit Längerwerden der Kohlenstoffkette ansteigen. Infolgedessen sind die niederen Fettsäuren (etwa bis zur Caprylsäure $C_8H_{16}O_2$) bei Zimmertemperatur flüssig, die höheren gesättigten Fettsäuren dagegen fest. Die höheren Fettsäuren sind in Wasser fast ganz unlöslich, dagegen löslich in organischen Lösungsmitteln wie Alkohol, Aceton, Benzol usw. und vor allem in Äther. Gegen Oxydationsmittel sind sie bemerkenswert resistent.

b) Ungesättigte Fettsäuren

Sie unterscheiden sich von den gesättigten Fettsäuren dadurch, daß ihre Kohlenstoffketten eine oder mehrere Doppelbindungen aufweisen. Für die Monoensäuren gilt demnach die allgemeine Formel: $C_nH_{2n-2}O_2(CH_3 \cdot (CH_2)_a \cdot CH = CH(CH_2)_b \cdot COOH)$ und für die Polyensäuren entsprechende. An den Doppelbindungen lagern sich Wasserstoff und Halogen leicht an. Darauf beruht die Jodzahl, die angibt, wieviel Gramm Jod von 100 g einer Verbindung angelagert werden (s. Tab. 2).

Tabelle 2. *Übersicht über einige ungesättigte Fettsäuren mit gerader Anzahl von C-Atomen*

Summen-formel	Mol.-Gewicht	Trivialname	Systematische Bezeichnung	Jodzahl	F
$C_{16}H_{30}O_2$	254,40	Palmitoleinsäure	$\triangle$ ^{9}-Hexadecensäure	99,8	+ 1
$C_{18}H_{34}O_2$	282,45	Ölsäure	$\triangle$ ^{9}-Octadecensäure	89,9	+ 13
$C_{18}H_{32}O_2$	280,44	Linolsäure	$\triangle$ ^{9,12}-Octadecadiensäure	181,4	— 5,8
$C_{18}H_{30}O_2$	278,42	Linolensäure	$\triangle$ ^{9,12,15}-Octadecatrien-säure	273,8	
$C_{20}H_{38}O_2$	310,50	Gadoleinsäure	$\triangle$ ^{9}-Eicosensäure	81,7	24,5
$C_{20}H_{32}O_2$	304,46	Arachidonsäure	$\triangle$ ^{5,8,11,14}-Eicosatetraen-säure	334	
$C_{22}H_{32}O_2$	328,48	(Clupanodon-säure ?[1])	$\triangle$ ^{4,7,10,13,16,19}-Docosa-hexaensäure	464	
$C_{24}H_{46}O_2$	366,61	Nervonsäure	$\triangle$ ^{15}-Tetracosensäure	69,2	41,5—42

[1] Bei der früher als „Clupanodonsäure" bezeichneten Substanz handelt es sich um ein Gemisch mehrerer Polyenfettsäuren mit 22-C-Atomen aus Fischölen, in dem diese nun rein dargestellte Hexaensäure in größeren Mengen enthalten ist.

An den Doppelbindungen sind die ungesättigten Fettsäuren leicht oxydierbar. Während sie bei Zimmertemperatur farblose bis gelbliche ölige Flüssigkeiten darstellen, leicht löslich in allen organischen Lösungsmitteln, werden sie an der Luft (Sauerstoff) dunkelbraun, hart und unlöslich.

Der wichtigste Vertreter der Monoensäuren, die Ölsäure, besitzt 18-C-Atome und folgende Konstitution:

Ölsäure (oleic acid) cis $\triangle$ ^{9}-Octadecensäure

$$CH \cdot (CH_2)_7 \cdot COOH$$
$$\|$$
$$CH \cdot (CH_2)_7 \cdot CH_3$$

I

Elaidinsäure (elaidic acid) trans $\triangle$ ^{9}-Octadecensäure

$$CH \cdot (CH_2)_7 \cdot COOH$$
$$\|$$
$$CH_3 \cdot (CH_2)_7 \cdot CH$$

II

Sie ist die am weitesten verbreitete Fettsäure überhaupt. Wie aus Formel I zu ersehen ist, liegt die Doppelbindung in der Mitte des Moleküls, d. h. zwischen den C-Atomen 9 und 10 sowohl von der endständigen Carboxylgruppe (übliche Bezeichnung), als auch von der endständigen Methylgruppe aus gerechnet. Die bei Zimmertemperatur flüssige Ölsäure (F 13°) kann sich z. B. durch Einwirkung von salpetriger Säure in die stereoisomere $\triangle$ ^{9}-Octadecensäure umlagern.

Wie aus Formel II ersichtlich, befindet sich bei der Elaidinsäure die Doppelbindung an der gleichen Stelle im Molekül wie bei der Ölsäure; es handelt sich lediglich um stereoisomere Formen. — Der Schmelzpunkt der Elaidinsäure liegt etwa um 30° höher als der der Ölsäure, ein Beispiel dafür, wie

sich mit der Konfiguration auch die physikalischen Eigenschaften der Fettsäuren erheblich ändern können.

Obwohl trans-ungesättigte Fettsäuren regelmäßig im Depotfett der
Wiederkäuer gefunden werden [1021], fehlen sie praktisch in der übrigen
Tierwelt. Sie werden wahrscheinlich durch die Einwirkung von Bakterien
gebildet [2139].

Fettsäuren mit mehreren Doppelbindungen, Polyensäuren, sind ebenfalls weit in der Natur verbreitet. Während im Pflanzenreich vor allem
Polyensäuren der C_{18}-Reihe vorkommen (s. Formeln III und IV), sind die
Fette der Kaltblüter und die Glycerinphosphatide der Warmblüter sehr
reich an Polyensäuren der C_{20}- und C_{22}-Reihe. Da die ungesättigten Fettsäuren mit mehr als einer Doppelbindung vom tierischen Organismus anscheinend nicht oder nicht in genügender Menge synthetisiert werden
können und deren Fehlen in der Nahrung gewisse Ausfallserscheinungen verursacht, bezeichnet man sie als essentielle (s. Kapitel: Biochemie).

Linolsäure (linoleic acid)	*Linolensäure* (linolenic acid)
cis, cis $\triangle$ ^{9,12}-Octadecadiensäure	cis, cis, cis $\triangle$ ^{9,12,15}-Octadecatriensäure

$$CH_3 \cdot (CH_2)_4 \cdot CH$$
$$\|$$
$$CH \cdot CH_2 \cdot CH$$
$$\|$$
$$CH \cdot (CH_2)_7 \cdot COOH$$

III

$$CH_3 \cdot CH_2 \cdot CH$$
$$\|$$
$$CH \cdot CH_2 \cdot CH$$
$$\|$$
$$CH \cdot CH_2 \cdot CH$$
$$\|$$
$$HOOC \cdot (CH_2)_7 \cdot CH$$

IV

Neben der Arachidonsäure ($C_{20}H_{32}O_2$), die schon 1909 von HARTLEY [1010]
nachgewiesen und deren Struktur als $\triangle$ ^{5,8,11,14}-Eicosatetraensäure durch
SMEDLEY-MACLEAN u. Mitarb. [87, 569] erkannt wurde, konnten vor allem
durch KLENK und seine Schule in den letzten Jahren [1301, 1310,1311,1312,
1313, 1316, 1317, 1318, 1634] viele neue Polyensäuren entdeckt, in ihrer
Struktur aufgeklärt und teilweise rein isoliert werden. Eine Zusammenstellung der in den Säugetierphosphatiden aufgefundenen Polyensäuren
gibt Tab. 3.

Da man nach der oxydativen Spaltung der Polyensäuren [1299] stets
praktisch als einzige Dicarbonsäure Malonsäure (COOH-CH$_2$-COOH) erhält,
die aus den Mittelstücken der Polyensäuren entstehen muß, liegt der Anordnung der Doppelbindungen in den daraufhin untersuchten Polyensäuren der
tierischen Organismen der sog. Divinylmethanrhythmus (-CH=CH-CH$_2$-
CH=CH-) zugrunde.

Vergleicht man die Lage der Doppelbindungen der einzelnen Polyensäuren der C_{20}- und C_{22}-Reihe mit den ungesättigten Fettsäuren der C_{18}-
Reihe, indem man nicht wie üblich am Carboxylende beginnt sondern an der
Methylgruppe, so lassen sich drei verschiedene Arten von Polyensäuren
erkennen in bezug auf die Lage der ersten Doppelbindung. Sie liegt entweder
hinter dem 9. C-Atom wie in der Ölsäure (Formel I), hinter dem 6. C-Atom
wie in der Linolsäure (Formel III) oder hinter dem 3. C-Atom wie in der
Linolensäure (Formel IV). Dementsprechend wird eine Polyensäure zum
Öl-, Linol- oder Linolensäuretyp gezählt. Zum Beispiel die in Tab. 3 aufgeführten $\triangle^{8,11}$-Eicosa- und $\triangle^{10,13}$-Docosadiensäuren gehören dem Ölsäuretyp an, die $\triangle^{5,8,11,14}$-Eicosatetraen-, die $\triangle^{4,7,10,13,16}$-Docosapentaen- und
die $\triangle^{9,12,15,18}$-Tetracosatetraensäuren dem Linolsäuretyp, die $\triangle^{5,8,11,14,17}$-
Eicosapentaensäure und die $\triangle^{4,7,10,13,16,19}$-Docosahexaensäure schließlich

Tabelle 3. *Übersicht über die in den Glycerinphosphatiden aus Gehirn (G) (Mensch) oder Leber (L) (Rind) aufgefundenen Polyensäuren*

Kettenlänge	Lage der Doppelbindungen		Vorkommen	Literatur
	von der Carboxylgruppe aus gezählt	von der Methylgruppe aus gezählt		
C_{20}	8, 11	9, 12	L	[1313]
	11, 14	6, 9	G, L	[1301, 1312, 1313]
	5, 8, 11	9, 12, 15	G, L	[1301, 1312, 1311, 1313, 1634[1]]
	8, 11, 14	6, 9, 12	G, L	[1312, 1634, 1313]
	5, 8, 11, 14	6, 9, 12, 15	G, L	[1301, 1312, 1311, 1313, 1634]
	5, 8, 11, 14, 17	3, 6, 9, 12, 15	L	[1311, 1313, 1634]
C_{22}	10, 13	9, 12	L	[1316]
	7, 10, 13	9, 12, 15	G, L	[1301, 1318, 1316]
	7, 10, 13, 16	6, 9, 12, 15	G, L	[1301, 1310, 1316]
	4, 7, 10, 13, 16	6, 9, 12, 15, 18	G	[1301, 1310, 1318]
	7, 10, 13, 16, 19	3, 6, 9, 12, 15	G, L	[1301, 1318, 1311, 1316]
	4, 7, 10, 13, 16, 19	3, 6, 9, 12, 15, 18	G, L	[1301, 1310, 1311, 1316]
C_{24}	9, 12, 15, 18	6, 9, 12, 15	G	[1317]

[1] Diese Fettsäure wurde auch von MEAD [1595] und SLATON aus Ratten, die eine Fettmangeldiät erhalten hatten, isoliert.

dem Linolensäuretyp. Diese Tatsache bildet die Grundlage für eine Theorie der möglichen Biosynthese der Polyensäuren im tierischen Organismus, die später erwähnt werden soll (s. auch KLENK [1320] und DEBUCH).

3. Fette (Glyceride)

Als Fette bezeichnet man die Glycerinester höherer Fettsäuren. Sie besitzen demnach als Baustein immer den einfachsten dreiwertigen Alkohol, das Glycerin: $C_3H_8O_3(CH_2OH\text{-}CHOH\text{-}CH_2\text{-}OH)$. Je nach der Anzahl der mit dem Glycerin veresterten Fettsäuren unterscheidet man zwischen Mono-, Di- und Triglyceriden.

Die natürlichen Fette bestehen praktisch nur aus Triglyceriden. Mono- und Diglyceride sind darin nur spurenweise enthalten, jedoch spielen diese wahrscheinlich bei der Resorption des Fettes eine Rolle. Da das Glycerin wasserlöslich ist, seine Hydroxylgruppen hydrophilen Charakter haben (im Gegensatz zu den langen hydrophoben Kohlenwasserstoffketten der Fettsäuren), sind die Di- und erst recht die Monoglyceride sehr viel leichter emulgierbar im wäßrigen Medium als die Triglyceride. Letztere dagegen sind praktisch unlöslich in Wasser, gut löslich jedoch in fast allen organischen Lösungsmitteln.

Triglyceride
(triglycerides)

$$\alpha' \; CH_2\text{-}O\overset{\overset{O}{\|}}{\text{-}C}\text{-}R_1$$
$$\beta \; CH\text{-}O\overset{\overset{O}{\|}}{\text{-}C}\text{-}R_2$$
$$\alpha \; CH_2\text{-}O\overset{\overset{O}{\|}}{\text{-}C}\text{-}R_3$$

R_1, R_2 und R_3: Fettsäurereste

V

Der Schmelzpunkt der Fette ist abhängig von den darin enthaltenen Fettsäuren. Fette der Warmblüter sind meistens fest, die der Kaltblüter bei Zimmertemperatur flüssig. Auch das Depotfett der Warmblüter weist im Körperinnern eine niedrigere Jodzahl auf als das aus der Peripherie. Ganz allgemein nimmt man deshalb an, daß höhere Temperaturen die Ablagerung von mehr gesättigten Fettsäuren begünstigen.

Bei den Triglyceriden unterscheidet man zwischen solchen, bei denen die drei Hydroxylgruppen des Glycerins mit drei Molekülen der gleichen Fettsäure verbunden sind (einsäurige Triglyceride), solchen, die zwei verschiedene Arten von Fettsäuren enthalten (zweisäurige Triglyceride) und solchen, bei denen die drei Fettsäuren verschieden sind (gemischtsäurige Triglyceride). Die in der Natur vorkommenden Fette sind in der Mehrzahl Gemische von gemischtsäurigen Triglyceriden. Durch die zahlreichen, verschiedenen natürlichen Fettsäuren und die dadurch bedingte sehr große Anzahl verschiedener Kombinationsmöglichkeiten, handelt es sich bei einem Fett fast nie um eine chemisch einheitliche Substanz.

Jede Tierart bildet das für sie charakteristische Depotfett, häufig auch Neutralfett genannt. Allerdings richtet sich die Zusammensetzung des Fettsäuregemisches auch in etwa nach den mit der Nahrung aufgenommenen Fettsäuren. In den Neutralfetten der Säugetiere und des Menschen finden sich vor allem die Palmitin-, Stearin-, Öl- und Linolsäure (Tab. 4).

Tabelle 4. *Zusammensetzung des Fettsäuregemisches von menschlichem Depotfett* [498]

Ge-schlecht	Alter	gesättigte Fettsäuren			ungesättigte Fettsäuren				
		C_{14}	C_{16}	C_{18}	C_{14}	C_{16}	C_{18} Ölsr.	Linolsr.	C_{20} bis C_{22}
♀	53	2,8[1]	24,0	8,4	0,2	5,0	46,9	10,2	2,5
♂	74	5,9[1]	25,0	5,8	0,6	6,7	45,4	8,2	1,8
♂	61	2,6	24,7	7,7	0,4	7,3	45,8	10,0	1,5
♂	66	2,6	25,4	7,7	0,4	5,6	44,8	11,0	2,5
unbekannt		3,9[1]	25,7	5,2	0,5	7,6	46,6	8,7	0,9

[1] einschließlich 0,1, 0,6 bzw. 0,9% Laurinsäure.

Durch Einlagerung von Wasser (Hydrolyse) auf enzymatischem oder chemischem Wege werden die Fette in ihre Bestandteile zerlegt. Durch diesen Vorgang, der als Verseifung bezeichnet wird, lassen sich Stoffe, die gewöhnlich mit den Fetten als Begleitsubstanzen vorkommen und nicht hydrolytisch aufspaltbar sind, als Unverseifbares abtrennen.

4. Lipoide im engeren Sinne

a) Glycerinphosphatide

Gemeinsame Bausteine: Alpha-Glycerinphosphorsäure. Seit der Entdeckung der Glycerinphosphorsäure als Bestandteil von Lipoiden [1440] isolierte man nach hydrolytischer Spaltung natürlicher Glycerinphosphatide stets sowohl Alpha- als auch Beta-Glycerinphosphorsäure [949, 1197]. Deshalb nahm man an, daß die Phosphatide Derivate der beiden isomeren Glycerinphosphorsäuren seien. Erst nach Hydrolyseversuchen an synthetischen L-α-Glycerinphosphorsäuren [111—113, 1041, 448, 102] zeigte es sich jedoch, daß sowohl bei saurer als auch bei alkalischer Hydrolyse ein Teil der Phosphorsäure vom Alpha- an das Beta-C-Atom des Glycerins wandert. Es kann heute als gesichert angenommen werden, daß nur die Alpha-Glycerinphosphorsäure als Baustein der Glycerinphosphatide in der Natur vorkommt [103, 104, 1495, 1494, 105, 106].

Fettsäuren: Als weiterer gemeinsamer Baustein besitzen die Glycerinphosphatide mindestens einen Fettsäurerest im Molekül. Wie in den Neutralfetten finden sich auch hier unter den gesättigten Fettsäuren vor allem die Palmitin- und Stearinsäure, unter den ungesättigten die Ölsäure. Dennoch unterscheidet sich die Zusammensetzung des Fettsäuregemisches der Phosphatide von Säugetieren sehr wesentlich von dem ihrer Triglyceride. Es ist ebenfalls von Organ zu Organ und von Phosphatid zu Phosphatid verschieden, enthält jedoch regelmäßig größere Mengen von Polyensäuren der C_{20}- und C_{22}-Reihe (s. Abschnitt Fettsäuren S. 8 und Tab. 3). (In Pflanzenphosphatiden konnten übrigens die Polyensäuren der C_{20}- und C_{22}-Reihe nicht aufgefunden werden [*1296*].) Da inzwischen etwa bisher 20 verschiedene Fettsäuren in den Glycerinphosphatiden aufgefunden wurden, handelt es sich ebenso wie bei den Fetten, selbst nach Isolierung eines bestimmten Phosphatids, nicht um eine einheitliche Substanz. Das heißt, man würde stets besser anstatt z. B. von „Lecithin" von „Lecithinen" sprechen usw.

a-Glycerin-phosphorsäure
(glycero-phosphoric acid)

a' CH_2OH
β $CHOH$
a CH_2O

P-OH
OH

VI

Die Löslichkeit der einzelnen Glycerinphosphatide ist verschieden und wird bei den jeweiligen Verbindungen besprochen. — Im allgemeinen handelt es sich stets um wachsartige, farblose bis gelb gefärbte Substanzen, die je nach dem Gehalt an ungesättigten Fettsäuren leicht oxydierbar und zersetzlich sind. Glycerinphosphatide besitzen keinen definierten Schmelzpunkt. (Näheres darüber und über die spezifische Drehung s. DEBUCH [*537*].)

α) Stickstoffhaltige Glycerinphosphatide

Allgemeines: Die stickstoffhaltigen Glycerinphosphatide sind außerordentlich weit verbreitet. Sie kommen, wenigstens einige ihrer Vertreter, praktisch in jeder Körperzelle vor. Stets ist die stickstoffhaltige Base esterartig an der Glycerinphosphorsäure gebunden und bildet mit dieser einen hydrophilen, wasserlöslichen Rest. Auf der Oberfläche des Wassers richten sich deshalb die Moleküle und streben mit dem hydrophoben Anteil aus dem Wasser. Die Bildung der sog. Myelinfiguren steht wohl damit in Zusammenhang.

Die stickstoffhaltigen Glycerinphosphatide sind Monoaminophosphatide mit einem Verhältnis von P:N wie 1:1. Sie lösen sich alle gut in Äther, besonders wenn dieser mit Wasser gesättigt ist, sind dagegen unlöslich in Aceton und können damit ausgefällt werden. Dieses Verhalten gegenüber Aceton benutzte man vielfach als Reinigungsmethode, um die Phosphatide von Triglyceriden, Cholesterin usw. abzutrennen. Je stärker ungesättigt jedoch ein Phosphatid ist, um so leichter löst es sich in Aceton, so daß bei der Anwendung von Fällungsmethoden die Gefahr einer gewissen Fraktionierung besteht.

a_1) Lecithine (phosphatidyl-cholines)

Das Lecithin (Formel VII) ist der Cholinester der Diglyceridphosphorsäure (Cholin: $CH_2OH \cdot CH_2N^+ (CH_3)_3OH$). Das Molekulargewicht schwankt je nach den vorhandenen Fettsäuren etwa zwischen 750 (Dipalmityllecithin) und 870 (Arachidonyl-clupanodyl-lecithin). Legt man ein mittleres Molekulargewicht von 800 zugrunde, so errechnet sich für das Lecithin ein Gehalt an P: 3,9%; N: 1,8%; Glycerin: 11,5%; Cholin: 15,1%.

Es befinden sich im Molekül demnach vier Esterbindungen, die jedoch eine ganz verschiedene Hydrolysierbarkeit besitzen. Schon durch milde Behandlung mit Alkali (0,1 n KOH bei 37°) werden die Fettsäuren völlig abgespalten [2031], während die Esterbindung der Glycerinphosphorsäure zur Hydrolyse einer sehr drastischen Behandlung bedarf [203]. Durch die Anwesenheit sowohl der negativen Ladung an der Phosphorsäure als auch der positiven am Stickstoff des Cholins, kommt dem Lecithin ein amphoterer Charakter zu; es ist ein Dipol.

Lange Zeit hindurch nahm man an, daß ein Molekül Lecithin stets neben einem gesättigten auch einen ungesättigten Fettsäurerest enthielte. Inzwischen gelang es jedoch, einheitliche Lecithine sowohl mit gesättigten Fettsäuren [1609, 2292] als auch mit ungesättigten Fettsäuren [993, 995] darzustellen oder nachzuweisen [539].

$$\begin{array}{l}
CH_2\text{-}O\text{-}\overset{\overset{O}{\|}}{C}\cdot R_1 \\[4pt]
CH\text{ -}O\text{-}\overset{\overset{O}{\|}}{C}\cdot R_2 \\[4pt]
CH_2\text{-}O\text{-}\overset{\overset{O}{\|}}{P}\text{-}O\text{---} \\[4pt]
\qquad\quad O\text{-}CH_2\cdot CH_2N^+(CH_3)_3
\end{array}$$

R₁ und R₂: Fettsäurereste

VII

α_2) Kephaline

Wie aus den Formeln VIII und IX ersichtlich, unterscheiden sich die beiden Kephaline nur durch ihren stickstoffhaltigen Baustein voneinander. Beide aber — sowohl das Colamin ($CH_2OH\cdot CH_2NH_2$) als auch das Serin ($CH_2\,OH\cdot CHNH_2\cdot COOH$) — enthalten im Gegensatz zum Cholin den Stickstoff in Form von Aminostickstoff (-NH_2), der nach VAN SLYKE bestimmbar ist.

Schon 1913 war von BAUMANN [149] Colamin als Baustein des Kephalins aufgefunden worden, welches sich als alkoholunlösliche Fraktion von der

<table>
<tr><td align="center">a) Colamin-Kephalin
(phosphatidyl-ethanolamine)</td><td align="center">b) Serin-Kephalin
(phosphatidyl-serine)</td></tr>
</table>

$$\begin{array}{ll}
CH_2\text{-}O\text{-}\overset{\overset{O}{\|}}{C}\cdot R_1 \qquad & CH_2\text{-}O\text{-}\overset{\overset{O}{\|}}{C}\cdot R_1 \\[6pt]
CH\text{ -}O\text{-}\overset{\overset{O}{\|}}{C}\cdot R_2 & CH\text{ -}O\text{-}\overset{\overset{O}{\|}}{C}\cdot R_2 \\[6pt]
CH_2\text{-}O\text{-}\overset{\overset{O}{\|}}{P}\text{-}OH & CH_2\text{-}O\text{-}\overset{\overset{O}{\|}}{P}\text{-}OH \\[6pt]
\quad O\text{-}CH_2\cdot CH_2NH_2 & \quad O\text{-}CH_2\cdot CHNH_2\cdot COOH
\end{array}$$

R₁ und R₂: Fettsäurereste   R₁ und R₂: Fettsäurereste

VIII   IX

alkohollöslichen Lecithinfraktion abtrennen ließ. MacLean [1529] hatte jedoch 2 Jahre später bereits ein alkohollösliches Kephalin in Händen und definierte es deshalb im Gegensatz zum Lecithin als ein Phosphatid, welches den Gesamt-N in Form von Amino-N besitzt. Obwohl MacArthur [1518, 1519] etwa um die gleiche Zeit auch eine Aminosäure als N-haltigen Baustein des Kephalins annahm, wurde die Existenz des Serin-Kephalins erst durch neuere Arbeiten bewiesen [741 bis 744, 2082, 2083]. Folch wies nach, daß es sich bei der Kephalinfraktion aus Gehirn um ein Gemisch verschiedener Phosphatide handelte und schlug deshalb vor, den Namen Kephalin fallen zu lassen, und führte die bei Formel VIII und IX in Klammern befindlichen Namen stattdessen ein. Besonders im amerikanischen Schrifttum wird häufig davon Gebrauch gemacht. Da jedoch beide Phosphatide (VIII und IX) ihren gesamten Stickstoff nach VAN SLYKE bestimmbar enthalten, handelt es sich nach MacLeans [1529] Definition in beiden Fällen um ein Kephalin. Man sollte vielleicht so lange an der alten Bezeichnung festhalten, bis eine neue, mehr systematische Nomenklatur für die Phosphatide eingeführt wird.

Im Gegensatz zum Colamin-Kephalin besitzt das Serin-Kephalin zwei saure Valenzen und eine basische Gruppe, so daß es sauer reagiert. Es liegt in Gewebsextrakten gewöhnlich als Na- oder K-Salz vor.

Das Molekulargewicht des Colamin-Kephalins liegt um 60,01 niedriger als das des Lecithins mit denselben Fettsäuren. Im übrigen schwankt es mit deren Kettenlängen. Da die Fettsäuren des Serin-Kephalins vorwiegend 18-C-Atome besitzen, kann das Molekulargewicht mit etwa 790 angenommen werden. Die Kephaline besitzen in grober Annäherung den gleichen P-, N- und Glyceringehalt wie das Lecithin mit einem mittleren Molekulargewicht von 800. Colamingehalt (VIII): 7,6%; Seringehalt (IX): 13,1%.

Die bisher besprochenen stickstoffhaltigen Glycerinphosphatide, die in den verschiedenen Organen in wechselnden Mengen nebeneinander vorkommen, unterscheiden sich auch in der Zusammensetzung des jeweiligen Fettsäuregemisches. Als Beispiel dafür seien die Verhältnisse des Gehirns in Tab. 5 wiedergegeben.

Tabelle 5.

Zusammensetzung der Fettsäuregemische verschiedener Glycerinphosphatide aus Gehirn

	C_{14}	C_{16}		C_{18}		C_{20}		C_{22}		C_{24}
	ges.	ges.	unges.	ges.	unges.	ges.	unges.	ges.	unges.	ges.
Lecithin[1] [1305] ..	0,1	28,8	3,4	8,2	47,0	1,2	7,9	—	2,4	—
Colamin-Kephalin [538]	—	6,5	2,4	38,6	34,2	—	8,9	—	5,7	3,7
Serin-Kephalin [1297]	—	3,2	—	32,7	51,6	—	7,1	—	5,4	—

[1] Diese Werte sind Mittelwerte von Befunden, die an zwei durch verschiedene Methoden gewonnenen Lecithinpräparaten erhalten wurden.

a_3) *Plasmalogene (früher Acetalphosphatide)*
(plasmalogens, acetalphospholipides)

Nachdem Feulgen [713] und Voit langkettige Aldehyde im Gewebe nachgewiesen hatten, gelang des Feulgen [715] und Bersin ein Glycerinphosphatid aus Muskulatur zu isolieren, das an Stelle von R_1 und R_2 in nachstehender Formel (X) einen Aldehyd in acetalartiger Bindung am α- und β-C-Atom des Glycerins enthielt. Feulgen nannte die Substanz ursprünglich Plasmalogen, weil er sie zuerst im Plasma der Zelle fand, und sie sehr leicht einen Aldehyd (Plasmal) abspaltet. Erst als er die acetalartige Bindung des Aldehyds in dem isolierten Produkt nachgewiesen hatte, gab er dem Plasmalogen auch den Namen: Acetalphosphatid. Thannhauser [2295, 2296] u. Mitarb. isolierten 1951 die gleiche Substanz aus Rinderhirn.

Eingehende Untersuchungen erbrachten zunächst den Beweis, daß ein Mol Fettsäure neben einem Mol Aldehyd im Plasmalogen enthalten ist [1307, 1309, 538, 1883]. Dadurch war auch erwiesen, daß der Aldehyd nicht acetalartig gebunden sein konnte. Es mußte sich demnach bei den Acetalphosphatiden Feulgens und Thannhausers um sekundäre Spaltprodukte der genuinen Substanzen gehandelt haben, was durch die Art der Aufarbeitung durchaus verständlich ist. 1954 diskutierten KLENK [1307] und DEBUCH drei mögliche Konstitutionsformeln der Plasmalogene, von denen die hier in Formel X angegebene in bezug auf die Art der Bindung des Aldehyds (enolätherartig) durch die Befunde verschiedener Laboratorien bestätigt wurde [540 bis 542, 1886, 1884, 234].

Über die Stellung des Aldehydes am α- oder β-C-Atom des Glycerins liegen bisher sehr widersprechende Befunde aus verschiedenen Laboratorien vor. So deuten einige auf die β-Stellung des Aldehydes hin [1885, 934, 935]; einige Autoren fanden wechselnde Mengen von α- und β-ständigen Aldehyden [77, 1561, 1562], und schließlich wurden kürzlich Befunde erhoben, die für die α-Stellung des Aldehydes sprechen [543].

$$CH_2\text{-}O\text{-}CH = CH\cdot R_1$$
$$\mid$$
$$O$$
$$\overset{\parallel}{CH}\text{-}O\text{-}C\cdot R_2$$
$$\mid$$
$$O$$
$$CH_2\text{-}O\overset{\parallel}{\text{-}P}\text{-}OH$$
$$\diagdown$$
$$O\text{-}R_3$$

R_1: Aldehydrest
R_2: Fettsäurerest
R_3: Cholin-, Cola-
    min- oder
    Serinrest

X

Wir kennen inzwischen sowohl cholin- [1304] als auch serinhaltige [1297] Plasmalogene neben den colaminhaltigen, die von FEULGEN entdeckt worden waren (s. Formel X).

Die Aldehyde der Plasmalogene wurden bisher nur selten untersucht. Im Gehirn finden sich vorwiegend Oleinaldehyd (über 50% der Gesamtaldehyde) [1426], neben Stearal und Palmital (die im Verhältnis von etwa 2:3 vorliegen [1285, 542]). Beachtenswert erscheint die Tatsache, daß die bisher daraufhin untersuchten Plasmalogene (Cholin-Plasmalogen aus Rinderherzmuskulatur [1315] und Colamin-Plasmalogen aus Gehirn [538]) (s. Tab. 6) praktisch nur ungesättigte Fettsäuren, darunter große Mengen von Polyensäuren der C_{20}- und C_{22}-Reihe enthalten.

Tabelle 6. *Zusammensetzung der Fettsäuregemische verschiedener Plasmalogene*
(in % der Gesamtfettsäuren)

	gesättigte Fettsäuren		ungesättigte Fettsäuren			
	C_{16}	C_{18}	C_{16}	C_{18}	C_{20}	C_{22}
Cholin-Plasmalogen	3,5	0,8	6,4	72,1	17,2	—
Colamin-Plasmalogen	—	—	—	53,0	24,5	22,5

Das Molekulargewicht der Plasmalogene ist abhängig von der Kettenlänge des Aldehydes, der Fettsäure und der jeweiligen stickstoffhaltigen Komponente. Zum Beispiel ein Oleinaldehyd-Arachidonyl-Cholin-Plasmalogen besäße ein Molekulargewicht von 750. Entsprechend liegt der theoretische Phosphorgehalt bei etwa 4,1%, der Stickstoffgehalt bei etwa 1,9%, der Glyceringehalt bei 12,3% und der Plasmalgehalt bei 35,8%.

$$CH_2\text{-}O\text{-}CH_2\cdot(CH_2)_{16}\cdot CH_3$$
$$\mid$$
$$CHOH$$
$$\mid$$
$$CH_2OH$$

XI
Batylalkohol

Plasmalogene enthalten den Aldehyd in außerordentlich labiler Bindung. Schon bei milder Säureeinwirkung wird dieser freigesetzt, der mit fuchsinschwefliger Säure die bekannte Aldehydreaktion gibt. Das Restmolekül (Lysophosphatid s. S. 66) läßt sich leicht isolieren [1309, 538]. Bei Behandlung mit Alkali wird dagegen die Fettsäure abgespalten, wie bei den anderen Glycerinphosphatiden. Allerdings bleibt der Aldehyd mit dem Glycerin verbunden, der möglicherweise dabei eine Acetalbindung liefert.

Bei der Reduktion des Plasmalogens wird der Aldehyd in den entsprechenden Alkohol übergeführt, der ätherartig gebunden ist. Derartige Substanzen wurden kürzlich auch aus Pflanzen isoliert [420]. Die entsprechenden Alkohole (XI) sind als Bestandteile von Fischölen bekannt, in denen dann die OH-Gruppen des Glycerins mit Fettsäuren verestert sind.

Nur der Vollständigkeit halber sei erwähnt, daß RAPPORT [1883] z. B. das Cholinplasmalogen „phosphatidalcholine" nennt, die anderen entsprechend. Da diese Bezeichnung leicht zu Verwechslungen führt, schlagen wir vor, den althergebrachten und vom Entdecker eingeführten Namen Plasmalogen beizubehalten, wenn auch die Bezeichnung „Acetalphosphatid" nicht mehr zutreffend ist.

β) Stickstofffreie Glycerinphosphatide

Die stickstofffreien Glycerinphosphatide, die hier aufgeführt werden, sind zwar zum Teil in jüngster Zeit im Säugetierorganismus aufgefunden worden, kommen aber dort nur in geringen Mengen vor, im Gegensatz zu den bisher besprochenen stickstoffhaltigen Glycerinphosphatiden. Diese weisen demnach nicht das für jene so charakteristische Verhältnis von P:N wie 1:1 auf. Einigen kommt sicher im Stoffwechsel eine besondere Bedeutung zu (s. dort).

β_1) Inositphosphatide (phosphoinositides)

Das Monophosphoinositid (Phosphatidylinositol), für welches die Formel XII vorgeschlagen wurde [696, 697, 1040, 1041, 996], ist bisher sowohl im Pflanzen- als auch im Tierreich aufgefunden worden. Die Substanz, die vor

R_1 und R_2: Fettsäurereste

XII

R_3 und R_4 konnten nicht eindeutig identifiziert werden. Einer der Reste scheint ein Monoglycerid zu sein [750, 751]

XIII

allem aus Säugetierlebern dargestellt wurde [1040, 996], unterscheidet sich in bezug auf ihre Konstitution von den obengenannten Phosphatiden (VII, VIII und IX) nur dadurch, daß an Stelle des stickstoffhaltigen Bausteins dieser Substanzen ein ringförmiger, sechswertiger Alkohol mit der Phosphorsäure verestert ist.

Anders wurde das Inositphosphatid (XIII) aus Gehirn beschrieben [745, 746, 750, 751], das FOLCH „diphosphoinositide" nannte. Da er nach hydrolytischer Spaltung Inositmetadiphosphat isolierte, schrieb er ihm die Formel XIII zu, die aber noch nicht aufgeklärt ist. Solange die Strukturformeln der Inositphosphatide nicht aufgeklärt sind, kann man keine Analysen- oder physikalische Daten angeben. Die Inositphosphatide des Gehirns sind in der alkoholunlöslichen Glycerinphosphatidfraktion vorhanden.

β_2) Diglyceridphosphorsäuren (phosphatidic acids)

Ein Phosphatid der Formel XIV wurde vor etwa 20 Jahren aus Pflanzen isoliert [*454* bis *456, 439*]. Wie später gezeigt werden konnte [*990* bis *992*], liegen die Diglyceridphosphorsäuren jedoch nicht als solche in den Blättern vor; sie sind vielmehr durch enzymatische Hydrolyse aus Lecithin entstanden. Obwohl diese Substanz bisher nur in kleinen Mengen im tierischen Organismus nachgewiesen wurde, scheint ihr doch im Stoffwechsel eine größere Bedeutung zuzukommen. Deshalb sei sie an dieser Stelle der Vollständigkeit halber auch erwähnt.

$$
\begin{array}{l}
\text{CH}_2\text{-O-}\overset{\overset{\displaystyle O}{\|}}{\text{C}}\text{·R}_1 \\[4pt]
\text{CH -O-}\overset{\overset{\displaystyle O}{\|}}{\text{C}}\text{·R}_2 \\[4pt]
\text{CH}_2\text{-O-}\overset{\overset{\displaystyle O}{\|}}{\text{P}}\text{-OH} \\[4pt]
\qquad\quad\ \text{OH}
\end{array}
$$

R_1 und R_2: Fettsäurereste

XIV

β_3) Cardiolipin

Eine Substanz, die aus mehreren miteinander verbundenen Glyceridphosphorsäuren besteht, wurde von Pangborn [*1762*] aus Herzmuskulatur isoliert und von ihr deshalb Cardiolipin genannt. (Früher wurden häufig die Lipoide als Lipine bezeichnet.) Wie sie aus den Ergebnissen nach Hydrolyseversuchen schloß, sollte es sich dabei um eine Polyglyceridphosphorsäure handeln, in der zwei Diglyceridphosphorsäuren durch zwei mittelständige Monoglyceridphosphorsäuren verbunden sind. Erst neuere Befunde von MacFarlane [*1521, 1523*], Gray [*936*] und MacFarlane lassen darauf schließen, daß es sich um ein kleineres Molekül, etwa entsprechend Formel XV handelt.

$$
\begin{array}{ll}
\text{CH}_2\text{-O-P-O-CH}_2 \;\Big\}\;* & \text{CH}_2\text{-O-CO·R} \\
\text{R·CO-O-CH} \qquad\quad \text{CHOH} & \text{CH-O-CO·R} \\
\text{R·CO-O-CH}_2 \qquad \text{CH}_2\text{-O-P-O-CH}_2 &
\end{array}
$$

R: Fettsäurereste

* Die Stellung der Diglyceridphosphorsäure am α-oder β-C-Atom ist nicht bekannt.

XV

Polyglyceridphosphorsäuren, allerdings von noch unbekannter Struktur, scheinen ebenfalls im Stoffwechsel von Bedeutung zu sein (s. dort).

b) Sphingolipoide (sphingolipides)

Unter dieser Bezeichnung werden hier alle diejenigen Lipoide zusammengefaßt, die als gemeinsamen Baustein das Sphingosin, einen zweiwertigen ungesättigten Aminoalkohol besitzen.

Gemeinsame Bausteine: Sphingosin [1,3-dihydroxy-2-amino-4-octadecen (trans)]

$$
\begin{array}{l}
\text{CH}_2\text{OH} \\
\text{HC-NH}_2 \\
\text{HC-OH} \\
\text{CH} = \text{CH} \\
\quad (\text{CH}_2)_{12} \\
\quad\ \text{CH}_3
\end{array}
$$

XVI

Die Konstitution des Sphingosins wurde vor allem in den Laboratorien von Klenk [*1277, 1292, 1308*] und Carter [*413, 416, 417*], sowie von Kiss [*1263*] u. Mitarb., von Mislow [*1625*] und Marinetti [*1560*] und Stotz aufgeklärt. Auf eine Besprechung der Strukturaufklärung wird hier verzichtet. Einzelheiten können aus entsprechenden Darstellungen ersehen werden [*425, 418, 419, 2304*].

Sphingosin besitzt ein Molekulargewicht von 299,31, einen N-Gehalt von 4,7%. Es ist löslich in Methyl- und Äthylalkohol und Aceton, schwer löslich in Äther und Petroläther und unlöslich in Wasser.

Auch das Hydrierungsprodukt des Sphingosins (XVI), das Dihydrosphingosin wurde im Gehirn und Rückenmark als Baustein der Sphingolipoide aufgefunden [*414, 415, 2293*].

Fettsäuren: Das Fettsäuregemisch der Sphingolipoide ist sehr unterschiedlich von dem der Glycerinphosphatide, denn es fehlen die für letztere so bezeichnenden Polyensäuren. Die Sphingolipoide enthalten vorwiegend gesättigte Fettsäuren (Stearin- und Lignocerinsäure) neben Monoen- und Oxyfettsäuren. Da die Fettsäuren der Sphingolipoide nicht esterartig, sondern über die NH_2-Gruppe des Sphingosins, also amidartig gebunden sind, lassen sie sich durch milde Behandlung mit Alkali nicht in Freiheit setzen. Ein unvollständiges Spaltstück dieser Lipoide, bestehend aus der Fettsäure und dem Sphingosin, wird Ceramid [*755*] genannt. Die Sphingolipoide sind alle praktisch unlöslich in Äther, ebenso in Wasser (Löslichkeit wird unten angegeben) und stellen in reinem Zustand weiße, kristalline Substanzen dar.

α) Sphingomyeline (sphingomyelines)

Das Sphingomyelin enthält wie das Lecithin den Cholinester der Phosphorsäure als Baustein und ist ihm somit verwandt. Die Phosphorsäure ist mit der primären Alkoholgruppe des Sphingosins verestert [*815, 1957, 1559*]. Sphingomyeline wurden bisher nur im Tierreich angetroffen. In reichlichen Mengen befinden sie sich in der weißen Substanz des Gehirns, aber auch in allen anderen Organen, die daraufhin untersucht wurden, konnten sie angetroffen werden. Bei der NIEMANN-PICKschen Erkrankung, einer Lipoidose, werden Sphingomyeline besonders in der Milz, der Leber und dem Gehirn intracellulär gespeichert [*1279, 1280*].

Als Fettsäuren der Sphingomyeline wurden bisher vor allem die Stearin- und Lignocerinsäure gefunden, neben kleineren Mengen von Palmitin-, Nervon- und einer n-Hexacosensäure, die in den verschiedenen Organen in wechselnden Mengen vorkommen [*1608, 1278, 1903, 756, 2288, 2291, 2293*]. Das Molekulargewicht der Sphingomyeline schwankt mit dem der Fettsäure, d. h. z. B. für ein Stearyl-Sphingomyelin beträgt es 749, für ein Lignoceryl-Sphingomyelin 833. Die entsprechenden Werte sind für P: 4,2(3,7)%; N: 3,7(3,4)%. Die Substanz ist licht- und luftbeständig, in Chloroform-Methanol leicht, in Aceton und Äther unlöslich.

Da, wie oben erwähnt, die Fettsäuren der Glycerinphosphatide bereits durch milde Alkalieinwirkung abspaltbar sind (wobei der P-haltige Rest wasserlöslich wird), die des Sphingomyelins dagegen unter diesen Bedingungen nicht freigesetzt werden (somit das Molekül ungespalten und der Phosphor demnach wasserunlöslich bleibt), ist eine Methode gegeben, den Phosphatidgehalt eines Extraktes oder Gewebes in Glycerinphosphatide und Sphingomyeline zu differenzieren. Dies hat sicher seine Berechtigung, da das Sphingomyelin häufig, weil phosphorhaltig, mit den Glycerinphosphatiden zu einer Gruppe der Phosphatide zusammengefaßt, — im Vorkommen und der Biosynthese sich doch von diesen stark unterscheidet.

$$R \cdot C = O$$
$$|$$
$$NH$$
$$|$$
$$CH_3 \cdot (CH_2)_{12} \cdot CH = CH \cdot CHOH \cdot CH \cdot CH_2$$
$$|$$
$$O$$
$$|$$
$$-O \cdot P = O$$
$$|$$
$$O$$
$$|$$
$$(CH_3)_3 N^+ CH_2 \cdot CH_2$$

R: Fettsäurerest

XVII

β) Zuckerhaltige Sphingolipoide

β_1) *Cerebroside (cerebrosides)*

Die Cerebroside gehören mit zu den am weitesten aufgeklärten Lipoiden. Sie sind den Sphingomyelinen nahe verwandt, jedoch befindet sich an C_1 [*1680*] des Sphingosins hier in glucosidischer Bindung [*1291*] eine Hexose. Bei den Gehirncerebrosiden handelt es sich dabei um Galaktose [*2303, 348*]; deshalb werden diese Cerebroside häufig Cerebro-Galaktoside genannt. Bei einer der Lipoidspeicherkrankheiten, dem Morbus GAUCHER, wird besonders viel Cerebrosid in Milz und Leber abgelagert, das Glucose an Stelle der Galaktose im Molekül besitzt (Cerebro-Glucosid) [*982*]. Auch in der normalen Rindermilz konnten Cerebroglucoside nachgewiesen werden [*1294*].

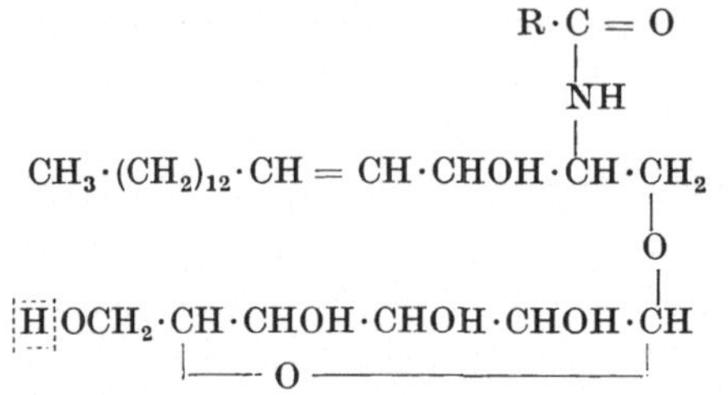

Wie aus Formel XVIII ersichtlich, kennen wir entsprechend den in den Cerebrosiden aufgefundenen Fettsäuren vier verschiedene Arten von Cerebrosiden. Drei davon, das Kerasin [*1941*], Cerebron (früher Phrenosin genannt) [*2471*] und Nervon [*1273, 1274, 1276*] konnten in reiner Form aus der Gehirncerebrosidfraktion isoliert werden, das Oxynervon wurde durch das Auffinden der Oxynervon-

$$R \cdot C = O$$
$$|$$
$$NH$$
$$|$$
$$CH_3 \cdot (CH_2)_{12} \cdot CH = CH \cdot CHOH \cdot CH \cdot CH_2$$
$$|$$
$$O$$
$$|$$
$$HOCH_2 \cdot CH \cdot CHOH \cdot CHOH \cdot CHOH \cdot CH$$
$$|\!\!-\!\!-\!\!-\ O\ -\!\!-\!\!-\!\!-\!\!-\!\!-\!\!|$$

R: Lignocerinsäure: Kerasin
R: Cerebronsäure: Cerebron
R: Nervonsäure: Nervon
R: Oxynervonsäure: Oxynervon
wenn H durch SO_3H ersetzt ist, handelt es sich um Schwefelsäureester der Cerebroside

XVIII

säure [*1275*] nur nachgewiesen. Obwohl Anzeichen dafür vorliegen, daß auch noch höhere Fettsäuren in den Cerebrosiden vorkommen, von denen eine n-Hexacosensäure nachgewiesen wurde [*1293, 1295*], bilden die in Formel XVIII angegebenen Säuren die Hauptfettsäuren. Sie besitzen folgende Konstitution:

Lignocerinsäure oder n-Tetracosansäure
$C_{24}H_{48}O_2$ $CH_3 \cdot (CH_2)_{22} \cdot COOH$

Cerebronsäure oder α-Oxy-n-Tetracosansäure
$C_{24}H_{48}O_3$ $CH_3 \cdot (CH_2)_{21} \cdot CHOH \cdot COOH$

Nervonsäure oder $\triangle^{15}$n-Tetracosensäure
$C_{24}H_{46}O_2$ $CH_3 \cdot (CH_2)_7 \cdot CH = CH \cdot (CH_2)_{13} \cdot COOH$

Oxynervonsäure oder α-Oxy-$\triangle^{15}$n-Tetracosensäure
$C_{24}H_{46}O_3$ $CH_3(CH_2)_7 \cdot CH = CH \cdot (CH_2)_{12} \cdot CHOH \cdot COOH$

Besonders auffallend ist das Vorkommen zweier hochmolekularer Oxysäuren, die bisher nicht mehr in der Natur aufgefunden wurden.

Cerebroside befinden sich in reichlichen Mengen in der weißen Substanz des Gehirns, sind aber auch in vielen anderen Organen und Geweben gefunden worden. Sie sind unlöslich in Wasser, Äther und Petroläther, leicht löslich in Pyridin und Chloroform, löslich auch in heißem Alkohol. Die Molekulargewichte der genannten Cerebroside liegen zwischen 810 und 828. Sie haben demnach einen Gehalt von etwa 1,7% N und 22,5% Zucker.

Das unvollständige Spaltprodukt der Cerebroside, das aus dem Sphingosin und dem Zuckerrest besteht, wird Psychosin [*2313*] genannt. Im Gehirn wurde von BLIX [*239*] etwa $^1/_5$ der Cerebroside in Form von Schwefelsäureestern gefunden. Nach neueren Befunden [*1681, 2297*] ist die Schwefelsäure mit der primären Alkoholgruppe der Galaktose verestert (XVIII).

β₂) Ganglioside (gangliosides)

Ganglioside wurden erstmals 1942 von KLENK [*1284*] aus Gehirn isoliert. Als Spaltprodukte wurden gefunden: Stearinsäure, Sphingosin (oder eine sphingosinähnliche Base), Hexose (vorwiegend Galaktose neben wenig Glucose) und Neuraminsäure in einem molaren Verhältnis von 1:1:3:1. Ein charakteristischer Baustein der Ganglioside, eine Polyoxyaminosäure wurde von KLENK [*1283, 1284*] erstmals (in Form ihrer Methoxylverbindung) isoliert und Neuraminsäure genannt. Da es sich um eine außerordentlich labile Verbindung handelt, die in Form verschiedener Derivate eine sehr weit verbreitete Substanz darstellt, wurden viele Versuche zu ihrer Strukturaufklärung unternommen, auf die hier nicht näher eingegangen werden soll. Die Arbeiten von KUHN [*1368*] und BROSSMER, sowie COMB und ROSEMAN [*472*] führten schließlich zu folgender Formel: (s. S. 20).

$$
\begin{array}{ll}
CH_3 & CH_3 \\
| & | \\
(CH_2)_{12} \quad CH_3 & (CH_2)_{12} \quad CH_3 \\
| \qquad\qquad | & | \qquad\qquad | \\
CH \quad\;\; (CH_2)_{16} & CH \quad\;\; (CH_2)_{16} \\
\| \qquad\qquad | & \| \qquad\qquad | \\
CH \qquad\;\; CO & CH \qquad\;\; CO \\
| \qquad\qquad\;\; | & | \qquad\qquad\;\; | \\
CH\text{-}OH\text{-}CHNH\text{-}CH_2O & CH\text{-}OH\text{-}CHNH\text{-}CH_2O
\end{array}
$$

Glucose	Glucose
(4—1)	(4—1)
Galaktose	Galaktose
(3—1)	Galaktose
N-Acetylgalaktosamin	N-Acetylneuraminsäure
(3—2)	
N-Acetylneuraminsäure	
XIX vorläufige Formel*	**XX**

* Die in Klammern befindlichen Zahlen geben die an der glucosidischen Bindung beteiligten C-Atome an.

E. KLENK u. W. GIELEN: Hoppe-Seylers Z. physiol. Chem. **319**, 283 (1960)

Dies scheint der Grundkörper für die von anderen Autoren beschriebenen Substanzen zu sein. So z. B. für die Sialinsäure [*2436, 244*], die Gynaminsäure [*2511*], die Lactaminsäure [*1366* bis *1368*] und die Hämataminsäure [*2487, 2488*]. Gemäß einer kürzlich getroffenen Vereinbarung [*235*] wird die nicht substituierte Verbindung „Neuraminsäure" genannt, während unter „Sialinsäuren" die acylierten Neuraminsäuren zusammengefaßt werden (z. B. N-Acetyl-, N-Glykolyl-, N-O-Diacetylneuraminsäure). N-Acetyl-Neuraminsäure scheint in ihrer Bindung an das Mucin als Acceptorsubstanz für das Influenzavirus zu fungieren [*1289, 918*]. Später zeigte sich, daß auch Aminozucker in Gehirngangliosiden vorkommen [*334*]. BLIX [*242, 243*] u. Mitarb. isolierten Chondrosamin nach der Hydrolyse. Nach KLENK [*1286*] liegt im Gehirn ein molares Verhältnis von Hexosen und Aminohexosen wie 5:1 vor.

Wir können deshalb annehmen, daß im Gehirn hexosaminfreie neben hexosaminhaltigen Gangliosiden vorkommen. Letztere wurden auch in kleinen Mengen im Erythrocytenstroma von Rind [*1302, 2490*] und Pferd [*1306*] aufgefunden. Daneben wurde im Pferdeerythrocytenstroma der größere Anteil als hexosaminfreie Ganglioside gefunden, die von YAMAKAWA

[*2487*] und Suzuki „Hämatosid" genannt wurden und ein molares Verhältnis von Fettsäure: Sphingosin: Hexose (Galaktose und Glucose): Neuraminsäure (N-Glykolylneuraminsäure) [*2486, 1314, 1319*] von 1:1:2:1 aufwiesen. Durch die Befunde von Klenk [*1303, 1306*] u. Mitarb. wurde das Vorkommen dieses aminozuckerfreien Gangliosids bestätigt.

Neuraminsäure

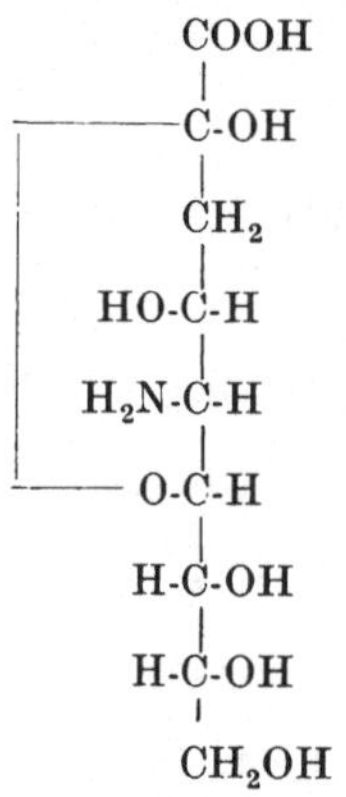

$$\begin{array}{c} COOH \\ | \\ C\text{-}OH \\ | \\ CH_2 \\ | \\ HO\text{-}C\text{-}H \\ | \\ H_2N\text{-}C\text{-}H \\ | \\ O\text{-}C\text{-}H \\ | \\ H\text{-}C\text{-}OH \\ | \\ H\text{-}C\text{-}OH \\ | \\ CH_2OH \end{array}$$

XXI

Ganglioside finden sich vor allem in den Ganglienzellen der Hirnrinde und reichern sich dort bei der infantilen amaurotischen Idiotie vom Typ Tay-Sachs besonders stark an [*1281, 1282*]. Auch in der Milz [*1294*], im Rückenmark [*2084*] und im Erythrocytenstroma verschiedener Säugetiere (s. oben) werden Ganglioside aufgefunden.

Im Gegensatz zu den anderen Lipoiden lösen sich die Ganglioside in Wasser unter Bildung von klaren, kolloidalen Lösungen. Löslich ist die Substanz auch in Chloroform-Alkohol oder Pyridin, schwer löslich in Methyl- und Äthylalkohol, dagegen unlöslich in Aceton und Äther. Der Neuraminsäuregehalt beträgt etwa 20 %, der Zuckergehalt etwa 40 %.

Auf Grund von Molekulargewichtsbestimmungen des Gangliosides wird von einigen Autoren [*2491, 284, 1936*] angenommen, daß es sich um eine hochmolekulare Substanz handelt. Da jedoch alle Bestimmungen in wäßrigem Milieu ausgeführt wurden, ist eine Aggregation kleinerer Lipoideinheiten durchaus möglich.

Bei der gangliosidähnlichen Substanz, die von Folch [*749*] u. Mitarb. aus Hirnrinde isoliert wurde und „Strandin" genannt wurde, scheint es sich nach den Befunden anderer Autoren [*520, 449, 2257, 1935, 284*] um ein noch unreines Gangliosidpräparat zu handeln.

β₃) *Andere Glykosphingolipoide*

Diese Gruppe von Substanzen scheint zwischen den Cerebrosiden und Gangliosiden zu stehen. Von diesen unterscheiden sie sich durch einen höheren Zuckergehalt und das gelegentliche Auffinden von Hexosaminen, von jenen durch das Fehlen der Neuraminsäure. Als erste derartige Verbindung wurde aus Rindermilz eine „Cerebrosidfraktion" isoliert [*1294*], die ein molares Verhältnis von Sphingosin:Fettsäure:Hexose (Galaktose und Glucose) wie 1:1:2 aufwies. Seit 1951 wurden ähnliche Glykolipoide in Pferdeerythrocyten [*1303, 1306*] nachgewiesen, hexosaminhaltige ebenfalls im Klenkschen Laboratorium [*1298, 1302*] aus menschlichem Erythrocytenstroma isoliert. Diese Befunde wurden kurz darauf von Yamakawa [*2489*] und Suzuki bestätigt und von diesem Arbeitskreis glucosaminhaltige neben chondrosaminhaltigen Glykolipoiden aus verschiedenen Stromata von Erythrocyten nachgewiesen [*2489, 2490, 1573*].

5. Cholesterin (cholesterol) ($C_{27}H_{46}O$)

Das Cholesterin weist in bezug auf seine chemische Struktur keinerlei Verwandtschaft zu den anderen Lipoiden auf. Es ist vielmehr ein wichtiger Vertreter der Sterine, die eine außerordentlich weit verbreitete Gruppe von Stoffen darstellt. Entsprechend ihrem Vorkommen unterscheiden wir zwischen Myco-, Phyto- und Zoosterinen.

Das Cholesterin findet sich ausschließlich im Tierreich und scheint da praktisch in jeder Körperzelle vorhanden zu sein. Seine Geschichte beginnt bereits in der Mitte des 18. Jahrhunderts, jedoch wurde die heute noch gültige Formel in bezug auf die Anordnung des Ringsystems erst 1932 von WIELAND [*2451*] und DANE aufgestellt (Einzelheiten darüber s. DEUEL [*551*]).

Es handelt sich beim Cholesterin um einen einwertigen, sekundären hochmolekularen Alkohol. Der ihm zugrunde liegende aromatische Kohlenwasserstoff besteht aus drei Sechsringen, verbunden mit einem Fünfring, die mit Wasserstoff gesättigt das Cyclo-pentano-perhydrophenantren oder das Steran ergeben. Zwischen den Kohlenstoffatomen 5 und 6 befindet sich in Ring B eine Doppelbindung, in Stellung 10 und 13 befindet sich je eine Methylgruppe und in Stellung 17 eine verzweigte Seitenkette. Die relative Lage der Substituenten zur Ringebene wird bezogen auf die Methylgruppe an C_{10}. Nimmt man an, daß sich diese vor der Ringebene befindet, so spricht man von einer Beta-Konfiguration, wenn sich der andere Substituent ebenfalls vor der Ringebene befindet. Im Cholesterin steht die Seitenkette an C_{17} in Beta-Stellung.

Durch katalytische Hydrierung entsteht aus dem Cholesterin ein gesättigter Alkohol, das Dihydrocholesterin (cholestanol):

Die Hydroxylgruppe in C_3 und der Wasserstoff in C_5 befinden sich im Dihydrocholesterin in Transstellung, d. h. jene ist über der Ringebene, diese unter ihr zu denken.

Das Cholesterin kommt sowohl in freier, als auch in veresterter Form vor, wobei die OH-Gruppe mit der Carboxylgruppe einer Fettsäure unter Wasseraustritt reagiert hat. Das Verhältnis von „freiem" zu „Ester"-Cholesterin wechselt von Organ zu Organ. Über das Fettsäuregemisch des Estercholesterins liegen bisher noch wenig Untersuchungsergebnisse vor, da es bis vor kurzem nicht möglich war, diese quantitativ von den Triglyceriden abzutrennen.

Cholesterin besitzt ein Molekulargewicht von 386,64, eine Jodzahl von 65,7 und ist löslich in Lipoidlösungsmitteln wie Äther, Aceton, Alkohol und Chloroform, unlöslich dagegen in Wasser.

II. Über Lipid-Proteinkomplexe

Von

FRITZ A. PEZOLD

1. Proteolipide — Lipoproteide

Würde man versuchen, die im Blutplasma vorkommenden Lipide im gleichen Mischungsverhältnis in Wasser zu lösen, so würde eine Emulsion entstehen. Für sich allein sind diese Fette und fettartigen Substanzen wasserunlöslich.

Die klassische Chemie nannte diese Substanzen *Lipoproteide* und verstand darunter zusammengesetzte Eiweißstoffe, die Lipoide als prosthetische Gruppe enthalten. Die besonderen Eigenschaften dieser Stoffe ließen sich jedoch nicht mit der Annahme einer einfachen chemischen Bindung, d. h. einem Absättigungsmechanismus durch besondere Kräfte (Hauptvalenz- oder Bindungskräfte) erklären.

Man definiert sie heute zweckmäßigerweise *nach* ihren *physikalisch-chemischen Besonderheiten:* Unter *Lipoproteiden* versteht man Lipid-Proteinmischungen, die löslich in Wasser und bestimmten Salzlösungen sind und sich *elektrophoretisch*, in der *Ultrazentrifuge* und bei der *Äthanolfraktionierung wie Proteine verhalten.* Sie unterscheiden sich von ihnen durch ihr spezifisches Gewicht und ihre Hydratation. Lipoproteide kommen im Blut, in Körperzellen und in allen Körperflüssigkeiten (Lymphe, Interstitium) vor.

Demgegenüber sind sie *Proteolipide* [*747, 748, 752*], die auch Lipid-Proteinmischungen darstellen, *wasserunlöslich*, aber *in Chloroform-Methanolmischungen löslich.* Ihren Namen „Proteolipide" verdanken sie diesem Löslichkeitsverhalten, das dem der Lipide verwandt ist. Ein weiterer wesentlicher Unterschied gegenüber den Blut-Lipoproteiden besteht darin, daß sie *im Blute nicht nachweisbar* sind, während sie in der weißen (etwa 2% des Frischgewichtes) und grauen Substanz des Gehirns, sowie in Leber und Lunge, im Skeletmuskel und in der glatten Muskulatur vorkommen. Die Bindungen zwischen den Lipoid- und Proteinbestandteilen halten selbst drastischen Einwirkungen stand, wie Kochen in Chloroform-Methanol, Einfrierenlassen, Lyophilisieren und Aufbewahrung des Materials bei Raumtemperatur. Andererseits lassen sich die Bindungen durch geeignete Trocknungsverfahren trennen.

Folch [*752*] konnte bisher drei verschiedene Proteolipidfraktionen in ausgewaschenen Organextrakten isolieren: *Proteolipid A*, ein Gemisch von Proteolipiden und freien Lipiden; *Proteolipid B*, eine kristallisierbare Substanz, die zu gleichen Teilen aus Proteinen und Lipiden besteht, und *Proteolipid C*, das zu 75% Proteine, aber kaum freie Lipide enthält.

Nach Entfernung des Chloroform-Methanolextraktes konnte Folch [*752*] aus dem zurückbleibenden Gewebsbrei einen trypsinresistenten Rest gewinnen, der 1,8% P enthielt. Es handelte sich dabei um den anorganischen P der Phospholipide, die zu 30% aus Lipid- und 70% aus Proteinmaterial bestanden. Dieses Lipidmaterial ließ sich nicht mit neutralen organischen Lösungsmitteln, sondern nur mit angesäuerten Chloroform-Methanolmischungen besonderer Konzentration extrahieren. Es handelt sich um eine salzähnliche, sehr stabile Protein-Lipidverbindung.

Eine weitere Lipid-Proteinverbindung, das *Strandin*, ebenfalls im Gehirn vorkommend, ist sowohl wasser- wie chloroformlöslich. Es ist in kristallisierter Form isoliert worden [*749*].

Gemeinsam ist allen Proteolipiden und sonstigen Lipid-Proteinverbindungen bestimmter Körpergewebe ihre *große Stabilität gegenüber chemischen und physikalischen Eingriffen.* Darin unterscheiden sie sich prinzipiell von den Lipoproteiden des Blutplasmas.

Die in der Literatur öfters diskutierte Frage der Existenz von „*Lipopeptiden*" kann heute wohl dahingehend beantwortet werden, daß derartige Verbindungen nicht bestehen. Im Lipoidextrakt von Serum und anderem biologischen Material findet man fast regelmäßig stickstoffhaltige „Verunreinigungen" (Harnstoff, Serin, Colamin, Peptide). Das Vorhandensein einer Bindung wurde aus der Beobachtung geschlossen, daß sich im eindimensionalen Papierchromatogramm von mit Fettlösungsmitteln gewonnenen Extrakten nicht nur Lipoide, sondern auch ninhydrinpositive Substanzen an den gleichen Stellen fanden [153]. SCHRADE [2062] u. Mitarb. fanden auf diese Weise 13 verschiedene Peptide, die „eng an die Phosphatide gekoppelt" waren. Sie schlossen aus dieser räumlichen Nachbarschaft auf das Vorhandensein natürlicher Verbindungen (= „Lipopeptide"). Da sich die Komponenten aber im zweidimensionalen Chromatogramm einwandfrei trennen lassen, liegt eine echte Verbindung sicher nicht vor. Bereits FOLCH und VAN SLYKE hatten angenommen, „daß die Peptide durch Lösungsvermittlung der Phosphatide in den Lipoidextrakt gelangen" [275].

Daß im Blutplasma strömende Lipide praktisch nicht frei als solche vorkommen, kann heute als erwiesen gelten (ANFINSEN, BOYLE, BRAGDON, COHN, EDER, EDSALL, GOFMAN, GORDON, GURD, HAVEL, KUNKEL, MORRIS, ONCLEY). Sie sind „miteinander" und mit Proteinen als wasserlösliche „makromolukulare Komplexe" (*Lipoproteide*) und als „Emulsionspartikel" (*Chylomikronen*) verbunden [788].

Für das Studium der Lipoproteide war der lange Zeit bestehende Mangel schonender Analysemethoden abträgig. Man isolierte die Komponenten für sich und studierte sie einzeln. Von den Beobachtungen zahlreicher Autoren um die dreißiger Jahre [166, 544, 1526] ausgehend, beobachtete McFARLANE [1585] 1935 anläßlich von Ultrazentrifugenuntersuchungen menschlicher Seren eine Eiweißkomponente, die zwischen dem Albumin und den Globulinen lag. Er nannte diese Fraktion „X-Protein". Diese später von PEDERSEN [1777, 1778] näher untersuchte Fraktion erwies sich als reversible, dissoziierbare Verbindung von Proteinfraktionen und Lipiden. Dieses Protein war kein Artefakt, da die Zugabe von Salzen oder Glycin ebenso wenig wie die Änderung des Lösungsmittels die Isolierbarkeit aufhob, so lange das spezifische Gewicht des Mediums nicht geändert war. Die GOFMANsche Arbeitsgruppe demonstrierte schließlich, daß es sich bei diesem „X-Protein" um ein Lipoproteid handelte.

Die Frage der Wechselwirkungen zwischen Proteinen und verwandten Kolloiden, insbesondere ihr Lösungsvermögen gegenüber lipophilen Substanzen, wird seit Anfang der vierziger Jahre intensiv studiert [1872].

2. Vorstellungen über den Zusammenhalt von Lipiden und Proteinen

Die Struktur der Lipoproteide ist auch heute noch weitgehend hypothetisch [1810]. „Die Art der Bindung zwischen Eiweiß- und Lipoidkomponente ist nur in den seltensten Fällen bekannt. Covalente Bindungen scheinen nicht häufig zu sein. Im allgemeinen dürfte die Bindung salzartig, d. h. elektrostatischer Natur, oder durch Nebenvalenzen (H-Brücken, VAN DER WAALSsche Kräfte usw.) vermittelt sein. In vielen Fällen ist die Bindung an das Bestehen des nativen Zustandes der Proteine geknüpft. Die Aufhebung der Bindung durch Alkohol, die irreversibel ist, dürfte mit einer Denaturierung der Proteinkomponente zusammenhängen" [932].

PER EKWALL [637] konnte mittels Modellmischungen („synthetische" Lipoproteide einfacher Struktur) zeigen, daß die Löslichkeit (in Wasser) und die Lösungsaktivität (gegenüber lipophilen Substanzen) durch Änderung des p_H und der Ionenstärke des Mediums einerseits und der Menge und Konzentration der aktiven Komponenten andererseits variiert werden kann. „Es scheint die Annahme plausibel, daß die Löslichkeitsmechanismen sich ähnlich den in den oben erwähnten Modellmischungen beschriebenen verhalten.

Wie dort spielen Intermolekularkräfte auch für die Funktion der hochmolekularen Körperlipoproteide eine entscheidende Rolle. Sie ermöglichen die Lösung und den Transport der sehr verschiedenen Arten von lipophilen Verbindungen, wie Sterine, Steroidhormone, fettlösliche Vitamine, Carcinogene und andere Fremdsubstanzen."

Der Autor stellt sich das Lösungsvermögen der Lipoproteide so vor, daß es zur Bildung gemischter Micellen kommt, „in welchen die Moleküle der gelösten lipophilen Verbindung zwischen die Moleküle oder Ionen des Kolloidkomplexes eingebaut werden. Die gemischten Micellen befinden sich in einem reversiblen Gleichgewicht mit den einzelnen Molekülen und Ionen, und die Bildung der gemischten Micellen wird durch energieliefernde Prozesse bestimmt. Dabei spielen die VAN DER WAALSschen Kräfte eine wichtige Rolle. Sterische Faktoren, die räumliche Orientierung der Komponenten, sind entscheidend". Auch FLORSHEIM [737] denkt an eine Micellarstruktur, die durch elektrostatische Kräfte zusammengehalten wird. Nach PER EKWALL [637] ist die Voraussetzung das Vorhandensein oder die Entwicklung von Hohlräumen, in denen ein oder mehrere Moleküle der zu transportierenden Substanz eingeschlossen („Einschlußverbindungen" nach KRAMER [1347]) gleichsam „vergattert" sein können, ohne daß sie unmittelbar an die einschließenden Moleküle gebunden sind.

Die von NAEGELI 1877 entwickelten Vorstellungen von der Micelle als einer aus vielen tausend Molekülen aufgebauten höheren Einheit wurden in den zwanziger Jahren dieses Jahrhunderts wieder aufgegriffen. Man nahm an, daß „diese Micellen sich aus Bündeln von Hauptvalenzketten zusammensetzen und aus diesen dann die verschiedenen Stoffe aufgebaut" seien [2210]. Die Annahme besonderer Micellen hat sich nach STAUDINGER [2210] seit dem Nachweis der Existenz von makromolekularen Systemen jedoch als überflüssig erwiesen.

EDSALL [621] hielt es für unbewiesen und ONCLEY [1734] für unwahrscheinlich, daß Covalenzbindungen eine wesentliche Rolle für den Zusammenhalt der Lipoproteidmoleküle — er spricht ausdrücklich von Molekülen — spielen. Nach ONCLEY [1734] liegen wohl in erster Linie labile Bindungen zwischen den polaren ionisierten Gruppen der Lipide, vor allem der Phosphatide und den dissoziierten Aminosäuregruppen der Peptide, insbesondere den Serin- und Threoninresten vor. Die Existenz solcher Bindungen ist allerdings experimentell noch nicht gesichert. Schon MACHEBOEUF [1524] wies auf die Bedeutung der Phosphorsäuregruppe des *Lecithins* für die Bindung an das Proteinmolekül hin. Die Wichtigkeit von Lecithin für die Aufrechterhaltung der Beta-Lipoproteidstruktur schließt ONCLEY [1737] aus Beobachtungen über den Einfluß von Lecithinasezubereitungen auf die Stabilität dieses Lipoproteids. Mittels ungereinigter Konzentrate von Clostridium WELCHII-Lecithinase ließen sich nämlich rasch einsetzende und tiefgreifende Strukturänderungen an diesen Lipoproteiden nachweisen. Schon 1946 wies PETERMANN [1785] nach, daß das Cl. WELCHII-Toxin, bzw. nach den späteren Erkenntnissen die Phosphatidase in diesem Toxin, das aus Lipoproteiden bestehende „X-Protein" so weitgehend verändert, daß es sich dem Elektrophorese- und Ultrazentrifugennachweis entzieht. Diese Befunde sind inzwischen mehrfach bestätigt worden [36, 1115, 2504]. Man kann annehmen, daß die Phosphatidase C geradezu spezifisch die Knüpfstellen der Lipide an die Proteine lockert, und zwar erheblich leichter als die Phosphatidase A oder die Lipase. Auf eine unterschiedliche Bindungsfestigkeit der verschiedenen Lipoproteide läßt die Beobachtung schließen, daß nach Einwirkung des die Phosphatidase A enthaltenden Vipera-Aspis-Toxins das a_2-Lipoproteid verschwindet, während die Präcipitationsfähigkeit des a_1- und Beta-Lipoproteids nur unwesentlich geändert wird [*2073*].

Die nicht-ionisierten hydrophoben Fette, wie Glyceride und Cholesterinester können sich mit dem Proteinmolekül erst nach vorheriger Koppelung mit einem ionisierten Lipid (Phosphatide, Fettsäuren) verbinden (VAN DER WAALSsche Kräfte). Die Bindung der nicht-polaren Lipide mit dem nicht-polaren Anteil der ionisierten Lipide ist demnach die Voraussetzung zur Bildung von Lipoproteidstrukturen [*658*]. Die bekannten strukturellen Anordnungen der Lipoproteide in den Nervenfasern, Myelinscheiden, Achsencylindern und SCHWANNschen Zellen, wie auch in den Stäbchen und Zapfen der Netzhaut, lassen sich allerdings nicht ohne weiteres auf die Verhältnisse bei den Lipoproteiden des Blutplasmas übertragen.

Im Hinblick auf die im Blutplasma gegebenen Verhältnisse dürfte demnach den Protein-Phosphatidwechselbeziehungen das größte Interesse zukommen. Da es aber schwierig ist, aus natürlicher Quelle Phosphatide zu gewinnen, die aus einer einzigen Komponente zusammengesetzt sind, und da außerdem die Stabilität der Lipid-Proteinverbindungen ganz unterschiedlich groß ist, ist es möglich, daß derartige Verbindungen durch den Isolierungsprozeß geändert oder sogar zerstört werden. Es kommt hinzu, daß die individuellen Eigenschaften nicht nur durch die Assoziationen zwischen Proteinen und Lipiden, sondern auch durch die wechselseitigen Verbindungen zwischen einzelnen Lipoidmolekülen geändert werden.

In Lipidmischungen sind die Eigenschaften der Einzelkomponenten modifiziert. In einem solchen System können anscheinend Fettsäuren, Phospholipide, freies Cholesterin und Cholesterinester nebeneinander in einer einzigen Lipidschicht von konstanter Dicke existieren. „Diese Fähigkeit der Lipidmoleküle, sich nebeneinander zu packen in einer einzigen zusammenhängenden Struktur, ist vom Standpunkt der biologischen Ultrastruktur sehr wichtig“ [*658*]. Langkettige polare Lipidmoleküle, wie z. B. Lecithin, quellen, wenn sie in Kontakt mit Wasser geraten, und formen gemischte Schichten. Cholesterinmoleküle, die eine geringere Polarität aufweisen, tun dies nicht. Trotzdem können sie leicht in die hydrierte Phosphatidschicht eingebaut und bei Wasserentzug wieder aus dem System entfernt werden. Sogar die völlig hydrophoben Cholesterinester können in einem derartigen System verteilt werden, wenn eine geeignete Lipidmischung und passende Lipoproteide als Trägermoleküle vorhanden sind.

MACHEBOEUF [*1524*] nimmt an, daß auch mechanische Kräfte, z. B. die Wasserhülle an der Oberfläche der Lipoproteide, für den Zusammenhalt von Proteinen und Lipiden verantwortlich seien. Daß diese aber nicht für beliebige Protein-Lipidmischungen gelten, geht aus den Beobachtungen des gleichen Autors hervor. Er setzte Mischungen von Lipidemulsionen und Serumalbuminlösungen sehr hohen hydrostatischen Drucken (1000 bis 10 000 Atmosphären) aus und konnte keine neuen Bindungen zwischen Albuminen und Lipiden feststellen. Er schließt aus dieser Beobachtung, daß in den Lipoproteiden ganz spezifische Proteine vorkommen müßten, die eine besondere Affinität für Lipide aufweisen, ähnlich dem Verhalten von Antigen zu Antikörper.

Wenn auch die Vorstellungen über den Zusammenhalt der Komponenten noch weitgehend hypothetisch sind, kennen wir dagegen genau die *Eigenschaften* dieser Substanzen, die sie unter bestimmten experimentellen Bedingungen darbieten. Die *Existenzfähigkeit der Lipoproteide* ist, ähnlich wie die der Proteine, aber noch in höherem Grade, an bestimmte Voraussetzungen geknüpft. Sie sind temperatur- und feuchtigkeitsabhängig. „Komplizierte makromolekulare Naturstoffe sind nur in einem ganz beschränkten Temperaturgebiet anzutreffen" [2210].

Wasser erscheint sehr wichtig für die Aufrechterhaltung der Struktur der Lipoproteide. Etwa 39% des „Molekülkomplexes" besteht aus Wasser [1737, 2254]. Wenn der physikalische Zustand des Wassers geändert wird, ändert sich auch die Extrahierbarkeit der Lipide aus den Lipoproteidgemischen. Da nach Einfrierung der größte Teil der Lipide mit Äther extrahiert werden kann [1587], ist anzunehmen, daß die Hydratation der Lipoproteidmoleküle an die Bindung von Lipiden mit Polypeptiden geknüpft ist. Auch daraus kann auf die Bedeutung des Wassers für die Lipidbindung im Molekülkomplex geschlossen werden. Die Reaktionen der Lipoproteide auf verschiedene Wasserstoffionenkonzentration, Ionenstärke und Alkoholkonzentration bei der Fraktionierung sind die gleichen, wie wenn keine Lipidbeimengungen vorlägen.

Ihre *Löslichkeit* ist weitgehend an die Anwesenheit der Proteine geknüpft. Ähnlich wie bei den reinen Proteinen reduziert Äthanolzusatz die Löslichkeit der Lipoproteide, während Glycinzusatz (bei gleichbleibendem p_H und gleicher Ionenstärke) sie erhöht. Sie sind gegenüber vielen Formen von Denaturierung empfänglich, wie das die übrigen Plasmaproteine nicht sind. Zum Beispiel können die Beta-Lipoproteide weder eingefroren noch gefriergetrocknet werden, ohne daß es zu einer starken Denaturierung kommen würde. Dagegen werden die gewöhnlichen Serumproteine, wie z. B. das Albumin und Gamma-Globulin durch Gefriertrocknung nicht in ihrem physicochemischen Zustand beeinträchtigt, ja sie halten sich in getrocknetem Zustand sogar am besten [1736]. Bei der Denaturierung gehen die Bindungen zwischen Lipiden und Aminosäureresten verloren und die abgetrennten Lipide zeigen ihre charakteristische Unlöslichkeit in Wasser und Salzlösungen. Daß die Lipide in löslicher Form im Blut existieren können, verdanken sie also ausschließlich ihrer Bindung an die Plasmaproteine. Obwohl in einem solchen Lipoproteid der Lipidanteil vorherrscht, sind die Löslichkeitsverhältnisse des Moleküls die eines typischen Euglobulinproteins.

Die *Abtrennung des Lipidanteiles* dieser makromolekularen Strukturen von den Eiweißträgermolekülen ist *nur nach geeigneter Vorbehandlung möglich*. LEVER [1445], SMITH und HURLEY fanden nach Ausschütteln mit kaltem Äthyläther eine beträchtliche Abnahme von Cholesterin und Phospholipiden in beiden Lipoproteidfraktionen, sowohl in klarem, wie auch in lipämischem Plasma. Es entsteht eine Emulsion, so daß man annehmen kann, daß eine Denaturierung der Lipoproteide eingetreten ist, die für das Aufbrechen von Bindungen zwischen Proteinen und Lipiden verantwortlich gemacht werden muß. FREISLEDERER [784] und KASTNER extrahierten mit wassergesättigtem Äther oder Chloroform Seren, um die bei Überschuß an diesen Extraktionsmitteln (wohl durch den Entzug von Wasser) eintretende Coagulation von Serumproteinen zu vermeiden. Aus dem Äther konnten sie die wäßrige Phase leicht abtrennen, während es bei Chloroform manchmal Niederschläge gab. Sie schlossen aus der Beobachtung einer prozentual stärkeren a_1-Globulinverminderung der Alpha-Lipoproteidfraktion nach der Ätherextraktion gegenüber der Beta-Lipoproteidfraktion, daß die beiden Lipoproteide von unterschiedlicher Stabilität seien. Unter physiologischen Bedingungen fanden sie die Alpha-Lipoproteide deutlich stabiler als die Beta-Lipoproteide. Dagegen kamen die Autoren beim nephrotischen Syndrom zum umgekehrten Ergebnis. Anscheinend kam es unter physiologischen Bedingungen zu einer Extraktion des gesamten wasserlöslichen Lipoproteidkomplexes, dagegen unter pathologischen Verhältnissen zu einer Verteilung der wasserlöslichen Lipoproteide auf die Wasser- und Ätherphase. Daß diese *Bindungen* eine gewisse, wenn auch labile Festigkeit besitzen, geht daraus hervor, daß man nach Ultrazentrifugierung in geeigneter Dichte des Suspensionsmittels im restlichen Bodensatz, der aus Eiweiß, Pigmenten und Salzen besteht, praktisch kein Lipidmaterial mehr nachweisen kann. Die verschiedenen Klassen der Beta-Lipoproteide sind von unterschiedlicher Stabilität. Relativ labil sind die Protein-Lipidkomplexe der Flotationsklassen oberhalb S_f 100 [*1477*].

Die bis jetzt studierten Lipoproteide scheinen nach SURGENOR [*2254*] *im isolierten Zustand weniger stabil* zu sein als im vollständigen Plasma. Möglicherweise werden bei der Äthanolfraktionierung oder dem anschließenden Reinigungsprozeß Schutzstoffe oder antioxydative Substanzen entfernt. Ein solcher Faktor, der dialysierbar ist, wurde inzwischen tatsächlich isoliert [*1887*].

Die Komplexität dieser makromolekularen Strukturen und ihre begrenzte Stabilität machen es notwendig, zu ihrer Charakterisierung besondere physikalische und physikalisch-chemische Methoden heranzuziehen. Es wurden verschiedene Wege eingeschlagen: Isolierung von Fraktionen bei tiefer Temperatur, unterschiedlichen Äthanolkonzentrationen, genau eingestelltem p_H und Ionenstärke der Lösung (= „Äthanolfraktionierung") — freie und stabilisierte Elektrophorese — Ultrazentrifugierung — Bestimmung des osmotischen Druckes — Messung der Lichtstreuung — Infrarotanalyse — Elektronenmikroskopie.

3. The Physico-Chemical Structure of the Serum Lipoproteins

by

THOMAS L. HAYES*

In 1949, GOFMAN, LINDGREN, and ELLIOT [*877*] suggested a new interpretation of the ultracentrifugal pattern obtained in the studies of the so-called X-protein [*1585, 1777*]. They showed that the asymmetry of the albumin peak associated with the X-protein was due to a building up of lipoprotein on the albumin concentration gradient. This interpretation could explain the apparent changes in concentration of lipoprotein observed under varying salt and protein concentrations without requiring dissociation of the lipoprotein molecule. GOFMAN and his associates went on to develop techniques for the ultracentrifugal isolation of the serum lipoproteins of both high and low density.

The separation of the lipoproteins from the other serum proteins is accomplished by centrifugation in a medium of such density that the lipoproteins, because of their relatively low density, will float while the other serum proteins will sediment. The isolated lipoproteins are then characterized in an analytic ultracentrifuge according to their flotation rate. GOFMAN has introduced the term S_f rate as a measure of this flotation, 1 S_f unit being a flotation rate of 1×10^{-13} cm/sec/dyne/gm at 26° C.

* Donner Laboratory of Medical Physics, Division of Medical Physics, Department of Physics and the Lawrence Radiation Laboratory, University of California, Berkeley, California, USA.

For convenience, the human serum lipoproteins have been divided into two major groups on the basis of their density [1391]. The „low density" group includes all species of lipoprotein of hydrated density less than 1.04 gm/ml. The "high density" groups contains three major species of density 1.05, 1.075, and 1.145 gm/ml. Normal human serum contains species of both the high and the low density groups.

Most lipoprotein isolations have yielded so-called "broad band" lipoproteins [1476]. That is, the isolated fraction contained lipoprotein species of quite a large range of S_f rates (S_f 0—20). Recently however, techniques have been developed to isolate "narrow band" lipoproteins (S_f 6—8) as well. This method depends on a sedimentation equilibrium salt gradient to separate the various species of lipoprotein [1477]. The salt gradient is established approximately before centrifugation by layering the salt solutions of appropriate density in the centrifuge tube. Ultracentrifugation for 63 hours establishes sedimentation equilibrium of both salt and lipoprotein molecules and the very homogeneous isolated lipoprotein can be removed by pipetting off the proper fraction from the centrifuge tube.

By these standard methods, the lipoproteins can be separated from the rest of the serum proteins and made available for further study in a relatively pure form.

Ultracentrifugation

The techniques for ultracentrifugal analysis of the lipoproteins are described in the chapter of DE LALLA and GOFMAN [1391] entitled "Ultracentrifugal Analysis of Human Serum Lipoproteins". These techniques will therefore not be discussed further here.

Chemistry

Studies on the lipid and protein moieties of serum lipoproteins have quite definitely established the chemical nature of these macromolecules. Tab. 7 shows the percentage composition of several classes of centrifugally isolated lipoprotein fractions. The composition of the protein moiety will be discussed in detail later. The analysis of the lipid components of these lipoproteins was carried out using a technique combining silicic acid chromatography and infrared analysis [781, 782]. In this method the extracted lipids are separated into three fractions by successive elutions from a silicic acid-Celite column with chloroform-hexane (1:19), chloroform, and methanol. These fractions are redissolved in carbon disulfide and the amounts of cholesterol esters, glycerides, total phosphatides, cholesterol, and free fatty acids determined by infrared absorption measurements.

The amino acid composition of the protein moieties of the lipoproteins has been determined qualitatively using paper chromatography and quantitatively using fluorescence intensities of Xylose derivatives and spectrophotometric measurement of the N-2,4 dinitrophenyl (DNP) derivatives [2137]. The amino acid composition of the S_f 6 class of lipoproteins is shown in Tab. 8. The authors also concluded from their resultst hat the proteins of human serum lipoproteins do not seem to have the same quantitative amino acid composition as serum albumin, fibrinogen, or γ-globulin.

Several methods for the determination of terminal amino acid residues of the peptide chains have been applied to the study of the structure of the lipoproteins [97, 2135]. SHORE found that the S_f 7.9 lipoprotein contained two peptide chains probably consisting of N-glutamic acid-C-serine of approximate molecular weight 380,000. He also found that the S_f 20—60 lipoprotein contained at least one N-serine-C-alanine chain of maximum molecular weight 120,000.

Light Scattering

Several lipoprotein species have been studied by BJORKLUND and KATZ in an attempt to ascertain the molecular weights and dissymmetries of their scattering envelopes [231]. The light scattering photometer used an optical system similar to that used by BRICE [339] and the signal detection and power supplies have been described by KATZ [1206]. The 436 mμ line of an AH-3-mercury vapor lamp was isolated by using a Bausch and Lomb No. 33—79—43 multi-layer interference filter together with a Corning No. 3060 glass color filter. A quarter-wave plate preceded the photomultiplier. Calibration was done using a solution of du Pont "Ludox" that had been cleaned by passage through a millipore type HA filter. All buffers and distilled water used were also filtered using the type HA millipore.

The results found for two of the lipoprotein species, S_f 6.4 and S_f 8.1, at pH 6.7 are shown in Tab. 9. One of the fractions was also studied over a pH range of 3 to 9.6 and showed little or no change in molecular weight.

The same lipoprotein fractions were analyzed centrifugally and the solution density in which the sedimentation velocity was zero was determined, and a molecular volume was calculated. This information was then added to that obtained from light scattering on the molecular weight and dissymmetry of the molecules. The data indicated that the lipoprotein molecules were prolate ellipsoids of axial ratio about two. A spherical model gave a less satisfactory fit with the data and rod-like or coil-like models were ruled out.

Electron Microscope

It was quite apparent from the above information, that the lipoprotein molecules should be of a size such that they could be visualized directly using the electron microscope. Direct visualization can verify the size, shape and molecular integrity of the entities deduced from other physical-chemical techniques. Collagen, fibrinogen, and DNA, for example, have been visualized using this instrument [980]. In addition, the electron microscope can be used in a quantitative manner to determine the molecular weight of a species of macromolecules [2462]. Human serum lipoproteins of the HDL-2, and HDL-3, S_f 6—8, S_f 10—20, S_f 20—400, and chylomicra classes have all been visualized in the electron microscope [1042] and an attempt has been made to determine the molecular weight of the S_f 6—8 class using the particle counting technique [1043].

The lipoprotein fractions were isolated centrifugally using either the broad band [1476] or narrow band technique [1477]. In either case, the distribution in size as shown on the electron micrograph correlated very well with that predicted from centrifugal data.

Isolated lipoprotein fractions were fixed with buffered osmic acid solution [687]. About .02 cc of the lipoprotein solution, as it was pipetted from the preparative tube, was placed in 1 cc of buffered 1 % osmic acid. After standing at room temperature for 24 hours, the lipoprotein solution was further diluted with distilled water until a concentration of approximately 5 mg-% of lipoprotein was reached. A small drop of this solution was then

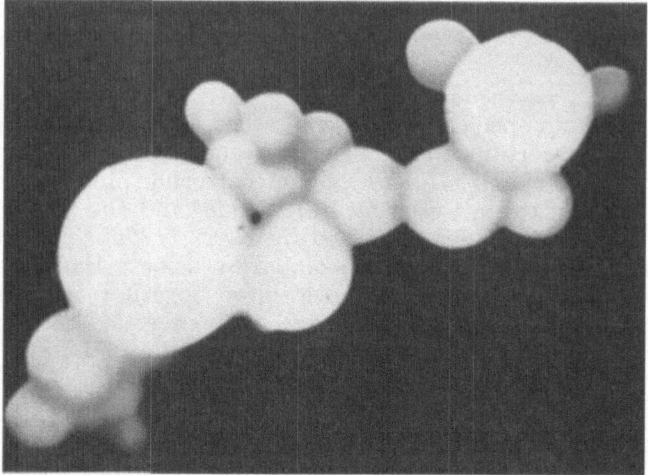

Fig. 1. Electron Micrograph of Centrifugally Isolated Chylomicron Fraction ($\times$ 63,000)

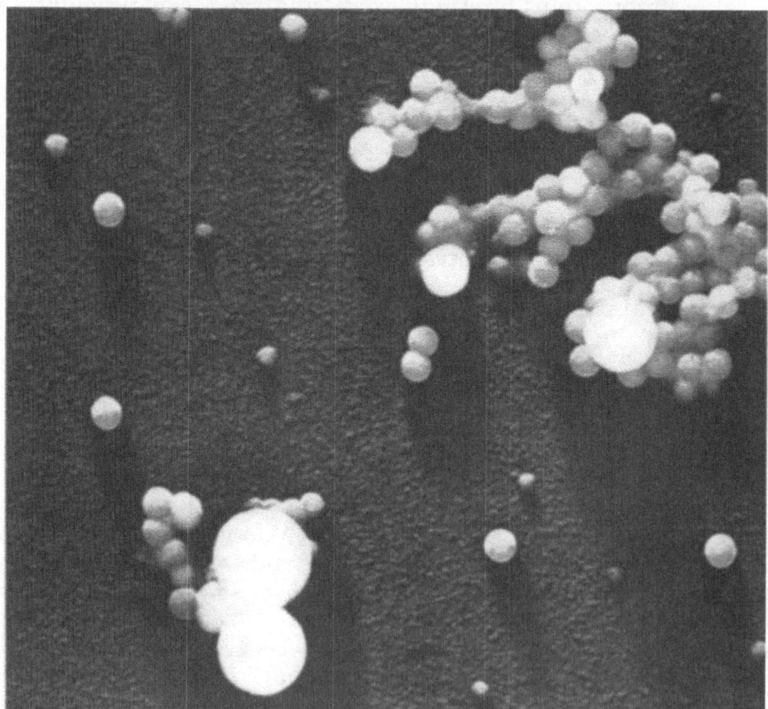

Fig. 2. Electron Micrograph of Human S_f 400 $+$ Lipoprotein. Polystyrene Latex Standards, 880 Å Diameter, are the smaller clamped particles ($\times$ 69,000)

placed on a previously prepared parlodion membrane and the drop immediately taken up with a corner of an absorbent tissue. The specimen was then shadowed using a platinum-palladium-gold alloy (Usine Genevoise De

Degrossisage D'Or, Geneva, Switzerland). Electron micrographe were taken with an R. C. A. EMU-2-E electron microscope.

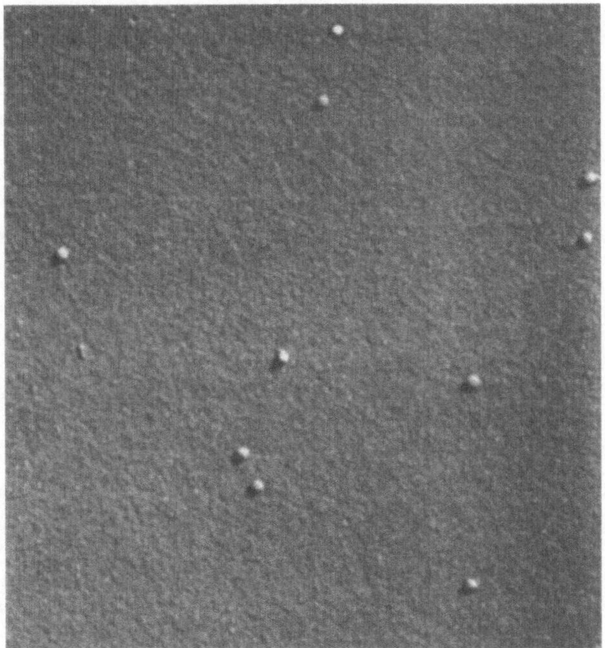

Fig. 3. Electron Micrograph of Human S_f 10—20 Lipoprotein ($\times$ 63,000)

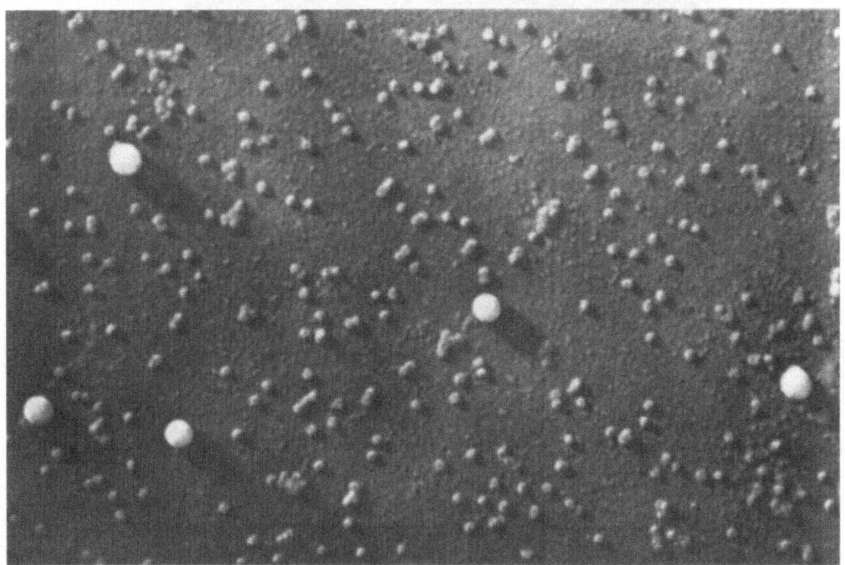

Fig. 4. Electron Micrograph of Human S_f 6—8 Lipoprotein. 880 Å diameter polystyrene latex marker molecules also present ($\times$ 63,000)

Five different classes of lipoprotein macromolecules are shown in Figs. 1 till 5. All are at the same magnifigation so that a comparison of size can be made directly.

For the molecular weight determination, a narrow band of S_f 6—8 fraction of lipoprotein was fixed in osmic acid as described above and

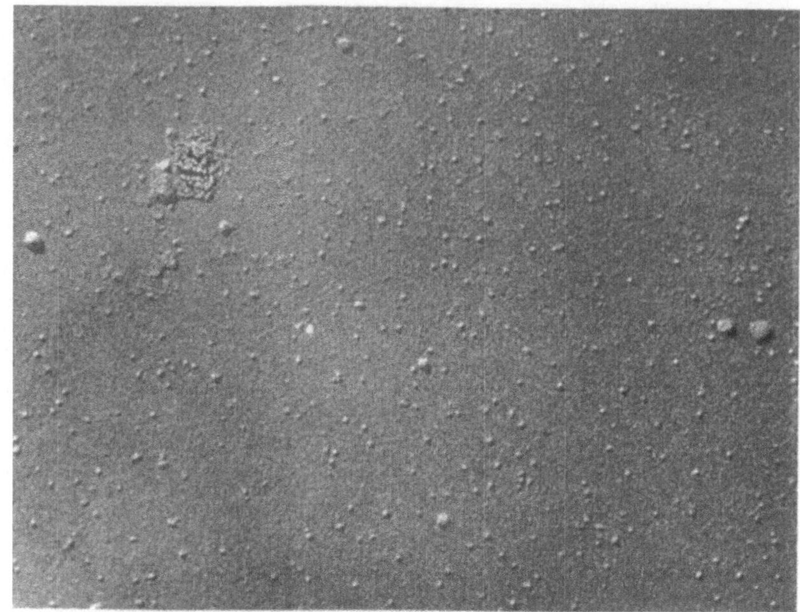

Fig. 5. Electron Micrograph of Human HDL-2 and HDL-3 Lipoprotein ($\times$ 63,000)

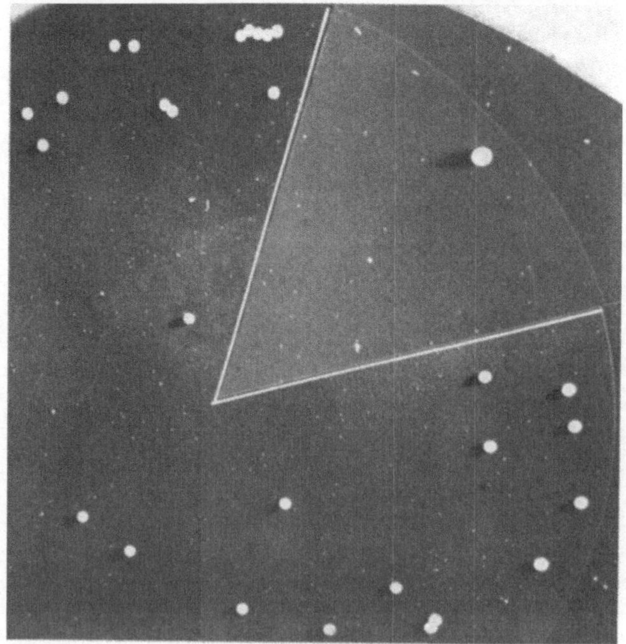

Fig. 6. Spray Drop Pattern. S_f 6—8 Human Serum Lipoprotein. 2640 Å diameter polystyrene latex marker molecules ($\times$ 8,700, Enlarged inset $\times$ 15,000)

sprayed onto a parlodion or formvar film. The solution that was sprayed contained fixed lipoprotein (approximately 2×10^{-6} gm/ml), 2640 Å diameter polystyrene latex (3.4×10^{10} particles/ml) and human serum albumin (0.1%). Spraying was done with a DeVilbiss hand nebulizer and the specimen was shadowed with uranium or platinum-palladium-gold. Entire drops were photographed in the electron microscope, and the number of polystyrene and lipoprotein particles in each drop was counted. The concentration of lipoprotein in the original drop was determined by ultracentrifugal analysis.

To determine the lipoprotein molecular weight, the volume of a drop is calculated by counting the number of polystyrene latex spheres present in the drop. This volume is used to determine the weight of lipoprotein present in the drop from the known lipoprotein weight/volume concentration. The weight of lipoprotein present is then divided by the number of lipoprotein particles present to give the weight per particle, and this is converted to molecular weight.

A typical drop pattern is shown in Fig. 6. The large polystyrene particles and the smaller lipoprotein macromolecules can be seen. The edge of the drop is outlined by the human serum albumin that was included in the sprayed mixture.

The average value for the molecular weight of the S_f 6—8 lipoprotein as determined by this method is 6.9×10^6 (Tab. 10) as compared to about 3×10^6 as determined by ultracentrifugal and light scattering techniques. On close examination, the S_f 6—8 lipoprotein as visualized in the electron microscope seems to be composed of two or more asymmetric sub-units (Fig. 4). Such an hypothesis would explain the high molecular weight found by the particle count method as compared to light scattering or ultracentrifugal methods. The assumption that the visualized structure is composed of two sub-units would also be consistent with known density and molecular volumes [*1477, 1694*].

Conclusion

Much more work will be needed before our knowledge of the lipoprotein macromolecule will allow us to state with certainty its vital physical and

Table 7. *Chemical Composition of the Human Serum Lipoproteins*
% Composition

Lipoprotein Fraction	Protein	Cholesterol Esters	Glycerides	Phospho-lipids	Cholesterol	Unesterified Fatty Acids
HDL-2 and 3 ...	50	14	8	22	3	3
S_f 6—8	25	37	11	19	7	1
S_f 20—400	10	13	50	18	7	2
Chylomicra	2	3	86	8	1	1

Table 8. *Amino Acid Composition of Lipoprotein*

Amino Acid	% of S_f 6 Protein Moiety	Amino Acid	% of S_f 6 Protein Moiety
Leucine	17.3	Alanine	4.4
Tyrosine and Lysine	ca. 15	Arginine	3.5
Glutamic acid	10.8	Proline	3.3
Aspartic acid	10.1	Glycine	2.5
Phenylalanine	7.4	Histidine	ca. 1
Threonine	5.9	Cystine/2...............	ca. 0
Valine	5.8	Isoleucine	ca. 0
Serine	5.4	Methionine	ca. 0
Cysteine	ca. 5	Tryptophane	—

chemical properties. However, a promising beginning has been made and studies are progressing at an ever increasing rate in many different laboratories. A very excellent review by FREDRICKSON [778] and GORDON reflects this progress.

If, in the future, a truly complete understanding of the blood lipids is to be achieved, it must draw heavily on the basic information concerning the physico-chemical structure of the fundamental lipid unit in the blood, the serum lipoprotein.

Table 9.

Serum Lipoprotein Molecular Parameters Obtained From Light Scattering Studies

S_f	Dissymmetry Z	P(90)	Molecular Weight	Axial Ratio	2 b	2 a
6.4	1.030	.980	2.80×10^6	2.16	152 Å	342 Å
8.1	1.035	.976	3.08×10^6	2.42	158 Å	382 Å

Table 10.

Molecular Weight Determination Using Direct Particle Count Method

S_f 6—8 gm/ml	2640 Å PSL Particles/ml	Number of drops counted	Total PSL counted	Total S_f 6—8 counted	Molecular Weight
2.21×10^{-6}	3.4×10^{10}	16	577	3501	6.5×10^6
2.88×10^{-6}	3.4×10^{10}	8	572	3146	8.3×10^6
2.88×10^{-6}	4.0×10^{10}	5	198	1372	6.0×10^6

4. Die hauptsächlichen Lipoproteidklassen

Von

FRITZ A. PEZOLD

Etwa 10% der Plasmaproteine (nach ONCLEY 12 bis 15%) sind Lipoproteide, 4% Alpha-Lipoproteide und 5 bis 6% Beta-Lipoproteide. Es existiert heute kaum noch ein begründeter Zweifel daran, daß diese Lipid-Proteinverbindungen als distinkte biochemische Einheiten aufgefaßt werden können. Sie verhalten sich teils wie typische Proteine, teils besitzen sie von ihnen abweichende Eigenschaften. Sie sind löslich in Wasser und bestimmten Salzlösungen, haben amphoteren Charakter und verhalten sich in der Elektrophorese und Ultrazentrifuge wie typische Proteine (elektrische Ladung, Molekulargewicht, spezifisches Gewicht). Sie *unterscheiden sich von den einfachen Proteinen* durch ihr *niedriges spezifisches Gewicht* und ihre *Hydratation*. Während sich die Dichte der meisten Plasmaeiweißkörper zwischen 1,26 g/ml und 1,38 g/ml bewegt, hat das Gros der Lipoproteide ein spezifisches Gewicht von 0,98 g/ml und 1,15 g/ml. Im Gegensatz zu den einfachen Plasmaproteinen *reagieren* die Lipoproteide des Blutplasmas *auf Wasserentzug* oder *Gefriertrocknung mit Denaturierung*.

Beim Säugetier und beim Menschen lassen sich grob drei *Hauptgruppen* von Lipoproteiden unterscheiden, die Chylomikronen, die Alpha-Lipoproteide und die Beta-Lipoproteide. Die der Elektrophoresenomenklatur entlehnte Fraktionsbezeichnung ist nicht ohne weiteres ihrem Verhalten in vivo bei der Bindung an die Serumglobuline gleichzusetzen. ONCLEY [1732] unterteilt die Lipoproteide folgendermaßen: 1. Chylomikronen (spez. Gewicht etwa 0,94 g/ml), 2. Beta-Lipoproteide der Dichte etwa 0,98, 3. Beta-Lipoproteide von etwa 1,03, 4. Alpha-Lipoproteide von etwa 1,09, 5. Alpha-Lipoproteide von etwa 1,14. Demgegenüber nimmt die GOFMANsche Arbeitsgruppe [*1477*] an, daß ein ganzes Spektrum von Lipoproteiden existiert, vielleicht 100 Klassen, die sich durch die verschiedenen physikalischen, chemischen oder kombinierten Analysemethoden definieren lassen.

a) Ergebnisse physikalisch-chemischer Analysemethoden

Untersuchungen über die Struktur der in biologischen Flüssigkeiten vorkommenden *Lipoproteide* sind dadurch erschwert, daß die Lipid-Proteinverbindungen von sehr variabler Stabilität sind. Es ist daher nicht leicht, sie in dem gleichen Zustand zu isolieren, in dem sie in ihrem natürlichen Milieu vorkommen. Verfahren, die vor der Extraktion eine Dehydrierung oder eine wesentliche Änderung des Ionenmilieus erforderlich machen, sind ungeeignet, weil sie den Zusammenhang der Komponenten modifizieren oder sogar zerstören. Man kann ein wirklichkeitsgetreues Bild von diesen empfindlichen Strukturen nur unter der Bedingung erhalten, daß man sie in intaktem und unmodifiziertem Zustand beläßt.

Von größtem Interesse sind die Wechselbeziehungen zwischen Protein und den Phosphatidkomponenten, weil ihre Kenntnis am besten Einblick in die Bedingungen zu geben vermag, unter denen es zur Präcipitation kommen kann. Modellversuche mit oberflächenaktiven Substanzen von hoher Endgruppenpolarität und geeigneten Eiweißverbindungen haben ergeben, daß die Wasserlöslichkeit bei einem gegebenen p_H weitgehend von dem Verhältnis der beiden Anteile zueinander abhängig ist.

Die *Löslichkeit* eines gegebenen Proteins steht in Beziehung zu seiner Struktur. Sie beruht auf einem komplexen Zusammenwirken von Kräften im Bereich der Molekülaggregate und solchen des Mediums, in dem sie sich befinden. Zu den wichtigsten gehören die Proteinkonzentration, das p_H der Lösung, die Ionenstärke und die Temperatur.

Die älteste Fraktionierungsmethode der Plasmaproteine beruhte darauf, die Löslichkeitsbedingungen durch mehr oder weniger grobe Eingriffe zu ändern. Die sog. „*Aussalzungsmethoden*" beruhten auf der Zugabe von Sulfationen, meist in Form von Ammoniumsulfat (wegen seiner hohen Wasserlöslichkeit).

Kolloidale Partikel, wie die Plasmaproteine, tragen eine *elektrische Ladung*, die entweder von ionisierten Gruppen an der Oberfläche des Moleküls oder von Ionen ausgeht, die an der Oberfläche des Moleküls oder Molekülkomplexes hängen. Diese elektrische Ladung bewirkt angesichts des Dipolmoments der Wassermoleküle die Bildung einer Schicht streng orientierter Wassermoleküle um die Oberfläche herum. Je größer die elektrische Ladung ist, desto dichter ist die Schicht des gebundenen Wassers. Die Hydratation von Proteinmolekülen ist am geringsten am isoelektrischen Punkt. Trotzdem reicht sie noch aus, um die Präcipitation zu verhüten. Diese Oberflächenladung, die für die einzelnen Proteine verschieden groß ist, ermöglicht in geeigneten Pufferlösungen eine schonende Fraktionierung. Sie ist durch die unterschiedliche, von der Größe der elektrischen Ladung abhängige Beweglichkeit im elektrischen Feld gegeben. Es wurde eine Reihe von *Elektrophoresemethoden* für analytische und präparative Zwecke entwickelt.

Eine weitere sehr schonende Methode zur Analyse der Lipoproteide stellt die *Ultrazentrifugierung* dar. Mit diesem Verfahren lassen sich Fliehkräfte erzeugen, die das Vieltausendfache der Erdanziehung betragen. Mit solch enormen Zentrifugalkräften lassen sich Partikel von der Größe der Eiweißmoleküle leicht zur Sedimentation bringen, insofern sie schwerer als das Lösungsmittel sind. Die Sedimentationsgeschwindigkeit einer Substanz ist abhängig vom Zentrifugalfeld, Molekulargewicht, Dichteunterschied zum umgebenden Medium, Reibungswiderstand der sedimentierenden Eiweißmoleküle. Es resultiert eine Anhäufung von Partikeln gleichen Molekulargewichtes in so vielen Sedimentationsschichten, wie differente Gruppen vorhanden sind. Die am Ende der Zentrifugierung in Erscheinung tretende schichtweise Konzentrierung im Zentrifugenröhrchen erfolgt durch die Ansammlung von Stoffen gleicher oder ähnlicher Molekulargröße und ähnlichen spezifischen Gewichts. Durch die während der Zentrifugierung eintretende Verschiebung der betroffenen Partikel treten Dichtigkeitsunterschiede gegenüber dem Suspensionsmedium auf, die mit geeigneter optischer Einrichtung gemessen werden können. Es entstehen so an den Grenzflächen Dichtegradienten, die sich mit fortschreitender Sedimentation in der Richtung der Zentrifugalkräfte fortbewegen. Einzelheiten bei SVEDBERG [*2256*] und PEDERSEN.

Die Ultrazentrifuge wird gewöhnlich zur Trennung von Stoffgemischen herangezogen, deren Partikel schwerer sind als das Medium, in dem sie suspendiert oder gelöst sind. Der *Isolierung der Lipoproteide* aus menschlichem Blutplasma kamen zwei Haupteigenschaften physikalisch-chemischer Natur entgegen. Die Plasmalipoproteide sind Verbindungen mit hohem Molekulargewicht und die Dichte dieser Moleküle in hydriertem Zustand ist geringer als die der Serumproteine. Das relativ niedrige spezifische Gewicht der Lipoproteide brachte als ersten PEDERSEN [*1778*] 1947 auf den Gedanken, durch Erhöhung des spezifischen Gewichtes des suspendierenden Mediums über das der Lipoproteide, diese Moleküle durch scharfes Zentrifugieren an die Oberfläche der Untersuchungslösung zu bringen („Flotation"). Es handelt sich demnach bei dieser Trennmethode darum, auf schonende Weise mittels Ausnutzung der Flotation *in einem Milieu* von künstlich gesteigertem spezifischen Gewicht native Lipoproteide zu isolieren.

α) Äthanolfraktionierung nach COHN

Die seit langem in der Klinik und der Eiweißchemie gebräuchlichen Methoden der fraktionierten Aussalzung erwiesen sich zur Charakterisierung der Lipideiweißkomplexe als zu grobe Eingriffe, da sie mit so vielen Unsicherheitsfaktoren belastet sind. Dieser Umstand veranlaßte SÖRENSEN noch 1930 zu der resignierenden Bemerkung: „Eine definitive Entscheidung, an welches Proteinsystem die Lipide gekoppelt sind, ist nicht möglich. Es ist noch nicht einmal sicher, daß die Lipide im Nativserum wirklich an die Eiweißkomponenten gebunden sind, mit denen sie bei den einzelnen Fällungsmethoden ausfallen."

Einen entscheidenden Fortschritt stellte die von COHN [*466, 467*] inaugurierte *Methode der Alkoholfraktionierung bei tiefer Temperatur* dar, die auf den verschiedenen Löslichkeitseigenschaften der Proteine beruht. Er hatte beobachtet, daß im wesentlichen fünf Faktoren für die Ausfällung von Proteinen bedeutungsvoll sind und unabhängig voneinander variiert und kontrolliert werden können: Eiweißkonzentration, Temperatur, Äthanolkonzentration, p_H und Ionenstärke. Durch die Hinzufügung von Äthylalkohol zum Blutserum werden die Möglichkeiten, spezifische Plasmakomponenten auf schonende Weise zu trennen, erhöht. Die Ionenstärke des Systems wird niedrig gehalten, so daß bei gleichzeitiger Einstellung auf niedrige Temperatur die Denaturierung der Proteine vermieden wird. Durch entsprechende Variation der Bedingungen ist eine fraktionierte Ausflockung der Proteine möglich. Bei sorgfältiger Beachtung der vorgeschriebenen Arbeitsbedingungen lassen sich gut reproduzierbare Ergebnisse erzielen.

In der Folgezeit wurde die Methode durch die COHNsche Schule weiter verfeinert [*1442, 971, 1736, 1963*]. Zur Isolierung der Lipoproteide hat sich die Methode X nach COHN besonders bewährt, mit der LEVER [*1442*], RUSS [*1963*], SWAHN [*2259*], BARCLAY [*130*] und deren Mitarbeiter erfolgreich gearbeitet haben. Durch Verwendung besonderer Pufferlösungen kommt es u. a. zur Bildung schwer löslicher Proteinsalze. Dieser Kunstgriff ermöglicht es, die zur Eiweißfällung erforderliche Äthanolkonzentration herabzusetzen. Die sich bildenden schwerlöslichen Komplexe aus Gamma-Globulin und Beta-Lipoproteiden können durch Glycinzusatz (s. unter „Löslichkeit“) wieder aufgespalten werden (Erhöhung der Dielektrizitätskonstante der Lösung). Dieser chemische Fraktionierungsprozeß im Plasmaprotein ist allerdings wegen der Ähnlichkeit der Löslichkeit verschiedener Komponenten untereinander begrenzt.

Die mittels dieser Technik gewonnenen Präcipitate *enthalten auch nichtlipidhaltige Proteine* (nach ONCLEY [*1734*] bis zu 50 bis 75% der gesamten Plasmaproteine, bezogen auf ihr Trockengewicht). So weist z. B. die Beta-Lipoproteidfraktion (Fraktion I, II und III) Gamma-Globulin, Fibrinogen und 8 bis 10% andere Globuline auf. Die Alpha-Lipoproteidfraktion (Fraktion IV, V und VI) enthält den Hauptanteil des Albumins und 16 bis 20% andere Globuline [*1737*].

Geringe Lipidmengen findet man mittels der *Äthanolfraktionierung* nach COHN oft auch *im Gamma-Globulin* [*2254*]. Es handelt sich dabei nicht, wie man zuerst annahm, um Verunreinigungen durch Beta-Lipoproteid. Denn das Verhältnis von Cholesterin zu Phospholipid (in Molen) ist in dieser Fraktion viel höher (3,9 bis 5,9) als im Beta-Lipoproteid (2,2 bis 2,5). Mit der Gamma-Globulinfraktion fallen bei dieser Fraktionierungstechnik ungefähr 3% des gesamten Plasmacholesterins und etwa 1,5% des gesamten Plasmaphospholipids an [*141, 1442*]. Andererseits zeigt sich weder nach Papierelektrophorese, noch nach elektrophoretischer Auftrennung im Stärkemedium im Bereich der Gamma-Globuline eine Fettfärbung. Wenn eine genügende Trennung der Gamma- von der Beta-Globulinfraktion gelingt, zeigt es sich, daß diese Lipidfraktion („Startpunktlipide“) zu den nicht oder kaum wandernden Lipidanteilen, den Neutralfetten und Chylomikronen, gehört. McFARLANE [*1586*] betont, daß *kein Beweis für eine Lipidbindung durch das Gamma-Globulin vorläge.* Weiteres darüber s. S. 42.

ONCLEY [*1731*] weist bei der Interpretation seiner Befunde ausdrücklich darauf hin (S. 71), daß zur Präparation der Alpha-Lipoproteide relativ drastische Maßnahmen angewendet werden müssen. Deshalb müsse in Kauf genommen werden, daß wahrscheinlich ein Teil dieser Fraktion denaturiert sei. Unter besonderer Vorsicht gelänge jedoch die Präparation, und die in der Tabelle (s. S. 12) angegebenen Zahlen bezögen sich auf ein Produkt, das in relativ reinem Zustand gewonnen worden sei.

Wenn es sich also auch nur um Rohfraktionen handelt, so haben die Ergebnisse dieser Trennmethode doch wesentliche Einblicke in das Verhalten der Serumlipoproteide erbracht. Da sich auf diese Weise wenigstens zwei Lipoproteidklassen gut abtrennen lassen, ist die Äthanolfraktionierungsmethode für vergleichende Untersuchungen sehr nützlich, vorausgesetzt, daß die Originalmethode exakt angewendet wird. Größere Reinheit ließ sich durch die Verarbeitung der „Rohfraktionen" in der Ultrazentrifuge zur Abtrennung von nicht zugehörigem Proteinmaterial erzielen [*130, 1732, 1736*]. Für die Interpretation der Befunde und die Gegenüberstellung von Ergebnissen aus verschiedenen Laboratorien ist natürlich die Angabe der angewendeten Technik unerläßliche Voraussetzung.

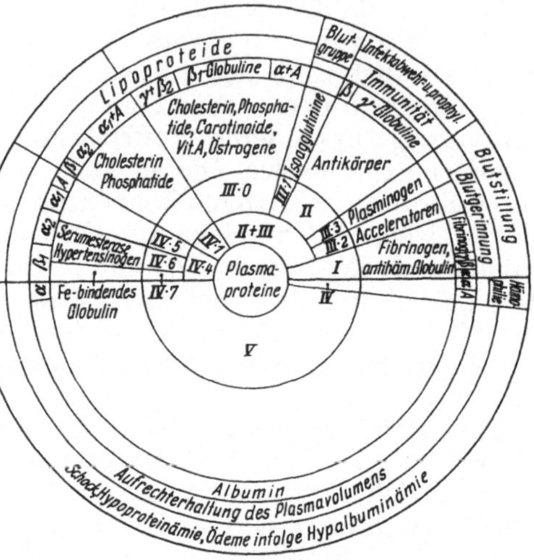

Mit der Äthanolfraktionierung ließ sich eine ganze Skala von Proteinen isolieren. Es zeigte sich, daß sich die Lipoproteide konzentriert in zwei Hauptgruppen finden, den Fraktionen IV, V und VI und den Fraktionen I und III. Die in den Fraktionen IV und V enthaltenen Lipide erwiesen sich als an die Alpha-Globuline (= „Alpha-Lipoproteide") und die der Fraktionen I und III an die β_1-Globuline (= Beta-Lipoproteide) gebunden.

Lipidzusammensetzung der mittels Äthanolfraktionierung gewonnenen Lipoproteidfraktionen des Blutserums (Mittelwerte):

Fig. 7. Ergebnisse der Äthanolfraktionierung von Plasmaproteinen (aus [*658*], S. 179)

Alpha-Lipoproteide: 4% (3 bis 5,5%) des gesamten Plasmaeiweißes
          65% *Proteine*
          35% *Lipide:*
          12% Cholesterin
          23% Phosphatide
Beta-Lipoproteide: 5,5% (4,4 bis 7,1%) des gesamten Plasmaeiweißes
          25% *Proteine*
          75% *Lipide:*
          45% Cholesterin
          30% Phosphatide

Die folgende Tabelle 11 zeigt die Fraktionierungsergebnisse verschiedener Autoren, die mittels der oben erwähnten Technik gewonnen worden sind.

Wie die folgende Tabelle 12 zeigt, ist das Konzentrationsverhältnis des Serumcholesterins und -phosphatids in beiden Lipoproteidfraktionen sowohl nach dem Gewichtsverhältnis, wie auch nach der molaren Verteilung verschieden.

Schon aus diesen beiden Tabellen geht eindrucksvoll hervor, daß sich die beiden Lipoproteidklassen hinsichtlich ihrer physikalisch-chemischen Eigenschaften beträchtlich voneinander unterscheiden. Unter physiologischen Umständen findet man so etwa 70% des Cholesterins im Beta-Lipoproteid (Fraktion I und III nach Cohn) und 30% im Alpha-Lipoproteid (Fraktion IV, V und VI nach Cohn) [*141, 614*]. *Unterschiedlich* ist auch die *Verteilung* des *veresterten* und *unveresterten Cholesterins* auf die beiden Lipoproteinfraktionen [*141*]. Der Quotient unverestertes Cholesterin zu Gesamtcholesterin ist im Vergleich zu dem Verhältnis im Gesamtplasma in der Fraktion I und III (Beta-Lipoproteid) höher und in der Alpha-Lipoproteidfraktion niedriger.

Mittlerweile wurden die *Fällungsmethoden weiter entwickelt*. So kann man neuerdings mit Dextransulfat von hohem Molekulargewicht (etwa 1 000 000) isoliert Beta-Lipoproteide aus dem Plasma fällen [*1731*]. Es erfolgt zunächst eine Präcipitation des Fibrinogens mit Alkohol, anschließend die Behand-

Tabelle 11. *Alpha- und Beta-Lipoproteidkonzentration in normalem menschlichen Blutplasma* Fraktionierungsmethode VI und X nach Cohn

Autor Untersuchtes Material	Lipoproteide mg-%		Anteil am gesamten Plasmaeiweiß (%)		Cholesteringehalt in den Lipoproteiden	
	α	β	α	β	α	β
Cohn [*466*] Mischblut	310	360	4,4	5,0	50	126
Pearsall [*1776*] und Chanutin						
♂, 20—30 J.	219	375	3,0	5,1	35	131
Lever [*1442*]						
♂, 18—40 J.	345	440	4,8	6,2	56	154
Russ [*1963*], Eder und Barr						
♂, 18—35 J.	310	420	3,9	5,3	50	147
♂, 45—65 J.	345	525	4,4	6,6	55	184
♀, 18—35 J.	400	350	5,1	4,4	64	123
♀, 45—65 J.	370	550	4,7	7,1	59	193
Swahn [*2259*] Mischblut	294	360	4,3	5,0	47	126
Barclay [*130*] ♀, 20—30 J.	430	400	5,5	5,1	70	140

Tabelle 12. *Cholesterin/Phospholipidquotient in den Alpha- und Beta-Lipoproteiden des normalen menschlichen Blutplasmas* (nach Oncley [*1731*])

Autoren	nach Gewichtsanteilen		nach molarer Verteilung
Alpha-Lipoproteid			
Cohn [*466*]	0,68	1,36	—
Lever [*1442*]	0,40	0,80	(0,72—1,00)
Russ [*1963*]	0,50	1,00	(0,64—1,24)
Swahn [*2259*]	0,63	1,26	—
Barclay [*130*]	0,62	1,24	—
Beta-Lipoproteid			
Oncley [*1736*], Gurd und Melin ...	1,05	2,1	—
Lever [*1442*]	1,16	2,3	(2,2—2,5)
Russ [*1963*]	1,31	2,6	(1,6—3,2)
Swahn [*2259*]	1,41	2,8	—
Barclay [*130*]	1,20	2,4	—

lung des restlichen Serums mit Dextransulfat. Der erhaltene Komplex wird in einer 1,6 bis 2 molaren Natriumchloridlösung aufgelöst und nach 12stündigem Stehen im Kühlschrank scharf zentrifugiert. Dadurch läßt sich ein großer Teil des Dextrans entfernen. Die überstehende Flüssigkeit wird dann in der Ultrazentrifuge bei verschiedener Lösungsdichte weiter aufgearbeitet.

Alles in allem, die Äthanolfraktionierung nach COHN hat zwar wertvolle Informationen über die Serumlipoproteidkonzentrationen ermöglicht, die besonders für den Methodenvergleich von Bedeutung waren, aber sie erfordert einen enormen Zeitaufwand und hat viele Fehlermöglichkeiten. Der größte Nachteil liegt jedoch darin, daß sie die völlige Abtrennung anderer Plasmaproteine aus den anfallenden Fraktionen nicht gestattet.

Ein wesentlicher Vorzug der COHNschen Methode ist, daß man die verschiedenen Lipoproteide relativ hoch konzentriert gewinnen kann. Sie ist dann die Methode der Wahl, wenn die Präparation größerer Mengen gewünscht wird. Nach ONCLEY [1734] lassen sich unter Verwendung von COHN-Präcipitaten mittels nachfolgender Ultrazentrifugierung bei einer Rotorkapazität von 150 ml insgesamt mehrere Gramm reines Lipoproteid gewinnen, gegenüber etwa 0,5 g bei unmittelbarer Ultrazentrifugierung von Nativserum.

β) Elektrophoresemethoden

β_1) Freie Elektrophorese

Nachdem BENNHOLD [167], wie bereits erwähnt, 1931 mittels elektrophoretischer Methode die Bindung des Serumcholesterins an die Globuline wahrscheinlich gemacht hatte, konnte TISELIUS 1937 mit einer inzwischen wesentlich verbesserten Elektrophoreseapparatur beobachten, daß die im Serum suspendierten Fetttröpfchen mit der Beta-Globulinfraktion wanderten. Der LONGSWORTHsche Arbeitskreis [1499, 1500], sowie BLIX [240] und McFARLANE [1586] stellten durch vergleichende Elektrophoreseuntersuchungen mit Seren vor und nach Extraktion mit lipoidlöslichen Substanzen (Äther, Aceton, Alkohol, bzw. Gemischen dieser Lösungsmittel) fest, daß die Beta-Globulinfraktion nach Entlipidisierung stets vermindert war. Auch *daraus* wurde auf die Trägerrolle der Beta-Globuline geschlossen.

INGER-LOUISE MARNER [1565] untersuchte als erste systematisch mit der TISELIUS-Elektrophorese die Lipidverteilung auf die Serumproteinfraktionen. Ihren Ergebnissen kommt wegen ihrer exakten Meßtechnik besondere Bedeutung zu. Sie hatte nämlich die Empfehlungen ARMSTRONGs und seiner Mitarbeiter bezüglich des Einflusses der begleitenden Lipide auf den Refraktionsindex der Proteinkomponenten in der Trennzelle berücksichtigt. Ihre Aussage gewann überdies dadurch an Anschaulichkeit, daß sie den Lipidgehalt der einzelnen Proteinfraktionen in Gewichtseinheiten angab.

Elektrophoretisch wandern die Lipoproteide in zwei nach der Geschwindigkeit unterscheidbaren Fraktionen, der schnell wandernden Alpha-Fraktion und der langsamer wandernden Beta-Fraktion. Es hat sich daher allgemein eingebürgert, sie Alpha-Lipoproteide und Beta-Lipoproteide zu nennen.

Lipidanalysen ergaben, daß die langsam wandernde „$\alpha_2 + \beta$“-Fraktion am lipidreichsten ist. Sie enthält achtmal soviel Gesamtlipide, zwölfmal soviel Cholesterin und sechsmal soviel Fettsäuren wie die „Albumin + α_1“-Fraktion. Nur die Phosphatidverteilung ist anders. Etwa 60 bis 80% wurden in der schnellwandernden Fraktion I gefunden.

Obwohl die *freie Elektrophorese* im NERNSTschen U-Rohr nicht eine quantitative Trennung der Proteine und Lipoproteide des Blutserums in Fraktionen erlaubt und daher für *praktisch-analytische Zwecke von geringem*

Wert ist, stimmen die MARNERschen [*1565*] Lipoproteidwerte, wenn man von den Phosphatidkonzentrationen absieht, gut mit den durch fraktionierte Fällung (nach der COHNschen Methode X) erzielten Ergebnissen überein. Wegen ihres Aufwandes wird die TISELIUS-Methode heute in erster Linie nur für Reinheitsprüfungen verwendet. Zur Fraktionierung biologischer Flüssigkeiten, insbesondere wenn sie nur in geringen Mengen vorhanden sind, stehen heute einfachere Trennmethoden zur Verfügung.

β_2) Elektrophorese in stabilen Medien

Papierelektrophorese. Die Papierelektrophorese ist nach dem Bekanntwerden der prinzipiellen Trennmöglichkeit von Serumproteinen auf Filterpapier [*598, 599, 930* bis *933*] sehr schnell zur klinischen Routinemethode geworden. Bald nach ihrer Einführung hat man von der *Anfärbbarkeit der Serumlipide mit Fettfarbstoffen Gebrauch gemacht*, um die *Lipoproteide* des Serums darzustellen und ihre prozentuale Verteilung auf die verschiedenen Fraktionen zu messen. Um die Methodik hat sich eine ganze Reihe von Autoren bemüht [*7, 184, 316, 513, 558, 600, 665, 690* bis *692, 722, 725, 838, 915, 957, 979, 1116, 1160, 1363, 1373, 1421, 1583, 1698, 1746, 1873, 1889, 1893, 1937, 1938, 1939, 2014, 2258, 2259, 2483, 2484, 2485*].

SWAHN [*2258, 2259*], MALMROS [*1533*], ANTONINI [*81, 82*], DANGERFIELD [*513*], SCHMID [*2026*], GROSS [*957*], INDERBITZIN [*1144*], BENHAMOU [*163*], FRANKEN [*758*], WUHRMANN [*2482*] und ihre Mitarbeiter unterscheiden *drei Fraktionen*:

1. eine vordere, mit den α_1-Globulinen wandernde,

2. eine mittlere. im Bereich der α_2- und β-Globuline gelegene und

3. eine nichtwandernde, im wesentlichen aus Chylomikronen und Neutralfetten bestehende Fraktion im Gamma-Globulinbereich.

BÖHLE [*276*] u. Mitarb. benennen ihre Fraktionen nach den römischen Buchstaben A, B und C. Zur Fraktion A rechnen sie „sämtliche schnellwandernden Lipide im Bereich der Albumine und α_1-Globuline, sowie eine gelegentlich in 3% unseres Beobachtungsgutes vorkommende ‹Prä-Albumin-Lipidfraktion›". Ihre Fraktion B stellt die „Summe der im Bereich der α_2-, β- und γ-Globuline wandernden Lipide" dar. Die Fraktion C besteht aus den Lipiden, „die bei der Papierelektrophorese entweder am Startpunkt verbleiben oder die nur eine geringe Migration zeigen". Die bei der Papierelektrophorese vor den Albuminen wandernde Lipoproteidfraktion hatten wohl als erste GROSS [*957*] und WEICKER und später BANSI [*124*] u. Mitarb. (sogar in 20% ihres Materials) beobachtet. Wir haben sie bei Anwendung des üblichen Barbituratpuffers von pH 8,6 weder nach Sudanschwarz-, noch nach Ölrotfärbung darstellen können. Auch KLEIN [*1268*] und FRANKEN konnten autoradiographisch kein Lipidmaterial vor der Albuminzone nachweisen. Sie halten es für möglich, daß es sich um Lipopeptide [*153*] gehandelt haben könnte, deren Wanderungsgeschwindigkeit größer als die der Albumine sein müßte. Möglicherweise handelt es sich bei dieser auch von der BANSIschen Arbeitsgruppe [*124, 952*] nachgewiesenen Vorfraktion um die Anfärbung von sudanophilem Material, das der SCHETTLERsche Arbeitskreis [*2014*] im gebräuchlichen Elektrophoresepapier in einer Menge bis zu 50 mg-% nachweisen konnte. Diesen Auswascheffekt, der dem Albumin zukommt, konnten wir [*2484*] mittels der Methode der elektrophoretischen Elution vielfältig zeigen. Es hat dabei manchmal den Anschein, als ob vor der Albuminfraktion oder in ihrem frontalen Anteil eine eigene Fettfraktion läuft. Dagegen kommt eine lipidhaltige Fraktion als

Schnellfraktion (fraction rapide GRABARs, s. URIEL [*2344*]) einwandfrei bei der Elektrophorese in Agar-Gel zur Geltung, anodenwärts kurz vor der Albuminfraktion gelegen [*1797*].

Weitere Unterteilungen betreiben RAYNAUD [*1888, 1889*], BENHAMOU [*163*], DANGERFIELD [*513*], BLÖCH [*252*], WUNDERLY [*2484*] nebst Mitarbeitern.

FASOLI [*689*], ROSENBERG [*1937, 1938*], NIKKILÄ [*1700*], SOULIER [*2165*] und ALAGILLE, LORENZINI [*1503*], KÜHN [*1363*], CHAPIN [*444*], VOIGT [*2364*] und SCHRADER, sowie SCHMIDT [*2033*] und ZERLETT unterscheiden bei der Sudanschwarzfärbung, ebenso auch DURRUM [*600*], PAUL und SMITH, sowie KROETZ [*1353*] und FISCHER bei Anwendung der Ölrotfärbung nur *zwei Fraktionen*, die α_1- und β-Lipoproteidfraktion. Der schneller wandernde Anteil findet sich im Bereich zwischen den Albuminen und α_1-Globulinen (= *Alpha-Lipoproteide*), der langsam wandernde Anteil im Bereich der Beta-Globuline (= *Beta-Lipoproteide*), etwas langsamer wandernd als der Beta-Globulingipfel. Diese Gruppe läßt sich gewöhnlich in zwei weitere Fraktionen aufteilen, die sich in der Farbintensität unterscheiden. Die schwächer gefärbte bleibt in der Umgebung der Startlinie liegen, während die stärker konzentrierte anodenwärts mit der Beta-Globulinfraktion wandert.

In der Nomenklatur strittig ist die am Startpunkt liegenbleibende Fraktion. Die Berechtigung, sie von der Beta-Fraktion abzutrennen, möchten wir in Übereinstimmung mit einer Reihe von Autoren [*444, 722, 1266, 1268, 1270, 1363, 1403, 1700, 1706, 2364, 2365*] bestreiten. Wir halten es in Übereinstimmung mit BERG für nicht richtig, sie Gamma-Lipoproteidfraktion [*758, 957, 1268, 2026*], Gamma-Restfraktion oder „Fettrest" [*124*] zu nennen, da eine echte Bindung von Lipidmaterial an die Gamma-Globuline, wie erwähnt, nicht nachgewiesen worden ist. Wie mit der Elektrophoresemethode am hängenden Streifen, die wir anwenden, gezeigt werden kann, findet sich wohl im Bereich zwischen Startpunkt und dem Beginn der Beta-Globulinzone eine fettaffine Farbstoffzone, eben die Zone der „*Startpunktlipide*", aber nicht im Bereich der Gamma-Globuline. FREISLEDERER [*784*] stellte fest, daß die Herauslösung des „Fettrestes" durch Ausschütteln des Serums mit Äther oder Chloroform möglich ist, ohne daß sich die Gamma-Globulinfraktion quantitativ ändert. Auch aus dieser Beobachtung kann geschlossen werden, daß an die Gamma-Globulinfraktion keine nennenswerten Lipidmengen gebunden sind (s. auch S. 37). Wenn man die lipidhaltige Schleppe im Bereich der Gamma-Globuline (nach Fettfärbung) bei ihrer anodischen Vorwärtsbewegung im elektrischen Feld beobachtet und ihren prozentualen Anteil an dem gesamten Lipidmaterial feststellt, findet man eine mit der Elektrophoresedauer zunehmende „Startpunktlipidfraktion". Die Größe der „Schleppe" nimmt mit der Länge der Wanderungsstrecke zu. Dieses Phänomen dürfte durch die fortlaufende Adsorption von Beta-Lipoproteiden an die Cellulosefaser zustande kommen. Daher lassen sich papierelektrophoretisch keine konstant reproduzierbaren Untergruppen aus der Beta-Lipoproteidfraktion abtrennen.

In der Hauptsache besteht die Startpunktfraktion aus Neutralfett und Chylomikronen, wie sich inzwischen aus Ultrazentrifugenuntersuchungen ergeben hat. Wir halten daher die Bezeichnung dieser Fraktion nach ihrem Wanderungsverhalten für am zutreffendsten, wenn wir uns auch darüber klar sind, daß eine geringe Bewegung der Chylomikronen im elektrischen Feld erfolgt [*2259*]. Da diese Fraktion sich lediglich vom Startpunkt ausbreitet, ohne ihn endgültig zu verlassen, nennen wir sie „*Startpunkt-lipide*".

Die papierelektrophoretisch als *Beta-Lipoproteid* definierte Gruppe wurde von uns [*1794, 1812*] als zu den *mittels Ultrazentrifugierung* abtrennbaren Lipoproteidkomplexen niedriger Dichte (*low density lipoproteins* GOFMANs im Bereich der Flotationsklassen S_f^0 0 bis 400) gehörig identifiziert, während die *Alpha-Lipoproteide* auf dem Filterpapier den *high density lipoproteins* der GOFMANschen Nomenklatur angehören (s. Fig. 8). Das durch

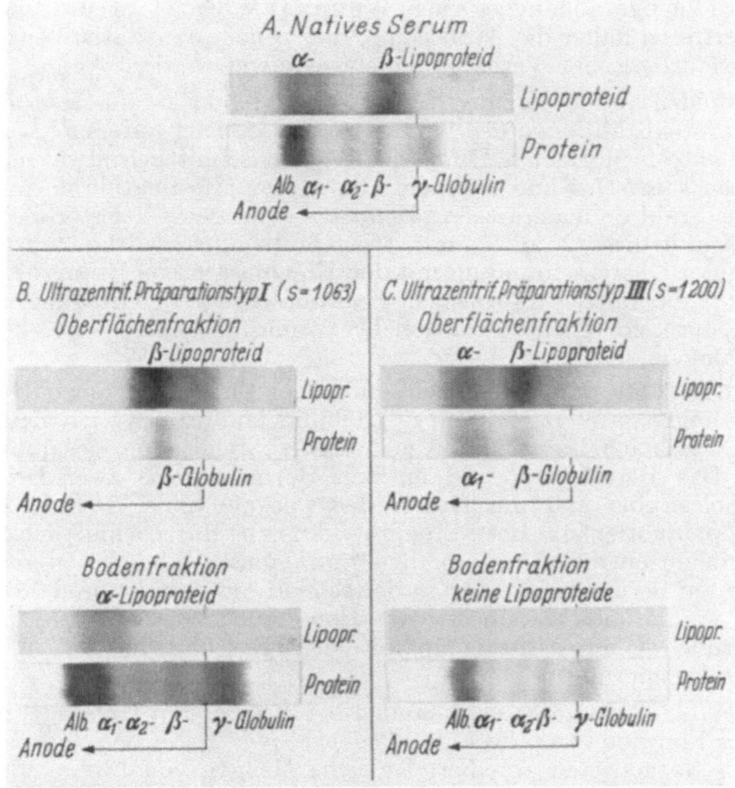

Fig. 8. Papierelektrophorese von Ultrazentrifugaten aus Humanserum

Adsorption bei der elektrophoretischen Wanderung am Papier haftenbleibende Beta-Lipoproteidmaterial zeigt einen ähnlich hohen Neutralfettgehalt, wie die Haupt-Beta-Lipoproteidfraktion. Auch der Cholesterin-Phospholipidquotient dieses adsorbierten Materials entspricht dem im Beta-Lipoproteid. Durch Untersuchungen im Stärkemedium ließ sich zeigen, daß enge Beziehungen zwischen beiden bestehen [*1373*].

Über die *physiologische Streubreite* siehe Abschnitt B III 4 (S. 151).

Je nach der Fraktionseinteilung fanden die Autoren bei Gesunden 25 bis 30% Alpha-Lipoproteide und 70 bis 75% Beta-Lipoproteide, bzw. 20 $\pm$ 5% Alpha-, 50 $\pm$ 10% Beta-Lipoproteide und 25 $\pm$ 10% Startpunktlipide.

Wenn auch die Lipoproteidelektrophorese auf Filterpapier eine hinreichende Auskunft über die Verteilung der beiden elektrophoretisch trennbaren Hauptgruppen der Lipoproteide gibt, so gestattet sie jedoch nicht, die Konzentrationen der Lipidanteile in diesen Fraktionen zu beurteilen. Der Färbung der Serumlipide mit Fettfarbstoffen liegen komplizierte Wechselwirkungen zugrunde. Wie in Modellversuchen von WEICKER [2408], SCHETTLER [2014] und unserem eigenen Arbeitskreis [1802, 1809, 2431] nachgewiesen worden ist, ist die Anfärbbarkeit von Lipidgemischen von der Fettsäurenzusammensetzung der übrigen Komponenten, nicht aber von der Gesamtlipidmenge abhängig. Auch WUHRMANN [2482], MÄRKI und WUNDERLY vertreten daher die Auffassung, daß „eine quantitative Aussage auf Grund des färberischen Verhaltens nicht erwartet werden" kann.

Die Lipidzusammensetzung der mittels Papierelektrophorese gewonnenen Lipoproteidfraktionen des Serums wurde vielfach untersucht. NIKKILÄ [1700] konnte in normalen Humanseren durchschnittlich etwa ein Viertel des *Plasmacholesterins* und etwa ein Drittel der Phosphatide in der Alpha-Lipoproteidfraktion nachweisen. Demnach war der Cholesterin-Phospholipidquotient in dieser Fraktion mit etwa 0,60 ziemlich niedrig. Dieser Befund steht in guter Übereinstimmung mit den Ergebnissen von EDER [617], RUSS und BARR, die mittels COHNscher Fraktionierung diesen Quotienten im Alpha-Lipoproteid (COHNs Fraktion IV, V und VI) zwischen 0,42 bis 0,62 gelegen fanden.

NIKKILÄ [1700] fand eine durchschnittliche Cholesterinkonzentration im a_1-Lipoproteid von 56 mg-%. Im a_2-Globulin fand er etwa ein Zehntel des gesamten Plasmacholesterins und mehr als ein Zehntel der gesamten Phosphatide. Das Beta-Lipoproteid enthielt normalerweise zwei Drittel des Plasmacholesterins und die Hälfte der Phospholipide. Der Cholesterin-Phospholipidquotient im Beta-Lipoproteid betrug durchschnittlich 1,24, die Cholesterinkonzentration um 155 mg-%. Demnach fanden sich rund 25% des gesamten Serumcholesterins in der schnell wandernden und 75% in der langsam wandernden Lipoproteidfraktion. Auch diese Werte stehen in befriedigender Übereinstimmung mit den Ergebnissen der COHNschen Äthanolfraktionierung.

KUNKEL [1373] und SLATER fanden bei ihren ersten Untersuchungen in der Alpha-Fraktion etwas weniger *Phospholipide* als in der Beta-Fraktion, später bei Normalseren annähernd gleiche Mengen von Alpha- und Beta-Phospholipoproteid. NIKKILÄ [1698], WEICKER [2408] und BENHAMOU [163] fanden mit verschiedener Methodik im Papierelektrophoresestreifen etwa 45% ± 15 in der schnell wandernden (Alpha-Lipoproteid) und 40% ± 15 der Serumphosphatide in der langsam wandernden (Beta-) Lipoproteidfraktion. Wir fanden papierelektrophoretisch beim Gesunden in der Beta-Lipoproteidfraktion durchschnittlich 55% der Phospholipide des gesamten Serums. Diese Befunde stehen in guter Übereinstimmung mit einem Schnelltest von CHAPIN [444], der in der Beta-Fraktion 61% (58 bis 82%) und in der Alpha-Fraktion 39% (21 bis 42%) Phospholipide nachwies.

Der Quotient „Gesamtlipid/Phospholipid" beträgt nach CHAPIN [444] im Beta-Lipoproteid 1,2 und im Alpha-Lipoproteid 0,7. Die prinzipielle Übereinstimmung mit dem Cholesterin/Phospholipidquotienten ist bemerkenswert. So fanden RUSS [1963], EDER und BARR durchschnittlich diesen Quotienten für das Beta-Lipoproteid bei 1,35 liegend und für das Alpha-

Lipoproteid bei 0,52. KUNKEL [*1373*] und SLATER gaben diese Werte mit 1,17 bis 1,36 bzw. 0,41 bis 0,62 an.

Papierelektrophoretisch würden die von BRAGDON [*330*], HAVEL und BOYLE mittels Ultrazentrifuge abgetrennten Fraktionen folgenden Gruppen entsprechen: Die Gruppe I BRAGDONs [*330*] stellt sich auf dem Papier als „Startpunktlipide" [*1812*] dar, die Gruppen II und III zusammen als Beta-Lipoproteide (low density lipoproteins) und die Gruppe IV entspricht den Alpha-Lipoproteiden, wie wir [*1812*] zusammen mit GOFMAN und DE LALLA gezeigt haben. Der Triglyceridgehalt der Fraktionen nimmt mit zunehmender Dichte ab, der Proteingehalt zu.

Stärke-Elektrophorese. KUNKEL [*1372*] und SLATER führten die Zonenelektrophorese erstmalig im Stärkemedium durch. Der Stärkebrei hat gegenüber anderen Trägermedien, wie Filterpapier, Glaspuder, Kunstharze, Cellulosesubstanzen und Agar den Vorteil, daß keine Adsorption von Proteinmolekülen an das Trägermedium während ihrer Wanderung im elektrischen Feld eintritt. Selbst die so empfindlichen Lipoproteide wandern störungsfrei. Es tritt daher keine Schwanzbildung auf. SWAHN [*2259*] stellt dies allerdings in Abrede. Ein wesentlicher Vorteil gegenüber der Papierelektrophorese beruht darin, daß die Triglyceride nicht am Startpunkt infolge Adsorption an das Papier liegenbleiben, sondern frei wandern [*1373, 2015*] und dabei gleichzeitig einen Teil des Cholesterins und der Phosphatide zugunsten der schneller wandernden Lipoproteidanteile mitnehmen [*1765*]. Diese Methode hat den weiteren Vorzug, daß sie ähnlich wie die Papierelektrophorese zu einer völligen Trennung des Serums nach Fraktionen führt und nicht, wie die freie Elektrophorese, nach Komponentensummen. Der relativ stark in Erscheinung tretende elektroendosmotische Effekt wirkt sich hier für den Trennvorgang günstig aus, da er eine starke kathodische Bewegung des Gamma-Globulins hervorruft. Dadurch kommt es zu einer guten Abtrennung dieser Fraktion vom Beta-Globulin und Beta-Lipoproteid. Die Stärkeelektrophorese eignet sich daher ganz besonders zur weiteren Verarbeitung der Fraktionen.

Die Auftrennung ist ähnlich der in Filterpapier. ACKERMANN [*7*] u. Mitarb. fanden neben den Hauptfraktionen α_1 und β noch eine zwischen beiden gelegene, die oft α_2-Lipoproteidkomponente genannt wird. Im Gegensatz zur Papierelektrophorese findet man auf den Stärkeplatten keinen an der Startstelle liegenbleibenden Fettrest („Startpunktlipide"). KUNKEL [*1375*] und TRAUTMAN konnten im Stärkeblock dagegen zwischen der Alpha- und Beta-Lipoproteidfraktion eine weitere, in der α_2-Region gelegene, lipidhaltige Fraktion nachweisen. Sie konnten weiter mittels nachträglicher elektrophoretischer Untersuchung von Ultrazentrifugaten zeigen, daß es sich um Lipoproteide sehr niedriger Dichte handelt, die bei der Stärkeelektrophorese mit der α_2-Globulinfraktion wandern.

Es ist bemerkenswert, daß die Trennergebnisse im Stärkeblock mit den durch *Äthanolfraktionierung* erhaltenen Lipoproteidwerten trotz der völlig verschiedenen Methodik im großen und ganzen übereinstimmen, soweit es sich um normale Seren handelt. Der Cholesterin-Phospholipidquotient der beiden Hauptkomponenten steht in guter Übereinstimmung mit den Ergebnissen der chemischen Fraktionierung.

Gegenüber der *freien Elektrophorese* besteht keine Übereinstimmung. Die Zunahme des Refraktionsindex bei der TISELIUS-Elektrophorese ist durch den Lipidgehalt der Lipoproteide bedingt. Die α_1-Globulinfraktion kommt bei der freien Elektrophorese nicht zur Darstellung und die

Konzentrationsunterschiede der Beta-Lipoproteide sind durch den Lipidgehalt bedingt. Im Stärkemedium wandert die Beta-Lipoproteidfraktion etwas langsamer als die Masse des Beta-Globulins.

Wie im Filtrierpapier, ist die Lokalisation und die Wanderungsgeschwindigkeit der Proteinfraktionen von der Zusammensetzung der verwendeten *Pufferlösung* abhängig. In Barbituratpuffer mit einem p_H 8,6 und einer Ionenstärke $\mu = 0,1$ wandern die α_1-Globuline zum Teil schon im Bereich des Albumins. In Phosphatpuffer bei p_H 6,5 wandern sie teilweise *vor* dem Albumingipfel.

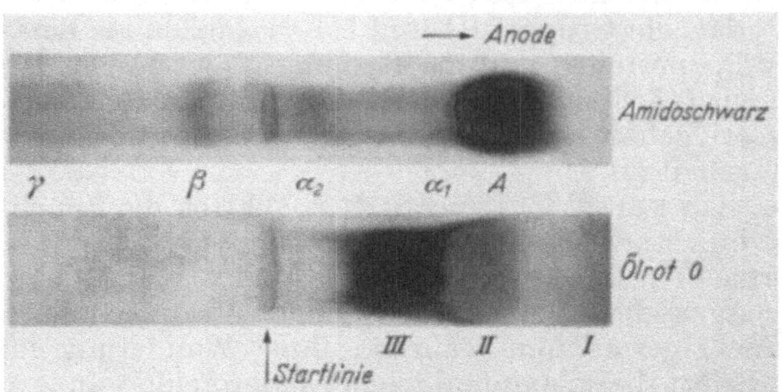

Fig. 9. Komplettes Serum nach elektrophoretischer Auftrennung in Agargel (aus PEZOLD [*1797*])

Elektrophorese in Agargel. Mittels Elektrophorese in Agargel nach der Technik von URIEL und GRABAR konnten wir [*1797, 1813*] zeigen, daß die Lipide anders als auf dem Papier wandern. Sie finden sich im Agar in drei Gruppen: Eine „langsame Fraktion" III im Bereich des α_1-Globulinkomplexes gelegen, eine mittlere als „Lipalbumin" II bezeichnete und eine „schnelle Fraktion" I (fraction rapide nach GRABAR). Sie wandert dem Albumin voraus. Keine dieser Lipidgruppen läßt bei der parallel durchgeführten Proteinfärbung eine räumliche Beziehung zu den bekannten und auch im Agar-

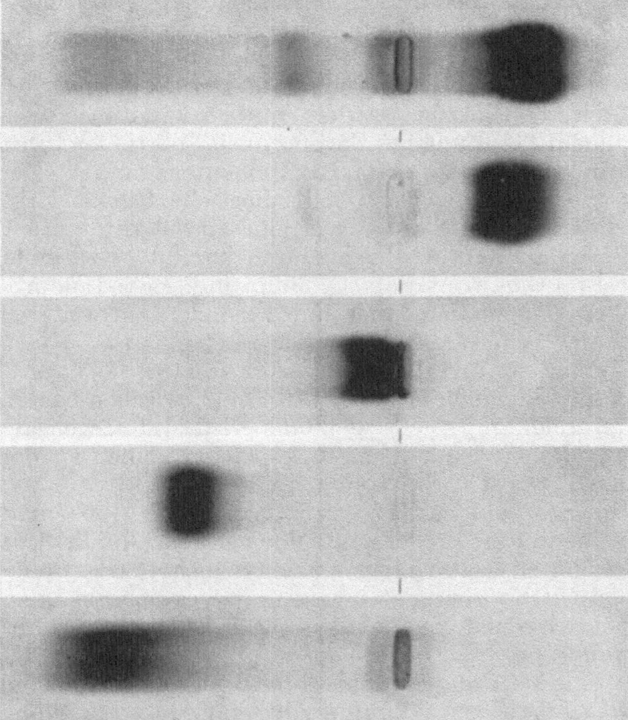

Fig. 10. Agar-Elektrophorese reiner Proteinfraktionen im Vergleich zu einem kompletten Serum (aus PEZOLD [*1813*])

milieu klar trennbaren Proteinfraktionen erkennen (s. Fig. 9).

Man kann daraus wohl schließen, daß hinsichtlich der Lipid-Proteinkomplexe eine gewisse Dissoziation und elektrische Ladungsänderung der neuen Molekülgruppen eingetreten ist. Aus dieser Beobachtung erhob sich die Frage, ob sich auch isolierte Lipoproteid- und Proteinfraktionen in

Agargel anders verhalten wie in Filtrierpapier. Mit *isolierten Human-proteinfraktionen* ließ sich zeigen, daß sich diese nach elektrophoretischer Wanderung an den gleichen Stellen wie die entsprechenden Fraktionen des kompletten Serums befinden (s. Fig. 10).

Die auf Filterpapier als Beta-Lipoproteid erscheinende *Oberflächen-fraktion eines Ultrazentrifugats* (D = 1,063) (s. Fig. 11) bildet sich bei der Agar-Elektrophorese als „langsame Fraktion" ab. Das *Beta-Globulin* erscheint jedoch *bei dieser Technik fettfrei.* Das zweite abgebildete Ultra-zentrifugat (Oberflächenfraktion bei D = 1,200), das in Filtrierpapier nach

Eiweißfärbung nur das Al-pha- und Beta-Globulin und nach Fettfärbung das Alpha- und Beta-Lipoproteid auf-weist, zeigt in Agar nur die „langsame" und die „schnel-le" Lipidfraktion. Das Lipal-bumin konnten wir bisher in Ultrazentrifugaten nicht wie-derfinden. Demnach scheint das Alpha-Lipoproteid der Papierelektrophorese der *fraction rapide* im Agargel zu entsprechen.

γ) Ultrazentrifugenanalyse

Die von GOFMAN [*877* bis *879*] und seiner Arbeitsgruppe entwickelte Ultrazentrifugen-analyse beruht auf standardi-sierten Versuchsbedingungen. Dadurch ist sie exakt repro-

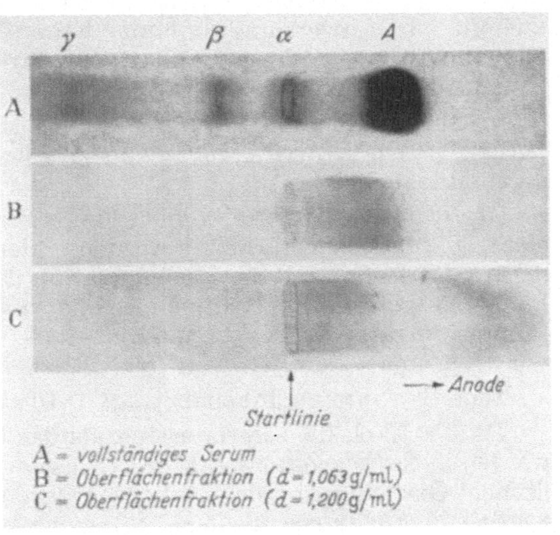

Fig. 11. Elektrophoretische Darstellung definierter Ultrazentri-fugate in Agargel (aus PEZOLD [*1797*])

duzierbar. Je nach der gewünschten Auskunft wird das spezifische Gewicht der Suspensionslösung durch Zugabe definierter Salzlösungen (NaCl, KBr) oder schweren Wassers so variiert, daß es etwas größer ist als das Lipopro-tein mit der größten Dichte in der zu analysierenden biologischen Flüssigkeit.

Das *spezifische Gewicht* der Triglyceride liegt bei 0,920, des Cholesterins bei 1,060, der Cholesterinester und der Phosphatide bei 0,990 bzw. 0,970 (wahrscheinlich!) und der Peptide nahe 1,350 g/ml. Leider fehlt bis jetzt ein Suspensionsmittel, dessen spezifisches Gewicht niedriger als Wasser ist.

Die eigentümliche Verteilung der Serumlipidfraktionen nach der Ultra-zentrifugation ist in der Komplexnatur der Lipoproteide begründet. Sie wird sowohl von dem Verhalten der Protein-, wie auch der Lipoidkompo-nente, schließlich auch von der Menge und Beschaffenheit der nicht mit Lipo-iden gekoppelten Serumproteine bestimmt. Der am Komplex beteiligte Proteinanteil erscheint in bezug auf die Schichtlokalisation besonders wichtig für die unteren Lagen (im Ultrazentrifugalfeld) zu sein.

Das GOFMAN-Team trennt die Serumlipoproteide bei drei Dichtestufen, die willkürlich eingeführt worden sind: Bei 1,063 g/ml, 1,125 g/ml und 1,200 g/ml. Bei 1,063 g/ml erscheinen an der Oberfläche alle Lipoproteide bis zu einer Dichte von 1,04 g/ml. Es sind die low density lipoproteins der Flotationsklassen S_f 0 bis 400 und darüber. Bei einem spezifischen Gewicht von 1,125 g/ml flotieren die Lipoproteide der Dichtestufen 1,050 g/ml und

1,075 g/ml, die zu den high density lipoproteins gehören und HDL_1 und HDL_2 bezeichnet werden. Bei 1,200 g/ml kommt es zur Flotation der Lipoproteide der Dichte von 1,145 g/ml, die der HDL_3-Gruppe angehören. Die am meisten interessierenden Lipoproteidgruppen niedriger Dichte lassen sich bei einem spezifischen Gewicht von 1,063 g/ml nahezu quantitativ zur Flotation bringen.

Der besondere Vorzug dieses als *präparative Ultrazentrifugierung* bezeichneten Verfahrens gegenüber anderen physikalisch-chemischen und chemischen Trennmethoden liegt darin, daß sich Fraktionen von großer Reinheit gewinnen lassen. Unter der Voraussetzung, daß die gleiche Trenntechnik zur Anwendung kommt, kann eine gute Übereinstimmung der Ergebnisse verschiedener Laboratorien erreicht werden.

Über die verschiedenen Methoden der Ultrazentrifugenanalyse s. bei SVEDBERG [*2256*] und PEDERSEN, GOFMAN [*877, 878, 1391*] u. Mitarb., GREEN [*938*], LEWIS [*1459, 1460, 1461*] sowie TURNER [*2338, 2339*] und deren Mitarbeitern.

Zur weiteren Analyse können die so getrennten Gruppen chemisch oder elektrophoretisch verarbeitet werden. Oder man bestimmt in der „*analytischen Ultrazentrifuge*" die Konzentration der einzelnen Klassen. Die Benennung der getrennten Gruppen erfolgt nach dem Grad ihrer Wanderung (Migration rate) in SVEDBERG-Einheiten, eine Bezeichnung, die zu Ehren von SVEDBERG, dem Erfinder der Ultrazentrifuge, gewählt worden ist.

Eine SVEDBERG-Einheit beträgt $1 \cdot 10^{-13}$ cm/sec/dyn/g.

Die Partikel, die schwerer sind als das Suspensions- oder Lösungsmittel werden in *Sedimentationseinheiten* (S_s) gemessen, jene von geringerem spezifischen Gewicht, die sich daher entgegen der Zentrifugalkraft bewegen, werden in *Flotationseinheiten*[1] (S_f) gemessen, praktisch dem gleichen, nur entgegengesetzt gerichteten Maß. Ein Molekül, das mit einer Geschwindigkeit von 5×10^{-13} cm/pro sec/pro Einheit Feldstärke in der Ultrazentrifuge sedimentiert, hat demnach einen S_s-Wert von 5. Dieses Molekül gehört also der S_s5-Klasse an. Entsprechend verhält es sich mit den Partikeln, die bei höherer Dichte des suspendierenden oder lösenden Mediums flotieren. Sie werden in S_f-Einheiten gemessen.

Die Flotationsgruppen, die vom GOFMANschen Team zuerst beschrieben und heute weitgehend akzeptiert sind, beziehen sich auf ein spezifisches Gewicht von 1,063 g/ml des suspendierenden Mediums. Dies entspricht der Dichte einer 1,65 molaren Natriumchloridlösung. Die Lipoproteide niedriger Dichte (low density lipoproteins) rangieren zwischen den Flotationsklassen S_f 4 bis S_f 40 000.

Wie die große vergleichende Untersuchungsreihe in USA [*887*] gezeigt hat, bestehen erhebliche Schwierigkeiten in der Auswertung, die nur durch genaue Beachtung der Berechnungsgrundlagen vermieden werden können. Ursprünglich wurden die Flotationsgrößen (flotation rates) unmittelbar in S_f-Einheiten ohne Berücksichtigung der während der Ultrazentrifugation eintretenden Konzentrierung der Moleküle ausgedrückt. Da jedoch mit zunehmender Konzentration in einem gegebenen Sedimentationsfeld eine gegenseitige Verlangsamung der sedimentierenden (und natürlich auch der flotierenden) Moleküle eintritt, wurde ein Korrekturfaktor eingeführt und die so erhaltenen Meßwerte als Standardflotationsgrößen bezeichnet. Damit

---

[1] flotare = schwimmen

ist keine willkürliche Komplizierung des Verfahrens eingetreten, wie PAGE [1752] und LEWIS [1467] fälschlicherweise gemeint haben, sondern lediglich die Abhängigkeit der Flotation von der Konzentration und die damit verbundenen JOHNSTON-OGSTON-Effekte berücksichtigt. Es ist schwierig, festzustellen, ob die Lipoproteide eine große Zahl von Individuen mit spezifischen Flotationsgrößen oder ob sie eine kontinuierliche Skala aller Größen darstellen. Daher werden bis heute die Lipoproteidkonzentrationen im Serum in Gruppen gemessen, deren Grenzen nach ihrer Häufigkeit festgelegt sind. Sie sind daher willkürliche Übereinkommensgrößen. Bedauerlicherweise existiert in der Literatur eine auf LENA LEWIS zurückgehende unterschiedliche Nomenklatur der einzelnen Flotationsklassen. Bei Unkenntnis dieser Tatsache ist es manchmal schwierig, die Angaben verschiedener Untersucher miteinander zu vergleichen.

Die Methode ist noch weiter ausbaufähig, wenn man chemisch-analytische, serologische, immunochemische [929], elektrophoretische und chromatographische Methoden zur weiteren Analyse der Ultrazentrifugate hinzunimmt. Eine vielversprechende Fortentwicklung ist die von MANNICK [1552, 1553] und ONCLEY [1738] angegebene Methode, mit der es mittels Anwendung eines *Dichtegradienten-Zentrifugierröhrchens* möglich ist, in einem einzelnen Arbeitsgang in der Ultrazentrifuge eine Reihe von Lipoproteiden gleichzeitig zu trennen. Dieses Verfahren beruht auf der Herstellung eines Sedimentationsgleichgewichtes zwischen den größeren Proteinmolekülen in einem Dichtegradienten. Man verbringt eine konzentrierte Salzlösung auf den Grund des Röhrchens und schichtet darüber weniger konzentrierte Lösungen. Wenn sich auch infolge Diffusion die Dichtegradienten in den ersten Stunden der Ultrazentrifugation etwas ändern, so stellen sich die Lipoproteide in der Flüssigkeitsschicht ein, in der ihr spezifisches Gewicht dem des Dichtegradienten gleichkommt. Dieses Verfahren wurde mit gutem Erfolg zur Reinigung von Lipoproteiden der Dichten 0,98 bis 1,05 g/ml angewendet.

Tabelle 13. *Nomenklatur der mittels Ultrazentrifugierung getrennten Lipoproteidklassen (aus [1760])*

nach LEWIS	nach GOFMAN
$-S_{1,21}$ 0— 20	high density lipoproteins (Alpha-Lipoproteide)
$-S_{1,21}$ 20— 25	S_f^o 1— 3
$-S_{1,21}$ 25— 40	S_f^o 3— 12
$-S_{1,21}$ 40— 70	S_f^o 12— 20
$-S_{1,21}$ 70—300	S_f^o 20—100

Hier begegnen sich die aus der Weiterentwicklung der Äthanolfraktionierung entstandenen neuen Methoden (s. S. 39).

Über die Lipidzusammensetzung menschlicher Seren liegen *chemische Analysen von Ultrazentrifugaten* (nach präparativer Ultrazentrifugierung) vor [823, 1036, 1083, 1475, 1476 und deren Mitarbeiter].

Die LINDGRENschen [1476] Untersuchungen bestätigten die schon mit anderen Untersuchungsmethoden erzielten Ergebnisse, daß die verschiedenen Lipoproteidklassen in ihrer Bestückung mit Lipiden stark voneinander abweichen. Je größer das Partikel, um so größer ist sein Lipidgehalt. Umgekehrt verhält sich der Peptidanteil. Daher enthalten die Alpha-Lipoproteide viel Peptide, die Beta-Lipoproteide wenig, dafür aber viel Lipide. Im Gegensatz dazu erscheint die Lipidzusammensetzung der Lipoproteide derselben Klasse, von verschiedenen gesunden Personen gewonnen, relativ konstant. Darüber hinaus erbrachte die chemische Untersuchung relativ enger Lipoproteidbereiche, z. B. der S_f4- bis 8-Klassen keine signifikanten Unterschiede in der Lipidzusammensetzung gegenüber den Klassen $S_f 0$ bis 20. Die Verteilung der Lipide (verestertes und freies Cholesterin, Phospholipide, Glyceride) auf die GOFMANschen Lipoproteidklassen zeigt die folgende Tabelle 14:

Tabelle 14. *Chemische Zusammensetzung von Ultrazentrifugaten aus Nüchternserum gesunder Versuchspersonen*
(in % vom Gesamtlipid)
(nach LINDGREN [*1476*])

Nr.	Cholesterinester	unverestertes Cholesterin	Phosphatide	Glyceride	unveresterte Fettsäuren
		$S_t\ 20$—*400-Klassen* (nach GOFMAN)			
1	13	10	18	58	1
2	13	5	21	61	<1
3	9	6	20	64	<1
		$S_t\ 0$—*20-Lipoproteidklassen*			
1	51	10	24	14	1
2	45	11	26	17	1
3	47	12	24	16	1
		Lipoproteide hoher Dichte			
1	29	5	46	15	5
2	15	7	51	20	7
3	20	6	39	30	5

Wie die GOFMANsche Arbeitsgruppe [*1174*] bereits 1951 mitgeteilt hat, setzen sich die S_f400- bis 40000-Klassen zu über 75% vom Gesamtlipid aus Glyceriden zusammen. Auf den Rest verteilen sich Cholesterin und Phospholipide.

Wie die vorstehende Tab. 14 und die Fig. 12 zeigen, weisen den höchsten Cholesteringehalt die Lipoproteidklassen $S_f 0$ bis 20 und den höchsten Phosphatidgehalt die Lipoproteide hoher Dichte auf. Die Lipoproteide der Klassen $S_f 20$ bis 400 bestehen zu rund 60% aus Glyceriden. Der Rest verteilt sich auf Cholesterin und Phospholipide, wobei die Phospholipide etwas überwiegen.

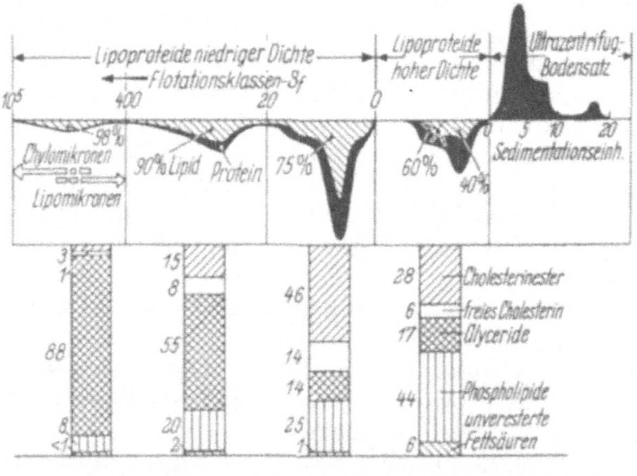

Fig. 12. Lipid-Proteinverhältnis und prozentuale Verteilung des Lipidmaterials in den Lipoproteiden (aus LINDGREN [*1477*])

lipide etwas überwiegen. Im einzelnen enthalten die Lipoproteide der $S_f 0$- bis 20-Klassen rund 60% Cholesterin und 25% Phosphatide. Der verbleibende Lipidrest besteht aus Glyceriden. Die Lipoproteide hoher Dichte bestehen aus rund 45% Phospholipiden, 30% Cholesterin und der Rest aus Glyceriden. Die Konzentration der ungesättigten Fettsäuren beträgt in den $S_f 20$- bis 400-Klassen und $S_f 0$- bis 20-Klassen etwa 1%, in den Lipoproteiden hoher Dichte durchschnittlich 5%.

Die unterschiedliche Lipidverteilung auf die einzelnen Flotationsklassen innerhalb der Beta-Lipoproteide geht beispielsweise aus dem Vergleich der Gruppen S_f0 bis 20 und S_f20 bis 400 hervor.

Die vorliegenden Ultrazentrifugenuntersuchungen haben den übereinstimmenden Befund erbracht, daß unter Normalbedingungen bei beiden Geschlechtern die Lipoproteide niedriger Dichte rund zwei Drittel des im Serum vorhandenen Cholesterins enthalten, während das restliche Cholesterin auf die Lipoproteide hoher Dichte verteilt ist. Die Serumphosphatide finden sich bei der Frau zu etwa 65% (beim Mann rund 60%) in den Lipoproteiden hoher Dichte und zu rund 35% in den Lipoproteiden niedriger Dichte.

Wegen der unterschiedlichen Bedeutung der einzelnen Lipoproteidklassen trennten HAVEL [*1036*], EDER und BRAGDON durch *fraktionierte Ultrazentrifugierung* weitere Gruppen auf und analysierten die Ultrazentrifugate chemisch. Ihre von den Befunden von LEWIS [*1463*] und PAGE abweichenden Ergebnisse bezogen sie auf die unterschiedliche Methodik. Sie stellten fest, sich daß mit der LEWISschen Methode ein Teil des Cholesterins nicht zur Flotation bringen läßt. Dagegen stimmten ihre Ergebnisse ausgezeichnet mit den Befunden von RUSS [*1963*], EDER und BARR überein, die die COHNsche Fraktionierungsmethode X anwendeten.

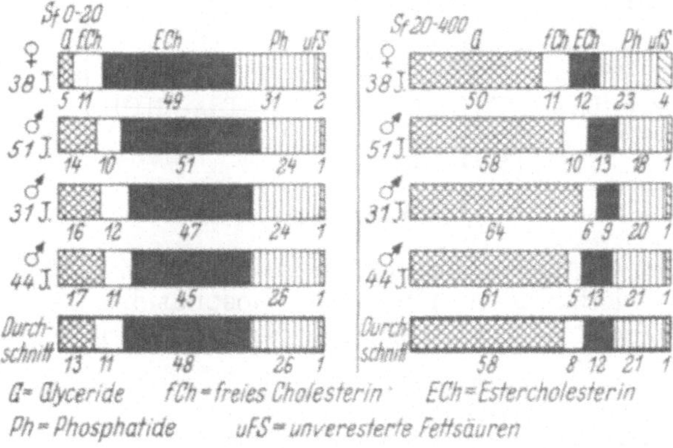

Fig. 13. Prozentuale Zusammensetzung der Lipoproteide S_f 20 bis 400 und S_f 0 bis 20 bei klinisch Gesunden (Nüchternblutserum)

BRAGDON [*330*], HAVEL und BOYLE trennten stufenweise durch Änderung des spezifischen Gewichtes des suspendierenden Mediums aus dem

Tabelle 15. *Das Lipoproteidsystem*
(vereinfacht)

Gruppe	spez. Gewicht	Elektrophorese		Ultrazentrifuge	Äthanolfraktionierung
Chylomikronen	0,940 / — 0,980 g/ml	„Startpunktlipide"		bei D = 1,006 g/ml 9500·g für 10 min	—
Beta-Lipoproteide	0,980 — 0,163 g/ml	„Beta-Lipoproteide"	β- u. α_{-2} Lipoproteide	L. P. niedriger Dichte S_f^o 0—400 (GOFMAN)	Fraktion I und III
Alpha-Lipoproteide	1,063 — 1,210 g/ml	α_1-Lipoproteide		L. P. hoher Dichte (HDL$_{1-3}$ nach DE LALLA)	IV, V und VI nach COHNS Methode X

Serum gesunder Personen vier verschiedene Lipoproteidfraktionen ab. Bei der Dichte D = 1,005 g/ml ließen sich die *Chylomikronen* (I) abtrennen. Bei einer Dichte von 1,019 g/ml brachten sie die Gruppen $S_f > 10$ (II) zur Flotation. Unter erneuter Ultrazentrifugierung der verbleibenden Bodenfraktion bei einem spezifischen Gewicht von 1,063 g/ml ließen sich die Gruppen S_f 0 bis 10 (III) abtrennen. Schließlich kamen bei einer Dichte von

1,21 g/ml die Lipoproteide hoher Dichte (IV) an die Oberfläche. Mit dieser Methode gelang es diesem Arbeitskreis, in den isolierten Fraktionen 98%

Tabelle 16. *Chemische Zusammensetzung von Lipoproteiden aus Seren gesunder Personen nach fraktionierter Ultrazentrifugierung*
(nach ONCLEY und EDER)

Fraktion	Au-tor	spez. Gewicht g/ml	S_f	Plasma-kon-zentr. mg-%	prozentuale Verteilung					
					Pep-tide	Phos-pha-tide	Chol-este-rin	Tri-gly-ceride	f.Ch./ G. Ch.	G.Ch./ Phos.
I. Chylo-mikronen	E	D<1,006	—	unter-schiedl	2,5	7,1	9,1	81,3	0,46	0,95
	O	D=0,94 (25° C)	< 400		2,0	7,0	8,0	83,0	—	—
II. β_1+a_2-Lipoprot.	E	D=1,007—1,019	12—20	—	7,1	17,9	22,2	51,8	0,37	0,90
	O	D=0,98	—	150	9,0	18,0	22,0	51,0	—	—
III. β_1-Lipo-proteide	E	D=1,019—1,063	0—12	—	20,7	23,1	46,9	9,3	0,24	1,30
	O	D=1,03	—	320	21,0	22,0	47,0	10,0	—	—
IV. a_1-Lipo-proteide	E	D=1,063—1,210	HDL_2—HDL_3	—	46,4	26,1	19,4	8,1	0,16	0,48
	O	D=1,09	—	80	33,0	29,0	30,0	8,0	—	—
	O	D=1,14	—	380	57,0	21,0	17,0	5,0	—	—

E = EDER; O = ONCLEY

des gesamten Serumcholesterins und 99% der gesamten Serumphosphatide wiederzufinden. Über die Phosphatidkonzentration in Ultrazentrifugaten siehe PHILLIPS [1823]. Die Serumglycerinphosphatide verteilen sich gleichmäßig auf die Alpha- und Beta-Lipoproteidfraktion. Dagegen finden sich $3/4$ des Serumsphingomyelins in der Beta-Fraktion. Die Phosphatidzusammensetzung des Alpha-Lipoproteids besteht im Durchschnitt aus 90% Glycerinphosphatiden und 10% Sphingomyelin. Die Phosphatide des Beta-Lipoproteids bestehen dagegen nur aus 75% Glycerinphosphatiden und 25% Sphingomyelin [1211].

Fig. 14.
Lipoproteinfraktionierung. Ein Vergleich verschiedener Trennmethoden

zum Lipidgehalt und der prozentualen Lipidverteilung, sowie zur Größe der Flotationsrate zeigen die Tab. 15 und 16 und die Fig. 12 (S. 50).

Die Beziehungen der mit verschiedenen Trennmethoden gewonnenen Analyseergebnisse zueinander lassen sich aus Fig. 14 ablesen.

b) Die Lipoproteide im einzelnen

α) Chylomikronen

Die nach Fettmahlzeiten im Dunkelfeldmikroskop nachweisbaren kleinsten Formbestandteile des Blutserums wurden von GAGE [827] und FISH mit dem Namen *Chylomikronen* belegt. Die Autoren wollten damit ihre Herkunft aus dem Chylus und ihre Kleinheit zum Ausdruck bringen. Sie sind, wie noch auszuführen sein wird, für die „lipämische" Trübung des Serums nach Fettaufnahme verantwortlich. Der eigentliche Entdecker dieser Partikelchen scheint HEWSON 1770 (zit. nach GAGE [827]) gewesen zu sein. MÜLLER [1669] beschrieb sie 1896 als Blutstäubchen oder Hämokonien. 1907 schloß NEUMANN [1690] aus ihrer Vermehrung nach oraler Fettaufnahme auf das Bestehen eines Kausalzusammenhanges. GAGE [827] und FISH gaben die erste direkte Zählmethode an. Mit der Dynamik der Fettaufnahme ins Blut befaßten sich intensiv FRAZER [767 bis 770] und seine Mitarbeiter.

Die Chylomikronen messen im Durchmesser 0,5 bis 1,0 μ. Daneben gibt es noch ganz kleine Chylomikronen bis 0,1 μ, nach FRAZER [764] sogar bis zu einer Größenordnung von 35 mμ, die fließend in die Beta-Lipoproteidgruppe übergehen. Auf der anderen Seite gibt es ganz große Chylomikronen bis zu 1,5 μ. Während MARDER [1556], BECKER, MAIZEL und NECHELES, sowie SWAHN [2259] die Partikel von einem Durchmesser unter 0,5 μ Lipomikronen — HUNTER [1140] bezeichnet sie als „weiße Chylomikronen" — und nur die Teilchen $>$ 0,5 μ Chylomikronen nennen, hat sich heute allgemein der Name Chylomikronen eingebürgert.

Sie bestehen in der Hauptsache aus Neutralfetten [154, 610, 638, 767, 1163, 1556, 1639, 2261]. Daneben enthalten sie geringe Mengen Cholesterin, Phosphatide und in Spuren Proteine [241, 429, 1174]. Die Angaben im einzelnen bezüglich des Lipoidgehaltes differieren stark [154, 610, 1556, 1639, 2259, 2261]. SWANK [2261] und WILMOT fanden bei mehrfacher Untersuchung (in verschiedenen Zeitabständen nach Fettzufuhr) die Chylomikronenzusammensetzung wie folgt: 61 bis 83% Neutralfette, 2 bis 5% Gesamtcholesterin, 0,5 bis 2% Phospholipide. In einem Fall betrug der Neutralfettgehalt im Nüchternzustand nur 7%. Vielleicht enthalten sie noch einige freie Fettsäuren. Im Stadium der alimentären Lipämie setzen sie sich in der Hauptsache aus rund 82% Triglyceriden, 9% Cholesterin, 7% Phospholipiden und 2% Protein zusammen [1733]. Diese Befunde stimmen gut mit den Ergebnissen LAURELLs [1402] überein. Er fand mit anderer Methodik 84,7% Triglyceride, 8% Gesamtcholesterin, 7,3% Phospholipide und 1,7% Protein. GITLIN [865] u. Mitarb. fanden allerdings den Proteinanteil gewichtsmäßig geringer als 1%. ALBRINK [48] u. Mitarb. meinen, der Proteingehalt sei, wenn überhaupt vorhanden, so gering, daß er gar nicht gemessen werden könne. ROBINSON [1918] schloß aus seinen Befunden, daß sich der Proteinanteil mittels mehrmaligen Zentrifugierens von Chylomikronenaufschwemmungen in physiologischer Kochsalzlösung herauswaschen lasse, auf ein nur oberflächliches Adsorptionsphänomen. Demgegenüber konnte BRAGDON mit verbesserter Methodik nachweisen, daß der Eiweißgehalt der Chylomikronen — 0,5% bezogen auf das Trockengewicht — trotz mehrfacher Waschungen in 0,9%iger NaCl-Lösung konstant blieb. JOBST [1163] und SCHETTLER fanden bei gesunden Versuchspersonen nach oraler Fettbelastung (0,5 g Butter/kg Körpergewicht, morgens nüchtern nach fettfreier Abendmahlzeit) die in Tab. 17 gebrachten Werte.

Ob die Chylomikronen angesichts dieses minimalen Eiweißgehaltes überhaupt zu den Lipoproteiden gerechnet werden sollten, wird noch uneinheitlich beurteilt. Streng genommen gehören sie dazu. Sie werden in der einschlägigen Literatur daher oft, wenn auch nicht allgemein, zu den Lipoproteiden gerechnet [865].

Der *Eiweißgehalt* der Chylomikronen dient offenbar, zusammen mit gallensauren Salzen im Serum, der Emulgierung. Vermutlich werden die Chylomikronen im Blutstrom durch diese Oberflächenschicht von Protein stabilisiert [762, 1918]. Das Protein findet sich in Form eines mehr oder weniger die Oberfläche bedeckenden Films angeordnet. Die Oberflächenbeschaffenheit dieses Films hinsichtlich des Protein- und Phosphatidgehaltes schwankt entsprechend der Partikelgröße. Möglicherweise beteiligen sich die Phosphatide an der Bedeckung der Oberfläche, wenn der Proteinfilm nicht ausreicht. Dies fördert die Oberflächenstabilität.

Es wird neuerdings angenommen, daß das Chylomikronenprotein nicht einfach eine „Verunreinigung" aus dem umgebenden Eiweißmilieu der extracellulären Flüssigkeit darstellt, sondern daß die Peptidreste hochspezifisch sind. Nach Einwirkung von Steapsin ließen sich Chylomikronen durch Antihuman-S_f^o 3 bis 8-Lipoproteidantikörper von Kaninchen ausflocken [1612]. Wahrscheinlich handelt es sich um das gleiche Protein, das in den

Tabelle 17. *Lipidzusammensetzung der alimentären Chylomikronen* (in %) *bei Normalpersonen* (JOBST [1163] und SCHETTLER)

	Neutralfett	Phospholipide	freies Cholesterin	Cholesterinester
Jo. ♂ 30	87,7	5,5	3,3	3,5
Jo. ♂ 32	87,3	3,7	4,2	4,8
Jo. ♂ 32	89,1	6,2	2,1	2,6
Stü. ♂ 26	85,8	6,3	2,6	5,3
Sch. ♂ 30	82,8	7,2	1,6	8,4
Mittelwerte $\pm$ 3σм	86,5 $\pm$ 2,6	5,8 $\pm$ 1,6	2,8 $\pm$ 1,2	4,9 $\pm$ 2,6

Lipoproteiden hoher Dichte enthalten ist. Nach dem Molekulargewicht der Chylomikronen geschätzt, ist die Proteinzusammensetzung ihrer Hülle sehr heterogen. Das Molekulargewicht der Chylomikronen schwankt zwischen 50 000 000 und 250 000 000 [2137].

Untersuchungen über die *elektrophoretische Beweglichkeit der Chylomikronen* im Humanserum mittels der *freien Elektrophorese* ergaben, daß sie im Bereich der Alpha- und Beta-Globulinfraktion wandern, was aus einer wolkigen Trübung der entsprechenden Zonen geschlossen wurde [240, 1592]. SWAHN [2259] untersuchte das Verhalten der Chylomikronen ebenfalls mit der TISELIUS-Elektrophorese, jedoch vor und nach hochtouriger Zentrifugierung. Er fand die größeren Chylomikronen ($> 0,5\,\mu$) mit der Alpha-Globulinfraktion verbunden und die kleineren ($< 0,5\,\mu$) im Beta-Globulinbereich.

Mittels der *Stärkeelektrophorese*, die wegen des Fehlens von Adsorption sich auch zur Bestimmung der Chylomikronen eignet, fanden CARLSON [410] und OLHAGEN eine ähnliche Verteilung der Chylomikronen wie in der freien Elektrophorese. JOBST [1163] und SCHETTLER untersuchten mittels der präparativen Elektrophorese im Stärkemedium die Dynamik der Chylomikronenwanderung im elektrischen Feld. Postresorptiv lipämisches Serum zeigte eine zusätzliche Fettfraktion zwischen dem a_1- und a_2-Globulingipfel gelegen, die im wesentlichen aus Neutralfetten bestand. Wurde das gleiche Serum nach Abzentrifugieren der Chylomikronen untersucht, so war diese Fettfraktion verschwunden. Setzten die Autoren die abzentrifugierten

Chylomikronen wieder dem Nüchternserum zu, so trat dieser Zwischengipfel wieder auf.

Die Chylomikronen haben ein spezifisches Gewicht von 0,94 g/ml. Die größeren Partikelchen dürften eine Flotationskonstante von S_f° 40000 aufweisen, die kleineren, die ein höheres spezifisches Gewicht haben, eine entsprechend niedrigere.

β) Lipoproteide im engeren Sinn

Über die Struktur der *Alpha-* und *Beta-Lipoproteide* weiß man im Vergleich mit den Chylomikronen mehr. Sie unterscheiden sich durch ihr Verhalten bei der Äthanolfraktionierung, der Elektrophorese, der Ultrazentrifugierung und der Endgruppenanalyse wesentlich voneinander. Auch *immunochemisch* reagieren sie verschieden. Die Beta-Lipoproteide haben, obwohl sie nach quantitativen Präcipitationsversuchen mit spezifischen Antisera als heterogen bezeichnet werden müssen, unter sich bezüglich der Haptengruppen ihrer Peptidanteile qualitativ ähnliche antigene Eigenschaften. Antiseren gegen Beta-Lipoproteide reagieren nicht mit den Alpha-Lipoproteiden [*42* bis *44, 1126, 1455, 1612, 1613*]. Lediglich eine Komponente der Alpha-Lipoproteide scheint immunochemisch auch in den Beta-Lipoproteiden vorzukommen [*43*]. GRANT [*929*] und BERGER konnten Küken gegen Kaninchen-Beta-Lipoproteide immunisieren, die nach Ultrazentrifugierung der Seren von choleteringefütterten Kaninchen gewonnen waren. Ebenso gelang ihnen die Erzeugung eines Antiserums beim Küken gegen humanes Beta-Lipoproteid. Im Agargeldiffusionstest nach OUCHTERLONY ließen sich spezifische Präcipitationslinien gegen Lipoproteide von Cholesterinkaninchen bzw. atherosklerotisch kranken Menschen demonstrieren. Mit hochspezifischen Immunseren ließen sich immunelektrophoretisch im Agargel drei verschiedene Lipoproteide im Blutserum feststellen: ein α_1-Lipoproteid im hinteren Anteil der Albumine, ein α_2-Lipoproteid, kurz vor (anodenwärts) der Auftragstelle gelegen, und schließlich ein Beta-Lipoproteid, das im Bereich des Auftragstriches zur Darstellung kommt [*2074*].

Die Alpha- und Beta-Lipoproteide unterscheiden sich ferner hinsichtlich ihrer *Molekulargewichte*. Die Molekulargewichte der Alpha-Lipoproteide (high density lipoproteins) bewegen sich zwischen 165000 bis 435000 [*2135*], die der Beta-Lipoproteide (low density lipoproteins) zwischen 1300000 [*621*] bis 2100000 [*1732*]. Die Chylomikronen weisen Molekulargewichte bis zu 250 Millionen auf [*2135*].

Wie bereits erwähnt, weichen die Lipoproteide in ihrer Protein- und Lipidzusammensetzung, ihrer Komponentenanordnung und ihrer Molekülgestalt voneinander ab (s. vorigen Abschnitt!).

Die Proteinanteile der Alpha- und Beta-Lipoproteide sind streng voneinander unterschieden. Die Strukturunterschiede betreffen in erster Linie die endständigen Peptidreste. In den Beta-Lipoproteiden der Dichtegrade D 1,019 bis 1,063 g/ml fanden AVIGAN [*97*] u. Mitarb. als endständige N-haltige Gruppe die Glutaminsäure und in den Alpha-Lipoproteiden (D 1,063 bis 1,210 g/ml) als endständigen Aminosäurenrest hauptsächlich die Asparaginsäure [*2135*].

Es kann angenommen werden, daß zwei oder mehr Untergruppen in jeder Gruppe vorhanden sind, analog den vier oder mehr β_1-Globulinen, die wir bis jetzt kennen. Die weitere Unterteilung ist weitgehend von der angewendeten Technik abhängig. So läßt sich z. B. mittels fraktionierter Ultrazentrifugierung (bei verschiedenem spezifischen Gewicht) und nachträglicher

Lipidanalyse der so gewonnenen Ultrazentrifugate [*1475, 1476, 330, 823, 1036, 1083*] eine Reihe von gut reproduzierbaren Gruppen unterscheiden, die bei vergleichenden Untersuchungen an Gesunden und Kranken signifikante Unterschiede in ihrer chemischen Zusammensetzung aufweisen. Diese Fraktionen sind zwar miteinander verwandt, aber doch wohl unterscheidbar durch ihre charakteristische Zusammensetzung. In ähnlicher Weise stellen die elektrophoretisch auftrennbaren Plasmakomponenten Molekülfamilien ähnlicher Oberflächenladungsverteilung dar. Einzelne solcher Lipoproteide sind inzwischen isoliert worden [*1736*].

Tabelle 18. *Zusammensetzung und Eigenschaften der Alpha- und Beta-Lipoproteidfraktion des normalen menschlichen Blutplasmas*
(nach ONCLEY [*1731*])

Substanz	Alpha-Lipoproteid	Beta-Lipoproteid
1. Prozentuale Verteilung		
Unverestertes Cholesterin	3,3	8,3
Cholesterinester	15,0	39,1
Phospholipide	21,0	29,3
Carotinoide	0	0,03
Oestriol	0	(0,001)
Gesamtlipide	29,3	76,7
Proteinbestandteile	57,0	23,0
2. Molares Verteilungsverhältnis		
$\dfrac{\text{Freies Cholesterin}}{\text{Gesamtcholesterin}}$	0,27	0,27
$\dfrac{\text{Cholesterin}}{\text{Phospholipide}}$	1,3	2,1
$\dfrac{\text{Cholesterin}}{\text{N-haltiges Material}}$	0,053	0,28
3. Verschiedene Größen		
Prozentualer Anteil der Plasmaproteine	3	5
Prozentualer Anteil des Plasmacholesterins	28	63
Molekulargewicht (wasserfrei)	$0,2 \times 10^6$	$1,3 \times 10^6$
Molekulardurchmesser	50×300 Å	185 Å
Trockenprotein	0,2	0,6
Innere Viscosität	0,066	0,041
Spezifisches Gewicht in hydriertem Zustand	(1,16)	1,032

Alpha-Lipoproteide. Die Hauptgruppe der *Alpha-Lipoproteide* (Lipoproteine hoher Dichte, d. h. D $>$ 1,063) des Blutplasmas enthält gewichtsmäßig etwa 50% Proteine, 25% Phosphatide, 20% Cholesterin (in der Hauptsache verestert) und für den Rest Neutralfette. Die Fettsäuren dieses Lipoproteids verteilen sich zu einem Viertel auf Neutralfette, zu drei Vierteln etwa gleichmäßig auf Phosphatide und Cholesterinester. Wahrscheinlich wird von ihm auch eine geringe Menge Fettsäuren in unveresterter Form transportiert.

ONCLEY [*1733*] u. Mitarb. analysierten in der Hauptsache zwei Untergruppen, die eine mit einem spezifischen Gewicht von 1,09, die andere von 1,14 g/ml. Die letztere hat einen höheren Proteingehalt. SHORE [*2135*] nimmt für das *Alpha-Lipoproteid der Dichte 1,09* ein Molekulargewicht von 365000 an (unter der Annahme, daß dieses Alpha-Lipoproteid Kugelgestalt hat). Bei Anwendung der Methode von KLAINER und KEGELES (zit. in [1733]) berechnet dieser Autor das Molekulargewicht mit 435000. Seine Konzentration im normalen Blutplasma beträgt 80 (50 bis 131)mg-%, untersucht an fünf verschiedenen Blutproben [1083]. Die gleichen Autoren analysierten die Zusammensetzung dieses Alpha-Lipoproteids und fanden als Durchschnittswerte in den fünf untersuchten Blutseren 33% Peptide, 29% Phospholipide, 7% freies Cholesterin, 23% Estercholesterin und 8% Triglyceride. Die Aminosäurenzusammensetzung wurde von SHORE [2137] und SHORE untersucht. Sie fanden die beiden Alpha-Lipoproteide in ihrer Aminosäurenzusammensetzung einander ähnlich. Das Alpha-Lipoproteid der Dichte 1,09 enthält zwei N-Asparaginsäure-C-Threonin-Peptidketten, jede von einem Molekulargewicht von annähernd 95000 [2135]. Die Lös-

lichkeitsverhältnisse beider Alpha-Lipoproteide sind die typischer Eiweißkörper, was bedeutet, daß der Proteinanteil die äußeren Partien des Moleküls besetzt hält.

Das *Alpha-Lipoproteid der Dichte 1,14* wurde 1955 von HILLYARD [1083], ENTENMAN, FEINBERG und CHAIKOFF isoliert. Es setzt sich aus 58% Peptiden, 20% Phospholipi-

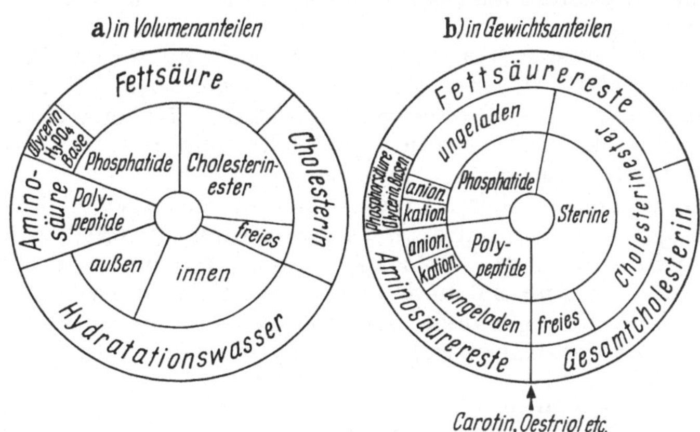

Fig. 15. Chemische Zusammensetzung des Beta-Lipoproteidmoleküls (aus SURGENOR [2254]); a) in Volumenanteilen; b) in Gewichtsanteilen

den, 2% freiem Cholesterin, 13% Estercholesterin und 6% Triglyceriden zusammen. Die Blutkonzentration, soweit sie nach den vorliegenden fünf Analysen angenommen werden darf, beträgt 380 (293 bis 486) mg-%. Das Molekulargewicht wurde von SHORE [2135] auf 165000 (Kugelgestalt) bzw. 195000 (nach KLAINER und KEGELES) geschätzt. ONCLEY [1735], SCATCHARD und BROWN hatten es 1947 ohne Ultrazentrifugenanalyse auf 200000 geschätzt. Nach SHORE [2135] besteht das Alpha-Lipoproteid der Dichte 1,14 g/ml nur aus einer einzigen N-Asparaginsäure C-Threonin-Peptidkette, ebenfalls mit einem Molekulargewicht von ungefähr 95000.

Beta-Lipoproteide. Die chemische Zusammensetzung des Beta-Lipoproteids zeigt grob schematisch Fig. 15.

Unter den *Beta-Lipoproteiden* wurden mittels präparativer Ultrazentrifugierung von ONCLEY [1733] zwei Hauptgruppen näher untersucht, die eine mit einem spezifischen Gewicht von 0,98, die andere von 1,03 g/ml (Flotationsklassen S_f7 bis 9). Das Vorkommen von *Beta-Lipoproteiden von einer Dichte unterhalb 1,006* im Plasma und bestimmten Plasmafraktionen ist mehrfach bestätigt worden [1739].

Das *Beta-Lipoproteid der Dichte 0,98 g/ml* stellt eine sehr heterogene Gruppe von Proteinen dar, soweit man zur Beurteilung dieses Komplexes die Molekulargewichtsbestimmung heranzieht. Das Molekulargewicht dieses Lipoproteids liegt zwischen 50000000 und 250000000 [2137]. Es umfaßt nach ONCLEY [1739], CORNWELL und WALTON die S_f-Gruppen von 10 bis 100 mit einem Konzentrationsmaximum von $S_f 35$. Seine durchschnittliche Zusammensetzung wird folgendermaßen angenommen: 9% Peptide, 18% Phcspholipide, 7% freies Cholesterin, 15% Estercholesterin, 50% Triglyceride, 1% unveresterte Fettsäuren [1733]. Seine Konzentration im Normalserum beträgt 130 bis 200 mg-% im nüchternen Zustand. Nach der von Shore [2135] durchgeführten Endgruppenanalyse findet sich in diesem Lipoproteid mindestens eine N-Serin-C-Alanin-Peptidkette von einem Molekulargewicht von etwa 12000. Lindgren [1476], Nichols und Freeman kamen bei der Untersuchung von Lipoproteiden in etwa vergleichbaren Dichtebereichen ($S_f 20$ bis 400) zu entsprechenden Ergebnissen. Oncley [1734] hält die von Kunkel [1375] und Trautman bei niedriger Dichte des suspendierenden Mediums in der Ultrazentrifuge isolierte und mittels der Zonenelektrophorese als „α_2-Lipoproteid" identifizierte Fraktion für dieselbe wie die obige.

In höherer Konzentration kommt im Serum das *Beta-Lipoproteid von der Dichte 1,03* vor. Sein Serumspiegel wird auf 210 bis 400 mg-% unter physiologischen Bedingungen geschätzt. Es setzt sich etwa folgendermaßen zusammen: 21% Peptide, 22% Phospholipide, 8% freies Cholesterin, 38% Estercholesterin, 10% Triglyceride, 1% unveresterte Fettsäuren [1733]. Die Beweglichkeit dieses Lipoproteids im elektrischen Feld bei der freien Elektrophorese — die des „Beta-Lipoproteids D 0,98" wurde noch nicht untersucht — beträgt $-3,2 \times 10^5$, soweit man einen Natriumdiäthylbarbituratpuffer von p_H 8,6 und 0,1 μ Ionenstärke verwendet. Dies ist nahezu die gleiche Beweglichkeit, die das β_1-Globulin aufweist. Dieses Lipoproteid scheint der Hauptträger des Beta-Carotins und -Lycopins im Blutplasma zu sein.

An der Oberfläche scheint nur eine einzige N-Glutaminsäure-Polypeptidkette sich auszubreiten [97], während Shore [2135, 2137] zwei wahrscheinlich identische N-Glutaminsäure-C-Serin-Peptidketten postuliert, von einem Molekulargewicht von etwa 380000 jeweils. Die Eiweißmenge soll nach Anfinsen [69] nur ausreichen, um ein Drittel bis zur Hälfte der Moleküloberfläche zu bedecken. Die relativ große Lipidmenge auf so wenig Peptidmaterial läßt auf eine beträchtliche Instabilität des Moleküls schließen. Die Tatsache der Wasserlöslichkeit dieser Moleküle legt die Vorstellung nahe, daß die Bestandteile so angeordnet sind, daß die Peptide und die hydrophilen Endigungen der Phosphatide großenteils an der Oberfläche dieser großen Moleküle liegen. Diese Konfiguration erscheint sehr zweckmäßig, da an der Außenseite, wo das Molekül mit dem Lösungsmittel in Kontakt steht, sich Proteinstrukturen finden, während die Lipide im Inneren des Moleküls liegen. Den erwähnten Mangel, daß nicht genügend Aminosäurereste im Molekül vorhanden seien, um die Moleküloberfläche bei den auf Grund von Sedimentation und Viscositätsmessungen angenommenen Dimensionen hinreichend zu bedecken, haben Oncley [1736] und Gurd zu der Hypothese veranlaßt, daß der Rest der Moleküloberfläche primär aus Phosphatiden bestehen müßte, die mit ihren polaren Gruppen vorzugsweise außen gegen das Lösungsmittel zu angeordnet sind.

Es wurden noch *andere Lipoproteidklassen* beschrieben, von Green, Lewis und Page ein Lipoproteid von der Dichte D = 1,05, von Oncley [1739], Walton und Cornwell eine Fraktion mit dem spezifischen Gewicht D = 1,02, beide nahe verwandt mit den Beta-Lipoproteiden der Dichten 1,03 und 0,98 g/ml. Nicht zuletzt sei an die ausgedehnten Studien des Gofmanschen Arbeitskreises erinnert. Diese Forscher postulierten auf Grund physikalisch-chemischer Analyse der mittels präparativer Ultrazentrifugierung gewonnenen Lipoproteide die Existenz eines *nahezu kontinuierlichen Spektrums von Lipidproteidkomplexen.*

Trotz intensiver Arbeit in vielen Laboratorien ist es *bis jetzt noch nicht gelungen, ein Lipoproteid in einem wirklich homogenen Zustand zu isolieren* [1733].

B. Dynamik der Serumlipoide und -lipoproteide

I. Kurzer Überblick über die Biochemie der Serumlipoide

Von

HILDEGARD DEBUCH*

Vorbemerkung

Bei der Besprechung des Stoffwechsels der Blutlipoide sollen hier nur die Fettsäuren, die Triglyceride und Glycerinphosphatide erwähnt werden. Die Befunde über den Abbau oder die Biosynthese der anderen Lipoide oder ihrer Bausteine sind noch so spärlich, daß sich bisher kein sicherer Weg abzeichnet. Auf neuere Arbeiten über die Biosynthese des Sphingosins [2501, 2502, 324 bis 326], des Sphingomyelins [2192, 2193] und der Cerebroside [1879, 1657, 390, 389] sei nur hingewiesen.

1. Fettsäuren

a) Resorption

Die Frage nach der Resorption der im Speisebrei befindlichen Fettsäuren, seien sie als freie Fettsäuren mit der Nahrung zugeführt, oder durch die Wirkung der Fermente im Darm aus anderen Lipoiden abgespalten, ist auch heute trotz vielfältiger Untersuchungen noch nicht ganz geklärt (ausführliche Darstellungen darüber: STRACK [2236], DEUEL [552]).

Die von PFLÜGER [1822] aufgestellte Theorie, wonach die Fettsäuren in Form ihrer Alkalisalze (Seifen) resorbiert würden, ist wohl insofern widerlegt worden, als nachgewiesen werden konnte, daß Seifen erst bei einem pH-Wert von etwa 9 ab beständig sind [1156] und sich deshalb bei der Reaktion des Darminhaltes im Duodenum wohl kaum bilden können.

Spätere Untersuchungen von VERZÁR und seiner Schule [2348, 2349, 2354, 2355] wiesen die Bedeutung der Alkalisalze der Gallensäuren für die Resorption der Fettsäuren nach. So nahm man an, daß letztere sich mit den Gallensäuren zu den sog. Choleinsäuren zusammenlagern, wodurch wasserlösliche Komplexverbindungen entstehen, die resorbierbar sind. Da jedoch zur Bildung der Choleinsäuren mengenmäßig sehr viel mehr Gallensäuren als Fettsäuren benötigt werden, ist auch diese Erklärung des Resorptionsablaufes — trotz der Annahme eines entero-hepatischen Kreislaufes der Gallensäuren — nicht befriedigend.

Durch viele Befunde gesichert wurde jedoch die Fähigkeit der Gallensäuren, die Oberflächenspannung der Fette herabzusetzen [2352, 2353], und

---

* Aus dem Physiologisch-Chemischen Institut der Universität Köln (Direktor: Prof. Dr. Dr. E. KLENK).

zwar besonders im p_H-Bereich von 6 bis 8, und ebenso die Tatsache, daß die Fettsäuren in Gegenwart der Gallensäuren wesentlich schneller resorbiert werden können. Die aus dem Darmlumen resorbierten höheren Fettsäuren werden in der Mucosa der Darmwand mit Mono- oder Diglyceriden verestert und in Form von Triglyceriden (Neutralfett) mit der Lymphe transportiert, gelangen über den Ductus Thoracicus schließlich in die Blutbahn und damit an die Fettdepots. Erst kürzlich gelang es mit Hilfe von mit C^{14} radioaktiv markierter Öl- und Linolensäure nachzuweisen [177, 255], daß auch ungesättigte Fettsäuren auf die gleiche Art und Weise resorbiert und transportiert werden.

Kürzere Fettsäuren, d. h. solche mit 10-C-Atomen und niedrigere, gelangen nach der Resorption durch die Pfortader zur Leber [258], wo sie dem intermediären Stoffwechsel zugeführt werden, ohne direkt zum Aufbau von Depotfett verwandt zu werden.

Ungesättigte Fettsäuren sind wichtige Faktoren für die normale Fettresorption [135, 965], denn z. B. die Ausnutzung hoch schmelzender und deshalb schlecht resorbierbarer Fettsäuren kann durch gleichzeitige Gabe von Linolsäure verbessert werden.

b) Abbau

Da es beim oxydativen Abbau normaler Fettsäuren nicht zur Bildung charakteristischer, leicht faßbarer Zwischen- oder Endprodukte zu kommen schien, verfütterte KNOOP [1324, 1325] 1905 an Hunde phenylsubstituierte Fettsäuren und hoffte so, die mit dem Phenylrest markierten Spaltprodukte auffinden zu können. Tatsächlich isolierte er als Endprodukte aller verfütterten Fettsäuren mit gerader C-Atomzahl die Glykokollverbindung der Phenylessigsäure, derer mit ungerader C-Atomzahl die Glykokollverbindung der Benzoesäure. (Die Paarung des Phenylrestes mit Glykokoll stellt eine sekundäre Entgiftungsreaktion des Organismus dar.) Aus dem Ergebnis schloß KNOOP, daß beim Fettsäureabbau die Kohlenstoffkette jeweils um 2-C-Atome verkürzt wird nach vorheriger Oxydation am β-C-Atom.

Bestätigt wurde diese KNOOPsche Theorie der β-Oxydation vor allem durch Isotopenversuche [2050, 182]. Die Autoren verabreichten mit Deuterium markierte Stearin- bzw. Behensäure und fanden im Organfett Palmitinsäure bzw. Stearin-, Palmitin-, Myristin- und Ölsäure, die Deuterium enthielten.

Das Prinzip der β-Oxydation ist auch heute noch gültig, die Reihenfolge der Reaktionen ist so, wie bereits 1912 von DAKIN [509] formuliert. Allerdings führten zwei Entdeckungen erst zur völligen Aufklärung des Fettsäurecyclus: die des Coenzyms A (acetylierendes Enzym [1482] und seiner energiereichen Acylmerkaptanverbindung [1516]).

Erst durch die Verbindung mit dem Coenzym A (kurz Co A) werden die Fettsäuren in den „aktivierten" Zustand versetzt und reaktionsfähig. Dabei reagiert die SH-Gruppe des Fermentes mit der COOH-Gruppe der jeweiligen Carbonsäuren unter Bildung von:

$$R \cdot COOH + HS\text{-}(Co\ A)^* \rightleftarrows R \cdot CO\text{-}S\text{-}(Co\ A) \qquad\qquad A$$
$$R = Fettsäurerest$$

Die vorstehende Reaktion ist endergonisch; sie kann nur in Gegenwart von ATP ablaufen. Die „aktivierte" Fettsäure wird anschließend in einem

---

* steht (Co A) in Klammern, so ist damit das Coenzym A ohne die SH-Gruppe zu verstehen.

vierstufigen Cyclus so oxydiert, daß ein Molekül „aktivierte" Essigsäure und die Co-A-Verbindung der um 2-C-Atome ärmeren Fettsäure entstehen. Dabei werden 4-H-Atome abgegeben. Die Stearinsäure z. B. mit 18-C-Atomen wird diesen Cyclus demnach achtmal durchlaufen unter Bildung von 9 Mol acetyliertem Co A.

Die Oxydation der „aktivierten" Fettsäure beginnt mit einer Dehydrierung (s. Fig. 16, Reaktion I), wodurch eine Doppelbindung zwischen dem α- und β-C-Atom [R·CH:CH·CO-S-(Co A)] entsteht, an die sich Wasser so anlagert (s. Fig. 16, Reaktion II), daß eine β-Hydroxysäure [R·CHOH ·CH$_2$·CO-S-(Co A)] entsteht. Durch Oxydation (s. Fig. 16, Reaktion III) am β-C-Atom wird aus der Hydroxy- eine β-Ketosäure [R·CO·CH$_2$·CO-S-(Co A)]. Durch Einlagerung eines weiteren Moleküls Co A an das β-C-Atom (s. Fig. 16, Reaktion IV) erfolgt eine thioklastische Spaltung [R·CO-S-(Co A) + CH$_3$·CO-S-(Co A)]. Der Übersicht halber seien die Zusammenhänge in der von LYNEN [*1514*] vorge- schlagenen „Fettsäurespirale" dar- gestellt. Unter besonderer Berück- sichtigung der Fermente wurde in einer zusammenfassenden Darstel- lung ausführlich berichtet [*1515*], auf die hier verwiesen werden soll.

Mit der Bildung der „aktivier- ten" Essigsäure aus den Fettsäuren ist die Oxydation nicht abgeschlos- sen, denn die Stoffwechselendpro- dukte dieses Abbaues sind CO$_2$ und H$_2$O. Die Endoxydation der Essig- säure verläuft über den „Citronen- säurecyclus". Die Bildung der Citro-

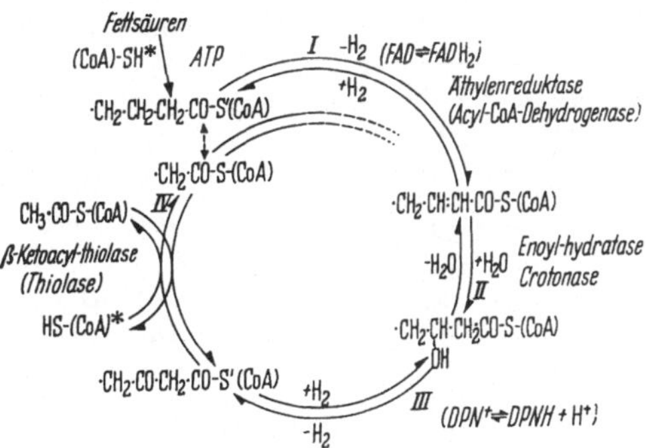

Fig. 16. Fettsäurecyclus nach LYNEN [*1514*]

nensäure erfolgt durch Kondensation von Oxalessigsäure mit der aktivierten Essigsäure. Die Oxalessigsäure, die also zur Bildung der Citronensäure und damit zur Verbrennung der Essigsäure notwendig ist, entsteht vorwiegend durch Carboxylierung (CO$_2$-Anlagerung) aus der Brenztraubensäure, die wiederum ein Intermediärprodukt des Kohlenhydratstoffwechsels ist. Fehlt dem Organismus Brenztraubensäure und damit Oxalessigsäure, so kommt es zu einer Anreicherung der Acetyl-Co-A-Verbindung (der „aktivierten" Essigsäure), wobei unter Zusammenlagerung von jeweils 2 Mol Acetyl-Co A 1 Mol Acetessigsäure[1] entstehen kann.

$$2\ CH_3\text{-}CO\cdot S\text{-}(Co\ A) \rightleftharpoons CH_3\cdot CO\cdot CH_2\cdot CO\text{-}S\text{-}(Co\ A) \qquad\qquad B$$

Damit ist wohl klar der Zusammenhang zwischen dem Stoffwechsel der Fettsäuren und der Kohlenhydrate zu erkennen; d. h. der oxydative Endabbau der Fettsäuren setzt den Umsatz einer genügenden Kohlenhydratmenge zur Bereitstellung der Brenztraubensäure, damit der Oxalessigsäure voraus. Ist der Kohlenhydratabbau gestört (Diabetes), so wird Reaktion B in vermehrtem Umfang stattfinden und die sog. Acetonkörper werden gebildet.

Auch von den ungesättigten Fettsäuren der C$_{18}$-Reihe (Mono-, Di- und Triensäuren, also der Öl-, Linol- und Linolensäure) konnten die entsprechenden

---

[1] Die Bildung der Acetessigsäure erfolgt über Zwischenprodukte, die hier der Einfachheit halber ausgelassen werden.

Co-A-Verbindungen nachgewiesen werden [1341, 1342]. Es ist jedoch noch nicht sicher, ob die ungesättigten Fettsäuren zunächst hydriert werden und dann nach dem vorstehenden Fettsäurecyclus (Fig. 16) abgebaut werden, oder ob für sie dieser Abbauweg nicht zutrifft.

c) Biosynthese

Gesättigte Fettsäuren. Die auf die oben beschriebene Art und Weise aus den Fettsäuren bei ihrem Abbau entstandene „aktivierte" Essigsäure fließt zunächst einem Sammelbecken für Stoffwechselzwischenprodukte (metabolic pool) zu. Je nach der Stoffwechsellage des Organismus wird sie dann auf dem oben beschriebenen Weg über den Citronensäurecyclus zu CO_2 und H_2O verbrannt oder zu Aufbauprozessen verwandt. Alle in Fig. 16 aufgewiesenen Reaktionen (I bis IV) des Fettsäurecyclus sind reversibel, so daß also die Biosynthese der Fettsäuren aus der „aktivierten" Essigsäure in der Art erfolgt, daß die Kette um jeweils 2-C-Atome verlängert wird.

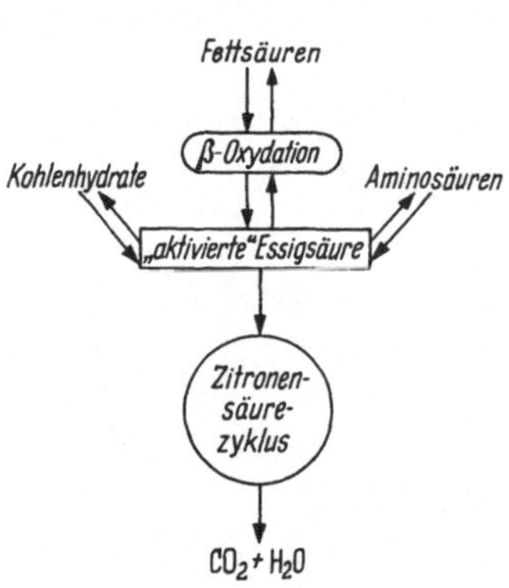

Fig. 17. Fettsäurestoffwechsel und seine Beziehung zu dem der Kohlenhydrate und Aminosäuren

Auch im Laufe des Kohlenhydratabbaues wird die Co-A-Verbindung der Essigsäure gebildet, ebenso häufig wie beim Abbau der Aminosäuren, die nach der Desaminierung wie Fettsäuren verbrannt werden. Infolgedessen können die Fettsäuren auch aus Kohlenhydraten oder Eiweißen gebildet werden (Kohlenhydratmast).

Auf der anderen Seite bildet der Organismus durch die Verbrennung der Essigsäure über den Citronensäurecyclus aus dieser Stoffwechselzwischenprodukte der Kohlenhydrate, die dann durch die Umkehrung ihrer Abbaureaktionen wieder zu Kohlenhydraten synthetisiert werden. So ist damit auch die Bildung der Glucose aus Fettsäuren möglich.

Die gesamte Fettsäuresynthese läßt sich inzwischen an wäßrigen Enzymsystemen in vitro reproduzieren [939, 1046].

Ungesättigte Fettsäuren. Nach Verfütterung von mit Deuterium markierten gesättigten Fettsäuren ließen sich neben gesättigten auch markierte Monoensäuren aus dem Organismus gewinnen [182]. Daraus ist zu schließen, daß Monoensäuren durch Einführung jeweils einer Doppelbindung aus gesättigten Verbindungen gebildet werden können. Dagegen scheint die Fähigkeit zur Bildung von Polyensäuren dem Säugetierorganismus nicht oder nicht in ausreichendem Maße zur Verfügung zu stehen. Deshalb wurde für diese Fettsäuren (insbesondere die Linol-, Linolen- und Arachidonsäure) der Ausdruck „essentiell" eingeführt.

Die Bedeutung gewisser ungesättigter Fettsäuren wurde zuerst von BURR und BURR [2531] erkannt. Während man lange Zeit hindurch annahm, daß Fette lediglich Energiespeicher darstellten, ihr Fehlen in der Nahrung jedoch bei genügender Calorienzufuhr ohne Bedeutung sei, zeigten die genannten Autoren, daß fettfrei ernährte Ratten neben Wachstumsstörungen, Hautveränderungen und Nierenschäden aufwiesen. (Diese Befunde wurden vielfach bestätigt und sind leicht reproduzierbar.) Alle Erscheinungen verschwinden schnell bei Fütterung kleiner Mengen Linolsäure. Deshalb nahm man an, daß diese Säure nicht im Körper synthetisiert werden kann, eine Annahme, die durch Isotopenversuche [*179, 180*] bestätigt wurde. Auch aus Ölsäure [*1594*] kann sie im Rattenorganismus nicht gebildet werden.

Linolensäure fördert zwar das Wachstum der mangelernährten Tiere, aber sie vermag nicht deren Hautschäden zu beseitigen [*1104, 2468, 2469*]. Vergleicht man also die biologische Aktivität der Linol- mit der der Linolensäure, so ist die erstere wesentlich hochwertiger im Tierversuch. THOMASSON [*2309*] nimmt deshalb an, daß die Lage der Doppelbindungen im Molekül für die biologische Wertigkeit einer Polyensäure von Bedeutung sei, d. h. daß die Polyensäuren vom Linolsäuretyp (s. S. 8), in denen die erste Doppelbindung von der endständigen Methylgruppe aus gerechnet in Stellung 6 bis 7 sich befindet, die biologisch aktivsten sind. Damit wäre auch die Tatsache erklärt, daß bei Fettmangeltieren die Zufütterung von Polyensäuren aus Fischölen, die sehr reich an hochungesättigten Fettsäuren sind, jedoch ganz überwiegend solche vom Linolensäuretyp enthalten (s. auch KLENK [*1320*] und DEBUCH) nur eine geringe Heilwirkung zeigt [*1139*]. Auf Grund von Versuchsergebnissen mit cis $\triangle$ 9, trans $\triangle$ 12-Linolsäure muß außerdem angenommen werden, daß die cis-cis Konfiguration eine Voraussetzung für die biologische Aktivität der Linolsäure ist [*1869*].

Bei der Untersuchung der Fettsäuren aus Leberlipoiden von fettfrei ernährten Ratten fanden NUNN und SMEDLEY-MACLEAN [*1705*], daß nicht nur die C_{18}-Polyenfettsäuren, sondern auch die Arachidonsäure und andere höher ungesättigte Fettsäuren im Gemisch völlig fehlten. Nachdem ebenfalls von SMEDLEY-MACLEAN [*87, 569*] die Struktur der Arachidonsäure ($\triangle^{5,8,11,14}$-Eicosatetraensäure) aufgeklärt war, stellte sie die Theorie auf, daß diese in der Leber aus der zugeführten Linolsäure durch Verlängerung der C-Kette um 2-C-Atome und gleichzeitige oder folgende Einbringung von zwei weiteren Doppelbindungen gebildet wird. Zur Klärung dieser Frage wurde in den letzten Jahren der Einbau von C^{14}-Acetat in die Polyensäuren in vitro und in vivo untersucht [*1593, 1594, 1287*]. Dabei ergab sich, daß nicht in die Linolsäure, wohl aber in die Arachidonsäure ein Einbau des Isotopes erfolgt. KLENK [*1287*] fand, daß das jeweilige Carboxylende der Polyensäuren (als Bernsteinsäure und höhere Dicarbonsäuren nach dem oxydativen Ozonidabbau erhalten) vorwiegend eine Markierung aufwies. Nicht nur mit Leber sondern auch mit Gehirn [*1290*] wurden diese Versuchsergebnisse erhalten.

Ein noch nicht ganz zu erklärender Befund ist das vermehrte Auftreten von Triensäuren bei fettfreier Diät. — Bereits SMEDLEY-MACLEAN [*1705*] fand bei fettfrei ernährten Versuchstieren an Stelle der sonst vorhandenen Arachidonsäure in der Leber eine C_{20}-Triensäure. Kleine Mengen der $\triangle^{5,8,11}$-Eicosatriensäure wurden von KLENK u. Mitarb. [*1300, 1313, 1634*] als Baustein der Leberphosphatide auch normal ernährter Tiere gefunden, jedoch beobachtete man bei Mangelernährung eine Anreicherung dieser Triensäuren in der Leber [*1595, 215, 511*]. MEAD und SLATON [*1595*] vermuten, daß die Triensäure ein partielles Hydrierungsprodukt der Arachidonsäure darstellt, während DAM [*511*] und ENGEL annehmen, daß sie aus Ölsäure bei Fettmangelernährung gebildet wird. In Einklang damit stehen Befunde von KLENK [*1287, 1290*], der bei Einbauversuchen mit C^{14}-Acetat in die Polyensäuren eine wenn auch schwache, so doch nicht zu vernachlässigende Aktivität in der Malonsäure (COOH-CH_2-COOH), entstanden aus den Mittelstücken der Polyensäuren — CH:CH·CH_2·CH:CH — durch Oxydation) nach oxydativem Ozonidabbau fand. — Demnach müßte der Organismus doch Polyensäuren bilden können, aber nur solche vom Ölsäuretyp.

Es bleibt zu beachten, daß alle vorstehenden Ergebnisse an Versuchstieren gewonnen wurden, woraus nicht unbedingt zu schließen ist, daß beim Menschen die gleichen Mangelerscheinungen bei entsprechender Ernährung auftreten. Es ist jedoch sehr wahrscheinlich, daß die Biosynthese im menschlichen Organismus ganz analog abläuft.

Die bisher vorliegenden experimentellen Befunde ergeben im wesentlichen:

1. Aus gesättigten Fettsäuren können Monoensäuren gebildet werden.

2. Aus Ölsäure wurde keine Bildung der Linolsäure beobachtet.

3. Aus Linol- und Linolensäure können durch Kettenverlängerung um jeweils 2-C-Atome und Einbringung weiterer Doppelbindungen in Richtung auf das Carboxylende zu höher ungesättigte Fettsäuren aufgebaut werden.

Es sieht demnach so aus, als müsse dem Säugetierorganismus zunächst von außen z. B. in Form der Linol- und Linolensäure eine im Divinylmethanrhythmus vorliegende Anordnung von Doppelbindungen zugeführt werden, um dann selbst nach diesem Muster weitere einzuführen.

2. Fette

a) Resorption

Bis zum Jahre 1935 wurde allgemein angenommen, daß die mit der Nahrung zugeführten Fette durch die Wirkung der Pankreaslipase hydrolytisch total in Glycerin und Fettsäuren aufgespalten werden müßten, um die Fettsäuren dann auf eine der oben beschriebenen Weisen zu resorbieren. Glycerin ist, da es sich gut in Wasser löst, ohne weiteres resorbierbar. In-vitro-Versuche von ARTOM [*89*] und REALE zeigten jedoch, daß durch das fettspaltende Ferment des Pankreas Glycerin nur in ganz unbeträchtlichen Mengen aus Triglyceriden freigesetzt wird, während es vorwiegend in Form von Fettsäureestern als Mono- oder Diglycerid vorhanden ist. Auch in vivo konnte 10 Jahre später durch FRAZER und SAMMONS [*772*] nachgewiesen werden, daß durch Lipase Triglyceride vorwiegend zu Mono- und Diglyceriden abgebaut werden und Glycerin nur außerordentlich langsam abgespalten wird. Nachdem gezeigt werden konnte, daß Paraffin, welches ja weder Seifen noch Choleinsäuren zu bilden fähig ist, auch durch die Darmwand absorbiert werden kann [*440, 441*], führten FRAZER u. Mitarb. [*771*] diesen Effekt auf die Teilchengröße der emulgierten Substanz zurück und nahmen an, daß auch nicht hydrolysierte Triglyceride resorbierbar sind, wenn sie fein genug verteilt sind. Ein Teilchendurchmesser von weniger als $0,5\,\mu$ soll demnach die Voraussetzung für die Resorbierbarkeit eines Fettes sein [*763*].

Viele eingehende Untersuchungen mehrerer Laboratorien [*548* bis *550*, *292, 178, 1902*] lassen darauf schließen, daß durch Lipasewirkung zunächst die in α'-Stellung befindliche Fettsäure abgespalten wird unter Bildung eines α-, β-Diglycerides (1,2-Diglycerid). Wesentlich langsamer als diese Reaktion erfolgt dann die Hydrolyse einer weiteren Esterbindung, wahrscheinlich der in α-(1)-Stellung, so daß ein β-Monoglycerid entsteht, welches leicht resorbiert werden kann. Die Lipase scheint in ihrer Wirkung durch freie OH-Gruppen des Glycerins gehemmt zu werden, worin die Ursache zu finden ist für die erst nach 24 Std Fermenteinwirkung beendete totale Hydrolyse von Triglyceriden.

Bereits in der Darmwand erfolgt die Resynthese der Triglyceride aus den resorbierten Mono- und Diglyceriden und Fettsäuren. Freies Glycerin soll praktisch nicht zur Fettsynthese in dem Darmepithel verwandt werden.

Es erscheint selbstverständlich, daß eine Abhängigkeit zwischen dem Schmelzpunkt des Fettes und der Geschwindigkeit besteht, mit der es resorbiert werden kann, derart, daß die Resorbierbarkeit mit höheren Schmelzpunkten abnimmt [*1107, 1574, 500*].

b) Abbau

Beim intermediären Abbau der Glyceride entstehen zwei Arten von Spaltprodukten, die Fettsäuren und das Glycerin. Jene werden auf die oben ausführlich beschriebene Weise nach dem Prinzip der β-Oxydation abgebaut.

Glycerin kann in Form seiner Phosphorsäureverbindung entweder zur Triglycerid- oder Phosphatidsynthese verwandt werden, oder auf dem Weg über Dihydroxyacetonphosphat $\rightleftharpoons$ Glycerinaldehydphosphat im Kohlenhydratabbau zu CO_2 und H_2O verbrannt werden.

c) Biosynthese

Obwohl die Tatsache, daß der tierische Organismus in großem Umfang bei reichlicher Kohlenhydratzufuhr Fett zu bilden imstande ist, seit alters her bekannt ist, wurde der Weg der Biosynthese des Fettes erst in jüngster Zeit unter Anwendung von radioaktiv markiertem Phosphat (P[32]) aufgeklärt. Bei der Suche nach der Biosynthese der Phosphatide zeigte sich, daß diese in den ersten Schritten mit der der Fette identisch ist. Der Übersichtlichkeit halber sind diese Stoffwechselprozesse bei der Biosynthese der Glycerinphosphatide beschrieben (s. Fig. 18).

Ein gemeinsames Intermediärprodukt, das α-, β-Diglycerid (1,2-Diglycerid) reagiert mit der Co-A-Verbindung einer Fettsäure unter Bildung eines Triglycerides (C).

$$\text{1,2-Diglycerid} + \text{Co-A-Fettsäure} \rightarrow \text{Triglycerid} + \text{Co A} \qquad\qquad \text{C}$$

Verschiedene Befunde sprachen zwar dafür, daß die Biosynthese der Fette möglicherweise eine Umkehr der Lipasewirkung sei. BORGSTRÖM [*291, 292*] zeigte, daß dieses Ferment unter bestimmten Bedingungen den Einbau von freien Fettsäuren in Glyceride katalysiert. Auch Versuche mit Leberschnitten [*1158*] schienen zu zeigen, daß dort Palmitinsäure in Neutralfett eingebaut wurde, ohne daß dabei ein Energielieferant benötigt wurde. TIETZ [*2318*] und SHAPIRO wiesen jedoch nach, daß radioaktiv markierte Palmitinsäure in der Leber nur bei Gegenwart von ATP und einigen hitzestabilen Cofaktoren in Triglyceride eingebaut wird. Der Beweis für Reaktion C wurde dann von WEISS und KENNEDY [*2416*] erbracht. Sie läuft sowohl in Leberhomogenaten [*2215*] als auch in daraus gewonnenen Mikrosomenfraktionen [*2216*] in dieser Weise ab.

Seitdem wir wissen, daß der Weg der Biosynthese der Fette und der Glycerinphosphatide bis zur Bildung der 1,2-Diglyceride gemeinsam verläuft, sie also mehrere gemeinsame Stoffwechselzwischenprodukte besitzen, wird der enge Zusammenhang zwischen beiden verständlich. Dennoch bleibt zu prüfen, ob daneben nicht noch ein zweiter Syntheseweg für die Triglyceride möglich ist, denn diese unterscheiden sich in der Zusammensetzung der Fettsäuren sehr wesentlich von dem der Glycerinphosphatide, die z. B. regelmäßig hochungesättigte Fettsäuren enthalten, die in den Triglyceriden des Säugetieres völlig fehlen.

3. Phosphatide

a) Resorption

Zwar wurden im Pankreassaft der Ratte Lecithin spaltende Fermente aufgefunden [2030, 462], jedoch deuteten bereits Befunde von ARTOM und SWANSON [91] mit P^{32} markierten Phosphatiden darauf hin, daß diese auch ungespalten resorbiert werden können, oder jedenfalls nicht vor der Resorption völlig in die einzelnen Bausteine zerlegt werden müssen. — Auch die Ergebnisse anderer Untersuchungen [260, 256, 257, 1422] zeigten stets, daß die Glycerinphosphatide weder ganz hydiolysiert, noch aus kleineren Bausteinen, etwa dem Glycerin oder der Glycerinphosphorsäure in der Darmwand erst synthetisiert werden, ehe sie — so wie die Neutralfette — in die Lymphbahn gelangen. Eine ältere Auffassung, wonach die Fette zur Resorption und zum Weitertransport zunächst in Phosphatide umgebildet würden, scheint nun durch gegensätzliche Befunde widerlegt zu sein [2512]. Die Angaben über die Notwendigkeit der Galle zur Absorption der Phosphatide sind widersprechend [290, 1784].

b) Abbau

Entsprechend der Zahl der Esterbindungen in einem Glycerinphosphatidmolekül sind vier verschiedene Fermente bekannt, die jeweils eine dieser Bindungen hydrolysieren, wodurch verschiedene Spaltstücke entstehen. Diese Fermente wurden zunächst Lecithinasen genannt, weil man ihre Wirkung vor allem an mehr oder weniger reinen Lecithinpräparaten untersuchte. Da aber die meisten dieser Enzyme auch andere Phosphatide angreifen, wendet man besser die von einigen Autoren [1715, 681] vorgeschlagene Bezeichnung: Phospholipase an.

An Hand des Lecithins sei kurz die Wirkung der Phospholipasen beschrieben.

Phospholipase A. Sie spaltet vom vollständigen Phosphatid (Lecithin, Kephalin) jeweils ein Molekül Fettsäure ab unter Bildung eines Lysophosphatides (Lysolecithin, Lysokephalin) (s. Formel I). Ursprünglich nahm man an, daß sie nur die ungesättigten Fettsäuren abspaltet, weil die gewonnenen Lysolecithine stets gesättigte enthielten. So stellte man sich vor, daß das Lecithin jeweils einen gesättigten neben einem ungesättigten Fettsäurerest enthielte. Nach den Befunden verschiedener Autoren [2508, 995] werden jedoch auch Lecithine mit zwei gesättigten oder zwei ungesättigten Fettsäuren angegriffen, woraus geschlossen wurde, daß die Wirkung des Fermentes „strukturspezifisch" sei, d. h. daß stets die in α'-Stellung befindliche Fettsäure abgespalten würde [989, 1496]. In jüngster Zeit wurde allerdings auch diese Auffassung in Zweifel gezogen [1563].

Obwohl Phospholipase A in vielen tierischen Organen und Geweben gefunden wurde, scheinen die Lysophosphatide nur in sehr geringen Mengen dort zu existieren. Sie wirken stark hämolytisch.

Phospholipase B. Dieses Ferment greift nicht das unveränderte Phosphatidmolekül an [2345], sondern nur die Lysoverbindungen, indem es die darin noch enthaltene Fettsäure hydrolytisch abspaltet, so daß als Reaktionsprodukt z. B. des Lysolecithins der Cholinester der Glycerinphosphorsäure entsteht, der wasserlöslich ist. Inositphosphatid (Monophosphoinositidformel s. S. 15) soll jedoch von der Phospholipase B so angegriffen werden, daß 2 Moleküle Fettsäure und der Inositester der Glycerinphosphorsäure entstehen [*532*]. Unter gewissen Umständen sollen nach DAWSON [*533*] auch die Lecithine und Kephaline als Fermentsubstrate dienen und aus ihnen jeweils 2 Moleküle Fettsäuren abgespalten werden.

Aus der Leber konnte vom gleichen Autor eine wirksame Phospholipase B gewonnen werden [*531*].

Phospholipase C. Leider ist in bezug auf die Phospholipasen C und D die Nomenklatur nicht einheitlich. Die Entdecker [*1522*] dieses Fermentes, welches von cholinhaltigen Phosphatiden (Lecithin und Sphingomyelin) den Phosphorsäureester des Cholins abspaltet, so daß aus dem Lecithin ein Diglycerid entsteht, schlugen die Bezeichnung Lecithinase C vor. Von einigen Autoren wird jedoch dieses Enzym als Phospholipase D bezeichnet. Sie wurde zuerst im Clostridium WELCHII Toxin aufgefunden, konnte jedoch bisher in tierischen Organen oder Geweben nicht nachgewiesen werden.

Allerdings kommt die Cholinphosphorsäure im Gewebe vor [*1910, 529*], woraus geschlossen wurde, daß sie ein Intermediärprodukt bei der Biosynthese darstellt.

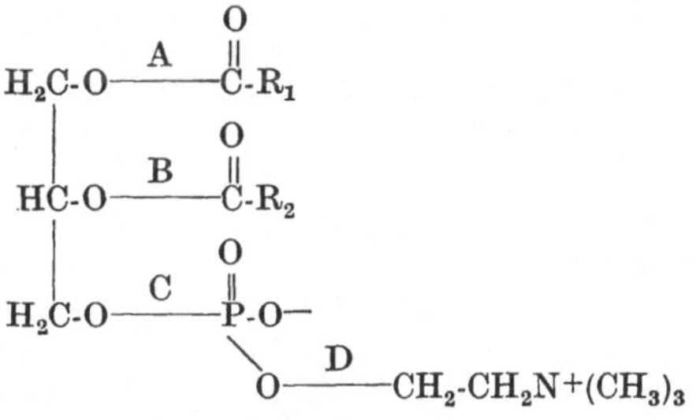

Phospholipase D. Die Phospholipase D (von ihren Entdeckern Phospholipase C genannt [*991, 992*], obwohl eine solche mit anderer Wirkung bereits beschrieben war [s. dort]) wurde bisher nur in pflanzlichen Geweben gefunden. Sie spaltet vom Lecithin hydrolytisch das Cholin ab, so daß eine Diglyceridphosphorsäure (auch Phosphatidsäure, phosphatidic acid, genannt) entsteht. Ob diesem Ferment im tierischen Organismus eine Bedeutung zukommt, ist ungeklärt.

$$H_2C\text{-}O\overset{A}{\underset{}{\rule{2em}{0.4pt}}}\overset{O}{\underset{\|}{C}}\text{-}R_1$$
$$HC\text{-}O\overset{B}{\underset{}{\rule{2em}{0.4pt}}}\overset{O}{\underset{\|}{C}}\text{-}R_2$$
$$H_2C\text{-}O\overset{C}{\underset{}{\rule{2em}{0.4pt}}}\overset{O}{\underset{\|}{P}}\text{-}O\text{-}$$
$$O\overset{D}{\underset{}{\rule{2em}{0.4pt}}}CH_2\text{-}CH_2N^+(CH_3)_3$$

R_1 und R_2: Fettsäurereste

(I) Lecithin

Da nur die beiden erstgenannten Phospholipasen im tierischen Organismus anzutreffen sind, ist anzunehmen, daß der allgemeine Abbau der Glycerinphosphatide mit der hydrolytischen Abspaltung der Fettsäuren beginnt. Die dadurch entstandenen Cholin-, Colamin- und Serinester der Glycerinphosphorsäure sind durch alkalische Phosphatase außerordentlich schnell, durch saure Phosphatase dagegen kaum spaltbar [*1511, 2237*].

c) Biosynthese

Erst Versuche mit radioaktiv markiertem Phosphat konnten Aufklärung über die Biosynthese der Phosphatide bringen. Dabei führten erst die in-vitro-Versuche mit zellfreien Enzymsystemen zur Erkennung der biologischen Vorläufer der Phosphatide und ihrer Synthesereaktionen. Bei der Besprechung wird hier bewußt auf alle zum Teil sehr umfangreichen Arbeiten verzichtet, die in vivo ausgeführt wurden, und lediglich der bisher aufgeklärte Weg der Biosynthese in den einzelnen Schritten kurz geschildert.

Unter Verwendung von $Na_2HP^{32}O_4$ zeigten POPJÁK [*1857*] und MUIR, daß in der Rattenleber nur die α- oder β-Glycerinphosphorsäure den Anforderungen eines Phosphatidvorläufers entsprach, wie es schon vorher von den anderen Autoren angenommen worden war [*2514*]. Diese Befunde wurden später von anderen Autoren bestätigt [*1339, 1342, 1224* bis *1226*]. Der Beweis für eine wahre Synthese der Glycerinphosphorsäure schien

dadurch erbracht, daß Zugabe von Glycerin die Syntheserate verdoppelte.
Der Einbau von markierter D-L-Glycerinphosphorsäure erfolgte schneller
als der von markiertem anorganischem Phosphat. Die Reaktion ist ATP-
abhängig, so daß formuliert werden kann:

$$\text{ATP} + \text{Glycerin} \rightarrow \text{L-}\alpha\text{-Glycerinphosphorsäure} + \text{ADP} \qquad\qquad \text{D}$$

Obwohl man durch Isotopenversuche den Einbau von mit C^{14} markierten
Fettsäuren in Plasmaphosphatide beobachtet hatte [*894, 2230*], blieb der
Fettsäureacceptor bis zu den Arbeiten von KORNBERG und PRICER [*1340* bis
1342] unbekannt. Letztere wiesen die Veresterung von C^{14}-Stearinsäure mit
L-α-Glycerinphosphorsäure unter Bildung von Diglyceridphosphorsäure
in Gegenwart von ATP und Co A nach; wurde die Co A-Verbindung
der Fettsäure verwandt, so erfolgte der Einbau auch in Abwesenheit von
ATP. Damit war auch der zweite Schritt der Phosphatidsynthese geklärt:

$$\underset{\text{phosphorsäure}}{\text{L-}\alpha\text{-Glycerin-}} + 2\text{-Co A-Fettsäuren} \rightarrow \text{Diglyceridphosphorsäure} + 2\ \text{Co A} \qquad \text{E}$$

KENNEDY [*1226*] fand bei Einbauversuchen mit P^{32} eine besonders stark
markierte Verbindung, die sich wie Diglyceridphosphorsäure verhielt. Zu
gleichen Ergebnissen kamen HOKIN und HOKIN [*1101*], die Diglyceridphosphorsäuren in Leber, Niere, Gehirn, Lunge, Herz, Pankreas und Milz nach-
wiesen.

Eine Reihe anderer Autoren konnte jedoch dieses Stoffwechselzwischen-
produkt nicht auffinden, weder in vivo noch in vitro, weder in der Leber
noch in anderen Organen. Diese Tatsache wird verständlich durch die
Existenz eines hochwirksamen Fermentes, das die Diglyceridphosphorsäure
entphosphoryliert. Es wurde von KENNEDY u. Mitarb. [*2415, 2156*] zuerst in
Hühnerleber nachgewiesen und katalysiert Reaktion F:

$$\text{Diglyceridphosphorsäure} \rightarrow \text{Diglycerid} + \text{Phosphorsäure} \qquad\qquad \text{F}$$

Die so gebildeten Diglyceride können mit einem weiteren Molekül „aktivierter" Fettsäure Triglyceride bilden, wie oben beschrieben (s. unter 2. c)
Reaktion C).

Auf der Suche nach dem stickstoffhaltigen Vorläufer der Glycerinphosphatide, insbesondere des Lecithins, dem man gewöhnlich die größte
Aufmerksamkeit schenkte, da ihm in fast allen Organen der Hauptlipoid-
anteil zukommt, zeigten KORNBERG und PRICER [*1339*], daß Cholinphosphorsäure etwa zehnmal schneller in Lecithin eingebaut wird als freies
Cholin, und zwar wurde die Verbindung als Einheit eingebaut. Auch aus
anderen Versuchen [*1930, 530*] wurde geschlossen, daß die Cholinphosphorsäure der Gewebe nicht etwa ein Abbau- sondern ein Syntheseprodukt des
Lecithins darstellt.

ANSELL [*76*] und DAWSON fanden die analoge Verbindung des Kephalins,
die Colaminphosphorsäure im Gehirn, die nach Einbauversuchen mit P^{32}
eine sehr viel höhere Aktivität aufwies als das Kephalin. Schließlich bewies
die Auffindung eines Enzyms, der Cholinphosphokinase, die auch gegenüber
dem Colamin aktiv ist (wenn auch wesentlich schwächer), die Reaktion G.

$$\text{Cholin} + \text{ATP} \rightarrow \text{Cholinphosphorsäure} + \text{ADP} \qquad\qquad \text{G}$$
$$(\text{Colamin} + \text{ATP}) \rightarrow (\text{Colaminphosphorsäure} + \text{ADP})$$

Durch alle vorliegenden Befunde (Formeln D bis G) lag der Schluß nahe,
daß das Diglycerid mit der Cholinphosphorsäure unter Bildung von Lecithin
reagieren könnte. Aber dieser Reaktionsablauf konnte niemals beobachtet

werden. Dazu war die Bildung einer „energiereichen" Cholinverbindung erforderlich, die durch die Arbeiten von KENNEDY u. Mitarb. [*1227* bis *1230*] aufgefunden und als natürliche Produkte aus Ratten- und Hühnerlebern dargestellt wurde. (Auch aus Hefe wurde sie gewonnen [*1473*].) Es handelt sich bei dieser Reaktion H um die Übertragung eines Cytidinphosphatrestes (aus dem Cytidintriphosphat, CTP, einem Pyrimidinanalogen des ATP) auf die Cholinphosphorsäure:

$$\text{CTP} + \text{Cholinphosphorsäure} \rightarrow \text{Cytidindiphosphatcholin} + \text{Pyrophosphorsäure} \qquad \text{H}$$

Das wirksame Ferment (phosphorylcholine-cytidyl-transferase) wurde von BORKENHAGEN und KENNEDY [*294*] isoliert.

Erst kürzlich wurde von KENNEDY [*2417*] u. Mitarb. auch die letzte, schon von KORNBERG und PRICER angenommene Reaktion bewiesen, welche die Bildung des Lecithins unter Zusammenlagerung von Cytidindiphosphat-cholin und einem 1, 2-Diglycerid unter Abspaltung von Cytidinmonophosphat darstellt (Formel J).

$$\text{Cytidindiphosphatcholin} + \text{D-1,2-Diglycerid} \rightarrow \text{Lecithin} + \text{Cytidinmonophosphat} \qquad \text{J}$$

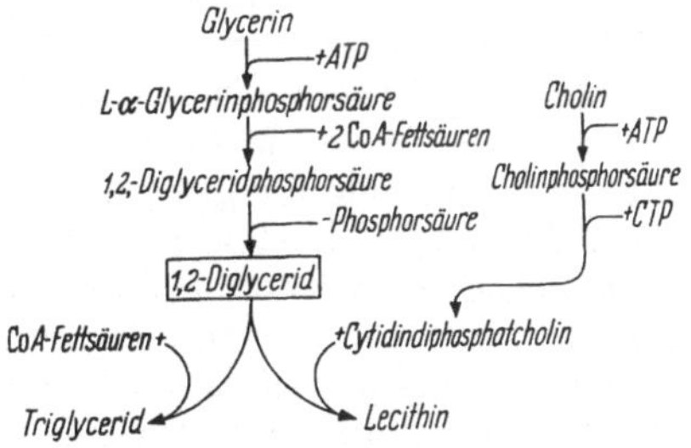

Das aus Hühner- und Rattenleberpräparaten dargestellte Ferment, das Reaktion J katalysiert, wurde „phosphoryl-choline-glyceride-transferase" genannt.

Eine Zusammenfassung der Biosynthesevorgänge zeigt Fig. 18. Es soll darin der gemeinsame Weg für die Bildung der Fette und Glycerinphosphatide sowie die zentrale Stellung der Diglyceride verdeutlicht werden.

Fig. 18. Biosynthese des Fettes und der Glycerinphosphatide

Auch andere Organe außer der Leber sind zu dieser Biosynthese fähig, wie dies für das Gehirn in einer Reihe von Arbeiten von ROSSITER u. Mitarb. [*2532—2536*] gezeigt wurde.

Im Rahmen dieser Darstellung ist es unmöglich, auf die außerordentlich zahlreichen Lipoidstoffwechseluntersuchungen einzugehen. Über die Beziehungen insbesondere der Leber zu den Blutlipoiden, über hormonelle Einflüsse usw. wird weiter unten berichtet. Zur eingehenderen Information über Einzelfragen wird der Leser auf folgende Übersichtsreferate hingewiesen: CHAIKOFF [*433*] und ENTENMAN, GURIN [*972*] und CRANDALL, ARTOM [*88*], ZILVERSMIT [*2512*], BEVERIDGE [*204*], POPJÁK [*1853*].

4. Cholesterin

Von

FRITZ A. PEZOLD

Cholesterin, praktisch in jeder Körperzelle, im Blut und in der Galle vorkommend, stammt teils aus der Nahrung, teils wird es im Körper synthetisiert. Im Blut kommt es in den cellulären Elementen, wie auch im Serum vor. Das Hauptinteresse galt von jeher dem Serumcholesterin. Es erscheint in freier, wie auch in veresterter Form. Die Art seiner Veresterung, ob mit gesättigten oder mehrfach ungesättigten Fettsäuren, ist eine Frage, der in den letzten Jahren erhöhte Aufmerksamkeit geschenkt wird.

Die Cholesterinkonzentration im Plasma wird von vier Vorgängen kontrolliert:

Enterale Resorption, Cholesterinsynthese, Elimination des Plasmacholesterins und seine weitere Verwertung (Ausscheidung, Abbau bzw. Umwandlung).

a) Resorption

Die *Cholesterinresorption* ist *abhängig von der Cholesterin- und Fettmenge in der Nahrung* und von der *Anwesenheit von Galle* im Darm. Die tägliche Aufnahme wird unterschiedlich hoch angegeben, nach GOULD [921] mit 0,5 bis 1 g, nach anderen Autoren mit 0,2 bis 3,3 g [345, 698, 1881]. Cholesterin ist enthalten in Eiern, Milchprodukten, Fleisch und Fisch. Versuchstiere nehmen nur etwa 30 bis 75% der zugeführten Cholesterinmenge im Darm auf [219, 435, 489]. Die Cholesterinaufnahme wird bei Anwesenheit von Fetten, besonders solchen niedrigen Schmelzpunktes, gefördert. *Freie* Fettsäuren scheinen, soweit sie ungesättigt sind, eher resorptionshemmend zu wirken [1248]. Die Nahrungsfette dienen als Vehikel für Sterine. Sie fördern die Dispersion im Darmlumen durch die Oberflächenwirkung der enzymatisch im Darm gebildeten Mono- und Diglyceride. Sie regen weiter den Gallenfluß und die Tätigkeit der gallensauren Salze an und sorgen schließlich für den Nachschub von Fettsäuren zur Cholesterinveresterung. Der *Serumcholesterinspiegel steigt unter Fettfütterung an.* SCHETTLER konnte demonstrieren, daß Ölzufuhr allein beim Tier zu einer Erhöhung des Blut- und Organcholesterins führte. Er schloß aus diesen Versuchen, daß der Cholesterinspiegel im Blut weniger vom Cholesteringehalt als von der aufgenommenen Fettmenge und dem Caloriengehalt der Nahrung abhängig ist. Die Resorption des Cholesterins selbst erfolgt zusammen mit dem Fett, wobei eine wesentliche Funktion des letzteren zu sein scheint, das Cholesterin bei der Passage durch die Darmwand in Lösung zu halten. Die Vorstellung des einfachen In-Lösung-Haltens erscheint jedoch nicht völlig befriedigend, wenn man das selektive Resorptionsvermögen der Darmwand gegenüber verschiedenen Lipiden in Rechnung setzt. *Fehlt Fett in der Nahrung, so geht* die *Cholesterinresorption erheblich zurück* (nach SCHÖN [2044] und HENNING bis auf 10% und darunter) und der *Blutcholesterinspiegel sinkt deutlich ab* [1600, 1996].

Ohne Galle werden nur sehr kleine Mengen Cholesterin resorbiert [219], während ein Zusatz von Gallensäuren die Cholesterinresorption aus der Nahrung fördert [287, 398, 1252, 2146]. Cholsäure ist wirkungsvoller als Desoxycholsäure [2266]. Gallensäuren erleichtern die Tätigkeit der Cholesterinesterase, in gleicher Weise aber auch die Aufspaltung der Ester.

Von der Ratte wird etwa die Hälfte des Cholesterins während der Resorption verestert [435]. Zur Esterbildung scheinen die ungesättigten Fettsäuren als Substrat von der Cholesterinesterase bevorzugt zu werden [1066, 2267].

Die *Veresterung des resorbierten Cholesterins* scheint bereits im Bindegewebe zwischen den Epithelzellen der Darmschleimhaut und dem zentralen Chylusgefäß der Schleimhautzotten zu erfolgen, da ein stetiger Anteil von 65 bis 75% des Cholesterins in den Darmlymphgefäßen verestert vorgefunden wird [874]. In den Zellen der Darmschleimhaut selbst fanden sich im nüchternen Zustand keine Cholesterinester [875, 872]. Die Cholesterinesterase hat offensichtlich drei Aufgaben: 1. Hydrolyse von Cholesterinestern im Darmlumen vor der Resorption, 2. Bildung von passageren Cholesterindepots in der Darmwand bei überschüssiger enteraler Cholesterinaufnahme, 3. Steigerung des Abtransports von Cholesterin aus der Darmwand in die abführende Lymphe [*874*].

Da das im Dünndarm vorhandene Cholesterin teils alimentärer Herkunft ist, teils aus der Gallensekretion (nach STANLEY [*2203*] und CHENG 1 bis 2 g Cholesterin pro Tag) stammt, ist der resorbierte Nahrungsanteil nicht genau bestimmbar. Von dem Gallencholesterin werden im Darm rund drei Viertel wieder resorbiert („enterohepatischer Kreislauf") und ein Viertel mit den Faeces ausgeschieden. Daß der rückresorbierte Anteil des Gallencholesterins bei der Regulation des Serumcholesterinspiegels ins Gewicht fällt, geht aus den Beobachtungen an keimfrei gehaltenen Ratten hervor. Diese vermögen das mit der Galle in den Darm geratene Cholesterin nicht mehr in Koprosterin umzuwandeln (s. S. 78), weshalb der der Rückresorption ins Blut anheimfallende Cholesterinanteil größer wird. Keimfrei gehaltene und steroidfrei ernährte Ratten zeigten tatsächlich einen höheren Serumcholesterinspiegel als die Kontrolltiere [*515*]. Die Aufnahme des Cholesterins in die Darmschleimhautepithelzelle selbst scheint durch die Vermittlung von Mucoproteiden zu erfolgen, die als hydrotrope Vehikel für den Austausch mit der Zellmembran dienen. Der Transport in der Zelle selbst erfolgt durch Aufnahme in Lipoproteinkomplexe und anschließende Wiederabgabe. Anscheinend weisen die im Dienste dieser Funktion stehenden Zellproteine eine hochentwickelte strukturelle Spezifität auf [*874*]. Es ist denkbar, daß das Cholesterin zum Teil auch in Lipoproteinform unmittelbar aus dem Chymus in die Darmschleimhaut aufgenommen werden kann.

Das resorbierte Cholesterin gelangt auf dem Wege des Ductus thoracicus [*219, 435*] in den Kreislauf, wo es alsbald zu einer Vermehrung der Chylomikronen [*767, 1757*] kommt, die sich in der bekannten Lactescenz des Blutplasmas äußert („alimentäre bzw. postresorptive Hyperlipidämie"). Einzelheiten s. im Kapitel „Alimentäre Hyperlipidämie" und „Kläreffekt". Die *Cholesterinkonzentration* in der *Ductus-thoracicus-Lymphe* des hungernden Tieres beträgt etwa ein Drittel derjenigen des Plasmas. Das Cholesterin kommt in der Lymphe in veresterter und freier Form vor. 70% des gesamten Ductus-Cholesterins ist verestert. Es erscheint in der gleichen Komplexbindung an Proteine, wie im Blutplasma. Nach Ultrazentrifugierung bei einem spezifischen Gewicht von 1,21 g/ml fanden PAGE [*1757*], LEWIS und PHAHL in der Hauptsache zwei Flotationsklassen: -$S_{1,21}$ 4 bis 7 und -$S_{1,21}$23. Daneben kam noch eine kleine dritte Fraktion der Größenordnung -$S_{1,21}$>70 zur Beobachtung, bei der es sich um die Chylomikronen handelt. In der postresorptiven Phase nimmt der Cholesteringehalt der Lymphe leicht zu [*1796*], hauptsächlich in der Fraktion -$S_{1,21}$ > 70. Dagegen bleiben die anderen Fraktionen im wesentlichen gleich [*48, 402*].

Obwohl die Auffassung, daß eine einmal zugeführte Cholesterinmenge den Blutcholesteringehalt nicht signifikant beeinflußt, nicht allgemein anerkannt ist, scheint es, wenn man den Ausführungen von BYERS [*399*], FRIEDMAN und ROSENMAN folgt, so zu sein, daß wenigstens eine leichte oder vielleicht auch nur vorübergehende Zunahme des Plasmacholesterinspiegels nach Cholesterinzufuhr eintritt. Daß eine prolongierte Zufuhr von erhöhten Cholesterinmengen in der Nahrung bei manchen Tieren zu einer Hypercholesterinämie führt, zeigen die Versuche mit der experimentellen Atherosklerose. Ob eine vermehrte Cholesterinzufuhr auf lange Sicht eine Hypercholesterinämie beim Menschen bewirken kann, ist nicht bewiesen. Umgekehrt ist aber gezeigt worden, daß eine cholesterin- und fettarme und zugleich calorienarme Ernährung, für längere Zeit gegeben, zu einer eindeutigen

Plasmacholesterinverminderung führt [*446, 1080, 1223, 1235, 1241, 1600, 1996, 2206, 2400, 2401*]. Dies hat das unfreiwillige Massenexperiment der Kriegs- und Nachkriegszeit in Deutschland schon zweimal erwiesen [*1999, 2011*]. BYERS [*399*] u. Mitarb. haben die Vermutung zum Ausdruck gebracht, daß die langfristige Cholesterinüberfütterung von Versuchstieren nicht durch die vermehrte Zufuhr von Cholesterin allein zur Hypercholesterinämie führt, sondern auf dem Umweg über eine Störung der Regulationsmechanismen in der Leber, die durch diesen Cholesterinüberschuß ausgelöst wird.

Es wurde gefunden, daß die Sterine unterschiedlich resorbiert werden. Während Cholesterin und 7-Dehydrocholesterin gut resorbiert werden, sind *Phytosterine* nur mäßig resorbierbar. Die ursprüngliche Ansicht, daß pflanzliche Sterine, mit Ausnahme begrenzter Mengen von Ergosterin, überhaupt nicht, und zwar weder von pflanzenfressenden noch fleischfressenden Tieren resorbiert werden könnten [*2047, 2049, 2284*], konnte in den letzten Jahren mittels radioaktiv markiertem Cholesterin widerlegt werden [*921, 994*]. Auch das im Intermediärstoffwechsel gebildete und in den Darm ausgeschiedene Dehydrocholesterin wird zum Teil rückresorbiert [*921*].

Die *Cholesterinresorption* wird von *einzelnen Vegetabilien beeinflußt*, z. B. der Artischoke [*144, 1212, 2052*]. Bei der Auswertung solcher Versuche darf man jedoch nicht den möglichen Einfluß von Vegetabilien auf die Passagegeschwindigkeit der Ingesta im Darm außer Betracht lassen [*4, 2388, 2390*]. Die Phytosterine, d. h. chemisch dem Cholesterin ähnliche pflanzliche Sterine, zusammen mit cholesterinhaltigem Material gegeben, wirken hemmend auf die Cholesterinresorption. Auch am Menschen ließ sich ein blutcholesterinsenkender Effekt nachweisen [*128, 194, 196, 684, 1843*]. Weiteres s. S. 285.

b) Plasmacholesterin und Cholesterinbiosynthese

Die endogene Cholesterinsynthese erfolgt in nahezu allen Körpergeweben, wie mittels C^{14}-etikettierten Essigsäureresten gezeigt werden konnte. Im einzelnen ist sie nachgewiesen worden für die Nebennieren [*1958*], Nieren, Hoden, Haut, Dünndarm [*1858*], Lungen [*2191*], Aorta [*634, 709, 2438*], Erythrocyten [*1493, 1994*]. Am schnellsten und intensivsten erfolgt die Cholesterinsynthese in den Leberparenchymzellen [*249*].

Die Synthese erfolgt aus einfachen Vorstufen. Daß die Essigsäure bei der Biosynthese der Steroide eine wesentliche Rolle spielt, wurde 1937 zuerst von SONDERHOFF [*2163*] und THOMAS festgestellt. Später zeigten BLOCH [*247*] und seine Mitarbeiter mittels Versuchen mit radioaktiv doppelt markierten Acetaten, daß von den 27 Kohlenstoffatomen des Cholesterins 15 von der Methylgruppe und 12 von der Carboxylgruppe des Acetats stammen (s. Fig. 19). Diese Forscher haben den bündigen Beweis erbracht, daß das gesamte Cholesterinmolekül aus Acetat als der alleinigen Kohlenstoffatomquelle gebildet werden kann. Durch Einbau von kurzgliedrigen Fettsäuren (Essigsäure, Acetessigsäure, Buttersäure, Isovaleriansäure, Beta-Dimethylacrylsäure, Beta-Hydroxy-Beta-Methylglutarsäure und anderen Fettsäuren) kann die Cholesterinsynthese variiert werden [*322, 323, 1048, 1485, 1833, 2500*]. Über die dabei gebildeten Zwischenstufen ist noch kaum etwas bekannt [*399*].

Im einzelnen stellt man sich die Biosynthese des Cholesterins folgendermaßen vor: Acetat —— (1) —→ Acetyl-Co A —— (2) —→ Aceto-Acetyl-Co-A—— (3) —→ Beta-Hydroxy-Beta-methyl-glutaryl-Co-A (HMG-Co-A)

—— (4) ⟶ Mevalonsäure — (5) ⟶ Squalen ⟶ - - - - - ⟶ Cholesterin [*2150*]. Die erste Phase, die Bildung des *Squalen* ($C_{30}H_{50}$) ist ohne O_2 möglich. Dagegen wird zur Ringbildung des ungesättigten Kohlenwasserstoffs Squalen zu den cyclischen Triterpenoidvorstufen des Cholesterins und der endgültigen Cholesterinbildung O_2 benötigt [*631*]. Auf dem Wege der Umwandlung dse kettenförmigen Moleküls Squalen zum ringförmigen Sterinskelett entsteht als Zwischenprodukt *Lanosterin.* Weitere Zwischenprodukte scheinen *Cymosterin* und *Desmosterin* zu sein. Einzelheiten über Reaktionsfolgen, mögliche Zwischenstufen und Verwandtschaften zu anderen benachbarten biologischen Substanzen s. CORNFORTH [*493*] und POPJÁK oder in der deutschen Literatur die Übersicht von HENNING [*1056*].

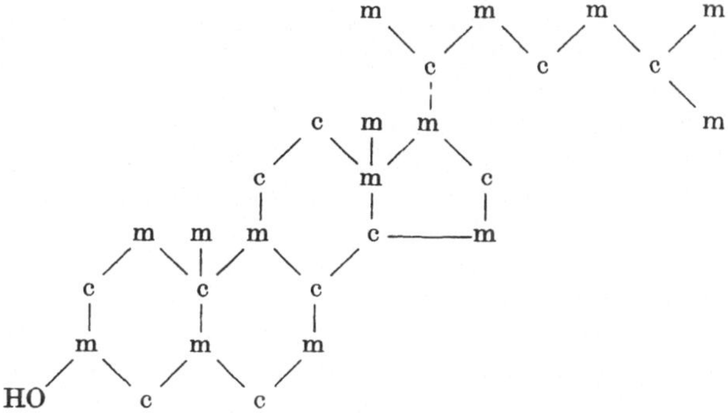

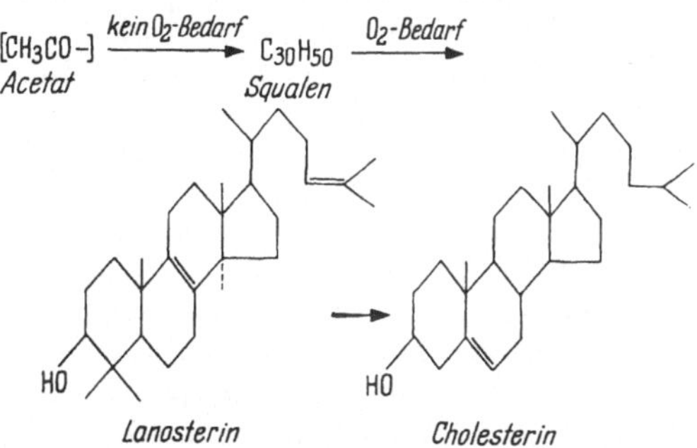

Fig. 19. Herkunft der C-Atome des Cholesterinmoleküls (aus CORNFORTH [*493*] und POPJAK). m = von der Methylgruppe, c = von der Carboxylgruppe herstammend

Die *Cholesterinbiogenese* geht nach Hypophysektomie, aber auch schon *beim Hungernlassen zurück* (dabei gleichzeitig Drosselung der Fettsäurensynthese!), während sie durch Zufuhr von Glucose, Proteinhydrolysat und Fett wieder in Gang kommt. Sie läßt sich mittels ACTH-Zufuhr steigern, während Oestrogene die Cholesterinsynthese in der Leber hemmen. Die *Cholesterinsynthese kommt bei der Ratte*, nicht jedoch beim Kaninchen [*1752*], praktisch *zum Erliegen, wenn man genügend Cholesterin dem Futter zugibt.* Dagegen wird die Fettsäurensynthese dadurch *nicht* zum Stillstand gebracht. Die Größe der Cholesterinsynthese scheint von der Menge mit der Nahrung zugeführten Cholesterins abzuhängen. Ratten, die für 4 bis 6 Wochen im Futter 0,05% Cho-

Fig. 20. Biosynthese des Cholesterins (Ringbildung aus kettenförmigen Molekülen) (aus STAPLE [*2204*])

lesterin erhielten, zeigten eine viermal höhere endogene Syntheserate als Vergleichstiere mit einem 2%igen Cholesteringehalt im Futter [*1648*]. Füttert man Ratten längere Zeit cholesterinreich, so dürfte die Cholesterineigensynthese auf 3% zurückgehen [*218*].

Die *homöostatische Kontrolle der Cholesterinsynthese* dürfte nach den Untersuchungen des SIPERSTEINschen [*2150*] Laboratoriums an der Rattenleber durch Einwirkung auf die Umwandlung des Beta-Hydroxy-Beta-methylglutaryl-Co-A zu Mevalonsäure (Reaktion 4 des Aufbaues von Acetat zu Squalen, s. S. 72) erfolgen.

Obwohl die meisten Körpergewebe zur Cholesterinsynthese fähig sind, wird das *Blutplasmacholesterin* nahezu vollständig im *Leberparenchym gebildet* [*795, 922*]. Die Arbeitsgruppe GOULD [*922*] konnte an hepatektomierten

Hunden nach intravenöser Injektion von C^{14}-Acetat nachweisen, daß im Plasma kaum noch C^{14}-Cholesterin erscheint. Dieser Befund muß dahin gedeutet werden, daß die Plasmacholesterinsynthese nach Entfernung der Leber praktisch zum Stillstand gekommen ist. Demgegenüber war der Abbau des zugeführten Acetats unbehindert. Es zeigte sich in diesen Versuchen, daß hepatektomierte Tiere nahezu die gleiche Menge von C^{14}-Acetat in $C^{14}O_2$ oxydiert hatten, wie die Kontrolltiere. Die Cholesterinsynthese scheint ebenfalls, wie der Blutzuckerspiegel und andere Serumgrößen, unter dem Einfluß eines homöostatischen Regulationsmechanismus zu stehen. Wenn man die Leberlymphe durch Fistelung ableitet, erfolgt eine erhebliche Steigerung der Cholesterinsynthese und in gleicher Weise eine verstärkte Ausschwemmung neugebildeten Cholesterins ins Blut [*2266*]. Möglicherweise wirkt der Cholesterinspiegel der Ductus-thoracicus-Lymphe regulierend, da der exogene wie endogene Cholesterinanteil via Milchbrustgang in den Systemkreislauf gelangt.

Die *Cholesterinsynthese* erfolgt *sehr rasch*. Wenn man einem Hund markiertes Acetat durch die Magensonde appliziert, so kann man schon nach wenigen Minuten in seinem Serum markiertes freies Cholesterin nachweisen [*922*]. GOULD [*923*] u. Mitarb. konnten durch Versuche am Menschen mit C^{14}-Carboxyl-markiertem Natriumacetat nachweisen, daß in etwa einer Stunde das gesamte Lebercholesterin mit entsprechenden Mengen Plasmacholesterin ausgetauscht wird. Ein Mensch von 70 kg Körpergewicht tauscht etwa 0,6 bis 0,87 g unverestertes Cholesterin in der Stunde in beiden Richtungen aus [*921*]. Nach Injektion von C^{14}-Acetat erreicht die spezifische Aktivität des freien Cholesterins in der Leber bereits viel früher ihr Maximum als im Blutplasma [*922*]. Die spezifische Aktivität dieser Fraktion war außerdem höher als die der Esterfraktion. Auch das veresterte Cholesterin erreichte im Plasma sein Aktivitätsmaximum erst wesentlich später. Demnach wird zunächst freies Cholesterin gebildet, erst danach erfolgt die Veresterung. Ein Gleichgewichtszustand zwischen dem freien Cholesterin im Blutplasma und dem der Leber stellte sich schon nach 20 Min ein. Die Hälfte des gesamten Leber- und Plasmacholesterins (= „Halbwertszeit") wird in etwa 6 bis 8 Tagen umgesetzt [*919, 1491, 1833*], d. h. völlig im Intermediärstoffwechsel abgebaut („breakdown") und neu resynthetisiert. Die Umsatzzeit (turnover time) = Halbwertszeit × 1,45. Sie beträgt danach etwa 12 Tage. Aus diesen Befunden hat man die *Größe der endogenen Cholesterinsynthese* beim Menschen auf 1,5 bis 2 g pro Tag geschätzt [*919*]. IVY [*1147*], KARVINEN, LIU und IVY kamen zu ähnlichen Ergebnissen und nahmen eine tägliche Cholesterinsynthese beim Menschen von 2,1 g unter physiologischen Bedingungen an.

Die *Regulierung des Plasmacholesterins* ist nicht nur in bezug auf die Plasmacholesterinsynthese, sondern auch auf die *Elimination* und *Verstoffwechselung des Plasmacholesterins an eine intakte Lebertätigkeit gebunden.* Es bleibt jedoch bei chronischen Leberparenchymschäden, besonders posthepatitischen Lebercirrhosen, lange Zeit ein normaler Spiegel an freiem Cholesterin erhalten, während die Veresterung des Cholesterins offensichtlich eher notleidet [*1795*]. *Die Regulation des Plasmacholesterins ist aber außerdem von der Proteinkonzentration im Blutplasma abhängig.* Da nämlich Cholesterin wasserunlöslich ist, kann es im Plasma nur in Form der Lipoproteinkomplexe existieren. GOULD [*921*] stellt sich die Situation ähnlich einem Donnan-Gleichgewicht an einer Membran vor. Wie dort die Konzentrationsunterschiede der frei diffusiblen Elektrolyte durch die Unterschiede der geladenen nicht diffusiblen Proteine aufrecht erhalten werden, wird der Plasmacholesterinspiegel zu einem beträchtlichen Ausmaß durch die α_1- und β_1-Globulinkonzentration bestimmt. Ob diese Komplexbindung des Cholesterins an die Plasmaproteine bereits in den Leberzellen erfolgt und die dort gebildeten Lipoproteine voll ausgebildet ins Blutplasma einströmen, ist bis jetzt unbekannt. Nach den Vorstellungen von ANFINSEN [69] wäre die endgültige Bildung der Lipoproteine auch im Plasma, vielleicht im Zusammenhang mit dem Klärungsvorgang, denkbar [921].

Zur Klärung der Frage nach dem *Ort der Cholesterinsynthese in der Leber* (Leberparenchym oder KUPFFERsche Sternzelle?) liegen neue Ergebnisse vor [800]. Blockiert man das Leber-RES von Gallenfistelratten mit chinesischer Tusche, so scheiden sie die gleiche Menge Cholesterin in 24 Std mit ihrer Galle aus, wie die Kontrolltiere. Ferner war der Anstieg des Blutcholesterinspiegels auf intravenöse Zufuhr von Triton-WR 1339, einer zur Hypercholesterinämie führenden oberflächenaktiven Substanz [460] mit und ohne Tuscheinjektion gleich. Danach erscheint der Schluß berechtigt, daß das RES weder für die Synthese, noch für die Abgabe des Cholesterins ins Blutplasma eine Rolle spielt. Vielmehr ist der *Hauptsitz der Cholesterinsynthese* das *Leberparenchym*.

Eine weitere Frage war die, wie sich die Leber gegenüber dem mit der Nahrung zugeführten und andererseits dem endogen, andernorts entstandenen Cholesterin gegenüber verhält. Injiziert man einem Tier ein in einem anderen Tier endogen entstandenes Cholesterin (in Form des nach Gallengangsligatur hypercholesterinämisch gewordenen Serums) intravenös, so sieht man sudanophile Granula nahezu ausschließlich in Leberparenchymzellen. Demgegenüber traten nach oraler Cholesteringabe solche Granula *zwischen* den Leberparenchymzellen, in oder um die KUPFFERschen Sternzellen auf. Eine Blockierung des RES mit chinesischer Tusche blieb ohne Einfluß gegenüber der Aufnahme des endogenen Cholesterins in die Leberparenchymzelle, beeinträchtigte dagegen die Aufnahme des exogenen (Nahrungs-)Cholesterins in die KUPFFERschen Sternzellen. Daß das intravenös zugeführte „endogene" Cholesterin tatsächlich in die Leberzelle eintritt, geht auch daraus hervor, daß es trotz überschüssiger Zufuhr nicht zu einer Hypercholesterinämie kommt.

Demgegenüber trat bei den oral mit Cholesterin gefütterten Ratten eine Hypercholesterinämie mit starker Vermehrung der Chylomikronen im Serum in Erscheinung. Diese Beobachtungen lassen darauf schließen, daß *endogen entstandenes Cholesterin*, ins Blutplasma gebracht, dort *in löslicher Form* erscheint und offenbar am Leber-RES vorbei *direkt in die Leberparenchymzelle* gelangt. Dagegen kommt es *nach oraler Cholesterinzufuhr zu einer Vermehrung der Chylomikronen im Blutplasma*, die zusammen mit dem darin enthaltenen Cholesterin- und sonstigen Lipidmaterial von dem Leber-RES aufgenommen und aus dem Blutstrom eliminiert werden. Eine ähnliche Vermutung hat schon BÜRGER [378] (1940) geäußert. Er nahm an, daß die „Haemokonien" (= Chylomikronen),, wahrscheinlich durch die Reticuloendothelien der verschiedenen Gefäßprovinzen — vielleicht auch der Lunge — aufgenommen werden".

FRIEDMAN [803] und BYERS stellten nach experimenteller Reduktion des Plasmacholeseringehaltes mittels Plasmapherese fest, daß weder eine Gastrointestinektomie (einschließlich Pankreas) noch Nephrektomie die Schnelligkeit und Größe des Ersatzes beeinflußt. Der *Cholesterinesterersatz* ist demnach *unabhängig von der Cholesterinaufnahme durch die Nahrung* (einschließlich Nahrungscholesterinestern) und auch von dem *möglichen Veresterungsmechanismus* (Cholesterinesterase) in Pankreas und Darmschleimhaut.

Die Ratte war *nach Hepaktomie nicht* mehr zum *vollständigen Ersatz* von Cholesterin und *Cholesterinestern* fähig. Bis zu welchem Grade in der Leber die Veresterung des Cholesterins vor sich geht, läßt sich mit der subtotalen Hepatektomie allein nicht klären. Es wäre ja denkbar, daß die Leber nur freies Cholesterin ausschüttet, das anderwärts esterifiziert wird, hatten doch schon unter anderem NIEFT [*1697*] und DEUEL jr. nachgewiesen, daß zwar die Rattenleber das Hauptveresterungsorgan für freies Chclesterin darstellt, aber noch andere Organe zur Cholesterinesterbildung fähig seien. Aber auch nach überschüssigem Angebot von freiem Cholesterin ließ sich keine extrahepatische Veresterung feststellen, was einigermaßen erstaunlich ist, da das Blut die notwendigen Enzymsysteme zur Umwandlung von freiem in verestertes Cholesterin besitzt. Wenn man nämlich Blutserum nach genügend langem Aufenthalt im Brutschrank bei 37⁰ C auf seinen Cholesterinestergehalt hin untersucht, so stellt man fest, daß der Estergehalt zugenommen hat. Durch Zugabe von Sojalecithin kann man die Cholesterinveresterung steigern [*2381*]. Wurden Cholesterinester im Überschuß injiziert, so verschwanden sie aus dem Blut in einer dem physiologischen Verhalten entsprechenden Zeit nur in Gegenwart funktionierenden Lebergewebes. Während der Cholesterinesterspiegel der Kontrolltiere von 244 mg-% nach 3 Std auf 159 mg-% und nach 6 Std auf 65 mg-% abgefallen war, wiesen die hepatektomierten Tiere nach dieser Zeit eine nahezu unveränderte Cholesterinesterkonzentration im Blutserum auf. Aus diesen und anderen Beobachtungen kann geschlossen werden, daß die *Leber* das *Hauptorgan für die Bereitstellung*, sowie den *Abbau von Plasmacholesterinestern* darstellt und so den *Blutspiegel* dieser Substanz in jedem Augenblick *kontrolliert* [*799, 803*]. Über den Ort der Cholesterinesterasebildung ist nichts Genaues bekannt. Manche sehen bei der Ratte das Pankreas als die hauptsächliche Quelle an.

c) Elimination des Plasmacholesterins und seine weitere Verwertung
(Ausscheidung, Umbau, Abbau)

Mit der Herausnahme des Cholesterins aus dem strömenden Blut ist im wesentlichen die Leber betraut. GOULD [*919*] konnte durch intravenöse Infusionen von Blut, dessen Lipoproteine mit C^{14} markiertes Cholesterin enthielten, an Hunden nachweisen, daß etwa innerhalb 8 Std die Hälfte des infundierten Materials in die Leber abgeströmt war. Ähnliche Ergebnisse erbrachten Versuche an Ratten mittels intravenöser Injektion von Rattenserum von hypercholesterinämisch gemachten Tieren. Innerhalb 12 Std war etwa 70% des infundierten Cholesterins in den Lebern der Tiere nachweisbar [*799*]. Das Blutplasma- und Lebercholesterin wird mit der Galle *in den Darm* als Cholesterin (Cholestenon), Dihydrocholesterin und Koprosterin *ausgeschieden*. Mittels besonderer Extraktionsverfahren wurden aus den Faeces gesunder Versuchspersonen bisher folgende Steroide in kristalliner Form isoliert: Koprosterin (Coprostanol), Cholesterin, Lithocholsäure, Isolithocholsäure und 12-Ketolithocholsäure [*1044*]. Durch *Umwandlung des Cholesterins* entstehen weiter die *Steroidhormone* (Einzelheiten darüber s. bei [*176, 1048, 1049, 1051, 1835, 2209*]) und die *Gallensäuren*. Diese werden *in der Leber* gebildet.

Die Umwandlung in Gallensäuren wurde bereits 1943 von BLOCH [*248*], BERG und RITTENBERG nachgewiesen. SIPERSTEIN [*2149*] u. Mitarb. haben mittels intravenöser Injektion C^{14}-markierten Cholesterins sowohl an der Ratte, wie neuerdings auch beim Menschen (Choledochusdrainage) demonstriert, daß nicht Koprosterin (Coprostanol nach der angloamerikanischen Nomenklatur), wie man bis vor kurzem auf Grund der Befunde von SPERRY [*2168, 2169, 2174*] und BLOOR, sowie BÜRGER [*383*] allgemein angenommen hatte, sondern *Gallensäuren* das *hauptsächliche Endprodukt des Cholesterinstoffwechsels* darstellen (s.

auch BERGSTRÖM und NORMAN). Von den täglich synthetisierten 2100 mg Cholesterin wurden rund 80% verstoffwechselt und davon 1460 mg (etwa 70% der Tagesproduktion) in Form von Gallensäuren in den Darm ausgeschieden [*1147*], etwas weniger als SIPERSTEIN [*2149*] und MURRAY ursprünglich angenommen hatten. Koprosterin spielt als Ausscheidungsprodukt praktisch überhaupt keine Rolle. SIPERSTEIN [*2147*], HERNANDEZ und CHAIKOFF konnten mittels Isotopenuntersuchungen 50% der Aktivität in der Galle innerhalb von 60 bis 70 Std wiederfinden, davon $^3/_4$ in Form von Gallensäuren (nach ROSENFELD [*1940*] und HELLMAN am Menschen nur 10 bis 50% der C^{14}-Radioaktivität in der Galle) und den Rest als

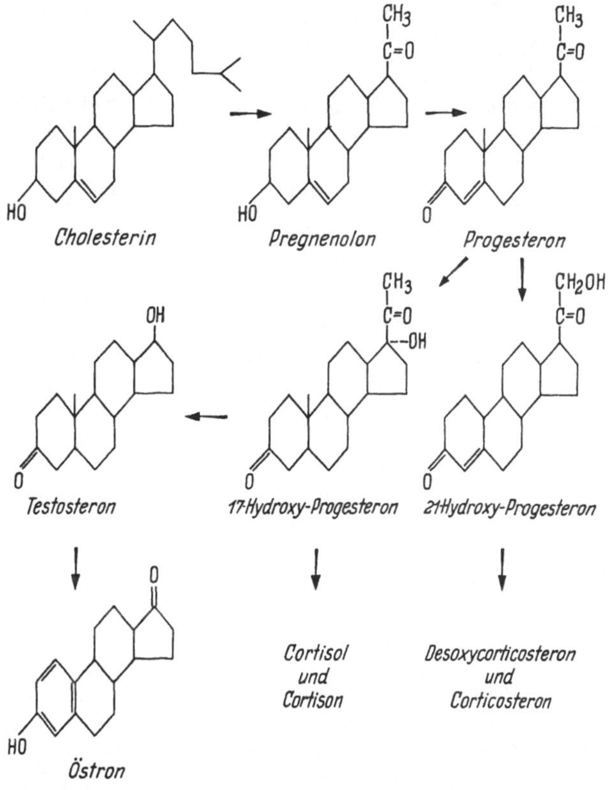

Fig. 21. Umwandlung von Cholesterin in Steroidhormone (aus STAPLE [*2204*])

Sterine. Beide Fraktionen werden rückresorbiert („enterohepatischer Kreislauf"), die Gallensäuren auf dem Wege der Pfortader unmittelbar in die Leber, von wo sie nahezu quantitativ wieder in den Darm ausgeschieden werden. Zur endgültigen Ausscheidung mit den Faeces gelangt nach jeder derartigen Zirkulation nur jeweils ein kleiner Teil der Gallensäuren. Die Cholesterinrückresorption scheint nach den Untersuchungen der erwähnten Autoren weniger quantitativ zu erfolgen, und zwar über den Lymphweg in den Ductus thoracicus, Systemkreislauf. Daher darf bei der Betrachtung der den Serumcholesterinspiegel beeinflussenden Faktoren neben dem exogenen (= Nahrungs-) das endogene (in der Leber synthetisierte) Cholesterin nicht vernachlässigt werden [*1940*]. Bei Anwendung einer geeigneten Versuchsanordnung kann gezeigt werden, daß eine vermehrte Cholesterinapplikation vorwiegend zu einer erhöhten Gallensäurenproduktion führt. So konnten

BYERS [*399*] u. Mitarb. mittels intravenöser Injektion von hypercholesterinämischem Serum bei Ratten zeigen, daß der Gehalt an Gallensäuren in der Sammelgalle (72 Std) um 60% größer war als bei Kontrolltieren. Abbau und Umwandlung des Cholesterins scheint vorwiegend in der Leber vor sich zu gehen [*399, 919*]. HOTTA [*1124*] und CHAIKOFF haben inzwischen den Beweis der Richtigkeit dieser Auffassung erbracht. Durch Abschaltung der Leber vom Blutkreislauf ließ sich zeigen, daß nicht nur kein neu synthetisiertes Cholesterin in der Blutbahn erscheint, sondern auch das alt vorhandene nicht in der physiologisch üblichen Zeit verschwand.

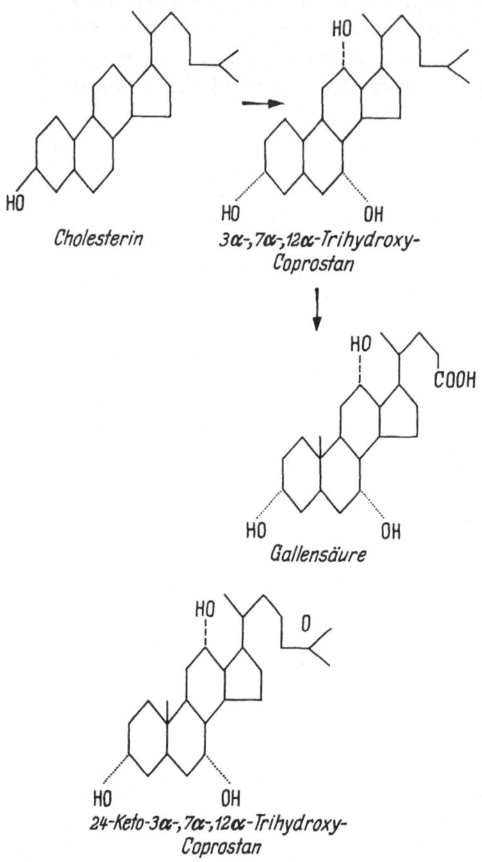

Durch bakterielle Einwirkung im Darm wird ein Teil des Cholesterins in *Koprosterin* umgewandelt, das wohl zum größten Teil mit den Faeces ausgeschieden wird. Mittels Suspensionen von Darmbakterien ließ sich zeigen, daß diese auch in vitro Cholesterin zu Koprosterin reduzieren können [*469, 2158*]. Daß die enterale Ausscheidung für die Regulation des Serumcholesterinspiegels ins Gewicht fällt, läßt sich aus Versuchen mit einer halbsynthetischen, praktisch steroidfreien Kost an Ratten schließen. Wurde derartiges Futter unter den Bedingungen absoluter Keimfreiheit verfüttert, war der Serumcholesterinspiegel höher als bei den unter normalen Bedingungen lebenden Tieren. Der bakterienfreie Darm vermag nicht mehr die Koprosterinbildung zu bewerkstelligen, weshalb der rückresorbierte Anteil

Cholesterin

3α-,7α-,12α-Trihydroxy-Coprostan

Gallensäure

24-Keto-3α-,7α-,12α-Trihydroxy-Coprostan

Fig. 22. Umwandlung von Cholesterin in Gallensäuren (aus STAPLE [*2204*])

des in den Darm ausgeschiedenen Gallencholesterins größer ist [*515*]. Eine nicht unbeträchtliche Menge des Nahrungscholesterins wird jedoch unverändert eliminiert. Schließlich ist auch eine celluläre Umwandlung in *Cholestanol* möglich [*2044*].

d) Regulation des Plasmacholesterinspiegels
als Beispiel physiologischer Regulationsmechanismen

Nach GOULD [*921*] wird der Plasmacholesterinspiegel nicht durch ein Gleichgewicht zwischen intestinaler Cholesterinresorption, endogener Cholesterinsynthese und Ablagerung von Cholesterin in den Geweben reguliert, sondern für die Erhaltung eines Gleichgewichtes ist die Leber verantwortlich. Sie reguliert sowohl die Verteilung des Cholesterins zwischen Leber und Blutplasma, wie auch die Gesamtmenge an Cholesterin im Leber-Blutplasmasystem. Alimentäre Cholesterinzufuhr führt zu einer leichten Erhöhung des unveresterten Lebercholesterins, zugleich zu einer viel stärkeren Erhöhung des veresterten Lebercholesterins, während die Cholesterinsynthese in der Leber stark zurückgeht. Dieser auf die Cholesterinsynthese hemmend wirkende Effekt des resorbierten Cholesterins beschränkt sich jedoch nur auf die Leber. Bei prolongierter Verfütterung von Cholesterin lagert die Leber dieses in veresterter Form als Depot ab. Später kommt es anscheinend auch zu einem Anstieg des unveresterten Lebercholesterins und schließlich zu einem Anstieg der Plasmacholesterinkonzentration. Bei der Regulation des Plasmacholesterinspiegels scheint nach den Arbeiten von FRIEDMAN [796] die Gallensäurenkonzentration im Serum eine bedeutende Rolle zu spielen. Wie die Autoren zeigen konnten, führt die Unterbindung des Hauptgallenganges bei Ratten zu einer schnellen Zunahme des Blutcholesteringehaltes, die, wie FREDRICKSON [774], LOUD, HINKELMAN, SCHNEIDER und FRANTZ zeigen konnten, auf einer starken Zunahme der Cholesterinsynthese in der Leber beruht. Möglicherweise beruht die Wirkung der Gallensäuren auf einer Änderung der Oberflächenaktivität im Blut, ähnlich wie sie von oberflächenaktiven Substanzen, z. B. Tween und Triton, hervorgerufen wird [2043], die ebenso zu einer Verteilungsänderung des Cholesterins zwischen Blut und Leber führen. Dieser Schluß ist vielleicht auch aus der Beobachtung gerechtfertigt, daß es nach Erhöhung des Gallensäurenspiegels im Serum nicht nur zu einer Hypercholesterinämie, sondern überhaupt zu einer Hyperlipidämie kommt. Daß dabei Lösungsphänomene wirksam sein könnten, kann man auch aus den Untersuchungen des FRIEDMAN-BYERS-schen Arbeitskreises annehmen, die sowohl mittels Phosphatid-, wie auch Neutralfettinfusionen eine Hypercholesterinämie erzeugen konnten, die stets mit einer Hyperlipidämie einherging [802, 804].

Die Bedeutung der *hormonalen Steuerung* des Plasmacholesterinspiegels wird in einem eigenen Kapitel abgehandelt.

5. Zusammenfassende Bemerkungen über die Funktionen der Leber und des Pankreas im Fett- und Lipoidstoffwechsel

a) Leber

Die *Galle* ist maßgeblich an der *Emulgierung, Aufspaltung* und *Resorption der Nahrungsfette* und *-lipoide* beteiligt. *Aus der Nahrung* gelangen anteilig über den Blut- und Lymphweg Neutralfette, Cholesterin und Phosphatide in die Leberzellen. Auch bei *konstant bleibendem Fettbestand* des Körpers wird stets *Fett aus den Depots mobilisiert und auf dem Blutwege zur Leber* gebracht. Auf die gleiche Weise gelangt das *aus den Fettgeweben* durch *Hungern* und *krankhafte Ursachen mobilisierte Fett zur Leber*. Anscheinend kann das Depotfett nur in der Leber abgebaut werden. Wird ein solcher Fettabbau zum Zwecke der Energiegewinnung notwendig, so wird das Fett stets in den Depots mobilisiert, um in die Blutbahn eingeschleust zu werden. Versuche an Labortieren, die deuteriumhaltiges Fett in ihren Depots gespeichert hatten, ergaben, daß die Tiere während einer anschließenden Hungerperiode zwei- bis dreimal mehr von diesem etikettierten Fett in der Leber aufwiesen als in den Fettdepots. In der Leber können die beim Abbau freiwerdenden Fettsäuren entweder wieder verwendet oder durch die Verbindung mit dem Coenzym A „aktiviert" und damit reaktionsfähig gemacht werden, um in

den Citronensäurecyclus zur Endoxydation eingeschleust werden zu können.
Näheres s. B I 1 b. Die beim Hungern entstehende „Fettleber" ist passager
(physiologisch ?).

Die *Fettverbrennung* ist *keine ausschließliche Funktion der Leber.* Aber sie
erfolgt am intensivsten in diesem Organ [2208]. Sie geht auch nach der
Hepatektomie weiter. Nach Resektion von 90% der Leber hungernder Tiere
verblieb der respiratorische Quotient der Tiere niedrig als Ausdruck dafür,
daß nach wie vor Energie aus Fett gewonnen wurde. Daß die Leber aber
stark am Fettsäurenabbau beteiligt ist, haben Versuche am Hund mit C^{14}-
etikettierten Fettsäuren ergeben. Ein Maß ihrer Verbrennung ist die ausge-
atmete $C^{14}O_2$. Nach Hepatektomie betrug die Fettsäurenoxydation nur
40% von der intakter Hunde. Außerdem stieg die Fettsäurenkonzentration
im Blut erheblich an.

Neu *in der Leber synthetisiertes Fett* wird auf dem Blutweg *zu den Fettdepots transportiert.* Das im *Fettgewebe* deponierte Fett wird ständig abgebaut und erneuert. Abbau und Synthese von Fettsäuren in der Leber erfolgen
rasch. Mittels radioaktivem Deuterium wurde an Mäusen nachgewiesen, daß
in 4 Tagen etwa 40% ihres Depotfettes erneuert war. Wenn auch die Leber
kein eigentliches Depotorgan für Fette darstellt, so enthält die Leber eines
ausgereiften Feten physiologischerweise reichlich Fett. Der „normale" Fettgehalt der Erwachsenenleber wird von EGER auf 2 bis 4% geschätzt.

Wenn auch die *Synthese gesättigter Fettsäuren* in anderen Organen [179]
z. B. im Darm [183], Milz, Niere, Herz, Arterienwand, Testes und im Fettgewebe möglich ist, ist die *Leber* doch die *wichtigste Fettbildungsstätte* [250].
Der Einbau von Palmitinsäure in Triglyceride wurde in der Leber von
TIETZ [2318] und SHAPIRO, die Triglyceridsynthese in Leberhomogenaten
von STEIN [2215] und SHAPIRO und in daraus gewonnenen Mikrosomenfraktionen von STEIN [2216] und SHAPIRO nachgewiesen. Die anderen Bil-
dungsstätten erzeugen Fettsäuren nur zum eigenen Gebrauch, insbesondere
zur Synthese der Strukturlipoide. Zwischenprodukte bei der Synthese höherer Fettsäuren sind nicht die niederen Fettsäuren, sondern vorwiegend Pal-
mitin- und Stearinsäure in Verbindung mit Coenzym A, die durch Umeste-
rung in Glyceride und Phosphatidsäuren umgewandelt werden. Über die
Biosynthese der gesättigten Fettsäuren s. Absatz B I 1 c.

Fettsäurenabbau und -bildung in der Leber sind anscheinend nebeneinander ablaufende Prozesse. Sie gehen auch beim Hunger weiter [181]. Bei der
Abmagerung überwiegt der Fettsäurenabbau gegenüber der -synthese. Beim
Fettansatz ist es umgekehrt. Die Synthese ist gesteigert bei weiterbestehen-
dem Fettabbau.

Die *Angleichung* der *Nahrungsfette an* die *Körperfette* erfolgt durch raschen
Abbau derjenigen Fettsäuren des Nahrungsfettes, die im Körperfett nur in
geringer Konzentration vorhanden sind. Ein weiterer Vorgang in dieser
Richtung ist die Verlängerung und Verkürzung der Fettsäuren (*Saturierung*
von ungesättigten und *Desaturierung* von gesättigten Fettsäuren). Diese
Umwandlungen gehen *vor allem in der Leber* vor sich. Die Fettsäuredehydro-
genase (H-Atomabspaltung) der Leber — Dehydrogenasen kommen auch in
anderen Organen und im Fettgewebe vor — ist besonders wirksam. Das
Leberfett enthält großenteils ungesättigte Fettsäuren (Olein- oder Stearinsäure).

Die *Fettsäuren* werden in der Leber *zur Veresterung* von Cholesterin und
zur Bildung von Phosphatiden [894, 2230] herangezogen. Die Leberzellen
enthalten eine stark wirksame Esterase, deren biologische Rolle noch nicht

genügend klar ist. Die genannten Vorgänge laufen aber nicht durch Hydrolyse und Rekondensation ab, sondern durch eine direkte Übertragung der Fettsäuren von einer Esterbindung auf die andere.

Die Leber ist das wichtigste *Phosphatidbildungsorgan* [733]. Parenteral zugeführte, mit P^{32} markierte Phospholipoide fanden sich vorwiegend in der Leber konzentriert. 6 bis 8 kg schwere Hunde bildeten in der Stunde je 130 bis 200 mg Plasmaphosphatide. Die Halbwertszeit der Phosphatide, Triglyceride und ihrer Fettsäuren ist in der Leber kürzer als in anderen Organen. Lipotrope Substanzen beschleunigen die Phospholipidsynthese und wirken der Leberverfettung entgegen [90, 1783]. Die *Phosphatide des Blutplasmas* entstehen in der Hauptsache in der Leber und treten von dort rasch ins Blut über [733, 2514]. Im Plasma werden keine Phosphatide gebildet. Der Serumphosphatidspiegel reflektiert somit die Phosphatidsynthese in der Leber [792]. Die Bausteine werden zum Teil den im Blute kreisenden Triglyceriden entnommen. Die Lebensdauer der Plasmaphosphatide beträgt nur 6 bis 10 Std. Nach Hepatektomie steigt sie um das 10- bis 30fache an, nach SCHULZE [2078] *Umsatzzeit* für Leberphosphatid — P + Plasmaphosphatid — P = 60 — 95 Std. Danach würden 0,75 g Phosphatid pro Std und 18 g pro Tag umgesetzt werden gegenüber einem Tagesumsatz von 1,5 g Cholesterin. Die in anderen Organen synthetisierten Phosphatide gehen nicht ins Blut über. Sie dienen dem Eigenbedarf der entsprechenden Gewebe. Die Leber ist nicht nur für die Synthese und Ausschüttung von Phospholipiden ins Blut, sondern auch für ihre *Mobilisation* und *Elimination* aus dem Blut verantwortlich. Es sind Untersuchungen bekannt, bei denen leberlose Hunde 33 bis 160 statt 6 bis 10 Std gebraucht haben, um intravenös zugeführtes radioaktiv markiertes Phosphatid aus dem Blut zu eliminieren. Die *Regulierung des Phosphatidspiegels* erfolgt in der Leber, *anscheinend nach homöostatischem Prinzip*. Sie scheidet die gleiche Menge Phosphatide oder die zu ihrer Synthese notwendigen Stoffe, wie Triglyceride, Fettsäuren, ins Blut ab, die sie aus ihm aufnimmt.

Das *Plasmacholesterin* wird ebenfalls in der Hauptsache im Leberparenchym gebildet [249]. Die Größe der endogenen Cholesterinsynthese des Menschen wird auf 1,5 bis 2 g pro Tag geschätzt [778, 1147]. Schätzungsweise synthetisiert davon die menschliche Leber täglich 0,3 g Cholesterin und scheidet ebensoviel aus. Die tägliche enterale Cholesterinaufnahme liegt bei Normalernährung in Ländern westlicher Zivilisation zwischen 0,5 bis 1 g. Der Serumcholesterinspiegel steigt unter Fettfütterung an, bei Fetteinschränkung oder -entzug sinkt er ab. Es hat allerdings den Anschein, daß die Hypercholesterinämie des im Übermaß mit Cholesterin gefütterten Kaninchens nicht allein auf der exzessiv gesteigerten Zufuhr von Cholesterin beruht, sondern über den Umweg einer Störung der Regulationsmechanismen für den Plasmacholesterinspiegel in der Leber erfolgt. Allerdings scheint die Größe der Cholesterinsynthese von der exogen zugeführten Cholesterinmenge abhängig zu sein. Nach Hepatektomie kommt die Plasmacholesterinsynthese praktisch zum Stillstand. Die Leber scheint auch das Hauptorgan für die Bereitstellung sowie den Abbau von Plasmacholesterinestern darzustellen und somit auch den Blutspiegel dieser Cholesterinform zu kontrollieren. Von der täglich synthetisierten Gesamtmenge an Cholesterin werden rund 80% verstoffwechselt und in Form von Gallensäuren in den Darm ausgeschieden [1147]. Der Rest wird mit der Galle in den Darm als Cholesterin, Dehydrocholesterin und Koprosterin ausgeschieden. Über die besonderen *Aufgaben der Leber* beim Fetttransport s. S. 105.

Manche Beobachtungen sprechen dafür, daß die an der endokrinen Regulation der Lipidkonzentrationen im Serum beteiligten Hormone direkt oder indirekt in der Leber angreifen. Näheres s. S. 117 ff.

b) Pankreas

Pankreatektomierte Hunde (experimenteller „Pankreasdiabetes") entwickeln unter Anstieg der Lipidkonzentrationen im Blutserum eine Fettleber. Werden sie ausreichend mit Insulin substituiert, so *sinkt nach totaler Pankreasexstirpation* der *Serumlipidspiegel ab*, aber der entstehende Gewichtsverlust (Fettmobilisation!) und die Entwicklung einer Fettleber läßt sich nicht verhindern [*1016*]. Gibt man ihnen gleichzeitig rohes Pankreas, wird die Entwicklung einer Fettleber verhindert. Diese Befunde sprechen für das Vorhandensein eines lipotropen Faktors. Über die Frage, ob dieser hormoneller („Lipocaic", DRAGSTEDT [*581* bis *584*]) oder enzymatischer Natur [*432*] ist, s. den Abschnitt B III 2 d γ. Neben diesem eine Fettinfiltration in die Leber verhütenden Prinzip ist noch ein zweites, die Serumlipide regulierendes, wirksam.

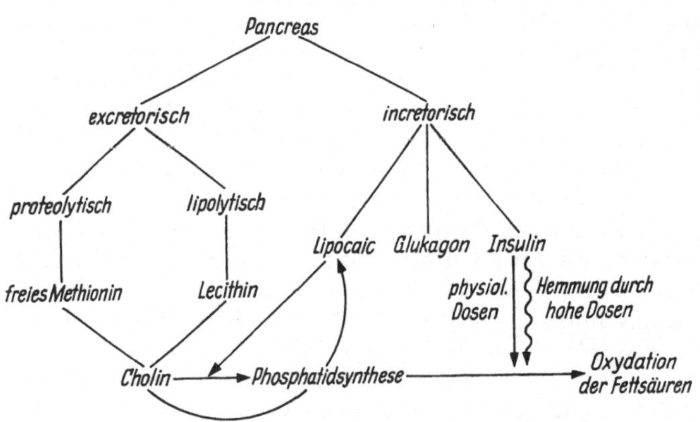

Fig. 23. Rolle des Pankreas im Fettstoffwechsel der Leber
(aus HARTMANN [*1016*])

Der inkretorische Anteil des Pankreas, der Inselapparat, ist ganz wesentlich am Fettstoffwechsel beteiligt. *Insulin* fördert die Liponeogenese, indem es die aus dem Kohlenhydratabbau stammende aktivierte Essigsäure vom Eintritt in den Citronensäurecyclus abhält und zur Fettsäurensynthese hinlenkt. Beim Kohlenhydratabbau entstehen ATP (Adenosintriphosphorsäure), DPNH (reduziertes Diphosphornucleotid) und TPNH (reduziertes Triphosphornucleotid), die als Energieüberträger für die Fettsäurensynthese erforderlich sind.

Im Hunger und bei Mangel an Insulin sistiert der Kohlenhydratabbau und zugleich die Bereitstellung von ATP, DPNH und TPNH. Infolge der reduzierten Glucoseverwertung greift der Organismus zur Befriedigung des erforderlichen Energiebedarfs auf die Fettdepots zurück. Es erfolgt eine Fettmobilisation (Hyperlipidämie) und ein verstärkter Fettsäurenabbau. Während dieser bis zur C_2-Stufe, der aktivierten Essigsäure (Acetyl-Co-A) nicht beeinträchtigt ist, ist der Eintritt dieser C_2-Reste, die sowohl aus dem Fettsäuren- wie auch Kohlenhydratabbau stammen, in den Citronensäurecyclus nicht möglich. Dazu ist die Kondensation von aktivierter Essigsäure mit Oxalessigsäure, ebenfalls aus dem Kohlenhydratabbau stammend, erforderlich, die beim Insulinmangel nur in unzureichender Menge zur Verfügung steht.

Durch Rekondensation von Coenzym A kommt es zur *Acetessigsäurebildung*, die entweder zu Beta-Oxy-Buttersäure und Aceton umgewandelt (*Ketose*) oder mit einem Molekül Coenzym A *zu Cholesterin synthetisiert* wird. Dagegen ist die Resynthese der Fettsäuren über die „Drehscheibe" der aktivierten Essigsäure blockiert (s. S. 232). Die Fettsäurensynthese kommt bei ausreichender Insulinzufuhr wieder in Gang.

Die *Fettleber bei Insulinmangel* dürfte demnach folgendermaßen zustande kommen:

1. *Erhöhte Fettmobilisation* zum Zwecke der Energiegewinnung (gestörte Zuckerverwertung!).

2. Unvollständige Fettsäurenoxydation, Ketonämie.

3. Vermehrte Cholesterinsynthese.

Wie die Entwicklung einer Fettleber beim Hund nach Ligatur des Ductus pancreaticus (CHAIKOFF) zeigt, spielt auch der exkretorische Anteil des Pankreas für den Fettstoffwechsel eine Rolle. Mittels der *proteolytischen Fermente* wird Methionin aus dem Nahrungseiweiß freigesetzt. Die *lipolytischen Fermente* emulgieren und spalten das Nahrungsfett, fördern die Resorption der Fettsäuren, der fettlöslichen Vitamine und des Lecithins und dienen vielleicht auch der Freisetzung von Cholin.

Beim *nicht total pankreatektomierten* und ausreichend *insulinsubstituierten* Hund blieben im allgemeinen die Gesamtlipidwerte im Serum im Bereich der Norm, während die Phosphatide und das freie Cholesterin öfters anstiegen. Die Entwicklung einer Fettleber ließ sich trotz Zufuhr von *Pankreasfermenten* nicht verhindern. Da das Zustandekommen der Fettleber angesichts des Vorhandenseins von Pankreasfermenten und ausreichender Ernährung wohl nicht auf einem Mangel an Lecithin, Cholin oder Methionin beruhte, nimmt HARTMANN [1016] an, „daß in dem nur noch inkretorisch aktiven Pankreasrest ein Prinzip wirksam ist, das auf die Blutlipide regulierend wirkt". Ob diese Substanz auch in der Lage ist, die Entstehung einer Fettleber zu verhindern, ließ dieser Autor offen.

II. Zur Biochemie der Lipoproteide im Serum

Von

FRITZ A. PEZOLD

1. Dynamisches Gleichgewicht oder Lipoproteideinheiten?

Im Vergleich zu den Kenntnissen, die wir über die Biochemie der hauptsächlichen Vertreter der Lipide besitzen, ist über das Verhalten der Lipoproteide im strömenden Blut bisher verhältnismäßig wenig bekannt. Im Abschnitt A II wurde hinreichend begründet, daß der *Transport von Lipidmaterial* in den Körperflüssigkeiten und die *Stoffwechselreaktionen mit Lipiden* im wäßrigen Milieu durch das Vorhandensein wasserlöslicher Lipidproteinverbindungen ganz wesentlich erleichtert werden. *Lipoproteide* sind in gleicher Weise in den Geweben, wie auch in den Körperflüssigkeiten anwesend. Sie sind ein wesentlicher Bestandteil der lebenden Substanz mit wichtigen strukturellen und metabolischen Aufgaben. „Die Auffassung, daß die Lipide im Plasma nicht in freiem Zustand existieren, sondern miteinander und mit den Proteinen als Lipoproteide verbunden sind, hat neue Überlegungen über die Eiweiß-Lipidbeziehungen bei allen Fragen des Lipidstoffwechsels und -transports nötig gemacht [141]."

Es sei kurz an die Ausführungen im Abschnitt A II erinnert: *In den Alpha-Lipoproteiden überwiegt der Eiweißgehalt, in den Beta-Lipoproteiden* der *Fettgehalt*. Die Lipoproteide der verschiedenen Klassen unterscheiden sich in ihrer Größe und Gestalt, ihrem Molekulargewicht und spezifischen Gewicht, ihrer Struktur, ihrem chemischen und immunochemischen Verhalten, ihrer Transportfunktion und -kapazität und schließlich ihrer Bindungsstabilität.

Die Existenz einer Lipoproteidmatrix in der Zellmembran ist anerkannt. Es werden lediglich noch die Art und Häufigkeit der Muster, in denen die Lipid- und Proteinanteile einander gegenüberstehen, diskutiert. Ebenso ist die Bindung von Lipoiden an die Eiweißstrukturen im Cytoplasma der Zelle seit langem Gegenstand der Forschung. Die Verschiedenartigkeit der chemischen Struktur der in definierten Lipoproteiden vorhandenen Lipide, teilweise sogar die Unkenntnis über die Natur des Lipidmaterials und nicht zuletzt die Ungewißheit, wieviele und welche Lipidkomponenten de facto Teile des Lipoproteidpartikels darstellen und wieviele nur passager an ein passendes Proteinmolekül (Vehikel, carrier) adsorptiv locker gebunden sind, in der Blutbahn transportiert und am Ort des Bedarfs abgeladen werden, machen eine definitive und erschöpfende Aussage über die Natur der Lipoproteide im Blut zur Zeit noch unmöglich.

Während die Mehrzahl der auf diesem Gebiet arbeitenden Forscher an die Existenz distinkter biochemischer Lipoproteideinheiten glaubt, ohne daß sie bis jetzt exakt bewiesen ist, sind in letzter Zeit vereinzelt Zweifel aufgekommen. Ich möchte zuerst auf diese *Einwände* eingehen.

ZÖLLNER [*2526*] lehnt die Existenz von Lipoproteiden im Sinne der GOFMANschen „Riesenmoleküle" ab. Es könne von einer „echten chemischen Bindung zwischen Protein und Lipoid", deren Bestehen GOFMAN angenommen habe, nicht gesprochen werden. Er hält zwar an der Löslichmachung der Lipide im Blutplasma durch Vermittlung von Proteinen fest. „Die zu dieser Lösung notwendigen Aggregate werden Lipoproteide genannt [*2526*]." Die mittels Äthanolfraktionierung, Elektrophorese und Ultrazentrifugierung gewonnenen Lipoidproteinaggregate seien Kunstprodukte, nur in vitro zu beobachten, nicht den in vivo vorkommenden Aggregaten entsprechend. Bei allen Methoden der Lipoproteiddarstellung würden die Serumproteine *mit Wasser verdünnt*, wodurch es zu einer Änderung des Verteilungskoeffizienten der Lipide zwischen den einzelnen Proteinphasen käme. Mit den klassischen „chemischen" Methoden (Kristallisation usw.) sei nie die Feststellung der Einheitlichkeit einer Lipoproteidfraktion gelungen, obwohl die Komponenten für sich, Lipoide und Proteine, kristallisierbar seien. Beweise für die Existenz eines Lipoproteidmoleküls lägen demnach nicht vor.

GOFMAN hat in seinen Publikationen zwar wiederholt von Riesenmolekülen gesprochen [*879* S. 167]: „... those giant molecules of serum which may be composed of cholesterol, its esters, phospholipids, fatty acids, and protein as building blocks...." „... It is entirely possible that the defect might exist in certain of these giant molecules, which could be responsible for the development of atherosclerosis..."

Die schon lange bekannte Tatsache, daß die „klassischen" chemischen Analysemethoden zum Nachweis von Lipoproteiden viel zu grob sind, war die hauptsächliche Triebkraft, sich schonenden physikalisch-chemischen Nachweisverfahren zuzuwenden. Für die Aufrechterhaltung der Struktur der Lipoproteide ist *Wasser unerläßlich*. Etwa 40% des Molekülkomplexes besteht, wie bereits ausgeführt, aus Wasser (s. S. 26).

Als Beweise für seine These von der Zufälligkeit der Aggregatbildung von sich begegnenden Lipoiden und Proteinen im Plasma führt ZÖLLNER [*2526*] die Versuche von HAGERMAN [*976*] und GOULD, MAURER [*1575, 1576*] und MÜLLER, KUNKEL [*1374*] und BEARN und FLORSHEIM [*740*] und MORTON an.

HAGERMAN [976] und GOULD konnten mit C^{14}-markiertem Plasmacholesterin in vitro (!) zeigen, daß dieses mit dem unmarkierten Cholesterin der Erythrocytenmembran ausgetauscht wird und umgekehrt. Nach etwa 4 Std war ein Konzentrationsgleichgewicht eingetreten. Die Untersuchungen wurden an Rindererythrocyten durchgeführt. Die Beobachtungen im unveränderten Nativplasma und die kurze Austauschfolge (nach RUHENSTROTH-BAUER alle 10,5 min ein Cholesterinmolekül der Erythrocytenoberfläche gegen ein solches des Blutplasmas) lassen annehmen, „daß die Cholesterinmoleküle des Plasmas in spezifischer Weise an die Erythrocytenoberfläche stoßen und so den Austausch herbeiführen [1962]. Der Autor konnte zeigen, daß ein derartiger Austausch zwischen dem Cholesterin der Erythrocytenmembran und dem Cholesterin des Plasmas nur dann erfolgt, wenn das Blutplasma intakt ist und Cholesterin enthält. Durch mehrmaliges Waschen der Erythrocyten in physiologischer NaCl-Lösung und energisches Abzentrifugieren aus ihrem zugehörigen Plasma entfernte er praktisch das gesamte Plasmacholesterin (auch das an der Erythrocytenoberfläche haftende, nicht aber in der Erythrocytenmembran eingebaute) und die Plasmaproteine (damit auch die lipidtragenden Proteinvehikel). Die so behandelten Erythrocyten verbrachte er in ein „künstliches cholesterinarmes Plasma", das aus Sterofundin als physiologisches Salzgemisch bestand, dem reines Gamma-Globulin in 2,5%iger Lösung und Rinderalbumin in 3,5%iger Lösung zugesetzt war. Weder mit dieser Anordnung, noch nach Erwärmung der Erythrocytenaufschwemmung auf 37° C und zusätzlicher Durchblasung mit einem geeigneten O_2-CO_2-Gemisch (entsprechend der Versuchsanordnung nach HAGERMAN [976] und GOULD) erfolgte ein nennenswerter Austausch. Von einem auch nur angenäherten Konzentrationsgleichgewicht, wie bei der HAGERMANschen Anordnung, konnte nicht im entferntesten die Rede sein. „Sollte es also eine Cholesterinabgabe an ein solches künstliches cholesterinarmes Plasma geben, ist sie sicher nur gering [1962]."

Diese Befunde erlauben den Schluß, daß Albumin und Gamma-Globulin nicht an Stelle der lipidtragenden Globuline den Cholesterintransport zu und von der Erythrocytenmembran übernehmen können. Dieses Unvermögen kann nicht an der unzureichenden Proteinkonzentration gelegen haben. Die Konzentration der hier benutzten „künstlichen" Plasmaproteinlösung kam der in einem nativen Plasma nahe.

Wenn es sich nur um geänderte Massenwirkungsverhältnisse handeln würde, wäre nicht einzusehen, daß unter den geschilderten Versuchsbedingungen keine Abgabe von Erythrocytenmembrancholesterin an das künstlich cholesterinfrei gemachte Plasma stattfinden könne. Würde es sich also im ZÖLLNERschen Sinn um eine zufällige Aggregatbildung von sich begegnenden Lipoiden und Proteinen im Plasma handeln, so würde es wundernehmen, warum dazu nicht zumindest die Albuminmoleküle in der Lage wären, deren vielfältige Vehikelfunktion, u. a. auch gegenüber Fettsäuren, ja hinreichend bekannt ist. Die Proteinkomponenten der Lipoproteide müssen also als spezifisch angesehen werden.

MAURER [1575, 1576] und MÜLLER (1953) änderten durch Zugabe von 10% Serum zur Pufferlösung die Bindung von P^{32}-markierten Phosphatiden. Diese wanderten jetzt nicht mehr mit den α_1- und β-Globulinen, wie in der üblichen Papierelektrophorese, sondern mit den Albuminen. Diese Befunde schienen zunächst den Beweis erbracht zu haben, daß die Phosphatidverteilung im Serum nur auf Gleichgewichtsverhältnissen beruhte. Durch Zusatz von Albumin zur Pufferlösung konnten die Autoren mittels

Papierelektrophorese eine Wanderungsänderung der Phosphatide demonstrieren. Sie bezogen diese Verschiebung auf die geänderten Massenwirkungsverhältnisse. Es müsse eine sehr lose Koppelung der Phosphatide an die Albumine, quasi als Mitnahmeeffekt angenommen werden.

FLORSHEIM [738], DIMICK und MORTON (1956) konnten die MAURERschen Ergebnisse jedoch nicht reproduzieren. Nach Markierung der Phosphatide mit P^{32} und des zum Puffer beigefügten Albumins mit J^{131} konnten sie keine Ablenkung der Lipide durch das Albumin nachweisen. Auch nach dem Albuminzusatz zeigte sich die gleiche Aktivität im Alpha- und Beta-Lipoproteidgipfel wie vorher. Als Erklärung der MAURERschen Befunde sehen sie Adsorptions- und Denaturierungsvorgänge an. Siehe die in der MAURERschen Arbeit (S. 259, Abb. 2a) an der Startstelle liegengebliebenen großen Mengen von Phosphatiden! Zur Vermeidung störender Adsorptionsvorgänge müßten diese Versuche mittels Stärkeelektrophorese wiederholt werden.

KUNKEL [1374] und BEARN gaben sechs Versuchspersonen (drei Gesunden und drei leicht Leberkranken) P^{32} per os (jeweils etwa 0,2 Millicurie als Na_2HPO_4) und untersuchten nach verschiedenen Zeitabständen den Gehalt an Lipoidphosphor und die Impulsintensität im Serum, nachdem sie dieses mittels Stärkeelektrophorese aufgetrennt hatten. Sie fanden die Radioaktivität in der α_1-, α_2- und β-Lipoproteidfraktion, in entsprechender Konzentration, wie den chemisch bestimmten Lipoidphosphor.

In einer zweiten Versuchsreihe isolierten sie mittels Stärkeelektrophorese die radioaktiv gewordenen α_1- und β-Lipoproteide aus den 24 Std nach der Zufuhr von P^{32} entnommenen Seren. Dann inkubierten sie *in vitro* die isolierten radioaktiven Lipoproteidfraktionen jeweils mit vollständigem Serum, bzw. mit ebenfalls isolierten *nicht*-aktiven Lipoproteidfraktionen. Es ergab sich nach 2 Std ein deutlicher Übergang der Radioaktivität des Beta-Lipoproteids auf das nicht-aktive α_1-Lipoproteid und umgekehrt.

Es zeigte sich, daß der Austausch bei 37° C größer war als bei 4° C. Nach Extraktion der markierten Phosphatide mit Alkohol (Denaturierung des Proteinanteiles des Lipoproteidkomplexes!) fand kein Übergang statt. Es sind also möglicherweise fermentative Vorgänge im Spiel, jedenfalls keine einfache Adsorption von Phosphatiden an das Proteinmolekül.

ZÖLLNER [2526] sieht in diesem Austauschmechanismus in vitro eine Bestätigung seiner Auffassung, daß es kein Lipoproteidmolekül gäbe, ein Schluß, der weder von den von ihm angezogenen Autoren (KUNKEL [1374] und BEARN: ,,The exact mechanism of the in vitro exchange remains obscure") noch von FLORSHEIM [738] und seinen Mitarbeitern gezogen worden ist.

Daß auch isolierte Lipoproteidfraktionen ihre Lipidanteile nicht komplett austauschen, geht aus einer Untersuchungsreihe EDERS [615] u. Mitarb. in vitro hervor. Die Autoren mischten mit P^{32} radioaktiv markierte Lipoproteide niedriger Dichte (D < 1,063) mit solchen hoher Dichte (D > 1,063), jeweils alternierend etikettiert, und wiesen aus der zunehmenden Impulszahl der vorher inaktiven Fraktion einen Austausch des Lipoid-P^{32} nach. Es trat aber kein Gleichgewichtszustand zwischen der radioaktiv markierten und der nicht markierten Lipoproteidfraktion ein.

Es muß betont werden, daß die meisten Untersuchungen über derartige *Austauschvorgänge in vitro* durchgeführt worden sind. Die so gewonnenen Befunde können aber nicht ohne weiteres auf die Vorgänge im menschlichen

Blutplasma oder in den Körpersäften intra vitam übertragen werden. Oxydations- und Denaturierungsvorgänge an den empfindlichen Proteinen und Lipoproteiden des Blutserums, die durch Lagerung, Wärme- und Lichteinwirkung, Manipulationen mit Pufferlösungen usw. auftreten können, dürfen bei der Beurteilung von Untersuchungsergebnissen nicht vernachlässigt werden.

Gegen die Vorstellung *reiner Massenwirkungsverhältnisse* im strömenden Plasma sprechen weiter folgende Befunde:

1. Die *individuelle Reproduzierbarkeit* der einzelnen Analysemethoden (Elektrophorese, Ultrazentrifuge) unter gleichen Ausgangsbedingungen (Vorperiode, Nüchternserum).

2. Wenn sich die Blutfette auf alle *potentiellen Lipidträger* verteilen würden, müßte der Lipoidanteil der Lipoproteide im ganzen wesentlich geringer sein, und sie dürften nicht bei den üblichen leichten Erhöhungen des spezifischen Gewichtes schon flotieren. Bei einem *spezifischen Gewicht von 1,200 g/ml* flotieren in der Ultrazentrifuge *alle Lipoproteide*, die Alpha- und die Beta-Lipoproteide.

3. Die *gesetzmäßige Verteilung* des Cholesterins, Phosphatids und der Glyceride auf die verschiedenen Flotationsklassen der Lipoproteide wäre unverständlich.

4. Wenn wirklich die Lipid-Proteinaggregate, wie ZÖLLNER [2526] meint, sich aus der zufälligen Begegnung von Proteinmolekülen mit Lipidmolekülen bilden würden, wäre es in Anbetracht der großen Adsorptionskraft der Proteinmoleküle für Lipide nicht verständlich, daß bei einem spezifischen Gewicht von 1,200 im Bodensatz noch das gesamte Proteinspektrum vorhanden ist, also auch noch Alpha- und Beta-Globuline.

Gegen ZÖLLNERs *Einwand von einer mangelhaften Übereinstimmung zwischen Elektrophorese und Ultrazentrifuge*, die er mit den verschiedenen Verdünnungseffekten erklärt, wodurch· *wechselnde Protein-, Lipoidaggregate* entstünden, kann folgendes bemerkt werden: Die Äthanolfraktionierung ist eine relativ grobe Trennmethode. Man erhält Lipoproteidfraktionen von relativ nur geringem Reinigungsgrad. Zur Reinigung erneute Ultrazentrifugierung, dann gute Übereinstimmung. Eine nachträgliche Trennung in der Ultrazentrifuge zeigt, daß die COHN-Fraktion I bis III aus einer ganzen Skala von Flotationsklassen bestehen. Vergleicht man die Mittelwerte der Lipidzusammensetzung eines größeren UZ-Querschnittes, so findet sich eine gute Übereinstimmung.

Es liegen andere Untersuchungen vor, aus denen man auf wesentliche Unterschiede zwischen den Befunden in vitro und denen in vivo schließen kann. Wurden P^{32}-etikettierte Chylomikronen mit inaktivem Plasma gemischt, trat praktisch kein Austausch von Lipoid-P^{32} ein. Es ließ sich zeigen, daß zu einem derartigen Austausch ein größerer Molekülkcmplex als nur der Phosphoranteil erforderlich ist. So wurde anorganisches Phosphat (P^{32}O$_4$) nicht in die Lipoproteidfraktionen eingebaut. Wahrscheinlich kommen komplette Phosphatidmoleküle zum Austausch, was aus in-vitro-Versuchen mit Phosphatidmaterial geschlossen werden kann, das mit Glycerin-C^{14} markiert war [855]. Danach scheinen die Phosphatide relativ lose an das Protein des Lipoproteids gebunden zu sein. Offenbar bleibt durch den Ein- oder Austritt von Phosphatiden der restliche Lipoproteidkomplex relativ unbeeinflußt. Möglicherweise bedingt dieses Verhalten die besondere Stoffwechselaktivität des Phosphatidmoleküls, die sich ja schon in seiner relativ guten Wasserlöslichkeit (im Vergleich zum Neutralfett) äußert.

Trotz der *in vitro* demonstrierbaren *Bindungslabilität* zeigt die Lipoproteidanalyse menschlicher und tierischer Seren, daß die völlige Abtrennung des Lipidanteiles von den Proteinvehikeln nur nach geeigneter Vorbehandlung möglich ist. Mittels Rattenleberscheiben, die in Serum inkubiert waren, ließ sich zeigen, daß mit C^{14} *markierte Aminosäuren vorwiegend in die Lipoproteidfraktionen* der Dichtegrade $< 1,063$ *eingebaut* werden. Die spezifische Aktivität in den Lipoproteiden der Dichtegrade $< 1,063$ war 2,5mal größer als die in den Gruppen D 1,063 bis 1,210. Diese neu synthetisierten Lipoproteide wurden auch ins Medium abgegeben. Trotz dreimaliger, aufeinanderfolgender, jeweils 48 Std anhaltender Ultrazentrifugation bei hohen Umdrehungszahlen ($114\,000 \times g$) verblieben die radioaktiv markierten Proteine in der Oberflächenschicht des Ultrazentrifugenröhrchens. Der Aminosäureneinbau wurde mittels Dinitrophenol und p-Fluorophenylalanin, die beide als Inhibitoren der Biosynthese von Proteinen bekannt sind, unterbunden [*1878*].

2. Umsatz der Peptid- und Lipidkomponenten

Die *Umsatzgeschwindigkeit* des Eiweißanteiles der Lipoproteide (untersucht mit radioaktiv markiertem C^{14}-Alanin) erfolgt rascher als bei den übrigen Plasmaproteinen [*98*]. Dabei werden die Proteine der Beta-Lipoproteide wesentlich rascher umgesetzt als die der Alpha-Lipoproteide [*98*]. VOLWILER [*2370*] u. Mitarb. fanden mittels oraler Zufuhr von S^{35}-Cystin beim Menschen die *Halbwertszeit* für Beta-Lipoproteide zwischen 3 und 7 Tagen liegend, mit einem Durchschnittswert von 6,1 Tagen. Wenn sie durch Biosynthese S^{35}-markiertes Humanplasma injizierten, errechnete sich die Halbwertszeit für die Beta-Lipoproteide auf durchschnittlich 3,2 Tage. Durch Messung des Einbaues von Alanin-1-C^{14} fanden EDER [*616*] und STEINBERG beim Kaninchen eine Halbwertszeit der Beta-Lipoproteide von 2,5 Tagen. GITLIN [*864*] und CORNWELL bestimmten unter Heranziehung von J^{131}-markierten Serumproteinen die Halbwertszeit der $S_f 3$- bis 8-Klasse der Lipoproteide niedriger Dichte mit etwa 3 Tagen. Die Lipoproteide der Klassen S_f 15 bis 400 wiesen einen wesentlich rascheren Umsatz auf. Mit der gleichen Methode ergab sich für die Alpha-Lipoproteide dagegen eine längere Halbwertszeit. Sie lag zwischen 4 bis 5 Tagen.

Auch über die *Umsatzrate des Lipidanteiles* der Lipoproteide liegen einige Beobachtungen vor. Aus den bisherigen, fast ausschließlich in vitro durchgeführten Untersuchungen, bei denen entweder die Cholesterin- oder die Phosphatidkomponente radioaktiv markiert wurde, kann man auf sehr kurze Halbwertszeiten schließen. Die Herstellung eines Gleichgewichts zwischen markiertem Plasmacholesterin und unmarkiertem Erythrocytencholesterin erfolgte in vitro in wenigen Stunden [*976*]. KUNKEL [*1374*] und BEARN fanden mittels P^{32}-Markierung manchmal schon nach 24 Std ein Gleichgewicht. Die Halbwertszeit der unveresterten Fettsäuren im Blutserum beträgt sogar nur 2 min. Diese wesentlich rascheren Umsatzraten der Lipidkomponente sprechen dafür, daß der Lipidtransport auf dem Blutwege zu den verschiedenen Geweben wohl die wesentliche Aufgabe der Lipoproteide darstellt. Es muß allerdings bezüglich der Schlußfolgerungen aus in-vitro-Versuchen auf die tatsächlichen Vorgänge im Organismus auf die oben gemachten Ausführungen verwiesen werden.

Mittels Einbauversuchen lassen sich wertvolle Einblicke in die *Synthesevorgänge des Lipidanteils der Lipoproteide* gewinnen. In die Neutralfette der

Lipoproteide sehr niedrigen spezifischen Gewichts (D 1,006 bis 1,063) bei einem Kranken mit essentieller Hyperlipidämie wurde eine erheblich größere Menge markierten Glycerins-1,3-C^{14} eingebaut als in die der Lipoproteide hoher Dichte (Alpha-Lipoproteide) [855]. Mit Phosphatiden, die mit radioaktivem Glycerin-1,3-C^{14} markiert waren, wurde die höchste spezifische Aktivität in den Chylomikronen gefunden.

Neutralfette aus dem Chylus zeigten in vitro keinen Austausch mit den Lipoproteiden des Blutplasmas [1037]. Das geht auch aus Versuchen von GIDEZ [855] und EDER hervor, die demonstrieren konnten, daß Glycerin-1,3-C^{14} in ganz unterschiedlicher Aktivität in den einzelnen Lipoproteidfraktionen auftrat.

3. Zur Konvertierbarkeit der Lipoproteide

GRAHAM [926] aus dem GOFMANschen Arbeitskreis beobachtete nach Heparininjektion bei gesunden Kaninchen und auch beim Menschen eine Konzentrationsabnahme der Lipoproteide der Klassen $S_f^o 20$ bis 400 und einen begleitenden Anstieg der Klassen $S_f^o 12$ bis 20 im Blutserum, der allerdings nur von kurzer Dauer war. Ähnliche Beobachtungen wurden in vitro gemacht [70, 1476]. Dagegen können die bei der Elektrophorese an in vivo heparinisiertem Plasma beobachteten Beweglichkeitsänderungen der Proteinfraktionen [692, 1699, 1938] nicht auf eine Strukturumwandlung der Lipoproteide bezogen werden. Sie ist vielmehr bedingt durch die Bindung von unveresterten, durch den Klärungsvorgang (s. S. 99, 100) freigewordenen Fettsäuren an die Plasmaproteine und die dadurch erfolgte Ladungsänderung derselben.

Echte Umwandlungen der Lipoproteidklassen von ganz niedrigem spezifischen Gewicht (d. h. Lipoproteide mit relativ großem Lipidgehalt) in solche mit höherem spezifischen Gewicht (d. h. Lipoproteide mit weniger Lipidmaterial) innerhalb der low density lipoproteins-Gruppe sind erstmalig am Kaninchen beobachtet worden. Sie traten während der Aufhellung der Lipämie ein, die man durch Cortisoninjektion oder Röntgenbestrahlung erzeugt hatte [1070, 1829]. TULLER [2328] und KOLB [1330] machten ähnliche Beobachtungen während der Therapie lipämischer Diabetiker im Acidosestadium. Der gleiche Arbeitskreis beobachtete weiter, daß zugleich mit dem Konzentrationsabfall der Lipoproteide niedriger Dichte auch die HDL_1-, nicht aber die HDL_2- und HDL_3-Gruppe unter den Lipoproteiden hoher Dichte abfiel. Es liegen Beobachtungen vor, aus denen man schließen kann, daß diese makromolekularen Einheiten in einer ständigen Umwandlung begriffen sind. Nach GITLIN [865] werden unter *physiologischen Umständen* Beta-Lipoproteide niedriger Dichte, die relativ große Mengen Lipide enthalten, zum größten Teil mittels des Lipoproteid-Lipasesystems im Blut in Beta-Lipoproteide höherer Dichte, etwa $S_f 3$ bis 9, umgewandelt. Diese enthalten weniger Lipidmaterial. Zu einem kleinen Teil werden sie unmittelbar abgebaut. Die bei der vorherrschenden Umwandlung freiwerdenden unveresterten Fettsäuren werden von den Albuminen gebunden und abtransportiert. Dieser Vorgang geschieht durch den Kläreffekt (s. Abschnitt B II 4 b). Es hat den Anschein, daß die ständigen Umbauvorgänge der Beta-Lipoproteide niedriger in solche höherer Dichte in Wechselbeziehungen zur Geschwindigkeit des Abbaues und der Transportdichte der Lipide im Blut stehen [1477]. Die Mehrzahl der Untersucher dieses Problems hat Umwandlungen in nur einer Richtung (von Lipoproteiden niedriger zu solchen höherer

Dichte) beobachtet [*865, 1827*]. Von dem Flotationsindex her gesehen bedeutet dies, daß im Blutstrom unter gewissen Bedingungen die Lipoproteidklassen höherer zugunsten solcher niedrigerer Flotationsklassen abnehmen können [*778*]. Eine Umwandlung von Beta-Lipoproteiden (low density lipoproteins) zu Alpha-Lipoproteiden (high density lipoproteins) ist bis heute nicht beobachtet worden [*232, 616, 865*]. Wie man sich den β-Lipoproteidstoffwechsel beim Gesunden heute vorstellt, zeigt die linke Hälfte der Fig. 58.

Für die vor etwa 10 Jahren vertretene Hypothese, daß in der postresorptiven Phase im Blutplasma nach Fettaufnahme eine laufende Umwandlung von Chylomikronen zu Lipoproteiden niedriger Dichte ($S_f^0 < 400$) stattfände, steht dagegen noch immer der Beweis aus. Wichtige Experimente und Beobachtungen [*175, 1037*] sprechen bisher dagegen. Jedoch bestehen sicher Wechselbeziehungen zwischen den Chylomikronen und den Lipoproteiden hoher Dichte (= Alpha-Lipoproteide). Dabei ist noch nicht entschieden, ob lediglich der Hauptpeptidanteil beider identisch ist, oder ob nicht überhaupt der ganze Alpha-Lipoproteidkomplex im Inneren oder an der Oberfläche des Chylomikron anwesend ist. Jedenfalls befindet sich dieses Protein beiden Partikeln gegenüber in einem Konzentrationsgleichgewicht.

Die offenbar im Blutplasma erfolgende *Umwandlung der Beta-Lipoproteide von den Klassen höherer in Richtung solcher mit niedrigeren Flotationsraten* scheint durch die Abgabe von Neutralfetten zu erfolgen, die durch den unten zu beschreibenden „Kläreffekt" zustande kommt. Für die Annahme KORNs [*1336*], daß die Peptidmischungen des Alpha-Lipoproteids, Beta-Lipoproteids und der Chylomikronen in engen Beziehungen zueinander stünden, derart daß sie in einen gemeinsamen Stoffwechselcyclus zur Übertragung von Lipidmaterial gelangen, konnte ein Beweis bisher nicht erbracht werden [*1336*]. Die Chylomikronen und die Beta-Lipoproteide sehr niedriger Dichte geben ihrerseits durch die Tätigkeit der Lipoproteidlipase Glycerin, Fettsäuren und möglicherweise andere Lipide ab, um Alpha-Lipoproteide neu zu bilden.

4. Lipoproteide als Transportsystem für Fette und Lipoide

Eine Reihe von Beobachtungen, nicht zuletzt die Endgruppenanalysen der Aminosäuren [*97*] sprechen für die Auffassung, daß die *Alpha-Lipoproteide* und *Beta-Lipoproteide* hinsichtlich ihres *eigenen* „*Stoffwechsels*" und ihrer *Aufgaben im Lipoidstoffwechsel* des Organismus verschieden sind. Die Bedeutung der *Alpha-Lipoproteide* für Transport und Stoffwechsel von Fettsäuren im menschlichen Organismus läßt sich noch kaum übersehen. Aus ihrer unterschiedlichen Konzentration im Blutplasma kann man schließen, daß sie von besonderer Bedeutung im Wachstumsalter und für die junge Frau sind. FASOLI [*688*] nimmt für die Alpha-Lipoproteide an, daß sie wichtiges Lipidmaterial für den intermediären Stoffwechsel enthalten, das aus der Leber stammt. Dem Alpha-Lipoproteid fällt vielleicht in der Hauptsache eine Stoffwechselrolle für den Transport der Phosphatide aus der Leber in die Peripherie zu. Die Zunahme der α_1-Lipoproteidkonzentration im Serum auf Cortisontherapie deutet FASOLI [*689*] als Folge einer vermehrten Synthese von Lipiden in der Leber. Auffällig ist die relative Konstanz der Alpha-Lipoproteidkonzentration im Blut unter physiologischen und manchen krankhaften Bedingungen [*2254*]. Auf Grund der bisher vorliegenden Befunde machen sich die pathologischen Abweichungen von der „normalen" Lipoproteidverteilung im Blutserum vorwiegend an der Beta-Lipoproteidkonzentration und -zusammensetzung bemerkbar. Für den Stoffwechsel, wie auch für den Transport der Lipide fällt demnach anscheinend dem Beta-Lipoproteid die Hauptrolle zu. Über die *Transportleistungen der Lipoproteide* siehe unten. Bemerkenswert sind die Konzentrationsunterschiede hinsichtlich der Alpha-Lipoproteide zwischen Mensch und mancher Tierspecies (s. S. 156), eine Abweichung, die für Schlußfolgerungen aus Tierexperimenten von großer Bedeutung ist. Im Gegensatz zum Menschen werden von manchen Tieren die Alpha-Lipoproteide zum postresorptiven Fetttransport eingesetzt.

Die *biologische Bedeutung des Beta-Lipoproteids* ist wohl auch darin zu sehen, daß es ein wesentliches Agens für den *Austausch von Lipiden* auf ihrem Weg zwischen Blut und Geweben darstellt [*689, 898, 971, 1087, 2337* bis *2339*]. Etwa 8 bis 12% der Plasmaproteine scheinen nach ONCLEY [*1732*] (in Gestalt der „Lipoproteide") auszureichen, um den Transport des gesamten, in der strömenden Phase vorhandenen Lipidmaterials in wasserlöslicher Form zu garantieren. Wenn auch von den *lipoidlöslichen Hormonen* (z. B. Oestrogene) und *Vitaminen* (A und E) vielleicht nur wenige Moleküle auf ein Beta-Lipo-

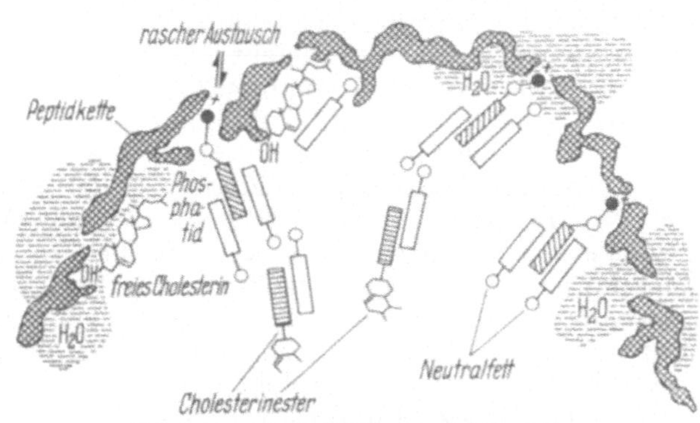

Fig. 24. Austauschvorgänge an der Oberfläche des Beta-Lipoproteid-„moleküls" (aus ANFINSEN [*69*])

proteidpartikel treffen, so ist vielleicht gerade auf diese Weise die Aufrechterhaltung niedriger Blutkonzentrationen gewährleistet. Möglicherweise dient diese Einrichtung der Schaffung einer Reservekapazität in proteingebundener Form.

Um den Transport- und Austauschfunktionen gerecht zu werden, muß die *Oberfläche* dieser Lipidproteidkomplexe besonders *reagibel* sein. Daß eine gewisse Dissoziation von Lipoiden an *gereinigten* Beta-Lipoproteiden eintritt, konnte aus dem Undichtwerden der Membranen mittels Messung des osmotischen Druckes von ONCLEY [*1735*], SCATCHARD und BROWN nachgewiesen werden. ANFINSEN [*69*] stellt sich angesichts der Oberflächenbeschaffenheit des Beta-Lipoproteids den Austausch von freiem Cholesterin und Phosphatiden wesentlich größer als den von Neutralfetten und Cholesterinestern vor (s. Fig. 24).

Es wird diskutiert, daß das mit den Lipoproteiden transportierte Lipidmaterial untereinander *in einem dynamischen Gleichgewicht* steht, an dem die Serumlipide einerseits und die in den übrigen Körperflüssigkeiten vorhandenen Lipide andererseits beteiligt sind. Wie weit die cellulären Lipoproteide in dieses Gleichgewicht einbezogen sind, ist unbekannt. Die Lipide der Erythrocytenmembran scheinen es unter bestimmten Umständen zu sein (s. oben).

Die im Blutplasma fließenden Fette und Lipoide kommen aus drei Richtungen: Aus dem Ductus thoracicus gelangt der größte Teil des im Darm resorbierten Fettes in die Blutbahn. Nach LINDGREN [*1477*] strömen täglich ungefähr 100 g Lipoproteide (der Flotationsklassen S_f100, in der Hauptsache aber oberhalb S_f1000) bei einem gesunden Erwachsenen allein über den Ductus thoracicus in den Systemkreislauf ein. Es handelt sich dabei um Lipoproteidkomplexe von einem Durchmesser von 700 bis 10000 Å (unter der Annahme von Sphäroiden). Als wichtige Substanzen zur Energiegewinnung werden die Fette teils zum alsbaldigen Verbrauch (oxydativer Abbau) verwendet, teils als Reserve für später den Depots zur Stapelung zugeführt. Bei ausreichender Calorienzufuhr strömt stets ein Teil der Fette zu den *Fettdepots* ab. Bei Bedarf wird Fett in den Depots mobilisiert. Es strömt zur Leber und anderen Geweben zum Zwecke des Umbaues, der Ausscheidung, der Verbrennung, wie zum Aufbau von Plasmacholesterin und -phosphatiden. Aus der *Leber*, dem Hauptbildungsorgan der im Blutplasma strömenden Phosphatide und des Cholesterins, strömen diese Substanzen ins Blut ein, alle transportiert in der wasserlöslichen Lipoproteidform.

Vermittels dieser „spezialisierten Trägermoleküle" [*1737*] sind die verschiedenen im Blutplasma strömenden Lipide rasch disponibel. Auf diese Weise stehen sie in einer leicht austauschbaren Form überall da, wo sie gebraucht werden, zur Verfügung. ANFINSEN [*69*] sieht im Beta-Lipoproteidkomplex „eine proteinstabilisierte, mit Neutralfetten veresterte Cholesterinmatrix mit idealen Fetttransporteigenschaften".

Man nimmt heute allgemein an, daß der *Transport nahezu des gesamten Fett- und Lipoidmaterials im Blutplasma* der *Vehikelfunktion* besonders ausgestatteter *Proteine* zu verdanken ist. Die Verteilung auf die verschiedenen Lipoproteidklassen scheint weitgehend spezifisch zu erfolgen. So werden die *Neutralfette* größtenteils von den Chylomikronen und den Beta-Lipoproteiden sehr niedriger Dichte transportiert. BANSI [*124*] u. Mitarb. fanden nach oraler Fettbelastung papierelektrophoretisch die weitaus stärkste Zunahme im Bereich des sog. Lipidrestes, der im wesentlichen aus Neutralfetten besteht. Oral aufgenommenes, radioaktiv markiertes Fett findet man nach Ultrazentrifugierung des Serums fast ausschließlich in der Oberflächenfraktion (größte Impulszahl, höchster Neutralfettgehalt). Die beobachtete Zunahme der Impulsintensität verläuft parallel mit der erhöhten Chylomikronenzahl [*388*]. Die Phosphatid- und Cholesterinkonzentrationen in dieser Fraktion ändern sich nach der Fettbelastung praktisch nicht. Injiziert man Tieren mit Palmitinsäure-1-C^{14} radioaktiv markierte Chylomikronen intravenös, so erscheinen nur geringe Mengen spezifischer Aktivität in den anderen Plasmalipoproteinen.

Der Transport des *Cholesterins* im Blutserum verteilt sich unter physiologischen Bedingungen zu $^2/_3$ auf die Beta-Lipoproteide und $^1/_3$ auf die Alpha-Lipoproteide. Die *Phosphatide* dagegen werden nur zu 40% von den Beta-Lipoproteiden und zu 60% von den Alpha-Lipoproteiden transportiert. Schließlich dienen die Beta-Lipoproteide dem *Carotin* [*1916*], den *Vitaminen A und E* [*330, 1737*], den Oestrogenen [*1916*] und anderen Steroidhormonen [*782*] als Vehikel.

Bevor wir auf dieses Transportsystem näher eingehen, wollen wir den Weg und das weitere Schicksal des resorbierten Nahrungsfettes nach seinem Eintritt in die Blutbahn verfolgen.

a) Alimentäre Hyperlipidämie — Chylomikronämie

Die nach einer fettreichen Mahlzeit individuell verschieden stark auftretende milchig-sahnige Trübung des Serums ist unter dem Namen *alimentäre* oder *portresorptive Lipämie* bekannt. Die maximale Trübung des Blutserums tritt etwa 2½ bis 3 Std nach der Fettaufnahme ein. Der Ausgangswert wird je nach der aufgenommenen Fettmenge nach etwa 5 bis 8 Std (von der Belastung an gerechnet) erreicht. BÜRGER [381] und HABS fanden in zeitlichem Abstand nach oraler Öl-Cholesterinbelastung, wie dies schon von BLOOR [266] beschrieben worden war, eine beträchtliche Erhöhung des Gesamtfettgehaltes im Blutserum.

Nach ausgedehnten Untersuchungen ist die *alimentäre Hyperlipidämie* in der Hauptsache *durch eine Neutralfettvermehrung bedingt* [47, 802, 2261]. Während das Blutserum im nüchternen Zustand (nach 12stündigem Fasten) klar ist und nur Spuren von Neutralfetten (Triglyceriden) enthält, sind im Stadium der postresorptiven Lipämie (sofern größere Mengen Fett aufgenommen werden) die Gesamtfettsäuren zugunsten der Triglyceride beträchtlich erhöht, während die übrigen Fettsäuren keine signifikante Vermehrung zeigen (s. Tab. 19 der eigenen Untersuchungen). Um sich die Größe des Fetteinstromes vorstellen zu können, sei am Beispiel eines 70 kg schweren Erwachsenen demonstriert, daß sich im Nüchternplasma etwa 50 mäqu Fettsäuren (25 mäqu in den Phosphatiden, 12 mäqu in den Cholesterinestern, 10 mäqu in den Triglyceriden und 3 mäqu als nichtveresterte Fettsäuren) befinden. Nach der Einnahme einer Mahlzeit mit 90 g Fett gelangen während der Resorptionszeit etwa 300 mäqu Fett in die Blutbahn [572]. In den aus den resorbierten Neutralfetten der Nahrung stammenden Triglyceriden findet man hauptsächlich langkettige Fettsäuren (von den gesättigten in der Mehrzahl C_{16},

Tabelle 19. *Die Änderungen der Lipidkonzentrationen im Serum bei klinisch Gesunden nach oraler Fettbelastung*
(Eigene Untersuchungen)

Nr.	Name Geschlecht Alter	Gesamtlipide N mg.-%	L mg.-%	V %	Cholesterin gesamt N mg.-%	L mg.-%	V %	Cholesterin frei N mg.-%	L mg.-%	V %	Ester N mg.-%	L mg.-%	V %	Phosphatide N mg.-%	L mg.-%	V %	Neutralfette N mg.-%	L mg.-%	V %
1	B., G. ♀ 45	597	644	+ 8	202	187	− 7	62	59	− 5	140	128	− 8	231	247	+ 6	164	210	+ 28
2	A., G. ♀ 27	577	749	+29	159	169	+ 6	50	57	+14	109	112	+ 2	203	250	+23	215	330	+ 53
3	Sch., D. ♀ 22	476	612	+28	122	122	0	40	41	+ 2	82	81	− 1	180	200	+11	174	290	+ 66
4	Sch., F. ♀ 33	526	543	+ 3	127	134	+ 5	37	37	0	90	97	+ 8	197	171	−13	202	238	+ 18
5	L. ♀ 33	793	773	− 2	226	192	−15	78	69	−12	148	123	−17	306	352	+15	261	229	− 12
6	P., F. ♂ 49	1006	1267	+26	185	167	−10	60	60	0	125	107	−14	270	298	+10	551	802	+ 45
7	F., G. ♂ 38	946	1010	+ 6	178	194	+ 9	48	59	+23	130	135	+ 4	228	250	+ 9	540	566	+ 4
8	W., I. ♀ 45	590	738	+25	221	210	− 5	62	66	+ 6	159	144	− 9	303	303	0	66	225	+240
9	H., K. ♂ 47	611	689	+12	160	149	− 7	44	49	+11	116	100	−13	198	216	+ 9	253	324	+ 28
10	S., R. ♀ 43	887	940	+ 6	231	206	−11	69	65	− 6	162	141	−13	276	311	+12	380	423	+ 11
Mittlere prozentuale Veränderung		—	—	+14,1	—	—	− 3,5	—	—	+ 3,3	—	—	− 6,1	—	—	+ 8,2	—	—	+ 48,1

N = Nüchternwert   L = Lipämie auf dem Höhepunkt   V = Veränderung in % gegenüber dem Ausgangswert

von den ungesättigten C_{18}) [*572*]. Daß dabei auch die Konzentration
der ungesättigten Fettsäuren ansteigt, auch wenn polyensäurearme
Neutralfette zugeführt werden, ist ein bemerkenswerter, bis jetzt noch
nicht erklärbarer Befund. SCHRADE [*2066*] konnte an einem Gesunden nach
oraler Gabe von 62,5 g Butter zeigen, daß es innerhalb einer Konzentrationssteigerung der Gesamtfettsäuren um 144 mg-% zu einem Linol-
säurespiegelanstieg im Blutserum von 30 mg-% gegenüber dem Ausgangswert kam. Er bezieht dies auf eine Mobilisation von Phosphatid- oder Cholesterinesterfettsäuren. Wie fraktionierte Fettsäurenanalysen im Blutplasma
während der alimentären Lipämie zeigten, bleibt die *prozentuale* Verteilung
der Fettsäuren auf die Chylomikronen, Triglyceride, Cholesterinester und
Phosphatide einigermaßen konstant. Besonders bemerkenswert ist die relative Unabhängigkeit der Serumlipide von der Art der mit der Nahrung aufgenommenen Fettsäuren. Die Fettsäurenverteilung im Plasma scheint durch
ein rasches Wiedereinregulieren des Gleichgewichtes zwischen den im Plasma
strömenden Lipiden und dem großen Lipidpool in den Fettgeweben konstant
gehalten zu werden [*572*].

Es scheint ähnlich, wie das für die Steroidhormone angenommen wird
[*228*], im Blutserum ein Zweiphasensystem zu bestehen, auf das sich die
Lipide verteilen: Die eiweißgebundene, wasserlösliche *Serumphase* (Lipoproteide) und die teilchenförmige, wasserunlösliche *Neutralfettphase* (Chylomikronen). Durch die lösungsvermittelnden Eigenschaften bestimmter
Trägerproteine kann eine gewisse Menge von Neutralfetten und Lipoiden in
ausreichend feiner Verteilung in Lösung gehalten werden. Ist die Kapazität
dieses Transportsystems überschritten, so tritt die zweite Phase chemisch-
physikalisch faßbar in Erscheinung. Die Proteinmoleküle können jetzt keine
weiteren aus dem Resorptionsvorgang stammenden Triglyceride mehr aufnehmen, wodurch es zu einem Anstieg der Neutralfettkonzentration im
Serum kommt. ALBRINK [*47*], MAN und PETERS haben nachgewiesen, daß
die „Lactescenz" dann eintritt, wenn der Neutralfettgehalt des Serums über
20 Milliäquivalent/Liter beträgt.

Die Tabellen 19 und 20 zeigen aus eigenen Untersuchungen an klinisch
Gesunden die Gegenüberstellung der Serumlipidkonzentrationen im Nüchternzustand und nach Fettbelastung.

Demgegenüber hatten AHRENS [*36*] und KUNKEL aus ihren Untersuchungen geschlossen, daß die Klarheit bzw. lipämische Trübung eines Serums
von dem prozentualen Anteil der Gesamtphosphatide an den Gesamtlipiden
abhänge. Sie meinten, das Blutplasma würde lactescent, wenn die Phosphatidkonzentration eine gewisse untere Schwelle unterschritte. Auch
SCHETTLER [*2002*] fand „bei trüben, laktämischen Seren niedrige Quotienten
Phospholipid zu Gesamtfett (meist unter 0,2) und Phospholipid zu Gesamtcholesterin (bis auf drei Ausnahmen unter 1,0) während klare Seren mit
hohem Fett- und Caloriengehalt bei gleichzeitig hohen Phospholipidwerten
höhere Quotienten haben". Wie SWANK [*2261*] und WILMOT am Hund
zeigen konnten, gibt es aber häufige Ausnahmen von dieser Regel. Gegen die
AHRENSsche Auffassung spricht auch die Beobachtung, daß nach intravenöser Heparinzufuhr trotz inzwischen eingetretener Klärung die gleichen
Phosphatidkonzentration im Blutplasma bestehen bleibt.

Als *Ursache* des *physikalischen Phänomens der lactescenten Trübung*
(„Lipämie") kann man im Dunkelfeldmikroskop eine massenhafte Ansammlung jener winzigen Fetttröpfchen erkennen, die wir als *Chylomikronen*
bereits kennengelernt haben. Beim Gesunden tritt diese „*Chylomikronämie*"

nur nach Zufuhr von fetthaltiger Nahrung (= „*alimentäre Lipämie*“) in Erscheinung. Sie tritt physiologischerweise, wie FRAZER [767] als erster gezeigt hat, erst 1 Std nach der oralen Fettaufnahme ein. Das ist die Zeit, die von der Magenpassage bis zur Resorption des Chymus vergeht. JOCHIMS [1164] hat für diese Zeit der Vorbereitung und Hinbeförderung des Fettes zu den Resorptionsstellen die Bezeichnung „Anlieferungsphase“ vorgeschlagen. Sie bei der Beurteilung der „postresorptiven Lipämie“ zu berücksichtigen, bewahrt vor mancher Fehldeutung von diagnostischen Fettbelastungsver-

Tabelle 20. *Trübungsmeßwerte von Seren klinisch gesunder Versuchspersonen*
(gemessen im Elko II mit Trübungsmeßeinrichtung)

Name	Nr.[1]	Alter	Nücht.	Zeit nach Fettbelastung				
				1 Std	2 Std	3 Std	4 Std	5 Std
B., G. ♀	1	45	0,102	0,630	0,430	0,650	0,520	
A., G. ♀	2	27	0,104	0,450	0,530	0,200		
W., I. ♀	8	45	0,177		0,292	0,290	0,506	0,315
S., R. ♀	10	43	0,198		0,932	0,455		
B., H. ♀	—	48	0,125		0,764	0,642	0,618	0,309
Durchschnitt:			0,141		0,985	0,447	0,548	

[1] Zahlen verweisen auf die Reihenfolge der in Tab. 19, S. 93, aufgeführten Versuchspersonen

läufen. Diese lassen sich nur dann mit einer gestörten Klärungsaktivität (s. Absatz „Der Lipämiekläreffekt“) erklären, wenn einwandfreie Resorptionsverhältnisse für Fett vorliegen.

Der Trübungsgrad des Serums läßt sich optisch registrieren (Nephelometrie) oder man zählt die Chylomikronen unter standardisierten Bedingungen im Gesichtsfeld [767, 769, 770] oder z. B. nach der Methode von JOBST [1162] in der Zählkammer aus. Die so feststellbare Vermehrung der Chylomikronen im Blut auf Fettzufuhr wurde von FRAZER [768] und STEWART, sowie von TIDWELL [2317] als brauchbares Maß der Fettresorption aus dem Darm bezeichnet. Die Einzelheiten dieses Vorganges wurden eingehend studiert [638, 766, 767, 827].

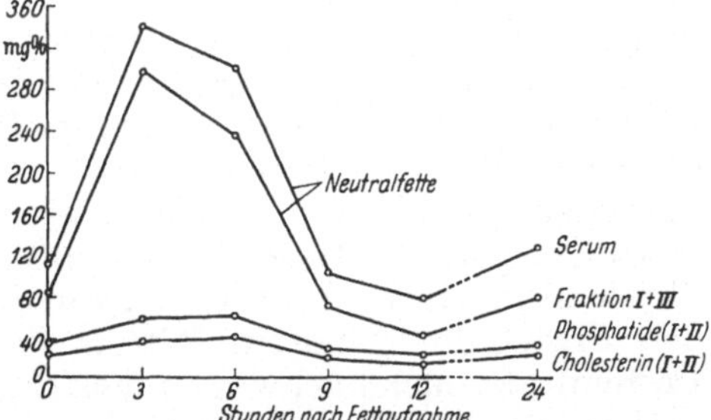

Fig. 25. Konzentrationsverschiebungen in der vorwiegend aus Chylomikronen bestehenden Lipoproteidfraktion (D < 1,019 g/ml) nach oraler Fettzufuhr bei einem erwachsenen Menschen (nach HAVEL [1034])

Die resorbierten langgliedrigen Fettsäuren, in der Neutralfettform von den Chylomikronen transportiert, gelangen über den Lymphstrom ins Blut. Diese Ansicht konnte inzwischen durch vergleichende Untersuchungen mit radioaktiv markierten Fetten bestätigt werden [388, 1034]. Die Autoren fanden, daß die Impulsintensität mit der Chylomikronenzahl parallel lief. Nach oraler Fettbelastung zeigte der sog. „Fettrest“, d. h. das bei der Papierelektrophorese an der Startlinie sich ausbreitende Lipidmaterial, das in der Hauptsache aus Neutralfetten besteht, die prozentual weitaus stärkste Zunahme gegenüber dem Ausgangswert [124].

Allerdings konnte FRAZER zeigen, daß auch eine fettfreie Nahrung zu einer Lipämie, wenn auch nur geringradig und von kürzerer Dauer, führen kann, insofern die vorausgehende Mahlzeit fettreich war. Er sah diesen Vorgang als Ausschwemmungseffekt auf die im zentralen Chylusgefäß noch vorhandenen Chylomikronen durch die frisch resorbierten Nahrungsstoffe an, wodurch die Bewegung der Ductuslymphe angestoßen würde. Tatsächlich konnte FRAZER [764] mittels radioaktiv markierten Fettes nachweisen, daß es doch zu einer beträchtlichen Mischung frisch resorbierten mit schon vorhandenem Material kommt und beide Sorten von Fettpartikeln in die Blutbahn einströmen. Daß die bei pathologischen Dauerhyperlipidämien festgestellte vermehrte Aufladung der Chylomikronen mit Cholesterin und Phosphatiden (s. S. 242) bei der physiologischen alimentären Hyperlipidämie nicht erfolgt, liegt wahrscheinlich an dem raschen Umsatz der Chylomikronen. Die „Halbwertszeit" der Chylomikronen wurde unter normalen Triglycerid-Resorptionsbedingungen mit 10 min berechnet [786]. Die *Halbwertszeit intravenös zugeführter Chylomikronen* beträgt etwa 20 min.

JOCHIMS [1165] und DOERKS konnten die überraschende Feststellung machen, daß die alimentäre Hyperlipidämie beim Säugling länger als beim Erwachsenen andauert. Während bei diesem der Höhepunkt der lipämischen Trübung des Serums gewöhnlich in der 2. bis 4. Std erreicht ist, erklimmt die Säuglingskurve häufig erst in der 4. bis 5. Std nach der Fettbelastung den Gipfelpunkt.

Es wurde bisher angenommen, daß die *Bildung der Chylomikronen* in den Mucosazellen erfolgt. Nach neueren Befunden wird das Chylomikronenprotein in der Leber, und nur zu einem Teil bereits in der Darmwand synthetisiert [328]. Warum die langgliedrigen Fettsäuren als bemerkenswert stabile Neutralfettemulsionen in das zentrale Chylusgefäß und die kurzgliedrigen zum Teil unmittelbar in die Pfortader gelangen, entzieht sich bis jetzt unserer Kenntnis.

Möglicherweise *ändert* sich der *chemisch-physikalische Zustand* der Chylomikronen beim Eintritt aus der Ductuslymphe in den Blutstrom. Ihre Wanderungsgeschwindigkeit ist verschieden, je nachdem ob sie aus dem Ductus thoracicus oder der Blutbahn entnommen worden sind [1402, 2259]. Die Lymph-Chylomikronen wandern im Bereich der Albuminfraktion, die Blut-Chylomikronen im Bereich der α_2-Globuline. Gab man zu Lymph-Chylomikronen Blutserum hinzu, so zeigten sie die Beweglichkeit der Blut-Chylomikronen [1402]. Dieses Verhalten könnte dahin gedeutet werden, daß die Chylomikronen erst beim Eintritt in die Blutbahn den ihre Stabilität fördernden Eiweißfilm erhalten. Mittels Papierchromatographie ließen sich drei Proteinfraktionen nachweisen, von denen eine mit dem im Alpha-Lipoproteid vorkommenden Eiweiß identisch zu sein scheint [1931].

Injiziert man Tieren mit Palmitinsäure-1-C^{14} radioaktiv markierte Chylomikronen intravenös, so erscheinen nur geringe Mengen spezifischer Aktivität in den anderen Plasmalipoproteiden. Dagegen ist nach neueren Auffassungen [779] ein gewisser Austausch des Cholesterins und der Phosphatide zwischen Chylomikronen und anderen Lipoproteiden möglich. Vielleicht wird dieser Übertragungsmechanismus von den Lipoproteiden hoher Dichte selbst besorgt, die sich an die Oberfläche der Chylomikronen anlagern (s. Fig. 26). Dieser Auffassung stehen allerdings Befunde von JOBST [1163] und SCHETTLER entgegen. Sie fanden keinen Unterschied im Cholesterin- und Phosphatidgehalt von Lymph-Chylomikronen (aus chylösem Ascites und chylösem Pleuraerguß einer Kranken mit Lipodystrophia intestinalis WHIPPLE) und von alimentären Blut-Chylomikronen der gleichen Patientin. Dieser Befund spricht dafür, daß beim Eintritt der fettbeladenen Darm-Chylomikronen in die Blutbahn keine Änderung des Lipoidgehaltes eintritt.

FREDRICKSON [779] schließt aus diesen Befunden, daß die Chylomikronen ein Plasmavehikel für den Transport von Fett in einer unmittelbar für die Verbrennung verfügbaren Form darstellen.

Anscheinend werden die Chylomikronen als intakte Partikel großenteils in der Leber und teilweise auch im Herzmuskel, der Skeletmuskulatur und in der Milz aus dem strömenden Blut eliminiert [327, 788]. Mittels intravenöser Injektion radioaktiv markierter (Palmitinsäure-1-C^{14}) Chylomikronen ließ sich an Ratten zeigen, daß die *Eliminationsrate* unabhängig von der Ernährungsart ist. Dagegen ergab sich eine eindeutige Abhängigkeit der Fettsäurenverbrennung. 90 min nach der Chylomikronenapplikation hatten hungernde Ratten 45% der zugeführten Dosis als $C^{14}O_2$ ausgeschieden, gegenüber nur 5% bei KH-gefütterten Tieren. Unterschiedlich war auch der *Eliminationsort*. Die hungernden Ratten zeigten die größte Impulszahl in der Leber, daneben in der Muskulatur. Die Aktivität im Herzmuskel lag, berechnet auf Gewichtsanteil, in gleicher Höhe. Bei den KH gefütterten Tieren fand sich $^1/_3$ der spezifischen Aktivität im Fettgewebe. Um auszuschließen, daß es sich hier nicht um vorher hydrolytisch in der Blutbahn abgespaltene unveresterte Fettsäuren handelt, wurden den Tieren unter gleichen Fütterungsbedingungen radioaktiv markierte UFS injiziert. Es fanden sich nur 4% Aktivität im Fettgewebe. Daraus kann man schließen, daß die

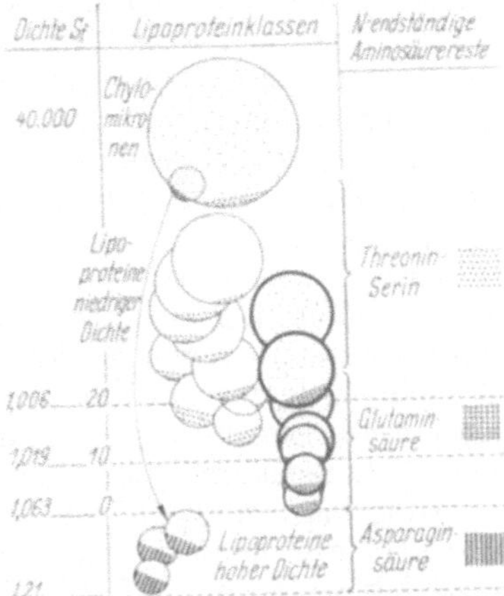

Fig. 26. Schematische Darstellung der Lipoproteidgruppierung im menschlichen Blutplasma (aus FREDRICKSON[778] S. 598)

Chylomikronen als Ganzes aus dem Blutstrom eliminiert werden [1037]. Wie BIGGS (zit. bei DOUGHERTY [578] und BERLINER) zeigen konnte, verläßt C^{14}-Cholesterin, in Form von Lymph-Chylomikronen zugeführt, etwa 5 min nach Eintritt in den Blutstrom die Gefäßbahn, um in etwa 10 min erneut im Blut als lösliches Lipoproteid-Cholesterin zu erscheinen. Diese rasche Elimination läßt daran denken, daß das so applizierte freie Cholesterin durch das reticuloendotheliale Zellsystem phagocytiert wird, um in den RES-Zellen, die ja auch für die Synthese der Gamma-Globuline und eines Teiles der Beta-Globuline verantwortlich gemacht werden, an Proteine gebunden zu werden (Lipoproteidsynthese ?).

b) Lipämiekläreffekt

Die Beobachtung HAHNS [977] (1943), daß sich die postresorptive Lipämie beim Hund nach intravenöser Injektion von Heparin alsbald klärte, blieb bis 1950 unbeachtet. Erst als ANDERSON und FAWCETT zeigen konnten, daß dieser Klärungsvorgang in vitro mittels Heparinzugabe zum lipämischen Serum ausblieb, dagegen am Tier auch mittels Injektion von Blutplasma heparinisierter Hunde möglich war, führte dies zur Entdeckung eines *physiologischen Reglermechanismus*, der offenbar *homöostatisch den Transport des resorbierten Nahrungsfettes im Blute steuert.*

GOFMAN und seine Mitarbeiter [*926*] wiesen nach intravenöser Heparininjektion am Menschen starke Verschiebungen im Lipoproteidspektrum des Blutserums nach. Sie beobachteten eine Abnahme der höheren zugunsten der niederen Flotationsklassen. LINDGREN [*1476*] u. Mitarb. aus dem gleichen Arbeitskreis fanden eine Zunahme der unveresterten Fettsäuren im Blut. Wie weitere Untersuchungen einer Reihe von Laboratorien ergeben haben, handelt es sich bei dem „*Klärfaktor*" um ein Enzymsystem, das *spezifisch auf Triglyceride der Lipoproteide eingestellt* ist [*70, 1334* bis *1336*], und daher mit Recht als *Lipoproteidlipase* aufgefaßt wird. Während der Reaktionszeit entnommenes Blutplasma zeigte auch in vitro Veränderungen. Es traten unveresterte Fettsäuren auf [*1920, 349, 2136*]. ENGELBERG [*645*] konnte zeigen, daß dieser „Klärfaktor" im Blutplasma bestimmter Personen auch ohne vorausgehende Heparininjektion in Aktion tritt. Es handelt sich um ein Gewebsenzym, das ins Blut eingeschwemmt und dort wirksam wird. Extrakte aus Herzmuskel [*1333*], vor allem aber aus Fettgewebe [*1334*], jedoch nicht aus Gehirn, konnten soweit aufgearbeitet werden, daß sich hochaktive lipolytische Substanzen ergaben, die spezifisch wirksam auf die Triglyceride der Chylomikronen, der Lipoproteide sehr niedriger Dichte (hohe Flotationsklassen!) und auf „synthetische" Chylomikronen waren.

Die *Substratspezifität des Klärfaktors* (= Lipoproteidlipase) konnte KORN [*1334* bis *1336*] näher beleuchten. Er zeigte, daß isolierte Chylomikronen prompt, dagegen in Wasser emulgiertes Kokosnußöl kaum hydrolysiert werden. In letzterem Fall gelang die Klärung erst, nachdem man der Emulsion etwas Serum zugesetzt und diese Mischung einige Zeit im Brutschrank bei 37° C belassen hatte („synthetische" Chylomikronen). Aus dieser Beobachtung kann man auf das Vorhandensein eines zweiten Proteins schließen, das als Coferment im Sinne eines Acceptors oder Aktivators bei der Klärreaktion wirksam ist [*349, 350*]. Demgegenüber war Pankreaslipase infolge ihrer hydrolytischen Aktivität sofort imstande, die Kokosfettemulsion zu klären. Im Gegensatz zu den *nicht* heparinabhängigen Lipasen, die sich außer im Pankreassaft auch noch im Dünndarmsaft finden und dort der Spaltung der nicht eiweißgebundenen Triglyceride aus der Nahrung dienen, ist der *heparinabhängige Lipoproteid-Lipase-Enzymkomplex* auf Lipoproteide eingestellt, d. h. auf die von bestimmten Lipoproteiden transportierten Triglyceride. Es handelt sich somit wohl um ein durch Heparin freisetzbares oder aktiviertes lipolytisches Enzym. Weitere interessante Untersuchungen zum Reaktionsvorgang selbst hat KRAUPP [*1348*] mit Ratten-Postheparinplasma angestellt.

Die *Chylomikronen* zeigen während der Klärungsphase eine Tendenz zur Zusammenballung, was als Ausdruck einer veränderten Oberflächenspannung gedeutet wird [*2430*]. Die Partikel nehmen an Durchmesser und Zahl ab [*2260* bis *2262, 2520*]. Es muß daher primär eine fermentative Einwirkung auf die Chylomikronenoberfläche angenommen werden.

Anscheinend findet die Enzym-Substratkoppelung in der Weise statt, daß die heparinoide Enzymkomponente (als Apoferment) mit dem Proteinanteil (als Coferment) des Substrats in Reaktion tritt (*1334* bis *1336*]. Auf eine derartige Koppelung dieser Lipase an die Oberfläche der Chylomikronen lassen Befunde von ROBINSON [*1923*] schließen, der zeigen konnte, daß das Enzym als Protein bei der Ultrazentrifugierung nicht seinem Molekulargewicht entsprechend sedimentiert, sondern zusammen mit dem Lipoproteidmolekül, an das es gekoppelt ist, flotiert. Möglicherweise fördert ein bestimmtes Lipoproteid, vielleicht zur Gruppe der „high density lipoproteins" gehörig, außerdem die Bindung an die Chylomikronenoberfläche. Der Nachweis einer echten Umwandlung von Chylomikronen in Lipoproteide mit geringeren Flotationskonstanten steht noch immer aus [*778*]. GILLMAN [*860*] und NAIDOO schreiben der von ihnen im Experiment beobachteten Chylomikronenagglutination bei Anwesenheit von Heparin und Calciumionen einen phagocytoseauslösenden Effekt zu.

Durch die Einwirkung der Lipoproteidlipase werden *mittels hydrolytischer Spaltung des Triglyceridanteils* der Chylomikronen *Fettsäuren* und *Glycerin* freigesetzt [*66, 70, 293, 785*]. Dagegen greift das Enzym nicht die Cholesterin- und Phosphatidester an [*1693, 2136, 349*]. Diese Hydrolyse der Chylomikronenneutralfette erfolgt im strömenden Blut. ENGELBERG [*646*] untersuchte diesen Vorgang näher. Er fand, daß die *lipolytische Aktivität* individuell verschieden ist. Sie läuft auch bei der gleichen Versuchsperson nicht kontinuierlich in gleicher Stärke ab. In einzelnen Fällen wurden in $^1/_2$ bis 1 Std die gesamten verfügbaren Triglyceride im strömenden Plasma hydrolysiert und dabei bis zu 2,7 Milliäquivalent/Liter unveresterte Fettsäuren frei.

Nach Untersuchungen von ENGELBERG [*651*] scheint die *Aktivität der Lipoproteidlipase* im Gegensatz zu früheren Untersuchungsergebnissen des gleichen Autors [*649*] auch von der *Art der aufgenommenen Fettsäuren* abhängig zu sein. Vegetabile Fette (ungesättigte Fettsäuren!) zeigten eine raschere Lipolyse als tierische Fette. Auch in vitro zeigte sich der lipolytische Effekt. ENGELBERG [*647*] fügte menschliche Lipoproteide sehr niedriger Dichte zu Seren hinzu und beobachtete den Klärungsvorgang durch Bestimmung der freigelassenen unveresterten Fettsäuren. Die Aufhellung eines lipämischen Serums erfolgt proportional der Freisetzung der freien Fettsäuren [*67, 68*]. Diese müssen anscheinend, um die Reaktion in Gang zu halten, aus dem Reaktionsgemisch laufend entfernt werden, was aber nur bei Anwesenheit von Albumin und Calciumionen möglich ist.

Im strömenden Blut fungiert hauptsächlich das *Serumalbumin* als *Fettsäurenacceptor* und *-transporteur*, im Sinne eines Vehikels [*908* bis *910, 1920, 570, 1582, 2111*]. Für das hungernde Tier ist nachgewiesen, daß die *Fettsäuren* an *Albumin gebunden*, in die *Gewebe*, besonders die *Muskulatur zum Zwecke der Verbrennung transportiert* werden [*570, 780*]. Albumin bildet Komplexe mit Fettsäuren im molekularen Verhältnis 1:3 oder 1:4. Die Verbindung erfolgt mit den kationischen Gruppen des Albumins [*2159*]. Die Bindungskapazität bovinen Albumins wurde mit 1,3 Molen langkettiger Fettsäuren auf 1 Mol Albumin festgestellt. Nach GOODMAN [*901*] treffen auf 1 Mol Humanalbumin 1,8 Mole freier Fettsäuren. Die *Aufnahmekapazität* ist von dem p$_H$ der Lösung abhängig. So konnten GORDON [*909*] und ANFINSEN bei p$_H$ 6,5 die Aufnahmekapazität pro Mol Albumin auf maximal 6 bis 7 Mole Fettsäuren (Öl- und Palmitinsäure) bestimmen. Normalerweise dürfte die im Blutplasma vorhandene Albuminmenge zur Aufnahme der freiwerdenden Fettsäuren ausreichen. Ist die Bindungskapazität des Blutplasmas erschöpft, kommt der Kläreffekt zum Stillstand. Anders sind die Transportbedingungen beim Vorliegen einer Hypalbuminämie, z. B. beim nephrotischen Syndrom (s. S. 220). Wie sich an mehrschichtigen Fettsäurefilmen hat nachweisen lassen, handelt es sich um eine *spezifische* Wechselwirkung zwischen Serumalbumin und Fettsäuren. Andere Proteine, z. B. Serumglobulin, Eieralbumin oder synthetische Polypeptide, lösen nicht die Fettsäuren aus dem Film, sondern verdicken im Gegenteil den Film durch Adsorption [*2159*].

Ist die Aufnahmefähigkeit der Albumine für unveresterte Fettsäuren überschritten, so treten die *Beta-Lipoproteide* als Vehikel in Erscheinung. Allerdings wird ihre *Transportkapazität* nur auf ein Drittel von der des Albumins geschätzt [*1699*]. Durch die Aufnahme von Fettsäurenanionen tritt eine elektrische Ladungsänderung der Lipoproteidmoleküle ein. Es erfolgt eine Wanderungsbeschleunigung, so daß auf dem Höhepunkt des Klärungsvorganges die Beta-Lipoproteide bis in den Bereich der a_2-Globulinfraktion und die Alpha-Lipoproteidfraktion sogar vor die Albuminfraktion vordringen kann [*694, 1060, 1446, 1700*].

Papierelektrophoretisch fanden HERBST [*1060*], COMFORT [*473*], INDERBITZIN [*1144*], NIKKILÄ [*1699*], ROSENBERG [*1938*], KUO [*1379*], MATRAS [*1572*] u. a. nach intravenöser Heparininjektion bei Gesunden im Stadium der alimentären Lipämie, bzw. bei Kranken mit Hypercholesterinämie oder auch Hyperlipidämie eine anodische Wanderungsbeschleunigung der Lipoproteide im Serum [*1379*]. Im Nüchternserum von Normalpersonen blieb dieses Phänomen dagegen aus.

GORDON [*908*] konnte experimentell mittels Zugabe von Oleat ähnliche elektrophoretische Veränderungen demonstrieren, wie die nach Heparin. Er nahm als Ursache dieser Beschleunigung die Anwesenheit und Einwirkung der bei der Klärreaktion freiwerdenden Fettsäureanionen an. Wie sich immunelektrophoretisch hat zeigen lassen, beruht auch der mobilitätsbeschleunigende Effekt der Pankreaslipase, des Perfringenstoxins, des Vipera aspis-Toxins auf einer vermehrten Aufnahme freigewordener Fettsäuren, die durch die Einwirkung dieser Fermente entstanden sind [*2073*].

Der beweglichkeitssteigernde Effekt wurde von GERÖ [*839*] papierelektrophoretisch bestätigt. Er nennt die vor der Albuminzone liegende Bande „Präalbumin-Lipoidfraktion". Daß es sich um eine Lipoproteidfraktion handelt, geht aus ihrer Eiweißfärbbarkeit hervor. Ob „bei der Entstehung der Präalbuminfraktion die Alpha-Lipoproteide eine Rolle spielen", oder ob nicht doch diese Vorfraktion mit den Alpha-Lipoproteiden identisch ist, ließe sich mittels der Ultrazentrifuge oder immunelektrophoretisch klären. GERÖ [*839*] selbst fand die Aminosäurenzusammensetzung dieser Fraktion den Globulinen nahestehend, was für eine Identität sprechen würde.

Die Befunde, daß die durchströmte Rattenleber die Lipoproteidlipase aus dem Blutplasma eliminiert [*1159, 2186*], sind nicht unwidersprochen geblieben [*1645*]. Versuche an Hunden und Menschen ergaben, daß die *Leber* unter physiologischen Bedingungen eine signifikante *Eliminations-* oder *Inaktivierungsfunktion* gegenüber Lipoproteidlipase aufweist [*476, 477*].

Über die *physiologische Bedeutung der Lipoproteidlipase* herrscht noch keine völlige Klarheit. Ob diesem Enzym eine entscheidende Bedeutung für den Klärungsvorgang lipämischen Plasmas beim Menschen zukommt, ist noch nicht bündig bewiesen. Jedenfalls wurde am Menschen das Intaktsein der Kläraktivität auch an Seren festgestellt, wenn kein Fett und auch kein Heparin vorher gegeben worden war [*645*]. Nach intravenöser Zufuhr von C^{14}-markierten Fettemulsionen ließ sich am Tier nachweisen, daß nach Heparinisierung der Neutralfettgehalt und die C^{14}-Aktivität im Blut, wie auch in der Leber und Milz rascher zurückgeht [*958, 959*] und $C^{14}O_2$ wieder rascher eliminiert wird [*156*] als ohne Heparinzufuhr. Die Elimination der Chylomikronen aus der Strombahn scheint bei Tieren allerdings nicht von der Aktivität der Lipoproteidlipase abhängig zu sein, wenn auch der Klärungsvorgang durch spezifische *Lipoproteid-Lipase-Inhibitoren* gebremst werden kann [*840, 841, 1037*]. Durch Blockierung des Klärfaktors mittels

Protamin (= Heparin-Antagonist) konnte BRAGDON [*329*] an der hungernden Ratte eine Lipämie erzeugen. Sie blieb jedoch aus, wenn er den Tieren vorher reichlich Kohlenhydrate zuführte [*332*]. Man könnte aus diesem Versuch schließen, daß die Tiere in diesem Fall nicht auf Fettsäuren zum Zwecke der Energiegewinnung zurückzugreifen brauchten und daher eine hydrolytische Spaltung der Triglyceride erst gar nicht notwendig war. Demgegenüber konnte BROWN [*351, 352*] mit Protamin an der hungernden Ratte keine Lipämie erzeugen, ebenso wenig SPITZER [*2182*] an hungernden Hunden.

Mittels solcher „Heparin-Antagonisten" läßt sich der Kläreffekt sowohl des heparinisierten wie auch des nativen Plasmas, aber auch der aus Gewebsextrakten gewonnenen Lipoproteidlipase inhibieren. Man nahm bisher an,

Tabelle 21. *Schematische Darstellung des Lipämieklärungsvorganges* (aus SCHULTZE [*2072*])

Proteinvorstufe im Plasma + Gewebefaktor + Heparin	⟶	Clearing-Faktor (Lipoproteid-Lipase)
Nahrungs-Triglyceride + α_1- (bevorzugt) oder β-Lipoproteid	⟶	Chylomikronen bzw. Lipoproteide mit hohen S_f-Werten
Chylomikronen (Lipoproteide) mit hohen S_f-Werten	Clearing-Faktor ⟶ Acceptor (Albumin oder Ca++)	α_1- od. β-Lipoproteide + Glyceridspaltprod. + Fettsäure-Acceptor-Kompl.
Durch Heparin und Ca++ agglutinierte Chylomikronen	→ Phagocytose →	Hypothetische Stimulierung lipolytischer Enzyeme

Inhibitor: Protamin

Antagonist: Lipoid mobilizing Faktor (Schweine-Hypophysenhinterlappen und Serum-Aussendialysat von mit Cortison behandelten Pferden) bewirkt Hyperlipämie durch Depot-Ausschwemmung.

daß die Wirkung des Protamins [*535*] und Toluidinblaus [*534*] auf einer Inaktivierung des Heparins auch bezüglich seines die Lipoproteidlipase aktivierenden Effektes beruhe. Wenn dies der Fall wäre, müßte der antagonistische Effekt auf die in bestimmten Geweben (s. S. 98) produzierte Lipoproteidlipase auch dann in Aktion treten, wenn Hypophyse und (oder) Nebennieren experimentell ausgeschaltet werden. Wie SEIFTER [*2116*] u. Mitarb., sowie SHOTZ [*2055*] und PAGE zeigen konnten, wirkt Protamin bei hypophysektomierten und adrenalektomierten Ratten aber nicht inhibitorisch. Damit ist diese Erklärung in ihrer Ausschließlichkeit allerdings fraglich geworden. SEIFTER u. Mitarb. [*2506*] beobachteten 1954, daß die *Lipämieklärwirkung* von Postheparinplasma von Ratten *in vitro aufgehoben* wurde, wenn man ihnen vorher Cortison gab oder sie einem Kältestress aussetzte. Im weiteren Verfolg dieser Beobachtung fanden sie diesen „*Klärfaktorinhibitor*" im Plasma von Kranken mit nephrotischem Syndrom, familiärer Hyperlipidämie, nach operativen und geburtshilflichen Eingriffen [*2506*]. Auch von anderer Seite sind Vorgänge beobachtet worden, die auf die Anwesenheit eines derartigen Inhibitors schließen lassen. So fanden KLEIN [*1271*] und LEVER bei idiopathischer Hyperlipidämie, CONSTANTINIDES [*480*] und CANES, sowie DAY [*536*] und PETERS nach Cortisoninjektion bei Kaninchen, MENG [*1604*] und HADLEY beim Alloxandiabetes und ROBINSON [*1924*] und HARRIS nach starken Aderlässen bei Kaninchen eine faßbare

Hemmung der Lipämieklärungsaktivität. LEVER [*1450*] und KLEIN fanden in normalem Rinderplasma eine dialysierbare Substanz mit klärungsinhibitorischem Effekt. HAVEL fand bei drei hyperlipämischen Mitgliedern einer Familie ein völliges Fehlen jeglicher Lipoproteidlipaseaktivität.

Wie der SEIFTERsche Arbeitskreis später zeigen konnte, lag bei diesem Phänomen nicht einfach eine in-vivo-Hemmung des im Blutserum vorhandenen (während der alimentären Lipämie) oder durch Heparin induzierten Klärfaktors vor. Es handelte sich vielmehr um einen mehr komplexen Vorgang, der auf die Existenz eines lipidmobilisierenden Faktors (,,*lipid mobilizer*") hindeutete. Bei der Freisetzung dieser Substanz spielt anscheinend die Hypophyse eine wesentliche Rolle. Während Cortisoninjektionen bei intakten Tieren eine Lipämie durch Hyperlipidämie bewirken, bleibt diese nach Hypophysektomie aus. Mit einem Dialysat aus Hypophysenhinterlappenextrakt vom Schwein ließ sich eine Hyperlipidämie erzeugen, während diese nach Injektion von Pitocin, Pitressin, HVL-Extrakten und Skeletmuskelextrakten ausblieb [*2116*]. Diese Beobachtungen erlaubten außerdem die Schlußfolgerung, daß in vitro festgestellte lipämieklärungsinhibitorische Eigenschaften nicht ohne weiteres auf die Verhältnisse in vivo übertragen werden können. Ferner konnten CHALMERS [*437*] u. Mitarb. aus menschlichem Harn ein Peptid mit lipidmobilisierendem Effekt nachweisen. Schließlich zeigte es sich, daß auch *Phenylhydrazin* kein Heparinantagonist ist [*2116*]. Einige dieser Substanzen sind oberflächenaktiv und verändern dadurch die Oberflächeneigenschaften der Chylomikronen. So werden z. B. nach Injektion des oberflächenwirksamen Triton WR-1339 Chylomikronen bis zu einem gewissen Grad in den Retikulumzellen der Milz aufgenommen [*787*]. Sicher kommen, vor allem im Fettgewebe, noch andere Lipasen vor, die physiologischerweise für den Fetttransport und -stoffwechsel von Bedeutung sind. Auf die Zusammenfassung von OVERBEEK [*1748*] sei in diesem Zusammenhang hingewiesen.

c) Fettsäurentransport

Mehr als 90% der im Blutplasma nachzuweisenden *Fettsäuren* sind mit Glycerin, Phosphatiden und Cholesterin *verestert*. Durch ihre Kombination mit bestimmten Plasmaproteinen sind sie wasserlöslich.

,,Freie" Fettsäuren. Die Existenz von sog. *freien*, d. h. *unveresterten Fettsäuren* (UFS) im Blutplasma wurde erstmalig 1924 von SZENT-GYÖRGYI [*2270*] und TOMINAGA bewiesen. Sie kommen hier in erster Linie als Anionen vor. Da sie in dieser Form nicht frei existieren können, werden sie an *Plasmaproteine gebunden transportiert* [*571*], in *erster Linie* anscheinend *an Albumine* [*778*], daneben in geringen Mengen an Erythrocyten und auch an Lipoproteide. Die Plasmakonzentration an UFS ist abhängig vom Ernährungszustand des Organismus [*570, 910*].

Es wird angenommen, daß sie in der Hauptsache aus dem *Fettgewebe* stammen, wo sie beim Hunger freigesetzt werden und ins Blut einströmen. In vitro ist die Freisetzung unveresterter Fettsäuren aus Fettgewebe bei der Ratte erwiesen [*912*]. Allerdings lassen sich aus den dabei freigesetzten Mengen keine Schlußfolgerungen auf die Fettsäurenproduktion in vivo ziehen, da im Reagensglasversuch nur die Gewebsoberflächen für den Austausch von Stoffwechselprodukten zur Verfügung stehen. Eine weitere Quelle der zirkulierenden UFS sind die hauptsächlich mittels der Chylomikronen transportierten *Triglyceride des Blutplasmas*, wie bereits ausgeführt, die während des Klärvorganges im Blutplasma von der Lipoproteidlipase gespalten werden. Dementsprechend wurde in der Phase der postresorptiven Lipämie ein deutlicher Konzentrationsanstieg der UFS im Blutplasma beobachtet [*960, 1921, 2187*]. Jedoch wird keinesfalls das gesamte Triglyceridmaterial, das von den Chylomikronen transportiert wird, gespalten, sondern in dieser Form zu den Bestimmungsorten transportiert [*779*].

Über das weitere *Schicksal* der relativ fest an die Albumine gebundenen UFS ist folgendes bekannt: Sie werden rasch aus dem Blut eliminiert [*216, 775, 777*]. Mittels intravenöser Injektion eines Palmitat-C^{14}-Albuminkomplexes wurde beim Hund eine Halbwertszeit der UFS von 2 min ermittelt [*1037*]. Versuche mit C^{14}-markierten UFS zeigten ein rasches Erscheinen von $C^{14}O_2$ in der Ausatmungsluft [*775, 777, 1504, 1579*]. Gegenüber der Halbwertszeit des Serumalbumins erfolgt demnach die Elimination der UFS aus dem strömenden Blut viel rascher. Aus dieser Diskrepanz muß man schließen, daß die UFS beim Austritt aus dem Blutstrom (oder beim Eintritt in das Gewebe des Zielortes) von ihren Trägerproteinen getrennt werden.

Mittels Durchströmungsversuchen an menschlichen Herzen in vivo ließ sich durch Bestimmung der arteriovenösen Differenz der UFS-Konzentration nachweisen, daß während des Fastens das Myokard über 25% der ihm auf dem Blutwege angebotenen UFS aufnahm [*911, 912*]. Nach Glucosezufuhr kam die UFS-Aufnahme zum Stillstand, während der Glucoseverbrauch des Herzmuskels jetzt steil anstieg [*224*]. Auch eine Aminosäurenzufuhr in geeigneter Form führt zu einem Abfall des UFS-Spiegels im Plasma [*911*]. Diese Ergebnisse stimmen prinzipiell mit den Beobachtungen von BING [*225*] u. Mitarb. am Menschen (32 Herzkranke) überein. Aus diesen Beobachtungen hat man geschlossen, daß der *Herzmuskel* unter bestimmten Stoffwechselbedingungen in der Lage ist, *UFS zur Energiegewinnung* (durch ihren oxydativen Abbau), vielleicht aber auch zur vorübergehenden Depotbildung heranzuziehen [*225*], ebenso wie dies z. B. im diabetischen Koma gegenüber Ketonkörpern der Fall ist (s. S. 232). Es ist nachgewiesen, daß das Herz im Hungerzustand bis zu etwa 70% seines Energiebedarfs aus unveresterten Fettsäuren bestreiten kann. Daß auch die Skeletmuskulatur isoliertes Lipidmaterial oxydieren kann, gilt als sicher bewiesen. Isolierter Skeletmuskel ist zur Fettsäurenoxydation fähig [*851, 2413, 2435*] (s. auch S. 178). Möglicherweise dient die Freisetzung von UFS dem Zweck, bei ungenügender exogener Zufuhr von Brennmaterial eine „Notfallsversorgung" in Gang zu bringen. Für diese Auffassung spricht auch eine Beobachtung SCHULZES [*2075*], daß nämlich die freien Fettsäuren auf der Höhe der Dünndarmverdauung aus dem Serum verschwinden. Regulierend scheint der UFS-Spiegel im durchströmenden Blute selbst zu wirken. Die Konzentration der UFS im Blutplasma kann demnach als Maß der Fettsäurenmobilisation durch das Fettgewebe zur Energiebereitstellung angesehen werden.

Über die *Regulation* des Stoffwechsels der UFS liegen folgende Beobachtungen vor: ANFINSEN [*69*] fand, daß *beim Fasten* mit dem Absinken des Blutzuckerspiegels eine Konzentration*szunahme der freien Fettsäuren* im Blutplasma erfolgt. Allerdings kommt es *beim Diabetes mellitus* mit dem Blutzuckeranstieg *nicht* zum *Abfall des UFS-Spiegels* im Blutplasma. Eine Erklärung dürfte darin zu suchen sein, daß die Kohlenhydrate beim entgleisten Diabetes nicht verwertbar sind und somit andere Energiequellen (u. a. auch Ketokörper) herangezogen werden. Nach *Glucagon*injektion [*50, 217*], die eine endogene Glucosemobilisation bewirkt, erfolgt ein *Abfall der UFS-Konzentration* im Blutplasma. Das gleiche tritt aber auch nach *Insulin*injektion ein. Hier dürfte die Erklärung in der gesteigerten Glucoseverwertung zu suchen sein. Auch am isolierten Fettgewebe steigert die Zugabe von Glucose oder auch Insulin zur Inkubationslösung die Fettsäurenabspaltung. Zusatz von NNR-Hormon dagegen senkt sie. *Adrenalin steigert die UFS-Konzentration* im Blutplasma [*570, 910*]. *Wachstumshormon steigert* beim Menschen ebenfalls. Ein *lipolytischer Effekt* in vitro am Fettgewebe der Ratte (mit Freiwerden von UFS) ließ sich von WHITE [*2446, 2447*] und ENGEL mit *ACTH* nachweisen. Besonders bemerkenswert sind Untersuchungen von GORDON und CARDON (zit. bei FREDRICKSON [*778*], S. 607) an 13 freiwilligen Versuchspersonen, die auf die Ansage hin, daß man an ihnen etwas unangenehme Untersuchungen durchführen wolle, alle innerhalb von 5 min einen signifikanten Anstieg ihrer UFS-Konzentration im Blutplasma zeigten. Die Abhängigkeit der UFS-Konzentration im Blutplasma vom Kohlenhydratstoffwechsel ist offensichtlich. Der *regulierende Faktor* für die Freisetzung von UFS aus den Fettdepots scheint die Intensität der Glucoseverwertung zu sein. Der *Angriffspunkt* der Inselzell- und Nebennierenrindenhormone dürfte im Fettgewebe selbst zu suchen sein [*912*], wofür Versuche an isoliertem Fettgewebe sprechen.

Eine befriedigende Erklärung für die auffällige, den Blutcholesterinspiegel senkende Wirkung der relativ ungesättigten Fette (s. Abschnitt C I 3 c) liegt bis jetzt noch nicht vor. Möglicherweise üben die unveresterten Fettsäuren einen wichtigen Einfluß auf den Fettstoffwechsel aus.

Veresterte Fettsäuren. Für den Transport der veresterten Fettsäuren sind in erster Linie Neutralfette vorgesehen [*1004, 1483, 1832*]. Durch Einbauversuche mit radioaktiv markierten Vorstufen konnten HARPER [*1004*] u. Mitarb. an Hunden feststellen, daß der Umsatz an Nichtphosphatidfettsäuren (Triglyceride, Cholesterinester, unveresterte Fettsäuren) bedeutend schneller erfolgt als der der Phosphatidfettsäuren. LIPSKY [*1484*] u. Mitarb. fanden beim Menschen auf dem Höhepunkt der Einbauphase die spezifische Aktivität der Triglyceridfettsäuren zwei- bis zehnmal höher als die der Phosphatidester und rund 20mal höher als die der Cholesterinesterfettsäuren. Nach Versuchen an der durchströmten isolierten, überlebenden *Leber* ist dieses Organ, wie schon erwähnt, dazu fähig, die Neutralfette von den Chylomikronen abzuladen, aber auch zu verbrennen [*779, 1645*]. Es findet ein reger Transport von Fettsäuren aus der Leber in die Fettdepots statt, allerdings in erster Linie wohl in Form von Neutralfetten. Jedoch werden entgegen der Auffassung älterer Autoren bei Kohlenhydratüberschuß im Fettgewebe selbst mehr Fettsäuren als in der Leber gebildet und nicht in erster Linie mehr Fette aus der Leber ins periphere Fettgewebe transportiert [*699, 2127*]. Überhaupt wird heute nicht mehr daran gezweifelt, daß die Fettsäuren- und Fettsynthese im Fettgewebe unabhängig von der Leber vor sich gehen kann.

Nach Injektion der bereits erwähnten fettmobilisierenden Substanz („lipid mobilizer", s. S. 102) erfolgte im Plasma eine Konzentrationserhöhung aller Lipidfraktionen. Bereits 15 min nach der Injektion fand sich eine signifikante Zunahme der Gesamtfettsäuren in der Leber, um nach 1 Std wieder abgefallen zu sein. Während der nächsten 3 Std blieb der Leberlipidgehalt unverändert. So lange hielt auch die Hyperlipidämie an. Die Autoren schlossen daraus, daß das mobilisierte Fett in die Leber gelangt. Wenn diese den Fetteinstrom nicht bewältigen kann, kommt es zur Hyperlipidämie.

Der Fettsäurentransport im Blutplasma wird noch von anderen Faktoren beeinflußt. Bei Cholinmangeltieren geht zwar der Fettsäurenabbau, wie auch

die Fettsäurensynthese in der Leber normal vor sich, nicht aber ihr Transport
zu den Fettdepots hin [2229]. Die Tiere zeigten eine *Hypolipidämie* mit verhältnismäßig starker Verminderung der Neutralfette [1728].

Über die möglichen Funktionen der *Phosphatide* bei der Resorption und
Mobilisation von Fettsäuren besteht eine umfangreiche Literatur. Ob und
welche *Rolle* die Plasmaphosphatide für sich allein *beim Fetttransport im
Blutplasma* spielen, ist bis jetzt experimentell nicht eindeutig gesichert [778].
Cholesterinester spielen keine wesentliche Rolle für den Transport von Fettsäuren zum Zwecke der Energieversorgung. In der Darmschleimhaut werden
radioaktiv markierte Fettsäuren nur langsam in die Cholesterinester eingebaut. Von der Linol- und Ölsäure ist außerdem bekannt, daß sie in der Triglyceridform im Ductus thoracicus transportiert werden [177, 255]. Aus der
Tatsache, daß das Cholesterin in erster Linie mit diesen beiden Fettsäuren
verestert ist, hat man geschlossen, daß diese für den Cholesterintransport
eine besondere Bedeutung haben, um so mehr, wenn man sich vergegenwär-
tigt, daß das Plasmacholesterin zu $^2/_3$ im Beta-Lipoproteid befördert wird,
das auch den höchsten Neutralfettanteil hat.

Besondere Aufgaben der Leber. Die Leber wird von einem doppelten Fett-
und Lipoidstrom passiert, einmal vom Darm her, zum anderen aus den Fett-

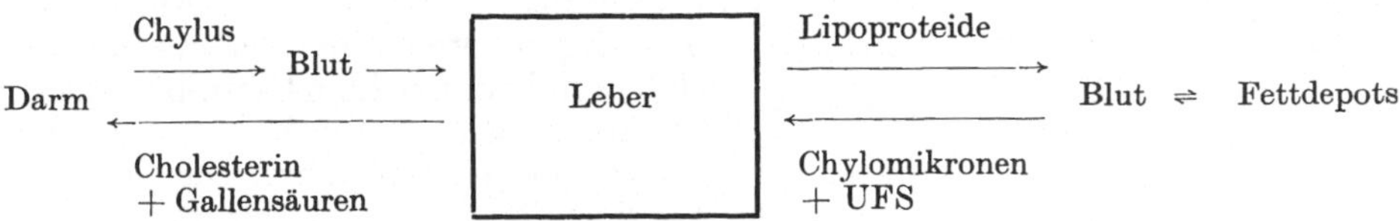

Fig. 27. Leber und Lipidtransport

geweben. Die kurzgliedrigen Fettsäuren des Nahrungsfettes gelangen via
Pfortader, die langgliedrigen über den Chylus via Systemkreislauf in die
Leber, ebenso das in den Fettdepots mobilisierte Fett. Die Fettsäuren werden
in der Leber (wie auch in anderen Geweben) verstoffwechselt, das Cholesterin
als solches oder in Form von Gallensäuren mit der Galle in den Darm ausgeschieden (und zum Teil wieder rückresorbiert). Auf einen vermehrten Neu-
tralfetteinstrom ins Blut antwortet die Leber mit einer Hypercholesterin-
und Hyperphosphatidämie. Mittels intravenöser Infusionen einer geeigneten
Neutralfettemulsion unter Clearancebedingungen konnten FRIEDMAN [804]
und BYERS an Ratten einen Anstieg des Serumcholesterinspiegels auslösen.
Das gleiche Phänomen ließ sich auch bei ungefütterten Ratten durch
Injektion des lipidmobilisierenden Faktors erzielen [2115]. Hepatektomierte
Tiere zeigten nur eine Hypertriglyceridämie.

Die ausreichende Produktion von Proteinvehikeln, die sich zum Fetttransport im Blutplasma eignen, durch die Leber [1728] ist von einer entsprechenden Zufuhr von Bausteinen abhängig. *Unter protrahiertem Proteinmangel* lebende Versuchstiere entwickeln eine *Hypolipidämie*, besonders
wenn sie außerdem ein Cholindefizit aufweisen. Auch beim Menschen sind
im kurzdauernden Eiweißhunger die Fettpolster im allgemeinen reduziert
und die Serumlipidkonzentrationen vermindert [1728]. Weiteres siehe B I 5.

5. Abstrom von Lipoproteiden ins Gewebe und in die Lymphe

Der Austausch von Wasser, Kristalloiden und Kolloiden zwischen Blut,
Gewebszellen und Lymphgefäßen erfolgt durch die *Bindegewebsgrundsubstanz* hindurch. Diese besteht aus einem Proteinnetz, in dessen Poren

sich Mucopolysaccharidkomplexe befinden. Die Passage wird enzymatisch gesteuert, neural und hormonal reguliert. Der Proteingehalt der Lymphe aus den verschiedenen Körperregionen ist relativ hoch. Es ist Aufgabe der Lymphgefäße, die „aus den Blutcapillaren ins Interstitium gelangten Proteine und andere kolloide Stoffe" abzuleiten [1968].

In den letzten Jahren konnte an Versuchstieren eindeutig nachgewiesen werden, daß auch *Lipoproteide* durch die Capillarmembran in die Lymphe übertreten. Daß die Lipoproteide der Lymphe identisch mit denen des Blutplasmas sind, wurde von PAGE [1757] u. Mitarb. für die Ductus-thoracicus-Lymphe von Hunden und von COURTICE [497] und MORRIS, sowie MORRIS [1643] für die Leber-, Cervical- und Extremitätenlymphe von Hunden, Katzen und Kaninchen nachgewiesen. Die Lipoproteidkonzentration in der Extremitätenlymphe betrug nur $^1/_3$ von derjenigen des Blutplasmas, während der Konzentrationsabfall zur Leberlymphe nur gering war. Wie die folgende Figur zeigt, gleicht das Verteilungsverhältnis von Alpha- zu Beta-Lipoproteid im Plasma prinzipiell dem in den beiden Lymphgefäßen. Es überwiegen beim Hund und der Katze die elektrophoretisch schnellwandernden Alpha-Lipoproteide (s. Fig. 28).

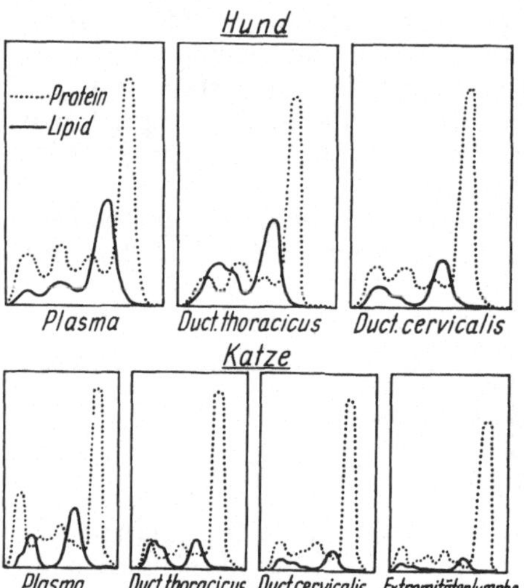

Fig. 28. Elektropherogramme (Filterpapier) über die Protein- und Lipidverteilung in Plasma und Lymphe bei Hund und Katze (aus COURTICE [497] u. MORRIS)

Wenn man die *Austauschgeschwindigkeit der* Proteine und verschiedenen *Lipidanteile zwischen Blut- und Lymphgefäßsystem*, bzw. der strömenden Phase und dem intracellulären Raum mit der Zeit vergleicht, in der tatsächlich ein Gleichgewichtszustand der Cholesterin- und Phosphatidkonzentrationen in den beiden Räumen eintritt, so ergibt sich eine Differenz. Die Erklärung, daß die durchgetretenen Lipoproteide rasch ihr Lipidmaterial an die Gewebszelle abgeben und umgekehrt wieder von ihr aufnehmen können, ist nicht ganz befriedigend. Wenn man nämlich die Halbwertszeiten für Cholesterin und Phosphatide zugrunde legt und damit die Austauschgeschwindigkeit der Proteine vergleicht, so drängt sich der Gedanke eines sehr viel rascheren Austauschs auf. Der *Austausch von Phospholipiden* und unverestertem *Cholesterin der Lipoproteide* des Serums mit denen des interstitiellen Raumes erfolgt tatsächlich relativ rasch, wie sich mittels Radioisotopentechnik zeigen ließ. Es stellt sich alsbald ein Gleichgewicht in der Lipidkonzentration beider Räume her. Die Halbwertszeit der Plasmaphosphatide bei Ratten beträgt etwa 1 Std [2516] und bei Hunden 5 bis 8 Std [2513, 2514]. Dagegen sind Neutralfett- und Cholesterinmoleküle wesentlich langsamer austauschbar. Rascher scheint die Passage von unveresterten Fettsäuren durch die Capillarmembran zu erfolgen. So betrug die Halbwertszeit derartiger Fettsäuren im strömenden Blut nur 2 min, wie an Hunden mittels intravenöser Injektion radioaktiv markierter Fettsäuren demonstriert werden konnte [1037]. LAURELL [1405] kam am Menschen praktisch zu dem gleichen Ergebnis.

Wenn man sich erinnert, daß die beim Klärungsvorgang im Blutplasma freiwerdenden unveresterten Fettsäuren von den Albuminen als „Acceptorprotein" aufgenommen werden, so ist die wesentlich geringere Durchtrittsrate der Albumine gegenüber den Fettsäuren auffällig. Wahrscheinlich dient diese Albuminkoppelung lediglich dazu, die Fettsäuren wasserlöslich zu halten. Vielleicht kommt es an der Oberfläche einer Zelle zur Dissoziation der Komponenten, wodurch ein unmittelbarer Eintritt der Fettsäure in die Zelle, ohne den Umweg über die Poren, möglich wäre [788].

In Untersuchungen am Menschen, wenn auch nur an der Cantharidenblase, d. h. nach Setzen eines lokalen Entzündungsreizes, konnten wir nachweisen, daß unter den gegebenen Versuchsbedingungen *Lipoproteide in den Cantharidenblasensaft (CBS) übertreten.* Das Verhältnis Alpha-/Beta-Lipoproteide im CBS war bereits unter physiologischen Bedingungen leicht zugunsten der Alpha-Lipoproteide verschoben, mehr noch unter pathologischen Verhältnissen. Hier betrug der prozentuale Anteil der Alpha-Lipoproteide im CBS 23,2 gegenüber 14,9 im Blutserum. Die Konzentration des Gesamteiweißes im Serum der untersuchten 15 gesunden Versuchspersonen betrug 7,3 g-% $\pm$ 0,5, die im CBS 5,1 g-% $\pm$ 0,6. Die gefundenen Konzentrationsunterschiede der Lipide im Serum und CBS gehen aus der folgenden Tab. 22 hervor [1816].

Tabelle 22. *Lipidkonzentration im Blutserum und Cantharidenblasensaft gesunder Versuchspersonen*
Mittelwerte und Quotient „CBS/Serumkonzentration"

Lipidfraktion	n	Serum mg-% (σ)	Cantharidenblasensaft mg-% (σ)	CBS/S
Gesamtlipide	11	640 ($\pm$ 129)	367 ($\pm$ 78)	0,57
Gesamtcholesterin	11	199 ($\pm$ 35)	107 ($\pm$ 26)	0,54
Phosphatide	11	198 ($\pm$ 41)	91 ($\pm$ 29)	0,46

Schwerer vorstellbar ist der *Durchtritt von Chylomikronen* durch die Capillarmembran, beträgt doch der Durchmesser dieser Fettpartikel 0,5 bis 1,0 μ. Trotzdem fanden COURTICE [497] und MORRIS in der Lymphe aus Cervical- und Extremitätenlymphgefäßen im Dunkelfeld einige Chylomikronen. Darüber hinaus konnten sie Beziehungen zwischen der Chylomikronenkonzentration im Blutserum und in der Lymphe feststellen. Bei der Katze fanden sie in der Leberlymphe viel mehr Chylomikronen als in Proben aus anderen Lymphgefäßen. Auch WADDELL [2375, 2377] u. Mitarb. haben an Ratten nachgewiesen, daß die nach intravenöser Injektion von künstlichen Fettemulsionen auftretenden Chylomikronen größtenteils in der Leber die Blutbahn verlassen. Die Fettkonzentration der Leberlymphe war ebenfalls von der Fettkonzentration im Blut abhängig. Nach diesen Befunden muß man wohl die Möglichkeit, daß intakte Chylomikronen in die Lymphbahn eintreten können, im Prinzip anerkennen. Allerdings scheint dieser Vorgang physiologischerweise für die Elimination der Chylomikronen aus der Blutbahn keine wesentliche Rolle zu spielen. Nach partieller Ligatur der Vena cava caudalis, knapp unterhalb des Zwerchfells, kommt es infolge der entstehenden portalen Hypertension zu einer starken Vermehrung von Chylomikronen in der Leberlymphe, wenn man Chylus von einem anderen Tier (einige Zeit nach oraler Fettaufnahme) intravenös injiziert [1647]. Unter diesen Bedingungen ließen sich 16% der injizierten Fettmenge innerhalb von 2 Std in der Leberlymphe wiederfinden. Diese Ergebnisse legen den Schluß nahe, daß Fett in der Form von Chylomikronen in beträchtlicher Menge in der Leber den Blutkreislauf zu verlassen in der Lage ist.

6. Lipoidaustausch mit der Zelle

Das in Form von Lipoproteidkomplexen auf dem Blutwege zu den Orten des Bedarfs oder Verbrauchs transportierte Lipidmaterial gelangt letzten Endes an die Oberfläche der Gewebszelle, in die es mittels besonderer Einrichtungen eintritt, sei es zum Zwecke des Aufbaues, der Erhaltung ihrer Lipoidstrukturen oder zur Verstoffwechselung. Das Verständnis für die Einschleusungsvorgänge wurde durch Beobachtungen in vitro gefördert. Inkubierte man Palmitat-1-C^{14} mit Dünndarmschnitten in Abwesenheit von Albumin, so blieb die Substanz an der Zelloberfläche hängen, ohne daß ein nennenswerter Eintritt ins Zellinnere erfolgte. Wurde dagegen ein Albumin-Palmitatkomplex verwendet, so ließ sich prompt der Durchtritt des etikettierten Materials durch die Schleimhaut und die Umwandlung in Neutralfett demonstrieren. Einen ähnlichen Effekt hatte Taurocholsäure [528].

Das Verständnis des Ionen- und Molekülaustausches der lebenden Zelle wird durch die Vorstellung einer „funktionell aktiven" Zellmembran erleichtert, welche die Passage von Partikeln zu regulieren imstande ist. Nach Booij [288] zeigt die Protoplasmamembran drei charakteristische Eigenschaften: 1. Siebcharakter, 2. Löslichmachung schlecht wasserlöslicher Substanzen, 3. Ionenaustauscher. Wichtige Membranbestandteile sind Lipide und Proteine. Die Phosphatide spielen eine fundamentale Rolle. Außerdem kommen Kohlenhydrate, kleinere Moleküle und Ionen, sowie Wasser in der Zellmembran vor.

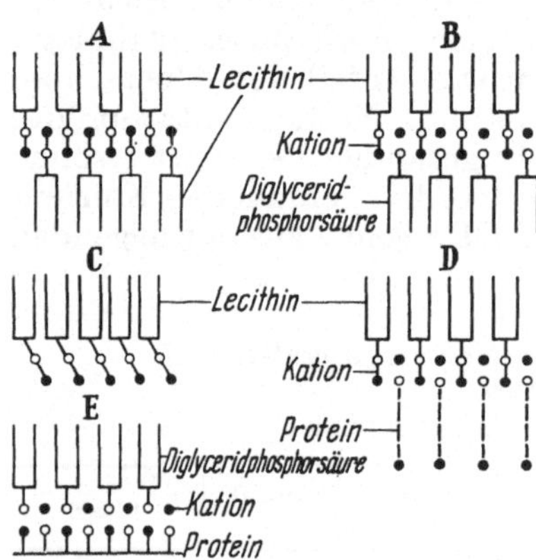

Fig. 29. Variationsmöglichkeiten von Membranstrukturen nach Booij [288], ausgehend von dem Modell von Bungenberg de Jong. A Originalstruktur nach Bungenberg de Jong; B Modifikation des gleichen Autors zur Darstellung der Bedeutung der Phosphatide; C unimolekulare Lecithinschicht; D und E zwei Trikomplexsysteme

Wenn man sich nur auf die Lipide und Proteine beschränkt, so bleiben nur wenige *Möglichkeiten der strukturellen Anordnung:* 1. Die Lipidschicht ist außen, bimolekular und mit den polaren Gruppen nach außen zu den anderen Membranbestandteilen hin angeordnet. 2. Möglicherweise reicht die Lipidmenge nicht aus, die ganze Oberfläche zu bedecken. 3. Vielleicht sind corpusculäre Proteinmoleküle (globular proteins) in die Oberflächenschicht eingefügt.

Für den Austausch von Lipoproteiden erscheint es von Bedeutung, daß der Einbau von kugelförmigen Makromolekülen in die Lipidstruktur der Zellmembran für möglich gehalten wird [658]. Wahrscheinlich ist die Myelin-Nervenscheide in ihrem Aufbau typisch für andere Zellmembranen. Auch am Aufbau der *Mitochondrien, der Mikrosomen* und des Golgi-Apparates sind die Lipoproteine maßgeblich beteiligt.

In den Mitochondrien wurde Lipoproteidmaterial in der salzunlöslichen Fraktion, die etwa 25% des Trockengewichtes der Gesamtmitochondrien ausmacht, gefunden. Diese Fraktion war nicht nur morphologisch intakt, sondern war auch im Besitz der Krebs-Cyclus-Enzymaktivitäten, in gleicher Weise wie die nichtextrahierten Mitochondrien. DALLAM [510] und SHIMO-MURA lösten salzunlösliches Mitochondrienmaterial von Hunde- und Ratten-leberhomogenaten in 0,01 nNaOH und fällten es mit verdünnter Essigsäure-lösung bei einem pH von etwa 5,8 aus der Lösung aus. Nach zweimaliger Lösung in Alkali und Fällung nach der beschriebenen Art wurde das Lipid-material mittels geeigneter Extraktionslösungen in drei Fraktionen gewon-nen. Die Autoren fanden die im Trockenäther gelösten Lipide nur lose an die Proteine gebunden, während die Lipidproteinbindung im feuchten Äther „schwach", dagegen in einer geeigneten Alkohol-Äthermischung sehr stabil erschien. Räumlich gesehen, findet sich das Mitochondrienlipidmaterial, das in der Hauptsache aus ungesättigten Fettsäuren besteht, in unmittelbarer molekularer Nachbarschaft zu den Cytochromen (Lit. in TAPPEL [2272] und ZALKIN). Da angenommen werden kann, daß ungesättigte Fettsäuren unmit-telbar mit molekularem Sauerstoff reagieren, dürften die Mitochondrien ange-sichts der äußerst aktiven oxydationskatalysatorischen Eigenschaft der Cytochrome für einen oxydativen Abbau äußerst labil sein. Als wirksames Antioxydans in der Zelle ist nun das Vitamin E gefunden worden, das sich ebenfalls in den Mitochondrien findet und im wesentlichen anscheinend der Stabilisierung der ungesättigten Fettsäuren im Lipidmaterial der Mito-chondrien dient [2273].

Über den Durchtrittsmodus kolloider Substanzen durch die Zellmembran existiert eine Anzahl von Hypothesen: Lipoidlöslichkeitstheorie von OVER-TON 1895; Mosaiktheorie (NATHANSON), Siebtheorie (COLLANDER), Poren-theorie (PAPPENHEIMER [1763]).

Besonders eingehend ist die Aufnahme von Fettpartikeln durch die KUPFFERschen Sternzellen der Leber studiert worden. Künstliche Fett-emulsionen von einer Teilchengröße, die etwa der der Chylomikronen im Blut entspricht, werden nach intravenöser Injektion alsbald vom reticulo-endothelialen Zellsystem, insbesondere den KUPFFERschen Sternzellen auf-genommen [213, 856, 1151] und erst danach in die Leberepithelzellen einge-schleust [213]. Für die Ansicht, daß Lipoproteidaggregate von den KUPFFER-schen Sternzellen aufgenommen, dort möglicherweise gespalten und an-schließend in die Leberparenchymzelle zur Weiterverarbeitung überführt werden können, sprechen Blockierungsversuche. Schaltet man nämlich das RES gleichzeitig mit der oralen Cholesterinaufnahme durch eine Blockie-rungssubstanz funktionell aus oder beeinträchtigt es, so kommt es zu einer Retention von Chylomikronen im Plasma mit nachfolgender Trübung, Hyperlipidämie und Hypercholesterinämie.

Gegen diese Auffassung spricht die Beobachtung MURRAYs [1676] und FREEMANs, daß zwar künstliche Fettemulsionen vom RES aufgenommen werden, jedoch nicht das im Chylus emulgierte Fett. Dieses fanden sie nicht in den Sternzellen, sondern in den Leberparenchymzellen. Diese Unter-schiede legen die Vermutung nahe, daß das Schicksal der im Blute strömen-den Fettpartikel hinsichtlich einer Aufnahme in Zellen von der Beschaffen-heit ihres Oberflächenfilms abhängig ist [788]. Diese Hypothese wird durch die Befunde WADDELLs [2376], GEYERs, SASLAWs und STAREs gestützt, die Beziehungen zu der Beschaffenheit des experimentell verwendeten Emul-gators festgestellt haben.

Es ist anzunehmen, daß die Sterine während ihres resorptiven Trans-ports durch die Mucosazelle nicht in Form von Fetttröpfchen, sondern *als Lipoproteidkomplexe hindurchtreten*, wobei sie bei Bedarf abgehängt und wieder verbunden werden [*874*]. Andererseits scheint dieser Austausch nicht nur rein nach physikalischen Gesichtspunkten (Herstellung eines Gleichgewichts) abzulaufen. GLOVER [*872*] und GREEN beobachteten nämlich, daß er bei 0° C nicht erfolgte. Sie schlossen, daß zur Aufnahme von Cholesterin durch die Lipoproteide Stoffwechselvorgänge nötig seien. Daß in der Mucosazelle ein derartiger Prozeß verantwortlich gemacht werden muß, kann daraus gefolgert werden, daß Cholesterinester dort gegen ein Konzentrationsgefälle angehäuft werden können. Die Transportkapazität der Lipoproteide in der Zelle für freies Cholesterin scheint begrenzt zu sein, so daß weiter einströmendes Cholesterinmaterial verestert und vorübergehend als Reserve zurückgehalten wird.

GLOVER [*871, 873*] und GREEN untersuchten mittels der Fraktionierungstechnik nach SCHNEIDER [*2040*] und HOGEBOOM die Verteilung von mit C^{14} radioaktiv markiertem 7-Dehydrocholesterin auf die verschiedenen Zellbestandteile von Darmschleimhautzellen. Es fand sich, daß die verschiedenen Sterine in den Mitochondrien, Mikrosomen und im Zellplasma im gleichen relativen Verhältnis vorhanden waren. Ja, darüber hinaus zeigte sich, daß oral zugeführtes Cholesterin sich im gleichen Verhältnis auf die Zellfraktionen verteilte. GREEN (zit. in GLOVER [*874*] und MORTON) wies papierelektrophoretisch nach, daß das markierte Sterin im Bereich der Lipoproteide wanderte. Der Austausch der Sterine mittels der Transportvehikel Lipoproteide erfolgt schneller als es eine enzymatische Spaltung von 7-Dehydrocholesterin zustande brächte. Wahrscheinlich verlassen die Sterine auf ähnliche Weise die Schleimhautzellen. Sie werden von den im interstitiellen Raum vorhandenen Lipoproteiden übernommen. Ist deren Aufnahmefähigkeit überschritten, so wird das freie Cholesterin bei Anwesenheit von freien Fettsäuren verestert. Das ist wohl die Ursache dafür, daß nach oraler Cholesterinzufuhr 70% des Cholesterins in veresterter Form und der Rest in freier Form in der Lymphe erscheint [*874*].

7. Anhang: Lipide und Lipoproteide in cellulären Blutelementen

a) Erythrocyten

Der vom Inhalt befreite Erythrocyt („cell ghost") besteht chemisch fast ganz aus Protein- und Lipidmaterial. Nach den heutigen Vorstellungen ist die Lipid- oder Lipoproteidkonzentration im Oberflächenbereich des Erythrocyten am größten, um nach dem Innern zu schnell abzunehmen. Die Hämoglobinkonzentration verhält sich umgekehrt. Von dem gesamten Lipidgehalt eines roten Blutkörperchens entfallen über 90% auf die Zellmembran. Die Lipide bilden eine 30 bis 40 Å dicke Schicht, die sich über die gesamte Oberfläche erstreckt. Nach dem Verhalten der Erythrocyten in der Elektrophorese scheint die *äußere Schicht einen mit Cholesterinmolekülen stabilisierten Phosphatidfilm* darzustellen. Man nimmt an, daß er da, wo die Cholesterinmoleküle die Phosphatidanteile nicht miteinander koppeln können, Lücken hat (Poren, Wasserkanäle) und lediglich dazu dient, eine Agglutination der Erythrocyten in dem wäßrigen Milieu zu verhindern.

Wahrscheinlich sind die Lipoidmoleküle orientiert, indem die Achsen ihrer Ketten radial liegen. Ob die Oberfläche nur Lipoidmoleküle enthält oder Lipoide und Proteine nebeneinander vorkommen, vielleicht durch elektrostatische Kräfte zusammengehalten, ist noch offen. Nach den Benetzungseigenschaften der roten Blutkörperchen zu schließen, wäre eine *vorwiegend lipophile Oberfläche* zu erwarten. Vom immunologischen Standpunkt aus müßten auch Proteine an der unmittelbaren Oberfläche vorhanden sein. So wäre das Vorliegen eines Proteinlipoidmosaiks eine plausible Erklärung, weil damit sowohl die Permeabilitätsverhältnisse als auch die Angreifbarkeit der intakten Zelloberfläche durch Proteasen und Lipasen verständlich wäre. Die erwähnte cholesterinstabilisierte Phosphatidschicht ist fest an die darunter liegende Stromatinlage gebunden, die ihrerseits mit den Hämoglobinmolekülen im Inneren der Zelle verbunden ist.

Das *Proteinmaterial* kommt *größtenteils im Stromatingerüst* vor. Der an der Bildung der Zellmembran teilhabende Proteinanteil stellt eine Lage von 50 bis 150 Å Dicke dar. Etwa 35 % der *Stromalipide* bestehen aus Cholesterin. Dieses Cholesterin kann trotz mehrfachen Waschens mit Pufferlösung nicht herausgewaschen werden [*361, 673*].

Der Gesamtlipidgehalt junger Erythrocyten wurde mit 479 ± 85 mg-%, der alter mit 409 ± 54 mg-%

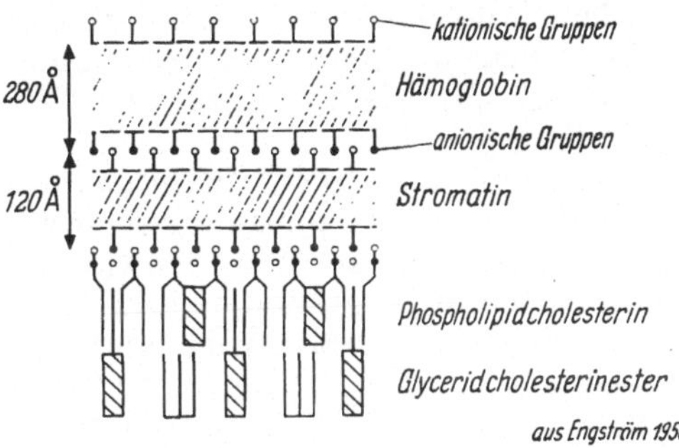

Fig. 30. Molekulare Struktur der Erythrocytenmembran (aus ENGSTRÖM [*658*])

festgestellt. Die Phosphatidkonzentration betrug bei jungen Zellen 300 ± 45 mg-%, bei alten 256 ± 32 mg-% [*2443*]. Die Erythrocyten enthalten nach neueren Untersuchungen nur freies Cholesterin [*201, 202, 361, 488, 1350, 1961, 2170*] in einer Konzentration von 150 bis 170 mg-% [*305*]. OSER [*1744*] und KARR hatten 60 mg-%, BLOOR [*265*] 240 mg-% gefunden. BRUN [*361*] kam gleichermaßen bei Frauen und Männern zu einem Durchschnittswert von 140 mg-%. WESTERMAN [*2443*] u. Mitarb. fanden in jugendlichen roten Blutkörperchen 112 ± 6 mg-% gegenüber 94 ± 7 mg-% Cholesterin in älteren Zellen. Wenn überhaupt Cholesterinester vorhanden sind, wie die älteren Autoren [*305, 310, 753*] angenommen haben, dann handelt es sich höchstens um Spuren.

Es werden noch andere Strukturen diskutiert. So nimmt PONDER [*1849*] eine Micellarstruktur

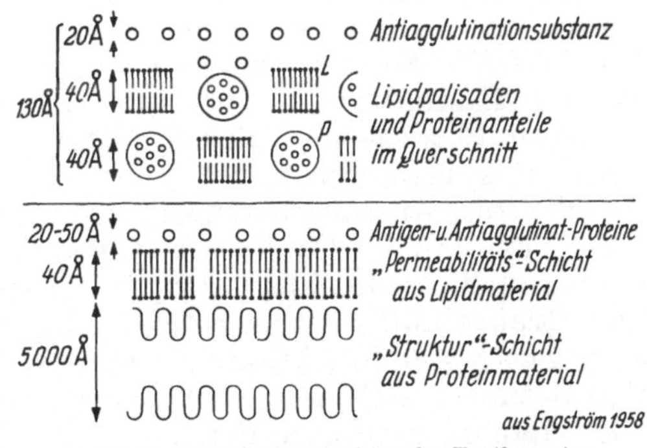

Fig. 31. Oberflächenstruktur des Erythrocyten (aus ENGSTRÖM [*658*])

mit Protein- und Lipidanteilen an der Zelloberfläche (s. Fig. 31) an.

Die *Erythrocytenmembran* hat einen Cholesterinumsatz von einer Halbwertszeit von 12 bis 14 Tagen, wie MUIR [*1672*], PERRONE und POPJÁK an Kaninchen in vivo mittels intravenöser Injektion von 1-Acetat-C¹⁴ zeigen konnten. Ob dabei die Regeneration durch Eigensynthese oder durch Aufnahme von Plasmacholesterin erfolgt, blieb zunächst ungeklärt [*1493*]. ALTMAN fand im Gegensatz zu HELLMAN [*1050*], ROSENFELD und GALLAGHER eine Inkorporation von radioaktivem Material im Zellstroma, die jedoch mit zunehmender Lagerungsdauer des Blutes nachließ [*58*].

In vitro findet ein lebhafter *Austausch zwischen dem freien Cholesterin des Blutplasmas und dem Erythrocyten*cholesterin statt, während sich das Estercholesterin an diesem Austausch nicht beteiligt [*976*]. Die Halbwertszeit beträgt 1 Std, in 4 Std ist ein Gleichgewicht eingetreten. Man nimmt an, daß pro Minute 1,16% des unveresterten Cholesterins das Blutplasma verläßt, d. h. etwa 460 mg/Liter Plasma in der Stunde. In gleicher Weise steht der Austausch zwischen Plasmaphosphatiden und den Strukturphosphatiden der Erythrocytenmembran in einem dynamischen Gleichgewicht. Lecithin und Sphingomyelin scheinen zu 10% in 24 Std gegenseitig ausgetauscht zu werden. Dagegen wurde Serinkephalin (= Phosphatidylserin) nicht in zellfreiem Plasma gefunden. Es kann angenommen werden, daß dieser Austausch für die Integrität der Blutzelle von fundamentaler Bedeutung ist [*1896*].

Während die *Cholesterinkonzentration* im Blutserum von Individuum zu Individuum schon physiologischerweise und noch mehr bei Lipidstoffwechselstörungen starken Schwankungen unterliegt, ist sie *in den roten Blutkörperchen* in gesunden und kranken Tagen *weitgehend konstant* [*303, 1961*]. Schon BÜRGER [*375*] fand den Cholesteringehalt der Erythrocyten relativ unabhängig von dem des Plasmas, auch während der postresorptiven Lipämie. Der gleiche Autor (S. 646) fand allerdings bei drei Fällen von Gallengangsverschluß zusammen mit dem erhöhten Serumcholesterinspiegel auch eine geringe Zunahme der Erythrocyten an Cholesterin und — worauf er besonders hinweist — auch an Cholesterinestern. Blutuntersuchungen von Myxoedemkranken haben ergeben, daß die Hyperlipidämie des Blutserums nicht von einem erhöhten Lipidgehalt der Erythrocytenmembran begleitet wird [*311*]. OLSON [*1729*] fand bei zwei Fällen von xanthomatöser biliärer Lebercirrhose mit einer auf 1500 bis 2000 mg-% erhöhten Konzentration des freien Serumcholesterins keine Veränderung im Cholesteringehalt der Erythrocyten. Dieser Befund ist um so bemerkenswerter, da das Cholesterin im Erythrocyten, wie erwähnt, fast *ausschließlich in freier Form* vorhanden ist. Angesichts dieser Tatsache wurde der Befund HAGERMANs [*976*] und GOULDs von den Austauschvorgängen zwischen Plasma- und Erythrocytencholesterin überall mit großer Überraschung aufgenommen.

Ob dieser Austauschvorgang schon den Schluß erlaubt, daß die Erythrocytenmembran im Cholesterinstoffwechsel eine besondere Rolle spielt, sei dahingestellt. Jedenfalls hat das Cholesterin im roten Blutkörperchen nicht nur Strukturaufgaben zu erfüllen. Es scheint bei der *Entgiftung hämolytischer Substanzen* in Aktion zu treten, z. B. gegenüber Diphtherie-, Tetanus- und Botulismustoxinen [*2252*], Saponinen [*1882*] und Seifen [*1577, 1845*]. Die Saponine greifen in der Zellmembran an [*2063*]. Das Blutplasma zeigt bei Hypercholesterinämie erhöhte antihämolytische Eigenschaften [*2495*].

b) Reticulocyten

Die *Reticulocyten* sind nach neueren Untersuchungen von O'DONNELL [*1712*] u. Mitarb. in der Lage, in vitro aus 1-Acetat-C^{14} Lipide, einschließlich Cholesterin, zu synthetisieren. Diese Fähigkeit nimmt mit zunehmender Zellreifung ab und fehlt bei den fertigen Normocyten des Küken, Kaninchens und auch des Menschen. Offensichtlich hängt dies mit dem Verlust spezifischer Fermentsysteme der Blutzelle während der Reifung zusammen.

c) Leukocyten

Die *Leukocyten* des Küken sind zur Fettsäuren- und Cholesterinsynthese aus Radioacetat fähig, während normale menschliche Leukocyten dazu nicht in der Lage waren [*1712*]. Dagegen zeigten Leukocyten eines Patienten mit chronischer leukämischer Myelose und eines anderen mit Monocytenleuk- ämie (Typus NAEGELI) die Fähigkeit, C^{14}-Acetat zur Lipidsynthese zu ver- wenden. Auf der anderen Seite ließen Lymphocyten eines Kranken mit leukämischer chronischer Lymphadenose diese Fähigkeit vermissen. Der Unterschied läßt sich unschwer mit der unterschiedlichen Lebensdauer der Blutzellen erklären. Die Lebensdauer der Granulocyten ist geringer als 20 Tage, die der Lymphocyten etwa 180 Tage. Da die Reifung jeweils nur wenige Tage benötigt, dürfte bei der lymphatischen Leukämie die Mehr- zahl aus reifen Zellen bestehen, die Lipidmaterial nicht mehr zu syntheti- sieren verstehen. Schon BÜRGER [*375*] machte darauf aufmerksam, daß der Cholesteringehalt der Leukocyten wesentlich höher ist als der der roten Blut- körperchen. Er fand im Leukämikerblut 480 mg-% Cholesterin in den weißen Zellen. In ausgereiften Leukocyten wurden 320 mg-% Cholesterin gefunden [*307*]. Davon lagen 92 mg-% in veresterter Form vor. Die Neutrophilen wiesen 350 mg-%, die Lymphocyten 150 mg-% auf [*312*]. In Kaninchen- leukocyten war der Cholesteringehalt etwas höher als beim Menschen [*314*].

Nach den Untersuchungen von LAMBERS [*1392*] und EGGSTEIN weisen die *Lymphocyten* keine sudanpositiven Substanzen auf. *Monocyten, Reti- culum-* und *Plasmazellen* enthalten unterschiedliche Lipidmengen. Die myeloische Reihe zeigte einen mit zunehmendem Reifungsgrad ansteigenden Fettgehalt: Die Myeloblasten zeigten den geringsten, die ausgereiften Gra- nulocyten den intensivsten Lipoidgehalt. Chemisch-analytisch trafen auf 100 Gewichtsanteile Eiweiß 6 bis 15 Gewichtsanteile Lipidmaterial. Davon waren 77 bis 93% Phosphatide, 7 bis 23% Cholesterin (auch in lymphati- schen Zellelementen nachweisbar!) — letzteres nur in unveresterter Form — und Neutralfette nur in Spuren nachweisbar. Auf die von dem gleichen Arbeitskreis erhobenen Befunde bei Agranulocytose, Panmyelophthise, akuten und chronischen Leukämien kann hier nur verwiesen werden.

III. Regulation des Blutspiegels

Von

FRITZ A. PEZOLD

Die *Konzentration der Serumlipide hängt von dem Ablauf des Fettstoff- wechsels* ab, der durch folgende Vorgänge gekennzeichnet ist:

1. Enterale Fett- und Lipidresorption,
2. Körpereigene Synthese von Lipidmaterial,
3. Mobilisation von Fetten aus, bzw. Speicherung von Fetten in den Depots,
4. Verhältnis von Fetteinstrom in die Blutbahn und Elimination durch Abbau, Umwandlung (z. B. Cholesterin in Gallensäuren) und Ausscheidung (z. B. Cholesterin in die Galle),
5. Klärungsaktivität in der strömenden Phase (Lipoproteidlipase)
6. Abstromgeschwindigkeit über die Lymphe,
7. Ablauf des cellulären Lipidstoffwechsels.

Die erforderliche Konzentration der Plasmalipide wird durch ein *Regulationssystem* aufrecht erhalten, das zentral, vegetativ und hormonal gesteuert wird. Die *Einstellung auf einen konstanten Blutlipidspiegel* ist das Ergebnis einer Feinabstimmung von Aufnahme, Synthese und Verarbeitung von Lipidmaterial bzw. dessen Vorstufen oder Abbaustoffen.

1. Individuelle, hereditäre, rassische und konstitutionelle Momente

Die Konzentrationen der Plasmalipide unterliegen *physiologischerweise von Mensch zu Mensch* großen Schwankungen. Im Gegensatz zu der *Schwankungsbreite des Kollektivs* besteht eine weitgehende *individuelle Konstanz des Blutfettspiegels*. Der Blutfettspiegel des Menschen ist nach 10 bis 12stündiger Fettfreiheit in der Nahrung von einem zum anderen Tag relativ konstant [*268, 762, 764, 773, 2002, 2059*]. SPERRY [*2172*] fand die individuellen Schwankungen anläßlich von Reihenuntersuchungen an 25 Versuchspersonen sogar über einen Zeitraum von 28 Monaten viel geringer als zwischen verschiedenen Versuchspersonen. Die Schwankungen betrugen im Maximum 12,3%. PATERSON [*1772*] u. Mitarb. fanden bei 88 Versuchspersonen, die sie über 4 Jahre verfolgten, die Abweichungen des individuellen Cholesterinspiegels vom Mittelwert mit nur 10,9%. Lediglich 27,3% der untersuchten Kranken zeigten Schwankungen von 15% oder mehr. Auch KEYS [*1242*] u. Mitarb. konnten mittels wiederholter Untersuchungen feststellen, daß bei manchen Individuen die Plasmacholesterinkonzentration bis zu 8 Jahren konstant blieb. SHAPIRO [*2128*] u. Mitarb. untersuchten an zehn gesunden jungen Männern den Blutcholesterinspiegel stündlich hintereinander über einen Zeitraum von 14 bis 18 Std. Die individuellen Schwankungen waren im Verlauf des Tages sowohl bei Normalkost als auch fettarmer Kost (Reis-Früchte-Diät mit Salz und 15 g Butter täglich) nur gering. Die Standardabweichung der von den Autoren gefundenen Werte betrug nur 7,7 mg-% vom Mittelwert. Diese individuelle Konstanz der Serumlipidwerte ist für den Menschen auch von deutschsprachigen Autoren bestätigt worden [*948, 1428*]. Allerdings kommt es bei derartigen Untersuchungen darauf an, daß „die letzte Fett- resp. Lipoidzufuhr mindestens 12 Std vor der Untersuchung liegen" [*375*] und die Blutentnahme im nüchternen Zustand erfolgen muß, um vergleichbare Resultate zu erhalten.

BRUGER [*358*] und SOMACH fanden die Tagesunterschiede bei ± 8% liegend, BOYD [*304*] und TURNER [*2335*] sogar noch geringer. PEELER [*1779*] u. Mitarb. fanden bei zwei Gruppen von Studenten (32 bzw. 40 Personen) nach 7 und 38 Tagen sehr nahe beieinanderliegende Durchschnittswerte des Serumcholesterins: 187 und 188 mg-% bzw. 194 und 189 mg-%. Nach länger als 12 Std dauerndem Hungern können ebenso wie nach Fettaufnahme erhebliche Verschiebungen auftreten (Hungerlipämie, alimentäre Lipämie). SPERRY [*2178*] war 12 Jahre später in der glücklichen Lage, 22 der 1937 untersuchten Personen erneut zu untersuchen. Bei acht Männern und einer Frau hatte sich der Serumcholesterinspiegel nicht geändert, bei sechs Männern und sechs Frauen hatte er um 15 bis 30% zugenommen. MORRISON [*1655*] fand die Schwankungen in seinen Fällen noch geringer. THOMAS [*2306*] und EISENBERG gaben die Abweichungen mit 5 bis 14% an. Nur in 10% ihrer Fälle betrugen sie mehr als 20%. Größere Schwankungen stellten SCHUBE [*2070*], WATKIN [*2401*] und WILKINSON [*2457*] fest. Aber teilweise handelte es sich um Einzelbeobachtungen, wie im Falle WATKINS [*2401*] u. Mitarb., oder die Untersuchungen wurden unter verschiedenen exogenen

Bedingungen durchgeführt. In eigenen Untersuchungen kamen wir zu dem Ergebnis, daß bei einer Standardkost der Serumcholesterinspiegel bei 90% der untersuchten Normalpersonen bemerkenswert geringe Schwankungen von einem Tag zum anderen zeigte, allerdings nur, wenn das Blut nüchtern und zur gleichen Tagesstunde entnommen wurde. Eine ähnliche Konstanz des Serumcholesterinspiegels fand GRIESHABER [948] bei Kaninchen. Er untersuchte an vier Kaninchen stündlich und an einem Tier sogar $^1/_4$stündlich bis zu achtmal am Tag die Cholesterinkonzentration und fand als größte Abweichung vom Mittelwert 3 mg-%. KRITCHEVSKY [1351] u. Mitarb. fanden auch bei Affen (mit Ausnahme eines Tieres) die physiologische Schwankungsbreite der Serumcholesterinkonzentration gering. Sie lag bei 20%.

Von wesentlichem Einfluß sind *hereditäre Faktoren*, die für Struktur und Funktion der Körperorgane (Stoffwechsel, Hormon- und Enzymausstattung) verantwortlich sind. Hier hat sich die Zwillingsforschung als sehr nützlich erwiesen. Da homocygote Zwillinge genetisch identisch sind, also auch die gleiche Enzymausstattung besitzen, können Abweichungen in der Zusammensetzung ihrer Körperflüssigkeiten nur exogen bedingt sein, soweit es sich um gesunde Personen handelt. An 102 erwachsenen Zwillingspaaren verschiedener Berufe und Einkommensstufen durchgeführte Untersuchungen ergaben, daß die Unterschiede in den Lipidkonzentrationen innerhalb der Zwillingspaare größer waren, wenn sie an verschiedenen Orten unter verschiedenen Lebensbedingungen, vor allem verschiedenen Ernährungsverhältnissen lebten [1743]. Für die Wirksamkeit hereditärer Faktoren auf den Plasmalipidspiegel sprachen auch vergleichende Untersuchungen an blutsverwandten Familienmitgliedern, z. B. Vater und Kind oder Mutter und Kind [1986, 1987].

Rassischen Einflüssen wurde früher große Bedeutung zugemessen. Man sagte, daß die jüdische Rasse in besonderem Maße zu Hypercholesterinämie und Arteriosklerose neige. ADLERSBERG [24] und seine Mitarbeiter fanden unter zwölf Kranken mit angeborener familiärer Hypercholesterinämie elf jüdischer Herkunft. Unter den Schneidern von Kleiderfabriken zeigten die jüdischen Arbeiter höhere Serumcholesterinspiegel als die italienischen [669, 671]. Als man aber die Ernährungs- und Lebensgewohnheiten dieser Bevölkerungsgruppen studierte, ergaben sich ernste Zweifel an der rassischen Bedingtheit der Hypercholesterinämie. Als vollends signifikante Unterschiede innerhalb der gleichen Rasse beobachtet wurden, die zur Höhe des Einkommens, der Calorienaufnahme, des Fettverbrauchs in Beziehung gebracht werden konnten, schenkte man den exogenen Momenten im Leben dieser Bevölkerungsgruppen größere Aufmerksamkeit. Weiteres s. Kapitel C I 3 und II 3 β. Dagegen scheinen echte Beziehungen zum *Konstitutionstyp* zu bestehen. Pykniker sollen höhere Durchschnittswerte aufweisen als Leptosome [277, 857, 1343, 1628, 2271].

2. Endokrine Steuerung

Von

HELMUT SECKFORT*

Ähnlich wie für andere Stoffwechselvorgänge sind auch für den Fett- und Lipidstoffwechsel fein aufeinander abgestimmte hormonale Steuerungseinrichtungen vorhanden. Diese setzen ein, wenn aus irgendeinem Grunde das

---

* Aus der Medizinischen Klinik der Universität Mainz (Direktor: Prof. Dr. K. VOIT).

physiologische Gleichgewicht gestört wird, z. B. durch Änderungen im
Funktionszustand der am Fettstoffwechsel besonders aktiv beteiligten
Organe (Lungen, Nieren, Leber). Enge Beziehungen bestehen auch zum Ferment- und Vitaminhaushalt [6, *1605, 2081, 2422, 2424*]. Als Angriffspunkte
der Hormone werden neuerdings — außer bestimmten Organen — auch
Fermentfunktionen und Vitaminkomplexe in Erwägung gezogen [*1, 2418*].
Die Aufrechterhaltung normaler Lipidverteilungsverhältnisse zwischen Blutplasma und Interstitium bedarf ebenfalls regulatorischer Maßnahmen (z. B.
bei Hydrämie oder Ödemen). Als Beispiel kann hierfür die Cholesterinsynthese in der Leber gelten, deren Ausmaß von der Menge des im Gefäßsystem zirkulierenden und im interstitiellen Raum strömenden Cholesterins
(„Cholesterinpool") abhängig ist. Vor allem werden neben den eigentlichen
Verbrennungsvorgängen die Fettmobilisation aus den Depots und der Abtransport der Fette in den Oxydationscyclus endokrin geregelt, beispielsweise die Steigerung der Fettmobilisation durch antiinsuläre Faktoren und
die Intensivierung der Fettablagerung, sowie die Vermehrung der Fettbildung aus Zucker durch Insulin.

Es ist schwierig, einen Einblick in die Dynamik des Fettstoffwechsels zu
gewinnen. Neben *wiederholten Lipidbestimmungen* im Blutplasma, die aber
jeweils nur ein Augenblicksbild liefern, sind folgende Möglichkeiten erfolgversprechend: 1. Die *exogene Zufuhr von Hormonen*, 2. das *Studium der Ausfallserscheinungen nach experimenteller Ausschaltung endokriner Drüsen* oder
sonstiger *endokrinologisch wichtiger Organe*, 3. der *Vergleich des Wirkungseffektes antagonistisch wirkender Hormongruppen*. Schlußfolgerungen auf
physiologische Verhaltensweisen oder tatsächliche Abläufe dürfen aus derartigen Experimenten nur mit großer Zurückhaltung und strengster Kritik
gezogen werden ([*2098*] s. auch [*84*]). Die meisten zur Verfügung stehenden
Methoden schaffen künstlich abnorme Verhältnisse. So führt bei gesunden
Organismen eine Hormonzufuhr von außen fast regelmäßig zu schwer übersehbaren gegenregulatorischen Vorgängen.

Die resultierenden Konzentrationsverschiebungen der Plasmalipide sind
in weitgehendem Maße abhängig von der Menge der applizierten Hormone.
Unterschwellige Dosen antagonistisch wirkender Hormone führten z. B.
immer zu gleichartigen Konzentrationsverschiebungen der Blutfette, während größere Hormonmengen, etwa in klinisch gebräuchlichen Dosen, entsprechend ihrem Wirkungscharakter unterschiedliche Effekte hervorriefen
[*2092, 2368*]. Die Meinungsverschiedenheiten zu dieser Frage sind teilweise
darauf zurückzuführen, daß die einzelnen Autoren bei ihren experimentellen
Untersuchungen unterschiedlich große Hormondosen angewandt haben. Bei
Kranken oder nach operativer Ausschaltung einer Drüse im Tierexperiment
liegen infolge Änderung der endokrinen Receptoren gänzlich veränderte
regulatorische oder gegenregulatorische bzw. organmorphologische Ausgangsbedingungen vor. Es hat sich gezeigt, daß unter zahlreichen experimentellen und klinischen Bedingungen die einzelnen Bausteine dieses an sich
wohlausgewogenen Systems keineswegs unter allen Umständen gleichmäßig
reagieren, wie das früher geglaubt wurde.

Es ist nicht zu bezweifeln, daß das System der Plasmalipide hormonalen
Steuerungseinrichtungen unterliegt [*16, 289, 1047, 1149, 1394, 1433, 1611,
2059, 2077*], obwohl diesbezüglich gelegentlich zur Vorsicht gemahnt worden
ist [*1432, 1434, 1435, 1436, 1633*]. Letztlich ist es gleichgültig, ob man die
Wirkung der Hormone als Ausdruck eines direkten Eingriffs in den Hormon-

stoffwechsel ansieht, oder aber sie indirekt im Sinne der Auslösung einer unspezifischen Reaktionskette deutet [*1436*]. Sogar psychische Faktoren sollen auf den Fettgehalt des Blutes einwirken [*458*].

a) Hypophyse und Wirkstoffe ihrer Erfolgsorgane

Eines der führenden Prinzipien der hormonalen Fettstoffwechselregulation wurde schon lange im Hypophysenvorderlappen vermutet. Sehr bald kamen allerdings an der Existenz eines speziellen hypophysären Fettstoffwechselhormons [*78, 79, 229, 230, 278, 1099, 1394, 1530, 1774, 1875, 1876, 2134, 2465*] Zweifel auf [*109, 1126, 1394, 1932, 1977*], und es wurde erkannt, daß jedes der hypophysären Stoffwechselhormone in die Funktionskreise des Gesamtstoffwechsels eingreift und damit auch im Fettstoffwechsel Steuerungsaufgaben übernimmt, daß jedoch keines dieser Hormone als eigentliches Fettstoffwechselhormon anzusprechen ist.

Hypophysenhinterlappenhormone [*1, 191, 1047, 2372*] scheinen auf den Fettstoffwechsel keine Wirkung auszuüben und können deshalb außer acht gelassen werden.

Auch der Gesichtspunkt der Existenz verschiedener ACTH-Untergruppen [*2418, 2474*] ist noch nicht spruchreif und soll deshalb nur am Rande erwähnt sein, ebenso wie die Produktion von HVL-Hormonen durch die Placenta [*2372*]. Das gleiche gilt für Metaboliten und Abkömmlinge des Cortisons [*2068, 2395*], die, soweit einschlägige Untersuchungen bisher überhaupt vorliegen, ähnlich wirken wie Cortison. Die Diskussion über diese Frage ist noch in vollem Gange [*594*].

Der größte Teil der HVL-Hormone sind trope Hormone. Sie üben auf ein bestimmtes Organ eine gezielte Wirkung aus. Ihre Wirkungseffekte sollen deshalb im Zusammenhang mit der Fettstoffwechselfunktion ihrer Erfolgsorgane besprochen werden.

α) ACTH- und Nebennierenrindenhormone

Das adrenocorticotrope Hormon hat eine spezifische Affinität zur Nebennierenrinde [*1179, 2327*] und fördert auf dem Blutweg [*1623*] die Hormonbildung und die Hormonaktivierung dieses Organs. Die Ausschüttung des ACTH unterliegt einer Summe von komplexen humoralen, zentralen und vegetativen Einflüssen, die teilweise noch sehr problematisch sind [*364, 964, 1047, 1055, 1498, 1980, 1981, 2122, 2326, 2327*] und die Deutung experimenteller Untersuchungsergebnisse erschweren. Die Stoffwechselwirkung des Cortisons entspricht im allgemeinen der des ACTH bzw. mit einigen Ausnahmen [*487*] der von Cortisonderivaten [*18, 1632, 2350*].

Das ACTH-Nebennierenrindensystem *fördert die Neubildung von Kohlenhydraten aus Fetten* [*642, 2111, 2418*]. ACTH und Cortison begünstigen die Mobilisierung von Depotfetten [*407, 1141, 2134, 2213, 2505*] und rufen durch Steigerung des Fetttransports [*20, 23, 25, 2400*] von der Peripherie in die Verbrauchsorgane [*2229*], vor allem in die Leber [*191, 594, 859, 1454, 1471, 1649, 2028, 2418*], die Entstehung einer Hyperlipidämie hervor. Gleichzeitig werden Fettsäuren vermehrt abgebaut (bis zur Essigsäure [*2418*]). Ketonkörper reichern sich im Blut an. — Die Ketonämie wird im allgemeinen als Zeichen eines vermehrten Fettabbaues gedeutet [*108, 165, 643, 1129, 2432*]; teilweise soll sie aber auch der Ausdruck des Freiwerdens ketogener Aminosäuren bei einem verstärkten Abbau von Körpereiweiß sein [*108, 165*]. Auch die Fettverbrennung soll gesteigert werden [*642*], was aus einem Absinken des respiratorischen Quotienten geschlossen worden ist. Fettresorptionsvorgänge werden wahrscheinlich gefördert [765]. Lipoproteide, besonders Alpha-Lipoproteide, reichern sich im Blut an [821].

Intermediär kommt es unter ACTH und Cortison zu einer *Verstärkung der Bildung von Phosphatiden* und von aktiver Essigsäure durch Verbindung mit dem Co-Enzym-A (Acetyl-Co A [2418, 2452]). Schon früher war sowohl bei der Depotfettmobilisierung als auch bei Verbrennungsvorgängen, sowie bei der Umwandlung von Fetten in Kohlenhydrate eine intermediäre Neubildung von Phosphatiden gefunden worden [264, 837, 1186, 1418]. Die Adrenalektomie, welche die Phosphatidsynthese in der Leber und in den Nieren nicht zu beeinträchtigen scheint [876], verhindert die Fettleberbildung nach Phosphorvergiftung (s. auch [2432]). Nach Substitutionsbehandlung mit Nebennierenrindenhormonen stellt sich die Leberverfettung prompt wieder ein [1401, 2356, 2357, 2358]. Das gleiche gilt für die Fettansammlung in den Leberzellen nach Hypophysenvorderlappenextrakten [813, 1527].

Die *nach Applikation von Cortison* auftretende *Hyperlipidämie* [2095] wird verschieden interpretiert und charakterisiert. Die in der Literatur niedergelegten Untersuchungsergebnisse weichen größtenteils stark voneinander ab, was wohl durch inhomogenes Untersuchungsmaterial und unterschiedliche Versuchsanordnungen bedingt ist. Aus diesem Grunde ist es sehr schwer, ein einigermaßen übersichtliches Bild zu entwerfen. Hinzu kommt, daß auch *Reaktionsunterschiede einzelner Tiergruppen* den Ablauf von Fettstoffwechselvorgängen und somit auch die Ergebnisse experimenteller Untersuchungen beeinflussen.

Gesunde Ratten verhalten sich in ihrem Blutfettspiegel Cortison gegenüber relativ resistent [1974, 2098, 2466], im Gegensatz zu Kaninchen [25, 298, 601, 1326, 1829, 1904], die in ihrem Lipidspektrum Nebennierenrindenhormonen gegenüber wesentlich labiler sind und auch auf Prednison eine starke Lipämie erkennen lassen [298]. Der Hund ist in seinen Reaktionen ebenfalls sehr unempfindlich [28]. Er läßt auf Cortison und Hydrocortison überhaupt keine Reaktion seines Blutlipidbildes erkennen [298]. Erst nach Adrenalektomie und dem damit verbundenen Abfall aller Blutfettfraktionen konnte auch beim Hund eine Reaktion auf Cortison in Form eines Wiederanstieges sämtlicher Fraktionen beobachtet werden [1513, 1865].

Diese Gegebenheiten dürfen zur Erklärung der oft divergierenden Untersuchungsresultate auch bei prinzipiell gleichen Versuchsanordnungen nicht außer acht gelassen werden [259, 391, 1453, 1829, 2098, 2418). Ganz abgesehen davon, spielt schließlich auch die Dauer der Versuche eine wichtige, oft nicht genügend beachtete Rolle [2152]. Die unterschiedlichen Stoffwechselabläufe der einzelnen Tiergruppen lassen Rückschlüsse von den Ergebnissen tierexperimenteller Untersuchungen auf die Verhältnisse bei Menschen nur mit großer Reserve zu [259, 1829, 2098].

Im einzelnen wurde bei gesunden Organismen unter *Cortison* größtenteils eine deutliche *Zunahme der Phospholipidkonzentrationen* [19, 21, 25, 298, 601, 605, 1974, 2466] und ein *Anstieg des Cholesterinspiegels im Blutserum* [19, 21, 25, 298, 576, 1100, 1614, 1829, 1904, 1974, 2054, 2098, 2437] beobachtet. Teilweise wurde auch eine Konzentrationszunahme der veresterten Fettsäuren des Blutserums gefunden [576, 2098], der eine Abnahme der Neutralfettkonzentrationen folgte [21, 1904]. Andere Nebennierenrindenhormone scheinen die Blutfette nicht zu beeinflussen [161, 577, 1389].

Die *Acetalphosphatide*, die nur einen kleinen Teil der Phospholipide des Blutes darstellen, verhalten sich in der ersten Zeit einer Cortisoninjektionsperiode anders als die Gesamtphosphatide. Während diese in ihren Konzentrationen absinken [*2094, 2096, 2098, 2152*], zeigen die Acetalphosphatide eine deutliche Konzentrationsvermehrung [*2089, 2098*]. Das gegensätzliche Verhalten der beiden Phosphatidfraktionen ändert sich bei Leberkranken [*2101*] und im Tierexperiment [*391, 392, 2101, 2104, 2097, 2094*], und zwar sowohl nach CCl_4-Vergiftung, als auch nach experimenteller Teilausschaltung der Leber. Es ist dies ein deutliches Zeichen für die *Abhängigkeit der Cortisonwirkung* vom Funktionszustand des Leberparenchyms [*2096, 2097, 2104*].

Ratten reagieren erst nach Ausschaltung großer Teile der Leber auf Cortison, und zwar wesentlich empfindlicher als vor der Operation [*2104*]. Bei gleicher Dosierung, die ursprünglich den Lipidgehalt des Blutes unbeeinflußt ließ, beobachtete man jetzt eine deutliche Konzentrationszunahme sämtlicher Lipidfraktionen. Bei adrenalektomierten Ratten soll Cortison eine Vermehrung des Körperfettes bewirken [*2232*].

Die cortisonbedingte Cholesterinanreicherung im Blutserum kommt nach der derzeitigen allgemeinen Auffassung durch eine vermehrte Synthese aus Essigsäureresten zustande [*2437*]. Gleichzeitig soll es auch zu einer Bremsung der peripheren Fettsynthese kommen [*1030*]. Es mag weiterhin eine Hemmung der Schilddrüsenfunktion bei der Entstehung der Cortisonhyperlipidämie eine gewisse Rolle spielen [*399*]. Die cortisonbedingte Hypercholesterinämie ist gelegentlich als Zeichen eines „Spareffektes im Fettstoffwechsel" [*577, 1327*] bezeichnet worden, und zwar als die indirekte Folge der katabolen Wirkung des Cortisons im Eiweißstoffwechsel. Daß die Cortisonhyperlipidämie lediglich die sekundäre Erscheinung eines Steroiddiabetes ist [*2188*], erscheint beim heutigen Stande des Wissens äußerst unwahrscheinlich. — In vitro katalysiert das Cortison die Linolsäureoxydation [*2071*]. Auch unveresterte Fettsäuren [*911, 960, 2118, 2187*] sollen sich unter Nebennierenrindenextrakten im Blutserum anhäufen.

Der Fettgehalt der Leberzellen und die Intensität einer Leberverfettung sind von der Größe der applizierten Cortisondosis abhängig [*2098*], eine Beobachtung, die zumindest für die histochemisch erfaßbaren Fettfraktionen gilt.

In Experimenten an Ratten, die klinischen Dosen vergleichbare Cortisonmengen erhielten, fand man, daß sich der Fettgehalt der Leberzellen histochemisch zunächst nicht änderte [*2098*], auch nicht der unter normalen Umständen äußerst spärliche Plasmalgehalt. Ebensowenig konnte bei Kranken mit einer Lebercirrhose nach Cortisonbehandlung eine hormonbedingte Änderung des Fettgehaltes der Leberzellen festgestellt werden [*2522*]. Interessant ist in diesem Zusammenhang, daß sich bei diesen Untersuchungen die cortisonbedingten Veränderungen im Lipidbild des Blutes weder qualitativ noch quantitativ im histochemisch faßbaren Fettgehalt der Leberzellen widerspiegelten, weder beim Menschen noch bei Ratten [*2098*]. Auch die mit Tetrachlorkohlenstoff geschädigte Leber und die Restleber von Ratten nach Teilhepatektomie boten histochemisch keine Änderungen ihres Fettgehaltes, die mit der Cortisonmedikation in Zusammenhang gebracht werden können [*391, 2097, 2098, 2104*]. Nach CCl_4-Vergiftung beobachtete man eine starke Vermehrung des Plasmalgehaltes der Leberzellen, ohne daß im Serum nennenswerte Konzentrationsschwankungen der Acetalphosphatidfraktion auftraten.

Die *Wirkung des ACTH* auf die Lipidfraktionen des Blutes ist *nicht immer die gleiche wie die des Cortisons*. Einer der wesentlichsten Unterschiede ist das *Absinken des Blutcholesterinspiegels nach ACTH*, vorwiegend des Estercholesterins [*21, 474, 577, 905, 1126, 1389, 2106, 2107, 2189*], ein Befund, der allgemein als Ausdruck einer *Vermehrung der Steroidhormonsynthese aus Cholesterinbausteinen* [*2444*] und deren Mehrverbrauch unter dem Einfluß von ACTH gedeutet wird [*708, 2001*]. Der Angriffspunkt des ACTH wird ähnlich wie der des Cortisons direkt oder indirekt in der Leber vermutet [*1389*]. In diesem Sinne spricht, daß durch das ACTH (allerdings auch durch Cortison!) der bekannte Estersturz bei schweren Leberparenchymschäden ausgeglichen [*2109*] und ein Wiederanstieg der anfangs erniedrigten Cholesterinesterkonzentrationen hervorgerufen werden kann [*147, 423, 2106, 2107, 2167, 2522*]. Das gleiche gilt für die teilhepatektomierte Ratte, die unter ACTH im Gegensatz zum gesunden Tier, bei dem das Blutcholesterin wie beim Menschen absinkt, einen starken Anstieg des Cholesterins zeigt [*2109*].

Die ACTH-bedingten Konzentrationsänderungen der Serumlipide sind aber, ebenso wie die, die nach Cortisoninjektionen auftreten, nicht nur vom Funktionszustand des Leberparenchyms, sondern auch von sonstigen Organstörungen abhängig. Bei hyperlipidämischen Erkrankungen (z. B. nephrotisches Syndrom, essentielle Hyperlipidämie, familiäre Hypercholesterinämie [*28, 161, 393, 683, 2017, 2053, 2143, 2157, 2424*]) führt das ACTH zu einem gemeinsamen Absinken der erhöhten Fettfraktionen des Blutes, teilweise sogar bis in Bereiche der Norm. Auch bei der HAND-SCHÜLLER-CHRISTIANschen Erkrankung sollen ACTH-Injektionen therapeutisch von Nutzen sein [*2224*].

Im Gegensatz zu den Cholesterinen verhalten sich *andere Lipidfraktionen des Blutserums* bei gesunden und leberkranken Menschen *unter ACTH ähnlich wie unter Cortison* [*2106, 2107*].

Nach ACTH-Applikation kommt es zu einer Vermehrung der Acetalphosphatide im Blut, allerdings in etwas geringerem Maße als unter Cortison und größtenteils zu einem Absinken der Lipoidphosphorwerte (*Phosphatiddissoziation*) [*1126, 2106, 2152*], die dann später aber parallel zu den Acetalphosphatiden auf übernormale Werte ansteigen [*19, 21, 577, 2152*]. Bei Leberkranken beobachtete man, daß die anfängliche Phosphatiddissoziation in einem großen Teil der Fälle fehlte. — An der Ratte konnte unter ACTH und in Stress-Situationen [*2302*] eine starke Steigerung der Plasmalogensynthese nachgewiesen werden. Die nach Aktivierung der Nebennierenrinde histochemisch in diesem Organ vermehrt auftretenden Plasmalogenmengen [*1623*] geben sich unter diesen Umständen also durch einen gleichzeitigen Anstieg des Acetalphosphatidspiegels des Blutes zu erkennen [*1623, 2106*].

Ein Neutralfettabfall im Blut wird nach ACTH nicht so regelmäßig und intensiv beobachtet wie nach Cortisoninjektion. Auch die Einlagerung von Fett in die Leber ist unter ACTH weniger stark als unter Cortison [*576, 2017*], obwohl im Tierversuch (Kaninchen) teilweise extrem hohe ACTH-Dosen gegeben worden sind (15 E/kg Tier!). Allerdings werden auch umgekehrte Verhältnisse geschildert ([*161*]: Cortison soll eine stärkere Leberverfettung hervorrufen als ACTH).

Auf die Cholesterine des Blutserums wirkt das ACTH bei gesunden und teilhepatektomierten Ratten ähnlich wie bei gesunden und leberkranken Menschen [*2106, 2109*]. Im Bereich anderer Fraktionen finden sich jedoch deutliche Unterschiede. So sinkt z. B. bei der gesunden Ratte in den ersten Tagen nach Beginn einer ACTH-Injektionsserie der Acetalphosphatidspiegel des Blutes ab und die Lipoidphosphorwerte steigen an. Es entsteht also zwar wiederum eine Phosphatiddissoziation, die sich jedoch diesmal qualitativ umgekehrt verhält wie die, die man nach ACTH-Injektion bei gesunden Menschen beobachtet hatte. Eine Abhängigkeit vom Funktionszustand des Leberparenchyms ergab sich aber auch hier. Im Gegensatz zum gesunden Tier kam es nämlich nach Teilhepatektomie im Laufe einer Serie von ACTH-Injektionen, parallel zum Abfall des Serumplasmalogenspiegels, auch zu einem Lipoidphosphorabfall. — Einstweilen ist es nicht möglich, für die Entstehung dieser unterschiedlichen Phosphatidbewegungen eine hinreichend exakte und befriedigende Erklärung zu geben.

Die geschilderten Untersuchungsergebnisse zeigen, daß die Leber beim Zustandekommen hormonalbedingter Blutlipidverschiebungen eine wichtige Rolle spielt.

Trotz der Verschiedenheit und der Vielfalt der Befunde kann insgesamt kein Zweifel daran bestehen, daß die Nebennierenrindenhormone unter dem Einfluß des ACTH in erheblichem Maße in die Steuerung der Blutfettkonzentrationen eingreifen und wohl auch an der Aufrechterhaltung eines normalen Blutlipidspiegels beteiligt sind. Schon ältere Untersuchungsergebnisse hatten dies gezeigt (Übersicht, [2419]). Denn nach Adrenalektomie beobachtete man, daß die Versuchstiere sowohl peripheres Fett als auch Leberzell-Lipide verloren. Gleichzeitig kam es zu einer Störung der Fettresorption aus dem Darm mit gelegentlich auftretender Steatorrhoe, einer Aufhebung der spezifisch-dynamischen Wirkung der Fette, einer Verlangsamung der Fettverwertung und einer Störung der Fettsäurensynthese.

β) Thyreotropes Hormon (TSH) und Schilddrüsenhormone

Das *thyreotrope Hormon* (TSH-Stoffwechsel s. [2371]), das beim schilddrüsenlosen Tier wirkungslos ist, steuert die Hormonproduktion der Schilddrüse [1180, 1356, 1385, 2524]. Als Reglersystem für die Schilddrüsentätigkeit fungiert das Zwischenhirn [711, 944, 1005, 1181, 1837]; auch nervale Einflüsse scheinen die Produktion von Schilddrüsenhormonen zu steuern [94, 711, 1005, 1899, 2249, 2250]. Weiterhin besteht eine direkte Abhängigkeit zwischen der Tyroxinmenge des Blutes und der Ausschüttungsrate von TSH aus der Hypophyse [120, 682, 943, 1908].

Im *Stoffwechsel* wird das TSH wahrscheinlich ausschließlich über das Schilddrüsenhormon aktiv. Es ist daher verständlich, daß TSH die Hyperlipidämie beim Myxödemkranken nicht zu senken vermag [1729]. Andererseits legen aber einzelne Untersuchungsergebnisse die Vermutung nahe, daß das TSH keine einheitliche Substanz ist, sondern verschiedene Untergruppen enthält, die unabhängig voneinander getrennte Wirkungen entfalten [561]. Es soll im TSH auch ein spezifischer fettmobilisierender Faktor enthalten sein, der durch Thyroxin gehemmt wird und der direkt, unter Umgehung der Schilddrüse, auf die peripheren Fettgewebe einwirkt [561]. Ausreichende Klarheit besteht hierüber noch nicht.

Zu den verschiedenen Aufgaben des *Thyroxins* [1568, 1837] scheint auch eine selektive Wirkung auf den Fettstoffwechsel zu gehören, die sich im Rahmen der Fettmobilisation und der Steigerung der Fettverbrennung, also in Form einer Erhöhung von Fettabbauvorgängen, äußert. Für diese Annahme spricht die Beobachtung vieler Untersucher, die nach Thyroxingaben eine Vermehrung der Ketonkörper im Blut gefunden haben [3, 635, 643, 924, 1420, 1666, 2140]. Das Thyroxin wird als der Förderer kataboler Fettabbauvorgänge im Depotfettbereich bezeichnet.

Änderungen des Blutfettgehaltes von Schilddrüsenkranken [*753, 1801, 1992*], die eine deutliche Abhängigkeit von der Art der jeweiligen Schilddrüsenstörung erkennen lassen, deuteten schon lange auf die Fettstoffwechselwirkung des Schilddrüsenhormons hin. Während bei Kranken mit Hyperthyreose nur gelegentlich eine Hypolipidämie besteht, zeigen viele *Myxödemkranke* eine Hyperlipidämie (s. S. 223). — Die Substitution mit geeigneten Schilddrüsenhormonpräparaten führt bei Hypothyreoten zu einer von der Höhe des Ausgangsblutspiegels und der verabreichten Hormondosis abhängigen Senkung der überhöhten Blutfettwerte [*1804, 1815, 662, 1917, 2283*], auch beim SHEEHAN-Syndrom [*2523*]. Aber auch bei Euthyreoten soll das Thyroxin das Plasmacholesterin und die Plasmaphosphatide senken und deren Umsatz steigern [*1726, 1868*].

Mit Thyroxinanalogen und Trijodthyronin [*133, 1914*] scheint es sogar möglich zu sein, den Plasmacholesterinspiegel Hypothyreoter und Gesunder zu senken, ohne gleichzeitig zu einer nennenswerten Steigerung des Grundumsatzes beizutragen [*318, 902, 1423, 1726, 2324, 2325*]. Auch die Anhäufung von Cholesterin in der Leber cholesteringefütterter Ratten soll auf diese Weise vermieden werden können [*595*].

Im *Tierversuch* liegen die Verhältnisse ähnlich wie beim Menschen. Nach *Schilddrüsenentfernung* entwickeln die Versuchstiere eine deutliche Hyperlipidämie, die allerdings je nach Tierart im Bereich der verschiedenen Blutfettfraktionen unterschiedlich stark ausgeprägt ist [*21, 734, 2398*]. Bei Ratten [*21*] wurde z. B. ein Anstieg des Estercholesterins um 47%, des Gesamtcholesterins um 54%, der Phospholipide um 30%, der Serumtriglyceride um 178% und der Gesamtlipide um 103% beobachtet. Bei Hunden war nach Schilddrüsenentfernung die Hypercholesterinämie am stärksten (Erhöhung des Gesamtcholesterinspiegels um 169% und der Estercholesterinwerte um 112%) und die Hyperphosphatidämie (mit + 53%), sowie die Steigerung der Triglyceride (mit + 10%) deutlich geringer ausgeprägt. Die Cholesterinfütterung der Tiere führte zu einer starken Hypercholesterinämie, Arteriosklerose und zu Leberschäden [*893*]. Bei Hunden war die Erhöhung der Gesamtlipide vorwiegend also durch eine Vermehrung der Cholesterine und etwas weniger durch einen Anstieg des Phosphatidblutspiegels bedingt. Kaninchen zeigten dagegen nach Thyreoidektomie [*2332*] nur unwesentliche Veränderungen ihrer Serumfettkonzentrationen. Im Tierversuch gelingt es, mit Thyroxin [*1534*] nicht nur die Cholesterin- und Lipoidphosphorwerte, sondern auch die Beta-Lipoproteidkonzentrationen zu senken, was sich vor allem nach Untersuchungsergebnissen mit der Ultrazentrifuge auf Lipoproteidgruppen niedriger Dichte erstrecken soll [*2238, 2239*].

Der Serumlipidspiegel geht mit dem Sauerstoffverbrauch der *Leber* weitgehend parallel [*320*]; es wurde gefunden, daß einige Schilddrüsenhormonanaloge [*133, 318*] den Sauerstoffverbrauch der Leber deutlich steigern. Es wird vermutet, daß das Schilddrüsenhormon vor allem die Cholesterin*synthese* in der Leberzelle steigert. Andererseits ist aber auch nicht auszuschließen, daß eine Schilddrüsenüberfunktion zu einer Intensivierung des Cholesterinabbaues und zu einer Beschleunigung der Umwandlung des Cholesterins in Gallensäuren führt [*396, 674, 735, 921, 1943, 1944, 2310*].

Überblickt man die vorstehend geschilderten Einzelbefunde im Zusammenhang, muß man feststellen, daß es einstweilen auch hier noch nicht möglich ist, eine restlos befriedigende Interpretation zu geben. Es ist noch vieles unklar und die Ergebnisse der durchgeführten experimentellen Untersuchungen widersprechen sich zum Teil. Immerhin haben sich aber doch einige brauchbare Anhaltspunkte ergeben. An hyperthyreoidisierten Ratten gewonnene Untersuchungsergebnisse [*1196, 1837*] legen z. B. die Vermutung nahe, daß die Schilddrüsenhormone die *synthetische Leistung der Leber im Fettstoffwechsel* steigern, da nach Thyroxingabe Fettsäuren und Cholesterin einen stärkeren Einbau von Deuterium aufwiesen, als dies bei hypothyreotischen Tieren der Fall war. Die Lebern der hyperthyreotischen Tiere waren an Glykogen verarmt. Auch die Phosphatidsynthese der Leber soll durch eine Thyroxinbehandlung gesteigert werden (Steigerung der Phosphatidsynthese in der Schilddrüse durch TSH [*1656*]) und nach Thiourazilpräparaten eine Abschwächung erfahren.

Im Vordergrund des physiologischen Geschehens scheint die *Synthese von Cholesterin und Phospholipiden* [*2000*] zu stehen, die unter normalen Umständen durch das Thyroxin in der Leber gefördert wird, während sich krankhafte Prozesse vor allem auf den *Abbau* (Hyperthyreose = Abbauintensivierung [*1804*]) *und die Ausscheidung der Blutfette* auswirken. Die kontinuierliche Erhöhung der Serumlipide nach dem Ausfall von Thyroxin ist wohl vorwiegend als Zeichen einer Fettabbauverzögerung anzusehen und nicht etwa das Symptom einer Steigerung des synthetischen Zuwachses [*1752a*].

γ) Wachstumshormon (STH)

Während das ACTH und das TSH ihre Wirkung hauptsächlich über die Nebennierenrinde bzw. über die Schilddrüse, also über eine der peripheren endokrinen Drüsen entfalten, ist das beim STH nicht der Fall [*1, 954, 1181, 2372, 2420, 2497*]. Die Wirkung des STH trifft *ohne endokrine Zwischenstation* direkt die Erfolgsorgane, und zwar vor allem Stützgewebe (vgl. die Wachstumswirkung des Insulins [*1976*]),Haut, Muskulatur und innere Organe (Leberregeneration und STH [*1053*].) Die durch das STH bedingte Anlagerung von Körpersubstanz kommt wahrscheinlich durch eine intensive und direkte Beeinflussung des Stoffwechsels zustande und macht sich sowohl im Eiweiß- als auch im Fett- und Kohlenhydratstoffwechsel bemerkbar [*2372*]; die unter STH eintretende Stoffwechselsituation weist eine gewisse Ähnlichkeit mit der im Hungerzustand auf [*1267*].

Die *Stoffwechselwirkung des STH* ist im wesentlichen durch eine Zunahme des Eiweiß- und Wassergehaltes [*754, 1409, 1470*] und eine Abnahme des Körperfetts [*1, 1232, 1331, 2121, 2372*] charakterisiert. Als Zeichen einer echten Substanzvermehrung verringert das STH die Stickstoffausscheidung im Harn. In der Wirkung auf den Eiweißstoffwechsel bestehen deutliche Unterschiede im Vergleich zum ACTH [*2123, 2455*]. STH wirkt anabol und ACTH katabol auf den Eiweißhaushalt [*1, 2060, 2418*].

Seit langem ist bekannt, daß Hypophysenextrakte *diabetogen* wirken, und zwar vorwiegend unter dem Einfluß des STH [*5, 978, 1125, 1127, 1128, 1967, 2497, 2498*]. In engem Zusammenhang mit seiner Eiweißstoffwechselaktivität steht die *Wirkung des STH auf den Fettstoffwechsel* [*2372*]. Es führt im großen und ganzen zu einer Verarmung des Organismus an Fett, sein Wirkungsmechanismus ähnelt im einzelnen dem von ACTH und Cortison. Unter STH kommt es zu einer Steigerung der Mobilisierung von Depotfett [*941*] und einer Verstärkung des Fettstromes über das Blut zur Leber [*1126, 1471, 1649*]. Der Fettabbau wird gesteigert und in vermehrtem Umfange werden Fettbausteine zu Eiweiß umgebaut; gleichzeitig kommt es zwecks

Steigerung der Energiegewinnung zu einer Intensivierung der Fettverbrennung [*192, 603, 942, 1267, 1331, 1468, 1471, 1894, 2208, 2372, 2409, 2498*]. Die extrahepatische Fettverwertung soll unter STH gesteigert werden [*942*], während die Arterienwand angeblich Lipide in hohem Maße verliert [*603*]. Interessanterweise soll somatotropes Hormon das Körperwachstum nur so lange steigern können, als im Organismus labile Depotfette vorhanden sind. Es wurde nämlich beobachtet, daß bei Nahrungsbeschränkung oder Erschöpfung der Fettdepots das Wachstum STH-behandelter Laboratoriumstiere, auch bei Fortführung der Hormonbehandlung, aufhörte [*940*].

Die Wirkung des somatotropen Hormons ist weitgehend *artspezifisch* [*1267, 1469, 1725*], so daß auch hier Vergleiche zwischen dem Ergebnis von Tierexperimenten einerseits und den Verhältnissen beim Menschen andererseits problematisch sind. Die bisher mit STH gewonnenen experimentellen Versuchsresultate sind mit Vorsicht zu werten, da es bislang schwierig war, genügend gereinigte STH-Präparate herzustellen [*1267*].

An der Ratte wurde mit einem STH-Präparat von Rindern bei unverändertem Gesamtphosphatidkomplex ein starker Abfall der Acetalphosphatidmengen des Serums beobachtet [*2106*], der sich sowohl bei gesunden als auch in gleicher Weise und Stärke bei Tieren nach Teilhepatektomie einstellte [*2106, 2110*]. Gleichzeitig beobachtete man an gesunden Tieren bei in normalen Grenzen schwankenden Esterfettsäurewerten einen starken, dosisabhängigen Anstieg der Cholesterinfraktionen des Blutes, vor allem eine Zunahme des freien Cholesterins. Nach Teilhepatektomie änderte sich die Situation insofern, als nun die Esterfettsäurekonzentrationen anstiegen und die Cholesterinspiegelerhöhungen nicht mehr eintraten; die Cholesterinesterwerte sanken sogar etwas ab. — Bei Kaninchen wurden andere Blutlipidbewegungen [*603*] beschrieben, die sich in einem Anstieg aller Fraktionen bei gleichzeitiger Zunahme der Leberlipide äußerten. Der Umsatz der Phosphatide erwies sich bei diesen Versuchen in der Leber und im Blutplasma als erheblich gesteigert [*603*].

Die *Wirkung des STH auf die Blutfette* von Mensch und Tier ist noch nicht genügend erforscht und bisher nur vereinzelt untersucht worden. Mittels relativ kleiner Dosen STH vom Menschen und bestimmten Tieren gelang es, den Nüchternspiegel der unveresterten Fettsäuren im Blutplasma zum Ansteigen zu bringen, was als Beweis für seinen fettmobilisierenden Effekt angesehen wird [*1877*]. Mittels Glucosezufuhr oder nach Nahrungsaufnahme ließ sich dieser Effekt unterdrücken. Dagegen zeigten sich beim Menschen keine Änderungen der Konzentrationen der im Blut kreisenden Cholesterine und Phospholipide [*1725*]. Nur einmal wurde ein starker Abfall der Phosphatide im Blut beschrieben, ohne daß sonstige erkennbare Wirkungen im Bereich anderer Fettfraktionen beobachtet wurden [*1581*]. Die endgültige Aufklärung der STH-Wirkung auf den Fettgehalt des Blutserums und seine Einzelfraktionen wird zumindest beim Menschen erst dann mit Aussicht auf Erfolg durchgeführt werden können, wenn mehr menschliches STH zur Verfügung steht [*320, 1058*].

Nähere Einzelheiten der STH-Wirkung auf verschiedene Zwischenstationen im Fettstoffwechsel sind nicht bekannt. Immerhin hat sich unter bestimmten Versuchsbedingungen ein deutlicher Unterschied zum Wirkungsmechanismus des ACTH (s. oben) ergeben [*2418*]. Die Leber zeigte nach STH histochemisch ein anderes Verhalten als nach ACTH. Unter STH war im Gegensatz zum ACTH eine deutliche Tendenz erkennbar, in den Leberzellen Phosphatide und Neutralfette zu speichern, und zwar nach einer vorübergehenden starken, aber nur kurzdauernden Glykogenverminderung [*2106, 2110*]. Bisher nimmt man an, daß durch STH-Injektionen die Lipidsynthese in der Leberzelle gesteigert wird [*603*].

b) Keimdrüsenhormone*

α) Oestrogene Hormone

Die Gonadotropine des Hypophysenvorderlappens gewinnen, ähnlich wie die eigentlichen hypophysären Stoffwechselhormone, soweit das bisher bekannt ist, nur durch die Beeinflussung der Hormonsynthese und Ausscheidung ihrer Erfolgsorgane Stoffwechselaktivität, es sei denn, daß man ihre sekundären Parallelwirkungen auf die anderen spezifisch-metabolischen Hypophysenhormone berücksichtigt, wie sie in Form der „Sekretionsumschaltung der Hypopyhsenvorderlappenhormone" [*2419*] beschrieben worden sind. Den Gonadotropinen wohnt wahrscheinlich keine eigene, direkte Wirkung auf Stoffwechselvorgänge inne. Es darf in diesem Zusammenhang allerdings nicht unerwähnt bleiben, daß Gonadotropine zu einer Senkung des Cholesteringehaltes der Nebennierenrinde führen. Dies hat möglicherweise funktionelle Bedeutung, zumindest dann, wenn man das Nebennierenrindencholesterin tatsächlich als den Vorratsstoff für die Steroidhormonbildung ansieht [*701, 1150, 1687*]. Testosteron soll die bekannte Nebennierenrindenatrophie nach Hypophysektomie verhindern [*421, 2521*].

In neuerer Zeit hat vor allem die anabole Wirkung des Testosterons auf den Eiweißstoffwechsel klinische Bedeutung erlangt. Darüber hinaus wurde schon lange vermutet, daß die Sexualhormone aber auch eine Wirkung auf den Fettstoffwechsel entfalten. Hierauf deutete allein schon die Tatsache hin, daß junge Menschen andere Lipidkonzentrationen in ihrem Blut aufweisen als ältere [*30, 2060*]. Auch die Lipoproteidfraktionen verhalten sich unterschiedlich. Bei jungen Frauen wurden z. B. papierelektrophoretisch wesentlich höhere Alpha-Lipoproteidfraktionen [*1794*] im Serum festgestellt, als sie gleichaltrige Männer oder aber Frauen während und nach dem Klimakterium aufwiesen [*138, 1202, 2151, 2248*]. Man fand weiterhin, daß im Serum von Frauen bis zum 40. Lebensjahr [*878*] die Lipoproteidfraktionen der S_f10- bis S_f20-Klassen auffallend niedrig lagen, vorausgesetzt allerdings, daß die Oestrogenverhältnisse normal waren [*723, 727*]. Auch die Cholesterinverteilung zeigt bei der Frau eine deutliche Altersabhängigkeit [*1174, 1406, 1467*]. Im Menstruationsalter z. B. enthält die Alpha-Lipoproteidfraktion (Fraktionen IV, V und VI nach COHN) der Frauen prozentual mehr Cholesterin als die Beta-Lipoproteidfraktion (I und III nach COHN). Die Alpha-Lipoproteidfraktion junger Frauen enthält auch mehr Cholesterin als die von Männern des gleichen Alters. Interessanterweise bilden sich nach der Menopause die Geschlechtsunterschiede in der Verteilung von Lipoproteiden und Lipidfraktionen wieder zurück. Einen weiteren Hinweis auf die Tatsache, daß Geschlechtshormone schon physiologischerweise den Fettgehalt des Blutes beeinflussen, lieferte auch die Beobachtung an alternden Frauen, bei denen man fand, daß parallel zu einer Abnahme der Oestrogenausscheidung im Harn der Cholesterinspiegel des Blutes anstieg [*1662*]. Dementsprechend zeigte sich bei jungen Frauen, die beidseitig ovariektomiert waren, ein vorzeitiger Anstieg des Blutcholesterinspiegels,

---

* Herrn Prof. Dr. F. A. PEZOLD sei für die Überlassung seiner Unterlagen zu diesem Kapitel bestens gedankt.

der nach exogenen Oestrogengaben wieder absank [*465, 1925, 1927*]. Es fällt also der Anstieg der Plasmacholesterinkonzentrationen nach der Menopause zeitlich mit der Abnahme der Oestrogensekretion zusammen [*30, 1720, 1727*]. (s. Fig. 32).

Schon lange bekannt ist weiterhin, daß während der *Schwangerschaft* ein Anstieg aller Lipidfraktionen des Blutes [*303, 1110, 1691, 2085*] eintritt. Der Quotient Cholesterin/Phospholipide ändert sich, und es kommt zu einer Verschiebung in den Lipoproteidfraktionen des Blutserums [*837, 1721, 2247*]. Die Schwangerschaftshyperlipidämie beginnt im 3. Monat, nimmt im Laufe der Schwangerschaft mehr und mehr zu und ist in den letzten Wochen vor der Geburt besonders stark ausgeprägt [*306, 1110, 1789*]. Bei der Entwicklung dieser Hyperlipidämie steigen zuerst die Konzentrationen der Phospholipide und erst später die der Cholesterine des Blutes an [*303, 557, 1722*].

Obwohl in der Schwangerschaft Ovarien (Nebennierenrinde) und Schilddrüse hyperaktiv sind, kommt es zu der geschilderten Vermehrung der Serumlipide. Man nimmt heute an, daß die Schwangerschaftshyperlipidämie eine Transporthyperlipidämie ist, die den erhöhten Anforderungen an die peripheren Fettdepots der Mutter bei der Fettzufuhr zum Feten und der Entwicklung der Milchdrüsen gerecht wird. Andererseits muß aber wohl auch ein Überproduktionsfaktor angenommen werden (PEZOLD).

Im *Puerperium* [*2402*] ist der bis zur Geburt stetig ansteigende Blutcholesterinspiegel von Erstgebärenden zwischen 17 und 29 Jahren noch 6 bis 8 Wochen nach der Entbindung gegenüber dem Ausgangswert erhöht.

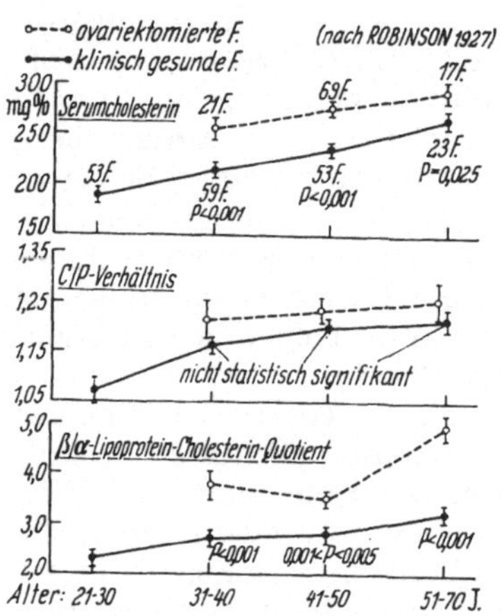

Fig. 32. Serumlipidspiegel bei klinisch gesunden im Vergleich zu beidseitig ovariektomierten Frauen (nach ROBINSON [*1927*])

Auch der Quotient Beta-/Alpha-Lipoproteid ist gesteigert. Die Acetalphosphatide des Blutes schwanken nach den bisherigen Untersuchungen im Wochenbett in normalen Konzentrationen und lassen keine Abhängigkeit von der Milchsekretion erkennen [*1983*]. Die während der Schwangerschaft im Blut in vermehrter Menge kreisenden Oestrogene [*2268*] werden größtenteils in Form von Oestrogen-Lipoproteidkomplexen transportiert. Vielleicht ist auch das ein Grund für den Anstieg des Beta-Alpha-Lipoproteidquotienten während der Schwangerschaft.

Auch unter *normalen Lebensverhältnissen* bieten sich Zeichen für deutliche Einflüsse der Keimdrüsenhormone auf die Lipidkonzentrationen des Blutserums [*1064, 1719*]. Während der Ovulation z. B. fanden sich bei gesunden jungen Frauen erheblich niedrigere Cholesterin- und Beta-Lipoproteidkonzentrationen als während der übrigen Zeit des Monatscyclus [*13*]. Das gleiche gilt für den Quotienten Cholesterin/Phosphatide [*1719, 1723*] (vgl. auch [*1716*]). Der Konzentrationsabfall der Blutfette stimmt mit dem Zeitpunkt der größten Oestrogensekretion genau überein, ähnlich wie die oben erwähnte Hyperlipidämie in der Menopause mit der Abnahme der Oestrogenausscheidung.

In weiteren Versuchen zeigte sich auch ein deutlicher *Einfluß der Oestrogene auf die Blutfette* nach exogener Zufuhr, wovon besonders die Cholesterinfraktionen betroffen waren [*632, 633, 1725*]. Denn es gelang eindeutig, bei

Frauen in der Menopause durch Oestradiol oder aber auch durch Diäthylstilboestrol den erhöhten Blutcholesterinspiegel zu senken. Gleichzeitig
kam es zu einem Anstieg der Phosphatide des Serums und zu einem Phos-
phatidverlust der Leberzellen [552]; der Cholesterin/Phosphatidquotient
nahm also deutlich ab. Auf Grund dieser Befunde wurde vermutet, daß die
Oestrogene den Abbau der Phospholipide hemmen und ihre Überlebensrate
verlängern [552].

Die *Wirkung der Oestrogene auf den Blutcholesterinspiegel* scheint ebenso
wie die Aktivität anderer Hormone einer gewissen Artspezifität zu unterliegen. Bei Küken z. B. beobachtete man eine Blutcholesterinsenkung und
bei Kaninchen und Eulen unter normalen Ernährungsbedingungen eine
starke Hyperlipidämie und Atheromatose [434, 1501]. Bei den cholesteringefütterten Küken dagegen gelang es, neben der Senkung des erhöhten Blutcholesterinspiegels die Atheromatoseentwicklung einzudämmen [1203, 1824,
1825, 1826, 2195]. Hennen wiesen auf Diäthylstilboestrol einen Blutcholeste-
rinanstieg und Kaninchen sowie Meerschweinchen und Ratten einen Blut-
cholesterinabfall auf [1064, 399]. Die oestrogene Cholesterinspiegelsenkung
erwies sich bei diesen Untersuchungen als weniger stark als die nach Zufuhr
von neueren Thyroxinderivaten. — Bei Fettlebern verschiedener Genese
soll den Oestrogenen ein lipotroper Effekt zuzuschreiben sein [552].

Es wurde versucht, auf Grund der im Tierexperiment gemachten günstigen Erfahrungen auch beim Menschen einen erhöhten Blutcholesterinspiegel durch Oestrogene zu senken [137, 140, 632, 633, 652, 1202, 1558, 1722,
1725, 1721, 1724, 1824, 1964, 1990, 1991, 2200, 2219]. Wie schon erwähnt,
zeigte sich nach Oestrogenzufuhr bei klimakterischen Frauen eine beträchtliche Senkung der anfangs erhöhten Serumcholesterinwerte; eine Konzentrationszunahme der Alpha-Lipoproteide (vgl. [138, 321, 825]) war von
einem relativen Cholesterinverlust der Beta-Lipoproteidfraktion begleitet.
In vielen Fällen konnte auf diese Weise eine völlige Normalisierung krank-
hafter Fettverhältnisse im Blut erzielt werden. Progesteron dagegen war
ohne Einfluß [2078].

Mit geringen Hormondosen — die obengenannten Untersuchungen
waren mit großen Mengen durchgeführt worden — konnte kein Effekt der
Oestrogene auf die Blutfette nachgewiesen werden [868]. Es bietet sich also
auch hier ein Hinweis für die *Dosisabhängigkeit der Hormonwirkung.* Die
Senkung des Serumcholesterinspiegels erfolgte am intensivsten, je höher die
Cholesterinwerte vor dem Beginn der Therapie lagen [170]. Unabhängig von
den Ausgangswerten beobachtete man jedoch regelmäßig und in gleicher
Stärke die bereits geschilderte Konzentrationszunahme der Alpha-Lipoproteide, sowie in vielen Fällen eine Hyperphosphatidämie. Gleichzeitig kam es
zu einem Anstieg der α_1-Globuline. Man vermutete deshalb, daß vielleicht
der primäre Angriffspunkt der Oestrogene im Bereich des Proteinstoff-
wechsels zu suchen sei, eine These, die bisher aber nicht bewiesen werden
konnte [2219].

Der Wirkungseffekt der Oestrogene scheint direkt von den Keimdrüsen
auszugehen und nicht über die Schilddrüse zu laufen. Es zeigte sich nämlich,
daß trotz langer Oestrogentherapie die J^{131}-Aufnahme der Schilddrüse keine
Änderung erfuhr [1927, 1975]. Auf die Möglichkeit einer parallel geschalteten
Stimulation stoffwechselaktiver Hypophysenvorderlappenhormone im Rahmen der bereits oben erwähnten „Sekretionsumschaltung" muß jedoch verwiesen werden [2419]. Brauchbare Einzelheiten sind hierüber aber noch
nicht bekannt, ebensowenig wie über den genauen Angriffspunkt der

oestrogenen Hormone im Ablauf der lipidmetabolischen Reaktionskette. Soviel scheint immerhin aber festzustehen, daß zumindest bei der Ratte die oestrogene Senkung des Plasmacholesterinspiegels mit einer Hemmung der Cholesterinsynthese in der Leber gekoppelt ist [*317, 1673*].

β) Androgene Hormone

Die androgenen Hormone wirken auf den Cholesterinspiegel des Blutes anders als die oestrogenen [*137, 1064*]. Man beobachtete z. B. auf Methyltestosteron, im Gegensatz zum Verhalten der Blutlipide nach Oestrogenen, einen Anstieg von Serumcholesterinwerten und Beta-Lipoproteidmengen im Blut [*825, 1725*]. Es gelang, durch gleichzeitige Oestrogengaben diesen Wirkungseffekt wieder aufzuheben [*1724*]. Weiterhin entwickelte sich bei gesunden und nicht herz- bzw. gefäßkranken Personen beiderlei Geschlechts in allen Altersstufen eine relative und absolute Abnahme der Cholesterin- und Phosphatidkonzentrationen in der Alpha-Lipoproteidfraktion (Fraktionen IV, V und VI nach Cohn), während es gleichzeitig zu einer deutlichen Vermehrung des Gehaltes der Beta-Lipoproteide (I und III nach Cohn) an Cholesterinen und Phosphatiden kam. Es entwickelte sich also unter den Androgenen eine eindeutige *Verstärkung der pathologischen Lipoproteidkonstellation*, die an sich für die klinisch manifeste *Arteriosklerose typisch* ist. Alpha-Lipoproteidfraktion und Gesamtlipide konnten dagegen bei Frauen aller Altersstufen mit männlichem Sexualhormon gesenkt werden [*170, 171, 1964*]. Die cholesterinsteigernde Wirkung der Androgene dürfte mit ihrem anabolen Effekt zusammenhängen. Es wäre vielleicht auch denkbar (Pezold[1]), daß die auf die Androgenwirkung zurückführende Eiweißretention durch Vermehrung lipoidtragender Vehikel zu einer Cholesterinverhaltung im Blutplasma führt.

c) Nebennierenmarkhormone

Während das *Adrenalin* vorwiegend *stoffwechselaktiv* ist, entfaltet das Noradrenalin mehr eine Kreislaufwirkung [*675*]. Das Adrenalin, das im vorliegenden Zusammenhang von besonderem Interesse ist, erfüllt die Aufgabe, bei erhöhten Anforderungen, die einem Organismus gestellt werden, in kürzester Zeit den Ablauf von Stoffwechselvorgängen zu beschleunigen [*1*]. Dies gilt besonders für die Mobilisierung des Glykogens, so daß sich die Frage ergibt, ob und wie sich das Adrenalin auf Reaktionsabläufe im Fettstoffwechsel auswirkt.

Ein Teil der Autoren [*57, 1753, 2038, 2341*] fand ein Absinken der Serumcholesterinfraktionen, der Serumphosphatide und der Gesamtlipide, während ein anderer Teil nach exogener Adrenalinzufuhr eine Erhöhung der Plasmalipidwerte beschreibt [*1084, 1489*]. Andere wiederum bezweifeln überhaupt eine Wirkung des Adrenalins auf den Fettstoffwechsel, da sie nach Adrenalininjektionen keine Änderung der Serumlipidkonzentrationen fanden [*602, 606, 867, 968, 1052, 1100, 1208, 1952, 2223*]. Auch hier sind wohl *Dosisunterschiede* der Hauptgrund für die Verschiedenheit der gewonnenen Untersuchungsergebnisse. Bei vergleichenden Untersuchungen konnte z. B. nach Injektion von 1 cm³ einer 1⁰/₀₀igen Suprareninlösung keine Änderung des Blutacetalphosphatidspiegels beobachtet werden [*1985*], wogegen nach 1,5 bis 2 cm³ der gleichen Lösung ein deutlicher Konzentrationsanstieg auftrat [*2089, 2094*].

---

[1] Nach mündlicher Mitteilung.

Unmittelbar in den Cholesterinstoffwechsel scheint von außen zugeführtes Adrenalin nicht einzugreifen [*948*]. Während es sehr schnell auf den Blutzuckerspiegel einwirkt, beeinflußt es den Cholesterinspiegel erst viel später. Es liegt daher nahe, die Änderung der Cholesterinkonzentration lediglich als den Ausdruck von sekundär ablaufenden Regulationsmechanismen zu betrachten.

Bei der Erörterung der hormonalen Stoffwechselbeeinflussung muß aber auch hier auf die parallele Auslösung anderer endokriner Regulationsmechanismen hingewiesen werden, die nach Adrenalininjektion auftreten. Außer einer Schilddrüsenhemmung [*2351*] soll exogene Adrenalinzufuhr z. B. auch zu einer Steigerung der ACTH-Ausschüttung führen [*892, 1980, 2361*], eine Frage, die allerdings noch nicht restlos geklärt ist [*937, 1400, 1411, 1505, 1668, 2319, 2362, 2383*]. Andererseits erscheint es wahrscheinlicher, daß das auf reflektorischem Wege mobilisierte Adrenalin nur bei akutem Stressgeschehen die ACTH-Ausschüttung fördert [*1497, 2319, 2419*], so daß wohl ein solcher Erklärungsversuch entfällt. Die durch das Adrenalin ausgelöste und gelegentlich beschriebene Ketose [*245, 1132, 1488, 1667, 1874*] weist ebenfalls auf die Fettstoffwechselaktivität dieses Wirkstoffes hin (erhöhter Fettsäurenabbau [*1002, 1003*]) Beim Warmblüter soll das Adrenalin durch die Erhöhung des Fettsäurenabbaues zur Regelung der Körpertemperatur beitragen, und zwar besonders nach akuter Kälteeinwirkung [*1003*]. Es wird angenommen, daß das Adrenalin die Zellen des peripheren Fettgewebes unmittelbar zur Fettabgabe in das Blut veranlaßt [*461, 2387*]. Einzelheiten des Ablaufes der hierdurch entstehenden Stoffwechselsituationen sind jedoch noch unklar.

In der *Leber* soll das Adrenalin eine Vermehrung der Bildung von Ketokörpern bewirken [*188, 1667*] und im peripheren Gewebe die Ketolyse hemmen [*1667*]. Grundsätzlich kann wohl an der Tatsache, daß das Adrenalin außer im peripheren Fettgewebe auch in der Leber angreift, kein Zweifel sein. Diese Annahme ist schon deshalb naheliegend, weil der adrenalinbedingte Glykogenabbau mit Blutzuckersteigerung auch noch nach Denervierung der Leber erfolgt und weil nach Hepatektomie die Adrenalinhyperglykämie sistiert [*1*]. Die früher vermutete und oft diskutierte Steigerung des Umbaues von Fetten in Kohlenhydrate [*427*] scheint nicht die Folge einer Steigerung des Adrenalineinflusses zu sein [*552*].

d) Pankreashormone

α) Insulin

Das Problem des insulinären Wirkungsmechanismus im Fettstoffwechsel ist noch immer aktuell. Trotz umfangreicher experimenteller und klinischer Untersuchungen bestehen noch viele Unklarheiten. Auf den gestörten Fettstoffwechsel beim Diabetes mellitus und beim tierexperimentellen *Insulinmangeldiabetes* war man schon frühzeitig aufmerksam geworden. BEST [*189, 190*] faßte die *Wirkung des Insulins auf den Fettstoffwechsel* folgendermaßen zusammen: Insulin fördert die Liponeogenese aus Kohlenhydraten [*1394, 1416, 2286*] in der Leber und verschiedenen anderen Geweben. Es stimuliert u. a. das periphere Fettgewebe unmittelbar zur *Fettneubildung aus Kohlenhydraten* [*250, 451, 452, 587, 1030, 1439, 1451, 1717*]. Unter dem Einfluß des Insulins wird die aus dem Kohlenhydratabbau stammende aktivierte Essigsäure anstatt in den Citronensäurecyclus (zur Endoxydation) in die Fettsäurensynthese abgeleitet [*216*]. *„Insulin bewirkt eine Verlagerung der*

Oxydation zugunsten der Synthese" [1394, 1123]. Als Energieüberträger fungieren hierbei die Adenosintriphosphorsäure (ATP), die beim Kohlenhydratabbau entsteht, und das reduzierte Diphosphonucleotid (DPNH). Setzt man in vitro überlebenden Leberschnitten von Ratten Insulin zu, so findet ein verstärkter Einbau von mit C^{14} markiertem Acetat in die neu synthetisierten Fettsäuren statt [250]. Dieser Effekt bleibt bei glykogenverarmter Leber aus und wird durch Glucosezusatz, mehr noch durch Brenztraubensäurezusatz, wieder in Gang gebracht. Von der gesunden Ratte scheinen unter physiologischen Bedingungen 30% der aufgenommenen Kohlenhydrate in Fettsäuren, dagegen nur 3% in Glykogen umgewandelt zu werden [2229]. Es verhindert damit den Verlust von Depotfett und dessen Umbau in der Leber und hemmt die Ketogenese, wobei enge antagonistische Wechselbeziehungen [5, 1126] zum diabetogenen Effekt des STH und ACTH bestehen. Schon kleinere Insulindosen sollen den Hypophysenvorderlappen aktivieren und zu einer ACTH-Ausschüttung führen [619, 1054, 1679, 2305]. Auf die Regulation der Blutfette scheint sich die postinsulinäre Hypophysenvorderlappenaktivierung jedoch nicht auszuwirken, da die einzelnen Fettfraktionen des Blutes sowohl bei Gesunden als auch bei Diabetikern auf Insulinzufuhr anders reagieren als nach Applikation von HVL-Hormonen. Auch eine eventuelle gegenregulatorische Adrenalinausschüttung [1082] scheint sich nicht auszuwirken. Das Insulin läßt schon in sehr kleinen Dosen eine Wirkung auf die Blutfette erkennen, ehe noch eine Änderung des Blutzucker- und Bluteiweißgehaltes eintritt, so daß von manchen Autoren auch die Möglichkeit einer direkten Wirkung des Insulins auf den Fettstoffwechsel diskutiert wird [357]. Die durch Insulinschocks provozierte ACTH-Ausschüttung [1321, 1322] führt dagegen wie die exogene ACTH-Zufuhr zu einem deutlichen Plasmalogenanstieg im Serum [2368]. Die im Rahmen der Traubenzuckerdoppelbelastung nach STAUB-TRAUGOTT eintretende Steigerung der endogenen Insulinausschüttung macht sich in Form einer Abnahme von Acetal- und Gesamtphosphatiden im Serum bemerkbar, wie man sie auch nach exogener Insulinzufuhr bei gesunden Menschen beobachten kann [2087, 2099]. An diesem Geschehen nehmen die Cholesterinfraktionen allerdings nicht teil, ebensowenig wie die Esterfettsäuren [2099], die nur unregelmäßige Konzentrationsschwankungen zeigen. Nach exogener Insulinzufuhr weisen dagegen auch die veresterten Fettsäuren einen Konzentrationsabfall auf [85, 86].

β) Glucagon

Das Glucagon, das vorwiegend wohl in den Alpha-Zellen der LANGERHANSschen Inseln des Pankreas gebildet wird, führt über eine Stimulation der hepatischen Glykogenolyse zu einer Steigerung des Blutzuckers [1, 925, 1015, 2214]. Weiterhin hemmt das Glucagon die muskuläre Glucoseaufnahme und steigert die Zuckerabgabe aus dem Muskelorgan [925]. Der *Hyperglykämie* nach Glucagonapplikation soll eine geringe *Hypercholesterinämie* folgen [1725], vielleicht als Folge einer Aktivierung der hepatischen Cholesterinsynthese. Auf die Liponeogenese selbst scheint das Glucagon nach anderen Beobachtungen allerdings keinen Einfluß auszuüben, soweit es bisher in Reinsubstanz gegeben werden konnte [754]. Die an sich naheliegende Frage, ob sich letzten Endes gar nicht das Glucagon selbst, sondern erst das nach exogener Glucagonzufuhr reaktiv mobilisierte Insulin [712, 1346] auf Reaktionsabläufe im Fettstoffwechsel und damit vielleicht auch auf die Blutfettkonzentrationen auswirkt, kann einstweilen nicht beantwortet werden.

γ) Lipocaic

Nach *operativer Ausschaltung des Pankreas* kommt es zu einer *Hyperlipidämie* (ältere Literatur bei Bürger [375]) und einer *Leberverfettung*, die sich nach Insulin und Rekompensation des Kohlenhydratstoffwechsels nicht voll zurückbildet [1015, 1102, 1452, 2078]. Erst nach gleichzeitiger Verfütterung von Rohpankreas gelingt eine Restitution, ebenso wie nach Applikation von Pankreasgesamtextrakten [367, 581, 702, 1166]. Man vermutet, daß das Pankreas einen Fettstoffwechselfaktor enthält, der die Leber vor der Verfettung schützt und den man deshalb „Lipocaic" nennt. Bisher konnte nicht endgültig geklärt werden, ob das Lipocaic als Hormon oder als Enzym anzusprechen ist und ob es wie das Glucagon aus den Alpha-Zellen des Inselapparates stammt [2006]. Wenig wahrscheinlich ist nach den bisher vorliegenden Ergebnissen, daß die *lipotrope Wirkung* dieses Stoffes lediglich auf seinem Gehalt an Inosit oder Cholin beruht [2032].

Die *Wirkung des Lipocaic auf die Blutfette* ist im einzelnen noch problematisch. Bei der essentiellen Hyperlipidämie soll es sich allerdings, ähnlich wie Insulin, therapeutisch als wirkungslos erwiesen haben [2006], ebenso wie bei der primären biliären Lebercirrhose. Bei der *Fettleberbehandlung* erwies es sich jedoch als leistungsfähig [354, 2006]. Man muß wohl annehmen, daß seine lipotrope Wirksamkeit auf eine *Aktivierung der Phosphatidsynthese* [1419] und eine *Steigerung der Oxydation von Fettsäuren in der Leber* zurückzuführen ist. Auch soll der Lipocaicfaktor die Wirkung lipotroper Nahrungsfaktoren [1419] und den Austritt der Phosphatide ins Blut stimulieren. Die vereinzelt beobachtete Ketonämie [1419] macht die gleichzeitige Steigerung von Fettabbauvorgängen deutlich. Der Cholesterinspiegel des Blutes soll durch Lipocaic nicht beeinflußt werden [1419].

3. Beziehungen zum Lebensalter und Geschlecht

Von

Fritz A. Pezold

a) Lipide

Wenn auch die *Ermittlung von Altersdurchschnitten* infolge der großen *physiologischen Streubreite des Kollektivs* und häufig auch der *kleinen Zahl der untersuchten Personen* mit *Unsicherheitsfaktoren belastet* ist, so kann heute auf Grund zahlreicher und umfangreicher statistischer Erhebungen in einer Reihe von Ländern als feststehend gelten, daß die Lipidkonzentrationen des Nüchternblutes alters- und geschlechtsabhängig sind.

Bezüglich des Verhaltens der Serumlipidkonzentrationen im Laufe des Lebens steht folgendes fest: Sämtliche Lipidfraktionen liegen im *Nabelschnurblut* in niedrigerer Konzentration vor als im Blute des Säuglings. Sohar [2161] u. Mitarb. stellten im Nabelschnurblut einen durchschnittlichen Cholesteringehalt von 90 mg-% fest. Der Esteranteil war ähnlich dem des Erwachsenen, wohingegen Sperry [2171] eine Esterquote von 41 bis 72% und Boyd [308] von 59% fanden. Der Cholesterinspiegel neugeborener Neger unterschied sich nicht von dem neugeborener Europäer [187]. Die Cholesterinkonzentration im Serum des *Neugeborenen* liegt beträchtlich unter der der Kindesmutter [375]. Eine Zunahme der Serumlipide nach der Geburt wurde für alle Lipidfraktionen von einer Reihe von Autoren gefunden [974, 1063, 1122, 1880]. Mühlbock [1661] fand, daß die Cholesterinkonzentrationen im Serum schon wenige Stunden nach der Geburt ansteigen. Der stärkste Anstieg überhaupt erfolgt in den ersten Lebenstagen [*1096*].

Beim *Erwachsenen* verhalten sich die einzelnen Lipidfraktionen folgendermaßen:

α) Gesamtlipide

BÖHLE [*276*] u. Mitarb. fanden die Konzentrationen der *Gesamtlipide* im Serum von jungen Frauen im Alter von 18 bis 30 Jahren (I) im Durchschnitt bei 703 mg-%, erheblich unter dem männlichen Vergleichswert. In der Altersgruppe von 31 bis 45 Jahren (II) lagen die Frauen um durchschnittlich 36 mg-% tiefer als die Männer, während bei den 46- bis 60jährigen (III) die Frauen mit 812 mg-% im Mittel um 6 mg-% höhere Werte als die Männer aufwiesen.

β) Neutralfette und Fettsäuren

Die in der BÖHLEschen [*276*] Untersuchungsreihe ermittelten *Neutralfette* zeigten ein entsprechendes Verhalten. In der Gruppe I wiesen die Frauen um 45 mg-% niedrigere Werte auf als die Männer. Die Differenz betrug in der Gruppe II 25 mg-%, während die Frauen der Gruppe III um 8 mg-% über den Werten der Männer lagen.

Sicher bestehen auch Alters- und Geschlechtsunterschiede für die *Fettsäurenkonzentrationen*. Größere Untersuchungsreihen sind allerdings bis jetzt nicht bekannt geworden. Über die physiologischen Normwerte siehe nächsten Abschnitt.

γ) Cholesterin

Mit zunehmendem Lebensalter nimmt der Serumcholeateringehalt zu [*286*]. Bis zum *6. Lebensjahrzehnt besteht eine ansteigende Tendenz,* die jedoch beim Mann früher einsetzt und bis zur Mitte des 5. Lebensjahrzehnts steiler verläuft [*1800*]. Die Frau holt die Kurve des Mannes im Klimakterium ein und liegt in ihrem Serumcholesterinspiegel in den nächsten Jahren durchschnittlich höher als der Mann. Im *höheren Alter* fallen die Serumlipidspiegel wieder *etwas ab.* Die Scheitelpunkte der verschiedenen Lipidfraktionen liegen nur mäßig voneinander entfernt.

Die Arbeitsgruppe um KEYS [*1242*] fand nach der Untersuchung von 1492 Männern einen Anstieg des Cholesterinspiegels von 177 mg-% in der Altersgruppe 17 bis 25 Jahre, bis auf 249 mg-% bei den 45- bis 55jährigen. Die 60- bis 78jährigen wiesen einen Durchschnittswert von 227 mg-% auf. KORNERUP [*1343*], die GOFMANsche Arbeitsgruppe [*1174*] und LAWRY [*1406*] — letzterer an einer nach der Anzahl der untersuchten Personen mit KEYS vergleichbaren Gruppe — kamen zu ähnlichen Ergebnissen. THOMAS [*2306*] und EISENBERG fanden bei 556 Medizinstudenten im Alter von 19 bis 33 Jahren, daß der Cholesterinspiegel durchschnittlich um 2,88 mg-% im Jahr ansteigt. Sie befinden sich damit in guter Übereinstimmung mit KEYS [*1242*] u. Mitarb., die für die Altersgruppen 17 bis 30 Jahre einen jährlichen Cholesterinanstieg von 2,2 mg-% ermittelt hatten. Es gibt bemerkenswerte Ausnahmen einer meist über Jahre anhaltenden individuellen Konstanz. So fanden PAGE [*1760*] u. Mitarb. bei gesunden jungen Frauen mit niedrigem bis mittlerem Cholesterinspiegel eine relative Stabilität. Dagegen waren beträchtliche Schwankungen bei den oberhalb 260 mg-% liegenden Konzentrationen zu verzeichnen. Ausgedehnte Untersuchungen in USA [*30, 141, 1467*] ergaben, daß die Blutcholesterinkonzentration von einem Durchschnittswert von etwa 180 mg-% im 18. Lebensjahr bis auf etwa 255 mg-% im 55. Lebensjahr ansteigt. Danach findet beim Mann ein leichter Abfall, bei der Frau dagegen ein weiterer Anstieg bis etwa zum 60. Lebensjahr statt. Ähnliche Resultate wurden, wenn auch an kleinerem Material, in Deutschland erhalten. Es zeigte sich physiologischerweise auch hier ein Cholesterinanstieg bis etwa zum 50. Lebensjahr. Danach erfolgte ein allmählicher Abfall [*375, 2006*].

Dieses Bild des Cholesteringehaltes im Blut in seiner Abhängigkeit vom Alter kann für USA nach Lewis [*1467*] wohl als verbindlich angesehen werden. Den Schlußfolgerungen liegen die Untersuchungsergebnisse von 7766 Männern und 2618 Frauen vom 3. bis zum 7. Lebensjahrzehnt zugrunde. Es waren gleichzeitig vier gut ausgerüstete Arbeitsgruppen tätig (Cleveland, Berkeley, Harvard, Pittsburg).

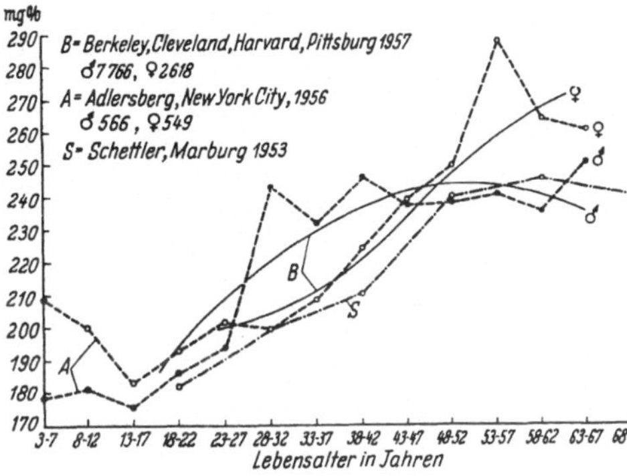

Fig. 33.
Serumcholesterinkonzentrationen klinisch Gesunder
(aus der Literatur zusammengestellt)

Entgegen dem allgemein anerkannten Altersanstieg des Serumcholesterinspiegels fanden Frieb [*791*] und Hrubý aus der Tschechoslowakei an ihrem Untersuchungsmaterial, daß der Cholesterinspiegel im Serum vom Altern nicht beeinflußt wird. Vielleicht können diese Feststellungen mit den Beobachtungen von Padmavati [*1751*] u. Mitarb. aus Indien erklärt werden. Diese Arbeitsgruppe fand lediglich bei der Bevölkerungsschicht mit hohem Einkommen (und dementsprechend höherem Fettverbrauch) einen mit zunehmendem Lebensalter ansteigenden Serumcholesterinspiegel.

Wir haben mit moderner Methodik (Gesamtlipide nach Sperry [*2173*], Cholesterin nach Sperry-Schönheimer [*2177*] und Phosphatide nach Martin [*1567*] und Doty) die Lipidkonzentrationen von 1015 Personen beiderlei Geschlechts für alle Altersstufen untersucht (1956/57) und sie mit den Erhebungen aus dem gleichen Einzugsgebiet von 1946/48 verglichen (s. Tab. 23 und 24).

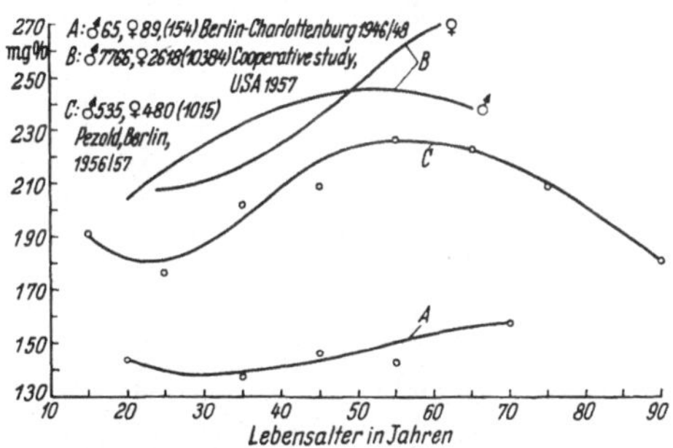

Fig. 34. Serumcholesterinkonzentrationen bei Personen ohne klinisch manifeste Arteriosklerose und ohne Lipoidstoffwechselstörung (1946/48 bis 1956/57)
(aus Pezold [*1800*])

Die von uns festgestellten Unterschiede haben sich als statistisch signifikant erwiesen (s. Tab. 25).

Die nach Interpolation aufgezeichneten Kurven zeigen die Unterschiede sehr deutlich (s. Fig. 34).

Man sieht, daß unsere Cholesterinkurve (C) durchgehend tiefer liegt als die amerikanische (B). Dieser Unterschied kann nicht an der Cholesterinbestimmungsmethode liegen, da wir nach der gleichen Vorschrift wie die amerikanischen Arbeitskreise untersucht haben. Allerdings ist die Differenz im

Tabelle 23. *A: Serumcholesterinkonzentrationen (mg-%) bei Personen ohne klinisch manifeste Arteriosklerose und ohne Lipoidstoffwechselstörung in Berlin-Charlottenburg 1946 bis 1948 (Eigene Untersuchungen)*

Lebensalter		♂	♀	♂ + ♀
1—30	$\overline{X}$	172,9	130,0	143,6
	s	33,5	46,2	46,6
	N	7	15	22
31—40	$\overline{X}$	131,4	135,6	133,7
	s	26,6	36,5	31,6
	N	8	10	18
41—50	$\overline{X}$	150,2	144,1	147,2
	s	38,1	50,1	43,9
	N	20	19	39
51—60	$\overline{X}$	156,7	133,7	143,2
	s	42,3	47,9	46,6
	N	17	24	41
61—80	$\overline{X}$	152,1	160,8	157,5
	s	36,5	48,6	43,9
	N	13	21	34
insgesamt	N	65	89	154

Tabelle 24. *B: Serumcholesterinkonzentrationen (mg-%) bei Personen ohne klinisch manifeste Arteriosklerose und ohne Lipoidstoffwechselstörung in Berlin-Charlottenburg 1956/57 (Eigene Untersuchungen)*

Lebensalter		♂	♀	♂ + ♀
1—20	$\overline{X}$	196,0	186,1	191,3
	s	40,7	35,0	38,1
	N	31	27	58
21—30	$\overline{X}$	179,9	172,6	175,7
	s	47,6	29,1	38,2
	N	23	31	54
31—40	$\overline{X}$	198,5	198,0	198,3
	s	33,2	38,0	35,1
	N	26	23	49
41—50	$\overline{X}$	209,8	208,8	209,2
	s	41,5	43,9	42,8
	N	53	50	103
51—60	$\overline{X}$	226,0	226,9	226,4
	s	40,6	43,4	41,8
	N	118	90	208
61—70	$\overline{X}$	215,8	227,5	221,2
	s	43,6	44,3	44,2
	-N	133	112	245
71—80	$\overline{X}$	202,8	214,0	208,4
	s	35,2	45,4	41,0
	N	100	100	200
81—100	$\overline{X}$	154,7	205,5	179,5
	s	83,2	43,6	71,3
	N	50	42	92
insgesamt	N	535	480	1015

Gegensatz zu dem Verhalten von A zu C (wie oben erwähnt) statistisch nicht signifikant.

Die Geschlechtsdifferenzen, die in den amerikanischen Untersuchungen deutlich zum Ausdruck kommen, haben wir in unserem Material auch gesehen. Da sie jedoch statistisch nicht einwandfrei waren, haben wir die Summe der Mittelwerte der einzelnen Altersklassen für Männer und Frauen

Tabelle 25. *Vergleich von Gruppe A und B*

Lebensalter	A	B	Differenzen B minus A	N	c
1—30	143,6	183,9	40,3	132	4,305
31—40	133,7	198,3	64,6	65	6,85
41—50	147,2	209,2	62,0	140	7,66
51—60	143,2	226,4	83,2	247	11,39
61—80	157,5	215,5	58,0	477	23,8

zusammen aufgetragen. Unsere Untersuchungen haben ergeben, daß ein Altersanstieg der Serumcholesterinkonzentrationen erfolgt, dessen Kulminationspunkt in unserem Material von 1956 bis 1957 in der 6. Lebensdekade (für beide Geschlechter zusammen veranschlagt!) liegt. Es kommt weiter deutlich zum Ausdruck, daß die Serumcholesterinwerte in den Hungerjahren 1946 bis 1948 deutlich niedriger gelegen haben als in der Zeit der Überflußernährung 1956 bis 1957. Wir werden auf diese Unterschiede noch zurückkommen müssen (s. Abschnitt C II 3 b β).

♂) Phosphatide

ADLERSBERG [30] u. Mitarb. haben an über 1000 gesunden Personen den *Blutplasmaphosphatidgehalt* bestimmt. Sie fanden, wie Fig. 35 zeigt, ebenfalls *Alters- und Geschlechtsabhängigkeiten*. Beim Mann erfolgte

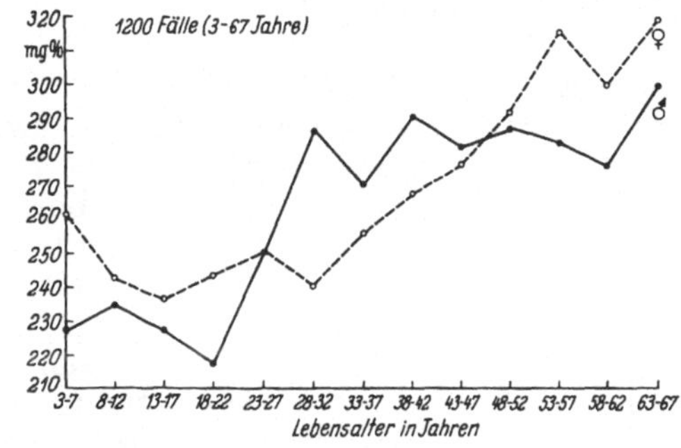

Fig. 35. Serumphosphatidkonzentrationen bei klinisch Gesunden in Abhängigkeit von Alter und Geschlecht (nach ADLERSBERG [30])

der hauptsächliche Anstieg in der dritten Lebensdekade, um etwa von der Mitte der Dreißigerjahre an einigermaßen konstant zu bleiben. Bei der Frau dagegen setzte der Anstieg erst Anfang der Dreißigerjahre ein, um seinen Höhepunkt mit Beginn des 6. Lebensjahrzehntes zu erreichen. Von da an blieben die Werte, abgesehen von geringen Schwankungen, bis ins höhere Alter konstant. In den mittleren Lebensjahren findet sich demnach ein höherer Phospholipidspiegel beim Mann als bei der Frau. Wir fanden jedoch, ähnlich wie vor uns PETERS [1786] und MAN, sowie FOLDES [753] und MURPHY für die Blutphosphatide keine statistisch signifikanten Geschlechtsdifferenzen. Zu ähnlichen Ergebnissen kamen BÖHLE [276] und seine Mitarbeiter.

Die beigebrachten Befunde zeigen, daß der Cholesterinanstieg im Laufe des Lebens den der Phosphatide übertrifft. Dementsprechend wird der Cholesterin/Phosphatidquotient im Serum mit zunehmendem Alter größer. GERTLER und OPPENHEIMER (1954) fanden ihn bei jungen Männern (18 bis

35 Jahre alt) mit 0,98 niedriger als bei 65 bis 86jährigen Männern mit 1,14. Böhle [276] errechnete im Laufe des Lebens einen Anstieg des Quotienten von 1,0 bis 1,14. Diese Unterschiede scheinen prinzipiell auch für die Gefäßwandlipide zu gelten. Während von Gertler und Oppenheimer ein deutlicher Geschlechtsunterschied dahingehend gefunden wurde, daß dieser Quotient bei jungen Männern gegenüber gleichaltrigen Frauen niedriger und bei alten Männern höher lag, fanden weder Foldes [753] und Murphy, noch Lindholm [1478] eine Alters- und Geschlechtsabhängigkeit in dieser Hinsicht.

b) Lipoproteide

Mit zunehmendem Alter ließ sich eine Verschiebung auch der Lipoproteidverteilung zugunsten der Beta-Lipoproteide (Fraktionen I und III nach Cohn, Lipoproteide niedriger Dichte) feststellen. Mittels der Äthanolfraktio-

Tabelle 26. *Cholesterinverteilung im Serum nach Äthanolfraktionierung, im Verhältnis zu Alter und Geschlecht*
(Nach Barr [141])

Personen	Totalcholesterin in mg-%	Prozentualer Anteil in den Fraktionen	
		IV + V + VI	I + II
Gesunde ♀ 18—35 Jahre	187	34,3	61,8
Gesunde ♂ 18—35 Jahre	197	25,2	72,0
Gesunde ♀ 45—65 Jahre	252	23,4	75,0
Gesunde ♂ 45—65 Jahre	239	22,9	75,3

nierung [141, 614, 612, 1963] ließ sich zeigen, daß im Laufe des Lebens eine charakteristische Verschiebung des Gesamtcholesterins zugunsten der Beta-Lipoproteidfraktion eintritt, bei der Frau stärker als beim Mann.

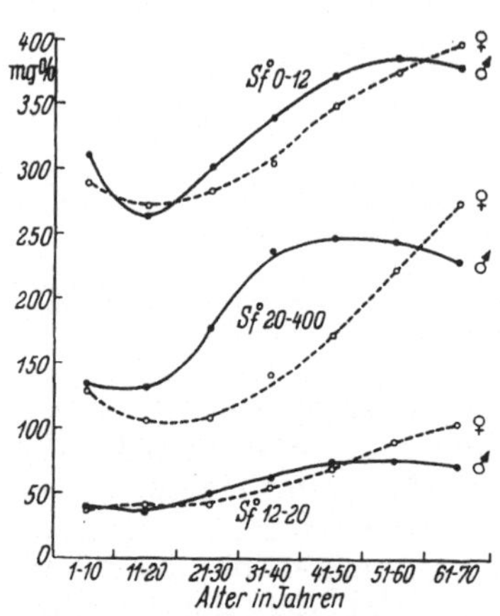

Fig. 36. Alters- und geschlechtsabhängige Verteilung der Lipoproteidfraktionen in Ultrazentrifugaten gesunder Versuchspersonen (Gofman [884])

Bezüglich der mittels Ultrazentrifugierung erhaltenen Ergebnisse sei besonders auf die Arbeiten von Gofman [884], Hillyard [1083], Havel [1036] und Lewis [1467] verwiesen. Die chemische Analyse von Ultrazentrifugaten, über die noch wenig Material vorliegt [1036, 1476, 1800, 1801, 1823], scheint weitere altersbedingte Verschiebungen in der Feinstruktur der Lipoproteide erkennen zu lassen.

Wie bereits im Abschnitt „Endokrine Steuerung" vermerkt, weist das weibliche Geschlecht höhere Alpha-Lipoproteidkonzentrationen im Serum auf als das männliche. Dagegen bestehen für dieses Lipoproteid praktisch keine Altersunterschiede, weder bei Männern, noch bei Frauen. Die Beta-Lipoproteide steigen im Laufe des Lebens bei Mann und Frau dagegen kontinuierlich bis in das 6. Lebensjahrzehnt an (s. auch Fig. 36). Junge Männer zeigen höhere Konzentrationen als gleichaltrige Frauen.

Papierelektrophoretisch stellen sich bei Untersuchung eines genügend großen Materials ebenfalls Altersunterschiede dar. Freislederer [783] und Kopetz haben an 25 normalen Säuglingen als Normalwerte für die „Beta-Lipoproteidfraktion" (nach unserer Nomenklatur, bei Freislederer [783] und KOPETZ getrennt als Beta- und Gamma-Fraktion bezeichnet) 80,9 % im Mittel gefunden. Besonders bemerkenswert ist der Befund der Autoren, daß bei Neugeborenen ($^1/_2$ Std nach Schnittentbindung!) noch praktisch keine Beta-Lipoproteide nachweisbar waren, während sie bereits nach 24 Std (aber noch *vor* der ersten Nahrungsaufnahme) in normaler Konzentration vorlagen. Während RAFSTEDT [*1880*] und SWAHN die Frage unbeantwortet ließen, ob die erste Nahrungszufuhr den Lipoproteidanstieg beim Säugling auslöst, fanden FREISLEDERER [*783*] und KOPETZ den Anstieg „zumindest in seinem Beginn" schon vor der ersten Mahlzeit eintreten. Diese Beobachtung stimmt auch mit den bereits erwähnten Angaben MÜHLBOCKs [*1660*] über einen alsbaldigen Anstieg der Cholesterinkonzentrationen schon wenige Stunden nach der Geburt überein.

BÖHLE [*276*] u. Mitarb. haben anläßlich papierelektrophoretischer Untersuchungen an je 90 Personen männlichen und weiblichen Geschlechts

Tabelle 27. *Serum-Beta-Lipoproteidspiegel bei Versuchspersonen ohne klinisch manifeste Arteriosklerose in Beziehung zum Lebensalter und Geschlecht* (eigene Untersuchungen)

Alter		40—49	50—59	60—69	70—79	80—89	90—99	Gesamtzahl
♂	n	4	34	46	31	6	1	122
	$\overline{\mathrm{X}}$	81,5	83,7	82,7	82,5	85,5	—	
	s	11,9	5,4	6,3	7,1	5,0	—	
♀	n	6	7	26	39	16	3	97
	$\overline{\mathrm{X}}$	84,4	80,4	82,2	81,3	82,3	—	
	s	4,8	5,9	8,0	7,0	4,6	—	
♂ u. ♀	n	10	41	72	70	22	4	219
	$\overline{\mathrm{X}}$	83,5	83,2	82,5	81,8	83,1	82,3	
	s	3,2	5,1	7,1	7,2	5,5	(2,5)	

n = Anzahl der Patienten $\overline{\mathrm{X}}$ = arithmetisches Mittel   s = Standardabweichung

festgestellt, daß bei Frauen aller Altersstufen die Fraktion der schnell wandernden Lipoproteide (= Alpha-Lipoproteid) stärker war als bei Männern gleichen Lebensalters. Mit zunehmendem Alter nahm sie ab. Die Fraktion B nahm sowohl prozentual wie absolut zu, desgleichen die Fraktion C, wenn auch weniger stark, während die Fraktion A im Verlauf des zunehmenden Lebensalters entsprechend zurückging.

In eigenen Untersuchungen an 203 Versuchspersonen, männlichen und weiblichen Geschlechts, von 1 bis 80 Jahren, ohne klinisch manifeste Arteriosklerose war der Altersanstieg der relativen Beta-Lipoproteidkonzentration deutlich, wenn auch nicht sehr imponierend: 78,4 % ± 4,2 im ersten Lebensjahrzehnt für beide Geschlechter zusammen, gegenüber 82,4 % ± 8 im 8. Lebensjahrzehnt.

Die Werte obiger Tabelle haben wir, graphisch aufgezeichnet, denen bei Arteriosklerose (ab 5. Lebensjahrzehnt) ermittelten gegenübergestellt (s. S. 213). Ob die im 7. und 8. Lebensjahrzehnt häufiger als in den beiden vorangehenden Dekaden gefundenen normalen Beta-Lipoproteid- und Cholesterinwerte auf einem echten physiologischen Absinken der Blutfettwerte im Alter beruhen oder durch ein Überleben von Individuen mit primär niedrigen Lipoproteidwerten zu erklären sind, ist eine noch offene Frage [*723*].

Vergleichende Untersuchungen an Weißen und Schwarzen gleichen Alters und Geschlechts deckten interessante Unterschiede auf: Im Fetalblut waren weder die Cholesterin- noch die Beta-Lipoproteidkonzentrationen verschieden. Weiße Mütter wiesen signifikant höhere Spiegel auf. Weiße Schulkinder boten um durchschnittlich 9% höhere Serumcholesterin- und um 4% höhere Beta-Lipoproteidspiegel [984].

Auch für die papierelektrophoretisch ermittelten Lipoproteidkonzentrationen ließen sich *Geschlechtsunterschiede* feststellen. Diese sind faßbar sowohl hinsichtlich der Verteilung der Lipoproteidfraktionen als auch der darin nachweisbaren Lipidanteile. Frauen im Alter von 20 Jahren haben einen wesentlich höheren Alpha-Lipoproteidspiegel als gleichaltrige Männer [1963, 1700, 2259]. Die Beta-Lipoproteidkonzentration im Serum junger Männer gleicht andererseits der von Frauen der Altersstufen von 34 bis 60 Jahren [2461].

FISCHER [723] konnte an 147 klinisch gesunden Frauen zwischen 18 bis 34 Jahren und an 101 gleichaltrigen Männern nachweisen, daß bei 55% der Frauen, aber nur bei 27% der Männer der Beta-Lipoproteidspiegel niedriger als 60 rel.-% war. Unter Zugrundelegung von $p < 0{,}001$ lag der Mittelwert der weiblichen Gruppe signifikant niedriger als der der männlichen. Dies gilt aber nur für Frauen mit normalen Oestrogenverhältnissen [723, 727]. Weiteres s. unter „Hormonale Regulation", S. 125. In der Verteilung der Cholesterinanteile auf die Alpha- und Beta-Lipoproteidfraktion waren Verschiebungen festzustellen. Bei gleichem Gesamtcholesterinspiegel im vollständigen Serum war die Cholesterinkonzentration in der Beta-Lipoproteidfraktion des älteren Mannes höher als bei der gleichaltrigen Frau [8]. Bei der jungen Frau ist die relative Cholesterinkonzentration in der Alpha-Lipoproteidfraktion höher und in der Beta-Lipoproteidfraktion niedriger als beim gleichaltrigen Mann.

Die meisten Reihenuntersuchungen zur Feststellung der Alterswandlungen der Serumlipide wurden an sog. „*Normalpersonen*" unter der stillschweigenden Voraussetzung durchgeführt, daß es sich um „gesunde Kontrollen" handelt. Wenn man aber von den Feststellungen der Pathologen ausgeht, daß jeder Erwachsene mehr oder weniger arteriosklerotische Gefäßveränderungen aufweist, so wird man letzten Endes bei allen diesen Untersuchungen ungewollt auch die klinisch stummen Arteriosklerosen mit zu den Vergleichskontrollen rechnen. Kraß ausgedrückt, würden demnach bei den älteren Jahrgängen die klinisch manifesten (als die einzigen überhaupt diagnostizierbaren) den latenten Arteriosklerosen gegenüberstehen. Daß der in den Ländern der westlichen Zivilisation *mit zunehmendem Alter ansteigende Blutlipidspiegel* möglicherweise nicht allein altersbedingt ist, wird aus den Blutcholesterinwerten in den Ländern mit niedrigem Fettverbrauch geschlossen (s. S. 171).

c) On the population distributions of both the low-density lipoproteins and the high-density lipoproteins and the serum proteins*

by

O. F. DE LALLA and J. W. GOFMAN

A. Biological Distributions

The mean serum concentrations, the standard deviations of the distribution, and the standard errors of the means of $S_f^0 0$—12, $S_f^0 12$—20, $S_f^0 20$—100, $S_f^0 100$—400, Atherogenic Index, Cholesterol, HDL_1, HDL_2, HDL_3, P_1, P_2,

---

* This work was done in part under the auspices of the U. S. Atomic Energy Commission.

and P_3 on 2297 clinically healthy humans (1961 males and 336 females) of ages ranging from 17 to 65 years are shown in Tab. 28 through 33. These data are grouped as follows:

Group 1	a, males	17—29 years
	b, females	
Group 2	a, males	30—39 years
	b, females	
Group 3	a, males	40—49 years
	b, females	
Group 4	a, males	50—65 years
	b, females	

Table 28. *HDL_1 concentrations in clinically healthy humans as a function of age*

Group	Age (yr)	No. of subjects	Mean* HDL_1	S. D. of distribution	S. E. of means
A, Males					
1 a	17—29	585	23	7	0.3
2 a	30—39	834	24	15	0.5
3 a	40—49	399	25	15	0.8
4 a	50—65	143	27	22	1.9
B, Females					
1 b	17—29	190	21	7	0.5
2 b	30—39	99	22	9	0.9
3 b	40—49	37	23	5	0.9
4 b	50—65	10	25	7	2.2

* All values in mg/100 ml

Table 29. *HDL_2 concentrations in clinically healthy humans as a function of age*

Group	Age (yr)	No. of subjects	Mean* HDL_2	S. D. of distribution	S. E. of means
A, Males					
1 a	17—29	585	37	28	1.1
2 a	30—39	834	36	28	1.0
3 a	40—49	399	37	28	1.4
4 a	50—65	143	42	32	2.7
B, Females					
1 b	17—29	190	80	41	3.0
2 b	30—39	99	81	45	4.5
3 b	40—49	37	89	53	8.8
4 b	50—65	10	117	66	22.0

* All values in mg/100 ml

On close examination of Tab. 28 through 33, with emphasis on the groups comprised of 90 or more subjects, one finds the following interesting facts:

a) In contrast to Dr. GOFMANs findings (as reflected in Tab. 34 through 37) relating the age trend in the low-density lipoproteins [*884*] it was not possible to prove that an age trend existed in the HDL_2 and HDL_3 levels in both sexes.

Table 30. *HDL₃ concentrations in clinically healthy humans as a function of age*

Group	Age (yr)	No. of subjects	Mean* HDL_3	S. D. of distribution	S. E. of means
A, Males					
1a	17—29	585	217	40	1.6
2a	30—39	834	219	42	1.5
3a	40—49	399	226	50	2.5
4a	50—65	143	224	51	4.3
B, Females					
1b	17—29	190	228	38	2.8
2b	30—39	99	235	38	3.9
3b	40—49	37	241	43	7.2
4b	50—65	10	270	54	18.0

* All values in mg/100 ml

Table 31. *P₁ concentrations in clinically healthy humans as a function of age*

Group	Age (yr)	No. of subjects	Mean* P_1	S. D. of distribution	S. E. of means
A, Males					
1a	17—29	585	199	75	3.0
2a	30—39	834	169	64	2.0
3a	40—49	399	155	64	3.0
4a	50—65	143	152	61	5.0
B, Females					
1b	17—29	190	272	77	6.0
2b	30—39	99	218	79	8.0
3b	40—49	37	227	85	14.0
4b	50—65	10	198	51	17.0

* All values in mg/100 ml

Table 32. *P₂ concentrations in clinically healthy humans as a function of age*

Group	Age (yr)	No. of subjects	Mean* P_2	S. D. of distribution	S. E. of means
A, Males					
1a	17—29	585	1322	297	12
2a	30—39	834	1345	300	10
3a	40—49	399	1369	309	16
4a	50—65	143	1431	328	28
B, Females					
1b	17—29	190	1347	293	22
2b	30—39	99	1319	357	36
3b	40—49	37	1332	244	41
4b	50—65	10	1324	344	115

* All values in mg/100 ml

β) Although the HDL_1 levels appear to be rather constant with age in both sexes, it is possible to prove by a t-test that the slight differences with age are significant.

A significant change in concentration with age can be demonstrated on the basis of the t-test for P_1 and P_3 for both sexes, and for P_2 in males only; this significance is beyond the 1% level for P_1, P_2, and P_3 in males and for P_1 in females, whereas the change with age of the P_3 concentration in females is only at the 5% level of significance. The trend in all cases is for the concentration in both P_1 and P_3 to decrease with age in both sexes, and to increase in P_2 with age in males.

γ) There is a very distinct difference between the levels of HDL_2 and P_1 in males and females. The level of significance is less than 1% ($p < 0.01$). In both HDL_2 and P_1 the levels of significance for females are considerably higher than for the males.

δ) There is no significant provable difference — at the 5% level of significance ($p = 0.05$), at least — between the males and females in the concentration of HDL_3.

Table 33. *P_3 concentrations in clinically healthy humans as a function of age*

Group	Age (yr)	No. of subjects	Mean* P_3	S. D. of distribution	S. E. of means
A, Males					
1 a	17—29	585	4717	480	20
2 a	30—39	834	4634	459	16
3 a	40—49	399	4572	488	25
4 a	50—65	143	4442	507	43
B, Females					
1 b	17—29	190	4618	544	40
2 b	30—39	99	4629	559	57
3 b	40—49	37	4465	445	74
4 b	50—65	10	4348	510	170

* All values in mg/100 ml

ε) The females have significantly lower levels of HDL_1 than the males (with $p < 0.01$) for only the 17—29-years groups.

ζ) It is not possible to prove that the levels of P_2 and P_3 for females are any different from the levels for males, at least at the 5% level of significance ($p = 0.05$).

B. Lipoprotein and Protein Interclass Relationships

The low-density lipoprotein spectrum is completed with the data in Tab. 34 through 39. The components represented in these tables are discussed in greater detail in other papers [*882, 884, 886*].

It is biologically important to know to what extent the factors involved in the control of the serum levels of lipoproteins and (or) proteins are alike and to what extent they differ. One approach to the evaluation of these relationships is through the Pearson product-moment correlation between the levels of any pair of components — either lipoporteins or proteins, or both. Such correlations are given in Tab. 40 through 43 for the male groups and Tab. 44 through 45 for the female groups.

The correlation coefficients (Pearson r values) for each low and high-density lipoprotein and each protein on all other macromolecular components mentioned in this text for the various groups of both sexes are found in Tab. 40 through 45. (It was necessary to combine Groups 2b and 3b of the female population in order to increase the number of subjects;

Table 34. $S_f^0$0—12 *lipoprotein concentrations in clinically healthy humans as a function of age*

Group	Age (yr)	No. of subjects	Mean* $S_f^0$0—12	S. D. of distribution	S. E. of means
		A, Males			
1 a	17—29	585	322	86	3.6
2 a	30—39	834	355	84	2.9
3 a	40—49	399	380	84	4.2
4 a	50—65	143	383	75	6.3
		B, Females			
1 b	17—29	190	283	68	4.9
2 b	30—39	99	324	86	8.6
3 b	40—49	37	346	67	11.2
4 b	50—65	10	437	40	13.3

* All values in mg/100 ml

Table 35. $S_f^0$12—20 *lipoprotein concentrations in clinically healthy humans as a function of age*

Group	Age (yr)	No. of subjects	Mean* $S_f^0$12—20	S. D. of distribution	S. E. of means
		A, Males			
1 a	17—29	585	40	21	0.9
2 a	30—39	834	51	23	0.8
3 a	40—49	399	57	23	1.2
4 a	50—65	143	56	24	2.0
		B, Females			
1 b	17—29	190	30	16	1.2
2 b	30—39	99	41	22	2.3
3 b	40—49	37	42	21	3.5
4 b	50—65	10	93	36	11.9

* All values in mg/100 ml

Table 36. $S_f^0$20—100 *lipoprotein concentrations in clinically healthy humans as a function of age*

Group	Age (yr)	No. of subjects	Mean* $S_f^0$20—100	S. D. of distribution	S. E. of means
		A, Males			
1 a	17—29	585	75	41	1.7
2 a	30—39	834	91	54	1.9
3 a	40—49	399	107	66	3.3
4 a	50—65	143	103	58	4.9
		B, Females			
1 b	17—29	190	44	29	2.1
2 b	30—39	99	51	36	3.7
3 b	40—49	37	65	51	8.5
4 b	50—65	10	77	48	16.1

* All values in mg/100 ml

because there were only 10 females in Group 4 b, no calculations were made for the correlation coefficients for this group).

For convenience, Tab. 40 through 45 include the values of the correlation coefficients for the 5 % level of significance (p = 0.05) and the 1 %

Table 37. *$S_f^\circ 100$—400 lipoprotein concentrations in clinically healthy humans as a function of age*

Group	Age (yr)	No. of subjects	Mean* $S_f^\circ 100$—400	S. D. of distribution	S. E. of means
A, Males					
1 a	17—29	585	37	43	1.8
2 a	30—39	834	51	64	2.2
3 a	40—49	399	66	91	4.6
4 a	50—65	143	58	70	5.9
B, Females					
1 b	17—29	190	9	14	1.0
2 b	30—39	99	13	17	1.7
3 b	40—49	37	18	24	4.1
4 b	50—65	10	32	37	12.4

* All values in mg/100 ml

Table 38. *Atherogenic Indices in clinically healthy humans as a function of age*

Group	Age (yr)	No. of subjects	Mean* A. I.	S. D. of distribution	S. E. of means
A, Males					
1 a	17—29	585	59	20	0.8
2 a	30—39	834	69	24	0.8
3 a	40—49	399	78	29	1.4
4 a	50—65	143	76	26	2.2
B, Females					
1 b	17—29	190	43	12	0.9
2 b	30—39	99	51	18	1.8
3 b	40—49	37	56	19	3.1
4 b	50—65	10	79	22	7.4

* All values in Atherogenic Index (A. I.) units (see references [*882, 884, 886*])

Table 39. *Cholesterol levels in clinically healthy humans as a function of age*

Group	Age (yr)	No. of subjects	Mean* cholesterol	S. D. of distribution	S. E. of means
A, Males					
1 a	17—29	585	206	43	1.8
2 a	30—39	834	226	44	1.5
3 a	40—49	399	240	46	2.3
4 a	50—65	143	239	40	3.4
B, Females					
1 b	17—29	190	193	35	2.5
2 b	30—39	99	213	43	4.4
3 b	40—49	37	227	40	6.7
4 b	50—65	10	301	29	9.6

* All values in mg/100 ml

level (p = 0.01) for the number of degrees of freedom represented by each group.

The following results are obtained from the data of the abovementioned tables:

Table 40. *Pearson product-moment correlations for lipoproteins and proteins of human serum for Group 1a*

Males 17—29 yr of age (N = 803)
r = 0.07 for 5% level of significance
r = 0.09 for 1% level of significance

	$S_f^o 0$—12	$S_f^o 12$—20	$S_f^o 20$—100	$S_f^o 100$—400	A. I.	HDL$_1$	HDL$_2$	HDL$_3$	P$_1$	P$_2$	P$_3$	Cholesterol
$S_f^o 0$—12					0.68							
$S_f^o 12$—20	0.61				0.78							
$S_f^o 20$—100	0.25	0.60			0.84							
$S_f^o 100$—400	0.18	0.37	0.75		0.77							
HDL$_1$	0.21	—0.03	—0.03	0.04	0.09							0.17
HDL$_2$	—0.27	—0.25	—0.28	—0.21	—0.33	—0.17						—0.09
HDL$_3$	0.01	—0.01	—0.12	—0.07	—0.07	—0.01	0.30					0.14
P$_1$	—0.04	—0.08	—0.05	—0.05	—0.06	0.00	0.11	—0.07				—0.01
P$_2$	—0.07	—0.09	—0.03	0.00	—0.06	0.05	—0.03	—0.02	0.01			—0.04
P$_3$	0.03	—0.02	—0.03	—0.01	0.00	0.02	—0.03	0.00	0.21	—0.25		0.05

Table 41. *Pearson product-moment correlations for lipoproteins and proteins of human serum for Group 2a*

Males 30—39 yr of age (N = 562)
r = 0.08 for 5% level of significance
r = 0.11 for 1% level of significance

	$S_f^o 0$—12	$S_f^o 12$—20	$S_f^o 20$—100	$S_f^o 100$—400	A. I.	HDL$_1$	HDL$_2$	HDL$_3$	P$_1$	P$_2$	P$_3$	Cholesterol
$S_f^o 0$—12					0.48							
$S_f^o 12$—20	0.58				0.70							
$S_f^o 20$—100	0.10	0.54			0.88							
$S_f^o 100$—400	0.00	0.27	0.80		0.81							
HDL$_1$	0.06	0.02	0.22	0.27	0.23							0.15
HDL$_2$	—0.20	—0.17	—0.25	—0.21	—0.29	—0.08						—0.06
HDL$_3$	—0.03	0.02	—0.13	—0.14	—0.12	—0.02	0.36					0.08
P$_1$	0.03	0.01	—0.04	—0.04	—0.02	0.03	0.05	—0.06				0.06
P$_2$	—0.08	—0.02	0.03	0.05	0.01	0.06	—0.01	—0.07	0.06			—0.02
P$_3$	0.05	0.01	0.02	0.02	0.04	—0.01	0.06	0.04	0.19	—0.20		0.10

Table 42. *Pearson product-moment correlations for lipoproteins and proteins of human serum for Group 3a*

Males 40—49 yr of age (N = 387)
r = 0.09 for 5% level of significance
r = 0.14 for 1% level of significance

	$S_f^o 0{-}12$	$S_f^o 12{-}20$	$S_f^o 20{-}100$	$S_f^o 100{-}400$	A. I.	HDL$_1$	HDL$_2$	HDL$_3$	P$_1$	P$_2$	P$_3$	Cholesterol
$S_f^o 0{-}12$					0.26							
$S_f^o 12{-}20$	0.44				0.60							
$S_f^o 20{-}100$	—0.02	0.54			0.90							
$S_f^o 100{-}400$	—0.15	0.21	0.75		0.85							
HDL$_1$	—0.01	—0.04	0.15	0.41	0.28							0.12
HDL$_2$	—0.25	—0.27	—0.26	—0.18	—0.31	—0.05						—0.05
HDL$_3$	—0.10	—0.04	—0.18	—0.15	—0.19	—0.04	0.41					0.06
P$_1$	—0.02	—0.04	0.00	—0.05	—0.04	—0.03	0.16	—0.05				0.02
P$_2$	0.02	—0.06	0.04	0.03	0.03	—0.08	—0.03	—0.02	0.02			0.08
P$_3$	—0.01	0.03	0.03	0.03	0.03	0.01	0.05	0.05	0.26	—0.27		0.03

Table 43. *Pearson product-moment correlations for lipoproteins and proteins of human serum for Group 4a*

Males 50—65 yr of age (N = 140)
r = 0.16 for 5% level of significance
r = 0.22 for 1% level of significance

	$S_f^o 0{-}12$	$S_f^o 12{-}20$	$S_f^o 20{-}100$	$S_f^o 100{-}400$	A. I.	HDL$_1$	HDL$_2$	HDL$_3$	P$_1$	P$_2$	P$_3$	Cholesterol
$S_f^o 0{-}12$					0.48							
$S_f^o 12{-}20$	0.55				0.65							
$S_f^o 20{-}100$	0.18	0.55			0.91							
$S_f^o 100{-}400$	0.08	0.24	0.80		0.85							
HDL$_1$	—0.01	—0.02	—0.31	0.55	0.38							0.24
HDL$_2$	—0.26	—0.25	—0.36	—0.29	—0.39	—0.11						—0.05
HDL$_3$	—0.03	0.01	—0.16	—0.08	—0.11	0.04	0.42					0.24
P$_1$	0.21	0.18	0.11	0.02	0.14	0.08	0.02	—0.01				0.30
P$_2$	—0.11	—0.03	0.17	0.05	0.05	—0.10	—0.15	—0.07	0.01			0.01
P$_3$	0.13	0.20	0.09	0.14	0.17	0.07	0.00	0.17	0.30	—0.29		0.28

Table 44. *Pearson product-moment correlations for lipoproteins and proteins of human serum for Group 1b*

Females 17—29 yr of age (N = 188)
r = 0.14 for 5% level of significance
r = 0.19 for 1% level of significance

	$S_f^0$0—12	$S_f^0$12—20	$S_f^0$20—100	$S_f^0$100—400	A. I.	HDL$_1$	HDL$_2$	HDL$_3$	P$_1$	P$_2$	P$_3$	Cholesterol
$S_f^0$0—12					0.73							
$S_f^0$12—20	0.47				0.78							
$S_f^0$20—100	0.15	0.57			0.76							
$S_f^0$100—400	0.07	0.34	0.76		0.62							
HDL$_1$	0.35	0.04	0.06	0.11	0.24							0.22
HDL$_2$	—0.09	—0.05	—0.27	—0.22	—0.21	—0.23						0.17
HDL$_3$	0.15	0.18	0.05	0.14	0.17	0.12	0.25					0.37
P$_1$	—0.10	—0.17	—0.04	—0.05	—0.12	—0.09	0.06	—0.01				—0.06
P$_2$	—0.03	0.17	0.13	0.24	0.12	0.01	—0.14	—0.05	0.01			0.01
P$_3$	0.14	—0.05	—0.11	—0.15	—0.01	0.09	0.03	0.25	0.36	—0.32		0.13

Table 45. *Pearson product-moment correlation for lipoproteins and proteins of human serum for Groups 2b and 3b combined*

Females 30—49 yr of age (N = 132)
r = 0.17 for 5% level of significance
r = 0.23 for 1% level of significance

	$S_f^0$0—12	$S_f^0$12—20	$S_f^0$20—100	$S_f^0$100—400	A. I.	HDL$_1$	HDL$_2$	HDL$_3$	P$_1$	P$_2$	P$_3$	Cholesterol
$S_f^0$0—12					0.79							
$S_f^0$12—20	0.62				0.79							
$S_f^0$20—100	0.40	0.57			0.85							
$S_f^0$100—400	0.29	0.40	0.80		0.73							
HDL$_1$	0.24	0.12	0.15	0.33	0.26							0.25
HDL$_2$	—0.17	—0.18	—0.30	—0.32	—0.29	—0.21						0.07
HDL$_3$	—0.02	0.03	0.08	0.10	0.05	—0.03	0.27					0.19
P$_1$	0.00	—0.02	—0.07	—0.04	—0.04	0.04	0.12	—0.11				0.04
P$_2$	—0.04	0.01	0.02	0.09	0.01	—0.06	—0.03	0.05	0.17			—0.03
P$_3$	0.12	0.07	0.07	0.05	0.11	0.04	0.05	0.18	0.20	—0.11		0.18

1. HDL_1 versus the Low-Density Lipoproteins, the Atherogenic Index, and Cholesterol

A moderate positive correlation of the HDL_1 class with $S_f^0 0$—12 is seen in only the young males (17—29 yr) and in females 17—49 years; the p value is less than 0.01. No significant relationships were found, at least at the p = 0.05 level, between HDL_1 and $S_f^0 12$—20. The relationship between HDL_1 and $S_f^0 20$—100 and $S_f^0 100$—400 becomes increasingly stronger with age in both sexes, but with no significant correlation in 17—29-yr)old males and females. This relationship is positive and of the order of $p \ll 0.01$. The Atherogenic Index would therefore be expected to be significantly correlated with HDL_1 in the positive direction, since the AI is directly calculated from the results of the four low-density lipoprotein classes. The correlation of HDL_1 versus the AI is seen in all groups and the $p < 0.01$ level. Since the low-density lipoproteins carry part of the serum cholesterol as a moiety, there is thus demonstrated a positive significant correlation between HDL_1 and cholesterol in all groups.

2. HDL_1 versus the High-Density Lipoproteins

HDL- shows a moderate negative correlation with HDL_2 in males and females through ages 39 yr for males and 49 yr for females. In the 17—29 yr male and female groups we find $p < 0.01$,and in the 30—39-yr males and 30—49-yr females, p = 0.05. No significant correlation, at least at the p = 0.05 level, was found between HDL_1 and HDL_3.

3. HDL_1 versus the Serum Proteins

No significant correlation, at least at the p = 0.05 level, was found for HDL_1 with any protein component.

4. HDL_2 versus the Low-Density Lipoproteins, the Atherogenic Index, and Cholesterol

There is seen to be a significant inverse correlation between the HDL_2 class and all the low-density lipoproteins in all groups except in 17—29-yr females. There is no correlation between HDL_2 and $S_f^0 0$—12 or $S_f^0 12$—20 lipoproteins in these young females. The inverse relationship for HDL_2 versus $S_f^0 0$—12 and $S_f^0 12$—20 is on the order of $p < 0.01$ in all the male and female groups, except for the older females, where $p \sim 0.05$. The Atherogenic Index would naturally follow in the same direction, since it grows out of the low-density lipoprotein levels. HDL_2 versus cholesterol showed a significant inverse relationship in 17—29-yr males ($p < 0.01$), and a positive one in the 40—49-yr males (p = 0.05).

5. HDL_2 versus HDL_1 and HDL_3

HDL_2 is inversely related to HDL_1, as indicated in B 2 above. There is a strong direct correlation between HDL_2 and HDL_3 in all groups of both sexes, with $p < 0.01$.

6. HDL_2 versus the Serum Proteins

In 17—29- and 40—49-yr males HDL_2 is positively related to P_1, with $p < 0.01$, and in 17—29-yr females HDL_2 is inversely related to P_2, with p = 0.05. No other significant values, at least at the 5% level, were found between HDL_2 and the serum proteins.

10*

7. HDL₃ versus the Low-density Lipoproteins, the Atherogenic Index, and Cholesterol

In 40—49-yr males and 17—29-yr females there is a relationship between HDL_3 and $S_f^\circ 0$—12 which is negative for males and positive for females, with p $\sim$ 0.03. Only one group showed a low-order positive relationship (p $\sim$ 0.03) between HDL_3 and $S_f^\circ 12$—20; it was the 17—29-yr female group. In all the male groups there is a moderate inverse relationship between HDL_3 and $S_f^\circ 20$—100, with p $<$ 0.01. In the 30—39-yr and 40—49-yr male groups this relationship is repeated for the HDL_3 versus $S_f^\circ 100$—400. The 17—29-yr male group shows a low-order inverse correlation between HDL_3 and $S_f^\circ 100$—400, with p = 0.05. However, the 17—29-yr female group had a low-order positive correlation between HDL_3 and $S_f^\circ 100$—400, with p = 0.05 — just opposite that of the male groups. The relationship of HDL_3 versus Atherogenic Index would follow along the same direction as in the low-density findings. There is a moderate positive correlation between cholesterol and HDL_3 in the 17—29-yr males and females, and in the 50—65-yr males, with p $<$ 0.01. In the 30—39-yr males and the 30—49-yr females this positive correlation is only of low order, with p $\sim$ 0.05.

8. HDL₃ versus HDL₁ and HDL₂

These data are shown under B 2 and B 6 respectively.

9. HDL₃ versus the Serum Proteins

There is a low-order inverse correlation between HDL_3 and P_1 in the 17—29-yr male group with p = 0.05. In the 30—49-yr female group HDL_3 is directly related to P_3, with p $<$ 0.01, and the positive correlation with P_3 is also seen in the 50—65-yr males and the 30—49-yr female group, but of low-order significance, where p $\sim$ 0.03. There were no other significant findings, at least at the p = 0.05 level, between HDL_3 and the serum proteins.

10. P₁ versus the Low-Density Lipoproteins, the Atherogenic Index, and Cholesterol

There is a direct correlation between P_1 and $S_f^\circ 0$—12 lipoproteins in the male group 50—65 yr of age, with p $\sim$ 0.03. In the 17—29-yr-old male and female groups a low-order inverse relationship is noticed, with p $\sim$ 0.03. There were no other significant findings, at least at the p = 0.05 level, between P_1 and the low-density lipoproteins and Atherogenic Index. In the 50—65-yr male group there was a direct correlation between P_1 and cholesterol, with p $<$ 0.01.

11. P₁ versus the High-Density Lipoproteins

These data are found above in Section B 3, B 7, and B 10 for HDL_1, HDL_2, and HDL_3 respectively.

12. P₁ versus P₂ and P₃

In the 30—49-yr female group there is a low-order direct correlation between P_1 and P_2, with p = 0.05. The 17—29-yr male and female groups and the 30—39-yr males and females show a moderate positive correlation between P_1 and P_3. The level of significance is found to be p $<$ 0.01 for the groups mentioned, except for 30—49-yr females, with p $\sim$ 0.03.

13. P_2 versus the Low-Density Lipoproteins, the Atherogenic Index, and Cholesterol

For P_2 versus S-0—12 only the 17—29-yr and 30—39-yr male groups showed a low-order inverse relationship, with $p = 0.05$. In the 17—29-yr males P_2 was found to be correlated inversely with $S_f^\circ 12$—20, with $p = 0.01$; and in 17—29-yr-old females P_2 was found to be directly related, with $p \sim 0.03$. The 50—65-yr male group showed a positive correlation between P_2 and $S_f^\circ 20$—100, with $p \sim 0.03$. In the 17—29-yr female group there was a moderate direct relationship between P_2 and $S_f^\circ 100$—400, with $p < 0.01$. The Atherogenic Index and the cholesterol failed to show any significance with P_2 at least at the $p = 0.05$ level.

14. P_2 versus the High-Density Lipoproteins

These data are found above in Sections B 3, B 7 and B 10 for HDL_1, HDL_2, and HDL_3 respectively.

15. P_2 versus P_1 and P_3

The data for P_2 versus P_1 are found in Section B 13 above. There is a moderate inverse relationship between P_2 and P_3 for the 17—29-yr male and female groups, and for the 30—39-yr, the 40—49-yr, and the 50—65-yr male groups. All groups have levels of $p < 0.01$.

16. P_3 versus the Low-Density Lipoproteins, the Atherogenic Index, and Cholesterol

In the 17—29-yr females there is a low-order positive relationship beween P_3 and $S_f^\circ 0$—12 lipoproteins, with $p = 0.05$. In the 50—65-yr males there is a low-order positive correlation between P_3 and $S_f^\circ 12$—20 lipoproteins, with $p \sim 0.03$. A low-order negative correlation is seen between $S_f^\circ 100$—400 lipoproteins and P_3 in the 17—29-yr female group, with $p \sim 0.03$. The Atherogenic Index is positively correlated with P_3 in the 50—65-yr males, probably owing to the relationship between P_3 and $S_f^\circ 12$—20 of this group; the value for p is 0.05. In the 17—29-yr and the 50—65-yr males there is a moderate direct correlation between P_3 and cholesterol, with $p < 0.01$. This direct relation is also seen in the 30—49-yr females, but only of low-order significance, with $p \sim 0.03$.

17. P_3 versus the High-Density Lipoproteins

These data are found in sections B 3, B 7, and B 10 above for HDL_1, HDL_2, and HDL_3 respectively.

18. P_3 versus P_1 and P_2

These data are found in sections B 13 and B 16 above for P_1 and P_2 respectively.

19. Low-Density Interclass Relationships

These findings are quite adequately discussed by GOFMAN [884]. It is recommended to the reader as an extremely valuable source of information in the field of lipoproteins in health and disease.

Discussion and Conclusions

It is evident from the low magnitudes of the correlation coefficients that the metabolic factors involved in the regulation of the serum levels of any one of the lipoprotein or protein classes are largely independent of those involved in the regulation of the levels of either of the other lipoprotein or protein classes. There are, however, some interesting facts that have been obtained from the data in this text. They are best summarized as follows:

1. There is a remarkable constancy with age in both sexes for the ages 17 through 65, in the levels of HDL_2 and HDL_3.

2. The female lipoproteins and protein patterns are characteristically different from the male patterns throughout the age span covered in this text. The females have significantly higher concentrations of HDL_2 and P_1.

3. The levels of P_1 and P_3 decrease significantly with age in both sexes for the age span covered in this text, and it is not possible to prove at better than the 5% level of significance, that such an age trend is seen in the P_2 levels of either sex. The interesting point here is that although P_2 and P_3 are significantly inversely correlated, the former remains fairly constant with age while the latter decreases with age in both sexes.

4. It is interesting to note that HDL_1 is positively correlated with $S_f^0 0$—12 in young males and females, since these subjects are characterized by reasonably low levels of $S_f^0 20$—400. As the level of $S_f^0 20$—400 increases as a function of age (and this is seen in Tab. 36 and 37), then HDL_1 becomes more significantly related as the $S_f^0 20$—400 increases while HDL_1 itself increases slightly in concentration. It is also interesting to note that HDL_1 is correlated inversely with HDL_2 in only the young males and females characterized by low levels of $S_f^0 20$—400. These groups, as seen earlier, had positive correlations between HDL_1 and $S_f^0 0$—12. It will be seen below that HDL_2 is inversely correlated with $S_f^0 0$—12, which is in agreement with the above findings. Why the HDL_1 remains significantly and directly correlated with $S_f^0 0$—12 lipoproteins in females only and falls off beyond age 29 in males can not be explained at this time. It could possibly be related to the changes that occur during the idiopathic hyperlipemic-type shift mentioned above. The $S_f^0 20$—400 levels in males 30—39 yr has already reached 142 mg-%, and this figure increases to 173 mg-% in the next age decade, but in the 40—49 yr females the $S_f^0 20$—400 lipoprotein concentrations have only reached 83 mg-%. The difference between 142 mg-% and 83 mg-% is statistically significant beyond the p = 0.01 level.

5. In general, the HDL_2 class is significantly correlated inversely with all the low-density lipoproteins in both sexes and in all groups. This relationship is at the p ≪ 0.01 level. The only exceptions are in the 17—29-yr females, where it was not possible to prove at the p = 0.05 level that HDL_2 is related to either $S_f^0 0$—12 or $S_f^0 12$—20. In the 30—49-yr females, for HDL_2 versus either $S_f^0 0$—12 or $S_f^0 12$—20, the levels of significance were found to be p = 0.05 and p = 0.03 respectively. Perhaps an explanation of the lack of correlation between HDL_2 and $S_f^0 0$—12 or $S_f^0 12$—20 in 17—29-yr females only is of metabolic origin, but at present it can not be seen with these data.

6. A very interesting phenomenon is the high positive correlation between HDL_2 and HDL_3 that is seen in all age groups and both sexes. These relationships are significant at the p ≪ 0.01 level, and are very similar to the findings by GOFMAN that correlations between two lipoprotein classes are highest when the two classes being tested are most closely related ultracentrifugally [884]. With the exception of some clinical states, wherever either HDL_2 or HDL_3 is elevated, it is more than likely that the other will also be elevated, and conversely, whenever either HDL_2 or HDL_3 is lowered it is more than likely that the other will also be lowered [884].

7. Of equal interest is the definite negative correlation of HDL_3 with $S_f^o 20$—400 in all the age groups in the males but not the females. This is what was found, as mentioned above, when $S_f^o 20$—400 was correlated with HDL_1 but the direction was positive. The interesting fact here is that when HDL_1 is tested with HDL_3 no significant relationship is found. This may tend to suggest independent metabolic functions for HDL_1 and HDL_3, but a Pearson product-moment correlation is not to be taken as a test for such findings. On the contrary, when one looks at the individual values he is more likely to find that $S_f^o 20$—400, HDL_1, and HDL_3 are really very closely related metabolically. This sort of approach is being made now, and will certainly be more fruitful in seeking out relationships which tend to get hidden when one relies entirely upon the results of a correlation coefficient.

8. With the exception of a few scattered significant relationships be-tween proteins and lipoproteins, there does not appear to be any reason to lean heavily in the direction that lipoproteins and proteins are relatedly involved in the same metabolic states. On the contrary, we have seen from unpublished observations that in many metabolic disorders characterized by grossly disturbed lipoprotein patterns the protein patterns are normal, and vice versa. But it is more than chance alone that P_2 and P_3 are related, since for every group except older females there has been a significant negative relationship between P_2 and P_3, at the $p \ll 0.01$ level. The same holds true for the P_1 and P_3 relationships. In this case even the older females show significant correlations for P_1 and P_3. The correlation coefficients for P_1 versus P_3 are all positive and are at the $p \ll 0.01$ level of significance in all but one group, which was at the $p = 0.03$ level. It is interesting to note that the P_1 was shown not significantly correlated with P_2 in all groups except the 30—49-yr females — which coincidentally was the only group in which P_2 versus P_3 did not show any significance, at least at the $p = 0.05$ level.

4. Physiologische „Normwerte“

Von

Fritz A. Pezold

Die Literaturangaben über die physiologische „Norm“ der Lipid- und Lipoproteidkonzentrationen weichen in weiten Grenzen voneinander ab [*223, 262*]. Wie bereits ausgeführt, sind die *individuellen Schwankungen* im allgemeinen *relativ gering*. Dagegen zeigt das *Kollektiv Konzentrationsschwankungen innerhalb verhältnismäßig weiter Grenzen*. Diese Unterschiede finden in erster Linie in der inhomogenen Zusammensetzung bezüglich Alter und Geschlecht der Probanden ihre Erklärung. Zum Teil, besonders was die älteren Angaben betrifft, sind sie auch methodisch bedingt. „*Normalwerte*“ *in höherem Alter* zu gewinnen, ist nicht ganz leicht wegen des hohen Prozentsatzes von Arteriosklerosebefall. Normale Lipoproteidspiegel im Serum findet man im höheren Alter bevorzugt bei lange bestehender Untergewichtigkeit, chronischen Magen-Darm- und Infektionskrankheiten, wie ja auch oft bei nicht allzu weit fortgeschrittenem Carcinombefall (nicht Leberkrebs!) relativ häufig Arteriosklerosefreiheit neben niedrigen Lipid- und normalen Lipoproteidverhältnissen beobachtet wird [*723*].

a) Humanserum

Die Verteilung der einzelnen Lipidkomponenten scheint nach einem in gewissen Grenzen festliegenden Schlüssel zu erfolgen. Die Phosphatide

haben zu 32 bis 36%, das Estercholesterin zu 22 bis 26%, das freie Cholesterin zu 4 bis 8% Anteil an der gesamten, im Serum strömenden Lipidmenge.
Der „Gesamtlipidrest" umfaßt die Neutralfette, freien Fettsäuren, fettlöslichen Hormone und Vitamine.

Nach allen bisher vorliegenden Befunden bestehen *quantitative Beziehungen* zwischen den einzelnen Lipidkomponenten des Blutplasmas. Nach
PETERS [1786] und MAN liegt der *Gesamtcholesterin/Lipidphosphorquotient*
im Serum unter physiologischen Umständen zwischen 12,8 und 18,2. Der
Gesamtcholesterin/Phosphatidquotient im Serum von Gesunden wurde von
AHRENS [36] und KUNKEL errechnet. Sie fanden Werte zwischen 1,0 und 1,3.

Bei Gegenüberstellung der *Phosphatid-* zur *Cholesterinesterkonzentration*
im Serum kam SCHULZE [2078] zu dem Ergebnis, daß bei gesunden Ver

Tabelle 46. *Gesamtlipidkonzentration im Humanserum unter physiologischen Bedingungen*

Gesamtlipide mg-%	Autor	Literaturstelle	Jahr
589	BOYD	[302]	1933
735 ±216	PAGE	[1754]	1935
530 ± 74	WHITE	[2445]	1949
470 —725	AHRENS jr.	[34]	1950
400 —700	THANNHAUSER	[2284]	1950
360 —820	WEST	[2442]	1951
836 (s. 204)	HINSBERG	[1085]	1953
863 ±125	SWAHN	[2259]	1953
500 —800	SCHETTLER	[2006]	1955
821 ±106	LEUPOLD	[1438]	1958
678,5 ±180,2	SCHULZE	[2087]	1958

suchspersonen „mit steigendem relativem Cholesterinestergehalt im Serum
der Phosphatidgehalt abnimmt und umgekehrt".

Der Quotient freies Cholesterin/Gesamtcholesterin bewegt sich zwischen
0,24 und 0,32 [1786, 2172], 8 bis 12% der Serumproteine sind Lipoproteide.
Von den gesamten Serumlipoproteiden entfallen 25 bis 40% auf die Alpha-
Lipoproteide, etwa 40% auf die Beta-Lipoproteide der Dichte D 1,019 bis
1,063 und der Rest auf die Beta-Lipoproteide sehr niedriger Dichte (D $<$
1,019).

Die Literaturangaben über die physiologische Norm des Serumcholesterinspiegels weichen stark voneinander ab. Als oberen Grenzwert nahmen
BLOOR [263] 220 mg-%, PETERS [1786] und MAN 230 mg-% (Streubreite:
194 mg-% ± 36), STECHER [2211] und HERSH sogar 300 mg-% an. Diese
großen Unterschiede sind entweder methodisch oder dadurch erklärbar, daß
die Mittelwerte ohne Rücksicht auf Alter und Geschlecht der untersuchten
Personen gewonnen worden sind. Die methodisch bedingten Diskrepanzen
gehen aus Tab. 48 eindeutig hervor.

Nach HINSBERG [1086] (S. 335) beträgt die Konzentration der *gesamten
Fettsäuren* im Blutserum des nüchternen Menschen zwischen 240 bis
470 mg-%, nach BOYD [302] 282 bis 650 mg-%, nach EGGSTEIN [622]
314 ± 11 mg-% (20- bis 35jährige gesunde Männer und Frauen), nach
SCHRADE [2065] u. Mitarb. 227 bis 389 mg-% (20 Untersuchungen) und
nach weiteren Untersuchungen des gleichen Arbeitskreises [2066] an 30
gesunden Probanden 319 mg-% ± 10,7. Nach Untersuchungen unseres
eigenen Arbeitskreises beträgt die physiologische Streubreite 270 bis
530 mg-% (40 Untersuchungen), bezogen auf die Gesamtlipide 45 bis 62%

derselben. Der relative Anteil der Fettsäuren am Gesamtlipidextrakt der untersuchten Seren wurde von SCHRADE [2065] u. Mitarb. mit 38,5 bis 53,9%, durchschnittlich mit 45,7% ermittelt. Auf die Neutralfette entfallen dabei 41%, auf die Phosphatide 37% und auf das Estercholesterin 22% [1086]. EGGSTEIN [622] fand im Serum von 15 nüchternen Normalpersonen einen Neutralfettgehalt (berechnet als Triolein) zwischen 44 mg-% bis 136 mg-%, im Mittel 93 mg-%. BOYD [302] fand bei einer Konzentration der Gesamtfettsäuren von 353 mg-% an Neutralfett-Fettsäuren 146 mg-%, an Phosphatidfettsäuren 130 mg-% und an Cholesterinfettsäuren 77 mg-%. WELLER fand in seinen Untersuchungen auf die Neutralfette 43%, auf die Phosphatide 35% und auf das Estercholesterin 22% entfallend.

Seit langem weiß man, daß *unter physiologischen Bedingungen im menschlichen Serum mehr ungesättigte als gesättigte Fettsäuren* vorkommen. Etwa 60% der Gesamtfettsäuren bestehen aus ungesättigten Fettsäuren, die eine Hälfte aus Ölsäure, die andere aus mehrfach ungesättigten Fettsäuren (Polyensäuren). 20% aller Fettsäuren im Blutserum entfallen auf die Linolsäure, 10% auf ungesättigte Fettsäuren mit drei, vier, fünf und mehr Doppelbindungen. SCHRADE [2065, 2066] und sein Arbeitskreis fanden an einer Gruppe von 20 gesunden Versuchspersonen 53,8% (46,3 bis 67,7%) und einer zweiten Gruppe von 30 Personen 54,0 ± 0,4% der gesamten Fettsäuren im Blutserum aus ungesättigten und 46,2% (32,3 bis 53,8%) aus gesättigten Fettsäuren bestehend. Bezogen auf den Gesamtfettsäurengehalt betrug der durchschnittliche Anteil an Ölsäure 26,9% (17,3 bis 39,2%), an Linolsäure 19,4%, an Linolensäure 4,4% (1,2 bis 9,4%), an Arachidonsäure 3,1%.

Auf 100 ml Serum berechnet, ergaben sich nach SCHRADE [2065]

Tabelle 47. *Lipidkonzentrationen im Serum gesunder Erwachsener (mg-%)*

	BLOOR [263] 1916	[1]) [3]) BOYD [302] 1933	WHITE [2445] 1949	THANNHAUSER [2]) [2284] 1950	WEST [2442] 1951	HINSBERG [1085] 1953	SCHETTLER [2006] 1955	LEUTHARDT [1439] 1957	LEUPOLD [1438] 1958	SCHULZE [2078] 1958
Neutralfette	—	154	142 ± 60	0—200	150—250	—	0—200	0—150	300 ± 82	160,9 ± 65,4
Gesamtfettsäuren	300—430	353	316 ± 85	190—450	200	300—400	220—310	200—450	—	—
Gesamtcholesterin	190—310	162	152 ± 24	150—260	150—193	219 (s 47)	160—260	150—260	205 ± 29	—
Estercholesterin	—	115	106 ± 25	(70—75% des Gesamtcholesterins)	90—114	—	(60—75% des Gesamtcholesterins)	—	135 ± 24	152,9 ± 100,2
Freies Cholesterin	—	47	46 ± 8	30— 35	60— 79	57,5 (s 15)	40— 65	40— 70	70 ± 11	28,5 ± 13,0
Phosphatide ...	200—260	196	165 ± 28	150—250	135—170	—	150—250	150—250	—	222,7 ± 112,5

[1] Standardbedingungen (Kost, Bewegungsausmaß);   [2] Untersuchung im Nüchternzustand;   [3] Gesunde Frauen.

Tabelle 48. *Serumcholesterinspiegel des gesunden Erwachsenen*
(Durchschnittswerte)

Autor	Gesamtcholesterin mg-%	Methode
AUTENRIETH [96] und FUNK	140—160	colorimetrisch
STEPP [2225]	130—180	colorimetrisch nach AUTENRIETH und FUNK
STROEBE [2241]	140—190	Digitoninmethode
BLOOR [263]	190—310	,,
THANNHAUSER [2284]	150—260	,,
SCHETTLER [2006]	160—260	,,
WHITE [2445]	152 ± 24	,,
BARR [141]	18—35: ♀ 187 ♂ 197	,,
	45—65: ♀ 252 ♂ 239	,,
BOYD und OLIVER [319]	180—230	,,

Tabelle 49. *Phosphatidwerte im menschlichen Blutserum (Erwachsene) — mg-%*

	HINSBERG [1085]	THANNHAUSER [2284]	LEUTHARDT [1439]	SCHETTLER [2006]	GJONE [866] Lipoid-P mg-%
Gesamtphospholipidphosphor	9 (7,9— 10,9)	6— 10	—	6,5— 10	—
Gesamtphosphatide ...	226 (198 —272)	150—250	150—250	150—250	—
Lecithin	107 (56 —203)	150—230	100—200	150—230	6,54 (66,4%)[1]
Kephalin	96 (47 —133,5)	0— 20	0— 30	—	0,63 (6,4%)[1]
Sphingomyelin	23 (13,8— 53,8)	10— 30	10— 30	10— 30	1,79 (18,4%)[1]
Lysolecithin					0,88 (8,9%)[1]

[1] (% = prozentualer Anteil an den Gesamtlipiden).

Tabelle 50. *Lipoproteidkonzentrationen im Blutserum bei klinisch Gesunden (mg-%)*
(Aus EDER [613])

A. Alpha-Lipoproteide

Alter	Analytische Ultrazentrifuge	Präparative Ultrazentrifuge	Äthanolfraktionierung	Papierelektrophorese
		Männer		
20—39	255	346	419	427
40—65	259	—	427	419
		Frauen		
20—39	321	435	480	508
40—65	323	—	427	468

B. Beta-Lipoproteide

Alter	Analytische Ultrazentrifuge			
	D = 1.019—1.063 g/ml		D = 1.019 g/ml	
		Männer		
20—39	357	312	221	166
40—65	381	—	235	—
		Frauen		
20—39	298	347	136	123
40—65	357	—	203	—

(20 gesunde Versuchspersonen) folgende Konzentrationen an ungesättigten Fettsäuren: Ölsäure 51,5 bis 119,5 mg-%, Linolsäure 47,8 bis 88,4 mg-%, Linolensäure 7,6 bis 35,3 mg-%, Arachidonsäure 2,3 bis 15,4 mg-%. In der zweiten Versuchsreihe [2066] betrugen die Konzentrationen für Ölsäure 87,9 $\pm$ 5,1 mg-%, Linolsäure 64,7 $\pm$ 2,9 mg-%, Linolensäure 13,9 $\pm$

Tabelle 51. *Prozentuale Verteilung der papierelektrophoretisch ermittelten Lipoproteidwerte im menschlichen Serum unter physiologischen Bedingungen*

(„Normalwerte")

Autoren	Alpha-Lipoproteide	Beta-Lipoproteide		
	schnelle Fraktion	langsame Fraktion		Startpunktlipide
	„Albumin-α_1"-Gruppe	(α_2-)	Beta-Lipoproteide	Lipoproteidrest „Gamma-Lipoproteide, Gamma-Rest, Fettrest-Schleppe"
	Lipoproteidlokalisation im Bereich der Proteinfraktionen			
	Alb.-α_1-Globulin	α_2-	Beta-	Gamma-Globulin
DANGERFIELD und SMITH [513]	17,0	6,0	56,0	21,0
BENHAMOU et al. [163]	36,85	9,19	42,31	11,86
SWAHN [2259]	25 —30		50 —60	10 —20
ANTONINI et al. [82]	39,5 $\pm$ 3,36		50,4$\pm$ 3,02	9,7 $\pm$ 2,31
SCHMID et al. [2026]	10 —25		40 —50	30 —40
GROSS und WEICKER [957] (n = 21)	20,2		48,2	31,6
RAYNAUD et al. [1892]	28 $\pm$ 2		45	25
KLEIN und FRANKEN [1268] (n =32)	20 $\pm$ 4,2		49 $\pm$10,5	31 $\pm$11,6
BANSI [124] et al.	22,3		41,2	36,5
GEINITZ und SCHILD [837] (n =21)	23 (I)		52 (II)	25 (III)
WEICKER (n=30) [2404]	20 $\pm$ 5,0		50 $\pm$10,0	25 $\pm$10
BÖHLE et al. [276]	(Fraktion A) 22,9		(Fraktion B) 51,8	(Fraktion C) 25,3
BERG et al. [173] (n=60)	19,97$\pm$ 7,06		45,4$\pm$ 7,17	34,63$\pm$ 7,12
FASOLI [690]	25 —40		60 —75	
NIKKILA [1700] (n=22)	24,0		64,0	
NYS [1706] (n=16)	23,8 $\pm$ 4,6		70,3$\pm$ 3,6	
LORENZINI [1503]	29		71	
VOIGT und SCHRADER [2364]	30,6		69,4	
KROETZ und FISCHER [1353]	25 —30		60 (♂ 62,5)[1] (♀ 57,0)	
ROSENBERG et al. [1939]	29,7		70,3$\pm$ 6,1	
KÜHN [1363]	30,0		70,0	
CHAPIN [444]	27 (17 —43)		73 (57 —84)	
SCHMIDT und ZERLETT [2033]	30 (I)		70 (II + III)	
FISCHER (n=147 ♀ 18—34 J.) [723] (n=101 ♂ 18—34 J.)	—		49,0$\pm$6,5 (s) 64,0$\pm$7,0 (s)	

[1] Rest in Albumin und α_2-Globulin.

1,5 mg-% und Archidonsäure 10,1 $\pm$ 0,8 mg-%. Demnach kam die Ölsäurekonzentration im Serum im Mittel der Summe der Polyensäuren gleich.

Diese Werte stimmen gut mit den vom gleichen Arbeitskreis [2064] 1956 angegebenen Durchschnittswerten überein: 72,0 mg-% Linolsäure, 20,2 mg-% Linolensäure, 14,2 mg-% Arachidonsäure im Nüchternserum. LEUPOLD [1437] und EBERHAGEN fanden im menschlichen Mischserum 93,4 mg-% Linolsäure, 31,9 mg-% Arachidonsäure, 8,0 mg-% C_{20}-C_{22}-Pentaensäure und 9,7 mg-% C_{22}-Hexaensäure. Alle Untersucher machen auf

10a*

die großen physiologischen Streubreiten aufmerksam, die in erster Linie von
der aufgenommenen Fettnahrung abhängig sind.

KINSELL [1261] u. Mitarb. isolierten die Cholesterinester im Serum und
bestimmten gaschromatographisch die Esterfettsäuren. Sie fanden, daß
beim Gesunden etwa 50% der gesamten Cholesterinesterfettsäuren aus
Linolsäure bestanden.

b) Tierseren

Für die vergleichende Physiologie und Pathophysiologie ist die Kenntnis
der physiologischen Lipidkonzentrationen im Serum der für die Medizin

Tabelle 52. *Lipidkonzentrationen im Serum verschiedener Tiere*

(Aus MORRIS [1644] und COURTICE)

	Gesamtfettsäuren m Äqu/l.	Gesamtcholesterin mg-%	Phosphatid-Phosphor mg-%
Mensch	12,1 ± 0,6	213 ± 19,4	10,97 ± 0,5
Hund	12,2 ± 0,9	194 ± 35,0	13,00 ± 1,4
Katze	10,8 ± 0,9	98 ± 7,3	7,40 ± 0,3
Ratte	10,4 ± 2,6	43 ± 6,6	5,50 ± 0,3
Maus	10,0 ± 0,4	97 ± 4,4	6,97 ± 0,6
Rind	4,0 ± 0,5	63 ± 9,0	5,02 ± 1,0
Schaf	6,1 ± 0,8	64 ± 12,0	5,23 ± 1,3
Ziege	4,6	34	3,26
Pferd	8,7 ± 0,4	128 ± 12,0	7,66 ± 0,4
Kaninchen	11,4 ± 0,6	46 ± 8,8	4,20 ± 0,7
Meerschweinchen	5,3 ± 0,6	50 ± 3,6	2,70 ± 0,2

Lipid-, Lipoproteid- und Proteinverteilung in Tierseren

(Eigene Untersuchungen)

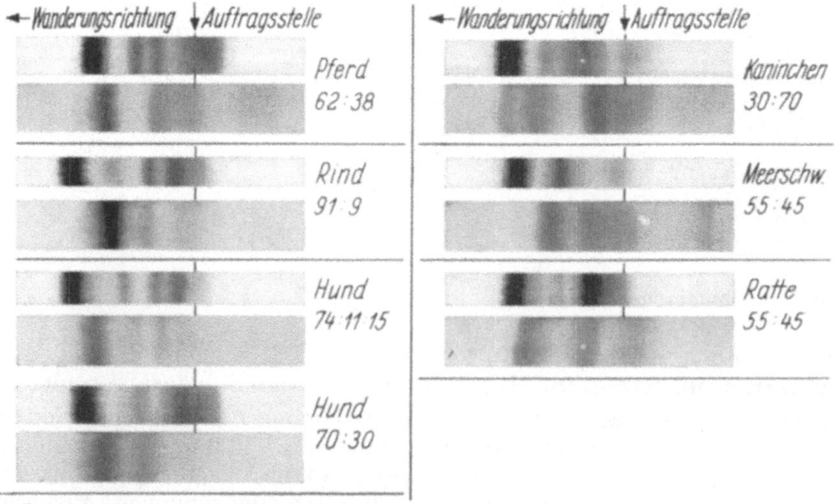

Fig. 37. Lipoproteid- und Proteinelektrophoresediagramme verschiedener Tierseren (gesunde Tiere)

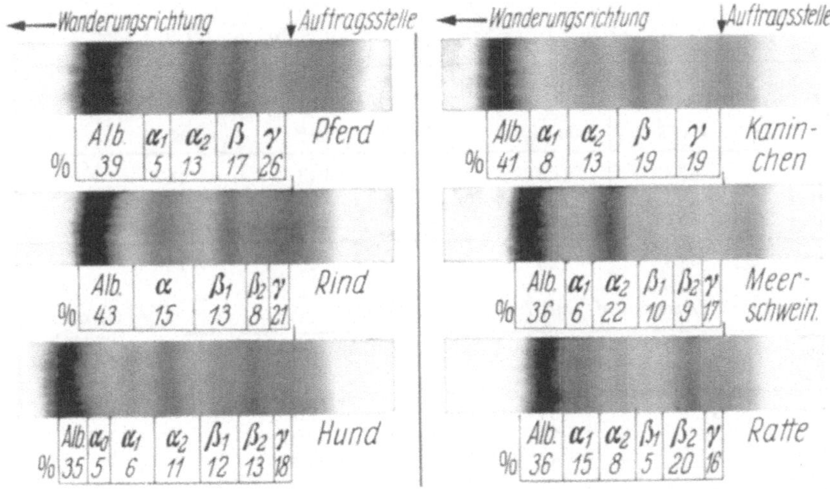

Fig. 38. Proteinelektrophorese verschiedener Tierseren (Normaltiere)

Tabelle 53

I. Pferd. 1. Lipidkonzentrationen im Serum

Pferd Nr.	Gesamtlipide mg-%	Cholesterin ges. mg-%	Cholesterin frei mg-%	Estercholesterin mg-%	Phospholipoide mg-%	Neutralfette mg-%
4	465	102	20	82	188	120
5	466	99	21	78	188	127
9	409	82	17	65	153	130
10	374	78	12	66	169	83
Mittelwert:	428	90	20	73	174	115

2. Lipoproteid- und Proteinverteilung

Pferd Nr.	Lipoproteide % α	Lipoproteide % β	Proteine % Alb.	Proteine % α_1	Proteine % α_2	Proteine % β_1	Proteine % β	Proteine % β_2	Proteine % γ
1	53	47	34	5	15		17		29
2	76	24	28	6	15		16		35
3	68	32	38	4	13	6		14	25
4	69	31	33	5	17		17		28
5	53	47	36	4	16	12		10	22
7	62	38	32	5	15		16		32
8	71	29	31	6	15	12		8	28
9	55	45	33	6	15	7		19	20
10	76	24	28	5	17	17		10	23
11	71	29	32	4	14		22		28
12	55	45	31	7	17	11		6	28
13	62	38	27	3	23	13		12	22
14	66	34	35	6	18	9		13	19
15	72	28	33	6	18		18		25
16	60	40	32	4	16		18		30
17	74	26	38	5	11	15		12	19
18	58	42	36	6	13	15		10	20
Mittelwert:	65	35	33	5	15,8	6,8	7,3	6,7	25,4

Gesamteiweiß-konzentrationen im Serum

Pferd	g-%
Nr. 6	6,66
Nr. 7	6,32
Nr. 8	5,54
Nr. 14	6,28

Tabelle 54
II. Rind. Lipidkonzentrationen im Serum

Rind Nr.	Gesamtlipide mg-%	Cholesterin ges. mg-%	frei mg-%	Estercholesterin mg-%	Phospholipoide mg-%	Neutralfette mg-%
N 931	433	143	—	143	147	
N 891/9	356	100	—	100	105	
N 948/4	451	143	—	143	185	
Mittelwert:	413	129	—	129	146	

Lipoproteid- und Proteinverteilung

Rind Nr.	Lipoproteide % α	β	Proteine % Alb.	α	β_1	β_2	γ
N 931	91	9	34	18	12	20	16
N 891/9	86	14	38	15	13	9	25
N 948/4	86	14	42	14	10	12	22
Mittelwert:	88	12	38	15,6	11,7	13,7	21

Gesamteiweiß-konzentrationen im Serum

Rind Nr.	g-%
N 931	7,5
N 948/4	7,5
N 891/9	7,5

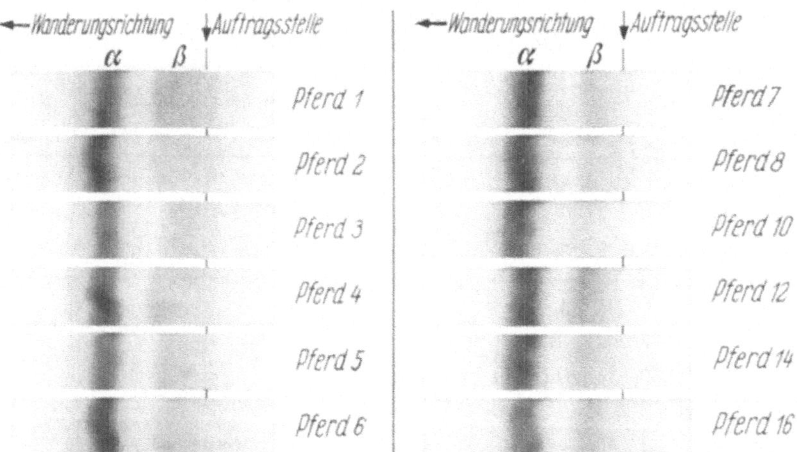

Fig. 39. Lipoproteidelektrophorese mit normalen Pferdeseren (physiologische Variationen)

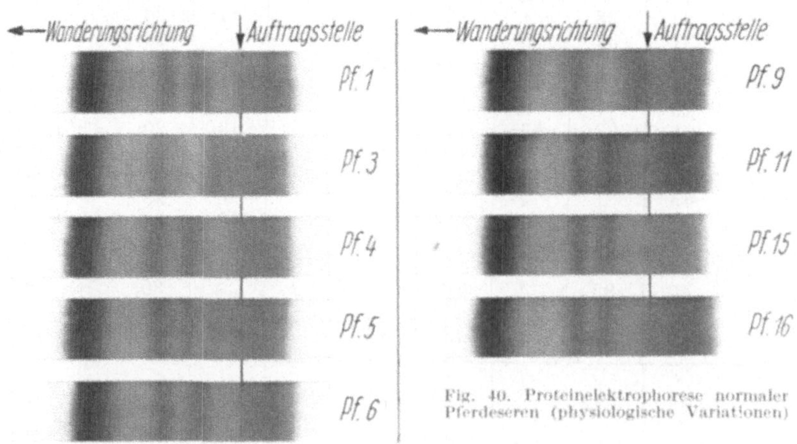

Fig. 40. Proteinelektrophorese normaler Pferdeseren (physiologische Variationen)

Nr.	Hund	Gesamt-lipide mg-%	Cholesterin gesamt mg-%	Cholesterin Ester mg-%	Cholesterin frei mg-%	Phos-pha-tide mg-%	Neutral-fette mg-%	Serumproteine Alb. %	α_1 %	α_2 %	α_3 %	β_1 %	β_2 %	β_3 %	γ %	Lipoproteide α^I %	β %	α_2 %	Gesamt-eiweiß g-%
1	♂ Bobby I, 1 J.		99																
			126																
2	♂ Bobby II	597	149	112	37	297													
		550	144	113	31	316													
3	♀ Susi	822	154	116	38	297	371												
		1488	362	274	88	616	510	44	4	8	13	10	11	—	10	48	21	31	7,15
4	♂ Toni	720	135	108	27	322													
5	♀ Vroni, 1½ J.	818	204	146	58	363	251												
		884	197	150	47	225	462	40	6	8	11	12	14	—	9	78	22	—	6,84
6	♀ Dina	808	170	125	45	322													
		717	153	127	26	331													
7	♂ Bingo	634	162	118	44	314													
8	♂ Strolch 1½ J.	630	134	96	38	278	228												
		762	134	99	35	286	342												
		780	170	126	44	367	243	42	6	7	13	10	12	—	10	90	10	—	—
9	♂ Fips, 1½ J.	742	170	124	46	380	192												
		680	148	111	37	302	230	45	4	5	8	11	14	—	13	83	17	—	—
10	♂ Ko	563	130	93	37	286													
11	♀ Nelly, 3 J.		140																
			151																
12	♀ B₁, 10 J.	930	180	147	33	431	319	40	4	14	—	10	14	—	18	73	27	—	—
13	♀ B₂, 6 J.	831	175	121	54	396	260	40	3	15	—	11	18	—	13	58	42	—	7,09
14	♀ Messer, 11 J.	1077	256	168	88	494	327	35	7	18	—	16	16	—	8	62	38	—	7,34
15	♂ Hektor, 4 J.	961	154	113	41	321	216	41	4	12	—	19	11	—	13	80	20	—	7,43
16	♂ (1), 5 J.	672	156	122	34	308	208	36	3	5	4	9	11	11	21	80	20	—	—
17	♀ (2), 4 J.							45	5	6	5	8	11	—	20	80	20	—	—
18	♂ (3), 6 J.	907	180	134	46	438	289	47	3	6	13	5	5	12	9	84	16	—	—
19	(4)	796	192	149	43	384	220	39	5	8	8	9	15	—	16	70	11	19	—
20	♂ (5), 9 J.	860	219	168	51	405	236	32	4	6	12	12	14	—	20	79	21	—	—
21	♂ 10½ J.	743	135	107	28	336	272	39	4	6	10	5	9	14	13	74	26	—	—
22	I, ♂, Boxer, 7 J.	872	191	145	46	386	295	24	3	4	12	13	12	—	32	86	14	—	—
23	II, ♂, Schäferhund, 4 J.	736	148	108	40	330	258	37	3	5	14	15	12	—	14	82	18	—	—
24	III —	919	211	157	54	423	285	38	4	5	11	11	14	—	17	89	11	—	8,26
																65	12	23	
25	IV, ♂, Setter, 2 J.	770	190	125	65	356	224	38	4	6	11	14	14	—	13	83	17	—	—
26	V, ♂, Münsterländer, 4 J.	1005	222	156	66	496	287									84	16	—	—

¹ Diese Hundeseren wurden mir freundlichst von dem Direktor der Klinik und Poliklinik für kleine Haustiere der Freien Universität Berlin, Herrn Prof. Dr. L. Felix Müller, zur Verfügung gestellt.

wichtigen Tiere sehr nützlich. Wie aus den Tabellen hervorgeht, unterscheiden sich manche Labortiere nicht nur hinsichtlich der Lipidkonzentrationen, sondern auch der prozentualen Verteilung der Lipoproteide

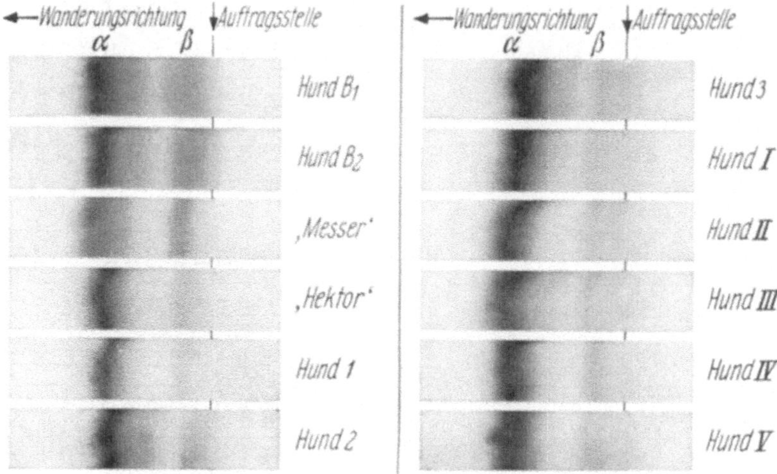

Fig. 41. Lipoproteidelektrophorese mit normalen Hundeseren (physiologische Variationen)

erheblich vom Menschen. Besonders auffällig ist die *Umkehr des Verhältnisses Alpha: Beta-Lipoproteiden*, das beim *Pferd, Rind, Hund, Meerschweinchen* und bei der *Ratte zugunsten der* schnell wandernden *Alpha-Lipoproteid-*

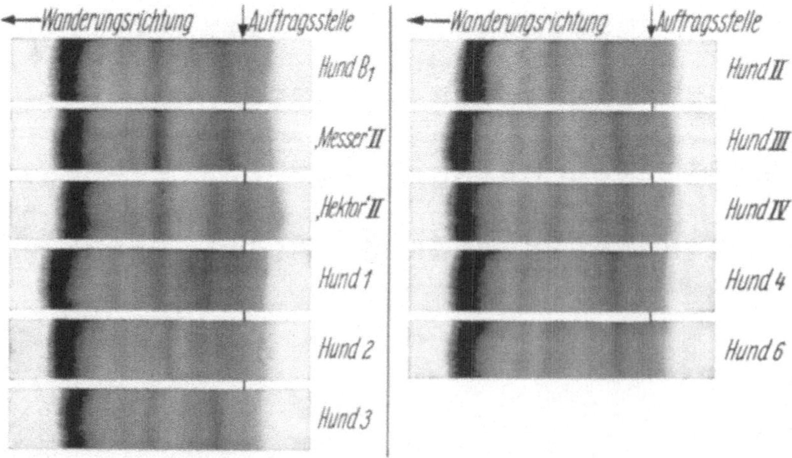

Fig. 42. Proteinelektrophorese normaler Hundeseren

fraktion verschoben ist. Dagegen entspricht die Lipoproteidverteilung beim Kaninchen im Prinzip der des Menschen. Da sich auch die Proteinfraktionen im Elektrophoresediagramm anders verteilen, werden auch dazu einige tabellarische Zusammenstellungen gebracht.

Tabelle 56

IV. Kaninchen

Lipidkonzentrationen im Serum

Kaninchen Nr.	Gesamtlipide mg-%	Cholesterin		Estercholesterin mg-%	Phospholipide mg-%	Neutralfette mg-%
		gesamt mg-%	frei mg-%			
1	322	57	6	51	106	125
2	354	50	5	45	102	172
3	266	42	1	41	89	107
4	300	57	12	45	92	121
5	366	34	4	30	91	145
6	440	39	11	28	119	263
7	435	72	23	49	134	196
8	349	48	17	31	100	180
9	346	42	16	26	103	184
Mittelwert:	357	47	10,5	38	104	166

Kaninchen Nr.	Gesamtlipide mg-%	Cholesterin (mg-%)			Phospholipoide mg-%
		gesamt	Ester	frei	
K 8	500	46	40	6	123
K Si	515	118	69	49	140
K 15	386	70	36	34	100
K 30	341	45	13	32	85

Lipoproteid- und Proteinverteilung

Tier Nr.	Lipoproteide %		Proteine %				
	α	β	Alb.	α₁	α₂	β	γ
K Si	25	75	54	3	10	14	19
8	23	77					
12	23	77					
14	30	70					
15	28	72					
17	22	78					
18	20	80					
30	21	79	48	11	5	13	23
31	16	84	44	11	9	16	20
32	27	73	50	12	6	13	19
33	22	78	48	11	6	14	21
34	27	73	53	9	7	13	18
35	12	88	52	12	6	14	16
Mittelwert:	22,6	77,4	49,2	11	6.5	13,8	19,5

Gesamteiweißkonzentrationen im Serum

Kaninchen Nr.	g-%
K 8	7,05
K Si	7,29

Tabelle 57

V. Meerschweinchen

Lipoproteid- und Proteinkonzentrationen im Serum

Tier Nr.	Lipoproteide %		Proteine %					
	α	β	Alb.	α_1	α_2	β_1	β_2	γ
A n	55	45	35	6	21	12	10	16
B n	69	31	36	6	22	10	9	17
C n	58	42	37	5	28	9	7	14
D n	55	45	35	4	24	9	11	17
E n	40	60	45	6	21	10	7	11
F n	40	60	47	6	22	9	5	11
G n	64	36	37	6	22	8	9	18
H n	39	61	47	5	22	9	5	12
I n	31	69	45	5	22	9	6	13
K n	59	41	40	6	24	8	9	13
Mittelwert:	51	49	40,5	5,5	22,9	9,3	7,8	14,0

Tabelle 58

VI. Ratte

Lipidkonzentrationen im Serum

Ratte Nr.	Gesamtlipide mg-%	Cholesterin			Phospholipoide mg-%
		gesamt mg-%	Ester mg-%	frei mg-%	
R A	254	31	28	3	109
R B	400	44	37	7	141
R C	250	43	37	6	75
41	252	—	—	—	91
42	229	—	—	—	88
44	224	—	—	—	83

Lipoproteid- und Proteinkonzentrationen im Serum

Tabelle a)

Ratte Nr.	Lipoproteide %		Proteine %				
	α	β	Alb.	α_1	α_2	β	γ
1	61	39	45	10	6	23	16
2	55	45	46	12	6	24	12
3	55	45	42	14	7	24	13
4	52	48	46	9	6	26	13
5	53	47	40	10	6	30	14
6	53	47	43	12	5	28	12
19	42	58	41	6,5	6	25,5	21
20	43	57	36	11,5	7,5	24	21
25	40	60	44	10,5	6,5	27	12
26	33	67	45	10	6	27	12
31	40	60	45	10	8	26	11
82	37	63	43	10,5	7	25,5	14
89	38	62	41,5	8,5	7,5	24	18,5
Mittelwert:	46,3	53,7	42,9	10,3	6,6	25,7	14,6

Tabelle b)

Ratte Nr.	Lipoproteide %		Proteine %					
	a	β	Alb.	a_1	a_2	a_3	β	γ
51	38	62	42	10	7		25	16
52	47	53	47	12	9		21	11
53	48	52	40	10	9		26	15
54	49	51	45	9	8		22	16
55	55	45	44	9	6		27	14
56	46	54	46	9	8		24	13
RA	57	43	45	11	4		24	16
RB	47	53	47	15	7		17	14
RC	50	50	43	11	4		23	19

Tabelle c)

Ratte Nr.	Lipoproteide %		Proteine %					
	a	β	Alb.	a_1	a_2	a_3	β	γ
Rn 1	50	50	38	8	5	5	24	20
Rn 2	56	44	46	8	4	5	21	16
Rn 3	50	50	42	7	5	5	23	18
Rn 4	45	55	31	6	4	5	32	22
Rn 5	51	49	43	7	4	3	22	21

Gesamteiweißkonzentrationen im Serum

Ratte Nr.	g %
RA	7,5
RB	7,0
RC	8,0

C. Pathophysiologie und Klinik

Von

FRITZ A. PEZOLD

I. Exogene Einflüsse auf den Serumlipidspiegel

1. Experimentelle Hyperlipidämie

a) Cholesterinfütterung

Über die Wechselbeziehungen des Plasmacholesterinspiegels zur Cholesterinaufnahme mit der Nahrung liegt seit ANITSCHHOWs [71 bis 74] Experimenten am *Kaninchen* (1912) eine sehr umfangreiche Literatur vor. Durch orale Applikation von 0,8 bis 2,0 g Cholesterin pro Tag (in geeigneten Ölen gelöst, mittels Schlundsonde zugeführt) wurden bei Kaninchen Hypercholesterinämien bis zu 3000 % gegenüber dem Normwert erzeugt. Bei Junghühnern wurden Steigerungen des Serumcholesterinspiegels bis zu 600 %, bei Ratten und Meerschweinchen um 200 % und bei Affen nur etwa bis 20 % erreicht. Die Untersuchung der Freßgewohnheiten verschiedener

Tiere hat ergeben, daß der Blutcholesteringehalt bis zu einem gewissen Grad von dem Cholesteringehalt des Futters unbeeinflußt bleibt [*2279*]. In der Tat muß man verhältnismäßig große Mengen von Cholesterin (und in Konzentrationen, wie sie in natürlichen Nahrungsmitteln gar nicht vorkommen) zuführen, um einen Cholesterinanstieg im Blut zu erzwingen [*1610*].

Bei der Beurteilung der durch Fütterung erreichten Hypercholesterinämie muß man das Geschlecht der Tiere berücksichtigen. Männliche Kaninchen haben signifikant niedrigere Serumcholesterinwerte als weibliche [*717*].

In den letzten Jahren ist der *Cebusaffe* häufig zu Ernährungsversuchen herangezogen worden mit dem Ziel, die Folgen der dadurch induzierten Hypercholesterinämie zu studieren [*1548, 1861*]. Es ließen sich kürzlich interessante Wechselbeziehungen zwischen Nahrungsfett und Serumlipidspiegel aufzeigen. Bei erhöhter Cholesterinzufuhr nahm der Gehalt an mehrfach ungesättigten Fettsäuren im Serum ab, desgleichen bei völlig fettfreier Kost. Aber noch nach 35 Wochen Fettfreiheit betrug der Anteil an mehrfach ungesättigten Fettsäuren (in Prozent der Gesamtfettsäuren) im Cholesterinester 5% (gegenüber 50 bis 60% der Norm), was auf das Einströmen von Gewebsfettsäuren oder eine mögliche Eigensynthese mehrfach ungesättigter Fettsäuren beim Affen hinweist. Umgekehrt konnten die Autoren zeigen, daß durch eine an solchen Fettsäuren reiche Kost ein erheblicher Anstieg an mehrfach ungesättigten Fettsäuren im Blutplasma erreicht wird [*1862*]. Verwertbare Ergebnisse liefern allerdings nur, wie die Harvardgruppe um STARE [*2205*] gezeigt hat, isocalorische Standarddiätformen. Werden unter diesen Bedingungen Fette gegeben, die reich an mehrfach ungesättigten Fettsäuren (Mais-, Baumwollsamen- oder Saffloweröl) sind, so kann eine Senkung des Serumcholesterinspiegels um 10 bis 30% des Ausgangswertes erreicht werden [*2205*]. Bei dem augenblicklichen Stand der Forschung erscheint es mir allerdings noch verfrüht, aus derartigen Befunden an einzelnen Tierspecies bereits Schlußfolgerungen auf das Verhalten beim Menschen zu ziehen. Es wird zuerst notwendig sein, derartige Untersuchungen an weiteren Tiergruppen (unter Stoffwechselbedingungen!) und schließlich langfristige Versuche am Menschen durchzuführen.

b) Intravenöse Lipidinfusionen

Die Arbeitsgruppe BYERS-FRIEDMAN [*799*] wies an *Ratten* nach, daß nach *intravenöser Zufuhr von Cholesterin* „in physiologischer Form" (d. h. eines Serums von hypercholesterinämisch gemachten Ratten), wodurch für 12 bis 24 Std eine Hypercholesterinämie entstand, in der Hauptsache die Leber mit der Elimination des überschüssigen Cholesterins beschäftigt ist. Nach 24 Std zeigte nur die Leber einen beträchtlich vermehrten Cholesteringehalt. In den nächsten 72 Std kam es weder mit der Galle noch den Faeces zu einer Ausscheidung des infundierten Cholesterins. Daraus zogen die Autoren den Schluß, daß dieses Cholesterin *entweder verstoffwechselt oder in eine andere Substanz umgewandelt* wird. Tatsächlich kam es zu einer um 60% vermehrten Ausscheidung von Gallensäuren mit der Galle.

Die *Umwandlung von Cholesterin in Gallensäuren* durch Lebergewebe war bereits 1942 von BLOCH [*248*], BERG und RITTENBERG nachgewiesen worden. Sie konnten mittels intravenös injizierten Cholesterins, das mit 4,2% Deuterium radioaktiv etikettiert worden war, am *Hund* unter geeigneten Versuchsbedingungen nachweisen, daß die ausgeschiedene Cholsäure mindestens zu $^2/_3$ dem Abbau des applizierten Cholesterins entstammte. Die Umwandlung eines beträchtlichen Teiles zugeführten Cholesterins in der Leber in Gallensäuren geht auch daraus hervor, daß nach oraler Zufuhr mit Tritium biosynthetisch markierten Cholesterins in den nächsten 72 Std eine erhöhte Ausscheidung markierter Gallensäuren mit der Galle erfolgte [*799*].

Auch nach einer kontinuierlichen intravenösen Zufuhr von *Neutralfett* oder *Phospholipiden* (allein oder gemeinsam) kam es bei der Ratte alsbald zu einem Anstieg des Cholesterinspiegels im Plasma [*403, 804, 806*]. Bei total oder partiell hepatektomierten Tieren kam es bei Zufuhr der gleichen Phosphatidmenge zu einer stärkeren und länger dauernden Hypercholesterinämie, die von der Größe und Dauer der Hyperphosphatidämie abhängig war. Das verkleinerte Organ Leber reichte zur Verarbeitung der infundierten Phosphatide nicht mehr aus, weil offenbar der Phosphatideinstrom ins Blutplasma in der Zeiteinheit größer war als der Abstrom. Bemerkenswert war, daß zusammen mit der Hypercholesterinämie auch die Cholesterinkonzentration in der Leber beträchtlich anstieg. Während dieser Zeit erfolgte weder eine stärkere Cholesterin- noch Gallensäurenausscheidung mit der Galle, was dafür spricht, daß der Cholesterinstoffwechsel der Leber von der Phospholipidzufuhr unbeeinflußt blieb. An total und subtotal hepatektomierten Ratten erfolgte unter der gleichen Versuchsanordnung ein mehr als doppelt so hoher Cholesterinanstieg im Plasma gegenüber den Kontrolltieren.

Aus diesen Untersuchungen ergibt sich, daß die unter den gegebenen Bedingungen erzielte Hypercholesterinämie extrahepatisch zustande kam. Als stimulierend auf die extrahepatische Cholesterinmobilisation wird von den Autoren der erhöhte Phosphatidspiegel im Serum angesehen. Der starke Konzentrationsanstieg des Cholesterins im Serum nach Hepatektomie wird mit dem Ausfall der Regulierungsfunktion der Leber hinsichtlich der Elimination von Cholesterin und Phosphatiden aus dem Blutplasma erklärt.

REINHARDT [*1900*] u. Mitarb. fanden nach *intravenöser Infusion* von *Neutralfetten* nach 3 bis 6 Std bis zu 20% radioaktiv markierte Phosphatide in der Ductus-thoracicus-Lymphe wieder. Da die intestinalen Lymphwege nicht lipämisch wurden, schlossen die Autoren, daß das zugeführte Fett über die Blutcapillaren zunächst in die Gewebsräume und von da über die Lymphcapillaren in die Lymphe eingeströmt war.

Auch andere Autoren hatten gefunden, daß intravenös injizierte künstliche Fettemulsionen sehr rasch die Blutzirkulation verließen [*186, 1424, 1554, 1601, 1602, 1642, 2376, 2496*]. Bei der *Ratte* spielen Leber und Milz die Hauptrolle bei der Elimination des Fettes aus der Blutbahn [*2377*]. Während partiell hepatektomierte Ratten 1 Std nach intravenöser Fettinfusion nur 35% ausgeschieden hatten, eliminierten intakte Tiere in der gleichen Zeit 51% aus dem strömenden Blut. Wie mittels lipophiler Farbstoffe gezeigt werden kann, sind die Zellen der roten Milzpulpa in der Lage, unmittelbar nach intravenöser Fettzufuhr Fettanteile aufzunehmen. Eine Lipaseaktivität ließ sich mittels histochemischer Untersuchungen in diesen Zellen nicht nachweisen. Weitere Beobachtungen machen es wahrscheinlich, daß auch der Gastrointestinaltrakt an der Fettelimination aus der Blutbahn beteiligt ist.

Bemerkenswert sind neuere Beobachtungen am *Kaninchen*. Nach intravenöser Infusion einer Neutralfettemulsion kam es zu Veränderungen der Serumlipoproteide, die denen nach Heparinzufuhr ähnelten. Die Hauptmenge der Lipide und des Cholesterins verlagerte sich von der Beta- in die Alpha-Lipoproteidfraktion. Als Ausdruck der stimulierten „lipolytischen Aktivität" kam es zu einer Zunahme der unveresterten Fettsäuren im Blutplasma [*710*].

Im Rahmen der postoperativen Nachbehandlung von Kranken mit starkem Blutverlust und negativer Stickstoffbilanz führten wir gemeinsam mit DOHRMANN intravenöse Infusionen von geeigneten Fettemulsionen durch [567].

Nach 4stündiger intravenöser Fettinfusion zeigten sich gewöhnlich nur geringfügige Konzentrationsveränderungen der Gesamtlipide im Serum. Am Ende einer 8stündigen Infusion dagegen war der Gesamtlipidspiegel deutlich angestiegen. Bei wiederholten Infusionen war die Zunahme gewöhnlich geringer. Die Seren sahen nach 2stündiger Infusionsdauer und am Ende der Infusion leicht bis deutlich lipämisch aus. Sie wiesen einen Neutralfettspiegelanstieg auf. In allen Fällen war am Ende der Infusionsperiode die

Tabelle 59. *Serumlipidkonzentrationen unter 8stündiger intravenöser Fettinfusionstherapie* (aus DOHRMANN [567])

Sch., J., ♂, 42 Jahre (10745/58), Zustand nach Oesophago-Gastrostomie wegen Oesophaguscarcinoms. Dosierung: 1., 2., 4. Tag je 60 g Fett pro Einzelinfusion in 4 Std, 3. und 5. Tag je 120 g Fett in 8 Std

| Infusionstag | Entnahmezeiten | Gesamtlipide mg-% | Gesamtcholesterin mg-% | Phosphatide mg-% | Neutralfette mg-% | α-Lipoproteide % | Globuline | | Serumfarbe |
							a_2 %	β %	
1.	Vorher[1]	715	195	217	210	15	7	13	klar
	Nach 2 Std	720	181	199	255	14	8	14	leicht lipämisch
	Nach 4 Std	695	172	192	249	19	9	12	klar
3.	Vorher[1]	671	140	200	268	7	11	13	klar
	Nach 4 Std	746	142	181	362	3	14	12	leicht lipämisch
	Nach 8 Std	834	138	181	455	2	19	10	leicht lipämisch
5.	Vorher[1]	710	160	199	282	3	15	13	klar
	Nach 4 Std	775	154	186	370	0	16	10	klar
	Nach 8 Std	788	142	167	421	0	16	10	ganz leicht lipämisch

[1] Am Infusionstag morgens nüchtern.

Serumcholesterinkonzentration deutlich geringer als vor Beginn der Behandlung. Die Esterquote nahm ab. Der Phosphatidspiegel sank nur mäßig ab. Der prozentuale Anteil der elektrophoretisch trennbaren Alpha-Lipoproteide ging in unseren Fällen im Mittel von 24% (sieben Fälle) vor Beginn, auf 8% nach Ende der Infusionsperiode zurück. Die a_2- und Beta-Globuline zeigten bei den 4-Std-Infusionen relativ geringe Verschiebungen. Bei der 8-Std-Infusionsserie kam es zu einer deutlichen Verlagerung zugunsten der lipidtragenden a_2-Globuline. Trübungsmessungen (Elko II, Trübmeßzusatz) ergaben, daß bei den 4-Std-Infusionen der Höhepunkt der lipämischen Trübung etwa $1^{1}/_{2}$ bis 2 Std nach Infusionsbeginn lag. Bei 8stündigen Infusionen stieg die Trübungskurve bis zum Ende der Infusion hin an. Unsere weiteren Untersuchungen zeigten, daß die intravenös zugeführten Fettemulsionen rasch die Blutbahn verlassen.

c) Hypercholatämie

Wenn man bei der Ratte die Gallensäurenkonzentration im Blutplasma erhöht, sei es durch Gallengangsligatur oder durch kontinuierliche intravenöse Infusion geeigneter gallensaurer Salze, kommt es alsbald zu einer Hypercholesterinämie [395, 398, 400, 794, 797]. Diese erfolgt weder durch

eine verminderte Cholesterinausscheidung in die Galle, noch durch einen
verstärkten Einstrom aus den Cholesterindepots ins Blut, noch durch eine
gesteigerte Cholesterinsynthese in der Leber. Da die Tiere 20 Std lang vor
dem Versuch gehungert hatten, kam auch keine vermehrte Cholesterinresorption in Betracht. An hepatektomierten Ratten ließ sich mittels
Cholatinfusionen keine Hypercholesterinämie erzeugen. Daraus kann geschlossen werden, daß die erforderliche Cholesterinmenge von diesem Organ
bereitgestellt wurde.

Die Autoren folgerten aus ihren Untersuchungen, daß die *gallensauren
Salze* als *natürliche oberflächenaktive Substanzen* (Netzmittel = detergents)
durch ihren *besonderen chemisch-physikalischen Effekt* im Blutplasma die
Bindungskapazität bestimmter Plasmaglobuline gegenüber Cholesterin erhöhen,
sei es mittels Adsorption oder Kombination. Dadurch sei die Cholesterin-
elimination aus dem Blutstrom in die Leberzelle verzögert. Dieser im Plasma
selbst zustande kommende und wirksame physikalische Effekt, eine vermehrte Menge Cholesterin an die Trägerproteine zu binden, wurde von den
Autoren „trapping-"Phänomen genannt. Für die Wirksamkeit oberflächenaktiver Kräfte sprechen auch die Beobachtungen von KELLNER [*1219*] u.
Mitarb., daß sich bei Kaninchen mittels intravenöser Injektion von
Netzmitteln der Cholesterin- und Phosphatidspiegel im Blut erhöhen läßt
[*1219, 1220*].

Aus diesen und den im vorigen Abschnitt aufgeführten Untersuchungen
kann geschlossen werden, daß der gestörte Stoffwechsel einer einzigen
Lipidkomponente, der mit einer Konzentrationssteigerung dieser Substanz
im Plasma verbunden ist, unter Umständen zu einer erhöhten Konzentration
anderer Lipidkomponenten im Serum führen kann. Erhöhungen des Lipid-
spiegels können aber auch durch einen vermehrten Einstrom natürlicher
oberflächenaktiver Substanzen im Serum, wie z. B. gallensaure Salze,
bedingt sein. Beide Vorgänge bewirken letztlich eine Änderung des physikalisch-chemischen Zustandes des Blutplasmas selbst.

d) Organausschaltung

Zur experimentellen Erzeugung einer Hyperlipidämie (außerhalb hormoneller Beeinflussung!) wurde die partielle und totale Ausschaltung der
Leber herangezogen. Die diesbezüglichen Versuche und ihre Ergebnisse
werden aus praktischen Gründen im Zusammenhang mit den Leberkrankheiten besprochen, da sie manche Rückschlüsse auf die klinische Pathophysiologie beim Menschen erlauben. Aus dem gleichen Grund wird die tierexperimentelle Nephrose weiter unten abgehandelt.

2. Fettembolie

Bei Trümmerfrakturen langer Röhrenknochen, Décollements und manchmal bei Marknagelungen, kann es zum plötzlichen unmittelbaren Einbruch
von verflüssigtem und aus den Fettzellen ausgepreßtem Fett ins zirkulie-
rende Blut kommen. Es handelt sich dabei nicht um fein emulgiertes Fett,
wie z. B. bei der alimentären Lipämie. Vielmehr gelangen größere Fetttropfen
durch offenstehende Gefäßlumina ins Blut, so daß es zu einem plötzlich
eintretenden embolischen Verschluß von Capillaren und kleinen Arteriolen
(„*akute Fettembolie*") in Lunge, Nieren und Gehirn kommen kann, die zu
lebensgefährlichen Störungen und häufig zum Tode führen. Ein wichtiges

diagnostisches Merkmal ist die Anwesenheit von Fetttropfen im Urin
(Lipurie). Es handelt sich hauptsächlich um Triglyceride. Reine Fettsäuren
wirken stärker toxisch als Neutralfette [*1780* bis *1782*]. Daher wird vor
einer Behandlung mit Heparin gewarnt, weil es dadurch zu einem weiteren
Abbau von Neutralfetten kommt.

Die *pathophysiologischen Vorgänge* sind unklar. Zertrümmert man einen
Röhrenknochen bei einem Versuchstier nach vorheriger Injektion körpereigenen, hochemulgierten Fettes in den Knochenmarksraum, so kommt es
nicht zur Fettembolie [*1408*]. Mittels radioaktiver Markierung wurde nachgewiesen, daß das auf die erwähnte Weise markierte Fett den Bereich des
Bruchhämatoms nicht verläßt [*1364*]. Auch mittels Injektion eines Kon-
trastmittels in den zertrümmerten Knochenabschnitt ließ sich zeigen, daß
dieses nicht in die regionalen Venen abfließt. Und doch findet man bei
Hunden, die im Straßenverkehr umgekommen sind, ausgedehnte, vor allem
pulmonale Fettembolien. Nach der *Fermenttheorie* der Fettembolie wird
durch den massiven Einstrom von Fett ins Blut Lipase in großen Mengen
aktiviert, was nicht nur zur Spaltung des ins Blut eingedrungenen Knochen-
markfettes, sondern auch zur Freisetzung von Depotfett führt.

Neben der akuten scheint auch eine *intermittierende Verlaufsform* vorzukommen. Hält man Ratten längere Zeit unter Mangel an lipotropen Substanzen, so entwickeln die Tiere eine Fettleber und Lebercirrhose. Bei der
Sektion fand man häufig kleinere Arterien in Lunge und Niere mit Fett verstopft [*1022*]. Vielleicht finden damit ältere Beobachtungen GRAHAMs [*927*]
vom plötzlichen Tod junger Menschen ihre Erklärung, bei denen man lediglich eine Fettleber fand. DURLACHER [*597*] u. Mitarb. beschrieben 1954
25 plötzliche Todesfälle bei alkoholischer Fettleber. Bei fünf fanden sich
massive Fettembolien in der Lunge. KENT [*1231*] fand solche Embolien bei
Diabetikern, die nie ein Trauma erlitten hatten. Schließlich wurden Fettembolien auch in den Nierenglomeruli, namentlich bei Diabetikern mit dem
KIMMELSTIEL-WILSON-Syndrom, festgestellt [*678, 1024*]. HARTROFT[*1024*]
fand in 60 bis 70% seiner Fälle mit dem KIMMELSTIEL-WILSON-Syndrom
Gefäßverstopfungen mit Fett.

3. Ernährung

Die passageren Serumlipidspiegelerhöhungen nach Fettaufnahme (=
„*alimentäre*" *Hyperlipidämie*) sind bereits abgehandelt. Im folgenden soll der
Einfluß des Fettgehaltes der Nahrung und die Wirkung verschiedener Nahrungsfette — als Dauereffekt gesehen — auf die Konzentration und die
Zusammensetzung der Serumlipide des Menschen dargestellt werden.

a) Cholesterin

Besonders bemerkenswert ist, daß der Cholesterinspiegel im Serum im
Gegensatz zur Neutralfett- und Gesamtlipidkonzentration von einer ein-
maligen Nahrungsfettaufnahme praktisch nicht beeinflußt wird. Man hat
lange Zeit geglaubt, daß die *Serumcholesterinkonzentration* von der Menge des
mit der Nahrung zugeführten Cholesterins abhängig sei. Neuere Untersuchungen haben jedoch gezeigt, daß sie beim Menschen *bis zu einem gewissen
Grad unabhängig vom Cholesteringehalt der Nahrung* ist [*843, 844, 1233, 1235,
1241*]. In Kurzversuchen mit einer täglichen Zufuhr von 2 g Cholesterin
konnte MJASSNIKOW [*1627*] keinen Anstieg des Serumcholesterinspiegels
beobachten.

Die Beobachtung, daß man bei Kranken mit schwerer idiopathischer Hypercholesterinämie nach Umsetzen auf die KEMPNERsche *Reis-Obstdiät* „dramatische" Senkungen des Blutcholesterinspiegels erzielen kann, wurde zunächst auf die praktische Cholesterinfreiheit dieser Kostform bezogen. Als man aber nach Zulage von Pflanzenfett ein „gleichermaßen dramatisches" Wiederansteigen des Serumcholesterinspiegels sah [*1241*], wurde man auf die Bedeutung der Fettaufnahme aufmerksam. Ähnliche Beobachtungen mit der KEMPNERschen Diät machten auch andere Autoren [*446, 2007, 2128, 2206, 2394, 2401*]. SHAPIRO [*2128*] stellte an zehn gesunden, aktiven jungen Männern unter verschiedenen Ernährungsbedingungen vergleichende Untersuchungen der Serumlipidspiegel an. Er fand bei sechs Versuchspersonen mit „normaler amerikanischer Kost" eine durchschnittliche Gesamtcholesterinkonzentration von 219 mg-% (s $\pm$ 7,7 mg-%) bei stündlicher Kontrolle über 14 bis 18 Std Beobachtung gegenüber 142 mg-% (s $\pm$ 6,7) bei vier Personen mit Reis-Früchtediät. Vegetarier zeigen niedrigere Serumcholesterinkonzentrationen als Nichtvegetarier [*1000*]. SCHETTLER [*1996, 1999, 2011*] konnte in kurz- und langfristigen Beobachtungen (bis zu 13 Jahren) zeigen, daß unter *Mangelernährung* (1300 Cal., davon 8% Fettanteil) der Cholesterinspiegel absinkt, um nach Normalisierung der Kost wieder anzusteigen. Unter *Saftfasten* sank der Plasmacholesterinspiegel bis zum 5. Tag ab, stieg danach aber allmählich wieder an. Eine langdauernde Fastenkur ist daher nicht empfehlenswert (Hungerlipämie!).

Bleibt die *Kost knapp*, so stellt sich für lange Zeit ein *niedriger Plasmacholesterinspiegel* ein. So war nach SCHETTLERs Feststellungen in Westdeutschland und unseren eigenen in Westberlin [*1800*] in den unmittelbar dem 2. Weltkrieg folgenden Jahren die Cholesterinkonzentration im Serum beträchtlich niedriger als in den Jahren nach 1950. Zugunsten der Cholesterinthese schienen die Beobachtungen aus verschiedenen Ländern während des letzten Weltkrieges und in den Jahren danach zu sprechen, die mit der geringen Cholesterinzufuhr in der Nahrung einen auffälligen Rückgang an Atherosklerosefolgen, insbesondere Myokardinfarkten, brachten [*1537, 1538, 1881, 2243, 2347*]. Aber man darf nicht vergessen, daß in dieser Zeit auch die Fett- und Calorienaufnahme, sowie die körperliche Leistungsbeanspruchung erheblich geändert war. Nun weiß man schon lange, daß auch nach Zufuhr von cholesterin*freiem* Fett während der Verdauungslipämie der Cholesteringehalt des Blutserums ansteigt (REICHER, LIFSCHÜTZ, LINDEMANN u. a., zit. bei BÜRGER [*375*]). Folgerichtig bezogen SCHETTLER [*2011*] und SCHMIDT-THOMÉ ihre relativ niedrigen Serumcholesterinwerte des Jahres 1948 und damit die Abnahme des Blutcholesterinspiegels in Notzeiten überhaupt, nicht auf die verminderte alimentäre Cholesterinzufuhr mit der Nahrung, sondern auf einen Mangel an Fetten bzw. auf eine allgemeine Mangelernährung. Trotz völligen Cholesterinentzuges aus der Nahrung wird ein, wenn auch relativ niedriger Serumcholesterinspiegel aufrecht erhalten. Diese Einstellung auf ein neues Gleichgewicht ist der endogenen Cholesterinbildungsfähigkeit und der entsprechenden Abstimmung des Cholesterinabbaues zu verdanken (s. B I 4).

b) Gesamtfettgehalt

Die angeführten Beobachtungen legen den Schluß nahe, daß nicht der geringe Cholesteringehalt, sondern die Fettarmut in der Nahrung zur Einregulierung eines relativ niedrigen Serumcholesterinspiegels führt. Daher wurden in den letzten Jahren Versuchsreihen an Menschen unter kontrollierter Standardernährung durchgeführt, um das Verhalten gegenüber verschiedener Fettzufuhr bei gleichbleibender Eiweiß- und Calorienzufuhr zu studieren. Es ergab sich, daß *Verschiebungen im Fettanteil an der Gesamtcalorienzufuhr* auch zu *Veränderungen der Cholesterinkonzentration im Blutserum [1235, 1240]* führten, auch wenn die gleiche Menge an Calorien, Cholesterin, Eiweiß und Vitaminen wie bisher zugeführt wurde. Mit einer fettarmen Kost von 20 g pro Tag, über 2 bis 6 Monate durchgeführt, wurde eine kontinuierliche Senkung des Cholesterins und der gesamten veresterten Fettsäuren im Serum der Versuchspersonen um 16,6 bis 28,5% des Ausgangswertes beobachtet [1378]. *Protrahierte Zufuhr fettfreier Diätformen* bewirkte, wie bereits erwähnt, eine Abnahme der Cholesterinkonzentration im Blutserum [2206, 1600, 2400]. Dabei nahm die Neutralfettkonzentration im Nüchternzustand nicht ab, in manchen Fällen sogar zu [1383].

Im Verfolg der stündlichen Schwankungen der Neutralfettkonzentration im Serum wurde unter der KEMPNERschen Reisdiät (nur 5 g Fett pro Tag) ein progredient zunehmender Anstieg bis zum Abendessen beobachtet. Vielleicht ist dies durch eine Mobilisation von Depotfett bedingt, die mangels ausreichender Kohlenhydratreserven ausgelöst wird (s. S. 233), um die Energiebedürfnisse zu befriedigen [1383]. HATCH [1026] u. Mitarb. dagegen vermuteten, daß die „Nüchternlipämie" unter Reisdiät von einer Umwandlung von Kohlenhydraten in Fett herrühre, die immer dann einträte, wenn die Kohlenhydrataufnahme den Energiebedarf des Organismus übersteigt. Besonders bemerkenswert war, daß bei Kranken mit einer Hyperlipidämie die Triglyceridkonzentrationen im Nüchternserum unter lange Zeit fortgesetzter Reisdiät anstiegen [1383].

Besonders bemerkenswert ist, daß *Änderungen im Eiweiß- und Kohlenhydratgehalt* der Nahrung, ebensowenig wie Gaben von Sterinen oder Vitaminen, insbesondere Tocopherol, einen signifikanten Einfluß auf den Serumcholesterinspiegel ausüben. BRONTE-STEWART [341] erhöhte die Zufuhr von *Kohlenhydraten* so stark, daß praktisch die doppelte Calorienmenge wie bisher zugeführt wurde. Es trat zwar eine beträchtliche Gewichtszunahme ein, aber keine signifikante Steigerung des Serumcholesterinspiegels.

Aus der Beobachtung, daß unter fettarmer Kost der Blutcholesterinspiegel abfällt, ist daher geschlossen worden, daß umgekehrt eine reichliche Zufuhr von Nahrungsfett die Cholesterinsynthese stimuliert. Wie aus Untersuchungen mittels radioaktiv markierten Acetats, das in die neu gebildeten Cholesterinmoleküle eingebaut wird (s. B I 4 b), geschlossen wurde, sind die aus der Beta-Oxydation der Fettsäuren entstammenden Essigsäurereste spätestens auf der C_4-Stufe (Acetessigsäure) an der *endogenen Cholesterinsynthese* beteiligt [323]. Dagegen scheint, ebenfalls nach Isotopenversuchen, die endogene Neubildung von Cholesterin einigermaßen unabhängig von der verfügbaren Nahrungs*fett*menge zu sein. Das zur Cholesterinbildung benötigte Acetat kann nämlich auch unmittelbar aus den Nahrungskohlenhydraten oder mittelbar aus dem im Kohlenhydratstoffwechsel gebildeten Fett entnommen werden. Dagegen ist bei der Ratte eine Abhängigkeit der Cholesterinsynthese von der Größe der mit der Nahrung aufgenommenen Cholesterinmenge nachgewiesen worden. Je geringer die Cholesterinzufuhr mit dem Futter war, um so intensiver war die Biosynthese des Cholesterins und umgekehrt [218, 1648].

Auf Grund derartiger Beobachtungen wurden weltweite Erhebungen über die *Beziehungen der Serumcholesterinkonzentration zur Ernährung, ins-*

besondere ihrem Anteil an Fettcalorien, angestellt. In den Ländern Ägypten, Brasilien, Burma, Chile, Kolumbien, Griechenland, Honduras, Indien, Indochina, Italien, Japan, Portugal, Rhodesia, Venezuela u. a., in denen die durchschnittliche tägliche Calorienaufnahme der ärmeren Bevölkerung

Tabelle 60. *Cholesterinkonzentrationen im Serum bei verschiedenen Völkern und Bevölkerungsgruppen*
(aus SCRIMSHAW [*2087*] und KEYS [*1240*])

Land	n	Fettcalorienanteil in %	Serumcholesterin in mg-%
Guatemala (ländliche Bevölkerung)	24	7,5	142
Japan (Minenarbeiter)	107	12	150
Costa Rica (ländliche Bevölkerung)	24	12	166
Südafrikanische Union (Bantu)	83	17	169
Süditalien (Neapel)	116	19	164
Sardinien	47	22	178
Schweden (Malmö)	123	37	226
Südafrikanische Union .... (Weiße, Kapstadt)	77	40	242
USA	103	42	250

weniger als 2000 Calorien beträgt, davon weniger als 25% der Gesamtcalorienaufnahme auf Fett entfallend, liegt die durchschnittliche Konzentration des Cholesterins im Serum sehr niedrig. Demgegenüber ist in USA mit einem Durchschnittsverbrauch von 3200 Calorien (40%, Geschäftsleute und Berufstätige sogar bis zu 58%! vom Gesamtcalorienanteil) der mittlere Serumcholesterinspiegel wesentlich höher.

Alarmierend wirkte die Gegenüberstellung des Fettverbrauchs chinesischer und amerikanischer Soldaten im Koreafeldzug. Nach SHEN [*2130*] betrug der Fettanteil am Gesamtcalorienverbrauch bei den chinesischen Soldaten im zweiten Weltkrieg nur 3%, bei der US-Army dagegen rund 40% [*1130*]. Der hohe Atherosklerosebefall bei den gefallenen jungen amerikanischen Soldaten war im Vergleich zu den chinesischen Gefallenen auffallend [*659*].

Trotz der vergleichsweise niedrigeren Serumcholesterinkonzentrationen in den verschiedenen Lebensaltern ist auch bei den Völkern mit geringen Einkommenstufen eine Altersabhängigkeit der Serumcholesterinkonzentration unverkennbar, was aus Fig. 43 hervorgeht.

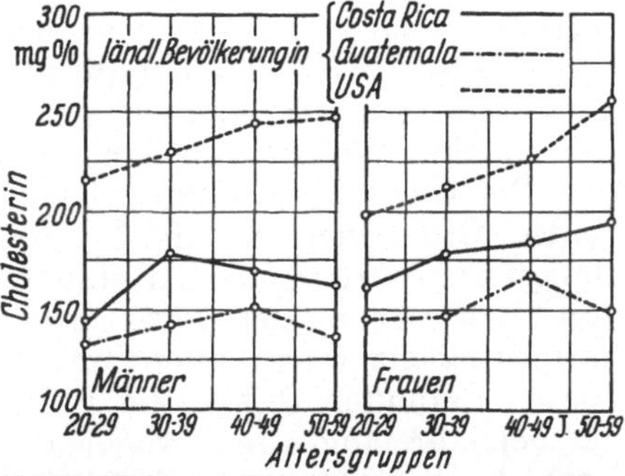

Ernährungsverhältnisse	Eiweiß g/Tag	Fett g/Tag	Kalorien	Fettanteil in %
Costa Rica (europ. Ursprung)	73	37	2705	12,0
Guatemala (Maya-Indianer)	67	23	2283	7,5
USA	97	148	3240	41,0

Fig. 43. Cholesterinkonzentrationen im Blutserum in bezug auf Alter und Geschlecht und Ernährung (nach SCRIMSHAW [*2087*])

Auffallend hoch ist der durchschnittliche Serumcholesterinspiegel der amerikanischen Bevölkerung. Auf Grund der gleichzeitigen alarmierenden Feststellung, daß in USA das Myokardinfarktereignis an Häufigkeit zugenommen habe, ist die Frage aufgekommen, ob sich die Ernährungsgewohnheiten in den Ländern der „westlichen Zivilisation" so geändert haben, daß

man Beziehungen zu einem etwaigen Mehrgenuß von Fett aufstellen könne.
KATZ [*1205*] u. Mitarb. haben eine Zunahme des Fettverbrauchs in der
amerikanischen Volksernährung seit 1910 von 30 auf 45% der Gesamtcalorienaufnahme festgestellt. Nach dem Bericht des US-Department of
Agriculture ist jedoch der tägliche Fettverbrauch von 1935 bis 1955 von
134 auf 148 g pro Kopf der Bevölkerung angestiegen, bei einem Mehrverbrauch von nur insgesamt 70 Calorien.

c) Fettsäuren

GROEN [*950, 951*] mit seinen Mitarbeitern führte an 60 gesunden Probanden über 36 Wochen Versuche mit alternierender isocalorischer Kost
durch. Unter vegetarischer Kost fiel der Serumcholesterinspiegel ab, unter
Fleisch-Fettkost stieg er stark an. Besondere Beachtung fand die Feststellung GROENs [*951*], daß unter vegetabilischer Kost auch dann der Serumcholesterinspiegel absank, wenn diese fettreich war. Die Beobachtung, daß
der Serumcholesterinspiegel bei Vegetariern niedriger als bei Nichtvege-
tariern ist, ist in der Literatur häufig bestätigt worden [*574, 1000*]. Dabei
zeigten die „strengen" Vegetarier niedrigere Blutspiegel als die „gemäßigten",
obwohl sie etwa 35% ihrer Calorienzufuhr in Form von Fett zu sich nahmen
[*1000*].
Ähnliche niedrige Serumcholesterinwerte fand man bei vegetarisch
lebenden Indianerstämmen in Peru und bei Trappistenmönchen. GROEN
[*951*] war in der Lage, 181 Trappistenmönche und 167 Benediktiner miteinander zu vergleichen. Beide Mönchsorden leben in ländlichen Klöstern, vorwiegend dem Gebet, Studium und der Betrachtung hingegeben. Daneben
verrichten sie handwerkliche und Landarbeit. Der einzige wesentliche
Unterschied betrifft die Ernährung: Die Trappisten sind strenge Vegetarier
mit eingestreuten Fastenperioden im Winter und Frühling, während sich die
Benediktinermönche von der im Lande üblichen, gemischten Kost ernäh-
ren. Bei Gegenüberstellung der mittleren und höheren Altersgruppen aus
beiden Orden zeigten die Trappisten bei signifikant niedrigeren Serumcholesterinkonzentrationen eindeutig geringer ausgeprägte Röntgenzeichen
von Sklerosierung der Aorta. Elektrokardiographische Anzeichen von Coronarinsuffizienz waren allerdings in beiden Orden in gleicher Weise selten.
Diesen Befunden stehen die Beobachtungen SCHETTLERs [*2018*] entgegen,
der bei jahrelang streng vegetarisch Ernährten schwere arteriosklerotische
Veränderungen (durch Obduktion bestätigt) und sogar Hyperlipidämien
festgestellt hat.
Damit war die Frage aufgeworfen worden, ob die *Art der Nahrungsfette*
einen Einfluß auf die Höhe des Cholesterinspiegels im Serum ausübt. Schon
GROEN [*951*] war es aufgefallen, daß unter vegetarischer Kost, selbst wenn
sie einen Fettgehalt von 90 bis 125 g aufwies, der Serumcholesterinspiegel
nicht anstieg. Man wurde auf die möglichen Unterschiede zwischen animalischen und vegetabilischen Fetten aufmerksam. Eine vom BRONTE-STE-
WARTschen Team [*345*] in Kapstadt an einer rassisch verschiedenartigen
Bevölkerung durchgeführte Untersuchung ergab, daß der Volksteil mit
höherem Verbrauch tierischer Fette einen höheren Plasmacholesterinspiegel
aufwies als der mit vorwiegendem Verbrauch pflanzlicher Fette.
Schließlich konnte KINSELL [*1255 bis 1257*] durch Ersatz isocalorischer
Mengen tierischer gegen pflanzliche Fette einen prompten Konzentrationsanstieg des Plasmacholesterins nachweisen. Umgekehrt führte die Umstel-

lung auf gleiche Mengen pflanzlicher Fette zu einer signifikanten Abnahme des Plasmacholesterins, sogar wenn eine diabetische Hypercholesterinämie vorlag [*1257, 1258*]. Diese Beobachtungen wurden von AHRENS [*39*], BEVERIDGE [*206* bis *212*], FRISKEY [*809*], sowie BRONTE-STEWART [*342, 345*], HORLICK [*1120*], SCHETTLER [*628*] und ihren Mitarbeitern bestätigt. Nach dem derzeitigen Stand der Forschung scheint die blutcholesterinsenkende Wirkung der vegetabilen Fette nicht auf ihrer pflanzlichen Herkunft [*1395*], sondern auf ihrem Gehalt an „essentiellen" ungesättigten Fettsäuren zu beruhen. Bisher wurden folgende Beobachtungen gemacht:

1. Gesättigte Fette in größeren Mengen steigern den Blutcholesterinspiegel,

2. einfach ungesättigte Fette verändern auch in großen Mengen nicht den Blutcholesterinspiegel, während

3. mehrfach ungesättigte Fette dagegen eindeutig eine Senkung des Blutcholesterinspiegels bewirken, auch wenn einige gesättigte Fette in der Nahrung vorhanden sind.

Reich an ungesättigten (essentiellen) Fettsäuren sind bestimmte pflanzliche Fette. Auch *einige tierische Fette* enthalten bemerkenswerte Mengen. Der cholesterinsenkende Effekt der Fettsäuren scheint mit steigender Jodzahl zuzunehmen. Ordnet man die hier praktisch in Betracht kommenden Fette nach der Jodzahl, so ergibt sich (nach AHRENS [*40, 41*] u. Mitarb.) folgende Reihenfolge: Butter 25 bis 35, Palmkernöl 50 bis 60, Schweineschmalz 46 bis 77 [*1395*], Olivenöl 70 bis 80, Baumwollsamenöl 110 bis 115, Maisöl 120 bis 130, Saffloweröl 140 bis 150, Leinöl 165 bis 175. Allerdings haben HASHIM [*1025*] u. Mitarb. auf Grund eigener Untersuchungen am Menschen unter Standardbedingungen Zweifel an der Schlußfolgerung geäußert, daß der cholesterinsenkende Effekt eines Fettes um so stärker sei, je höher die Jodzahl seiner Fettsäuren sei. Es zeigte sich auch nicht ohne weiteres eine einfache antagonistische Wirkung gesättigter gegenüber mehrfach ungesättigten Fettsäuren.

Es liegen Anhaltspunkte vor, nach denen künstlich *gehärtete Pflanzenfette* (z. B. Kokosnußfett und andere Backfette) *ihre cholesterinsenkenden Eigenschaften verlieren* und sich wie tierische Fette (Rinder-, Kalbs-, Schafsfett) verhalten. Sie weisen nun niedrige Jodzahlen auf, sind praktisch frei von essentiellen Fettsäuren. Mit gehärteten vegetabilen Fetten gefütterte Kaninchen zeigten wesentlich höhere Serumcholesterinkonzentrationen als die mit Leinöl oder Gemischen von essentiellen Fettsäuren gefütterten Tiere [*99, 1682*]. Partiell gehärtete Pflanzenfette, z. B. bei der Margarineherstellung, sollen ebenfalls zum großen Teil ihre ungesättigten Fettsäuren verlieren. Von DEUEL [*554*] und seinen Mitarbeitern untersuchte amerikanische Handelsmargarinesorten wiesen nur etwa 5% essentielle Fettsäuren auf. Durch moderne Herstellungsverfahren ist es möglich, einen höheren Prozentsatz vor der Zerstörung zu bewahren. Einen *extrem niedrigen Gehalt an essentiellen Fettsäuren* weist *Butter* auf. DEUEL [*554*] u. Mitarb. berichten von Werten zwischen 0,6% und 3,8%, die in verschiedenen Sorten von Handelsbutter und an verschiedenen Plätzen gefunden worden sind.

Der *blutcholesterinsenkende Effekt ungesättigter Fettsäuren*, am Menschen zunächst nur in kurzfristigen Experimenten demonstriert, ist inzwischen von zahlreichen Beobachtern bestätigt worden [*623, 685, 903, 1251, 1533, 1536, 1704*]. McCANN [*1580*] u. Mitarb. aus dem Bostoner Arbeitskreis um STARE bestätigten an männlichen Versuchspersonen mit Hypercholesterinämie die cholesterinsenkende Wirkung von Erdnuß- und Saffloweröl. Sie betrug bis zu 16% gegenüber den Ausgangswerten. Die Autoren mahnen jedoch zur *Vorsicht bei der Beurteilung auf lange Sicht*, da ein so mäßiger Konzentrationsabfall von fraglicher Wirkung sein müsse.

Worauf der *cholesterinspiegelsenkende Effekt* der essentiellen Fettsäuren beruht, ist zur Zeit noch immer Gegenstand intensiver Forschung [346]. Ist es einfach die Anzahl der Doppelbindungen pro Gewichtseinheit der Methylengruppen [40], wirken die Triensäuren intensiver als die Diensäuren, liegt es an dem Verhältnis von ungesättigten zu gesättigten Fettsäuren, bewirken die gesättigten Fettsäuren schon an und für sich eine Serumlipidsteigerung oder nur proportional ihrem Anteil an den Gesamtfettsäuren? Vielleicht ist es überhaupt nicht der Sättigungsgrad des Fettes, sondern wie BEVERIDGE [209, 210], CONNELL und MAYER meinen, sind es möglicherweise besondere, den Blutfettgehalt regulierende Substanzen. Von GRANDE [928] wurde diese Ansicht inzwischen bestätigt. Dieser Faktor scheint z. B. in der unverseifbaren Fraktion des Maisöls vorzukommen, was auch NATH [1682] u. Mitarb. meinen. Der GORDON [903]-BROCKsche Arbeitskreis untersuchte die Frage, ob diese Substanzen hitzelabil sein könnten. Sie fanden, daß Erhitzen der Öle über 2 Std in keiner Weise die senkende Wirkung auf den Serumcholesterinspiegel gegenüber dem Rohöl beeinflußte. Die Möglichkeit, daß der auf die Zufuhr von ungesättigtem Fett eintretende cholesterinsenkende Effekt dadurch bedingt sein könne, daß diese Fettsäuren ungenügend resorbiert würden, konnte ausgeschlossen werden [903]. Schließlich wurde ein stoffwechselsteigernder oder die Ausscheidung von Cholesterinabbauprodukten fördernder Effekt vermutet, jedoch bisher nicht nachgewiesen.

Für die These von Wechselbeziehungen zwischen der Art der Esterfettsäuren am Cholesterin und dem Cholesterinabbau sprechen neuere Befunde: ANTONIS [83] und LEWIS [1458] fanden während des Abfalls des Serumcholesterinspiegels den Anteil des mit mehrfach ungesättigten Fettsäuren veresterten Cholesterins höher als sonst. Die von GORDON [903, 904] u. Mitarb. erhobenen Befunde am Menschen, daß unter einer an ungesättigten Fettsäuren reichen Kost der Cholesterinstoffwechsel stimuliert und in erhöhtem Umfang Gallensäuren und Steroide mit den Faeces ausgeschieden werden, stehen im Widerspruch zu neueren Untersuchungen von KRITCHEVSKY [1352] u. Mitarb. Diese Autoren fanden, daß die endständigen C-Atome des Cholesterins in vitro von den Mitochondrien der Rattenleber in viel größerem Umfang oxydiert werden, wenn die Tiere große Mengen gesättigter Fettsäuren erhalten hatten als bei Ratten, die mit gleichen Mengen ungesättigter Fette gefüttert worden waren. HATCH [1026], ABELL und KENDALL fiel bei Versuchen mit fettarmer Reisdiät auf, daß bei $^1/_5$ der Kranken der Serumcholesterinabfall mit einer Serumlactescenz verbunden war, die vorwiegend auf einem Konzentrationsanstieg der Triglyceride im Serum beruhte. Eine ähnliche Beobachtung machte der AHRENSsche [40] Arbeitskreis, wenn der Anteil der Fettcalorien an ihren Testdiäten auf 10% reduziert wurde. Die Lipämie blieb dagegen aus, wenn Fette mit hoher Jodzahl gegeben wurden.

Wie neuerdings KINSELL [1260] u. Mitarb. wahrscheinlich machen konnten, kommt es beim Fehlen genügender Mengen von essentiellen Fettsäuren (zur *Cholesterinveresterung*) zu einer erhöhten Plasmacholesterinproduktion mit Erhöhung des Plasmacholesterinspiegels und abnormer Cholesterinablagerung. Manche Autoren stellen sich vor, daß unter diesen Bedingungen gesättigte Fettsäuren zur Veresterung herangezogen werden, die entweder aus der Nahrung oder endogen aus dem Kohlenhydratstoffwechsel stammen. Wood [2478] und Migicovsky konnten zeigen, daß Erucasäure, ähnlich wie Linolsäure, die Cholesterinsynthese in der Leber inhibiert. Möglicherweise ist der Transport freier Fettsäuren eine der wesentlichen Funktionen des Plasmacholesterins [1254, 1259]. Nach der Meinung von Sinclair [2144] erfolgt physiologischerweise die Cholesterinveresterung mit ungesättigten Fettsäuren, besonders mit der Linolsäure. Jedenfalls fanden Kelsey [1222] und Longenecker beim Rind 62% seines Plasmacholesterins mit Linolsäure verestert. Daß die Cholesterinester des Blutserums mehr *ungesättigte* Fettsäuren enthalten als die Glyceride, ist mehrfach bestätigt worden (Wiese und Hansen, zit. bei Holman [1105]). Die Vermutung, daß in dieser Form verestertes Cholesterin in der Blutbahn ungefährdet transportiert und später umgesetzt wird, ohne an Prädilektionsstellen abgelagert zu werden [2144], erscheint bestechend. Tatsächlich ist die Löslichkeit von Cholesterin, das mit ungesättigten Fettsäuren verestert ist, größer als die mit gesättigten Fettsäuren gleicher Kettenlänge veresterten Cholesterins [551]. Bei fettfrei ernährten Ratten nahm zwar das Plasmacholesterin ab, dafür aber der Gehalt an Lebercholesterin zu, das jetzt fast ausschließlich in veresterter Form vorlag [53]. Diese Beobachtung legt den Schluß nahe, daß bei Mangel an essentiellen Fettsäuren das mit ungesättigten Fettsäuren veresterte Cholesterin ungenügend verstoffwechselt wird. Aus diesen Beobachtungen ist geschlossen worden, daß essentielle Fettsäuren eine wichtige Rolle im Cholesterintransport spielen. Man kann umgekehrt aber auch daran denken, daß Cholesterin ein Vehikel für essentielle Fettsäuren darstellt [1105]. Die essentiellen Fettsäuren kommen im Säugetierorganismus nicht frei, sondern meist verestert in der Glycerid-, Cholesterin- und Phosphatidbindung vor.

Besondere Aufmerksamkeit verdienen die Beobachtungen des Schradeschen Arbeitskreises [2066] bei oraler Belastung mit *polyensäurehaltigen Fetten*. Während sie bei Butterbelastung einen Konzentrationsanstieg der Gesamtfettsäuren im Blutserum um 144 mg-% fanden, betrug er nach Zufuhr von einer vergleichbaren Menge von Saffloweröl in einem Fall nur 56 mg-%. Allerdings kam es zu einer relativ stärkeren und länger anhaltenden Linolsäurekonzentrationszunahme (31% statt 20,3% der Gesamtfettsäurenkonzentration) gegenüber dem Nüchternwert. In die gleiche Richtung weisen neuere Befunde: Während der alimentären Lipämie stieg der Serumglyceridspiegel unter Zufuhr von Maisöl bedeutend weniger an als unter der fettreichen amerikanischen Vollkost [1383]. Da keine Resorptionsstörung beobachtet wurde, nahmen die Autoren als Ursache für dieses Phänomen an, daß die Eliminationsrate für Triglyceride nach Zufuhr hochungesättigter Fettsäuren größer sei.

d) Caloriengehalt

Nach Page [1752] erfolgt ein Absinken der Cholesterinkonzentration im Serum auf Calorienbeschränkung allein schon, ohne daß die Fettcalorien allzu stark beschränkt zu werden brauchen. Bronte-Stewart [342] u. Mitarb. konnten in ausgedehnten Versuchen an der Bevölkerung in Südafrika zeigen, daß der Blutfettgehalt weitgehend von der Calorienaufnahme abhängig war. Die Bantus auf der geringsten Einkommensstufe hatten mit dem geringsten Calorienverbrauch auch die geringste Fettaufnahme, und ihr Blutlipidspiegel war ebenfalls niedrig. Der europäische Bevölkerungsteil hatte höhere Werte.

Zu gegensätzlicher Auffassung über die Rolle des Calorienüberschusses auf die Konzentration der Serumlipide kamen MANN [*1544*] und KEYS [*1235*] mit ihren Mitarbeitern. MANN [*1544*] beobachtete an jungen Männern, die eine fettreiche (153 bis 174 g Fett tierischer und pflanzlicher Herkunft) und hochcalorische Kost (6000 Calorien) verzehrten, so lange keine Zunahme der Serumlipide, wie sie in scharfem Training waren. Wurde dieses eingestellt und kam es zur Gewichtszunahme, so stieg der Serumlipidspiegel an. Mit *übercalorischer Ernährung*, sowohl in Form von Kohlenhydraten, wie auch von Eiweiß, konnten WALKER [*2392*] u. Mitarb. Konzentrationserhöhungen der S_f 12 bis 400 Lipoproteinklassen im Serum erzielen. Demgegenüber stellten KEYS [*1235, 1242*] u. Mitarb. im Rahmen ihrer epidemiologischen Studien fest, daß nicht das Maß der körperlichen Arbeit und die Calorienzufuhr, sondern ausschließlich die Höhe des Fettverbrauchs zur Konzentration der Serumlipide in Beziehung gesetzt werden könne.

4. Umwelteinflüsse

a) Stress

Unter dem Eindruck der Zunahme von Herzinfarkten in den Ländern westlicher Hochzivilisation hat man den Auswirkungen von *Stressvorgängen* auf die Serumlipidkonzentrationen besondere Beachtung gewidmet. Im Stress erfolgt eine vorübergehende Störung des Gleichgewichtszustandes, die alsbald von gegenregulatorischen Reaktionen wieder ausgeglichen wird. Dieses *Reglersystem* weist *zentrale* und *periphere*, nervale und *endokrine* Anteile auf. HOFF [*1097*] u. Mitarb. haben diese Steuerungseinrichtungen in bezug auf eine Reihe biologisch interessanter Stoffe und Vorgänge untersucht. So hat z. B. SCHRADE den Einfluß einer *Luftfüllung der Hirnventrikel* auf die Blutlipide studiert und eine initiale hypolipämische von einer hyperlipämischen Nachphase unterscheiden können. Ähnliche Beobachtungen wurden an Tieren gemacht. Die Serumlipide von Kaninchen, die für kurze Zeit einem *Unterdruck* ausgesetzt worden waren, sanken in ihrer Konzentration zunächst ab, um nach 6 Std ihren Ausgangswert wieder erreicht zu haben (MACLACHLAN, zit. bei ENZINGER [*664*]). Im Zusammenhang mit der „Alarmreaktion" wurden Hypolipidämie, Fettablagerung in der Leber bei gleichzeitiger Mobilisierung des Depotfettes beobachtet (LEBLOND, GIESSING, zit. bei ENZINGER [*664*]). Polyarthritiker wiesen nach ACTH-Infusionen nach einem anfänglich geringen Abfall 8 bis 10 Std später eine vorübergehende Hyperlipidämie auf, die zwischen 15 bis 60% gegenüber den Ausgangswerten betrug [*664*]. Starke Schwankungen der Serumlipidkonzentrationen treten während des Menstruationscyclus auf.

Nach intensiven Stressreizen (Verbrühung, Röntgenbestrahlung, Injektion von N-Lost) konnte THIELE [*2301*] bei Ratten eine signifikante Konzentrationserhöhung des Plasmalogens im Serum nachweisen, das in verstärktem Maße neu gebildet worden war. An den Nebennieren der Tiere fanden sich als Ausdruck des Stresseffektes die charakteristischen Veränderungen (Abnahme der Ascorbinsäure und Fette, Vermehrung des Plasmalogens in der NNR).

Beim Menschen fand der gleiche Autor in einem Fall nach der fünften intravenösen ACTH-Infusion zusammen mit der Steigerung der 17-Ketosteroidausscheidung im Harn einen Anstieg der Plasmalogenkonzentration im Serum von + 21% gegenüber dem Ausgangswert.

Untersuchungen der Serumlipidkonzentrationen an Medizinstudenten während des Abschlußexamens ergaben, daß während dieser Belastung insbesondere der Serumcholesterinspiegel anstieg, weniger die übrigen Lipidfraktionen [*963, 2441*]. In USA wurden 40 männliche Geschäftsinhaber bzw. in leitender Position stehende Persönlichkeiten über eine zusammenhängende Periode von 5 Monaten beobachtet. Diese Leute waren bis zu 70 Wochenstunden angestrengt tätig, verbunden mit vielen dringlichen Terminen, unvorhergesehenen emotionellen Belastungen und meist mit starkem Zeitdruck. Es zeigte sich übereinstimmend, daß die Höhe der Serumcholesterinkonzentration weitgehend parallel mit der Stärke des *emotionellen Stress* verlief [*807, 985*]. Dagegen bestanden keine signifikanten direkt proportionalen Beziehungen zu Schwankungen des Körpergewichtes, Höhe der Calorienaufnahme und körperlichem Bewegungsausmaß. LEUPOLD [*1438*] und WIELAND kamen zu ähnlichen Ergebnissen. Sie untersuchten die Serumlipidspiegel bei 20 Männern im Durchschnittsalter von 45 Jahren in verantwortlichen Positionen des Wirtschaftslebens. Die Probanden fühlten sich körperlich wohl und waren klinisch gesund. Sie waren beruflich stark überlastet, litten unter Schlafmangel und frönten einem Nicotin- und Coffeinabusus. Es fanden sich signifikant erhöhte Gesamtlipidkonzentrationen im Serum, insbesondere zugunsten der Neutralfette und des Estercholesterins.

Wahrscheinlich kommt es bei der Beurteilung des Stresseffektes auch auf den Zeitpunkt der Blutentnahme und die Art des Stressors an. Nach Hungerstress wurde ein Abfall des Cholesterinspiegels [*1547*], nach periodischem emotionellem Stress [*160*] und vorgetäuschtem Höhenflug [*80*] stellten sich überhaupt keine Änderungen des Serumlipidspiegels ein.

b) Nicotin

Eine *unmittelbare Wirkung* auf den Cholesterinspiegel scheint das Zigarettenrauchen nicht zu haben, wie Untersuchungen des PAGEschen [*1760*] Arbeitskreises in in ½stündlichen Intervallen durchgeführten Serumanalysen gezeigt haben. Dagegen sollen starke Zigarettenraucher in höherem Maße gegenüber Myokardinfarkten gefährdet sein als Nichtraucher [*371, 573, 657, 848, 987, 1045, 1620, 1621, 1775*]. Die *Mortalitätsrate* wurde von HAMMOND [*986, 988*] um 75% höher gefunden als bei gleichaltrigen nichtrauchenden Männern. Die Arbeitsgruppe um DAWBER [*527*] fand unter 141 Nichtrauchern eine Mortalität an Herzinfarkt von 24,6 auf 1000, während diese bei 594 Zigarettenrauchern 40,1 und bei starken Rauchern (20 und mehr Zigaretten) sogar 45,5/1000 betrug. Desgleichen lag der Serumcholesterinspiegel bei Zigarettenrauchern durchweg höher als bei Nichtrauchern. Dagegen fanden diese Autoren keine Beziehungen zwischen Nicotinverbrauch und Blutdruck.

c) Muskeltätigkeit

Bereits bei der Besprechung der Beziehungen von Caloriengehalt der Nahrung zum Plasmalipidgehalt haben wir den Einfluß des körperlichen Bewegungsausmaßes gestreift. Groß angelegte statistische Untersuchungen an Bevölkerungsgruppen verschiedener Zivilisationsstufen [*1551*] zeigten, daß Nigerier, die extrem fett- und eiweißarm lebten, einen um durchschnittlich 83 mg-% niedrigeren Blutcholesterinspiegel aufwiesen als bezüglich ihrer Ernährung vergleichbare Nordamerikaner (Vegetarier mit geringem Fettverbrauch). Ein wesentlicher Unterschied, abgesehen von dem rassischen, lag darin begründet, daß die afrikanischen Stämme eine hohe Muskelbeanspruchung bei relativer Eiweiß- und Fettarmut der Nahrung zeigten. WALKER [2389] und ARVIDSSON fanden bei den afrikanischen Bantus, die ebenfalls einen niedrigen Fettverbrauch hatten, niedrige Serumcholesterinspiegel. Sie gehörten ausschließlich der arbeitenden Klasse an. Versuche von MANN [1544] und KEYS [1235, 1247] erlaubten die Schlußfolgerung, daß eine *hochcalorische, insbesondere an Fettcalorien reiche Kost* zumindest *bei starker körperlicher Beanspruchung nicht* zu der sonst nachweisbaren *Konzentrationszunahme der Plasmalipide* führt.

Der KEYSsche Arbeitskreis [2280] untersuchte an neun klinisch gesunden Universitätsstudenten den Einfluß körperlicher Arbeit auf die Konzentration der Serumlipide. Die Versuchspersonen mußten 2 Std unter Standardbedingungen (Calorien- und Fettzufuhr, Temperatur und Luftfeuchtigkeit, Umdrehungsgeschwindigkeit) in der Tretmühle gehen. Der Trainings- und Gewöhnungsfaktor wurde berücksichtigt. Die Probanden erhielten 900 Cal. pro Tag mehr als die Vergleichspersonen, wobei aber der *prozentuale* Fettanteil der gleiche war. Während nach gesteigerter Fettaufnahme mit der Nahrung (bei gleichbleibendem körperlichem Bewegungsausmaß und anderen äußeren Bedingungen) die Serumlipidkonzentrationen zunahmen, einschließlich der Serumcholesterinspiegel, blieben die Cholesterinkonzentrationen bei den körperlich hart arbeitenden Versuchspersonen trotz vermehrten Fettkonsums unverändert oder sie fielen sogar leicht ab.

Am Menschen ließ sich nachweisen, daß die Konzentration der unveresterten Fettsäuren (UFS) im peripheren Blut unter körperlicher Arbeit abnimmt, um nach $^1/_2$stündiger Ruhe wieder auf den Ausgangswert anzusteigen. Durch Bestimmung der arteriovenösen Konzentrationsdifferenz ergab sich, daß die in Tätigkeit befindlichen Muskelgruppen die UFS offenbar aus dem durch sie hindurchfließenden Plasmastrom extrahieren können [411]. Wenn auch der Beweis am Menschen noch aussteht, daß die UFS in den arbeitenden Muskeln verbrannt worden sind, so ist doch in vitro nachgewiesen worden, daß Muskelgewebe (und auch andere Gewebssorten) langgliedrige Fettsäuren vollständig oxydieren können, gleichgültig ob sie in Form von Triglyceriden, fettsauren Salzen oder Serumlipiden den Gewebsschnitten hinzugegeben werden [851, 2413, 2435]. Am Hund wurde mittels C^{14} radioaktiv markierter Palmitinsäure die Oxydierbarkeit von Fettsäuren in vivo bewiesen [893].

Die KEYSsche Arbeitsgruppe [65] nimmt als Arbeitshypothese an, daß die Cholesterinkonzentration im Serum von der Größe der Fettladung im Blut (pro Volumeneinheit) abhängig ist. Diese wird in erster Linie von der Transportdichte auf dem Wege vom Darm in die Leber und von der Leber zu den Fettdepots bestimmt. Sie wird anscheinend weniger von den Transportvorgängen auf den Wegen vom Fettgewebe zu den Orten der Fettverbrennung betroffen. Dies schließen die Autoren aus der Beobachtung, daß der Serumcholesterinspiegel in Phasen negativer Calorienbilanz abfällt, obwohl gerade unter dieser Bedingung viel Fett aus den Depots mobilisiert wird [63, 64].

II. Folgen der Hyperlipidämie für die

1. Blutgerinnung

Kranke mit stenokardischen Beschwerden geben auf eingehendes Befragen nicht allzu selten an, daß sie gehäuft nach einer "kräftigen" Mahlzeit

Herzschmerzen bekommen. Dabei ist es keineswegs das voluminöse Mahl, das dem Herzkranken mit Neigung zu Meteorismus Beschwerden macht, sondern oft schon eine fette Brühe, Tunke oder Wurst. Charakteristischerweise kommt es nicht unmittelbar, sondern erst 2 bis 3 Std nachher, d. h. auf dem Höhepunkt der Verdauungslipämie [*272, 562, 1077, 1377, 1381, 1382, 1532, 1569, 1571, 2153, 2461*], zur Angina pectoris. Im Gegensatz zu einer fettreichen Mahlzeit treten nach kohlenhydrat- und eiweißreichem Essen nach Angaben der Kranken kaum Herzbeschwerden auf. Es wird daher von manchen Autoren angenommen, daß eine *fettreiche Mahlzeit* für die *Auslösung einer Coronarthrombose* von *Bedeutung* sein kann.

Nachdem schon frühzeitig die Rolle der Lipoide im Gerinnungsvorgang erkannt wurde [*789, 1131, 2029, 2503*], untersuchte 1934 SCHRADE [*2056, 385*] unter BÜRGER den Einfluß der alimentären Lipämie auf die Blutgerinnungszeit. *Auf dem Höhepunkt der postresorptiven Hyperlipidämie* zeigte sich die *Gerinnungszeit* um 80 bis 100 sec (durchschnittlich 35,5% gegenüber dem Nüchternwert) *verkürzt.* Das Maximum der lipämischen Trübung und die größte Gerinnungszeitverkürzung lag zwischen der 3. bis 5. Std. Er konnte weiter zeigen, daß unter den Plasmalipiden besondere Bedeutung dem Phosphatidgehalt zukam. Blieb der Plasmafettspiegelanstieg auf orale Fettbelastung aus, wie in einem Fall von splenomegaler Lipoidose, so fehlte der beschriebene Effekt auf die Blutgerinnung. Ebenso blieben Belastungsversuche mit Traubenzucker, Glykokoll, Eigelb ohne Wirkung.

WALDRON [*2384*], HEIDELMAN und DUNCAN stellten nach Sahnegaben und FULLERTON [*817, 818*] nach fettreicher Kost fest, daß das auf dem Höhepunkt der postresorptiven Lipämie gewonnene Blut *in vitro* (Gerinnungszeitbestimmung mit Vollblut in silikonierten Gläschen und mittels Plasma in Gegenwart von RUSSELs Schlangengift) eine deutliche *Verkürzung der Gerinnungszeit* aufwies. Diese Beobachtungen wurden später von einer Reihe von Autoren [*394, 981, 1246, 1528, 1607, 1677, 1708*] und neuerdings auch von NITZBERG [*1703*] bestätigt. Interessant waren die Beobachtungen MACLAGANS [*1528*] und BILLIMORIAs, daß insbesondere Butter die Gerinnungszeit verkürzte. *Margarine* dagegen hatte einen geringen oder gar keinen Effekt.

Es wurde zunächst ernsthaft bezweifelt, ob die Gerinnungsbeschleunigung durch einen erhöhten Serumlipidspiegel auch im strömenden Blut stattfindet [*2329*]. KEYS [*1240*] untersuchte mittels der Vier-Röhrchenmethode von LEE-WHITE das Verhalten der Blutgerinnungszeit an 20 männlichen Personen. Er fand eine deutliche Gerinnungsbeschleunigung nach einer Fettmahlzeit, die $1^1/_2$ Std nach dem Essen begann und bis zu 6 Std anhielt. Auch HIRSCHHORN [*1093*], sowie O'BRIEN [*1708, 1709, 1711*] kamen zu ähnlichen Ergebnissen. Dabei verhielten sich äquivalente Mengen verschiedener Fette ganz unterschiedlich hinsichtlich der Blutgerinnungszeit [*1851*].

LASCH [*1399*] und SCHIMPF fanden nach Fettbelastung (70 g Butter) eine *Zunahme der Prothrombinkonzentration* und *des Faktors VII*, ebenso *der Thromboplastinaktivität.* Auch SOHAR [*2162*], ROSENTHAL und ADLERSBERG fanden nach Standardfettmahlzeiten Beziehungen zwischen Triglyceridgehalt des Serums und der Thromboplastinaktivität. Die Stypven[1]-Prothrombinzeit war im Stadium der postresorptiven Lipämie signifikant gegenüber den Kontrollfällen ohne Fettbelastung verkürzt. Die Autoren denken an einen Thromboplastinaktivator, der zum Neutralfettgehalt des Plasmas in Beziehung steht. Vielleicht handelt es sich auch um Konzentrationsänderungen des im Blute strömenden, zum Teil in den Chylomikronen

---

[1] „Stypven" — ein „inkomplettes" Thromboplastin aus Schlangengift.

enthaltenen Phosphatidäthanolamins [*1588*], das Thromboplastineigenschaften besitzt [*134, 1708, 1709, 1710, 1922*]. KINGSBURY [*1253*] und MORGAN stellten einen *verkürzenden Einfluß der Chylomikronen auf die Recalcifizierungszeit* des Plasmas fest, den sie auf eine in den Chylomikronen enthaltene Phosphatidfraktion bezogen. Auch die Thrombocyten enthalten Äthanolaminophosphatide [*2393*]. Ihre Rolle als gerinnungsaktivierendes Lipoid (im Gegensatz zu Lecithin) erscheint gesichert [*1851*]. Demgegenüber konnten EGGSTEIN [*627*] und MAMMEN, ebenso wie WITTE [*2467*], keine statistisch signifikanten Änderungen der Prothrombinzeit und des Faktors VII, wohl aber eine *Vermehrung des Thrombininhibitors* bzw. *Antithrombin II* und eine *Abnahme des Progressiv-Antithrombins* während der postresorptiven Hyperlipidämie feststellen.

Im angloamerikanischen Schrifttum machten wohl als erste WALDRON [*2386*], FULLERTON [*817, 818*] u. Mitarb. darauf aufmerksam, daß die *erhöhte Gerinnbarkeit nach einer fetten Mahlzeit* vielleicht ein wichtiger Faktor für die Entstehung einer Thrombose sein könne. Diese Beobachtung schien zunächst die These DUGUIDS [*589—593*] zu stützen, der die Entstehung der arteriosklerotischen Plaques als die Folge muraler Fibrinthromben ansah. ASTRUP [*95*] und COPLEY [*490*] nahmen sogar an, daß sich intravasculäre Gerinnungsprozesse fortwährend abspielten. Unter physiologischen Bedingungen würden derartige Fibrinbeläge auf den Endothelien durch die natürlicherweise tätige Fibrinolyse laufend beseitigt. So gesehen, würde eine fettreiche Mahlzeit das Gleichgewicht zwischen intravasculärer Blutgerinnungsaktivität und fibrinolytischer Aktivität stören. Diese Beobachtungen über einen inhibitorischen Effekt der alimentären Lipämie auf die Fibrinolyse [*945, 946, 947*] waren alarmierend und rückten den Einfluß der Plasmalipide auf intravasale Gerinnung und Fibrinolyse in den Mittelpunkt des Interesses.

Bei Kaninchen wurde nach Fütterung von Butterfett eine Verlängerung der Fibrinolysezeit beobachtet [*2086*]. Auch Cholesterinfütterung hatte den gleichen Effekt [*1388*]. Möglicherweise verkürzen auch bestimmte Fettsäuren die Gerinnungszeit [*1851*]. POOLE [*1850, 1852*] und ROBINSON [*1919, 1920, 1922*] studierten das Verhalten des Blutplasmas nach Zusatz von Lymphe und meinten u. a., daß die zunehmende Gerinnbarkeit auf der Anwesenheit freier Fettsäuren beruhen würde.

Andere Funktionsproben (Recalcifizierungszeit, Thrombinbildungszeit) ergaben *widersprechende Befunde*, z. B. MERSKEY [*1607*] und NOSSEL gegen O'BRIEN [*1708*] und PILKINGTON [*1834*]. Vielleicht beruhten sie zum Teil auf der Verschiedenartigkeit der angewendeten Methoden [*1703*]. Andere Autoren sahen keine oder zumindest keine statistisch signifikanten Änderungen der Gerinnungszeit [*295, 1702, 2129, 2329*]. Bedeutungsvoll scheinen mir die neuerdings an Kranken mit *idiopathischer Hyperlipidämie* und *essentieller Hypercholesterinämie* erhobenen Befunde [*1703*] einer beschleunigten *Stypven-Zeit*. Zu ähnlichen Ergebnissen waren schon SOHAR [*2162*] u. Mitarb. gekommen, wenn auch nicht bei essentieller Hypercholesterinämie. Im Gegensatz zu dieser Arbeitsgruppe konnten NITZBERG [*1703*] u. Mitarb. nicht durchweg Parallelen zum Triglyceridspiegel im Serum feststellen. Sie vermuten Beziehungen zwischen der mit der bestehenden Hyperlipidämie gleichzeitig vorhandenen Konzentrationssteigerung von Serumphosphatiden (s. oben). Dagegen bestand keine Korrelation zum Serumcholesterinspiegel. Alle *Fälle mit beschleunigter Blutgerinnung* zeigten auch eine *herabgesetzte fibrinolytische Aktivität* [*700*].

Swank [*2260, 2261*] beobachtete, daß sich nach Fettaufnahme mit der Nahrung die Blutströmung änderte. Die Erythrocyten neigten zu Verklumpung und es kam zur Verlangsamung des Blutstromes im Gefäßwandbereich (Randstrom). Gleichzeitig beschrieb Kniseley [*1323*] das von der Senkungsreaktion her bekannte Phänomen der Zusammenballung der Erythrocyten, das „*Sludgephenomenon*" als intravitalen Vorgang. Bally [*117*] unter Koller [*1332*] hatte diese „Verstopfung" kleinerer Gefäße schon vorher an den Konjunktiven beobachtet. Harders [*999*], Cullen [*501*] und Williams [*2461*] fanden sie gehäuft nach fettreichen Mahlzeiten.

Daß die Fettsäuren die Gerinnbarkeit des Blutes beeinflussen können, wird vermutet. Es ist zu hoffen, daß das Studium der fermentativ beeinflußten Beziehungen zwischen Blutgerinnung und Fettstoffwechsel weiteres Licht in die Atheroskleroseforschung bringt.

Beachtung verdienen in diesem Zusammenhang aber auch Befunde von Kuo [*1380*] u. Mitarb., die nach intravenöser Infusion von Fettemulsionen zunächst am Tier, dann aber auch am Menschen ein Absinken des arteriellen O_2- und CO_2-Gehaltes beobachteten, was sie auf den Durchgang des fettbeladenen Blutes durch die Lunge und dessen Einfluß auf den Gaswechsel beziehen. Bei Patienten mit Coronarsklerose nahm nach intravenöser Infusion von 100 bis 130 ml einer 15%igen kommerziellen, einwandfrei verträglichen Fettemulsion die arterielle Sauerstoffsättigung um 3,9 bis 5,9% ab. Kranke mit klinisch manifester Coronarsklerose zeigten auf eine therapeutische Senkung des Triglyceridspiegels im Serum nach 2 bis 8 Wochen deutliche und meßbare Besserungen der Coronarinsuffizienz [*1380, 1382*]. In vergleichenden Untersuchungen an Gesunden im Nüchternzustand und auf dem Höhepunkt der alimentären Lipämie wurde die *Größe der Durchblutung* und des O_2-Verbrauchs des linken Ventrikels bestimmt. Einer Durchblutungsgröße von $81 \pm 2,43$ ml und einem O_2-Verbrauch von $9,02 \pm 0,28$ ml pro 100 g Herzmuskel im Nüchternzustand steht eine um 18% ($= 67$ ml/100 g) niedrigere Durchblutung und ein um 22% ($= 7,02$ ml/100 g) geringerer O_2-Verbrauch gegenüber. Nach Heparininjektion war 45 min später der Normalzustand wieder erreicht. Da sich keine hämodynamischen Veränderungen einstellten, beziehen die Autoren diesen Effekt auf die Lipämie, bzw. die Normalisierung auf die Klärung des Serums durch Heparin [*1897*]. Kuo [*1382*] und seine Mitarbeiter führten weiterhin an Kranken mit essentieller Hyperlipidämie und Coronarinsuffizienz (4 ♂ und 2 ♀ im Alter von 33 bis 62 Jahren) unter genau dosierten körperlichen Belastungen bei Einhaltung exakter Stoffwechselbedingungen elektrokardiographische und ballistokardiographische Untersuchungen durch, während sie den Kranken in periodischem Wechsel eine *fettfreie, normale* bzw. *fettreiche* Diät verabreichten. In der fettarmen Periode war die Leistungsbreite deutlich besser und die im Belastungs-EKG und Ballistokardiogramm festgestellten Kurvenveränderungen normalisierten sich weitgehend [*1382*].

Hueper [*1138*] konnte im Tierexperiment durch Injektion makromolekularer Substanzen (z. B. Polyvinylalkohol) zeigen, daß sich ein feiner Film auf das Intimaendothel legt. Als Folge sieht der Autor eine Ernährungsstörung der Gefäßwand (analog den durch O_2-Mangel bedingten Gefäßläsionen Büchners!), die der erste Schritt zu atheromatösen Veränderungen sein kann. Man könnte sich daher auch so die Kuoschen Beobachtungen erklären.

Nachdem feststand, daß nach Fettaufnahme unter bestimmten Umständen die Gerinnungszeit tatsächlich verkürzt wird, war es von großem praktischen Interesse zu untersuchen, ob diese Verkürzung bei klinisch manifester Coronarsklerose stärker ist als bei Gesunden. O'BRIEN [1711] fand keine signifikanten Unterschiede zwischen den beiden Gruppen (je 21 Fälle).

Wir untersuchten an 15 gesunden Versuchspersonen und 15 Kranken mit klinisch manifester Arteriosklerose den Einfluß einer dosierten oralen Fettbelastung auf die Blutgerinnungszeit mittels der *Thrombelastographie.* Von neun Gesunden über 30 Jahren reagierten acht mit einer statistisch signifikanten Gerinnungszeitverkürzung. Von sechs Personen unter 30 Jahren war nur in einem Fall die Gerinnung beschleunigt. Bei den Kranken waren die Schwankungen größer als bei Gesunden. Nur 7 von 15 zeigten eine Verkürzung, der Rest eine normale oder sogar verlängerte Gerinnung [1817]. Auch O'BRIEN stellte, wenn auch mit anderer Methodik, keine prinzipiellen Unterschiede zwischen Gesunden und Coronarsklerotikern fest. Thrombelastographische Untersuchungen von SHEEHY [2129] und EICHELBERGER zeigten 1 und 4 Std nach der Fettbelastung keine Veränderungen gegenüber unbelasteten Fällen. Unsere Untersuchungen ergaben dagegen nach 2 bis 3 Std die erwähnten Abweichungen, während im allgemeinen nach 4 Std der Ausgangswert wieder erreicht war.

Zur Methodik ist zu bemerken, daß der Filmstreifen, auf dem die Gerinnungswerte registriert werden, in 1 min 2 mm weiterläuft. Die „normale" Reaktionszeit beträgt nach unseren Untersuchungen 12 min $\pm$ 2,0. Wir haben bei den positiv reagierenden Fällen Verkürzungen zwischen 2 und 11 min (Mittelwert 3,9 min) beobachtet. Die individuelle physiologische Schwankungsbreite von Tag zu Tag beträgt nach unseren Untersuchungen 1,31 min. Die folgenden Figuren zeigen einige typische Verlaufsformen.

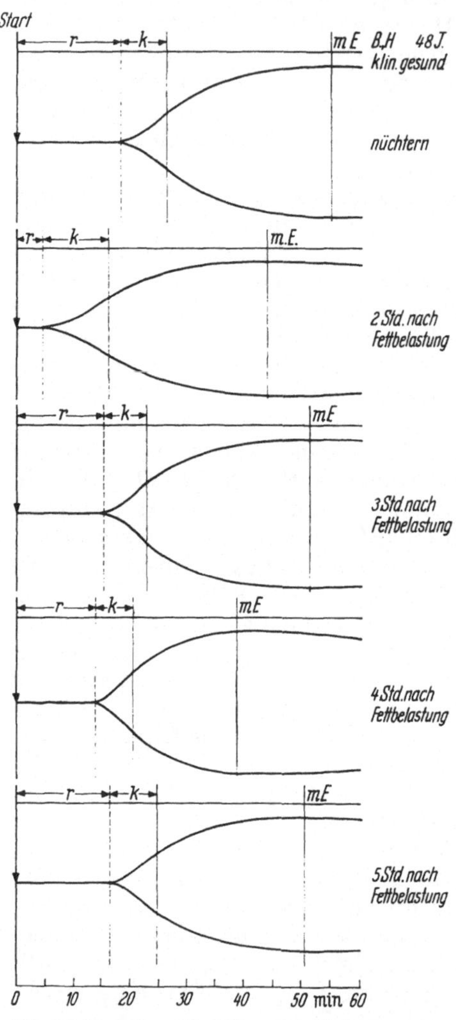

Fig. 44. Typischer Ablauf einer thrombelastographischen Untersuchung nach oraler Fettbelastung (70 g Butter + 1 Ei, 10 ml kondensierte Milch)

Die größte Verkürzung der Reaktionszeit liegt demnach im Falle B. H. 2 Std nach der Fettbelastung. Ausgangswert: 18,5 min gegenüber 5,5 min.

In den abgebildeten Fällen lag das Maximum der Gerinnungszeitverkürzung nach 2 Std. Bei anderen lag es in der 3. oder 4. Std.

Große Beachtung haben die Feststellungen MALMROS³ [1532] gefunden, der die hohe Morbidität und Mortalität an Myokardinfarkt in Dänemark und Norwegen auf die an Eiern, Sahne und Butter reiche Kost zurückführt.

Während in Norwegen im zweiten Weltkrieg der Fettverbrauch sehr absank, blieb er in Dänemark relativ hoch (s. auch S. 192, 193). Interessanterweise nahm die Zahl der Myokardinfarkte unter den thromboembolischen Komplikationen in Norwegen bis auf etwa $^1/_3$ des Vorkriegsdurchschnittes ab [1240], nicht aber in Dänemark. In den Chirurgischen Kliniken Norwegens wurden mit Beginn der Normalisierung, Mitte 1945, die Thrombosen und

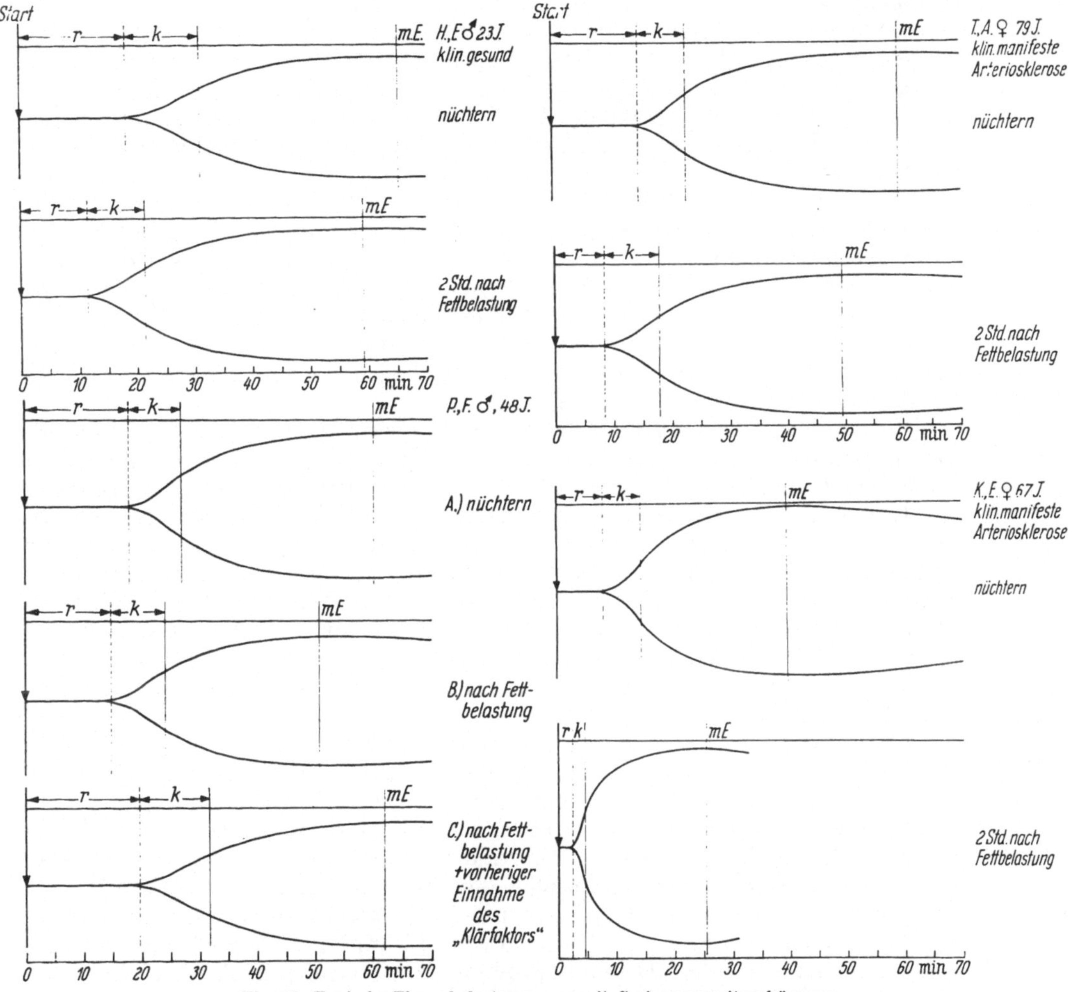

Fig. 45. Typische Thrombelastogramme mit Gerinnungszeitverkürzung

Embolien wieder häufiger, um 1948 den Vorkriegsstand zu erreichen [1240]. Von Closs [463] und Dedichen wurde auf ähnliche Zusammenhänge bei Thromboembolien aufmerksam gemacht. Nach Keys [1240] wird in den Chirurgischen Kliniken Afrikas und Asiens in Gebieten mit niedrigem Fettkonsum nur eine verschwindend kleine Anzahl von thromboembolischen Komplikationen beobachtet.

Auch *durch emotionelle Stressfaktoren* wird die *Blutgerinnungszeit*, vielleicht im Zusammenhang mit der Hyperlipidämie, *verkürzt* [807, 1947],

selbst wenn die Stresseinwirkung nur 5 min in Anspruch nahm. ADLERS-
BERG u. Mitarb. fanden nach eingetretenem Herzinfarkt zunächst meist
einen Cholesterinanstieg als Ausdruck der Stresseinwirkung, wohl analog den
Tierversuchen mit ACTH [20, 22] als Folge einer Nebennierenrindenstimu-
lation zu deuten. Diese Reaktion war vom Alter des Kranken, der Ausdehnung des Infarkts, der Schwere der Kreislaufreaktion und des klinischen
Bildes (Fieber, Bluteosinophilenabfall, BSR) abhängig. SCHETTLER [2006]
beobachtete bei seinen Fällen nach *eingetretenem Herzinfarkt* zunächst
einen *Serumcholesterinabfall*, der bis in die 3. Krankheitswoche anhielt, in der
6. wieder anstieg, aber oft noch nicht einmal im 5. Monat den Ausgangswert
wieder erreichte. Er, wie auch LEUPOLD [1437], sieht diesen Abfall der Blutlipidwerte als eine unspezifische Reaktion an, ebenso wie die Lipide, z. B.
auch nach Injektion von destilliertem Wasser, innerhalb weniger Stunden
stark abfallen können.

HAUSS [1032] und BÖHLE beobachteten an 21 Infarktpatienten erhebliche Verschiebungen der Serumlipidkonzentrationen. Im Anschluß an das
eingetretene Infarktereignis kam es zu einem Abfall der Neutralfett- und
Phosphatidkonzentration im Blutserum, umgekehrt zu einem Anstieg der
Cholesterinester und des freien Cholesterins. Entsprechend fanden die
Autoren zunächst eine prozentuale Zunahme ihrer B-Fraktion (Beta-Lipoproteide ohne „Fettrest") bis etwa zum 7. Tag nach dem Infarkt, anschließend eine allmähliche Abnahme.

Nicht ganz so regelhaft fanden wir bei unseren Fällen das Verhalten der
Serumlipidkonzentrationen. In 13 von 21 Fällen stieg in den ersten 4 Tagen
nach dem Herzinfarkt der Gesamtlipid- und Neutralfettspiegel an, während
die Konzentrationen des Gesamtcholesterins und des Estercholesterins ab-
nahmen. Die restlichen Kranken verhielten sich umgekehrt. Eine solche
Zunahme der Cholesterinkonzentration in unmittelbarem Anschluß an einen
Infarkt beobachteten auch andere Autoren [226, 843, 2220]. Die höchsten
Gesamtlipidwerte wurden nur bei 3, die tiefsten nur bei 2 Kranken zwischen
dem 5. bis 7. Tag nach dem Infarkt erreicht [1814]. Es scheint konstitutions-
bedingte Unterschiede zu geben. Außerdem dürfte wohl die Ausgangslage
von Bedeutung sein.

Als nahezu konstant wird von einer Reihe von Autoren ein Konzentrationsanstieg der α_2-Globuline im Serum nach dem Infarkteintritt beschrieben, der bis zu 300% gegenüber dem Ausgangswert betragen kann
[1415, 1760]. Auch eine Erhöhung des Beta-Globulinspiegels wurde beobachtet [1415, 1760]. FISCHER [724] fand mittels Papierelektrophorese, abgesehen von flüchtigen Schwankungen der *Beta-Lipoproteidwerte* unmittelbar
im Anschluß an einen Herz- oder Lungeninfarkt, *konstante* Werte vor, während und nach dem Ereignis. Diesen Befund können auch wir bestätigen. Im
Gegensatz dazu fanden JENCKS [1161] u. Mitarb. mittels Papierelektrophorese bei 77 Infarktpatienten einen im Vergleich zur Kontrollgruppe signifikant höher liegenden Beta-Lipoproteidspiegel. PAGE [1760] u. Mitarb.
fanden bei 67% ihrer Infarktpatienten in den ersten 16 Tagen nach dem
Ereignis eine signifikante Konzentrationszunahme der —S 20 bis 25
(= S_f^o1 bis 12 nach der GOFMANschen Nomenklatur)-Lipoproteidklassen.
Die restlichen 23% wiesen eine Zunahme der —S 40 bis 70 (= S_f^o12 bis 20)-
Klassen auf.

Bemerkenswert sind neuere Beobachtungen über eine „*Prä-Beta-Lipo-
proteid*"*-Bande* im Serum unmittelbar nach dem Eintritt des Infarktereig-
nisses [199, 200, 514, 2154].

Da nach einem Herzinfarkt gewöhnlich eine calorienarme Diät gegeben wird, könnte schließlich auch allein die Fettbeschränkung als Ursache des Cholesterinabfalls in Betracht kommen, eine Ansicht, die auch von LIND-GREN [*1474*] vertreten wird.

2. Klärungsaktivität

Es gibt eine Reihe von Arbeiten, aus denen hervorgeht, daß die *Spontanklärung einer alimentären Lipämie bei älteren Menschen und Atherosklerotikern*, sowie der Kläreffekt des Heparins (3 mg Heparin intravenös) wesentlich *langsamer* und *unausgiebiger* als bei Gesunden erfolgt [*143, 154, 155, 251, 962, 1626, 1701, 1982, 2013, 2234, 2235, 2519*]. Der Kläreffekt soll bei Atherosklerotikern überhaupt viel häufiger pathologisch verlaufen als der Ausfall der Serumlipidbestimmungen. Dagegen fand ENGELBERG [*650*] weder Alters- noch Geschlechtsunterschiede bezüglich des Vorhandenseins oder Fehlens von endogener Lipämieklärungsaktivität im Serum. Es fand sich weiter keine Beziehung zur Höhe des Cholesterinspiegels [*650, 1584*], dagegen wohl zur Lipoproteidkonzentration. Bei Personen mit niedrigen S_f0 bis 12- und S_f12 bis 20-Konzentrationen war die Klärungsaktivität häufiger positiv als bei solchen mit Hyperlipoproteidämien.

ANNE-MARIE LEITCH untersuchte auf meine Veranlassung an 10 (5 ♂, 5 ♀) klinisch gesunden Versuchspersonen und 15 (7 ♂, 8 ♀) klinisch manifesten Arteriosklerotikern mittels Trübungsmessungen den Grad und die Dauer der alimentären Lipämie (Belastung mit 70 g Butter und einem weichgekochten Ei). Sie fand bei den weiblichen Arteriosklerotikern den höchsten postresorptiven Trübwert durchschnittlich um 70%, bei den männlichen um fast das Doppelte gegenüber gesunden Versuchspersonen gesteigert. Während bei klinisch Gesunden der Kurvengipfel um die 2. oder zwischen der 2. und 3. Std nach der Fettaufnahme lag, trat er bei den Arteriosklerotikern erheblich verspätet auf und fiel außerdem langsamer ab. Von den sieben arteriosklerotischen Männern zeigten nur zwei den Höhepunkt der Trübung nach 2 Std, einer nach 3 Std, drei nach 4 Std, zwei nach 5 Std. Von den acht arteriosklerotischen Frauen: zwei nach 2 Std, eine nach 3 Std, drei nach 4 Std, zwei nach 5 Std. Einzelheiten s. Tab. 61. Siehe zum Vergleich die Trübungsmeßwerte bei klinisch gesunden Versuchspersonen (s. S. 95). McDOWELL [*1584*] u. Mitarb. fanden in vergleichenden Untersuchungen an Kranken mit überstandenem Herzinfarkt signifikant niedrigere Klärungsaktivitäten im Serum als bei gesunden Kontrollpersonen. Dagegen fanden HAVEL [*1038*] und PETERSON keinen Unterschied in der Heparinklärungszeit zwischen Gesunden und Kranken mit Coronarinsuffizienz vergleichbaren Lebensalters.

Vielleicht wird Heparin von den Mastzellen des Bindegewebes produziert [*1108, 1182*]. Während sie vor dem 10. Lebensjahr nur selten in der Intima und der Subintimalregion beobachtet werden, nimmt ihre Zahl danach zu [*1844*]. Bei der menschlichen Atherosklerose treten sie an den Rändern von ödematösen Intimabezirken stark vermehrt auf. Aus diesen Befunden resultierte die Vermutung, daß möglicherweise der Mastzellenmangel des Kaninchens ein begünstigender Faktor für die Cholesterinatheromatose dieses Tieres sei. CONSTANTINIDES [*478*] fand bei Kaninchen nur sehr wenig Mastzellen und diese nur in einigen Geweben, bei Ratten dagegen in reichlichem Maße. CAIRNS [*406*] und CONSTANTINIDES fanden bei Atherosklerotikern die Zahl der Mastzellen im Myokard geringer als bei Gesunden. Die Hypothese von der endogenen Regulierung *des Lipoproteidabbaues durch Heparin in der Arterienwand* [269] *ist bis jetzt unbewiesen.* Die Beobachtung, daß cholesterinbehandelte Kaninchen zu 75% eine Atherosklerose entwickelten, bei gleichzeitiger Heparingabe aber nur in 15% [926], ist nicht unwidersprochen geblieben. HORLICK [1119] u. Mitarb. konnten bei „Cholesterin"-Kaninchen (6 Wochen lang mit 0,5 g und weitere 6 Wochen mit 1,0 g Cholesterin täglich) mit 50 mg Heparin täglich zwar visuell eine geringere Atheromatoseentwicklung feststellen. Nach der chemischen Analyse des Cholesterin- und

Tabelle 61. *Trübungsmeßwerte von Seren klinisch manifester Arteriosklerotiker nach oraler Fettbelastung*

(gemessen im Elko II mit Trübungsmeßeinrichtung)

Name	Alter Jahre	nücht.	2 Std	3 Std	4 Std	5 Std	6 Std	7 Std
A. Männliche Kranke								
M., L	64	0,123	0,835	0,664	1,714	1,285		
Z., J.	73	0,211	0,671	1,060	1,290	1,810		1,220
F., A.	52	0,900	2,700	2,600	1,700			
R., A.	46	0,197	2,200	2,600	2,200	1,900		
U., W.	67	0,296		0,521	0,378			
T., K.	75	0,145	4,280	3,640	2,680			
G., H.	71	1,126	0,906	0,200				
Durchschnitt:		0,285	1,947	1,615	1,660	1,665		
B. Weibliche Kranke								
W., M.	75	0,128	0,630	0,500	0,580	0,320		
G., M.	53	0,196	0,946	1,000	2,250	1,650		
G., L.	79	0,302	2,022	0,865				
S., M.	69	0,272		1,510	0,970	0,410		
H., F.	78	0,213		0,418	0,358	0,509	0,502	0,501
M., K.	75	0,189	1,084	0,296	1,281	0,673		
S., B.	70	0,134	1,020	1,030	1,380	1,410	0,731	
K., E.	67	0,164	0,910	1,080	1,600	0,500		
Durchschnitt:		0,199	1,102	0,837	1,192	0,783		

Phosphatidgehaltes gewichtsgleicher und der Lokalisation nach vergleichbarer Aortenstückchen fanden sich allerdings keine Unterschiede im Lipidgehalt gegenüber den Kontrolltieren.

MORETON [1639 bis 1641] vertrat die Ansicht, daß bei ungenügender Klärungsaktivität die Chylomikronen selbst, die vermehrt nach einer Fettmahlzeit auftreten (alimentäre Hyperchylomikronämie), in der Gefäßwand abgelagert würden. Er bezog sich dabei auf die experimentellen Ergebnisse HUEPERs [1135, 1138], der mittels intravenöser Injektionen von Polyvinylalkohol „atheromatöse" Herde hatte erzeugen können. POLLAK [1839] konnte tatsächlich schon wenige Minuten nach intravenöser Injektion von Cholesterin dieses in der Arterienintima der behandelten Kaninchen nachweisen. Aus derartigen Versuchen kann man jedoch keinesfalls auf die Vorgänge in der menschlichen Arterienwand schließen.

3. Gefäßwand

a) Experimentelle Atherosklerose

Die Forschung über die Beziehungen der Plasmalipide zur Gefäßwand ist in ihr zweites Halbjahrhundert eingetreten. IGNATOWSKI [1143] von der Militärärztlichen Akademie in St. Petersburg beobachtete 1908 an Kaninchen, die mit Eigelb und Hirnsubstanz gefüttert waren, die Entwicklung schwerer Veränderungen der Aorta, die der menschlichen Atherosklerose sehr nahe kamen. Der Anlaß zu IGNATOWSKIs Untersuchungen waren seine Beobachtungen über den unterschiedlichen Arteriosklerosebefall von Offizieren und Mannschaften, von Armen und Reichen, Milch trinkenden Nomaden und von Vegetabilien und Körnerfrüchten lebenden Landarbeitern. Am 25. Oktober 1912 hielt ANITSCHKOW [71 bis 74] vor der Gesellschaft russischer Ärzte in der gleichen Stadt seinen aufsehenerregenden Vortrag über die Cholesterinfütterungsatheromatose des Kaninchens.

Die experimentellen Ergebnisse ANITSCHKOWs und seiner Schüler sind von einer großen Reihe von Autoren bestätigt worden [12, 1487, 1592, 2374]. Bei der Beurteilung der tierexperimentellen „Atherosklerose"-Erzeugung muß man in Betracht ziehen, daß die Spontanatherosklerose außer beim Menschen nur bei Hühnern [517, 2428] und Enten vorkommt [468], während sie bei Kaninchen und Hunden praktisch nicht beobachtet wird. Mittels Cholesterinfütterung läßt sich eine Atherosklerose bei Kaninchen und jungen Hühnern [518] relativ leicht, bei Enten, Meerschweinchen, Goldhamstern [59] und Ratten schon viel schwieriger und besonders schwer beim Hund und bei der Katze erzeugen. Für diese Unterschiede in der Anfälligkeit der verschiedenen Tierspecies gegenüber experimenteller Atherosklerose wurden unterschiedliches Resorptionsvermögen für Cholesterin und andere Stoffwechselverschiedenheiten verantwortlich gemacht. Neuerdings wurden entsprechende Besonderheiten in der lipolytischen Aktivität der Gefäßwand festgestellt [2509]. Wenn man allerdings dem Hunde hohe Dosen Cholesterin für etwa 1 Jahr zuführt oder artefiziell bei ihm eine Hypothyreose setzt (durch Thyreoidektomie, Thyreostaticis, radioaktives Jod) oder der Ratte neben Cholesterin noch kleine Dosen Gallensäuren zufüttert, ist auch bei diesen Versuchstieren die Erzeugung einer Cholesterinatheromatose möglich. Thiouracilderivate allein führten dagegen keine Atheroskleroseentwicklung herbei [2218, 2219].

Neuerdings ließ sich zeigen, daß die Fütterungsatherosklerose durch Zufuhr anderer chemischer Substanzen beeinflußbar ist, sowohl was den Cholesterinspiegel im Blutserum, als auch das Ausmaß der Lipideinlagerung in die Gefäßwand anlangt. Der Cholesterineffekt ließ sich beispielsweise mittels Barbituraten und Vitamin C abschwächen, während Vitamin D_2, Benzedrin und Coffein verstärkend wirkten [1678]. Die Schutzwirkung des Vitamins C wurde allerdings von CHAKRAVARTI [436] u. Mitarb. nicht bestätigt. Desgleichen ließ sich an Ratten zeigen, daß unter Zufuhr einer atherogenen Diät bei künstlicher Erzeugung einer Hypertension (DOCA, Kochsalz, GOLDBLATT-Versuch) eine zusätzliche Cholesterinspiegelerhöhung und Atheroskleroseverstärkung eintrat [547].

Es hat nicht an Kritik zu den Schlußfolgerungen aus dem Atheroskleroseexperiment am Tier gefehlt: Die mittels Erhöhung des Plasmalipidspiegels durch Cholesterinverfütterung am Kaninchen erzeugten Gefäßveränderungen lassen sich in ihren Schlußfolgerungen nicht ohne weiteres auf den

Menschen übertragen. Es handelt sich *um extrem hohe Cholesterinmengen*, die neben einer starken Hypercholesterinämie zu exzessiven Ablagerungen in vielen Geweben führen. Aber selbst wenn Analogieschlüsse vom Kaninchen als Pflanzenfresser zum Menschen erlaubt wären, müßte man zunächst die beim Kaninchen zur Atheroskleroseerzeugung benötigten Cholesterinmengen zum Cholesteringehalt der menschlichen Nahrung in Beziehung setzen. Im Vergleich zum Tierversuch, bei dem zur Atheroskleroseerzeugung eine etwa 2%ige Cholesterinzufuhr (in bezug auf Trockengewicht) erforderlich ist, müßte der Mensch 10 bis 15 g Cholesterin täglich mit der Nahrung aufnehmen, an Stelle von 0,7 bis 1,0 g pro Tag in der Durchschnittskost, wovon noch ein Teil Cholesterin pflanzlicher Herkunft ist. Diese Menge würde dem Cholesteringehalt von etwa 40 Eiern entsprechen. Die experimentell hervorgerufenen Gefäßwandläsionen entstehen außerdem rasch, während sich die Atherome des Menschen wohl graduell und in längeren Zeiträumen entwickeln. Auf Grund dieser immer wieder vorgebrachten Einwände empfahlen DUFF [588] und McMILLAN, kleinere Cholesterinmengen über längere Zeit zu geben, weil dadurch Veränderungen in der Arterienwand hervorgebracht werden könnten, die denen der menschlichen Atheromatose näherstünden. Der KATZsche [1200] Arbeitskreis führte in neuerer Zeit langfristige Versuche mit niedrigen Cholesterindosen durch. Mit nur etwa dem zehnten Teil (0,25%) Cholesterin im Futter, wodurch die Cholesterin- und Lipidkonzentrationen im Blut und Gewebe nur minimal erhöht wurden, aber unter Fortführung der Fütterungsversuche über 20 Wochen und länger, ließen sich erhebliche atherosklerotische Veränderungen erzeugen. Noch weiter ging POLLAK [1842]. Er injizierte Kaninchen Cholesterinlösungen intravasculär und konnte arterielle Wandveränderungen erzeugen, die der Humanatherosklerose viel näher standen als die mittels Cholesterinfütterung hervorgebrachten.

Weitere Einwände betrafen die *Lokalisation* und die Verteilung der arteriosklerotischen Veränderungen. Sie entwickeln sich beim Tier meist in der Aorta ascendens, während die menschliche Atherosklerose vorzugsweise in der Bauchaorta lokalisiert ist. Bei der Humanatherosklerose sind es offensichtlich die am meisten beanspruchten (Druck und Zug) Stellen der Gefäßwand, wo sich arteriosklerotische Veränderungen einstellen. Während sich bei der experimentellen Atherosklerose die lipomatösen Placques in gleicher Weise und Schwere im großen wie im kleinen Kreislauf [1507] befinden, ist die Atherosklerose beim Menschen gewöhnlich nur im großen Kreislauf vorhanden. Dagegen ist sie im *Lungenkreislauf* selten, es sei denn, es läge eine pulmonale Hypertension vor. Der Unterschied liegt keineswegs darin, daß in der Lungenstrombahn weniger Fett fließt. Vielmehr ist, wie schon ROGER [1933] und BINET 1923 zeigen konnten, das Lungenblut während der postresorptiven Hyperlipidämie besonders fettreich. Mittels intravenöser Injektionen ließ sich bei Hunden zeigen, daß die kleinen Lungengefäße mit Fettkügelchen geradezu verstopft waren. Bei Tetrachlorkohlenstoffvergiftung gelangt das aus der Leber mobilisierte Fett zuerst in den Lungenkreislauf, und es kommt zu einem Anstieg des Fettgehaltes im Lungenblut auf 64% des gesamten Lungenblutvolumens. Wenn also die Leber normalerweise Mechanismen enthält, die die Entfernung der resorbierten Lipoide aus der Zirkulation bewerkstelligen und schließlich wieder an den Blutstrom abgeben, müßte man erwarten, daß mindestens ebenso häufig im Lungenstromgebiet beim Menschen arteriosklerotische Veränderungen auftreten, wie dies beim Tier der Fall ist.

Ein wesentlicher Unterschied besteht schließlich darin, daß die für die menschliche Atherosklerose so typischen *Intimaulcerationen* mit ihren thrombotischen Auflagerungen für gewöhnlich fehlen. Allerdings sind in letzter Zeit einige Arbeiten erschienen, die über das spontane Auftreten von Herzinfarkten bei Versuchstieren berichten, die atherogene Diätformen erhalten hatten [2308]. Andererseits scheint die Spontansklerose alter Hühner den aus der Humanpathologie bekannten Veränderungen chemisch weitgehend ähnlich zu sein [2428]. Wie diese zeigen die Lipideinlagerungen einen hohen Cholesteringehalt und die Veränderungen im Bindegewebe sind durch eine Vermehrung der Grundsubstanz und der kollagenen Fasern gekennzeichnet. Hinsichtlich der Morphologie und Lokalisation steht bemerkenswerterweise auch die Hundeatherosklerose der menschlichen näher als die Fütterungsatherosklerose des Kaninchens. Alles in allem hat uns das Experiment, wenn man die Grenzen seiner Aussage berücksichtigt, wertvolle Informationen über die Pathogenese der Atherosklerose geliefert.

b) Atherosklerose beim Menschen

Daß auch die Xanthomatose der Arterien jüngerer Menschen zum Formenkreis der Arteriosklerose gehört, ist heute wohl unumstritten anerkannt [1092]. *Verschieden* sind die Auffassungen über die *Art des Einflusses der Blutlipide* auf die Arterioskleroseentwicklung. Sind es die Konzentrationserhöhungen einzelner Lipidanteile (z. B. Cholesterin) oder die veränderten Relationen (Cholesterin/Phosphatidquotient)? Sind es quantitative oder qualitative Veränderungen der Lipoproteidmoleküle? Spielen andere kolloidstabilisierende Faktoren eine Rolle? Stabilisierend scheinen Phosphatide und Fettsäuren zu wirken. Liegen Störungen oder Mängel an dispergierenden Substanzen, wie z. B. an endogenem Heparin vor? Hier kommen die Verbindungen zu anderen Stoffwechselvorgängen [641], wie den Mucopolysacchariden, in Betracht.

Den Blutfaktoren stehen sicher Gefäßwandfaktoren gegenüber: Intimaläsion, Druckbeanspruchung, Störung des Wandstoffwechsels [336]. Handelt es sich vorwiegend um eine Infiltration von Lipidmaterial aus der Strombahn in die Intima, unter Druck oder allein schon durch das bestehende Konzentrationsgefälle? Liegt eine verminderte lipolytische Aktivität der Gefäßwand zugrunde? Besteht ein Wirkstoffmangel, vielleicht ein spezifischer? Liegen Permeabilitätsunterschiede der Intima vor?

α) Erhöhter Befall bei essentieller und symptomatischer Hyperlipidämie

Primäre Lipoidstoffwechselstörungen mit Hyperlipidämien, wie die *essentielle Hyperlipidämie*, gehen erwiesenermaßen mit schweren und vorzeitigen atherosklerotischen Gefäßveränderungen einher [355]. Dies gilt sowohl für den Cholesterintyp (= essentielle familiäre Hypercholesterinämie) [15, 32, 61, 142, 261, 274, 486, 522, 672, 842, 969, 1445, 1653, 1664, 1665, 1836, 1907], wie auch für den Neutralfett-Typ (= „essentielle Hyperlipidämie") [15, 32, 62, 202, 337, 459, 728, 1109, 1382, 1444, 1569, 1821, 1871, 2016, 2017, 2063, 2160, 2322]. Die frühere Auffassung [1659, 2284], daß nur die erstere Störung zur vorzeitigen Manifestation einer Atherosklerose prädisponiere, ist überholt [1009, 1187]. ADLERSBERG [32] stellte ausdrücklich fest, daß er in Übereinstimmung mit anderen Autoren die *Prädisposition zur Coronarsklerose* bei Kranken mit *idiopathischer Hyperlipidämie nicht* sehr *verschieden* von der *bei* Patienten mit *essentieller Hypercholesterinämie* gefunden habe. Auch im deutschen Schrifttum wird diese Auffassung mit einer eindrucksvollen Kasuistik belegt [*337, 2063, 2016, 2322*]. SCHETTLER [*2017*] beobachtete bei 25 von seinen 30 Patienten mit essentieller Hyperlipidämie „nachweisbare Erkrankungen am Gefäßsystem (Herzinfarkt, Angina pectoris, periphere und zentrale Durchblutungsstörungen, schwere Augenhintergrundsveränderungen)".

Der Beobachtung von AHRENS [*35*] an einem Fall einer „jugendlichen" essentiellen Hyperlipidämie, der selbst nach 24jährigem Bestehen der Blutveränderungen noch keine klinischen Zeichen einer Atherosklerose dargeboten habe, muß die Erfahrungstatsache entgegengehalten werden, daß nur selten die Diagnose einer pathologisch-anatomisch existenten Arteriosklerose klinisch gestellt werden kann, so lange faßbare Komplikationen (Myokardinfarkt, Coronarinsuffizienz, Dysbasia intermittens) fehlen.

Bei Kranken mit *essentieller familiärer Hypercholesterinämie* tritt *gehäuft Coronarverschluß in relativ jungen Jahren* ein. PIPER [*1836*] und ORRILD beobachteten in prinzipieller Bestätigung von MÜLLER [*1665*], daß 20% von 50 Kranken mit *essentieller Hypercholesterinämie* im Verlauf von 12 Jahren an Coronarthrombose verstarben. Das Durchschnittsalter der Toten war 47,2 Jahre. Dieser Anteil sei durchweg höher gewesen als der bei der dänischen Bevölkerung übliche. LEARY [*1407*] fand, daß Kranke mit Frühinfarkt fast immer hohe Blutcholesterinspiegel zeigen. GERTLER [*842*] und GARN bestätigten diese Beobachtungen. Männer, die vor dem Ablauf des 40. Lebensjahres einen Herzinfarkt überstanden hatten, zeigten einen durchschnittlichen Cholesterinwert von 286,5 ± 6,6 mg-% gegenüber 224,4 ± 3,5 mg-% der Kontrollgruppe. ADLERSBERG [*15, 32*] u. Mitarb. fanden in 17,3% von 200 Fällen mit Herzinfarkt eine Hypercholesterinämie. DREYFUSS [*586*] fand unter 1020 jüdischen Kranken in der Hälfte Serumcholesterinwerte oberhalb 275 mg-%. Jedoch zeigten diese im Gegensatz zu anderweitigen Beobachtungen nur selten Xanthome.

Ein *vermehrter Atherosklerosebefall* fällt auch bei *symptomatischen Hyperlipidämien* ins Auge. FREY [*790*] wies ausdrücklich auf die bekannte Tatsache hin, daß die Hypercholesterinämie bei den Nephrosen nicht gleichgültig für den Zustand der Gefäße sei. KELLER [*1218*] beobachtete an seinen Versuchstieren, bei denen er eine chronische Urannephrose erzeugt hatte, schwere atheromatöse Veränderungen an den Aorten. METCOFF (zit. bei MANN [*1545*], S. 89) hat bei seinen Nephrosefällen ganz allgemein Atherome in der Aorta beobachtet.

Auf die *diabetische Hyperlipidämie* wird bei der Besprechung der endokrinen Dysregulation eingegangen. In sehr ausgedehnten Untersuchungen konnte die GOFMANsche [*880*] Arbeitsgruppe zeigen, daß ein großer Teil der Herzinfarktkranken (erst 6 Wochen danach untersucht, um infarktbedingte Stoffwechselschäden auszuschließen!) hohe Lipoproteidwerte der Klassen S_f 12 bis 20 aufwiesen. Desgleichen fanden DOYLE [*579*] u. Mitarb. bei Überlebenden von Herzinfarkten signifikante Blutlipidwerte, wenn sie auch mit den Werten der Kontrollpersonen sich teilweise überlappten.

β) Möglicher Einfluß von Bewegungsmangel, emotionellem Stress und Ernährungsfaktoren

Tiere in Gefangenschaft zeigen unter geeigneten Diätexperimenten einen höheren Atherosklerosebefall als frei laufende [*1507, 2475* bis *2477*]. Umgekehrt konnte MYASNIKOV [*1678*] bei Cholesterinkaninchen, die er bis zur

Erschöpfung in der Lauftrommel laufen ließ, sowohl Senkungen des Serum-cholesterinspiegels und Rückgang atheromatöser Veränderungen an Aorta und Art. coronaria beobachten. Sportler sollen eine wesentlich geringere Infarkthäufigkeit aufweisen als Nichtsportler. Über eine *Zunahme von Coronarerkrankungen*, insbesondere eine offensichtliche Häufung von töd-lichen Myokardinfarkten, wird aus der gesamten westlichen Welt berichtet [*122, 227, 340, 342, 344, 907, 1237, 1238, 1250, 1646, 2231* u. a.]. Nach GORDON [*907*] soll sich die Zahl der tödlichen Herzinfarkte in England und Wales von 1940 bis 1951 mehr als verdoppelt haben. Insbesondere scheint nach allgemeiner Auffassung eine Häufung der Coronarinfarkte in jüngeren Jahren eingetreten zu sein. Unter anderen hat DREYFUSS [*586*] von insge-samt 1020 Kranken mit Herzinfarkt 15% jünger als 45 Jahre gefunden.

Unter dem Eindruck der Zunahme von Herzinfarkten in den Ländern westlicher Hochzivilisation hat man den *Auswirkungen von Stressvorgängen* besondere Beachtung geschenkt. Sie spielen bei der gesundheitlichen Gefähr-dung des Geistesarbeiters in der Kette der Ereignisse oft die ausschlagge-bende Rolle [*1349*]. Auf die reaktive Hyperlipidämie mit ihrer gerinnungs-beschleunigenden Tendenz wurde oben hingewiesen. Wenn man die Aus-wirkungen des emotionellen Stress auf Blutdruck und Blutgerinnungszeit [*394, 807, 817, 818, 1066, 1093, 1240, 1246, 1528, 1607, 1708, 1709, 1711, 1851, 1947, 2056, 2162, 2384*] und das Auftreten des SLUDGE-Phänomens, besonders nach fettreichen Mahlzeiten [*501, 999, 2461*] in Betracht zieht, werden die in der Literatur niedergelegten Beobachtungen von einer Bevor-zugung des Infarkteintritts, während des Höhepunktes der Verdauungs-lipämie [*272, 563, 1077, 1377, 1381, 1382, 1534, 1571, 2155, 2461*], verständ-lich. Die Rolle des Stress erscheint allerdings in einem anderen Licht, wenn man die Erfahrungen des 2. Weltkrieges heranzieht. Trotz der Hochspannung während der „Battle of Britain" 1940 und trotz der wirtschaftlichen und politischen Belastungen während der deutschen Besetzung in Norwegen zeigt die Statistik in England keine Zunahme der Todesfälle an Myokardinfarkt, in Norwegen sogar eine signifikante Abnahme. In England war nur eine mäßige, in Norwegen dagegen eine starke Fett- und Calorienreduktion ver-fügt worden. Vielleicht stellt der Stress einen zusätzlichen Faktor dar, der beim Vorliegen einer Hyperlipidämie unangenehme Auswirkungen hat.

Über mögliche *Beziehungen von Ernährungsweise* und *Häufigkeit von Coronarthrombose und Arteriosklerose im allgemeinen* liegt nicht nur aus Übersee [*137, 206, 207, 208, 209, 210, 342, 585, 659, 880, 903, 907, 950, 1000, 1205, 1235, 1240, 1255, 1256, 1257, 1377, 1550, 1551, 1618, 1650, 1651, 1652, 1654, 2087, 2144, 2205*], sondern auch aus Deutschland und anderen europä-ischen Ländern Untersuchungsmaterial vor [*122 125, 318, 626, 1537, 1538 1686, 1831, 1999, 2003, 2009, 2010, 2016, 2243, 2347* u. a.].

Eine Reihe von Arbeitskreisen [*342, 1235, 1236, 1239*] fand Parallelen zwischen der Höhe des Nahrungsfettkonsums und der Häufigkeit von Myo-kardinfarkt. In USA sollen nach KEYS [*1240*] Coronarerkrankungen drei- bis zehnmal so häufig auftreten wie in anderen Ländern. BARR [*137*] in USA, OLIVER [*1720*] und BOYD in England, BRONTE-STEWART [*342*] u. Mit-arb. in Südafrika glaubten, *Zusammenhänge zwischen Infarkthäufigkeit, Beta-Lipoproteidkonzentration im Serum* und *Größe der Fettaufnahme mit der Nahrung* gefunden zu haben.

Die *Arteriosklerose* scheint *gehäuft in den Ländern* aufzutreten, in denen ein *Überfluß an Nahrung*, insbesondere an *Fett* herrscht. MALMROS [*1537*] und WIGAND sehen in dem wesentlich höheren Fettverbrauch der Schweden einen der Hauptgründe für den größeren Infarktbefall und zugleich auch das häufigere Vorkommen von Hypercholesterinämie gegenüber Italien. Die Morbidität an schwerer Arteriosklerose bei den Japanern in Kyushu, wo z. B. der Fettcalorienanteil der Nahrung nur 12% gegenüber 40% des Gesamtcalorienverbrauchs in USA beträgt, ist wesentlich geringer als die der alteingewanderten Japaner in USA. Andererseits erwies sich die Morbidität und Mortalität an Arteriosklerosekomplikationen der an der Westküste der USA lebenden naturalisierten Japaner höherer Einkommensstufen, die sich der Standardkost der einheimischen Amerikaner angeglichen hatten, als ebenso hoch wie die der Weißen [*1240*]. Vergleiche zwischen europäischen und asiatischen Einwanderern, die schon viele Jahre in USA lebten, und ihren Verwandten in den Ursprungsländern ergaben den überraschenden Befund, daß trotz gleicher Rasse Serumlipidbefunde und Atherosklerosebefall völlig verschieden waren. So konnte z. B. MILLER [*1618*] u. Mitarb. an dem Krankenmaterial des Boston City Hospitals bei in USA geborenen Italienern von 40 bis 70 Jahren aus Neapel und Umgebung nachweisen, daß 18% von ihnen an Coronarsklerose erkrankt waren — im Gegensatz zu einem Befall von 3% bei Gleichaltrigen in Neapel selbst. Die beiden Gruppen unterschieden sich in erster Linie dadurch, daß die Bostoner Italiener doppelt soviel Fett aßen als die Neapolitaner in Italien.

Bevölkerungsgruppen oder Völker *mit habitueller* calorien-, cholesterin- und *fettarmer Ernährung* tendieren zu *niedrigen Plasmacholesterin- und Beta-Lipoproteidkonzentrationen* und parallel dazu zu geringem Coronarsklerosebefall [*164, 1205, 1550, 1551, 2222*]. Das trifft auch für ganze Völker zu, wie Erhebungen der Weltgesundheitsorganisation (WHO) gezeigt haben. Nach KEYS ist in Japan (Stadt Kyushu) die Arteriosklerose nach klinischen Todesursachenstatistiken mit autoptischen Erhebungen im Durchschnitt achtmal, die Coronarsklerose der mittleren Jahrgänge sogar zehnmal niedriger als in USA [*1249*]. GORE [*913*] u. Mitarb. fanden allerdings an einem Obduktionsmaterial von 260 Leichen (Universitätskliniken in Sapporo, Japan), daß trotz des auffälligen Unterschiedes zwischen Herzinfarkthäufigkeit und Serumcholesterinspiegel die atherosklerotischen Manifestationen an den Aorten in Japan gegenüber USA nicht wesentlich seltener und leichter waren. Allerdings scheint die Zunahme in den mittleren Lebensjahren in Japan wesentlich langsamer zu erfolgen. Zu einem ähnlichen Ergebnis, wenigstens bezüglich der ersten vier Lebensdekaden, kamen STRONG [*2244*] u. Mitarb. bei vergleichenden Untersuchungen an 241 Autopsien von Bantus (Durban, Südafrika), USA-Negern und Weißen (New Orleans). Bei den Eingeborenen von Shanghai/China [*1741*], von Okinawa [*2222*], Costa Rica [*2453*], Guatemalà [*1549*], Ceylon [*502*], Japan [*660*], Kenya/Afrika [*575*]. Nigeria [*1551*], Südafrika [*342, 1078, 1245*], Israel [*362, 585, 1751, 2320, 2321*] wird über ein relativ seltenes Vorkommen der Arteriosklerose und ein praktisches Fehlen des Myokardinfarktes berichtet, allerdings wird nichts über das Lebensalter vermeldet. Der Fettverzehr der untersuchten Personengruppen war durchweg niedrig, teilweise unter 10% Fettanteil am Gesamtcalorienverbrauch.

Die Kliniker PIHL [*1831*], MALMROS [*1537, 1538*], STRØM [*2243*] und VARTIAINEN [*2347*], sowie der Pathologe HENSCHEN [*1057*] haben in den Hungerzeiten der Kriegs- und Nachkriegsjahre eine deutliche Abnahme der arteriosklerosebedingten Todesursachen beobachtet. JIRGENSOHN (zit. bei SCHETTLER [*1996*]) hat in den Mangelzeiten bei russischen Kriegsgefangenen autoptisch wenig und geringe Arteriosklerosemanifestationen beobachtet.

Tejada [*2281*] u. Mitarb. fanden bei 941 Obduktionen in vergleichenden Untersuchungen (Schweregrad der Atherosklerose und Ausdehnung der befallenen Aortenoberfläche) an Einwohnern von New Orleans (Weiße), Costa Rica und Guatemala, daß bis zum 30. Lebensjahr keine signifikanten Unterschiede festzustellen waren. In den älteren Jahrgängen zeigten die schwersten Veränderungen die Leichen aus New Orleans, dann folgten Costa Rica und Guatemala. Die weißen Bewohner von New Orleans und Costa Rica sind letzten Endes europäischer Herkunft. Die Autoren fanden eine direkte Proportionalität zur Höhe des Verbrauchs an tierischem Fett (und Eiweiß): USA 40%, Costa Rica 12% und Guatemala 7,5% Fettanteil am Gesamtcalorienverbrauch.

Keys [*1240*] beschaffte sich statistisches Material über die Zahl der Infarkte der Bevölkerungsgruppen, deren Serumcholesterinwerte untersucht worden waren. Er stellte fest, daß unter Bezugnahme auf eine Infarkt-

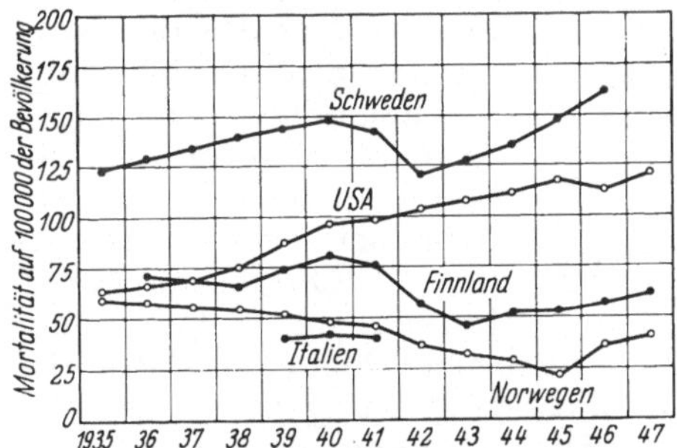

Fig. 46. Kriegseinwirkung auf die Mortalität an Arteriosklerose (aus Malmros [*1538*])

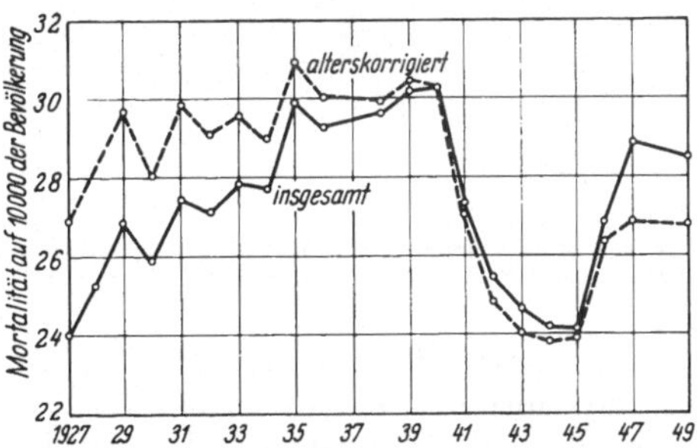

Fig. 47. Kriegseinfluß auf die Mortalität an Herzkreislaufkranken in Norwegen (aus Strom [*2243*] und Jensen)

häufigkeit = 100 bei Feuerwehrleuten von Minnesota die entsprechenden Werte bei japanischen Bergleuten nur 10%, Arbeitern von Bologna 30% und Arbeitern von Malmö 60% betragen. Derartige Statistiken sind natürlich mit großer Zurückhaltung aufzunehmen, weil sich häufig keine Altersangaben über die untersuchten Personenkreise finden.

Die besondere Situation Westberlins ließ eine ähnliche Überprüfung aus drei Gründen als besonders aufschlußreich erscheinen:

1. Die Stadt ist seit dem Ende des zweiten Weltkrieges von ihrem Hinterland abgeschlossen.

2. Die untersuchte Population kann praktisch als einheitlich bezeichnet werden.

3. Die erfaßten Zeiträume sind vor allem durch quantitativ und qualitativ verschiedene Nahrungsmittelversorgung gekennzeichnet. Eine Mangelperiode von 1944 bis 1949 steht einer Überflußperiode seit 1950 gegenüber.

Ausgewertet wurde das autoptische Material des Westberliner Universitätsklinikums der Jahre 1947 bis 1949 und 1955 bis 1957, um einen Überblick über Häufigkeit und Verteilung arteriosklerotischer Manifestationen auf die Geschlechter und Altersstufen zu erhalten [*1806*]. Gewertet wurden nur typische makroskopisch sichtbare arteriosklerotische Veränderungen an folgenden Prädilektionsorten: Aorta, Coronarien, Cerebral- und Extremitätenarterien. Da bisher keine allgemein anerkannten Regeln über die Beurteilung des Schweregrades und Ausmaßes der Arteriosklerose vorliegen und hier auch der subjektive Faktor der Bewertung nicht ausgeschlossen werden kann, haben wir uns auf die Feststellung eindeutiger Befunde beschränkt.

Seit 1939 herrschte Nahrungsmittelrationierung, die 1944 eingreifende Beschränkungen brachte und ab 1945 bis 1949 eindeutigen Mangelcharakter trug. Der Eiweißanteil in der Ernährung der Berliner Bevölkerung betrug 1947 bis 1949 nur noch die Hälfte des Vorkriegsstandes. Darüber hinaus wurde $^3/_4$ durch pflanzliches Eiweiß gedeckt. An Calorien wurden in den Mangeljahren behördlicherseits durchschnittlich 1800 ausgegeben. Am größten war der Unterschied jedoch in der Fettversorgung. 1947 bis 1949 entfielen etwa 19 g Fett pro Tag auf den Kopf der hiesigen Bevölkerung, was ungefähr einen 7%igen Anteil an den Gesamtcalorien ausmacht. Demgegenüber betrug der tatsächliche Durchschnittsverbrauch an Fett in der

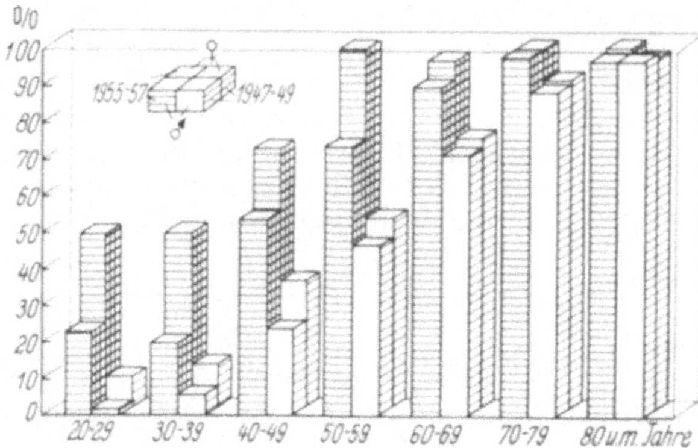

Fig. 48. Atherosklerosebefall im Obduktionsmaterial eines großstädtischen Universitätsklinikums (1947 bis 1949 und 1955 bis 1957)

Überflußperiode (seit 1950) 35% der Gesamtcalorien. Demnach gingen der ersten Berichtsperiode (1947 bis 1949) mindestens 4 Hungerjahre und der zweiten (1955 bis 1957) 4 Überflußjahre voraus. Es kamen insgesamt 6497 Autopsien zur Auswertung, davon 3045 Sektionen aus den Jahren 1947 bis 1949 und 3452 aus 1955 bis 1957.

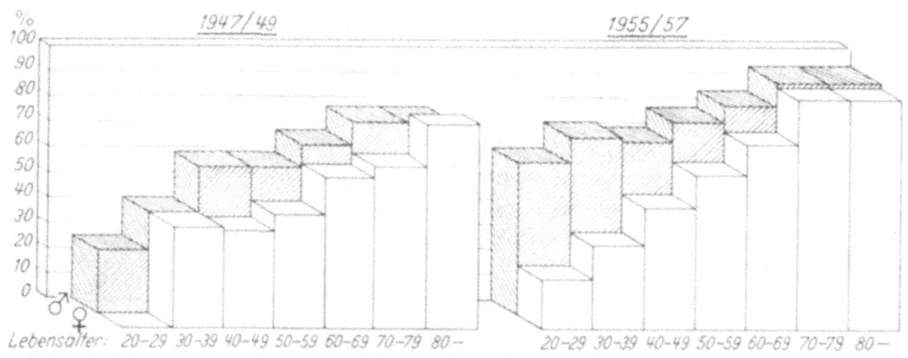

Fig. 49. Anteil der Coronarsklerose am Arteriosklerosebefall nach Lebensdekaden und Geschlechtern

Unsere Untersuchungen haben folgendes ergeben:

1. Im Sektionsmaterial des Westberliner Universitätsklinikums findet sich für die Berichtszeit 1955 bis 1957 eine deutliche Zunahme des Arteriosklerosebefalls gegenüber den Jahren 1947 bis 1949. Er stieg von 51 auf 79% an.

2. Die Coronarsklerose nahm von 33 auf 65% zu.

3. Der Anteil der Herzinfarkte (frische tödliche und ältere Infarktnarben) am Gesamtsektionsmaterial nahm von 8% auf 22% zu. Er ist besonders auffällig für die Jahrgänge oberhalb 50.

4. Die *Gefährdung der Coronarsklerotiker* gegenüber dem Herzinfarkt ist, wie schon aus der Literatur hervorgeht [*9, 138, 805, 1217, 1720, 2493*], bei Männern um ein Vielfaches höher als bei Frauen.

Zur Vermeidung eines Trugschlusses, der durch eine Veränderung im Altersaufbau der Bevölkerung in beiden Beobachtungszeiträumen hätte aufkommen können, haben wir die dem Statistiker geläufige Methode der „Standardbevölkerung" angewendet (s. PEZOLD [*1818*] und GÜNTHER). Die so gewonnenen Zahlen zeigen, daß die Zunahme arteriosklerotischer Manifestationen nicht nur durch den höheren Anteil alter Menschen an der Gesamtbevölkerung bedingt ist, sondern daß die jüngeren Altersklassen in vermehrtem Umfang an dieser Erkrankung beteiligt sind, insbesondere an der Coronarsklerose. Die Zahl der Fälle mit Coronarsklerose nahm um mehr als $^1/_3$ zu, die der Herzinfarkte verdoppelte sich und die Coronarthrombosen traten zweieinhalbfach so häufig in den Jahren 1955 bis 1957 gegenüber 1947 bis 1949 auf.

Die *rassische Bedingtheit* stand früher ganz im Vordergrund. Ein besonders starker Arteriosklerosebefall wurde der jüdischen Rasse nachgesagt. Unter ähnlichen äußeren Lebensbedingungen scheint dies tatsächlich zuzutreffen [*669, 671*]. Jedoch fanden DREYFUSS [*585*], TOOR [*2320, 2321*] u. Mitarb. in Israel bei *Alteingewanderten* signifikant höhere Cholesterin- und Gesamtlipidwerte im Serum und eine höhere Arteriosklerosemortalität (auch KALLNER [*1193*]) als bei *Frischeingewanderten* (jeweils gleiche Alters- und Geschlechtsgruppen miteinander verglichen!). Im allgemeinen zeigten die aus europäischen Ländern eingewanderten Juden eine signifikant höhere Mortalitätsziffer an coronarsklerotischen Herzleiden als solche aus dem Orient [*1193*].

Nach allgemeiner klinischer Erfahrung dürfen *konstitutionelle Momente* bei der Beurteilung des Atherosklerosebefalles nicht übersehen werden. Wenn auch Atherosklerotiker bei allen Körperbautypen beobachtet werden, so überwiegen doch deutlich die Pykniker [*277, 387, 422, 1671, 2117*] bzw. die Pyknoathletiker [*848*]. Diese Typen gehören aber auch zugleich zu den guten Essern.

SCHMIDT [*2034*], MORRIS [*1647*] u. a. haben gegen die These, daß die Stärke des Atherosklerosebefalls mit der Menge des Fettverbrauchs in Beziehung gesetzt werden könne, Einspruch erhoben unter Hinweis darauf, daß die Eskimos trotz ihres hohen Fettverbrauchs nur einen mäßigen Arteriosklerosebefall zeigten. Insbesondere MORRIS [*1647*] wies darauf hin, daß in Norwegen und auch in England schon zu Beginn des Krieges, noch bevor ernste Einschränkungen Platz griffen, ein Rückgang der Sterblichkeit an Myokardinfarkt eingetreten sei, so daß man also keinen Zusammenhang mit dem Fettverbrauch annehmen könne.

Diese Einwände sind aber widerlegt worden: Die Eskimos haben zwar einen hohen Fettverbrauch, aber sie beziehen das Nahrungsfett meistens von Seetieren (Fischöl, Robbenöl, und Walöl) [*2143*]. Diese Fette sind aber anerkanntermaßen reich an ungesättigten Fettsäuren. Ein weiterer Faktor muß in der Kurzlebigkeit der Eskimos gesucht werden. 40 Jahre scheint ein hohes Alter darzustellen. Die Gesamtzahl primitiver Eskimos, die über 50 Jahre alt sind, wird auf weniger als 100 geschätzt [*1240*]. BRONTE-STEWART [*344*] und BROCK [*340*] mit Mitarbeitern haben den zweiten Einwand damit entkräftet, daß durch den Mangel an Schlachttieren und die Zerstörung der Margarinefabriken in Norwegen nach der deutschen Besetzung eine Verlagerung des Fettverbrauchs auf Öle eintrat, ohne daß es zu

einer Gesamtminderung des Fettkonsums kam. Also auch in diesem Fall ein
Wechsel auf Fette mit höherem Gehalt an ungesättigten Fettsäuren.

MORRIS [1647] wendet ein, daß ein großer Unterschied in der Sterblichkeit des Myokardinfarkts zwischen verschiedenen Ländern mit hohem Fettverbrauch bestünde. So habe z. B. Dänemark eine halb so hohe Mortalität
wie Finnland, Kanada und Neuseeland. In Stockholm sei sie ungefähr halb
so groß wie in Edinburgh oder Cardiff (England) bei einem annähernd
gleichen Fettverbrauch. Diese Feststellungen, die aus der offiziellen Mortalitäts- und Morbiditätsstatistik der entsprechenden Länder stammen, weisen,
wenn sie zutreffen sollten, erneut auf die Notwendigkeit hin, auch andere
Faktoren des Lebens für das Zustandekommen eines Herzinfarktes in Betracht zu ziehen. Schließlich sind es hier ja nicht nur die Atherosklerose für
sich, sondern bereits Folgeerscheinungen, die mit Gerinnungsstörungen einhergehen.

Ein ernster Einwand ist der, daß auch der Blutdruck auf einen vermehrten Fettkonsum anspreche (WESTPHAL, zit. bei BÜRGER [375, 269, 270,
801] und die Atherosklerose aus der Hypertonie und nicht von einem erhöhten Serumlipidspiegel allein resultiere oder nur bei beiderseitigem
Zusammenwirken zustande kommen könne. Schon BÜRGER [375] hat auf
eigene und Untersuchungen anderer Autoren verwiesen, aus denen hervorgeht, daß die früher vielfach vertretene Meinung, daß bei Cholesterinfütterung immer ein Hochdruck zustande käme, der seinerseits die Entstehung der Atherosklerose bewirke, falsch sei.

Einen weiteren Einwand gegen die Fett-Cholesterintheorie schienen neuere
Befunde von KATZ [1205] und seiner Arbeitsgruppe abzugeben. Diese Autoren fanden in Chicago, daß ungelernte einfache Arbeiter der weißen oder
schwarzen Rasse, d. h. die Bevölkerungsgruppe mit wohl dem niedrigsten
Einkommen in dieser Stadt, die höchste Mortalitätsziffer an Myokardinfarkt
in mittleren Lebensjahren aufwies. Die Sterblichkeit an dieser Krankheit
war in dieser Bevölkerungsgruppe wesentlich höher als bei Geschäftsleuten.
Dieses Zahlenergebnis stand in klarem Widerspruch zu den Verhältnissen in
Italien, Spanien, Südamerika, Afrika und Asien, worüber ausgedehntes Zahlenmaterial vorliegt. Der Vergleich der verschiedenen Ernährungsgewohnheiten
der einzelnen Völker mit denen der armen Bevölkerung in Amerika zeigt
nach KATZ [1205], daß der Fett- und Calorienverbrauch der Armen in USA
sich nicht so stark von dem der Wohlhabenden unterscheidet, wie dies in
anderen Ländern der Fall ist. Darüber hinaus besteht die Kost dieser Arbeiter
in Chicago durchweg aus denaturierten Nahrungsmitteln (Weißbrot, Backwaren, Stärkeprodukte, raffinierte Kohlenhydrate, Kartoffeln, gehärtete
Pflanzenfette, Schmalz). Diese Kost ist zwar calorisch ausreichend, aber unzureichend an Vitaminen und Mineralstoffen, ungesättigten Fettsäuren und
essentiellen Aminosäuren. Es handelt sich demnach um ein unzureichendes
Mischungsverhältnis, was die lebenswichtigen Nahrungsstoffe anlangt, also
um eine *unausgeglichene Ernährung*.

Schließlich wendeten 1956 PAGE [1758], LEWIS und GILBERT ein, daß die
Navajo-Indianer in Fort Defiance (USA) nahezu frei von Coronarsklerose
wären, obwohl sie die „typische amerikanische Kost" äßen. KEYS [1240]
konnte beide Behauptungen durch Nachprüfungen an Ort und Stelle widerlegen. Der Fettanteil am Gesamtcalorienbestand der Nahrung betrug nur
25% (an Stelle 40% der amerikanischen Standardernährung) und mehr als
die Hälfte der kleinen, weit auseinander wohnenden Bevölkerung bestand
aus Jugendlichen unter 15 Jahren. 1955/56 waren nur insgesamt 115 Navajo-

Indianer am „Fort Defiance Medical Center" als krank registriert, mit einem Durchschnittsalter von 44,3 Jahren. In acht Fällen war die Diagnose Coronarsklerose (davon zwei mit Myokardinfarkt) gestellt worden.

Auf die weiteren Einwände [*1546, 1759, 2494, 2499*] soll hier nicht eingegangen werden, da sie teilweise in anderem Zusammenhang schon abgehandelt sind. Ein Teil dieser Autoren hat einfach die gesamte Fettzufuhr gewertet, ohne auf die Fettqualität einzugehen. Es wurde auch nicht oder nicht ausreichend das Problem der ungesättigten Fettsäuren geprüft. JOLLIFFE [*1173*] hat kritisch zu diesen Fragen Stellung genommen.

Auf den Wert oder Unwert statistischer Erhebungen über Zusammenhänge zwischen Atherosklerose und Ernährung sind LOWN [*1507*] und STARE ausführlich eingegangen. Wenn auch eine direkte Proportionalität zwischen Calorienverbrauch, Fettkonsum und Arteriosklerosehäufigkeit offensichtlich besteht, ist es nicht erlaubt, sie in einen alleinigen ursächlichen Zusammenhang zu bringen. Es darf bei der energetischen Betrachtungsweise des Stoffwechsels, z. B. im Falle Westberlins, nicht übersehen werden, daß durch die erhöhte Zulassung von Kraftwagen (um das Vierfache!), die Verbesserung der öffentlichen Verkehrsmittel, den mangelnden Auslauf der Bevölkerung (Abschnürung der Berliner Westsektoren von dem landschaftlich reizvollen Hinterland) das *Bewegungsausmaß* in der Zeit *nach 1950* erheblich eingeschränkt worden ist.

Dagegen scheinen sich die *psychischen Belastungen* der Westberliner Bevölkerung in den beiden Berichtsperioden *nicht wesentlich verändert*, zumindest nicht verschlechtert zu haben. Die akuten Phasen der Existenzbedrohung der Stadt waren vor 1950 eher gehäuft und intensiver. Die Zahl der Selbstmorde in Westberlin ist annähernd gleich geblieben: 786 (1948) — 815 (1949) — 752 (1955) — 755 (1956) — 731 (1957). Die wirtschaftliche Gesamtsituation hat sich gebessert, was sich z. B. in einer Abnahme der Arbeitslosenziffern, einer erhöhten Bautätigkeit und sonstigen Prosperitätszeichen anzeigt.

Es wäre sicher einseitig, wenn man die Unterschiede in den Serumlipidspiegeln oder der Infarkthäufigkeit, z. B. zwischen Nord- und Süditalienern, nur auf die verschiedenen Ernährungsgewohnheiten beziehen wollte. Man darf die sozialen, ökonomischen und beruflichen Ungleichheiten nicht übersehen. In unserem Beispiel stehen Kaufleute und Angestellte eines großstädtischen Industriebezirks armen Bauern in ruhiger ländlicher Umgebung gegenüber. Ebenso wenig kann man die unterschiedlichen Serumcholesterinkonzentrationen chinesischer Kaufleute in Hongkong und chinesischer Landarbeiter nur auf den verschiedenen Fettgehalt in der Nahrung beziehen.

Aufschlußreich sind in diesem Zusammenhang vergleichende pathologisch-anatomische Untersuchungen an Negern auf Haiti und in den Vereinigten Staaten von Amerika. Die amerikanischen Neger zeigten in allen untersuchten Altersstufen einen etwa doppelt so hohen Befall an Coronar-Atherosklerose als die Neger von Haiti. Dagegen unterschieden sie sich kaum voneinander hinsichtlich ihrer Aorten-Atherosklerose. Die beiden Gruppen differierten untereinander in mehrfacher Hinsicht: Calorien-, insbesondere Fettmangel, weniger emotionelle Anspannungen, Primitivität des Lebens in den Tropen. Nach den bisher vorliegenden Daten darf man mit aller Zurückhaltung mutmaßen, daß üppige Kost und wenig Bewegung beim Hinzukommen von Stressreaktionen sich vorwiegend an den Coronararterien auswirkt [*953*].

γ) **Endokrine Dysregulation**

Wie im Abschnitt B III 2 „Endokrine Steuerung" von H. SECKFORT ausgeführt wurde, ist nicht daran zu zweifeln, daß die Konzentration der Plasmalipide hormonell reguliert wird. Es sind endokrine Störungen bekannt, bei
denen eine Hyperlipidämie, andere bei denen eine Hypolipidämie besteht.
Es muß daher vom theoretischen wie auch vom praktischen Standpunkt von
großem Interesse sein, ob sich experimentell und klinisch Anhaltspunkte
finden lassen, die auf einen Zusammenhang von hormonaler Dysregulation
und Gefäßwandschädigung bis zur Atherosklerose hinweisen.

Hypophysen-Nebennierenrindensystem. Junge *Mäuse*, die über 38 Wochen
0,02 mg ACTH täglich bekommen hatten, entwickelten schwere atherosklerotische Veränderungen [*578*]. Auch *Ratten*, bei denen eine experimentelle Atherosklerose nur schwer erzeugt werden kann, ließen sich mit hohen
Dosen ACTH atherosklerotisch machen [*2444*]. Bemerkenswerterweise
eigneten sich nur männliche Tiere. Schließlich sei noch auf die Untersuchungen von ROSENFELD und MARMORSTON nebst Mitarbeitern (zit. bei
DOUGHERTY [*578*] und BERLINER) verwiesen, die fanden, daß hypothyreotisch gemachte Hunde auf ACTH-Applikation hin besonders starke Athero-
sklerosebefunde entwickelten.

STAMLER [*2198*] u. Mitarb. unter KATZ [*1200, 1204*] konnten mittels
Hydrocortison eine verstärkte Atheroskleroseentwicklung bei cholesteringefütterten *Hähnchen* nachweisen, obwohl der Blutlipidspiegel bei den
steroidbehandelten Tieren nicht höher als bei den Kontrolltieren lag. DURY
[*604*] konnte mit *Cortison* bei normal gefütterten *Kaninchen* eine Hyperlipidämie (vorwiegend Neutralfettvermehrung!) erzeugen. Erhöhte er die
Cortisondosen, entwickelte sich zusätzlich eine Fettleber. Dabei kam es zu
einer Konzentrationsverminderung der Lipoproteidklassen S_f0 bis 12 und
entsprechend zu einer Steigerung der S_f12 bis 400, was schon vorher von
PIERCE [*1829*] und BLOOM und PIERCE [*1827*] beobachtet worden war.
Daraus schlossen die Autoren auf eine „*Blockierung" der physiologischen
Lipoproteidkonvertierung durch Cortison*, durch die physiologischerweise
nach dem Eintritt von Lipidmaterial aus dem Ductus thoracicus in den
Systemkreislauf eine Umwandlung von Lipoproteiden höherer zu solchen
niedrigerer Flotationsklassen stattfindet. *Adrenalektomierte Kaninchen* (mit
DOCA und NaCl substituiert) entwickelten unter Cholesterinfütterung zwar
eine um 30 % geringere Hypercholesterinämie, aber die atherosklerotischen
Herde waren hinsichtlich Ausmaß, Schwere und Histologie denen der Kontrollgruppe (mit Cholesterin allein behandelt) vergleichbar. Daraus schlossen
die Autoren, daß die Nebennieren bei der Entwicklung der Atherosklerose
keinen Anteil haben [*1221*].

Durch *tägliche Injektionen kleiner Cortisondosen* über einen längeren Zeitraum ließ sich die *Cholesterinfütterungs-Atherosklerose* des Kaninchens
beträchtlich vermindern, obwohl die Hyperlipidämie bei diesen Tieren stärker
war. Der Unterschied lag darin, daß die Serumlipiderhöhung bei den nur mit
Cholesterin gefütterten Tieren hauptsächlich durch eine Zunahme der Cholesterinester bedingt war, während die Neutralfettkonzentration gegenüber
den Kontrolltieren unverändert blieb. Dagegen lagen bei den mit Cortison
behandelten Tieren die Neutralfett- und Phosphatidspiegel im Plasma signifikant höher, ebenso der Neutralfettgehalt ihrer Lebern. Bezüglich der
Serumlipoproteidkonzentrationen kam es bei den mit Cortison behandelten
Tieren zu einer wesentlich stärkeren Zunahme der Flotationsklassen

S_f12 bis 400 als der S_f0 bis 12 Lipoproteide. Darin zeigte sich ebenfalls der oben erwähnte Hemmeffekt des Cortisons auf die Konversion der Serumlipoproteide von höheren zu niedrigeren S_f-Klassen. Verglichen mit den Cholesterintieren lag die Konzentration der S_f12 bis 400 Lipoproteide bei den zusätzlich mit Cortison gespritzten Kaninchen dreimal so hoch.

Weiter zeigte das Serum der „Cortison-Cholesterin-Kaninchen" eine deutlich *geringere Klärungsaktivität* als das von Cholesterinkaninchen allein. Dieser Befund stimmt gut mit den Ergebnissen SEIFTERS [*2112*] u. Mitarb. überein, die im Plasma cortisonbehandelter oder unter einem Stresseffekt liegender Ratten einen lipämieklärungshemmenden Faktor fanden. In gleicher Weise beschrieb CONSTANTINIDES [*480*], daß die Cortisonlipämie nicht mit Heparin unterbunden werden könne. Diese herabgesetzte lipolytische Fähigkeit und der verminderte Abbau von Lipoproteiden im Plasma könnten nach DURY [*604*] zu einem Mangel an Transportvehikeln für Cholesterin im Blutplasma führen, wodurch es zu einer Änderung der Voraussetzungen für den Transport für Cholesterin in die Gefäßwand käme. Es kommt hinzu, daß dem Cortison ein *permeabilitätshemmender Effekt* auf die Lipidpassage durch die Intima [*2116*] zugeschrieben wird. Obwohl sich die mittels Cholesterinfütterung bewirkte Hyperlipidämie bei Kaninchen durch Cortisonapplikation steigern läßt, kommt es nicht zu einer zusätzlich vermehrten Atheromentwicklung.

Cortisol und verwandte Steroide haben außerdem einen *inhibitorischen Effekt* auf die *Synthese der schwefelhaltigen und nicht schwefelhaltigen Mucopolysaccharidkomplexe* in der Grundsubstanz des Bindegewebes. Schon länger bekannt ist die Tatsache, daß sie die Fibroblastenvermehrung hemmen. Nun weiß man aber durch die Forschungsarbeiten von DOUGHERTY [*578*] und BERLINER seit kurzem, daß die Fibroblasten Cholesterin zu synthetisieren vermögen. Vielleicht sind sie auch in der Gefäßwand an der Cholesterinproduktion beteiligt.

Wenn man mittels *Adrenalin* über die Kontraktion der Vasa vasorum protrahiert eine Hypoxie der Kaninchenaorta hervorruft, kann man nach entsprechender Zeit eine „Sklerose" der Media („Adrenalinarteriosklerose") erzeugen. Es kommt dabei zu einer beträchtlichen Ablagerung von Phospholipiden, wie mittels radioaktiven Phosphors nachgewiesen werden konnte [*602*]. Gab man mit dem Adrenalin zugleich Cortison, so blieb die Zunahme des Phosphatidgehaltes in der Gefäßwand aus [*605*]. Cortison fördert den Fetttransport aus den Depots in den Oxydationscyclus.

Andererseits ließ sich im Tierversuch nachweisen, daß unter STH, dem eine fettmobilisierende Wirkung zugeschrieben wird (s. B III 2 a γ), die Arterienwand Lipide in großem Umfang abgibt [*603*].

In der menschlichen Pathologie findet man z. B. beim CUSHING-Syndrom neben den bekannten Zeichen eine *Hypercholesterinämie, abnorme Fettverteilung* und gelegentlich ausgedehnte *atherosklerotische Manifestationen* (HEINBECKER und PFEIFENBERGER). Protrahierte, *hochdosierte* ACTH- und Cortisontherapie führen zu einem signifikanten Anstieg des Blutcholesterins. Bei 11jährigen Kindern, die aus anderen Gründen ad exitum gekommen waren, zeigten sich nach langdauernder hochdosierter Cortisontherapie arteriosklerotische Gefäßveränderungen [*1390*].

Schilddrüse. Die Atheromentwicklung am Tier ließ sich nach Erzeugung einer hypothyreotischen Stoffwechsellage beschleunigen und verstärken. An *hypothyreotisch* gemachten Hunden [*899, 1144, 1756, 2218*] lassen sich ausgedehnte atherosklerotische Veränderungen erzielen. Umgekehrt kann man sie durch Zufuhr von Schilddrüsenhormon [519, 595, 1203, 1204, 2331], Oestrogenen [254, 436, 485, 1117, 1200, 1202, 1384, 1531, 1824, 1825] oder durch beide [436, 1200, 1824, 1825] reduzieren. Der Hormoneffekt ist dosisabhängig.

Bei *klimakterischen Frauen* soll die Thyroxinproduktion herabgesetzt sein. Vielleicht spielt auch dieser Faktor neben dem Aufhören des Oestrogenschutzes (s. Keimdrüsenhormone!) füi die Zunahme der Herzinfarkte bei der älteren Frau (gegenüber der praktischen Infarktfreiheit der jüngeren weiblichen Jahrgänge) eine Rolle [1564].

Kinder mit angeborener *Athyreose*, die in früher Jugend verstorben sind, zeigten oft eine schwere Arteriosklerose. Sie hatten immer eine Hypercholesterinämie, „aber auch eine schwere Hemmung der Oxydationen" [373]. Nach subtotaler Thyreoidektomie steigt der Serumcholesterinspiegel an [1214]. Nach Exstirpation der Schilddrüse ist die Entstehung schwerer arteriosklerotischer Veränderungen beschrieben worden (NEISSER, zit. in BANSI [121]).

BASEDOW-*Kranke* zeigten nach KEESER [1214] gegenüber anderen Kranken gleichen Alters nur in der Hälfte der Fälle arteriosklerotische Manifestationen. Bei *Myxödemkranken* ist gewöhnlich eine deutliche Hypercholesterinämie nachweisbar.

Vergleichende Lipoproteiduntersuchungen mittels der Ultrazentrifuge ergaben, daß die Coronarsklerotiker im Vergleich zu Myxödemkranken einen signifikant höheren $S_f^0$0 bis 12-Wert [1175, 1176] aufwiesen. Hypothyreotiker sollen außerdem in besonderem Maße zur Gefäßsklerosierung neigen [121, 359, 885, 966, 1137, 1201, 2007, 2530]. Die Schilddrüse wird schon lange mit dem Alterungsprozeß des arteriellen Gefäßsystems in Verbindung gebracht. BANSI [124] berichtet von einem 60jährigen Mann, der mit J^{131} in Überdosierung behandelt worden war. Es entwickelte sich unter dieser Therapie eine schwere universelle Atheromatose mit rasch ansteigendem Blutcholesterinspiegel und damit einhergehender Blutdrucksteigerung, die bald zu einem tödlichen apoplektischen Insult führte.

LABHART [1390] meint allerdings, daß entgegen früheren Ansichten die Atherosklerose beim Myxödem nicht häufiger sei als bei Euthyreoten. Bei jugendlichen Athyreoten sei sie ausgesprochen selten, worauf schon MAC CALLUM [1520] und FABYAN aufmerksam gemacht haben. Auch BLUMGART [271] fand bei seinen acht wegen Herzinsuffizienz thyreoidektomierten Kranken kein vermehrtes Auftreten von Coronarsklerose, eine Beobachtung, die von FLORSHEIM [739] u. Mitarb. bestätigt wurde. Zu ähnlichen Feststellungen bezüglich des Atherosklerosebefalls bei Myxödemkranken war schon 1888 das Komitee der Klinischen Gesellschaft von London zur Erforschung des Myxödems gekommen: „Arterial degeneration, indeed, does not appear to exist to any unusual extent, at any rate in the larger vessels." Vielen Fällen lagen Kombinationen mit Hypertonie [730] oder vasculären Nierenerkrankungen zugrunde. Es kommt hinzu, daß der Altersgipfel der Myxödemkrankheit in eine Lebenszeit fällt, in der auch schon der Atherosklerosebefall relativ häufig ist [1176].

Der Aktionsmechanismus des „Schilddrüsenhormons" in diesem Zusammenhang liegt noch im Dunkeln. Diskutiert wird ein unmittelbarer Einfluß auf den Cholesterinstoffwechsel [919], auf die Cholesterinablagerung im Gewebe [2333] oder schließlich auf die Gefäßpermeabilität. LANGE [1396] wies nach, daß die Schilddrüsenhormone die Durchlässigkeit der Intimaendothelien für Cholesterin herabsetzen. Neuere Untersuchungen mit radioaktiv markierten Substanzen sprechen dafür, daß das „Schilddrüsenhormon" den Lipidabbau in der Leber und die Lipidentleerung beeinflußt. Es scheint sich dabei nicht einfach nur um eine Erhöhung des Energieaustausches zu handeln, da Dinitrophenol, das nur den Stoffwechsel steigert, ohne Einfluß auf Hypercholesterinämie und Atherosklerose blieb (STAMLER bei KATZ [1200, 1204]). Schließlich konnten MARDONES [1557] u. Mitarb. zeigen, daß es unter Schilddrüsenmedikation zu einer Steigerung des Cytochromgehaltes im Gewebe kommt. Wahrscheinlich wirkt sich die Aktivierung des Gewebsstoffwechsels bei gleichzeitiger Fütterung mit Cholesterin hemmend auf die Cholesterinakkumulation im Gewebe, und andererseits, wenn bereits eine Cholesterinatheromatose entwickelt ist, abbaufördernd auf die Cholesterindepots aus.

Keimdrüsen. Oestrogene. Auffällig ist die *Verteilung der Infarkthäufigkeit* auf die *beiden Geschlechter*. Das Verhältnis Mann zu Frau entspricht in westlichen Ländern nahezu übereinstimmend 4:1 [586, 2448], nach BARR [138] sogar 5:1 bis 10:1. In Indien liegt es nach VAKIL bei 3 bis 4:1. JONES [1174] fand, daß auf 20 Fälle von Coronarthrombose bei Männern unter 40 Jahren einer bei einer Frau beobachtet wurde. Damit gut übereinstimmend sind die Angaben von GLENDY [869], LEVINE und WHITE, die von 100 Angina-pectoris-Kranken unter 40 Jahren nur vier Frauen fanden. Man hat daraus und aus Tierexperimenten auf das Bestehen einer Schutzwirkung der Oestrogene gegenüber der Atherosklerose bei der jungen Frau geschlossen. Es ist in der Tat auffällig, daß vorzeitig doppelseitig ovarektomierte Frauen öfters Manifestationen einer Coronarsklerose zeigen als normale Frauen vergleichbarer Altersstufen [1927, 2479].

Während HEBERDEN 1802 von seinen 100 Fällen mit Angina pectoris nur drei Frauen erwähnt und OSLER eine Frau auf 40 Männer beobachtete, konstatierten 1941 BLAND [232] und WHITE unter 200 Infarkten bereits 16% Frauen [586]. Die sicher *zunehmende Morbidität der Frau an Atherosklerose* scheint mit der *Zunahme des Altersdurchschnitts der Gesamtbevölkerung* hinreichend erklärt zu sein. Coronarverschlüsse sind bei Männern aller Altersstufen in der absoluten Mehrheit, in den Altersklassen von 40 bis 59 Jahren sechsmal so häufig wie bei Frauen [2024]. Nach der Menopause kommt es zusammen mit dem Anstieg der Serumlipidspiegels (s. S. 125) zu einer starken Zunahme des Atherosklerosebefalls [30, 139, 1154, 1174, 2414]. Zu ähnlichen Ergebnissen kamen in Großbritannien OLIVER [1720] und BOYD, die das Verhältnis Mann zu Frau bezüglich des Angina-pectoris-Befalls der dritten bis fünften Lebensdekade mit 4:1, dagegen im 7. Lebensjahrzehnt nur noch 2:1 und oberhalb 70 Jahre sogar nur 1:1 fanden. Die Sterblichkeit an Myokardinfarkt zeigt die gleiche Geschlechtsverteilung [138].

Versuche, mittels Zufuhr von Oestrogenen, neuerdings mit Präparaten, die im wesentlichen nur noch eine Stoffwechselwirkung, aber keinen besonderen Sexualeffekt („weak"-oestrogens) entfalten, dem Mann einen derartigen Schutz zu verleihen, erscheinen erfolgversprechend [137, 139, 140, 523, 618, 632, 633, 652, 826, 1202, 1721, 1722, 1724, 1725, 1824, 1925, 1926, 1964, 2200, 2202, 2221].

Eine interessante Parallele bietet der *Tierversuch*. Junghennen sind bedeutend widerstandsfähiger gegenüber der Coronarskleroseerzeugung als männliche Tiere [1202]. Mittels oestrogener Hormone ließ sich das Auftreten von coronarsklerotischen Veränderungen am Cholesterinhähnchen deutlich hintanhalten [485, 1117, 1200, 1202, 1385, 1824, 1825]. Der gleiche inhibierende Effekt ließ sich auch am Papagei [254], am cholesteringefütterten Kaninchen [436] und an männlichen Ratten nachweisen [1531]. Es erfolgt zugleich ein Rückgang der Beta-Lipoproteide der S_f-Klassen 20 bis 100. Darüber hinaus verhüteten die Oestrogene den Cortin-Hochdruck nach DOCA- und Cortisonmedikation. Die Oestrogenwirkung ließ sich am Hähnchen mittels Thiouracil aufheben. Wie sich aus dem Studium der Oestrogenliteratur ergibt, ist der Hormoneffekt dosisabhängig. So sind die heterogenen Befunde mancher Autoren zu erklären [1117, 1200, 1202].

Androgene. Es ist lange bekannt, daß Häufigkeit und Schwere der Coronarsklerose, klinisch wie anatomisch, in signifikanter Weise das männliche Geschlecht bevorzugt. Kontinuierliche *Testosteronmedikation wirkt auf die Cholesterinkonzentration des Blutes* (entgegen dem Oestrogen) *steigernd.* GERTLER [847] und HAWKE [1039] mit ihren Mitarbeitern haben darauf hingewiesen, daß männliche Kastraten weit weniger von der Coronarsklerose betroffen werden als Nichtkastraten. Nach Untersuchungen von FURMAN [822], HOWARD und IMAGAWA unterscheiden sich die beiden Gruppen erheblich in den Konzentrationen ihrer Serumlipide. Die Autoren verglichen 24 Eunuchen (von 23 bis 79 Jahren) mit 20 gleichaltrigen Nichtkastraten. Die Kastraten wiesen niedrigere Beta-Lipoproteid- und höhere Alpha-Lipoproteidwerte auf und der Cholesterin/Phospholipidquotient des Alpha-Lipoproteids war höher als bei den Vergleichspersonen. OLIVER [1724] und BOYD machten die Beobachtung, daß bei Männern mit Coronarsklerose auf Methyltestosteron (50 mg pro Tag) eine Abnahme der Alpha-Lipoproteidfraktion erfolgte, also eine weitere Verschiebung nach der pathologischen Seite hin, wie sie für die klinischen Atherosklerosen charakteristisch ist. Diese Befunde wurden von FURMAN [820, 826] u. Mitarb. bestätigt, indem sie ultrazentrifugenanalytisch feststellten, daß die Lipoproteidklassen hoher Dichte durch Androgengaben in ihrer Serumkonzentration herabgesetzt werden. PAGE konnte gemeinsam mit LEWIS und MASSON [1462] an kastrierten Kaninchen zeigen, daß nach Testosteroninjektionen im Blutserum der Tiere nach Ultrazentrifugieren erhöhte Konzentrationen von Lipoproteiden der Flotationsklassen —S > 70 (= S_f20 bis 100) und — S 40 bis 70 nach LEWIS (= S_f10 bis 20 der GOFMANschen Nomenklatur) auftraten, die bei den Kontrolltieren nicht nachweisbar waren. Somit liegt die Schlußfolgerung nahe, *Testosteron bei Atherosklerosekranken mit Hypercholesterinämie nicht therapeutisch einzusetzen.*

Demgegenüber hat WONG [2476] an Kapaunen entgegengesetzte Befunde erhoben. Wenn er diese Tiere, die nach Cholesterinfütterung (und gleichzeitiger starker Bewegungseinschränkung!) eine starke Hypercholesterinämie mit beträchtlicher Atherosklerose der Aorta entwickelten, gleichzeitig mit Testosteronpropionat behandelte (zugleich allerdings mit intensiver Bewegungsmöglichkeit!) war der Serumcholesterinspiegel und die Atheroseentwicklung wesentlich geringer [2476].

Inselapparat des Pankreas. *Atherosklerose* und ihre Komplikationen machen die hauptsächlichen Todesursachen des Diabetikers aus; sowohl der Pankreasdiabetes, wie auch der Corticoiddiabetes begünstigt die Atheroseentwicklung. Es liegt eine eindeutige Atherosklerosegefährdung besonders junger Diabetiker vor. Die Atherosklerose beginnt bei Diabetikern früher und verläuft schwerer als bei Stoffwechselgesunden.

Es sind angesichts der unterschiedlichen Beurteilung der *diabetischen Arteriopathie* Zweifel laut geworden, ob der Lipidstoffwechsel überhaupt etwas mit dem gehäuften Auftreten der Atheromatose zu tun habe, da eine

Reihe von Autoren bei gut eingestellten Diabetikern keine oder nur bei der Hälfte der Probanden Unterschiede im Serumlipidspiegel gegenüber Normalpersonen feststellen konnte [*126, 430, 470, 997, 1215, 1846*].

Einige *Tierexperimente* sprechen für das Bestehen eines Zusammenhanges. *Total pankreatektomierte*, aber mit Insulin gut eingestellte *Hunde* zeigten nach Fütterung mit relativ fettreichem Futter einen zwölffach höheren Atherosklerosebefall wie die Kontrollhunde, obwohl ihre Serumlipidspiegel nicht erhöht waren [*580, 584*]. Wurden die Tiere dagegen fettarm (bezüglich tierischer Fette!) ernährt, entwickelten sie in wesentlich geringerem Umfang oder gar keine Atherosklerose [*431*]. *Teilpankreatektomierte* Hunde zeigten allerdings nur selten Gefäßveränderungen [*55, 580*].

Versuche an *anderen Tierarten* haben zu gegenteiligen Ergebnissen geführt. So zeigten pankreatektomierte und zusätzlich mit Cortison behandelte *Hähnchen* (Steroid-Pankreas-Diabetes) auf Cholesterinzufuhr eine nur geringfügige Atheroskloseentwicklung, obwohl sie eine beträchtliche Hypercholesterinämie entwickelt hatten. Ähnliche Befunde zeigten mit Cortison (,,corticoid''-) diabetisch gemachte *Kaninchen*. Auch das *alloxandiabetische* Kaninchen wies unter Cholesterinzufuhr gegenüber den Kontrolltieren eine verlangsamte Atheroskloseentwicklung [*1202*] auf.

Umgekehrt ging die Erzeugung eines ,,*Corticoiddiabetes*'' beim hypercholesterinämischen, cholesterinatherosklerotischen Tier mit einem verlangsamten Rückgang der Atherosklerose und des erhöhten Cholesterinspiegels im Blute einher. Wurden die so behandelten Hähnchen insuliniert, blieben die coronarsklerotischen Läsionen dieser Tiere praktisch unverändert. Auch pankreatektomierte diabetische Hunde entwickelten unter Insulinsubstitution und fettreicher Kost eine Atherosklerose, sobald man ihnen Rohpankreas oder lipotrope Substanzen vorenthielt [*1200*].

Insulin für sich selbst scheint nicht antiatherosklerotisch, sondern atherosklerosefördernd zu wirken. Insulin soll nach den Untersuchungen der Katzschen [*1202*] Arbeitsgruppe dem atherosklerosevorbeugenden Oestrogeneffekt entgegenwirken. Der ,,atherogene'' Effekt des Insulins im Tierexperiment wird durch NNR-Hormonzufuhr (NNR-Gesamtextrakt, bzw. Hydrocortison) am Cholesterinküken noch verstärkt [*2201*].

Neben der Hyperlipidämie kommt beim Insulinmangel allerdings der Erhöhung proteingebundener Hexosen und Hexosamine im Blutserum und der im Vergleich zu der gewöhnlichen Atherosklerose viel stärkeren Einlagerung von Phosphatid- und Cholesterinestern auf der einen und von hochpolymerisierten sauren Mucopolysacchariden auf der anderen Seite in die Intimabeete besondere Bedeutung zu [*1881*]. Diese Kombination verleiht der diabetischen Angiopathie eine Sonderstellung. Darüber und über die Vorgänge in der Gefäßwand überhaupt wird im nächsten Abschnitt die Rede sein.

c) Lipoideinlagerung in die Gefäßwand

α) Alterungsvorgänge

Mit zunehmendem Lebensalter steigt physiologischerweise der Lipoidgehalt der Aorta an [*369, 377, 379, 1954, 2045, 2046, 2411*]. Während in gealterten, aber makroskopisch atherosklerosefreien Aorten (,,Physiosklerose'' nach Bürger [*379*]) der Cholesteringehalt um das drei- bis fünffache gegenüber der Jugend vermehrt ist, hat sich in der gleichen Zeitspanne

der Plasmacholesterinspiegel um kaum auf das Doppelte erhöht. Die jährliche Zunahme im Lipidgehalt der Coronararterien ist zwischen dem 15. bis
30. Lebensjahr besonders hoch, bei beiden Geschlechtern unterschiedlich.
Die Lipidinfiltration in die Aortenintima ist bei jungen Männern bedeutend
größer als bei jungen Frauen [564]. Es ist besonders bemerkenswert, daß
der *im Laufe des Lebens* progredient eintretende *Cholesterinanstieg den
Phosphatidanstieg* relativ *übersteigt* [1069, 1596, 2411]. Der Gesamtlipoidgehalt intakter Aorten nimmt beim Erwachsenen bis zum 50. Lebensjahr
von 4 g-% auf übei 6 g-% [379], der Cholesteringehalt in *nicht*-sklerotischen
Aorten bis zum 60. Lebensjahr durchschnittlich von 585 bis zu 986 mg-% zu.
Die Gefäßwand besitzt nach FABER [676] eine Lipoidaffinität, die nach
HEVELKE [1069] eher Ausdruck einer physiologischen Fettspeicherung als
der früher angenommenen fettigen Degeneration ist.

β) Pathologische Infiltration

Auf den hohen Fettgehalt atherosklerotischer Gefäße hat wahrscheinlich
zuerst VIRCHOW [2359, 2360] aufmerksam gemacht. Cholesterinanalysen
wurden erstmalig von WINDAUS [2463], Lipidanalysen menschlicher Aorten systematisch von SCHOENHEIMER [2045, 2046], damals noch in Deutschland arbeitend, durchgeführt. Es wurde gefunden, daß atheromatöse Plaques neben Cholesterin Phosphatide und Triglyceride enthalten [369, 1069, 2005, 2119, 2412].

Tabelle 62. *Theorien zur Pathogenese der Atherosklerose*

1. Beschleunigung bzw. Verstärkung der alterungsbedingten
   Lipideinlagerung in die Gefäßwand (Heredität, Konstitution)

2. Intramurale fettige Degeneration

3. Infiltration der Intima mit

   Plasmacholesterin (ANITSCHKOW, 1912)
   makromolekularen Plasmabestandteilen (HUEPER, 1942)
   Lipoproteiden (GOFMAN, 1949)
   Chylomikronen (MORETON, NECHELES, 1952)

4. Mucopolysaccharidakkumulation in der Gefäßgrundsubstanz
   (MOON und RINEHART, 1952)

5. Wirkstoffmangel in der Arterienwand (WEITZEL, 1955)

HEVELKE [1069] fand bei der Untersuchung 133 menschlicher Aorten, daß
der *Phosphatidanteil* an den Gesamtlipiden in *jugendlichen, intakten Aorten*
weitaus am höchsten ist. Im weiteren Lebensverlauf bleibt die Phosphatidvermehrung hinter dem Cholesterinanstieg eindeutig zurück, so daß unter
den Aortenlipiden das Cholesterin, insbesondere in seiner Esterform, deutlich überwiegt, ein Befund, der mit früheren Erhebungen [1412, 1596, 2045,
2046, 2411] übereinstimmt. Demgegenüber fanden BUCK [369] und ROSSITER,
sowie SCHETTLER [2005] in schwer atheromatös veränderten Aorten relativ
mehr freies Cholesterin. Die Änderung des Mischungsverhältnisses von
Cholesterin und Phosphatiden ist noch weiter zugunsten des Cholesterins verschoben. Unter den Aortenphosphatiden (Kephalin, Sphingomyelin und
Lecithin) nimmt mit zunehmendem Alter und fortschreitender Atherosklerose das Sphingomyelin weiter zu, während der Lecithin- und Kephalingehalt sich praktisch kaum ändert [369, 1211, 2411]. Über die Zusammensetzung der Fettsäuren in atherosklerotischen Gefäßen sei auf die Literatur
verwiesen [369, 279, 1578, 2048, 2330], bezüglich der Extraktions- und
Lipidanalysemethoden auf HEVELKE [1069] und BÖTTCHER [280].

Eine Zusammenstellung der verschiedenen Theorien über die pathologische Lipideinlagerung atherosklerotischer Gefäße zeigt Tab. 62.

Gegen die Annahme einer autochthonen intramuralen fettigen Degeneration sind schwerwiegende Einwände vorgebracht worden [*218, 220, 233, 369, 2411*]. In größeren Gefäßen gelangen Plasmabestandteile mittels Diffusion durch die Endothelmembran hindurch in die interstitiellen Räume der Gefäßwand [*716, 736, 1355*]. Es herrscht mit Ausnahme LANSINGs [*1397*] Übereinstimmung darüber, daß das Atherom seinen Ausgang von der Intima nimmt. Daß *hochpolymere Stoffe* in die Aortenintima gelangen können, hat HUEPER [*1133* bis *1136*] durch eine Reihe von Experimenten am Tier mit synthetischem makromolekularem Material, wie auch mit natürlichen polymeren „Plasmaersatzmitteln" (plasma extenders), z. B. Polyvinylalkohol, bewiesen. Auch die Experimente von HIRSCH [*1089*] und WEINHOUSE mit Cholesterinemulsionen verschiedener Partikelgröße unterstützen die Infiltrationstheorie. WOERNER [*2470*] konnte zeigen, daß von intravenös gegebenen Fettemulsionen solche von 20 und mehr C-atomigen Fettsäuren in den Arterienwänden von Meerschweinchen abgelagert werden. GOLBERG [*888*] und MORANTZ gelang es, an Junghühnern mittels Durchströmung mit lipidangereichertem Blut in die Bindegewebszellen der Lamina elastica interna der Aorta Lipidmaterial zu infiltrieren. Mit dem Futter zugeführtes *radioaktiv markiertes Cholesterin* ließ sich in atherosklerotischen Gefäßwänden nachweisen [*220, 368*].

An *Gewebskulturen aus menschlichen Aorten*, die in ihrem Nährmedium Humanserum enthielten, konnten RUTSTEIN [*1969*] u. Mitarb. durch Zugabe von Cholesterin eine dosisabhängige intracelluläre Lipoidablagerung nachweisen. Dies war sowohl mit in Äthanol als auch in Beta-Lipoproteinen gelöstem Cholesterin möglich. Die Cholesterineinlagerung ließ sich durch Zugabe von Stearinsäure verstärken, andererseits mittels gleichzeitiger Linolensäurezufuhr verhindern (s. Fig. 50). Wie bereits früher erwähnt, sind die Fibroblasten der Bindegewebsgrundsubstanz fähig, Cholesterin zu synthetisieren [*300*]. Die gleiche Arbeitsgruppe konnte nachweisen, daß der Cholesteringehalt der Grundsubstanz von jungem Bindegewebe von der Höhe des Serumcholesterinspiegels abhängig ist, während die Grundsubstanz aus Aortenintima ausgewachsener Kaninchen wesentlich langsamer reagierte.

Die Lipidablagerung im Atherom dürfte von folgenden Faktoren abhängig sein:

1. Zusammensetzung, Beschaffenheit und Menge des Plasmafiltrats.

2. Größe des Wanddruckes.

3. Stoffwechselkapazität der Gefäßwand.

4. Reaktionsverhalten der Intima gegenüber den filtrierten Produkten und ihrem Stoffwechsel.

Die Penetrationsfähigkeit einer Substanz durch ein Gewebe hindurch, wie z. B. die Gefäßwand, ist einmal von der Größe ihrer Moleküle abhängig, zum anderen aber auch von ihren physikalisch-chemischen Eigenschaften und nicht zuletzt von den strukturellen und funktionellen Gegebenheiten der Intima. Wären die Lipide nicht an Eiweiß gebunden, so wären sie nicht wasserlöslich und könnten nicht in die Endothelzellen und die Elastica interna eindringen.

Das Blut und die Gefäßwandlymphe zeigen im Prinzip, jedoch nicht in ihrer Konzentration, eine ähnliche *Lipoproteidzusammensetzung*. Die in der intakten Aortenintima befindlichen Lipoproteide sind mit einfachen Mitteln in wäßrigem Milieu extrahierbar [*888, 998, 1210*]. Derartige Extraktionen zeigten, daß die aus einer atherosklerotischen Intima gewonnenen Globuline bedeutend mehr Lipide binden konnten als normale. Einem Gehalt von

365 mg Cholesterin und 1147 mg Gesamtlipiden auf 1 g Globulin beim Atherosklerotiker standen 44 mg Cholesterin und 109 mg Gesamtlipide aus einer normalen Aorta gegenüber [*1209*]. *Elektrophoretisch* und in der *Ultra-*

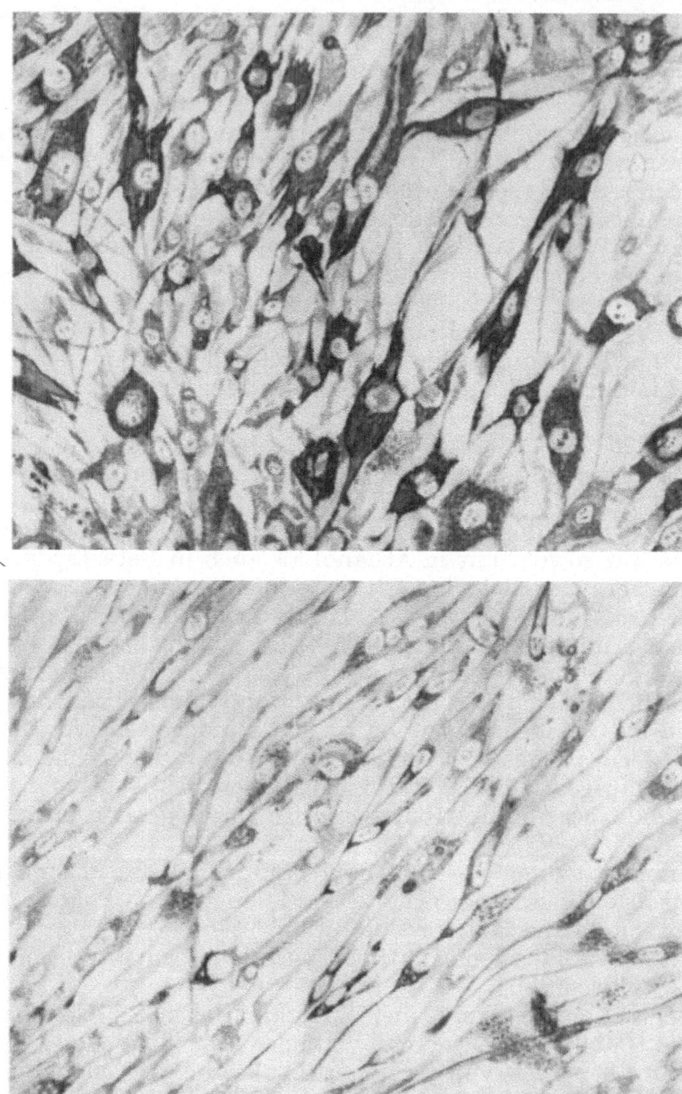

Fig. 50. Lipidablagerung in Gewebskulturen aus menschlichen Aortenzellen (schematisiert nach RUTSTEIN [*1969*])
Oben: Nach 6 Tagen in Nährmedizin mit 3 mg Cholesterin in 100 ml Äthanol
Unten: Dasselbe + 0,5 mg-⁰/₀ Linolensäure

zentrifuge haben sie sich als Beta-Lipoproteide erwiesen [*1211, 1747*] (eigene Untersuchungen). Ihre Identität mit den Beta-Lipoproteiden, ebenso mit den Proteinfraktionen des Serums konnten kürzlich OTT [*1747*] und KAYDEN [*1211*] mittels *Immunelektrophorese* nachweisen. Wichtig erscheint uns die Feststellung von STEELE [*2212*], daß das Verhältnis Sphingomyelin/

Lecithin/Kephalin in Atheromen das gleiche wie im Beta-Lipoproteid ist. Aus der Tatsache, daß der Lecithingehalt in dieser Fraktion geringer ist als im Gesamtplasma, schließt Dock [563], daß das Beta-Lipoproteid als das am wenigsten lösliche Lipid die Lipidablagerungen in der Gefäßwand aufbaut.

Unter den Einwänden gegen die „Infiltrationstheorie" steht die Feststellung der Eigensynthese von Lipidmaterial durch die Gefäßwand an erster Stelle [450, 2145, 2438 bis 2440, 2518]. Gould [921] stellt dazu fest, daß „das bei der Arteriosklerose in den Arterienwänden abgelagerte Cholesterin aus dem Blutplasma stammt". Er hält es für unwahrscheinlich, daß eine autochthone Cholesterinsynthese in der Aorta bei der Atherosklerose von Bedeutung ist. Auch Lang [1394] hält die gefäßwandeigene Cholesterinsynthese gegenüber der exogenen Zufuhr für größenordnungsmäßig irrelevant.

γ) Gestörter Wandstoffwechsel

Schon Mjassnikow [1627] — noch unter dem unmittelbaren Eindruck der Cholesterinfütterungsergebnisse Anitschkows — hatte darauf hingewiesen, daß es in der Pathogenese der Atherosklerose notwendig sei, „die Anteilnahme von mindestens zwei Faktoren anzuerkennen: eines lokalen (einer mechanischen oder chemischen Schädigung der Gefäßwand) und eines allgemeinen (der Hypercholesterinämie)". Die Aorta ist mit einem vielfältigen *Enzymsystem* ausgestattet [301, 559, 1262, 1481, 1692, 1901], das neben einer ortsständigen Synthese von Lipiden auch am Protein- und Mucopolysaccharidstoffwechsel beteiligt sein dürfte. So kann angenommen werden, daß die Intima aktiv am Stoffwechsel der durch sie hindurchpassierenden Lipoproteide beteiligt ist [888]. Es liegen Befunde vor, aus denen auf eine *fermentative Steuerung der Permeabilität der Intima* geschlossen werden kann. Cholesteringefütterte Kaninchen, denen gleichzeitig *Hyaluronidase* gegeben wurde, zeigten während einer mehrwöchigen Versuchsperiode erheblich niedrigere Serumcholesterinspiegel als Tiere, die nur Cholesterin erhalten hatten. Jedoch fand sich eine verstärkte Atheromentwicklung in der Aorta und eine starke Lipideinlagerung in der Leber [2116]. Daraus hatte Seifter [2116] geschlossen, daß Hyaluronidase die Durchgängigkeit der Gewebe, auch der Gefäßwände, für Lipidmaterial steigert. Umgekehrt hat *Cortison* einen permeabilitätshemmenden Effekt. Obwohl es die Hyperlipidämie cholesteringefütterter Kaninchen noch weiter steigert, fördert es nach den bisherigen experimentellen Beobachtungen nicht zusätzlich die Atheromentwicklung [25, 605].

Infiltrationsversuche an verschiedenen Tieren bzw. überlebenden Arterien zeigten, daß die Gefäßwand beispielsweise der Ratte eine wesentlich höhere lipolytische Aktivität besitzt als die des Kaninchens [2509]. Darauf könnte die unterschiedliche Ansprechbarkeit auf Cholesterinfütterung zu beziehen sein. Hier eröffnet sich der experimentellen Pathologie ein weites Feld.

So erwies sich die *Cholesterinesterhydrolyse* von Kaninchen in vitro (Leberschnitte) als abhängig von der Art der zugeführten Fettsäuren. Sie erfolgte bei den Tieren, die mit an ungesättigten Fettsäuren reichen Fetten gefüttert worden waren, schneller als bei den Kaninchen, die gesättigte Fettsäuren erhalten hatten [503]. Möglicherweise werden auch in vivo die aus ungesättigten Fettsäuren aufgebauten Cholesterinester leichter abgebaut, weil sie weniger stabil sind. In der Tat konnte Hartroft [1023] nachweisen, daß die Lipidablagerung in Atheromen bedeutend größer war, wenn er den

Tieren Fette mit niedriger Jodzahl zuführte. Unter einem Defizit an essentiellen Fettsäuren entwickelte sich eine verstärkte Ablagerung von Cholesterinestern [53, 146]. LEWIS [1458] fand in den Cholesterinestern von sklerotischen Coronararterien einen bedeutend höheren Anteil gesättigter Fettsäuren und Ölsäure als im Blutplasma.

d) Serumlipidstatus bei Atherosklerose

α) Cholesterin

Frühere Untersuchungen können nicht ohne weiteres gewertet werden, da sie häufig mit ungenügender Nachweismethodik durchgeführt worden sind. Aber es wurde auch in neuerer Zeit in vielen Reihenuntersuchungen [843, 845, 1486, 2141, 2220, 2311] bei Coronarsklerotikern, namentlich bei jüngeren, eine Neigung zur Hypercholesterinämie festgestellt. In Ländern, in denen der Frühinfarkt selten ist, wurden nur vereinzelt Blutcholesterinwerte oberhalb 200 mg-% gefunden [1240]. Nimmt man diesen Wert als obere Grenze, dann hatten nach der „cooperative study" von 1956 [887] etwa 90% der Personen mit klinisch manifester Coronarsklerose Serumcholesterinwerte über 200 mg-%. GERTLER fand in 77% der von ihm beobachteten Coronarsklerotiker die Cholesterinkonzentration im Serum oberhalb 220 mg-% gelegen, und zwar in 21% bei Werten zwischen 260 bis 300 mg-% und in 28% zwischen 300 bis 340 mg-%. SCHETTLER [2003, 2005] fand bei 1116 Fällen von Coronarsklerose in etwa 70% eine Serumcholesterinkonzentration oberhalb 220 mg-%. Unter Zugrundelegung eines Cholesterinwertes von 250 mg-% als oberen Grenzwert zeigten allerdings nur 50% eine Hypercholesterinämie [2003]. Auch ALLEN fand etwa 50% seiner Arteriosklerotiker mit einer Hypercholesterinämie vergesellschaftet. Von 600 Herzinfarktkranken (Infarktereignis über 6 Wochen zurückliegend) wiesen 584 eine Cholesterinkonzentration im Serum von 260 mg-% oder mehr auf [2010].

Dagegen fand FISCHER [723] bei seinen Arteriosklerosekranken in der Mehrzahl der Fälle normale Cholesterinwerte. Daß ein hoher Prozentsatz von Personen mit „normalem" Blutcholesterinspiegel arteriosklerotische Gefäßveränderungen zeigt, haben schon SPERRY und LANDE [1393] nachgewiesen. Während SAUTTER u. Mitarb. über ein weitgehendes Parallelgehen von Fundus arterioscleroticus, Netzhautvenen- und -arterienverschluß mit einer Hypercholesterinämie [1284, 2363] berichteten, fanden NEUBAUER [1689], EGGSTEIN und KALLUSKY dagegen an 166 statistisch ausgewerteten Fällen keine signifikanten Abweichungen der Mittelwerte vom Normalverhalten Gleichaltriger, wobei die physiologische Altersabhängigkeit des Serumcholesterinspiegels berücksichtigt wurde.

Wir haben 1956/57 die Serumcholesterinkonzentrationen von 1015 Personen ohne klinisch manifeste Arteriosklerose und ohne Lipoidstoffwechselstörung dem Serumcholesterinspiegel von klinisch manifesten schweren Arteriosklerotikern gegenübergestellt und die Ergebnisse statistisch ausgewertet.

Diese Gegenüberstellung zeigt, daß *zwischen den Serumcholesterinwerten von Sklerotikern und Nichtsklerotikern keine statistisch signifikanten Unterschiede bestehen. Keineswegs ist für den individuellen Fall ein schlagender Beweis für eine Wechselbeziehung zwischen Serumcholesterinspiegel und Arteriosklerosebefall zu erbringen.* Darin stimmen die meisten Autoren überein [100, 1152, 1429, 1770, 1772, 1800, 2010].

Wir sind auf Grund unseres Materials davon überzeugt, daß die *Hypercholesterinämie kein Regelbefund beim Arteriosklerotiker* ist. Es gibt sicher eben so viele Kranke mit klinisch manifester Arteriosklerose, die eine Normocholesterinämie aufweisen. Es darf daher nicht wundernehmen, wenn man bei einem alten Menschen mit klinisch und röntgenologisch manifester Arteriosklerose normale Serumcholesterinwerte findet. Im Alter überwiegt die Mediasklerose, die Calcinose. Es fehlen dabei Lipidstoffwechselstörungen. Stellt man größere Kollektive einander gegenüber, so gewinnt man den Eindruck, daß *Menschen mit manifester Coronarsklerose als Gruppe zu Über-*

Tabelle 63. *Gegenüberstellung der Serumcholesterinwerte von Arteriosklerotikern (A) und Nichtsklerotikern (B)*
(I. Medizinische Klinik, Berlin-Charlottenburg 1956/57)

Alter		A			B		
		♂	♀	♂+♀	♂	♀	♂+♀
41— 50 J.	x̄			226,8	209,8	208,8	209,2
	s			59,3	41,5	43,9	42,8
	n	3	1	4	53	50	103
51— 60 J.	x̄	207,4	208,0	207,5	226,0	226,9	226,4
	s	62,2	42,4	59,6	40,6	43,4	41,8
	n	19	2	21	118	90	208
61— 70 J.	x̄	224,0	240,1	229,0	215,8	227,5	221,2
	s	53,9	82,7	62,5	43,6	44,3	44,2
	n	21	9	30	133	112	245
71— 80 J.	x̄	197,1	204,4	200,2	202,8	214,0	203,4
	s	45,5	55,7	48,6	35,2	45,4	41,0
	n	11	8	19	100	100	200
81—100 J.	x̄	164,0	131,5	153,2	154,7	205,5	179,5
	s	58,9	68,5	57,4	83,2	43,6	71,3
	n	58	2	6	50	42	92
insgesamt	n	58	22	80	535	480	1015

schreitungen des oberen, für das jeweilige Alter und Geschlecht maßgeblichen Grenzbereichs neigen [*139, 843* bis *846, 848, 1234*].

Deshalb kommt der Bestimmung des Blutcholesterins und des Cholesterin/Lecithinquotienten im Rahmen der Arteriosklerosediagnostik nach wie vor ein diagnostischer Wert zu. Allerdings halten wir es nicht für angängig, von einem fiktiven *oberen Grenzwert* auszugehen. Vielmehr sind die Grenzlinien nach oben und unten durch den statistisch gesicherten, *dem jeweiligen Alter zukommenden, physiologischen Streubereich* gegeben [*1800*].

Abschließend sei eine Bemerkung wiedergegeben, die PAGE vor der amerikanischen Gesellschaft zum Studium der Atherosklerose gemacht hat. Er ging von der seit Jahrzehnten bestehenden Assoziation der Kliniker „Hypercholesterinämie = Atherosklerose" aus und meinte, daß die Hauptschuld daran die leicht auszuführende LIEBERMANN-BURCHARD-Reaktion zur Bestimmung des Cholesterins trüge, wodurch das Augenmerk von wichtigeren Substanzen abgelenkt worden sei.

β) Cholesterin/Phosphatidquotient

Den *Phosphatiden* wird eine lösungsstabilisierende Rolle gegenüber dem Plasmacholesterin zugeschrieben [*309, 1372*]. Für die *Aufrechterhaltung der*

Proteinlipidstabilität seien sie von ausschlaggebender Bedeutung [*36, 588*]. Nach AHRENS [*36*] und KUNKEL soll eine relative Konzentrationsabnahme der Plasmaphosphatide die Cholesterinablagerung in der Gefäßwand begünstigen.

Der Cholesterin/Phosphatidquotient, in Deutschland auch „lipolytischer Quotient" (MAYER-SCHAEFFER] genannt, ist bei cholesteringefütterten wie auch thiouracilbehandelten Kaninchen höher als 1, verglichen mit unbehandelten Tieren. Bei Kranken mit Nephrose, Hypothyreose und essentieller Xanthomatose, die erfahrungsgemäß zur Arteriosklerose neigen, hat man ebenfalls erhöhte Quotienten gefunden. Man schloß daraus, daß dieses Verhältnis beim Gesunden etwa 1 betragen soll. Weit über „1" vergrößerte Quotienten glaubt auch SCHETTLER [*2006*] in Richtung eines Arteriosklerosehinweises diagnostisch verwerten zu können. Jedoch gibt es nach seiner Meinung auch Arteriosklerotiker mit einem Cholesterin/Phosphatidquotienten kleiner als 1 [*2006*]. GERTLER [*843*] fand bei 97 Fällen mit klinisch und elektrokardiographisch gesichertem Herzinfarkt eine durchschnittliche Cholesterinkonzentration von 286,5 mg-% $\pm$ 6,6 und eine Phospholipidkonzentration von 316,4 mg-% $\pm$ 6,7. Der daraus abgeleitete Ch./Ph. L.-Quotient betrug 0,89 gegenüber einem Quotienten von 0,74 bei Gesunden und 0,78 bei Nichtherzkranken. Auch wir halten in Übereinstimmung mit einer Reihe von Autoren [*845, 846, 889, 1149, 1429, 1438, 1720, 2220, 2285, 2461*] *den Cholesterin/Phosphatidquotienten als biochemischen Arterioslerosetest für unbrauchbar.*

FISCHER [*723*] untersuchte mittels präparativer Elektrophorese in der Beta-Lipoproteidfraktion den Cholesterin- und Lecithingehalt. Er fand den Beta-Cholesterin/Beta-Lecithinquotienten für die Arteriosklerosediagnostik wenig brauchbar. Die Abweichungen gegenüber gleichaltrigen „Gesunden" waren statistisch nicht signifikant. Der von ihm gefundene Mittelwert von 1,33 entspricht dem von BARR [*137*] an gesunden jungen Frauen, aber auch Arteriosklerotikern ermittelten Quotienten.

γ) Fettsäuren

Eine *Konzentrationserhöhung der Glyceride* im Blutserum wurde bei Atherosklerotikern von HAUSS [*1032*] und BÖHLE, SCHETTLER [*2013*] und JOBST, SCHRADE [*2066*], LEUPOLD [*1429*] u. a. gefunden. Diese Autoren fanden in etwa 80% dieser Fälle eine *Hyperlipidämie*, die *vorwiegend* auf einer *Vermehrung des Neutralfettes* beruhte. Kranke mit peripherer arteriosklerotischer Durchblutungsstörung zeigten nur in 60%, Cerebralsklerotiker sogar nur in 46,5% der Fälle eine Hyperlipidämie [*277*]. BÖHLE [*277*] stellte bei 513 Arteriosklerosekranken eine Erhöhung des Neutralfettes im Mittel um 44%, des Gesamtcholesterins um 16,1% und der Phosphatide um 17,5% fest. Es fand sich weiter eine statistisch signifikante *Steigerung der Gesamtfettsäuren*. Im Mittel fand SCHRADE [*2061*] bei Arteriosklerotikern eine Konzentration der Gesamtfettsäuren im Serum von 529 mg-% gegenüber 321 mg-% bei einer Kontrollgruppe von Gesunden. Die Erhöhung betrug demnach rund 65%. Diese Konzentrationssteigerung erfolgte vorwiegend *zugunsten der gesättigten* und *einfach* ungesättigten Fettsäuren. Der relative Polyensäureanstieg war dementsprechend bedeutend geringer.

KINSELL [*1261*] u. Mitarb. isolierten die Neutralfett- und Cholesterinesterfettsäuren des Serums und fanden, daß bei jungen gesunden Individuen etwa 50% der gesamten Cholesterinesterfettsäuren aus Linolsäure bestehen. Atherosklerosekranke zeigten beträchtliche Abweichungen. Mittels Zufuhr von ungesättigten Fettsäuren ließen sich die Serumverhältnisse normalisieren.

d) **Lipoproteide**

Bei Fällen mit klinischen Zeichen einer Arteriosklerose wurde mittels *Äthanolfraktionierung* sowohl eine relative wie absolute Vermehrung der Beta-Lipoproteide (Cohns Fraktion I und III) mit einer entsprechenden Reduktion der Alpha-Lipoproteidfraktion (IV, V und VI) festgestellt [*139, 1866*]. Diese Veränderungen kamen auch ohne Vorliegen einer Hypercholesterinämie oder einer signifikanten Erhöhung des Cholesterin/Phosphatidquotienten in unfraktioniertem Plasma vor. Dieser Quotient betrug im Alpha-Lipoproteid, ähnlich wie beim Gesunden, durchschnittlich etwa 0,50 und in der die Beta-Lipoproteide enthaltenden Fraktion etwa 1,40. Nikkilä [*1700*] kam mittels der präparativen Papierelektrophorese zu ähnlichen Ergebnissen. Er fand sowohl die absolute wie relative Menge des Cholesterins, das in der Beta-Lipoproteidfraktion gebunden war, signifikant höher und entsprechend die Cholesterinmenge im Alpha-Lipoproteid niedriger als bei gesunden Vergleichspersonen. Entsprechend waren die Befunde von Brown [*347*] u. Mitarb. Besonders charakteristisch war der relativ niedrige Phosphatidgehalt der Alpha-Lipoproteidfraktion.

1950 wurde erstmalig von Gofman [*878, 880*] und seinen Mitarbeitern auf die Bedeutung der Konzentrationserhöhung der Flotationsklassen $S_f 12$ bis 20 der Lipoproteide im Blutplasma für die Entstehung und das Weitergreifen einer Atherosklerose aufmerksam gemacht. Er fand bei 104 Kranken, die einen Herzinfarkt durchgemacht hatten, eine statistisch signifikante Erhöhung der Lipoproteide der Klassen $S_f^\circ 12$ bis 20 oder (und) 35 bis 100. Häufiger waren von dieser Erhöhung isoliert die Klassen $S_f^\circ 12$ bis 20 betroffen. In den folgenden Jahren durchgeführte große Reihenuntersuchungen ergaben bei klinisch manifester Arteriosklerose statistisch signifikant erhöhte Blutwerte der Lipoproteide der Standardklassen $S_f^\circ 0$ bis 12 und $S_f^\circ 12$ bis 400. Ähnliche Verhältnisse fand die Gofmansche Arbeitsgruppe später bei peripherer und generalisierter Arteriosklerose, Hypertonie mit Arteriosklerose, Diabetes *mit* Gefäßkomplikationen, dagegen nicht bei reiner Cerebralsklerose. Zu ähnlichen Befunden kam Little [*1486*].

Da diese Lipoproteidgruppen besonders cholesterinreich sind und eine abnorme chemische Zusammensetzung aufweisen [*141, 613, 1963*], besteht häufig eine Proportionalität zum Cholesterinspiegel im Serum [*34, 1234*]. Andererseits hat Gofman [*887*] auf Diskrepanzen aufmerksam gemacht. Auch Mann [*1550, 1551*] u. Mitarb. beobachteten ähnliche Unterschiede.

Mittels präparativer fraktionierter Ultrazentrifugierung und *nachfolgender chemischer Analyse der Ultrazentrifugate* fanden Havel [*1036*] u. Mitarb. bei Kranken mit klinisch manifester Arteriosklerose bemerkenswerte Verschiebungen der Cholesterinkonzentrationen in den verschiedenen Ultrazentrifugaten. Eder [*613*] weist in diesem Zusammenhang darauf hin, daß solche Abweichungen übersehen werden, wenn nur *ein* Ausschnitt der Lipoproteide niedriger Dichte untersucht wird.

Die ursprüngliche Arbeitshypothese des Gofmanschen Teams war, daß bestimmte Klassen dieser „Riesenmoleküle" mit abnormer Zusammensetzung vorherrschen und dadurch zu der oder mindestens einer wesentlichen Vorbedingung zur Entwicklung atheromatöser Veränderungen werden könnten. Sie maßen der bisherigen ausschließlich lipidchemischen Analyse des Gesamtserums, z. B. der Cholesterinbestimmung, nur geringen und nicht beweisenden Wert bei [*1517*]. In der Bedeutung prävalieren nach den Erfahrungen der Gofmanschen Gruppe die $S_f^\circ 12$ bis 400-Klassen mit 1,75, wenn man die „ätiologische" Bedeutung der S_f0 bis 12-Klassen mit 1 ansetzt. Diese Erkenntnis führte zur Aufstellung des Begriffs „atherogener Index" (s. S. 143), dessen Brauchbarkeit allerdings nicht unwidersprochen geblieben ist [1771].

Über den *Voraussagewert ultrazentrifugenanalytischer Lipoproteidbefunde* im Serum wurde keine Übereinstimmung erzielt [887]. Die Frage, welcher Lipoproteidgruppe die Hauptbedeutung zukommt, konnte bisher nicht eindeutig beantwortet werden, soweit es sich darum handelte, ob die S_f12 bis 20-Klassen, wie GOFMAN meint, oder die S_f20 bis 100-Klassen, wie die im östlichen Teil der USA gelegenen Forschergruppen annehmen, maßgebend sind. Grundsätzliche Einigkeit wurde aber darüber erzielt, daß eine *Konzentrationserhöhung* der *Lipoproteide niedriger Dichte der Arteriosklerosemanifestation vorausging*, aber nicht darüber, ob sie durch sie bedingt war. Dieser Auffassung pflichtet auch EDER [613] bei.

Neuerdings ist auch die *Papierelektrophorese* zur Atherosklerosediagnostik herangezogen worden. Die *Hyper-Beta-Globulinämie*, die bei schwereren Gefäßprozessen als häufig vorkommend beschrieben worden ist [1414, 2006, 2020, 2461] kann nach unseren Erfahrungen *nicht* als *pathognomonisch für Atherosklerose* angesehen werden.

Nr.	Personalien	Diagnose	Lipoproteide	α·β(%)
362	St.H. ♂27J	Lympho-granulomatose		8:92
460	Cz.C. ♂19J	Praecoma diabeticum		8:92
502	H,I. ♀24J	Mitralstenose		9:91
7	W.FW ♂19J	infektiöse Mononucleose		10:90
547	W.A. ♂30J	Cholangitis acuta		10:90
576	P,K. ♂16J	Ulcus ventriculi		12:88

Fig. 51. Hyper-Beta-Lipoproteidämien

Die mittels Papierelektrophorese bei Arteriosklerose im Serum gefundenen Veränderungen sind weitgehend uniform. Einer relativen Vermehrung der Beta-Lipoproteide entspricht eine Verminderung der Alpha-Lipoproteide [8, 82, 162, 163, 491, 726, 723, 727, 854, 916, 917, 979, 1032, 1161, 1353, 1354, 1696, 1706, 1888, 1890, 1891, 1939, 2165, 2166, 2259, 2316, 2342, 2364 bis 2367].

Das wohl größte Material (4526 klinisch durchuntersuchte Fälle) übersehen KROETZ [1353, 1354] und FISCHER [723, 727]. Sie halten „die Verlagerung der Blutlipoide aus der a_1-Fraktion in die Beta-Fraktion hinein für ein grundsätzliches Kennzeichen der akuten fortschreitenden Arteriosklerose". Während ihre klinisch manifesten Arteriosklerotiker einen Mittelwert von 77% Beta-Lipoproteide zeigten, war dieser bei den „gesunden, nicht arteriosklerotisch manifesten" Vergleichspersonen (ebenfalls beiderlei Geschlechts) von 31 bis 60 Jahren 63,0%.

Dem oben erwähnten Zahlenmaterial liegen „die Lipoproteidwerte" von 147 klinisch gesunden Frauen von 18 bis 34 Jahren und von 101 gleichaltrigen Männern [723] zugrunde. Bei diesen jungen Frauen betrug die Beta-Lipoproteidfraktion im Mittel 57 rel.-%, mit einer Streuung von 35 bis 70% [727]. Bekanntlich haben junge Frauen wesentlich niedrigere Beta-Lipoproteidwerte im Serum aufzuweisen als gleichaltrige Männer. Mit zunehmendem Alter steigt die Beta-Lipoproteidkonzentration an [*1800*]. Eine derartige Gegenüberstellung wäre erst dann diskutabel, wenn erwiesen wäre, daß ältere völlig arteriosklerosefreie Personen tatsächlich die gleichen Lipoproteidkonzentrationen aufwiesen wie junge. Aber auch dann würden die

Tabelle 64. *Serum-Beta-Lipoproteidspiegel bei Versuchspersonen mit klinisch manifester Arteriosklerose in Beziehung zum Lebensalter und Geschlecht*

Alter		40—49	50—59	60—69	70—79	80—89	90—99	Gesamtzahl
♂	n	4	34	46	31	6	1	122
	x̄	81,5	83,7	82,7	82,5	85,5	—	
	s	11,9	5,4	6,3	7,1	5,0	—	
♀	n	6	7	26	39	16	3	97
	x̄	84,4	80,4	82,2	81,3	82,3	—	
	s	4,8	5,9	8,0	7,0	4,6	—	
♂ und ♀	n	10	41	72	70	22	4	219
	x̄	83,5	83,2	82,5	81,8	83,1	82,3	
	s	3,2	5,1	7,1	7,2	5,5	(2,5)	

n = Anzahl der Patienten   x = arithmetisches Mittel   s = Standardabweichung

Geschlechtsunterschiede und das willkürliche Mischungsverhältnis der oben angeführten 286 gesunden, d.h. arteriosklerosefreien, Personen dagegenstehen.

Unsere eigenen an 200 Personen verschiedenen Lebensalters und Geschlechts mit klinisch manifester Arteriosklerose durchgeführten Untersuchungen der Beta-Lipoproteidkonzentrationen im Serum haben folgende Ergebnisse (s. Tab. 64) erbracht.

Die Gegenüberstellung mit den Ergebnissen, die an Gleichaltrigen ohne klinisch manifeste Arteriosklerose erzielt worden sind, hat keine statistisch signifikanten Unterschiede erkennen lassen.

Daß beide Kollektive in ihren Beta-Lipoproteidwerten praktisch übereinstimmen, zeigt mit eindringlicher Klarheit die Figur 52, in der die Beta-Lipoproteidkonzentration in bezug auf die Häufigkeit ihres Vorkommens in beiden Gruppen dargestellt ist:

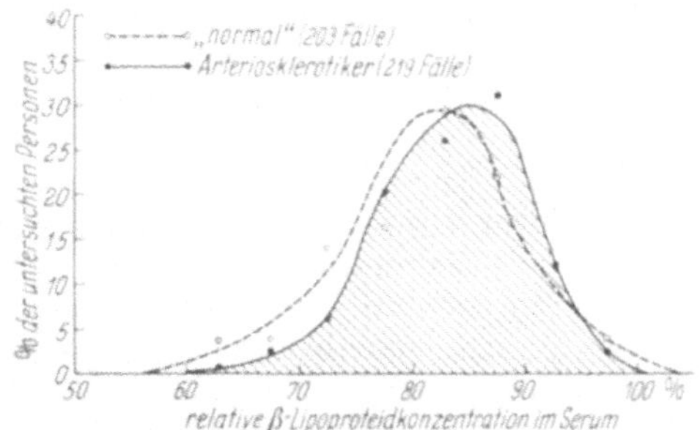

Fig. 52. Verteilungskurven der Beta-Lipoproteidkonzentration im Blut von Arteriosklerotikern und „nichtsklerotischen" lipoidstoffwechselgesunden Vergleichspersonen

Die diagnostische Bedeutung des Serumlipid- bzw. Lipoproteidstatus kann folgendermaßen präzisiert werden: Eine *normale Cholesterin- oder Beta-Lipoproteidkonzentration* im Serum schließt das Vorliegen einer Atherosklerose nicht aus. Ein *erhöhter Serumlipidspiegel* ist nicht beweisend, aber doch sehr verdächtig auf die Entwicklung einer Atherosklerose, besonders wenn er in jungen oder mittleren Lebensjahren auftritt. Hier sollten weitere biochemische und klinische Untersuchungsverfahren angesetzt werden. Ein Beweis für die *individuelle diagnostische Treffsicherheit* konnte bis jetzt noch für keine einzige Lipidsubstanz erbracht werden. Dagegen ist er für die Gruppensignifikanz mehrfach geliefert [*1467, 1752*].

III. Krankheiten mit verändertem Serumlipidspektrum

1. Symptomatische Hyperlipidämien

Im Gegensatz zu der passageren, nach Aufnahme von fetthaltiger Nahrung auftretenden „alimentären" oder „postresorptiven" Lipämie gibt es krankhafte Zustände, bei denen die milchige Trübung des Blutserums über längere Zeit oder auch anhaltend gefunden wird.

Für den praktischen Gebrauch kann man sagen, daß der *Befund eines lipämischen Serums*, das vom *Nüchternblut* eines Menschen entnommen worden ist, der *nicht länger als 12 Std gehungert* hat, dafür spricht, daß eine *von der Norm abweichende Zusammensetzung der Serumlipide*, zumindest mit einer relativen oder absoluten Erhöhung der Neutralfettkonzentration vorliegt.

Ursprünglich bezeichnete man den Befund eines milchig oder sahnig getrübten Serums als Lipämie. BANG [*118*] hatte 1918 in Anbetracht der Tatsache, daß bereits unter normalen Umständen Fett und Lipide im Blut vorkommen, vorgeschlagen, den Befund einer Lactescenz des Serums mit dem Terminus technicus „Hyperlipämie" an Stelle der bisher üblichen Bezeichnung „Lipämie" zu belegen, um mit dem Präfix „hyper" das „Mehr" an Lipiden zum Ausdruck zu bringen, das für das Phänomen verantwortlich war. Zur Kennzeichnung des gemeinsamen Vorkommens von Trübung und Neutralfettvermehrung hatte UMBER den Namen Lipoidämie vorgeschlagen [*1272*]. Nachdem man mit dem Wort Lipämie ursprünglich allein die charakteristische Trübung bezeichnen wollte (allerdings mit der gleichzeitigen Vorstellung eines über die Norm erhöhten Fettspiegels), sollte man den Namen in seiner ursprünglichen Bedeutung beibehalten. Wenn man schon das Zuviel zum Ausdruck bringen möchte, wäre nach dem Vorschlag von SCHRADE [*2063*] eher die Bezeichnung „*Hyperlipidämie*" am Platz. Dieses Wort würde den tatsächlichen chemischen Gegebenheiten entsprechen, indem es den erhöhten Plasmalipidspiegel zum Ausdruck bringt. Diese Nomenklatur wäre auch insofern korrekt, als nämlich nicht jede Erhöhung des Gesamtlipidspiegels im Blutplasma mit einer lipämischen Trübung einhergeht. Vielmehr gibt es auch Hyperlipidämien mit klarem Serum, dann nämlich, wenn die Lipidzusammensetzung derart ist, daß die Löslichkeit der Triglyceride gewährleistet ist. Zu dieser Gruppe gehört die hyperphosphatidämische Hyperlipidämie bei der xanthomatösen biliären Lebercirrhose.

KATSCH [*1199*] und KRAINICK unterschieden zwischen „*primären Regulationshyperlipämien*", d. h. Formen, bei denen ein Versagen der zentralnervösen bzw. hormonalen Fettstoffwechselsteuerung nachgewiesen sei oder vermutet werden dürfe, und „sekundären Hyperlipämien". Zu der ersten Gruppe rechneten die Autoren die „Hyperlipämie beim Myxödem", die „prämenstruelle Hyperlipämie", die „Schwangerschaftshyperlipämie", die „essentielle Hyperlipämie" und die „nephrotische Hyperlipämie". Als „*sekundäre* Hyperlipämien" sahen die Autoren die „Hungerhyperlipämie" (glykogenoprive Hyperlipämie), die „Sauerstoffmangelhyperlipämie" [*2343*], die „Hyperlipämie bei Ermüdung" [*404*], die „Aderlaßlipämie" [*2207*], die „cholämische Hyperlipämie" beim Stauungsikterus, die „cytolytischen bzw. cytotropen Hyperlipämien", z. B. Lipoidinfiltration bei der HAND-SCHÜLLER-CHRISTIANschen Erkrankung, an.

Pathophysiologisch tritt eine Hyperlipidämie unter folgenden Bedingungen auf:

1. Überreichliches Einströmen von Neutralfetten in die Blutbahn.

2. Gestörter Abtransport der Plasmafette und -lipoide. Beide Momente führen zu einer Überlastung der Transportkapazität des Blutplasmas.

3. Physikalisch-chemische Änderung der Plasmazusammensetzung selbst.

Nach klinischen Gesichtspunkten unterscheidet man heute allgemein *symptomatische* (= sekundäre) und *essentielle* oder *idiopathische* (= primäre) *Hyperlipidämien*. Zu den symptomatischen Formen rechnet man außer der physiologischen „alimentären" Hyperlipidämie diejenigen Formen von erhöhter Lipidkonzentration im Serum, die als Begleiterscheinung einer anderen Grundkrankheit oder Funktionsänderung im Lipidstoffwechsel auftreten.

Dazu gehören die *Hyperlipidämien beim nephrotischen Syndrom*, bei *endokrinen Dysregulationen* (z. B. beim *Myxödem, stoffwechselentgleistem Diabetes mellitus, Morbus* CUSHING, *adreno-genitalem Syndrom*), ferner die Hyperlipidämien bei *Glykogenose* (Morbus GIERKE), bei *xanthomatöser biliärer Lebercirrhose*, gelegentlich bei *chronischer Pankreatitis* und anderen Erkrankungen (*Amyloidose, Morbus* BOECK, manchen Leukämien, Hämochromatose), bei manchen Vergiftungen (z. B. mit Chloroform, Phosphor, Phlorrhizin, Tetrachlorkohlenstoff), sowie im *Hungerzustand* und *nach großen Blutverlusten* („Aderlaßlipämie").

Wenn auch der erhöhte Fettspiegel biochemisch ein allen Hyperlipidämien, den symptomatischen und essentiellen, gemeinsames Kennzeichen ist, so unterscheiden sich die verschiedenen Formen nicht nur klinisch, sondern auch hinsichtlich der Verteilung und Konzentrationen der einzelnen Lipid- und Lipoproteidfraktionen. In der klinisch-chemischen Analytik ist dies schon länger bekannt, z. B. die Hyperphosphatidämie bei der biliären xanthomatösen Lebercirrhose (s. S. 269) oder der „Neutralfettyp", bzw. der „Cholesterintyp" der Hyperlipidämie (S. 247), wie Figur 66 zeigt.

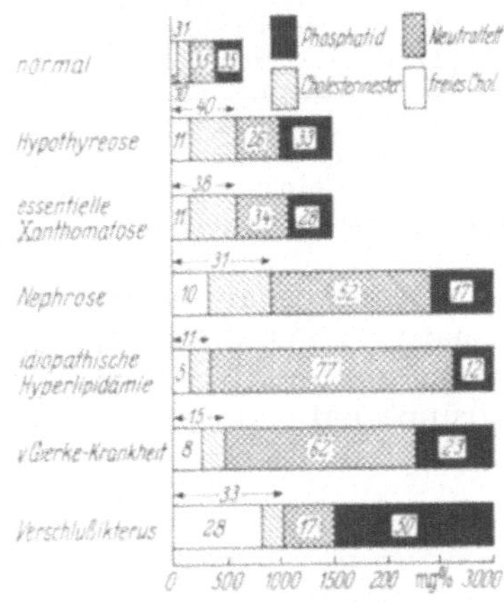

Fig. 53. Serumlipidwerte bei verschiedenen Hyperlipidämien (aus AHRENS [37] und KUNKEL)

Daß auch die prozentuale Verteilung der Lipoproteide nicht einheitlich ist, wie es nach der Papierelektrophorese scheinen möchte, geht aus der folgenden Figur hervor, die das Verhalten der Beta-Lipoproteide in der Ultrazentrifuge bei den verschiedenen Hyperlipidämien zeigt.

a) Hyperlipidämie beim nephrotischen Syndrom

Als „*nephrotisches Syndrom*" bezeichnet man heute einen Symptomenkomplex, der durch *massive Proteinurie, Hypoproteinämie* (zugleich *Hypalbuminämie*), *Hyperlipidämie* (einschließlich *Hypercholesterinämie*), *Lipidurie* und *Ödeme* gekennzeichnet ist. Dem nephrotischen Syndrom liegt weder klinisch noch pathologisch-anatomisch eine Krankheitseinheit zugrunde (s. Tab. 65).

Die *Hyperlipidämie* findet sich als nahezu regelmäßige Begleiterscheinung des nephrotischen Syndroms. Die Vermehrung der Blutfette betrifft alle Lipidfraktionen, sowohl die Neutralfette, als auch die Phosphatide und das

Cholesterin. Die höchste Konzentration weisen die Neutralfette auf (s. Fig. 56).

Die Konzentrationen der Lipidfraktionen in Seren von Kranken mit nephrotischem Syndrom schwanken in weiten Grenzen. Die prozentuale Verteilung der Lipidkomponenten bleibt dabei keineswegs konstant.

Von einer Anzahl von Autoren wurde die Hypercholesterinämie als die primäre Veränderung in den Vordergrund gestellt. Geht man jedoch von dem prozentualen Anteil des *Gesamtcholesterins* an den Serumlipiden aus, so finden wir keine vermehrte, sondern manchmal sogar eine relativ verminderte Cholesterinfraktion. HARTMANN [1019] und SCHULZE fanden nur in zwei von neun aufgeführten Nephrosefällen eine „deutliche Erhöhung des Cholesteringehaltes". Die Esterquote entsprach in unseren Fällen mit einer

Tabelle 65. *Nierenkrankheiten mit dem klinischen Bild des „nephrotischen Syndroms"* (nach der Häufigkeit des Auftretens geordnet)

1. Chronische diffuse Glomerulonephritis („nephrotische Verlaufsform")
2. Amyloidnephrose
3. Arteriolosklerose bei Diabetes mellitus
4. Intracapilläre Glomerulosklerose (KIMMELSTIEL-WILSON)
5. Schwangerschaftsnephrose
6. Postpartale Nephrose
7. Nierenvenenthrombose
8. Lupus erythematosus disseminatus [1194, 1195, 1663]
9. „Genuine" Lipoidnephrose [2369]
10. Luische Lipoidnephrose [1674, 1675]
11. Chronische Pyelonephritis.

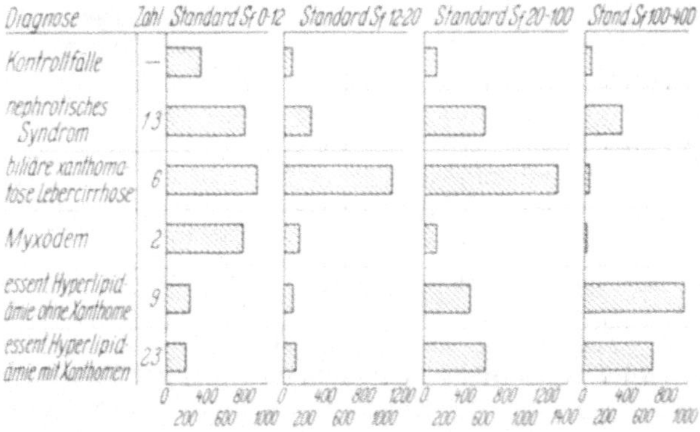

einzigen Ausnahme den physiologischen Verhältnissen. Sie war sogar eher relativ etwas vermehrt, womit wir uns in Übereinstimmung mit GAINSBOROUGH [828] und LICHTENSTEIN [1472] befinden. Die letztere Arbeitsgruppe hat sogar bei sechs Patienten die Esterquote mit 80 bis 90 % des Gesamtcholesterins angegeben. Demgegenüber fanden WIDAL [2450], PAGE [1755], THOMAS [2307] und SUNDAL [2251] im allgemeinen ein normales Verhältnis zwischen freiem und gebundenem Cholesterin. GOLDBLOOM [890] dagegen berichtete seltsamerweise von einer Abnahme des Estercholesterins.

Im Verhältnis zu den *Phosphatiden* war in unseren Fällen das Gesamtcholesterin stärker erhöht. Wir stehen damit in

Fig. 54. Konzentrationen verschiedener Lipoproteidklassen bei Krankheiten mit Hyperlipidämie (untersucht mittels analytischer Ultrazentrifugierung) (aus GOFMAN [885])

Übereinstimmung mit KÜRTEN [1365] und GOLDBLOOM [890], während OSER [1744] u. Mitarb. keine, dagegen PAGE [1755] sowie PETERS [1787] eine deutliche Proportionalität fanden. HARTMANN [1019] und SCHULZE fanden bei ihren Nephrosefällen, daß „die Erhöhung der Gesamtlipoide in den meisten Fällen auf einer Zunahme an Phosphatiden" beruhe. Unsere eigenen Beobachtungen stehen dazu im Widerspruch.

Nach unseren Befunden können wir für den erwachsenen Menschen mit nephrotischem Syndrom die Hyperlipidämie *überwiegend* auf die *Vermehrung des Gesamtlipidrestes* (s. S. 217) beziehen, der sich in der Hauptsache aus den Neutralfetten zusammensetzt. In der bisherigen Literatur kam dies kaum zum Ausdruck, weil fast immer nur von absoluten Zahlen gesprochen wurde. Eine tatsächliche Vermehrung ergibt sich aber nur aus der Gegenüberstellung der prozentualen Verteilung der einzelnen Fraktionen innerhalb der Gesamtlipide, wie wir sie vorgenommen haben. HEYMANN [1075] u. Mitarb. beobachteten bei der experimentellen Nephrose zuerst ein Ansteigen der Neutralfette und dann erst eine Erhöhung der Phospholipide und des Cholesterins. ROSENMAN [1948] u. Mitarb. beobachteten nach NTS-Injektion bei Ratten die stärkste Zunahme in der Neutralfettfraktion der Lipide. Sie schlossen daraus, daß die Hypercholesterinämie und die Hyperphospholipidämie sekundär auf die primäre Neutralfetterhöhung erfolgt. Unsere Untersuchungen haben ebenfalls ergeben, daß, je ausgeprägter die Hyperlipidämie, desto stärker der Gesamtlipidrest erhöht war. Auch CORSINI [494] stellte im allgemeinen eine besonders starke Erhöhung der Triglyceride fest.

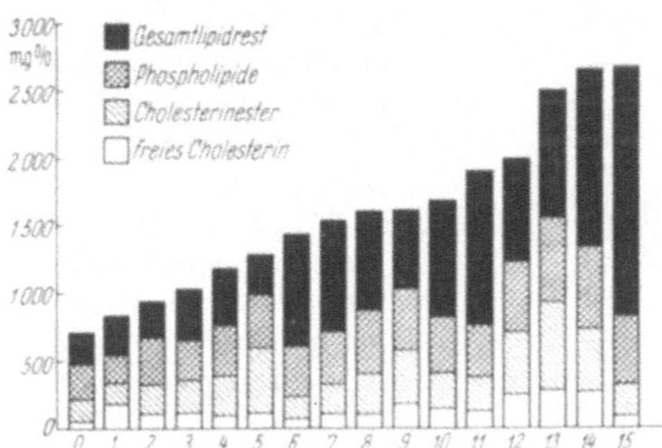

Fig. 55. Lipidwerte von Kranken auf dem Höhepunkt des nephrotischen Syndroms (teilweise aus PEZOLD [1805])

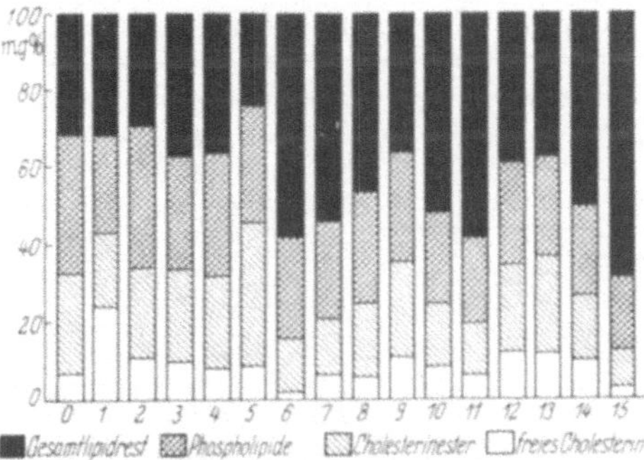

Fig. 56. Prozentuale Verteilung der Serumlipidfraktionen bei Nephrosekranken (Nüchternserum) (teilweise aus PEZOLD [1805])

Er fand jedoch bei extremen Lipidwerten die Steroide besonders stark erhöht, was wir nicht fanden. FRIEDMAN [802, 804] u. Mitarb. beobachteten an gesunden Ratten nach künstlicher Erhöhung der Phospholipide und Neutralfette ein gleichzeitiges Ansteigen des Cholesterins im Blut, wobei das Cholesterin im ersten Fall stärker als im zweiten Fall anstieg.

Bezüglich der *Fettsäuren* beobachtete der SCHRADEsche Arbeitskreis [2066] bei der nephrotischen Hyperlipidämie, daß die Polyensäuren teils in gleichem Maß, teils prozentual geringer an dem Gesamtfettsäurenanstieg teilnehmen.

Elektrophoretisch liegt beim nephrotischen Syndrom gewöhnlich eine Konzentrationserhöhung der α_2-, seltener auch der Beta-Globuline vor. Zugleich besteht eine starke Hypalbuminämie (auch Hypoproteinämie), gewöhnlich auch eine Gamma-Globulinverminderung (Abwehrschwäche gegenüber Infekten). Als Ursache nimmt man auf der einen Seite eine höhere Produktionsrate für α_2-Globuline, auf der anderen die relativ geringe Ausscheidung von α_2-Globulin im Urin an. Schließlich wird für die absolute Vermehrung des α_2-Globulins auch das erhöhte Plasmavolumen angeschuldigt. Bei vergleichender Untersuchung desselben Serums fanden sich mit der TISELIUS-Methode höhere Beta-Globulinwerte als mit der Papierelektrophorese [1112]. Entlipidierung eines Nephroseserums führt zu einer Verschiebung der Globuline in Form einer α_2- und β-Globulinabnahme, von der letztere ganz im Vordergrund steht. Daraus wurden Schlußfolgerungen auf das Transportvermögen der α_2- und β-Globuline für Lipide gezogen, das mittels anderer Trennmethoden (Äthanolfraktionierung, Ultrazentrifugierung) bestätigt worden ist.

Tabelle 66. *Lipoproteidkonzentrationen beim nephrotischen Syndrom*
(aus GOFMAN [*885*])

Mittelwerte (mg-%)	$S_f^0 0$—12	$S_f^0 12$—20	$S_f^0 20$—100	$S_f^0 100$—400
von 13 Nephrosekranken	787	236	583	355
Gesunde Kontrollpersonen	276	41	69	37

Das *Gros der Lipoproteide* beim nephrotischen Syndrom *besteht aus Lipoproteiden niedriger Dichte* (D < 1,063 g/ml). In der analytischen Ultrazentrifuge fanden sich alle Untergruppen der Flotationsklassen $S_f^0 0$ bis 400 gegenüber den Normalwerten stark erhöht [*864, 878, 885, 1463, 1466*].

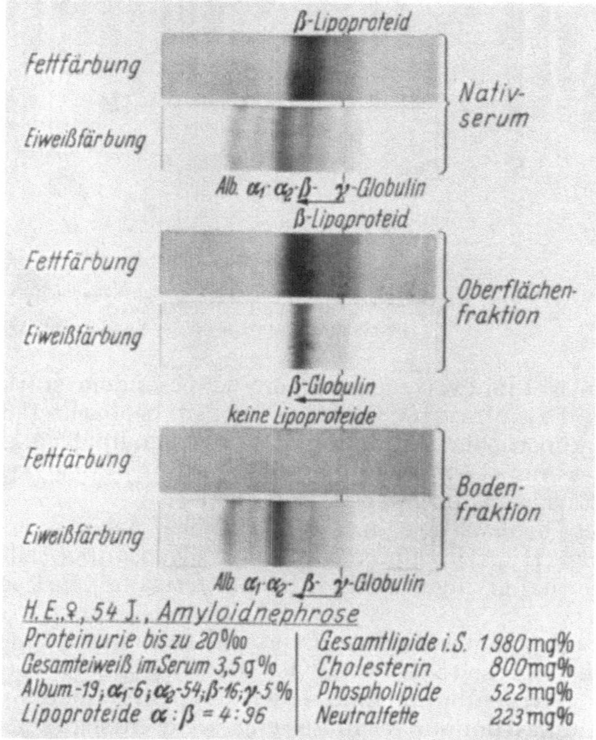

Als charakteristische Veränderung der Lipidverteilung im Serum findet man bei symptomatischen Hyperlipidämien eine weitgehende *Transposition des zu transportierenden Lipidmaterials in die Beta-Lipoproteidgruppe* hinein. Mittels präparativer Ultrazentrifugierung (Spinco Modell L 1957, swinging bucket rotor SW 39 L) von Nephroseseren bei einem spezif. Gewicht D = 1,063 g/ml fanden wir in der Oberflächenfraktion der Ultrazentrifugate durchschnittlich 90% der Gesamtlipide, 97% des Cholesterins und 87% der Phosphatide gegenüber den prozentualen Normwerten von 65, 68 bzw. 55%.

Fig. 57. Ultrazentrifugate eines Nephroseserums in der Papierelektrophorese (eigene Untersuchungen)

Unsere Befunde stehen in guter Übereinstimmung mit den mittels *chemischer Fraktionierung nach* COHN (Methode X) gewonnenen Ergebnissen. So fanden BARR [*139, 141*] u. Mitarb. in der COHNschen Fraktion III (von BARR [*139*] Fraktion C genannt) durchschnittlich 92,2% (87,5 bis 97,3%) des gesamten Serumcholesterins. Diese Befunde wurden von LEVER [*1443*] und HURLEY prinzipiell bestätigt.

Trotz der auf verschiedenen Prinzipien beruhenden Trennmethoden stimmen sie in ihrem Ergebnis überein: Die Lipoproteide beim nephroti-

Tabelle 67. *Lipidanalyse von Ultrazentrifugaten beim nephrotischen Syndrom*

Name Diagnose	Ges.-Lipide			Ges.-Cholesterin			freies Cholesterin			Phospholipide		
	o. %	b. %	n. mg-%	o. %	b. %	n. mg-%	o. %	b. %	n. mg-%	o. %	b. %	n. mg-%
H. A. ♀, 68 J.	92	8		99	1		99	1		93	7	
nephr. Syndrom			2647			718			269			613
H. U. ♀, 44 J.	90	10		95	5		98	2		84	16	
nephr. Syndrom			2430			528			170			442
H. E. ♀, 54 J.	89	11		98	2		99	1		86	14	
nephr. Syndrom			1980			700			240			520
G. G. ♀, 58 J.	86	14		95	5		98	2		78	22	
nephr. Syndrom			1608			575			171			450
H. W. ♂, 44 J.	83	17		96	4		94	6		86	14	
nephr. Syndrom			1569			545			148			407
H. E. ♀, 52 J.	87	13		95	5		95	5		92	8	
nephr. Syndrom			1136			312			103			300
S. R. ♀, 42 J.	66	34		78	22		78	22		68	32	
gesund			752			257			71			275
Sch. D. ♀, 22 J.	61	39		78	22		77	23		61	39	
gesund			568			138			46			197

o = Oberflächenfraktion; b = Bodenfraktion; n = Nativserum
1,063 g/ml; 39000 U./min; 125000 g, 24 Std Laufzeit, T = 26° C.

schen Syndrom sind durch eine charakteristische Verschiebung der Fraktionen im Blutplasma gekennzeichnet. Es kommt zu einem *starken Überwiegen der Lipoproteide von hohem Molekulargewicht und niedrigem spezifischen Gewicht* (papierelektrophoretisch als „Beta-Lipoproteide" definiert). Ihr *Gehalt an Gesamtlipiden* sowohl, wie auch an *Cholesterin* und *Phosphatiden* ist *bedeutend höher als der der Beta-Lipoproteide des normalen Serums.*

Über die *Pathophysiologie der Hyperlipidämie beim nephrotischen Syndrom* haben wir uns an anderer Stelle ausgelassen [*1807*]. Dort wird ausführlich auf die verschiedenen alten und neuen Theorien eingegangen, die in der Tabelle 68 zusammengefaßt sind.

Tabelle 68. *Theorien zur Pathogenese der nephrotischen Hyperlipidämie*

I. Extrarenale Faktoren
(Folge gestörter Stoffwechselabläufe)

1. Zentralnervale Dysregulation
2. Endokrine Störungen
3. *Primäre* Fett- und Lipoidstoffwechselstörungen
   a) Erhöhte Resorption von Lipidmaterial
   b) Degenerative Organverfettung mit Einschwemmung von Lipidmaterial ins Blut
   c) Gesteigerte Cholesterinsynthese
   d) Verstärkte Fettmobilisation aus den Fettdepots
   e) Verlangsamte Fettelimination aus dem Blut
      α) Gestörter Fettabbau
      β) Verminderte Ausscheidungsfähigkeit der Leber gegenüber Cholesterin und anderen Lipiden
      γ) Veränderte Protein-Lipidbindungsverhältnisse im Blutplasma
      δ) Herabgesetzte Klärungsaktivität des Serums
4. *Primäre* Eiweißstoffwechselstörung

II. Renale Faktoren

1. Proteinverlust über die geschädigte Niere
2. Ausfall eines antilipämischen Faktors
3. Fermentstörungen der Tubuluszelle

Für eine *zentral-nervöse Dysregulation* fehlen bisher beweiskräftige Argumente. Bezüglich der ätiologischen *Rolle des Endokriniums* sei auf die Feststellungen W. FREYs [790] in seinem Referat auf dem 58. Kongreß der Deutschen Gesellschaft für innere Medizin verwiesen, daß es „durch keine Schädigung innersekretorischer Drüsen" möglich sei, das Krankheitsbild einer Lipoidnephrose zu erzeugen (S. 135). *Primäre Fett- und Lipoidstoffwechselstörungen* liegen nicht vor. Gegen die Auffassung, die nephrotische Hyperlipidämie sei die *Folge einer Fettmobilisation* sprechen neben alten (s. in [1807]) neuere Befunde [1072, 1074, 1942, 1972, 2464]. Mittels Glucoseinfusionen ließ sich die nephrotische Hyperlipidämie nicht beheben. Die *konzentrationsregulierende Funktion der Leber gegenüber den Lipiden* im Blutplasma wurde am Nephrosetier intakt befunden [401, 790, 1073, 1942, 1950]. Die These vom *Mangel an Klärfaktor* [1067] bzw. dem Vorhandensein von *Inhibitoren* ist nicht unwidersprochen geblieben [150, 1545, 1807, 1946, 1949], wenngleich die Eliminationsrate der Chylomikronen aus lipämischem Serum nephrotischer Ratten verlangsamt ist [1972].

Neuerdings wird ein *Defekt in der graduellen Entlipidisierung der lipidreichen Lipoproteide hoher Flotationsklassen* diskutiert. HERZSTEIN [1067] nimmt an, daß infolge der Hypalbuminämie das zur Aufnahme der bei der Klärungsreaktion freigewordenen Fettsäuren notwendige „Acceptorprotein" fehlt. SHAFRIR [2126] fand, daß die Albumine in Nephrotikerseren nur halb so viel von den freigewordenen Fettsäuren binden, wie die von Normalseren. Diese Vorstellung findet eine Stütze in den Beobachtungen BENNHOLDS [168, 169], der bei dem von ihm 1954 mitgeteilten Geschwisterpaar mit angeborener Analbuminämie eine Konzentrationserhöhung des Cholesterins und der Gesamtlipide im Serum auf das Zwei- bis Dreifache der Norm festgestellt hatte.

Es kommt hinzu, daß die Leber, die schon in vitro eine lebhafte Lipoproteidsynthese vollzieht [1878], auf eine erhöhte Lipidkonzentration im Blutplasma mit einer vermehrten Produktion und Bereitstellung von geeigneten Transportvehikeln, den Beta-Lipoproteiden, reagiert [1728]. GITLIN [863] hat folgende Hypothese entwickelt: Infolge der erhöhten Lipidkonzentration im Serum ist die *Synthese* von β_1-Lipoproteiden niedriger Dichte (lipidreich!) in der Leber erheblich gesteigert. Ihre Umwandlung in β_1-Lipoproteide höherer Dichte im Blutplasma ist stark beeinträchtigt, wofür zum Teil die verminderte Albuminkonzentration im Serum von Nephrosekranken verantwortlich sein dürfte. Daher ist der hauptsächliche Stoffwechsel der direkte Abbau der Beta-Lipoproteide niedriger Dichte, der aber zu einer zeitgerechten Lipidelimination aus dem Blutplasma nicht ausreicht. Es reguliert eine starke Zunahme der Beta-Lipoproteidkonzentration im Serum.

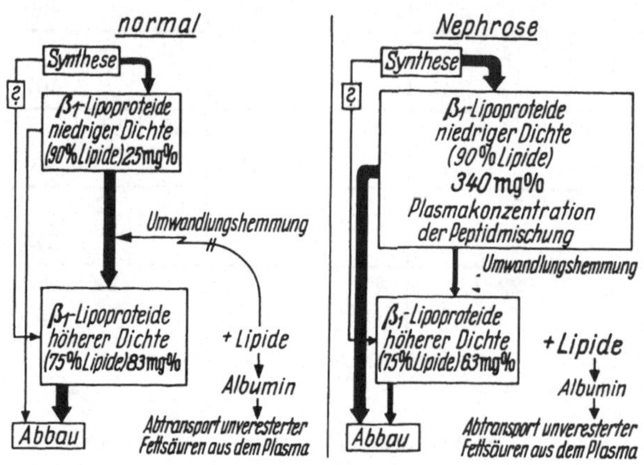

Fig. 58. β_1-Lipoproteidstoffwechsel beim Gesunden und Nephrosekranken (nach GITLIN [865])

An nephrotisch gemachten Ratten ließ sich mittels Injektion endogen mit C^{14} markierter Fettsäuren und Cholesterins tatsächlich auf gesteigerte Synthese und Freisetzung von Lipidmaterial aus der Leber beim nephrotischen Syndrom schließen [*1972*]. Im Sinne der oben erwähnten GITLIN-schen Befunde können die Beobachtungen einer *verlangsamten Umsatzgeschwindigkeit* des gesamten Lipoidphosphors im Blutplasma — Leber —Pool gedeutet werden. MOSER [*1658*] hat Werte von 159 Std im Mittel (97 bis 200) bei Nephrotikern gegenüber 75 Std (60 bis 95 Std) bei Gesunden gefunden. Desgleichen ergab sich *beim nephrotischen Syndrom* eine *erheblich verlängerte Halbwertszeit für Plasmacholesterin* [*1492*]. Diese Befunde weisen nicht auf eine Anormalität der Umsatzgeschwindigkeit der Leberphosphatide hin. Sie sagen vielmehr lediglich aus, daß pro Zeiteinheit bei der Nephrose ein geringerer Anteil der Plasmalipide aus dem strömenden Blut eliminiert wird als beim Gesunden. Dieses Phänomen kann durchaus auf einer *Änderung der physikalisch-chemischen Bindungsverhältnisse zwischen Lipiden und Trägerproteinen im Blutplasma* beruhen.

Sicher besteht eine kausale *Beziehung zwischen Albuminverlust* (und vielleicht auch anderen Plasmasubstanzen) über die Niere *und* der Entstehung der *Hyperlipidämie beim nephrotischen Syndrom*, wenn auch keine graduelle Proportionalität erkennbar ist (s. PEZOLD [*1805, 1807, 1819*]). Schließlich werden *enzymatische Störungen der Tubuluszellen* diskutiert [*408, 409, 1631, 2255, 2373*], die zu der als *primär* erkannten *glomerulären Schädigung* [*629, 630, 1630, 1631, 1978, 1979*] beim nephrotischen Syndrom hinzukommen.

b) Hyperlipidämie bei endokriner Dysregulation

Unsere Kenntnisse auf diesem Gebiet beruhen vorwiegend auf den Ergebnissen tierexperimenteller Untersuchungen. Es wurden die Folgen partieller oder totaler Ausschaltung endokriner Drüsen, die Auswirkungen exogener Hormonzufuhr und die Folgen antagonistischer Hormonapplikation studiert. Wenn man aus derartigen Versuchen auf die Vorgänge am kranken Menschen Rückschlüsse ziehen will, so muß man sich von vornherein der völlig anderen Ausgangslage des untersuchten Organismus bewußt sein. Der intakte Tierorganismus reagiert auf unphysiologisch hohe Hormondosen, die pharmakologische Nebenwirkungen entfalten können, mit gegenregulatorischen Mechanismen. Es ist dann oft schwierig, den Hormoneffekt und die reaktiven Auswirkungen auseinanderzuhalten. Ebenso stellen die Exstirpationsversuche sehr grobe Eingriffe in das Zusammenspiel des Endokrinium dar. Im Gegensatz zur Humanpathologie, bei der sich im Laufe einer endokrinen Erkrankung in den meisten Fällen adaptive Vorgänge entwickeln, müssen im Tierversuch oft schon relative Frühstadien zur Auswertung herangezogen werden. Die Lebensdauer der Tiere ist begrenzt. Sie können oft nur durch Substitution am Leben gehalten werden. Es kommt hinzu, daß das Arbeiten mit manchen radioaktiven Isotopen auf dem Fettgebiet, wie z. B. mit C^{14}, auf den Tierversuch beschränkt ist.

α) Hypophysen-Nebennierensystem

Doppelseitig *adrenalektomierte Hunde* zeigten unter geeigneter Substitution mit Elektrolyten und Hormonen einen beträchtlichen Konzentrationsabfall des Cholesterins und der Phosphatide im Serum [*1512, 1513, 2515*]. Analog diesen Versuchsergebnissen geht die *Nebennireninsuffizienz* im

Gegensatz zu den Überfunktionszuständen mit einem niedrigen Serumcholesterinspiegel einher, unter „Einschmelzung" von Körperfett [*2120*]. Mittels Cortisonzufuhr läßt sich bei der adrenalektomierten Ratte der Verlust von Körperfett eindämmen.

Unter *längerdauernder ACTH- und Cortisontherapie* beobachteten ADLERSBERG [*19, 20*] u. Mitarb. bei etwa 20% der so behandelten Kranken eine Hypercholesterinämie. HERBST [*1060*] sah gelegentlich eine Lipoproteidvermehrung im Serum. Die *Cortisonlipämie* kann allerdings verschieden interpretiert werden [*2095*]. Auffälligerweise tritt bei Kranken mit „nephrotischer" Hypercholesterinämie und essentieller Hyperlipidämie unter einer erfolgreichen ACTH- (und auch Cortison-) Behandlung gewöhnlich eine Senkung der Serumcholesterin- und Beta-Lipoproteidkonzentration, sowie eine Abnahme des Cholesterin-Phosphatidquotienten ein [*475, 1723, 1725, 1805, 2017*].

Gelegentlich kommt bei *Akromegalie* eine Hyperlipidämie mit Hypercholesterinämie zur Beobachtung. Ob sie wirklich nur als Begleiterscheinung einer gelegentlich vergesellschafteten diabetischen Stoffwechselstörung angesehen werden darf, ist noch nicht entschieden.

Das CUSHING-*Syndrom* kann von einer Hypercholesterinämie begleitet sein. Wir verfügen über einen einschlägigen Fall, der klinisch, biochemisch und pathologisch-anatomisch eingehend durchuntersucht worden ist:

Fall: V. P., ♀, 9 Jahre (7981/50). Diagnose: Hypercorticoidismus mit CUSHING-Syndrom bei hypernephroidem Nebennierentumor.

Klinisches Bild: Bläulich-rötliches Vollmondgesicht, Stammfettsucht (42,6 kg bei 117 cm Körperlänge — Altersnorm: 23,5 kg bei 123 cm), dunkelrote Striae am seitlichen Unterbauch, Hirsutismus (Achselhöhle, Pubes, Bartbehaarung), Hypertension mit 210/145 mm Hg, Hypercholesterinämie (310 mg-%) und Hyperglykämie (180 mg-%). Exitus letalis an Herzversagen.

Pathologisch anatomisch: 15 g schwerer, weicher, gelblich fleckiger Nebennierenrindentumor von expansivem Wachstum. *Schwere Atherosklerose* mit besonderer Beteiligung der kleinen und mittleren Nierenarterien. Linksventrikuläre Hypertrophie (20 mm dick). Pankreas regelrecht mit intaktem zellreichen Inselapparat. Hypophyse in Größe und Gewicht der Norm entsprechend.

Histologisch: Im Nebennierentumor hypernephroide Zellen mit rundlicher Kerngestalt und großem Plasmaleib. Stellenweise erhebliche Lipoidspeicherung, Kern- und Zellatypien mit Riesenzellbildung und Mehrkernigkeit, wenig Stroma.

WERTHESSEN [*2437*] konnte zeigen, daß Hydrocortison den Einbau C[14]markierten Acetats vorwiegend in das freie und veresterte Cholesterin fördert, auch bei der Eigensynthese der Aortenwand. Vielleicht ist dies eine Erklärung für die ausgedehnte Arteriosklerose bei dem vorliegenden Nebennierenrindentumor.

β) Schilddrüse

Hypothyreose. EPSTEIN [*666*] und LANDE haben 1917 wohl als erste auf das Vorliegen einer Hypercholesterinämie bei der Hypothyreose hingewiesen. Sie beobachteten außerdem bereits das reziproke Verhalten von Serumcholesterinspiegel und Höhe des Grundumsatzes. Die Erhöhung des Blutfettspiegels betrifft alle Lipidfraktionen im Serum [*123, 1175*]. An der Hyperlipidämie nehmen wohl in erster Linie das *Cholesterin* [*120, 396, 666, 1142,*

1998, 2405] und seine Ester [*120, 1725, 2334, 2405*], aber auch die *Phosphatide* teil [*120, 311, 313, 858*].

HURXTHAL [*1142*] stellte bei 23 Fällen von Myxödem einen mittleren Cholesterinwert im Serum von 321 mg-% fest, BARON [*136*] bei 65 Kranken 398 $\pm$ 122 mg-% und WEICKER [*2405*] bei 20 Hypothyreotikern im Mittel 300 mg-% (220 bis 486 mg-%) mit relativ vermehrter Esterfraktion. Dagegen fand SCHETTLER [*2000*] bei 39 unbehandelten Fällen von Hypothyreosen einen Plasmacholesterinmittelwert von 204 $\pm$ 8,1 mg-%. Da die zugrunde liegenden Werte zum Teil nach der Nachweismethode von URBACH, die unzuverlässig ist und allgemein zu niedrige Werte ergibt, ermittelt worden waren, dürfte der Durchschnittswert bei Anwendung der Digitoninmethode wohl ebenfalls höher gelegen haben.

Die Erhöhung des Serumphosphatidspiegels wurde im Vergleich zu der des Cholesterins geringer gefunden. Der Phosphatidspiegel der WEICKERschen Fälle betrug im Mittel 270 mg-%. Der Quotient Gesamtcholesterin/Phosphatide lag bei den Fällen dieses Autors vor der Hormontherapie immer oberhalb 1.

Die *Neutralfettvermehrung* ist gewöhnlich nur gering. SCHRADE [*2066*] u. Mitarb. fanden beim Myxödem eine Konzentrationserhöhung der *Gesamtfettsäuren* im Blutserum, die sich auf die gesättigten wie ungesättigten Fettsäuren verteilte. Beispielsweise betrug die Konzentration der Gesamtfettsäuren 650 mg-% (bei einem Gesamtlipidspiegel von 1510 mg-%), davon 148 mg-% Linolsäure (= 23% der Fettsäuren).

Thyreoidektomierte Tiere entwickeln eine deutliche Hyperlipidämie [*734*], verschieden bei den einzelnen Tierspecies und unterschiedlich bezüglich der Konzentrationen der Lipidkomponenten [*27*]. So fand ADLERSBERG [*27*] bei *Ratten* einen Anstieg des Gesamtcholesterins um 54%, des Estercholesterins um 47%, der Phospholipide um 30%, der Serumtriglyceride um 178% und der Gesamtlipide um 103%. Bei *Hunden* waren nach Schilddrüsenentfernung die Cholesterinwerte am stärksten erhöht (Gesamtcholesterin um 169% und verestertes Cholesterin um 112%), dagegen die Phospholipide nur um 53% und die Triglyceride nur um 10%. Bei *Kaninchen* wurden nach Thyreoidektomie nur unwesentliche Serumlipidverschiebungen beobachtet [*2331, 2332*].

GOFMAN [*878*] fand bei 16 Fällen von Hypothyreose erhöhte Konzentrationen der Lipoproteide der S_f10 bis 20-Klassen im Serum, obwohl sie (wenn auch nicht ganz ausreichend) mit Schilddrüsensubstanz substituiert worden waren. Die 1954 veröffentlichten beiden Fälle von Myxödem wiesen folgende Werte auf:

Tabelle 69. *Lipoproteidkonzentrationen im Serum beim Myxödem*
(aus GOFMAN [*885*])

Mittelwerte von	S_f^o0—12	S_f^o12—20	S_f^o20—100	S_f^o100—400
2 Kranken	779	161	107	17
gesunden Kontrollpersonen	363	90	99	52

Parallel mit der erhöhten Konzentration der Gesamtlipide wurde im Serum papierelektrophoretisch ein Anstieg der Beta-Globulinfraktion [*2405*] und eine starke prozentuale Verteilungsänderung zugunsten der Beta-Lipoproteide [*1175, 2259, 2405*] gefunden. Der gleiche Autor fand die Konzentration der acetonunlöslichen Lipoproteide im Beta-Lipoproteidbereich relativ erhöht. Besonders bemerkenswert erscheint mir weiter der Befund, daß bei Hypothyreotikern noch 8 Std nach einer oralen Fettbelastung keine Klärung des Serums zu beobachten war [*2405*].

Im Zusammenhang mit der Hypercholesterinämie beobachteten CURTIS [*506*] und BLAYLOCK eine „sekundäre" eruptive Xanthomatosis. SWEITZER [*2264*] und WINER beschrieben ein Xanthoma tuberosum ebenfalls bei einem hypercholesterinämischen Myxödem. Ihre Beobachtungen stehen im Gegensatz zu Berichten von TURNER [*2334*] u. Mitarb., die auf das Fehlen von Hautxanthomatosen bei Myxödem hinwiesen und dies mit dem niedrigen Anteil an nichtverestertem Cholesterin am Gesamtcholesterin im Blutplasma erklärten, da nur freies Cholesterin im Gewebe abgelagert werden könne.

Über das *Zustandekommen der Hyperlipidämie beim Myxödem* herrscht noch weitgehend Unklarheit. SCHETTLER [*1998*] schließt aus Versuchen am Meerschweinchen, daß die Hypercholesterinämie beim Myxödem durch eine „Abdrängung" des Cholesterins aus den Geweben ins Blut zustande kommt. Man weiß heute, daß *bei Mangel an Schilddrüsenhormonen* die *Syntheseleistung der Leber für Cholesterin* [*1196, 1570, 1837*] und Phosphatide [*1656*] herabgesetzt ist. BOYD [*320*] und BARKER [*133*] konnten nachweisen, daß einige Schilddrüsenhormonanaloge den Sauerstoffverbrauch der Leber deutlich steigern. Während die *Halbwertszeit für Cholesterin* bei hyperthyreoten Ratten nur 7 Tage und bei normalen Ratten 20 Tage betrug, wurde sie *bei hypothyreoten Tieren auf 50 Tage verlängert* gefunden [*1460*]. MOSER [*1658*] und EMERSON fanden bei einem unbehandelten Kranken mit Hypothyreose eine Umsatzzeit des Lipoidphosphors im Plasma-Leber-Pool von 200 Std gegenüber 93 Std bei dem gleichen Patienten während einer Schilddrüsenhormontherapie. Die *Synthese des Vitamins A* wurde vermindert gefunden (bei erhöhter Carotinkonzentration im Serum) (Literatur s. bei BANSI [*120*]).

Ferner wurde bei Hypothyreose der *Abbau* und die *Ausscheidung des Plasmacholesterins verlangsamt* gefunden [*1944*]. Hypothyreote Ratten schieden nur etwa halb soviel Cholesterin und Gallensäuren in der Galle aus [*798, 1943*] wie Normaltiere. Diese *Ausscheidungshemmung für Gallensäuren* könnte über eine *Konzentrationszunahme der Gallensäuren im Blutserum* günstige Vorbedingungen für eine *erhöhte Bindungskapazität der Plasmaproteine gegenüber Lipiden* schaffen [*2310, 2398*].

Auch die *Ernährung* scheint nicht ohne Einfluß zu sein. Zum Beispiel bleibt im Hungerzustand die Hyperlipidämie beim Myxödem aus [*662*]. Daß in Anbetracht des verlangsamten Cholesterinumsatzes der Fett- und Cholesteringehalt der Nahrung den Serumcholesterinspiegel des Myxödemkranken beeinflußt, konnten BEST [*195*] und DUNCAN an sechs Hypothyreotikern demonstrieren. Diese reagierten auf die Zufuhr von Beta-Sitosterin (s. Abschnitt D I, 2) (ohne zusätzliche Diätänderung!) mit einem Abfall des Serumcholesterinspiegels um 20% gegenüber dem Ausgangswert. Bei hypothyreoten Ratten blieb der Anstieg des Cholesterinspiegels im Serum nach Cholesterinfütterung aus, desgleichen auch die periphere Fettinfiltration in die Leber der Tiere (sehr schöne Farbaufnahmen in der Originalarbeit!), wenn sie den Tieren gleichzeitig Beta-Sitosterin gaben.

In Anbetracht der Wechselbeziehungen zwischen Schilddrüse und Adenohypophyse könnte man bei der Hypothyreose auch an einen unmittelbaren TSH-Effekt denken. Durch Zufuhr von TSH läßt sich die Hyperlipidämie des Myxödemkranken nicht beeinflussen, da bei der Hypothyreose die thyreotropen Impulse des TSH unbeantwortet oder zumindest unterschwellig bleiben. Andererseits wird dem TSH eine fettmobilisierende Wirkung zugeschrieben, die ohne Zwischenschaltung der Schilddrüse vor sich gehen soll [93, 561]. Diese soll nur in Anwesenheit genügender Thyroxinmengen gehemmt werden. Nach den mir bisher bekannten Befunden ließ sich allerdings beim Menschen durch Injektion von TSH keine Hyperlipidämie auslösen [1725]. Die nach Thyreoidektomie am Hund eintretende Hypercholesterinämie läßt sich durch anschließende Hypophysektomie zum Verschwinden bringen [2312].

Die Hyperlipidämie pflegt so lange anzuhalten, wie das Myxödem unbehandelt bleibt. Wenn auch vieles dafür spricht, daß die Höhe des Serumcholesterinspiegels einen Rückschluß auf die Aktivität der Schilddrüsenhormonproduktion gestattet, so lassen sich doch keine direkten Beziehungen zum Grad des Grundumsatzes herstellen [136, 1788]. Während zahlreiche Untersucher die Feststellung des Serumcholesterinspiegels zur Beurteilung des Ausmaßes der Schilddrüsenstörung für sehr wichtig halten [145, 313], ist dies von anderen Untersuchern widersprochen worden [120, 2000, 2012]. Nach meiner Erfahrung ist die beim *Morbus* BASEDOW zu beobachtende *Hypocholesterinämie graduell weder diagnostisch noch prognostisch verwertbar.* Dagegen stimmen wir mit den Feststellungen des BANSISchen [123] Arbeitskreises überein, daß die *Hypercholesterinämie* und die Hyperlipidämie *brauchbare Gradmesser zur Beurteilung des Therapieerfolges beim Myxödem* sind.

Hyperthyreose. Erhöhte Produktion von Schilddrüsenhormon steht in umgekehrtem Verhältnis zur Höhe des Plasmacholesterinspiegels [311, 1788]. Eine niedrige Cholesterinkonzentration im Serum ist daher beim Morbus Basedowii die Regel [2335]. Über den diagnostischen Wert von Serumlipidbestimmungen s. vorigen Absatz!

SCHETTLER [2000] fand bei 104 Fällen von Hyperthyreose eine mittlere Cholesterinkonzentration im Serum von 159 ± 11 mg-%, WEICKER [2405] bei 35 Fällen 135 mg-% (95 bis 200 mg-%). Der Phosphatidspiegel im Serum ist in der Regel leicht erhöht [2076]. Der Quotient Gesamtcholesterin/ Phosphatide liegt unter 1 [2405]. Papierelektrophoretisch findet man entweder ein normales Verteilungsverhältnis der Lipoproteide oder eine relative Vermehrung der Alpha-Lipoproteide [7, 2405].

SCHETTLER [1998] sah die unter Thyreoidinverfütterung bei Mäusen beobachtete Konzentrationsabnahme des Serumcholesterins lediglich als die Folge einer Verschiebung ins Gewebe an, da der Gehalt der Kadaver am Cholesterin zugenommen hatte. Mit moderner Methodik ließ sich tierexperimentell zeigen, daß bei Schilddrüsenüberfunktion einerseits die Cholesterinsynthese in der Leber, andererseits aber auch die Ausscheidung, der Abbau des Cholesterins und insbesondere seine Umwandlung in Gallensäuren gesteigert ist [674, 798, 1943, 2415, 2416].

An hyperthyreotisch gemachten Ratten ließ sich ein erhöhter Fettsäurenumsatz nachweisen [1196, 2180]. Auch bei BASEDOW-Kranken wurde die *Konzentration der ungesättigten Fettsäuren* (UFS) im Blutplasma gegenüber gesunden Kontrollpersonen erhöht gefunden [1905], woraus auf eine *erhöhte Fettsäurenmobilisation* aus dem Depotfett geschlossen wurde [1904]. Die Glykogenverarmung und rapide Nährstoffverbrennung sei bei hyperthyreotischen Kranken [1196, 1624, 2228] derart gesteigert, daß der Organismus trotz beschleunigter Gluconeogenese [1196, 1624] zur Befriedigung der gesteigerten Stoffwechselbedürfnisse auf Fett zurückgreifen müsse [1904]. ABELIN hatte schon 1924 gefunden, daß der Glykogengehalt von Leber und

Muskulatur, der bei Labortieren unter experimenteller Thyreoidinzufuhr stark abnahm (infolge der gesteigerten Fettsäurenoxydation!) durch reichliche Fettzufuhr relativ hochgehalten werden konnte. Auf dieser Beobachtung beruht die seither von vielen Klinikern ausgesprochene *Empfehlung einer fettreichen Diät im Rahmen der Hyperthyreosetherapie*. Näheres und Literatur darüber s. bei BANSI [*120*].

γ) Diabetes mellitus

Beim *stoffwechselentgleisten Diabetes mellitus* infolge absoluten oder relativen Insulinmangels resultiert, wenn nicht substituiert wird, eine *Dauerlipämie*. Es kommt zu einer beträchtlichen *Erhöhung der Gesamtlipide* [*375*], *vor allem* zugunsten der *Neutralfette* [*33, 237, 238, 405, 430, 555, 624, 1006, 1539*]. Jedoch steigen auch die Cholesterin- und Phosphatidkonzentrationen im Serum an. In der älteren Literatur werden Blutfettwerte von 20 und mehr Prozent berichtet [*1059*] mit rund dem zehnten Teil Cholesterin und etwa dem fünfzehnten Teil Phosphatide. Zum Teil dürfte es sich bei derartigen Fällen um Kombinationen von Diabetes mellitus und essentieller Hyperlipidämie gehandelt haben, wie in einem Fall von ADLERSBERG [*26*] und WANG, bei dem eine Hyperlipidämie von 16 g-% Gesamtlipide bestand. Seither hat ADLERSBERG [*17*] weitere drei Fälle dieser Art beobachtet. Sie boten ebenfalls hohe Gesamtlipidwerte im Serum (durchschnittlich 8242 mg-%) mit Cholesterinspiegeln bis zu 1480 mg-%. Der Diabetes war gewöhnlich nur leichter Natur. Auch HIRSCH [*1090*] u. Mitarb. beschrieben ähnliche Fälle. Bei der Durchsicht der älteren Literatur kommt man bald zu der Überzeugung, daß sich die Resultate der verschiedenen Autoren nicht vergleichen lassen, da sie mit verschiedenen und häufig auch mit ungenügenden Nachweismethoden gewonnen worden sind. So berichten die meisten Untersucher der Jahre bis 1930 nur über Hypercholesterinämien beim Diabetes mellitus (Literatur bei HARTMANN [*1020*]).

KATSCH [*1199*] und KRAINICK schlossen aus ihrem klinischen Material, daß die Hyperlipidämie nicht der „Schwere" der diabetischen Stoffwechselstörung parallel läuft. Sie beobachteten schwerste Hyperlipidämien beim leichten Diabetes und umgekehrt. 100 jüngere Diabetiker (8 bis 42 Jahre alt) wiesen in 40% der Fälle einen Serumcholesterinspiegel zwischen 170 bis 189 mg-%, in 30% oberhalb 190 mg-% und in den restlichen 30% zwischen 140 bis 169 mg-% auf. Auch GRIESHABER [*948*] konnte keine absolute Parallelität zwischen Blutzucker- und Cholesterinwerten feststellen, wenn auch „die schwereren Fälle mit höheren Blutzuckerwerten über 200 mg-% im großen und ganzen auch mit Hypercholesterinämie" einhergingen. In einem Fall mit einem Blutzuckerspiegel von 400 mg-% betrug die Serumcholesterinkonzentration nur 95 mg-%. Allerdings wiesen seine acidotischen Fälle ausnahmslos relativ erhöhte Serumcholesterinkonzentrationen auf. Diese gingen unter Insulintherapie zur Norm zurück.

Nachdem in den zitierten Arbeiten keine Angaben über komplette Lipidanalysen im Serum vorliegen, erscheint mir der von KATSCH [*1199*] und KRAINICK gezogene Schluß, daß keine Beziehungen zwischen der Blutfettkonzentration und dem Grade des Diabetes mellitus bestünden, unberechtigt. Die in dieser Arbeit niedergelegten Befunde erlauben vielmehr nur die Schlußfolgerung, daß keine direkte Proportionalität zwischen der Höhe des Blutzuckerspiegels und der Cholesterinkonzentration besteht. KÜHN [*1360*] fand bei drei schwer dekompensierten Diabetikern ein Parallelgehen der Neutralfettfraktion mit der Höhe des Blutzuckers. Mit der gelungenen

Einstellung des Diabetes normalisierte sich der Fettspiegel. EGGSTEIN [624] beobachtete, daß sogar ausreichend eingestellte Diabetiker signifikant erhöhte Neutralfettspiegel im Serum aufwiesen. Im hypoglykämischen Schock war der Blutfettspiegel abnorm tief. WOLFF [2473] sowie ADLERS-BERG [33] und EISLER fanden eine „bemerkenswerte Korrelation zwischen Serumlipid- und Blutzuckerspiegel". Keinesfalls ist die diabetische Hyper-lipidämie auf die acidotischen Verlaufsformen beschränkt. BÜRGER [375] hatte ausdrücklich festgestellt, „daß die diabetische Lipämie ein Symptom lediglich der *schweren* Form der Zuckerkrankheit darstellt".

Auch nach ADLERSBERG [29] scheint eine Hyperlipidämie beim Diabetes mellitus auch ohne das Vorliegen von Acidose vorzukommen. So zeigen Kranke mit dem KIMMELSTIEL-WILSON-Syndrom häufig einen erhöhten Serumlipidspiegel, der ebenfalls *vorwiegend* die *Neutralfette* betrifft. ADLERS-BERG [33] u. Mitarb. fanden hier sogar die höchsten Konzentrationen der zirkulierenden Serumlipide. Auf den relativ hohen Neutralfettanteil der diabetischen Hyperlipidämie wird hier und weiter unten nochmals zu-rückzukommen sein. SCHRADE [2066] u. Mitarb. fanden bei Diabetikern, die erhöhte Gesamtlipidkonzentra-tionen in ihrem Blutserum aufwie-sen, beträchtliche Steigerungen der Gesamtfettsäurenkonzentration ge-genüber Gesunden. Ähnlich wie bei der essentiellen Hyperlipidämie be-traf diese Konzentrationszunahme in erster Linie die gesättigten und einfach ungesättigten Fettsäuren, während die Polyensäuren relativ nachhinkten. Figur 59, die der erwähnten Arbeit entnommen ist, zeigt über-sichtlich dieses Verhalten.

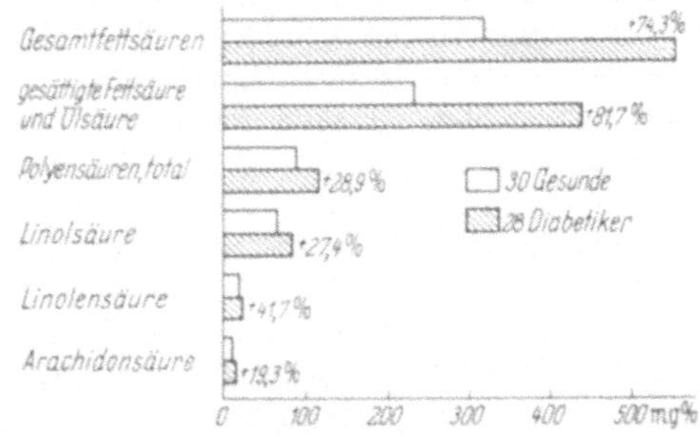

Fig. 59. Fettsäurenkonzentration im Blutserum bei Diabetikern und Gesunden

Aus dem Serumcholesterinspiegel allein kann man nach allgemeiner Er-fahrung keine Rückschlüsse auf die Schwere des Diabetes mellitus und die Atherosklerosegefährdung ziehen. Mehr sagt die Neutralfettkonzentration aus, die bei der Mehrzahl der Diabetiker signifikant erhöht ist [1846]. Hin-gewiesen werden muß in diesem Zusammenhang auf die Beobachtung, daß in Hungerzeiten diabetische Manifestationen ebenso zurückgehen wie die arteriosklerotischen Komplikationen des Diabetes.

Versuche, den hyperlipidämischen Diabetes als eine besondere klinische Erscheinungsform herauszustellen, sind gescheitert. Es fanden sich keine stati-stisch signifikanten Beziehungen zu Alter, Geschlecht, Konstitution. Wohl fanden sich in dem von KATSCH [1199] und KRAINICK zitierten Patientengut fast dreimal soviel gut ernährte als schlecht ernährte Hypercholesterin-ämiker.

Mittels der freien Elektrophorese in der TISELIUS-Apparatur fanden SCHEURLEN [2020] und DEMANET [546], sowie mittels Papierelektropho-rese u. a. MELLINGHOFF [1599], FÜHR [814], KEIDING [1216], SCHERTEN-LEIB [1995], EJARQUE [636] u. Mitarb., beim schwer dekompensierten Dia-betes eine erhebliche α_2-Globulinvermehrung, und WUHRMANN [2480] und WUNDERLY eine ebensolche β_1-Globulinvermehrung im Serum, womit die erhöhte Konzentration der Trägerproteine für die Beta-Lipoproteide doku-mentiert ist. Mittels Lipoproteidelektrophorese auf Filtrierpapier wurden bei

Diabetikern relativ vermehrte Beta-Lipoproteidwerte gefunden [*114, 246, 546, 636*], selbst wenn noch keine arteriosklerotischen Manifestationen feststellbar waren. Auch mittels der Ultrazentrifuge wurden signifikante Konzentrationserhöhungen der Lipoproteide niedriger Dichte, insbesondere der $S_f 10$ bis 20-Lipoproteidklassen, festgestellt [*126, 653, 878, 1215, 1330, 2328*]. Dabei war die durchschnittliche Konzentration dieser Lipoproteidgruppen im Blut bei diabetischen Frauen im Alter von 20 bis 40 Jahren gegenüber der Norm wesentlich höher, als dies bei den Männern der gleichen Altersgruppe der Fall war [*878*]. Lowy [*1508*] und Barach fanden bei 901 Diabetikern dagegen nur bei den weiblichen Kranken deutliche Konzentrationserhöhungen der Lipoproteide ($S_f 12$ bis 20 und $S_f 20$ bis 100) und des Gesamtcholesterins, und zwar nur dann, wenn eine diabetische Retinopathie, arteriosklerotische Komplikation oder Hypertension vorhanden war. Kranke mit dem Kimmelstiel-Wilson-Syndrom zeigten in beiden Geschlechtern eindeutig erhöhte Serumlipidwerte.

Demgegenüber fanden Collens [*470*] u. Mitarb. bei 57 Diabetikern mit eindeutig arteriosklerotischen Manifestationen mittels Ultrazentrifugierung die Lipoproteidklassen niedriger Dichte nicht oder nur wenig verschieden von den Werten, die Gofman für gesunde Personen angegeben hatte. Auch Hanig [*997*] und Lauffer stellten keine wesentlichen Abweichungen fest, soweit sie die Fälle mit zuverlässigen statistischen Methoden ausgewertet hatten.

Barr [*141*] u. Mitarb. fanden bei jungen Diabetikern ohne klinisch faßbare arteriosklerotische Komplikationen mittels der Cohnschen Äthanolfraktionierung (Methode X) erhebliche Verteilungsänderungen der Plasmalipide. Gegenüber einer Cholesterinverteilung von rund 68 % auf die Fraktion I und III (= Beta-Lipoproteid der Elektrophorese) und 29 % auf die Fraktion IV, V und VI bei gesunden jungen Männern und Frauen von 18 bis 35 Jahren zeigten diese Diabetiker 79 % bzw. 19 %. Geringere Unterschiede fanden sie bei der Bestimmung des Cholesterin/Phosphatidquotienten, während das Verhältnis unverestertes Cholesterin/Gesamtcholesterin in der Fraktion I und III 0,39 bei den Diabetikern gegenüber 0,28 bei gesunden Gleichaltrigen betrug.

An 690 Diabetikern durchgeführte Verlaufsuntersuchungen [*1509*], die vornehmlich der Frage galten, ob den Serumlipidbestimmungen ein prognostischer Wert im Hinblick auf arteriosklerotische Komplikationen zukommt, ergaben folgendes: Die Durchschnittswerte der Diabetiker mit späteren Komplikationen lagen höher, bei den weiblichen Kranken allerdings signifikant nur für die Altersgruppen 40 bis 59 Jahre und in geringerem Ausmaß für die Männer von 60 Jahren und darüber. Für das Individuum besitzt ein erhöhter Serumlipidwert keinen Voraussagewert hinsichtlich Gefäßkomplikationen, wohl dagegen für die Gruppe, was die Gegenüberstellung von Diabetikern mit und ohne erhöhtem Serumlipidspiegel zeigte.

Als Begleiterscheinung eines schlecht einregulierten Diabetes mellitus können Xanthomknoten auftreten („sekundäre" hyperlipidämische Xanthomatose, „Xanthomatosis diabetica") [*896, 1027, 1447, 1448, 1572, 1589*]. Unter ausreichender Insulinierung bilden sie sich zurück [*1329, 1330, 1572*]. Ob allerdings die bei Katsch [*1199*] und Krainick abgebildeten Fälle von hyperlipidämischen Xanthomatosen bei „ausgesprochen leichten, allein diätetisch beherrschbaren" Diabetesformen wirklich diabetische Hyperlipidämien waren, muß bezweifelt werden, da der eine trotz jahrelanger diätetischer Diabeteseinstellung, aber ohne Fettbeschränkung, seine Lipidknoten behielt, während der zweite ebenfalls unter Diabetesdiät, aber mit gleichzeitiger Fettbeschränkung, bereits nach einigen Monaten seine Hautlipoidose verlor. In gleicher Weise konnte EGGSTEIN [625] bei einem 48jährigen Diabetiker — mit 250 g KH und 24 E Insulin gut eingestellt — bei gleichbleibender Diabetesversorgung „allein durch weitestgehenden Fettentzug bzw. Ersatz der üblichen Gebrauchsfette durch an ungesättigten Fettsäuren reiche Fette" die beetförmigen Xanthome an Ellenbogen und Ferse und die Hyperlipidämie [3384 mg-% Gesamtlipide) nahezu vollständig beseitigen (s. auch [609]). In diesem Zusammenhang sind die neueren Befunde von ADLERSBERG [33] und EISLER von Bedeutung, die ausgesprochene Kombinationen von Diabetes mellitus und essentieller Hyperlipidämie [26] beobachtet haben. Man würde sie heute zu den *essentiellen Hyperlipidämien*, bzw. Hypercholesterinämien *mit begleitendem Diabetes mellitus* rechnen.

Man muß streng unterscheiden Fälle von Diabetes mellitus mit Hyperlipidämie von essentiellen Hyperlipidämien mit diabetischer, eventuell erst latentdiabetischer Stoffwechsellage. Bei Diabetikern kommt die Hyperlipidämie passager im diabetischen Coma oder anhaltend, aber dann meist nur in leichter Form, außerhalb der Ketosis vor.

Die Hyperlipidämie im Coma diabeticum zeigt sich gelegentlich auch am Augenhintergrund (Lipaemia retinae diabetica). Man muß jedoch in jedem Fall das Vorliegen einer essentiellen Hyperlipidämie ausschließen, bei der dieses Symptom sehr häufig ist (s. S. 247).

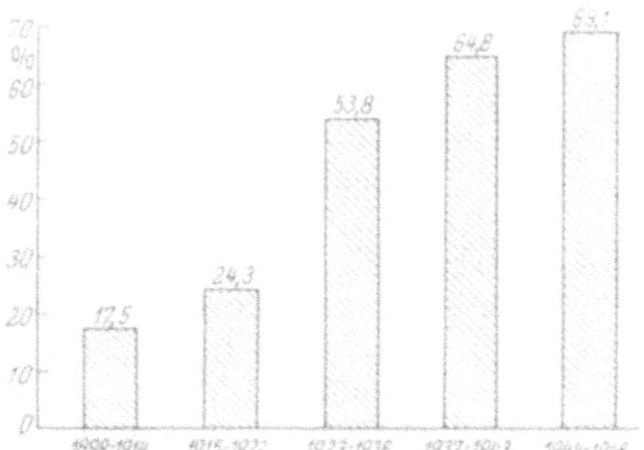

Fig. 60. Tod an Arteriosklerosefolgen bei Diabetikern

Das *Studium der diabetischen Hyperlipidämie* ist *von großer praktischer Bedeutung*. Vor der Insulinära war das diabetische Koma die hauptsächliche Todesursache. Während nach JOSLINs [1185] Erhebungen an 9554 Diabetikern in der Zeit von 1898 bis 1914, der „NAUNYN-Ära", 63,8% im Coma diabeticum starben, waren es 1946 bis 1951 nur noch 1,5% (unter 10 200 Diabetikern). Heute werden Verlauf und Prognose der Zuckerkrankheit in der Hauptsache durch die Miterkrankung des arteriellen Gefäßsystems, vor allem der *Atherosklerose* bestimmt. Sie und ihre Komplikationen finden sich bei Diabetikern ungleich viel häufiger als bei den gleichen Altersgruppen in der Durchschnittsbevölkerung. Pathologisch-anatomische Besonderheiten [1881] lassen die von klinischer Seite schon vor längerer Zeit vorgenommene Abtrennung einer besonderen Verlaufsform, der „Angiopathia diabetica", als gerechtfertigt erscheinen.

Die Vorstellungen von der *Pathogenese der diabetischen Hyperlipidämie* haben sich im Laufe der Jahre gewandelt. REICHER [1898] (1911) faßte sie als „*Glykogenhungerlipämie*" auf. Es erfolge ein gesteigerter Transport von Fett aus den peripheren Fettdepots zur Leber. BANG [118] bezog die Hyperlipidämie, insbesondere im Zusammenhang mit der diabetischen Lipämie, auf eine *verzögerte Fettelimination* aus dem Blut infolge einer diesbezüglichen „Insuffizienz" der Leber. ALLEN, JOSLIN und BLOOR (zit. bei DEUEL [552] S. 448 ff) nehmen als Ursache eine *Störung des Fetttransportes* und *-stoffwechsels* an. Von dieser Auffassung stammt die noch heute gültige diätetische Fettbeschränkung bei der diabetischen Acidose.

Andere Autoren schlossen aus der Beobachtung, daß sowohl diabetisch gemachte Hunde, wie auch diabetische Kranke auf eine zusätzliche Fettzufuhr keine Änderung der Hyperlipidämie zeigten, daß die diabetische Hyperlipidämie unabhängig von der Fetteinfuhr sei. Es ist eine alte Beobachtung, daß bei Kranken, die auf die früher üblichen fettreichen Diätformen, z. B. die PETRÉNsche Kur, mit einer Blutzuckersenkung ansprachen, auch der Blutlipidspiegel absank.

Die von manchen Autoren geäußerte *Ansicht*, daß Diabetiker auf eine fettreiche Mahlzeit mit einer verstärkten *postresorptiven Hyperlipidämie* reagieren, konnte von anderen Autoren nicht bestätigt werden (zit. bei DEUEL [*552*], S. 449). BLOOR [*266*] sah das Problem unter dynamischen Gesichtspunkten als Mißverhältnis zwischen Fetteinstrom in die Blutbahn und Fettelimination. Auch JOEL [*1166, 1167*] sprach bereits 1924 von „*Retentionslipämie*". Für diese Auffassung sprechen auch neuere Untersuchungsergebnisse. Mittels Pankreatektomie diabetisch gemachte Hunde zeigten eine erheblich verzögerte Fettelimination aus dem Blut, wenn man ihnen intravenös Fettemulsionen infundiert hatte [*2378*]. Nach Insulingaben konnte die Klärungszeit auf die Durchschnittsnorm gesunder Tiere reduziert werden.

Von einer *nervös-hormonalen Regulationsstörung* als Ursache der diabetischen Hyperlipidämie sprach als erster GEELMUYDEN [*836*]. KLEMPERER [*1272*] und UMBER sahen die Hyperlipidämie als Folge cytolytischer Vorgänge an. Durch den hochgradigen Zellzerfall würden die in den Zellen an Eiweiß gebundenen Lipoide frei und strömten in die Blutbahn ein. DIRR [*560*] und HOFFMANN sahen als Ursache letzten Endes die Auswirkungen einer Stoffwechselstörung der Zellen an, die nicht nur den Kohlenhydrat- und Eiweißstoffwechsel, sondern auch den Fettstoffwechsel betreffen. FISCHER [*720*] hatte eine gestörte Lipolyse angenommen. BÜRGER [*375*], der die FISCHERschen Befunde nicht bestätigen konnte, bezog in seine pathogenetischen Überlegungen auch die Möglichkeit einer chronischen Acetonintoxikation (analog der „Narkoselipämie") ein. KATSCH [*1199*] und KRAINICK unterscheiden zwischen einer *primären diabetischen Hyperlipidämie*, die auf einer zentral-hormonalen Regulationsstörung des Fett- und Lipoidstoffwechsels beruhe und beim optimal eingestellten Diabetiker vorkomme und der *sekundären, akut auftretenden Form* des akut dekompensierten Diabetikers. Die erstere sei irreversibel, die zweite reversibel. Auf weitere Theorien soll nicht eingegangen werden, da sie zum Teil im Widerspruch zu den schon zur Zeit ihres Aufkommens bestehenden Fakten stehen, zum Teil spekulativer Natur sind.

Zum *Verständnis der Pathophysiologie* haben tierexperimentelle Untersuchungen wesentliche Beiträge geliefert. Ein direkter Effekt des Insulins auf die Blutlipidkonzentration beim *Hund* ließ sich nicht feststellen. Wurde Insulin entzogen, so stiegen sofort alle Lipidfraktionen im Serum an. Die Lipidfraktionen im ganzen blieben, ebenso wie beim intakten Tier, zueinander proportional, nur mit einem Unterschied: Nach Pankreatektomie ging die Estercholesterinfraktion im Blut zurück oder verschwand überhaupt trotz Insulintherapie (s. DEUEL [*552*], S. 445 bis 446). Aber auch die mit Insulin substituierten Hunde enthielten mehr Cholesterin und Phospholipide als normal. Der Quotient Cholesterin/Phosphatide nahm zu. Wurde den Hunden Wachstumshormon, STH, gegeben [*695*], so veränderten sich praktisch nur die Alpha-Lipoproteide. Sie nahmen nach einer einzigen Injektion zunächst ab; nach wiederholter Zufuhr erfolgte ein Anstieg, später bei manchen Tieren eine Hypercholesterinämie. Wichtig ist es zu wissen, daß beim Hund die Hauptmasse der Lipoproteide bei der Papierelektrophorese nicht mit der Beta-, sondern mit der schnellen Alpha-Lipoproteidfraktion (s. S. 160) wandert. Beim pankreatektomierten Hund wird die Beta-Lipoproteidfraktion zum hauptsächlichen Träger der Serumlipide [*693*].

Die nach *experimenteller Pankreatektomie* beim Hund zusammen mit der diabetischen Stoffwechsellage sich entwickelnde Hyperlipidämie kann mittels intravenöser Traubenzuckerzufuhr, zusammen mit Insulininjektionen, beseitigt werden. Hält man die operierten Hunde lange Zeit unter Insulinsubstitution, so bleiben die Blutfettwerte unter den präoperativen Werten.

Interessante Rückschlüsse auf die *Dynamik der diabetischen Hyperlipidämie* erlauben Versuche von CHERNICK [*453*] und SCOW. Diese Autoren haben an hungernden Ratten, 2 Std nach Pankreatektomie, vergleichende Blutlipid- und Blutzuckerspiegeluntersuchungen angestellt. Dabei zeigte es sich, daß die Plasmalipidkonzentration schon erhöht war, ehe der Blutzuckerspiegel diabetische Werte erreicht hatte. Die Vermehrung betraf hauptsächlich die Triglyceride. Die Hyperlipidämie war begleitet von einer Verfettung von Leber und Nieren. Der Fettgehalt dieser Organe war 25 Std nach Pankreatektomie mehr als verdoppelt. Mittels kleiner Insulindosen ließen sich zusammen mit der Beherrschung des Diabetes mellitus auch die Blutfett- und Organfettveränderungen verhüten. Waren die Fettdepots der Tiere schon durch 8 bis 10tägiges Hungern vor der Pankreatektomie entleert, so blieb der Anstieg der Neutralfette im Blut aus. Die Tiere, die nach weniger intensivem Hungern noch geringe Fettdepots aufwiesen, zeigten zwar eine Hyperlipidämie, aber sie war geringer als bei den vor der Operation normal gefütterten Tieren [*453*].

Eine der wesentlichsten Störungen bei *Insulinmangel* ist demnach die *Unfähigkeit* des Organismus, *Fett aus Kohlenhydraten und Nichtkohlenhydraten aufzubauen.* Überlebende *Leberschnitte diabetischer Ratten*, in eine Suspensionsflüssigkeit mit radioaktiv markierter Glucoselösung verbracht, waren im Gegensatz zur gesunden Rattenleber praktisch *nicht* mehr *imstande*, aus *Glucose Fettsäuren zu synthetisieren* [*451, 452*]. Wie Versuche mit radioaktiver Fructose gezeigt haben, ist zwar die Bildung von Acetyl Co-A durch die diabetische Leber nicht gestört, wohl aber die Synthese zu höheren Fettsäuren. Desgleichen konnten die diabetischen Tiere aus etikettierten Acetaten keine Fettsäuren bilden. Aus dieser Beobachtung hat CHAIKOFF [*426*] den Schluß gezogen, daß besonders der weitere Aufbau aus den 2-C-Atombruchstücken zu den höheren Fettsäuren blockiert sei. Diese Unfähigkeit änderte sich auch nicht nach Zugabe von Glucose im Überschuß. Es handelte sich also nicht nur um ein quantitatives Unvermögen. War den Tieren jedoch vor der Präparation Insulin injiziert worden, kehrte die Fähigkeit der Fettsäurensynthese graduell zurück.

Die *Wirkung des Insulins auf den Fettstoffwechsel* besteht in einer *Förderung der Fettsäurensynthese* in der Leber und einer *Bremsung der Freisetzung von Fettsäuren* durch Hemmung der Fettmobilisation aus den Depots. Insulin beschleunigt dagegen nicht die Elimination von Fettsäuren aus dem Blut. Eine einmalige intravenös zugeführte Dosis C^{14}-radioaktiv markierter Palmitinsäure verschwand aus dem Blut hungernder Kaninchen und Hunde ebenso rasch, gleichgültig, ob Insulin vorher gegeben wurde oder nicht [*216, 1037*]. Wurde jedoch durch einen konstanten Zufluß eine gleichbleibende Fettsäurenkonzentration im Blut hergestellt, kam es nach Insulininjektion zu einer signifikanten Zunahme der spezifischen Aktivität.

Der Inselapparat des Pankreas kontrolliert demnach den Umbau von Glucose zu Fett (über die Zwischenstufe der „aktiven Essigsäure"). Absoluter oder relativer *Insulinmangel* führt neben einer Hemmung der Glucoseverwertung zu einem *vermehrten Fettsäurenabbau.* Dabei ist der fermentative *Abbau der höheren Fettsäuren bis zum Acetyl Co-A nicht beeinträchtigt.* Dagegen ist der endgültige *oxydative Abbau der „aktivierten Essigsäure"* (Acetyl Co-A) im *Citronensäurecyclus* zu CO_2 und H_2O blockiert, weil die aus dem KH-Abbau stammende Oxalessigsäure nicht in ausreichender Menge verfügbar ist, um die Kondensation zu Citronensäure zu ermöglichen. Von entscheidender Bedeutung ist die Tatsache, daß die Enzymsysteme, die die Synthese der höheren Fettsäuren von der Stufe des Acetyl Co-A aufwärts in Gang bringen, beim Insulinmangel blockiert sind, weil ebenso wie beim Hunger die Bereitstellung der Adenosintriphosphorsäure (ATP) und des reduzierten Diphosphornucleotids (DPNH) zur Fettsäuresynthese zum Erliegen kommt. Unter diesen Bedingungen ist auch die *Fettsäurenresynthese* aus „aktivierter Essigsäure" *gedrosselt.* Wenn wir uns an das über den Abbau und die Synthese der Fettsäuren auf S. 60 bis 64 Gesagte erinnern, so kann unter physiologischen Umständen der Vorgang gewissermaßen über die Drehscheibe der „aktivierten Essigsäure" (Acetyl Co-A) in beiden Richtungen ablaufen.

Der bei Insulinmangel zustandekommende Überschuß an *„aktivierter Essigsäure"* (Acetyl Co-A) wird *in der Leber entweder in Acetessigsäure umgewandelt* (vermehrte Ketonkörperbildung) und gelangt als solche ins Blut und in den Harn. Durch Hydrierung entsteht Beta-Oxybuttersäure, durch Carboxylierung Aceton. Beide Reaktionen sind reversibel. Oder das aktivierte Acetat, das unter diesen Umständen auch nicht zur Fettsäurensynthese verwendet werden kann, wird *zur Cholesterinbildung verwendet.*

Im Hinblick auf die Bedeutung der *nichtveresterten Fettsäuren* im Blutplasma für den Fetttransport aus der Leber und den peripheren Fettdepots erscheint es hier von Interesse, das Verhalten dieser Fraktion beim Diabetes mellitus zu untersuchen. Während es beim Gesunden nach Insulininjektion zusammen mit dem Blutzuckerabfall zu einer beträchtlichen Konzentrationsabnahme der unveresterten Fettsäuren (UFS) im Blutplasma kommt, bewirken umgekehrt Injektionen von Glucose bzw. Glucagon ebenfalls einen Konzentrationsabfall der UFS, zugleich jedoch einen Blutzuckeranstieg [*570, 910*].

Laurell [*1404*] fand bei drei Kranken mit *diabetischer Acidose* eine *Erhöhung der UFS im Serum.* Seine Befunde wurden von Bierman [*217*], Dole und Roberts bestätigt. Sie stellten bei acht von zehn untersuchten acidotischen Diabetikern erhöhte UFS-Konzentrationen im Plasma fest. Der beim Gesunden beobachtete UFS-Spiegelabfall nach Glucosebelastung war verzögert und nur geringgradig. Auf Insulininjektion erfolgte ein „dramatischer" Abfall des UFS-Spiegels. Dieser ging der Elimination der Ketokörper aus dem Blut um Stunden voraus.

Es wird heute angenommen, daß die *diabetische Hyperlipidämie extrainsulär ausgelöst* wird. Man denkt an eine (relativ) erhöhte Aktivität des Hypophysenvorderlappens, der mittels seiner ACTH-Produktion (über die Nebennierenrinde) und der Sekretion von Wachstumshormon (unmittelbar wirkend) die Fettmobilisation hervorruft. Wird beim pankreatektomierten Hund die Hypophyse entfernt („Houssay-Tier"), so bleibt im Hunger die Lipämie und Ketonämie aus [*2194*], was auf eine Störung der Fettmobilisation schließen läßt [*1029*]. Es erfolgt ein beschleunigter Verbrauch der

Kohlenhydratreserven. Durch das Unvermögen, den weiteren Energiebedarf zu befriedigen, gehen die Tiere rasch ein, wenn nicht HVL-Extrakte als Fett-Protein-Mobilisatoren oder Glucose als Energielieferant zugeführt werden [1029]. Umgekehrt hält HAUSBERGER [1029] das Auftreten von Hyperlipidämie, Fettleber und Ketonämie nach fortlaufender Applikation von HVL-Extrakten oder ACTH für eine möglicherweise mittelbare Wirkung der gehemmten Glucoseverwertung, ähnlich wie beim Insulinmangel (Insulin fördert, ACTH und Wachstumshormon des HVL hemmen die Glucoseverwertung, ebenso wie die NNR).

Das Verhalten der Serumlipide beim Diabetes mellitus hängt vom *Ausmaß der Fettmobilisation* aus den Depots bzw. der Dynamik des Fetttransports in die Leber und von der Leber in die Depots ab [236, 428, 853, 2265]. Vom Standpunkt der funktionellen Pathologie aus betrachtet, dürfte die Ursache der diabetischen Hyperlipidämie wohl darin zu suchen sein, daß bei der diabetischen Acidose ein großer Brennstoffbedarf zur Inganghaltung der energieliefernden Prozesse in den Geweben vorliegt. Da beim dekompensierten Diabetes mellitus ein großer Teil des mit der Nahrung aufgenommenen und des neugebildeten Zuckers unverwertet ausgeschieden wird, greift der Organismus auf Fett und Eiweiß als Energiequelle zurück. Die erhöhte Mobilisation erfolgt hormonell durch ACTH und STH. Nach den Untersuchungen des GORDONschen [776] Arbeitskreises kann die Fettmobilisation auch dadurch erfolgen, daß im Fettgewebe selbst durch die Tätigkeit von Gewebs-Lipoproteid-Lipasen Fettsäuren frei werden, die in unveresterter Form im Blutplasma von den Albuminen zu den Orten der Oxydation transportiert werden. Wenn der Energiebedarf jedoch, wie z. B. im diabetischen Koma, extrem hoch ist, reicht diese Form der Fettmobilisation nicht aus, und der Organismus bedient sich hauptsächlich der Depotfettmobilisation in der Triglyceridform [776]. Die *Hyperlipidämie beim Diabetes mellitus* wird demnach heute als eine „*Transportlipämie*" [2290] aufgefaßt.

In gleicher Weise, d. h. mit vorwiegendem Energiebezug aus dem Fettabbau, reagiert der Organismus bei mangelndem Kohlenhydratgehalt in der Nahrung, z. B. im Hunger, bei völlig kohlenhydratfreier Kost oder auch bei starkem Zuckerverlust infolge Phlorrhizindiabetes. Im Gegensatz aber zum Insulinmangeldiabetes, wo die endgültige Einschleusung der Fettsäuren in den Krebscyclus zur Endoxydation blockiert ist, können im Hunger und beim Kohlenhydratmangel in der Nahrung die Fette als Brennmaterial verwertet werden.

Im Coma diabeticum wird die im Überschuß anfallende aktivierte Essigsäure entweder zur Cholesterinsynthese verwendet oder es kommt zu einer erheblich gesteigerten Ketonkörperproduktion in der Leber. Entgegen der früheren Ansicht, daß ein Molekül einer geradzahligen Fettsäure nur zu einem einzigen Ketonmolekül abgebaut würde, nimmt man heute eine *multiple alternierende Beta-Oxydation* an. Durch Kondensation von je zwei Acetessigsäuremolekülen erfolgt eine quantitative Umwandlung von Fettsäuren zu Ketonkörpern, die aus der Leber ins Blut ausgeschwemmt (Ketonämie) werden und in den Harn (Ketonurie) übertreten. „Die Ketosis ist als ein Mechanismus zu betrachten, durch den den Geweben bei Glucosemangel Brennstoff in anderer Form zugeführt wird" [1029]. Sie dient der Aufrechterhaltung des Stoffwechsels. Die Oxydation der Ketone ist weder vom Insulin noch von der Anwesenheit von Glucose abhängig. Sie verbrennen nicht „im Feuer der Kohlenhydrate".

δ) Schwangerschaft

Wie auf Seite 125 ff. näher ausgeführt worden ist, kommt es während der Schwangerschaft häufig zu einer Lipämie. Diese offenbar physiologische Schwangerschaftshyperlipidämie beginnt im 3. Monat, nimmt bis zum Ende der Schwangerschaft zu, um wenige Tage nach der Entbindung völlig zu verschwinden. Schon GRIGAUT (zit. bei BÜRGER [375]) hat auf die „physiologische" Hypercholesterinämie während der Gravidität hingewiesen. HOLTDORFF [1110] und HALLER beschrieben kürzlich einen Fall von *passagerer Hyperlipidämie in der Schwangerschaft*, der eine Konzentrationszunahme der Gesamtlipide um das Vier- bis Fünffache und des Gesamtcholesterins um das Sieben- bis Achtfache aufwies. Es kam zur Geburt eines gesunden Knaben. Die Placenta war auffallend hell, das Retroplacentarblut, ähnlich wie das Venenblut, lipämisch. Der Gesamtlipidspiegel betrug einen Tag post partum 3100 mg-%, das Gesamtcholesterin 1337 mg-%. Das kindliche Serum war nicht lipämisch. Die Muttermilch zeigte keinen erhöhten Fettgehalt. 7 Tage post partum war bereits ein erheblicher Rückgang und 45 Tage später eine völlige Normalisierung der Serumlipidwerte bei der Mutter eingetreten.

Besonders bemerkenswert ist die Tatsache, daß die Mutter der Patientin an einem insulinbedürftigen Diabetes mellitus erkrankt war und die Gebärende selbst einen Tag post partum einen Nüchternblutzuckerspiegel von 184 mg-% und bei der Glucosedoppelbelastung nach STAUB-TRAUGOTT einen negativen STAUB-Effekt (1. Gipfel 270 mg-%, 2. Gipfel 286 mg-%) mit Ausbleiben der hypoglykämischen Nachschwankung aufwies. Es bestand außerdem eine geringe Glucosurie. Es sei dahingestellt, ob es sich im vorliegenden Fall um eine Exacerbation einer latenten diabetischen Hyperlipidämie durch die Schwangerschaft gehandelt hat.

c) Hyperlipidämien als Mangelsyndrom

α) Aderlaßlipämie

In diese Gruppe gehören vor allem die im Zusammenhang mit *Plasmaphereseexperimenten* beim Hunde auftretende Lipämie, die „*Aderlaßlipämie*" [283, 611, 1114, 1157, 1638, 1973] und die *Hyperlipidämie nach größeren Blutverlusten* [705]. Die Aderlaßlipämie läßt sich beim Kaninchen [1114, 1973] und Meerschweinchen [705] leicht auslösen, nicht dagegen beim Hund [267]. Es kommt zu einer starken Zunahme der Neutralfette und einer geringeren von Lecithin und Cholesterin. Ultrazentrifugenuntersuchungen von Kaninchenseren, die nach täglichen Blutentnahmen von 25 bis 30 ml gewonnen worden waren, ergaben, daß an der Gesamtvermehrung der Lipoproteide die $-S_{1,21}$ 74 bis 300-Lipoproteide nach LEWIS (= S_f20 bis 100 nach GOFMAN) den Hauptanteil hatten [2185]. GÜLZOW [967] und PICKERT fanden bei sieben von acht Plasmapheresehunden „einen eindeutigen Cholesterinabfall mit reaktivem Anstieg über den Ausgangswert nach Aussetzen der Plasmaentnahme". Bei den mit Percorten (während der Plasmaphereseperiode) behandelten Hunden wurde der Abfall der Cholesterinkonzentration im Serum nicht beobachtet. Demgegenüber hatten BARBARO-FORLEO und FOLI, ebenso wie BARKER [132] und KIRK teils einen Abfall, teils einen Anstieg des Gesamtcholesterinspiegels im Plasma ihrer Versuchshunde festgestellt.

Wenn sich die Aderlaßlipämie auch vorwiegend beim Kaninchen findet, kann sie im Gegensatz zu der Behauptung von ROSENTHAL [1953] u. Mitarb., sowie Diaz [556] und Castro-Mendoza auch beim Menschen auftreten [283, 611, 704, 705, 1638, 2410], wenngleich sie Bürger [375] am Menschen nur sehr unregelmäßig vorkommend fand. Feigl [705] stellte ausgeprägte Lipämien am Menschen nach Unfällen mit großen Blutverlusten, nach Ulcusblutungen, nach stärkeren menstruellen Blutungen, sowie nach Hämoptoe bei pulmonaler Tuberkulose fest, also Ereignissen mit akutem, großem Blutverlust. Fröhlich [810] fand allerdings bei den meisten Anämien des Menschen eher eine Verminderung der Gesamtlipide, wenn auch bei der perniziösen Anämie die Dauer der alimentären Hyperlipidämie verlängert war. Während der lipämischen Phase ändert sich auch etwas der

Lipidgehalt der Erythrocyten [1114]. In der Rekonvaleszenz verschwindet die Hyperlipidämie jedoch eher, als die Erythrocytenzahl zur Norm zurückkehrt.

Der pathogenetische Mechanismus der „Aderlaßlipämie" liegt noch weitgehend im Dunkeln. Während Starup [2207] ursächlich den Erythrocytenverlust anschuldigte, ist es heute nach den Untersuchungen von Ellermann [639] und Meulengracht, Johansen [1168] und Dirr [560], die mittels Reinjektion des vorher entnommenen Serums die Entwicklung einer Lipämie verhüten konnten, klar, daß der Verlust an Blutserum die Aderlaßlipämie auslöst. Fischer [720] nahm eine *Mobilisation der Depotfette* an, Klemperer [1272] und Umber sahen ihre Ursache in einem hochgradigen Zellzerfall. Morawitz [1638] und Pratt, sowie Boggs [283] und Morris ordneten die experi-

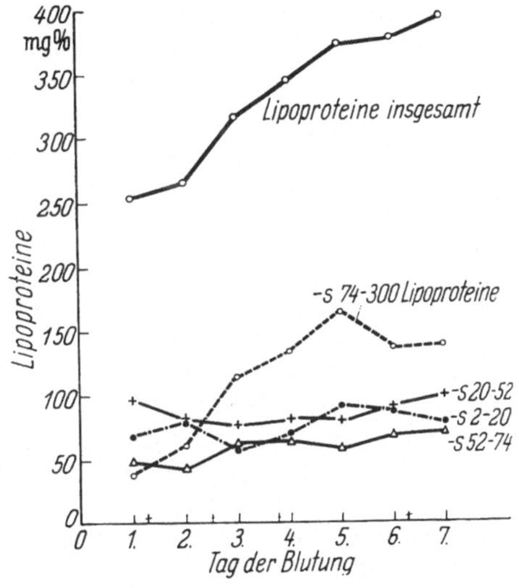

Fig. 61. Das Verhalten verschiedener Lipoproteidgruppen (Ultrazentrifugenuntersuchungen) bei posthämorrhagischer Hyperlipidämie (nach Spitzer [2185])

mentell (Plasmapherese) am Tier erzeugte Aderlaßlipämie unter die Transportlipämien ein, da sie bei dieser Versuchsanordnung einen Schwund des Unterhautfettes (auch [2185]) und häufig eine Leberverfettung feststellten. Bezüglich der Aderlaßlipämie stellte Milbradt [1615] fest, daß sowohl Neutralfett, wie auch Cholesterin aus den Fettdepots des Körpers u. a. aus dem Knochenmark und den parenchymatösen Organen ins Blut ausgeschwemmt würde.

Die Auffassung, daß den im Zusammenhang mit experimentellen Anämien auftretenden Lipämien eine *herabgesetzte Oxydationsenergie* des Organismus zugrunde läge [1622], wurde von Benedict und Joslin an der diabetischen Lipämie und von Bieling [214] am anämischen Kaninchen mittels Bestimmung des respiratorischen Quotienten widerlegt. Ella und Arthur Fishberg [731] sahen die Hyperlipidämie zwar als endogene *Fettmobilisation* an, legten ihr aber, ähnlich wie schon Jastrowitz und Arthur Fishberg (zit. bei Dirr [560]) die Bedeutung eines Kompensationsmechanismus zum Ausgleich des abgesunkenen kolloidosmotischen Druckes zu. Diese Auffassung ist durch neuere Untersuchungen von Popják [1854 bis 1856] widerlegt. Gülzow [967] und Pickert beobachteten bei ihren Plasmaphereseversuchen an Hunden als Folge der Glykogenverarmung der Leber

(,,Plasmaentnahme wirkt als energischer Glykogenmobilisationsreiz") eine hypoglykämisch-diabetische Situation im Kohlenhydratstoffwechsel. Vier von sieben Hunden wiesen eine starke Acetonämie auf.

SCHMITZ [2037] und KOCH schließlich sahen, von der Beobachtung ausgehend, daß das lipämische Blut schneller gerinnt als das nichtlipämische, in dem Anstieg der Blutlipide eine Schutzmaßnahme des Organismus. Es soll nicht unerwähnt bleiben, daß am Zustandekommen der Aderlaßlipämie das *Zentralnervensystem* beteiligt sein dürfte, da eine Rückenmarksdurchtrennung in Höhe des vierten Dorsalsegmentes ihre Entwicklung verhindert [1617]. Diese Beobachtung läßt daran denken, daß die Lipidmobilisation auch durch *Stressfaktoren* ausgelöst sein könnte.

Die oben erwähnte Verschiebung der Lipoproteide weist eher auf eine *grundsätzliche Störung des Lipidstoffwechsels* als nur auf eine Neuordnung der einzelnen Lipidgruppen im Blutplasma hin. ,,Wenn die Ursache der posthämorrhagischen Lipämie eine einfache Steigerung der Fettmobilisation oder eine Reduktion der Fettutilisation wäre, müßte man eine mehr oder weniger gleichförmige Zunahme aller Lipoproteidgruppen erwarten" [2185]. Die Autoren nehmen an, daß der ,,Engpaß" im Stoffwechsel der Serumlipide bei der Aderlaßlipämie in der verzögerten Umwandlung der großen neutralfettreichen Lipoproteide der Klassen —$S_{1,21}$ 74 bis 300 zu den —$S_{1,21}$ 52 bis 74 zu suchen sei . Die Vermutung, daß es sich um einen Mangel an endogenem Heparin handeln würde, hat sich nicht bestätigt. Die Entstehung einer posthämorrhagischen Lipämie ließ sich nämlich trotz Heparinmedikation nicht verhüten [2183].

Vielleicht handelt es sich um die Auswirkungen eines relativen *Albuminmangels*. Schon die ersten Beschreiber der Aderlaßlipämie [283], aber auch die Mehrzahl der späteren Untersucher [731, 732, 1370, 1417] nahmen an, daß wahrscheinlich der enorme Verlust von strömendem Plasmaeiweiß. insbesondere Albumin, für diese Lipämieform verantwortlich zu machen sei. GITLIN [862] (S. 99) fand in gemeinsamen Versuchen mit HUGHES an Plasmapheresehunden, denen bis etwa zu $^1/_3$ ihres normalen Proteinpool Plasmaeiweiß entzogen war, daß ihr Albuminumsatz in gleichen Raten oder sogar langsamer als bei normalen Hunden ablief. Wie im Abschnitt B II 4 c näher ausgeführt worden ist, ist das Albuminmolekül mit dem Abtransport der aus dem Klärvorgang im Blut frei gewordenen Fettsäuren betraut. Möglicherweise sind während der posthämorrhagischen Hyperlipidämie die vorhandenen Transportvehikel mit Fettsäuren überladen, so daß ein Stau im strömenden Blut resultiert. Für diese Auffassung sprechen die Beobachtungen SPITZERs [2183] an Kaninchen. Wenn man gesunden Kaninchen Fett zuführt, zeigen sie keine postresorptive Lipämie. Macht man die Tiere aber durch vorausgehende Blutentnahmen anämisch, dann weisen sie nach erneuter Fettbelastung eine sichtbare lipämische Trübung des Blutserums auf.

β) Hungerlipämie

Die *Hungerlipämie:* Sowohl bei der hungernden Ratte, wie auch beim fastenden Menschen [1198] tritt eine Lipämie auf, soweit der Hunger lange genug anhält. Die Hyperlipidämie ist jedoch gewöhnlich geringer als beim entgleisten Diabetes mellitus. Auch diese Form der Lipämie ist beim *Menschen* durch einen Neutralfettspiegelanstieg und eine *Konzentrationserhöhung der Beta-Lipoproteide*, dagegen bei der Ratte (s. umgekehrtes Alpha- zu Beta-Verhältnis bei der Ratte, s. S. 162) durch einen Anstieg der Alpha-Lipoproteide gekennzeichnet [*332, 1960*]. Beim Menschen war die Konzentration der Lipoproteide von hoher Dichte nicht verändert. Neuere Untersuchungen am Menschen erbrachten unterschiedliche Resultate: KARTIN [*1198*] u. Mitarb. fanden nach zwei Fastentagen den Gehalt an Fettsäuren, Cholesterin und Lipidphosphor im Blutserum erhöht. Dabei waren die Neutralfette verhältnismäßig wenig beteiligt. GITLIN [*862*] konnte mittels radioaktiv markierter Proteinfraktionen im Tierexperiment zeigen, daß bei Proteinmangel in der Nahrung der Eiweißabbau abnimmt. Werden während der Hungerphase Kohlenhydrate gefüttert, kommt es zu einem rapiden Abfall der Triglyceridkonzentrationen im Serum.

Vielleicht ist die Hungerlipämie auch durch eine *Überlastung des Klärmechanismus* bedingt. HEWITT [*1071*] und HAYES u. a. aus dem GOFMAN-schen Arbeitskreis fanden an hungernden Kaninchen nach subcutaner Injektion von Toluoidinblau, das als Inhibitor der Lipoproteidlipase bekannt ist, einen Konzentrationsanstieg der Lipoproteidklassen sehr niedriger Dichte. Dasselbe ließ sich an Ratten nach Injektion anderer Inhibitoren, z. B. Protamin, zeigen [*329*]. Waren die Tiere jedoch calorisch in positiver Bilanz, z. B. durch ausreichende Kohlenhydratzufuhr, so kam es nicht zu einer Verstärkung der Lipämie durch Protamin und andere Heparininhibitoren. Aus diesen Beobachtungen wurde geschlossen, daß im Hungerzustand Fett zum unmittelbaren oxydativen Verbrauch mobilisiert wird, indem unveresterte Fettsäuren auf dem Blutweg als Brennmaterial herangebracht werden. Der unter physiologischen Bedingungen ausreichende Klärungsmechanismus wird im Hunger als überfordert angesehen, da zu viel Neutralfett aus den Depots mobilisiert wird. Unter diesem Aspekt wäre der relativ hohe Triglyceridanteil der Blutlipide bei der Hungerlipämie zur Zeit wohl am besten zu erklären.

Es ist eine altbekannte Tatsache, daß im Hunger Fettgewebe „eingeschmolzen" wird. Die *Fettmobilisation* aus den Fettdepots erfolgt in erster Linie in Form von Neutralfett, daneben aber auch in Form unveresterter Fettsäuren, was der Tätigkeit der Gewebslipasen, wohl in erster Linie der Lipoproteidlipase, zu verdanken ist. Die Hungerlipämie wird zu den „*Transportlipämien*" gerechnet. Bei Hunden, die ganz unterschiedlich auf Hunger reagieren, stellte BLOOR [*262*] immer dann einen besonders deutlichen Blutlipidanstieg fest, wenn es sich um Tiere handelte, die vor der Hungerperiode überfüttert und fett gemacht worden waren. Unter diesem Gesichtspunkt wäre die Beobachtung von KARTIN [*1198*] u. Mitarb. verständlich, die keine wesentlichen Veränderungen in den Plasmalipidkonzentrationen bei ihren hungernden Hunden feststellen konnten. In gleicher Weise lassen sich auch die bei der Besprechung der diabetischen Hyperlipidämie schon erwähnten Experimente CHERNICKs [*453*] und SCOWs deuten, die an pankreatektomierten Ratten zeigen konnten, daß die „diabetische" Hyperlipidämie ausblieb, wenn durch 8 bis 10tägiges präoperatives Hungern die Fettdepots entleert waren.

Das aus den Depots während des Hungerzustandes mobilisierte Fett gelangt in die Leber. Dort erfolgt eine erhöhte, aber während des Hungers nur teilweise Aufspaltung der freigesetzten Fettsäuren. Die in vermehrtem Umfang entstehenden Ketokörper gelangen in die extrahepatischen Körpergewebe, wo sie unmittelbar in den Citronensäurecyclus eingeschleust werden. Wenn auch die Oxydation der Ketone weder vom Insulinmechanismus noch von der Anwesenheit von Glucose abhängig ist, werden sie im Hunger nur in reduziertem Ausmaß oxydiert (Hungerketonämie und -ketonurie). Es hat sich

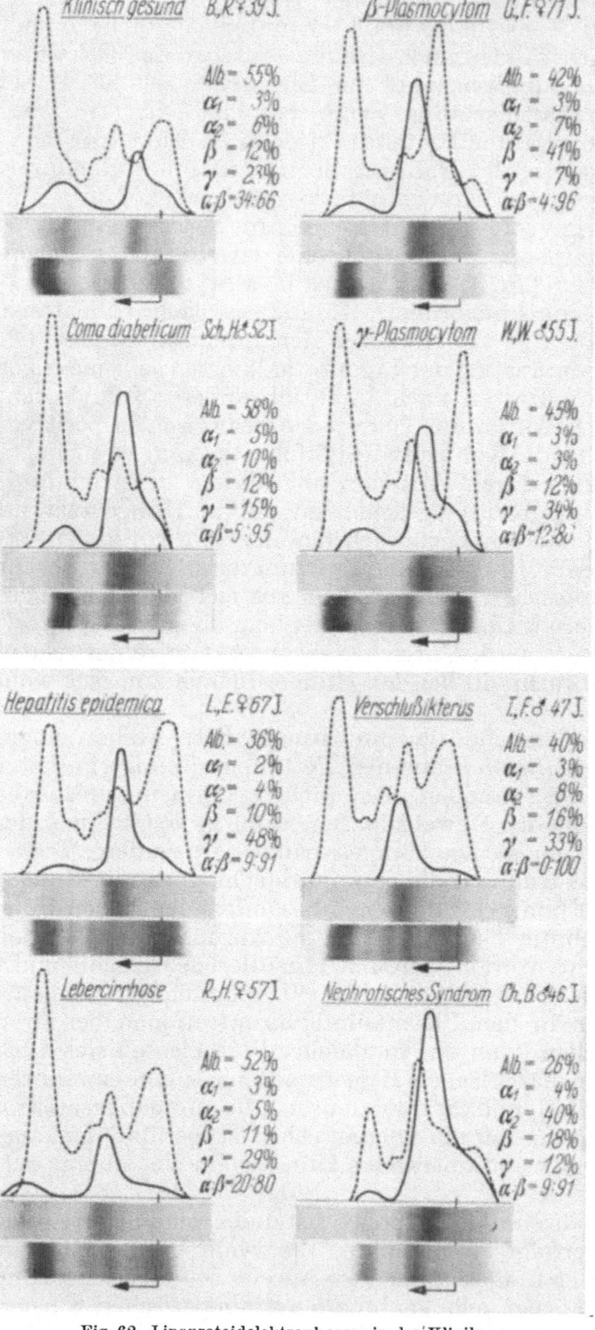

Fig. 62. Lipoproteidelektrophorese in der Klinik

weiter an Leberschnitten hungernder Ratten (Glykogenverarmung) mittels Zugabe von C^{14}-markiertem Acetat zeigen lassen, daß die auf Insulinzufuhr von der normalen Leber gesteigerte Fettsäurensynthese ausbleibt. Setzte man dagegen mit dem Insulin zusammen Glucose zu, so kam sie prompt wieder in Gang. Ebenso stagniert im Hungerzustand auch die hepatische Cholesterinsynthese, ohne daß der Plasmacholesterinspiegel davon nennenswert beeinflußt wird [1328, 2253]. Demgegenüber verdienen neuere Befunde [332] erhöhte Beachtung, nach denen bei der hungernden *Ratte* der Gesamtlipidspiegelanstieg zugleich mit einer Zunahme der Cholesterin- und Alpha-Lipoproteidkonzentration einhergeht (!).

Nach Glucosezufuhr geht die Freisetzung von Fettsäuren aus den Fettdepots drastisch zurück [911], wahrscheinlich weil diese jetzt zur Energiegewinnung nicht mehr nötig sind [332]. Auch beim Menschen konnte HAVEL [1035] den nach 15stündigem Fasten erhöhten Spiegel der Lipoproteide sehr niedriger Dichte ($S_f > 10$) durch Gaben von 400 g Glucose eindeutig senken. Möglicherweise waren die von RUBIN [1960] und ALADJEM erfolglos gegebenen Sucrosedosen von 1 g/kg Körpergewicht zu gering,

um einen lipidsenkenden Effekt zu erzielen. Durch Tierexperimente erscheint es prinzipiell gesichert, daß Glucosezufuhr die Elimination von

Fett aus dem Blut beschleunigt [*51, 1542*]. Umgekehrt ist der Einstrom von Fettsäuren ins Blut bei Kohlenhydratentzug erhöht [*570, 911*]. Gibt man hungernden Ratten intravenös Triglyceride, so werden sie großenteils im Fettgewebe deponiert, wenn man gleichzeitig Glucose zuführt [*333*]. Daraus geht hervor, daß die Höhe der Plasmakonzentration der Lipoproteide sehr niedriger Dichte davon abhängt, ob Kohlenhydrate für die Energieproduktion verfügbar sind oder nicht. Fettzufuhr steigert, Kohlenhydrataufnahme senkt, eine gemischte Mahlzeit läßt diese Lipoproteidfraktion, in der Hauptsache aus Chylomikronen bestehend, unbeeinflußt. Über Hyperlipidämie nach *Alkoholintoxikation* s. FRÖHLICH [*811*].

2. Essentielle Hyperlipidämien

a) Neutralfettyp

(*Synonyma:* Essentielle Hyperlipidämie, idiopathische Hyperlipämie, familiäre Hyperlipämie, familiäre xanthomatöse Hyperlipidämie, hepatosplenomegale Lipoidose mit xanthomatösen Haut- und Schleimhautveränderungen.)

BÜRGER [*384*] und GRÜTZ berichteten erstmalig 1932 über einen Fall von „essentieller Hyperlipämie", einen 12 Jahre alten Knaben, der seit seinem 1. Lebensjahr zahlreiche gelbliche Knötchen an Wangen, Armen, Gesäß, Hand- und Fußflächen aufwies. Seine Leber und Milz waren vergrößert. Das Blutserum war von dicker rahmartiger Beschaffenheit, bei einem Gesamtfettgehalt von 9476 mg-%. Die Autoren hielten die Erkrankung für eine primäre Fettstoffwechselstörung und gaben ihr den Namen „hepatosplenomegale Lipoidose". Ob wirklich ein prinzipieller Unterschied zwischen der „kindlichen Form" und der „Erwachsenenform" besteht, erscheint mir fraglich. Beiden gemeinsam sind die Serumlipidveränderungen und die Xanthome (einschließlich ihrer feingeweblichen Beschaffenheit). Als unterschiedlich wird lediglich die Häufigkeit der Hepato- und Splenomegalie (s. unten) und das Fehlen oder Vorhandensein einer Hyperglykämie bzw. Glykosurie aufgefaßt. Die kindliche Form soll die Hepatosplenomegalie regelmäßig und in starkem Ausmaß aufweisen, während sie beim Erwachsenen nur selten vorhanden sei [*2079*]. Nach eigenen Beobachtungen und Literaturberichten trifft das jedoch nicht zu (s. u. a. SCHRADE [*2063*], SCHETTLER [*2017*]).

Was die Fälle der älteren Literatur mit Glucosurie anlangt, so handelt es sich dabei sicher zum Teil um reine diabetische Hyperlipidämien, zum Teil um Mischformen. In der Folgezeit wurde aus der ganzen Welt über dieses neue Krankheitsbild berichtet [*185, 492, 760, 900, 1009, 1109, 1113, 1183, 1740, 2138, 2063, 2284* u. a.]. Eine umfangreiche Literaturübersicht, auch über die älteren Arbeiten, haben MOVITT [*1659*] u. Mitarb. gegeben. 1955 erschien von MALMROS [*1536*] und WIGAND ein Bericht über 50 Fälle. SCHRADE [*2063*] konnte bis 1956 82 Fälle ermitteln. SCHETTLER [*2017*] berichtete über weitere 30 und DOLLERUP und ESKJAER JENSEN (zit. in CHRISTENSEN [*459*]) fanden in der Literatur 126 Fälle.

Der Neutralfettyp der „essentiellen Hyperlipidämie" scheint genetisch mit dem Cholesterintyp („essentielle Hypercholesterinämie") verwandt [*19*] zu sein, wenn sie sich auch in ihrem klinischen Erscheinungsbild unterscheiden. Die essentielle xanthomatöse Hyperlipidämie wird als nicht erblich angesehen. WILKINSON [*2456*] meint allerdings, daß sie ähnlich der essentiellen Hypercholesterinämie doch, wenn auch nur unvollständig, dominant vererblich sei, wohl mit geringerer Durchschlagskraft. HOLT [*1109*] u. Mitarb. beschrieben erstmalig das Vorkommen der Erkrankung bei Zwillingen. Über familiär gehäuftes Auftreten erschienen in der Folgezeit Berichte [*1009, 1068, 1183, 1457, 1535, 1864*]. Die Erkrankung tritt relativ selten auf. Sie betrifft alle Lebensalter. Der jüngste der in der Literatur berichteten Fälle war 1 Jahr alt, der älteste 55 Jahre. Bei der Geschlechtsverteilung überwiegen die männlichen Kranken [*2063*]. Extrem selten scheint die Krankheit bei Negern vorzukommen. Uns sind aus der Literatur nur zwei Fälle bisher bekanntgeworden [*819, 1714*].

Das *Serum der Kranken mit essentieller Hyperlipidämie* ist milchig bis *sahneartig getrübt*, der *Gesamtlipidgehalt* ist meist stark *erhöht*. Gewöhnlich findet man Werte zwischen 2000 bis 4000 mg-%. Selten werden so extrem hohe Werte, wie in dem Fall von CHRISTENSEN [*459*] u. Mitarb., erreicht, die eine Konzentration der Gesamtlipide von 12 400 mg-% feststellten. Die Hyperlipidämie beruht *vorwiegend auf einer Konzentrationssteigerung der Neutralfette*, aber ist stets auch begleitet von einer Hypercholesterinämie. THANNHAUSER [*2284*] fand die Vermehrung der Gesamtlipide im Serum in erster Linie durch die Neutralfette bedingt. SCHULZE [*2079*] fand bei neun eigenen Fällen dagegen nur dreimal den Neutralfettgehalt führend erhöht. In vier Fällen war der Phospholipidgehalt und in zwei weiteren das Estercholesterin des Serums in erster Linie erhöht. Andere Autoren fanden das Verhältnis des freien zum veresterten Cholesterin teils normal [*810, 900*], teils zugunsten des nichtveresterten verschoben [*2, 376, 384, 1113*]. Auch über extrem hohe Esterwerte ist in der Literatur berichtet worden [*1659*]. Von CHRISTENSEN [*459*] u. Mitarb. wurden in einem Fall während einer 85 Tage währenden behandlungsfreien Periode beträchtliche Spontanschwankungen der Serumlipidfraktionen beobachtet: Neutralfette 1000 bis 6000 mg-%, Cholesterin 400 bis 1500 mg-%, Phosphatide 400 bis 1100 mg-%. Auch SCHULZE [*2079*] beobachtete bei einem Fall über mehrere Jahre erhebliche periodische Schwankungen in den Serumlipidspiegeln. Cholesterin und Phosphatide nahmen bei den CHRISTENSENschen Fällen [*459*] an der Gesamtlipidvermehrung im Serum nicht in gleichem Ausmaß teil, wie die Neutralfette. An der Phosphatidvermehrung sind überwiegend das Lecithin [*447, 2284*] und das Plasmalogen [*2102*] beteiligt. Es besteht eine *Konzentrationserhöhung der gesättigten und einfach ungesättigten Fettsäuren*. SCHRADE [*2066*] u. Mitarb. fanden bei fünf Fällen von idiopathischer Hyperlipidämie den Gesamtfettsäurenspiegel im Blutserum zwischen 872 und 1698 mg-% (Mittelwert der gesunden Kontrollfälle 319 mg-%). Die Konzentrationen der zugehörigen Polyensäuren lagen zwischen 136,4 und 228,6 mg-% (bei den gesunden Kontrollpersonen 88,7 mg-%). Charakteristisch ist das Absinken des prozentualen Anteils der Polyensäuren an den Gesamtfettsäuren, in ihren Fällen auf 13,1 bis 21,3% gegenüber 27,3% im Mittel der Norm. Eine besonders starke Verminderung pflegt den Linolsäureanteil zu betreffen.

In der Tab. 70 findet sich eine Zusammenstellung von Serumlipidwerten aus der Weltliteratur von Fällen des Neutralfettyps bei essentieller Hyperlipidämie.

PARONETTO [*1764*] ,WANG und ADLERSBERG fanden mittels der Stärkeelektrophorese in der Alpha-Lipoproteidfraktion eine deutliche Erhöhung des Cholesterin- und Phospholipidanteils. Die Autoren konnten weiter nachweisen, daß mit einer Fettbelastungsprobe (2 g Butterfett/kg Körpergewicht) eine wesentlich stärkere Konzentrationserhöhung des Cholesterins und Phospholipidanteils im a_2-Lipoproteid eintrat, als dies nach einer Belastung mit der gleichen Fettmenge beim Gesunden der Fall war. DANGERFIELD [*512*] und HAENSCH [*975*] fanden in Seren von Kranken mit essentieller Hyperlipidämie mit Hilfe der Papierelektrophorese eine starke Vermehrung des sog. „Fettrestes", d. h. der an der Startlinie liegenbleibenden Fettanteile

Tabelle 70. *Serumlipidwerte bei „essentieller Hyperlipidämie"*
(Zusammenstellung aus der Literatur)

Autor	Gesamt-lipide mg-%	Neutralfette mg-%	%	Gesamt-cholesterin mg-%	%	Phosphatide mg-%	%
ABEGG [*2*]	4500	3846	85,4	300	6,6	403	8,9
POULSEN } [*1864*]	4320	3547	82,1	342	7,9	254	5,9
POULSEN	4210	3565	84,6	320	7,6	241	5,7
SCHETTLER } [*2006*]	4200	3000	71,4	712	16,9	419	9,9
SCHETTLER	4194	2728	65,0	555	13,2	670	15,9
SCHETTLER [*2016*]	4020	3140	78,1	578	14,3	268	6,9
SCHETTLER } [*2017*]	4010	1030	27,1	521	13,7	574	14,3
SCHETTLER	3954	2775	70,1	379	9,5	465	11,7
SCHETTLER [*2006*]	3388	2236	66,0	462	13,6	596	17,6
THANNHAUSER [*2284*]	3370	3202	95,0	250	7,4	328	9,7
MOVITT [*1659*]	3300	2738	82,9	197	8,9	500	15,1
HOLLISTER [*1103*]	3200	1976	61,5	604	18,8	620	19,4
SCHETTLER [*2006*]	3139	1192	37,9	579	24,1	805	25,6
MOVITT [*1659*]	3060	2551	83,3	144	4,7	428	13,9
THANNHAUSER } [*2284*] ..	2994	2342	78,2	525	17,5	563	18,8
THANNHAUSER	2920	1098	37,6	735	25,1	503	17,2
SCHETTLER } [*2006*]	2817	2015	71,5	304	10,7	437	15,5
SCHETTLER	2811	1191	42,3	735	26,1	503	17,8
FISCHER [*728*]	2740	1608	58,6	232	8,4	900	32,8
SCHETTLER } [*2006*]	2727	1556	57,0	445	16,3	540	19,4
SCHETTLER	2557	722	28,2	840	32,8	684	26,7
MALMROS [*1535*]	2350	884	37,6	435	18,5	402	17,1
SCHETTLER } [*2006*]	2333	921	39,4	585	25,1	530	22,7
SCHETTLER	2295	1405	61,6	342	14,8	470	20,4
MALMROS [*1535*]	2240	775	34,5	470	20,9	432	19,2
OPITZ [*1740*]	2226	1450	65,1	451	20,2	358	16,1
SCHETTLER	2183	1017	46,5	451	20,6	494	22,6
SCHETTLER	2166	814	37,5	580	26,7	468	21,5
SCHETTLER	2162	946	43,7	484	22,3	508	23,5
SCHETTLER [*2006*]	2155	974	45,1	468	21,7	582	27,0
SCHETTLER	2102	795	37,8	581	27,6	465	22,1
SCHETTLER	1982	1165	58,7	378	19,1	265	13,3
MALMROS [*1535*]	1890	704	37,2	273	14,4	343	18,1
SCHETTLER [*2006*]	1847	384	20,7	619	33,5	515	27,8
SCHETTLER [*2017*]	1690	598	35,3	274	16,1	313	18,5
SCHETTLER	1640	304	18,5	534	37,7	510	31,4
SCHETTLER	1610	746	46,3	324	20,1	396	24,5
SCHETTLER	1592	722	45,3	343	21,5	356	22,3
SCHETTLER [*2006*]	1549	702	45,3	310	20,0	346	22,3
SCHETTLER	1524	813	55,3	280	18,3	271	17,7
SCHETTLER	1418	429	30,2	404	28,4	393	27,7
SCHETTLER	1218	438	35,9	309	25,3	300	24,6

(Chylomikronen, Neutralfette), die wir „Startpunktlipide" genannt haben [*1812*] (s. auch [*1061*]).

Untersuchungen über die elektrophoretische Beweglichkeit der Chylomikronen mittels Stärkeelektrophorese in einem Fall von essentieller Hyperlipidämie ergaben, daß diese, wohl entsprechend ihrer unterschiedlichen Größe, in zwei deutlich getrennten Fraktionen wandern, von denen die eine der Alpha-, die andere der Beta-Globulinfraktion zugehört [*410*].

Es ließen sich aber auch Änderungen in der chemischen Zusammensetzung der *Chylomikronen* bei der essentiellen Hyperlipidämie nachweisen. Gegenüber dem Verhalten bei der alimentären Lipämie des Gesunden enthielten die Chylomikronen hier weniger Neutralfette, dafür mehr Cholesterin und Phospholipide. Schon in der Farbe unterschieden sie sich. Während die „alimentären" Chylomikronen weiß waren, zeigten die „pathologischen" Chylomikronen eine buttergelbe Farbe. Die aus Seren von essentieller Hyperlipidämie gewonnenen Chylomikronen wiesen 55,6% $\pm$ 5,5 Neutralfette, 11,7% $\pm$ 3,5 Phospholipide, 6,0% $\pm$ 0,4 freies Cholesterin und 26,7% $\pm$ $\pm$ 7,3 Cholesterinester auf. Dagegen fanden sich in den „physiologischen" Chylomikronen der postresorptiven Phase 86,5% $\pm$ 2,6 Neutralfette, 5,8% $\pm$ 1,6 Phospholipide, 2,8% $\pm$ 1,2 freies Cholesterin und 4,9% $\pm$ 2,6 Cholesterinester [*1163, 2017*].

Diese Befunde stützen die Auffassungen ALBRINKs [*47*] und seiner Mitarbeiter, daß bei Überschreitung der Löslichkeitsgrenze der Neutralfette im Serum die Chylomikronen neben dem Neutralfetttransport auch noch Cholesterin- und Phospholipidmaterial aus den Lipoproteidkomplexen zusätzlich übernehmen. Ähnlich dem Zustandekommen einer Hypercholesterinämie durch intravenöse Zufuhr von Gallensäuren, ermöglicht die Vermehrung stark neutralfetthaltiger Partikel im Blutserum einen vermehrten Cholesterin- und Phospholipidtransport durch solche Partikel (s. S. 166).

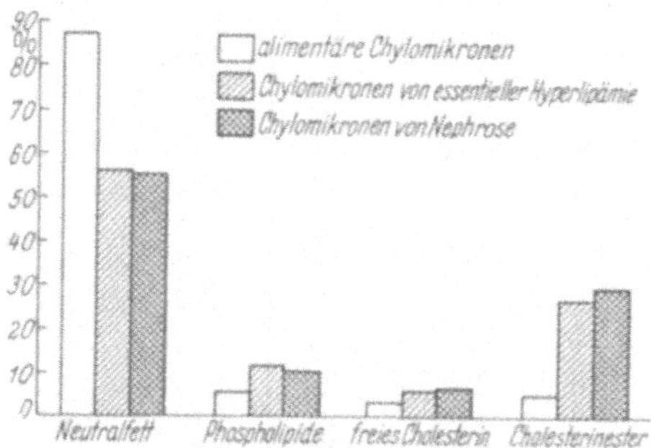

Fig. 63. Lipidanteile in „pathologischen" Chylomikronen im Vergleich zur alimentären Lipämie (aus JOBST [*1163*] und SCHETTLER)

Die *elektrophoretische Analyse* des Blutserums in der TISELIUS-Apparatur zeigt teils eine α_2-Globulinvermehrung, teils eine Erhöhung sowohl der α_2- wie auch der β_1-Globulinfraktion [*1444*]. SCHETTLER [*2017*] hat mittels der präparativen Elektrophorese im Stärkemedium gefunden, daß die *in der Beta-Lipoproteidfraktion* wandernden *Lipide* gegenüber der Norm *stark vermehrt* sind. Es fanden sich etwa zehnmal soviel Neutralfette und etwa dreimal soviel Cholesterin und Phospholipide. Entsprechend vermindert waren die Werte in der α_1-Lipoproteidfraktion. Eine α_2-Lipoproteidfraktion ließ sich im Gegensatz zum Normalverhalten — dort wandern die „alimentären" Chylomikronen im Bereich der α_2-Lipoproteidfraktion — nicht darstellen.

Mittels der COHNschen Äthanolfraktionierung ließ sich eine Zunahme des Cholesteringehaltes in der Fraktion I und III (Beta-Lipoproteide) nachweisen [*139, 1446*].

In der Ultrazentrifuge wurde eine *Konzentrationserhöhung der Lipoproteide niedriger Dichte* nachgewiesen [*1103*]. GOFMAN [*885*] u. Mitarb. fanden mittels der von ihnen beschriebenen Ultrazentrifugentechnik bei Fällen von essentieller Hyperlipidämie mit und ohne Xanthome *beträchtliche Konzentrationsvermehrungen der Lipoproteide niedriger Dichte* im Serum. Ihre Durchschnittswerte zeigt die folgende Tabelle, die aus den Angaben der Originalarbeit [*885*] zusammengestellt worden ist. GURAVICH [*969*] fand allerdings im Gegensatz zu diesen Befunden bei zwei Fällen von Xanthoma tuberosum ebenfalls (wie beim Xanthoma tendinosum) hohe S_f^o0 bis 12-Werte und niedrige Konzentrationen der S_f^o100 bis 400-Flotationsklassen.

HAVEL [1036] u. Mitarb. fanden mittels Lipidanalyse der präparativ gewonnenen Ultrazentrifugate von Fällen mit essentieller Hyperlipidämie den Cholesteringehalt in der Fraktion von der Dichte D < 1,019 stark erhöht. Dagegen zeigte die Fraktion D 1,019 bis 1,063 eine deutliche Abnahme.

Klinisches Bild: Bei etwa der Hälfte der Patienten traten Xanthome auf, die sich meist erst nach jahrelangem Bestehen der Hyperlipidämie entwickeln. Sie sind vorwiegend an den Ellenbogen, am Knie, Gesäß und Handinnenflächen lokalisiert. Letztere sind nicht selten druckschmerzhaft. Die Xanthome stellen makroskopisch (rötlich-) gelbe Knötchen, einzeln oder konfluierend angeordnet, von verschiedener Größe und manchmal von einem schmalen roten Hof umgeben, dar. Während die erwähnten Lokalisationen der Xanthome, einschließlich der Xanthomknoten im Bereich der Fingerstrecksehne sowohl bei den hyperlipidämischen wie auch den hypercholesterinämischen Xanthomen vorkommen, schießen kleinpapulöse, tuberöse

Tabelle 71. *Serumlipoproteidkonzentrationen bei essentieller Hyperlipidämie*
(untersucht in der Ultrazentrifuge)
(Durchschnittswerte)
(zusammengestellt aus GOFMAN [885])

Verlaufsform	Zahl der Fälle	Konzentration in mg-%			
		Standard $S_f0\text{—}12$	Standard $S_f12\text{—}20$	Standard $S_f20\text{—}100$	Standard $S_f100\text{—}400$
Xanthoma tendinosum ...	18	793	150	128	36
Xanthoma tuberosum	23	206	128	616	650
Xanthelasmen	43	444	112	105	54
Essentielle Hyperlipidämie ohne Xanthome	9	229	66	450	967
Normale Kontrollfälle	—	352	71	101	66

Xanthome gewöhnlich nur bei den hyperlipidämischen Formen auf. Sie erscheinen und vergehen mit dem Steigen und Fallen der Plasmalipidkonzentrationen. Histologisch findet man spindelförmige lipoidbeladene Zellen, gehäuft angeordnet, zwischen kollagenartiger Grundsubstanz, extracelluläre Fettablagerungen perivasculär, daneben oft entzündliche Veränderungen. Der Befund von Schaumzellen wird unterschiedlich oft in der Literatur vermerkt. Die Xanthomatosen der essentiellen Hyperlipidämie rechnet man zu den *Lipoidosen mit erhöhtem Serumlipidspiegel.* Es gibt neben *hyperlipidämischen* auch *hypercholesterinämische* Formen (s. S. 249). Beide können sie primär und sekundär auftreten. Sekundär sind sie Symptom einer Grundkrankheit, z. B. in der hyperlipidämischen Xanthomatose bei Diabetes mellitus. Die in diesem Abschnitt abzuhandelnde Form trägt den Namen „primäre", „idiopathische" oder „essentielle" hyperlipidämische Xanthomatose. Auch Xanthelasmen sind im Gegensatz zu den Mitteilungen ADLERSBERGs [15], LEVERS [1445] und BORRIEs [296] nicht selten ([2017], eigene Beobachtungen). Allerdings kommen sie auch bei normalen Lipidkonzentrationen im Blutserum vor ([975], eigene Beobachtungen).

Zum klinischen Bild gehört weiter die schon erwähnte *Leber- und Milzvergrößerung* („BÜRGER [384]-GRÜTZsche Krankheit") — in der SCHETTLERschen[2017] Kasuistik in 23 von insgesamt 30 Fällen —, die funktioneller Genese ist. Ein Teil der Hepatomegalien hat sich mittels Leberpunktion als *Fettleber* aufklären lassen ([366, 1659, 2017, 2079], eigene Beobachtungen). Besondere Beachtung verdient die Tatsache, daß die meisten *Leberfunktionsproben ohne pathologischen Befund* sind [1183, 1659, 2017). Dies unterscheidet

die „primäre" hyperlipidämische Hepatosplenomegalie von den „sekundären" symptomatischen Formen, z. B. bei Diabetes mellitus. Bei extremer
Beschränkung der Fettzufuhr mit der Nahrung läßt sich die Lebervergrö-
ßerung beheben [447, 1345, 1457].

Nicht allzu selten werden solche Kranke unter dem Bild eines „akuten
Oberbauchsyndroms" in die Klinik aufgenommen und als Ulcus ventriculi,
akute Pankreatitis, Cholecystopathie internistisch behandelt oder manchmal sogar laparotomiert. Das Auftreten von *Schmerzen im Oberbauch* (nach
LEVER [1444] in etwa 50% der Fälle) in Gestalt „abdomineller Krisen" wird
in der Literatur teils auf die infolge der akuten Leber- und Milzschwellung
eingetretene Kapseldehnung [2063], teils auf das Pankreas bezogen [471,
1265], da die Schmerzen häufig im linken Oberbauch lokalisiert sind. Es
scheint aber so zu sein, daß die Hyperlipidämie die Ursache und nicht die
Folge der Pankreasbeschwerden (Pankreatitis?) ist [1265, 1864]. Denn es
wurden ganz selten Fermentaktivitätssteigerungen im Blut beobachtet. Die
Beobachtung von HOLT [1109] u. Mitarb. an einem 11jährigen Mädchen,
daß die Leibkoliken immer mit einem plötzlichen Anstieg des Serumlipidspiegels einhergingen, hatte die Auffassung nahegelegt, die Oberbauchschmerzen seien durch den plötzlichen Einstrom von Fett in die Leber mit
der damit verbundenen Vergrößerung des Organs bedingt. Andererseits
zeigten weitere Beobachtungen an Erwachsenen, daß die Schmerzattacken
unabhängig von einem Serumlipidanstieg, ja sogar auch ohne gleichzeitige
Vergrößerung der Leber, auftraten [492].

Oft kann man am *Augenhintergrund* die „Lipämie" unmittelbar beobachten [961, 1109]. Er zeigt Cremefarbe, die Gefäße erscheinen verwaschen
und es finden sich herdförmig lipoide Einlagerungen [384, 1659, 2017, 2284].
Nach MALMROS [1536] tritt die „Lipaemia retinalis" erst bei Plasmalipidkonzentrationen oberhalb 3000 mg-% auf.

Die Mehrzahl der Autoren ist sich im Gegensatz zu der Auffassung ZÖLL-
NERs [2524] darüber einig, daß die essentielle Hyperlipidämie zu *vorzeitigen*
und *schweren arteriosklerotischen Gefäßveränderungen* führt (Ausführliches
darüber s. S. 189ff.).

Die *Blutgerinnungszeit* ist bei essentieller Hyperlipidämie in der gleichen
Weise verkürzt wie bei gesunden Versuchspersonen nach oraler Fettbelastung (s. S. 178ff.).

Über das *Wesen der Krankheit* bestehen bis jetzt nur Vermutungen.
Gesichert ist wohl der Befund, daß der *erhöhte Fettgehalt* (vorwiegend
Neutralfette!) *im Serum* dieser Kranken im Gegensatz zu dem Verhalten bei
der essentiellen Hypercholesterinämie dem *Nahrungsfett entstammt*, was
THANNHAUSER [2294] und STANLEY mittels radioaktiv markierten Oliven-
öls nachweisen konnten. Eine gesteigerte Fettresorption kommt nach
SCHRADE [2063] und Mitarb. nicht in Betracht. Inzwischen konnte JOSKE
[1183] an vier Kranken mit essentieller Hyperlipidämie zeigen, daß ihre
intestinale Fettresorption normal war. Weiter, daß die *Fettelimination aus
dem Blut* extrem *stark verzögert* ist [1033, 1109, 2063, 2294], weshalb THANN-
HAUSER [2284] von einer „Retentionshyperlipämie" gesprochen hat.
SCHRADE [2063] u. Mitarb. konnten mittels Einbaues von radioaktivem
Phosphor (P^{32}) in die Phosphatide des Blutes nachweisen, daß bei dem untersuchten Kranken mit essentieller Hyperlipidämie „eine Hemmung der
Phosphatidabwanderung aus dem Blute" vorliegt. Die Autoren nehmen an,
daß die Konzentrationssteigerung der anderen Serumlipide auf dem gleichen
Mechanismus beruhe. Es würde sich demnach prinzipiell um den gleichen

Vorgang wie bei der postresorptiven Lipämie handeln, nur in einer extrem gesteigerten Weise. Dusso [607] nahm eine zentralnervöse und Paas [1750] eine *hormonale*, wahrscheinlich in den Hypophysenvorderlappen zu lokalisierende *Regulationsstörung* des Fettstoffwechsels an. Auch Katsch [1199] faßt diese Hyperlipidämie als „primäre Dysregulationshyperlipämie" auf. Der letztere Autor geht noch weiter und rechnet auch die diabetische Dauerhyperlipidämie zu dieser Gruppe.

Als Ursache für den Lipidanstieg im Blut sieht Thannhauser [2284] eine *Störung der Depotfettbildung*, vielleicht durch eine gestörte Capillarpermeabilität, oder abwegige hormonale bzw. fermentative Abläufe im Fettgewebe selbst. Die Befunde Holts [1109] u. Mitarb., daß nach Bluttransfusion ein Absinken der Serumlipidkonzentrationen eintrat, kann vielleicht in Richtung einer Substitutionstherapie (Albumine!) gedeutet werden, wenn es sich nicht einfach um einen Verdünnungseffekt gehandelt hat. Schon Bürger [384, 386] u. Mitarb. stellten bei der essentiellen Hyperlipidämie eine *langanhaltende postresorptive lipämische Trübungskurve* fest. Auch Schettler [2017] u. Mitarb. konnten bei Kranken mit essentieller Hyperlipidämie mittels Fettbelastungen ein stärkeres Ansteigen und ein längeres Anhalten der Neutralfettvermehrung im Blutserum konstatieren, eine Beobachtung, die die These der *Retentionshyperlipidämie* stützt. Die Möglichkeit, daß die ohnedies geringe Fettausscheidung in den Darm die Ursache der Blutretention sein könne, wurde an einem Fall von Bürger [386] u. Mitarb. untersucht und verneint. Ob und wieviel von den im Blut bei diesen Kranken kreisenden Fetten im Körper selbst synthetisiert wird, und wie hoch dieser endogene Anteil an dem Gesamtlipidgehalt des Serums ist, muß infolge Mangels geeigneter Daten noch offen bleiben. Allerdings konnten Gidez [855] und Eder mittels Einbauversuchen die Möglichkeit einer gewissen gesteigerten Eigensynthese von Chylomikronen-Triglyceriden, wie auch sonstiger Lipide in den anderen Lipoproteiden wahrscheinlich machen. Über mögliche Störungen des intermediären Stoffwechsels selbst ist nichts bekannt.

Von einigen Autoren wird eine *relative Pankreasinsuffizienz* angenommen [2379]. Goodman [900] u. Mitarb. dachten an das Fehlen einer Serumlipase. Jedoch war in einem Teil ihrer Fälle die Lipasekonzentration normal. Die Ansichten über eine herabgesetzte Lipolyse des Blutes [741, 1973] basierten auf den Feststellungen Hanriots bzw. Bauers [148], Davidsons, Izars [1148] und Edelmanns [611] von einer verminderten Lipasekonzentration bei der Lipämie. Im Lichte der modernen Forschung sehr bemerkenswert sind die Untersuchungen von Dörle und Weiss an Hypertonikern, die feststellen konnten, daß die Lipaseaktivität des Serums parallel mit dem Ansteigen des Cholesteringehaltes abnahm und umgekehrt.

An einem *Mangel an endogenem Heparin* scheint es nicht zu liegen, wie sich mit dem Protamintitrationstest zeigen ließ [2021]. Ein ausgesprochenes Heparindefizit scheint nicht vorzuliegen, da selbst große Heparininjektionen bei Kranken mit essentieller Hyperlipidämie nicht zur restlosen Klärung des Serums führten [1033]. Allerdings ist der Klärungseffekt (nach *intravenöser* Heparinzufuhr) bei Kranken mit essentieller Hyperlipidämie beträchtlich verzögert (s. unten!).

Neuerdings wird ein *Defekt am Klärfaktor selbst* im Blut vermutet [1103, 1449]. Havel konnte an drei Brüdern, die an essentieller Hyperlipidämie litten, das fast völlige Fehlen des heparininduzierten Lipämieklärungsfaktors nachweisen. Gleichzeitig gelang ihm der Nachweis, daß dies nicht

durch das Fehlen eines Aktivators (Apoferment zur Lipoproteidlipase), bzw.
das Wirksamwerden eines Inhibitors bedingt sei. Dafür sprechen auch Befunde von KLEIN [1271] und LEVER. Diese Autoren konnten mittels Zusatz
lipämischen Serums von Kranken mit primärer und sekundärer Hyperlipidämie zum Serum von Gesunden die Klärungsaktivität (die nach intravenöser Heparininjektion prompt eintrat) aufheben. ANFINSEN [69] erwähnt
unveröffentlichte Untersuchungen von HAVEL u. Mitarb. an Zwillingen mit
idiopathischer Hyperlipidämie. Daß deren Blutplasma keine Lipoproteidlipase enthielt, schlossen sie aus dem Ausbleiben der Lipolyse (des „Klär-
effektes") auf Heparinzufuhr (s. S. 97ff.). Dagegen war in vitro nach Zufuhr von lipoproteidlipasehaltigem Material der Kläreffekt an den Chylomikronen zu demonstrieren. WILKINSON [2456] ist der Ansicht, daß die

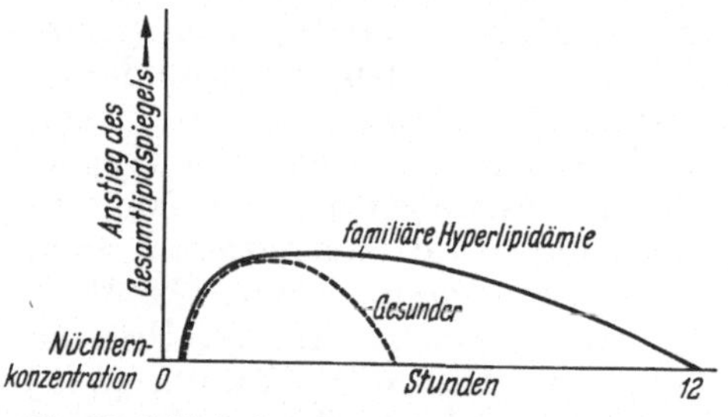

Fig. 64. Fettbelastungstest bei Gesunden (———) und
Kranken mit familiärer Hyperlipidämie (- - - -) (nach
WILKINSON [2456])

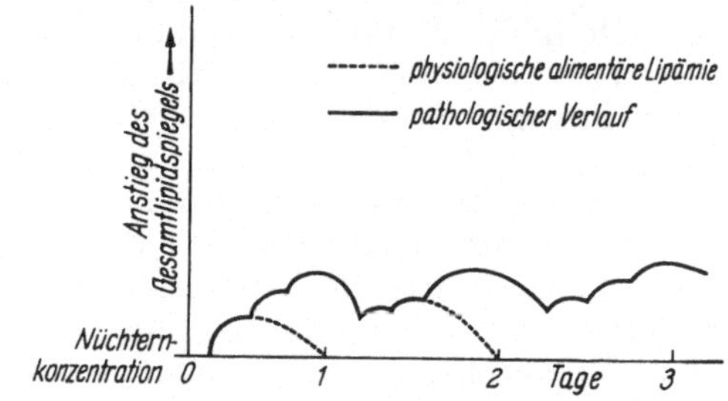

Fig. 65. Überlagerungseffekt von Fettmahlzeiten auf
den Blutfettspiegel bei familiärer Hyperlipidämie
(nach [2456])

essentielle Hyperlipidämie lediglich eine erheblich stärker verlangsamte
Klärungsaktivität des Serums als die alimentäre Lipämie aufweise. Infolge
der verzögerten Bewältigung der zugeführten Neutralfette erfolge die
nächste Fettaufnahme nicht nach abgeklungener postresorptiver Hyperlipidämie (von der vorausgehenden Mahlzeit her), sondern bestenfalls in der
absteigenden Phase des Blutfettspiegels. Die resultierende Hyperlipidämie
sieht dieser Autor als Summationseffekt an [2457].

Vielleicht gibt es auch Fälle von essentieller Hyperlipidämie, bei denen
der Lipoproteid-Lipasemechanismus intakt, aber der Stoffwechsel und der
Transportmechanismus endogen gebildeter Glyceride gestört ist [412, 2017,
2063]. Es wurde schließlich daran gedacht, daß es sich um erhöhte Empfind-
lichkeit des Fettgewebes gegenüber den physiologischen Fettmobilisatoren
oder um eine vermehrte Ausschüttung derartiger Substanzen handeln
könne. Diese Gedanken sind nicht so ohne weiteres von der Hand zu weisen,
seit SEIFTER [2113, 2114] und BAEDER einen *lipidmobilisierenden Faktor*
aus tierischem und menschlichem Blutplasma isolieren konnten. Es gelang
der gleichen Arbeitsgruppe durch Injektion dieser Substanz am Menschen
eine Serumbild zu erzielen, das prinzipiell dem der essentiellen Hyperlipidämie gleichkam.

Weiterhin liegen Beobachtungen vor, die an *Beziehungen zum Kohlenhydratstoffwechsel* denken lassen. BÜRGER machte darauf aufmerksam, daß
der Blutzuckerspiegel bei dem einen oder anderen Fall von essentieller Hyperlipidämie erniedrigt sei. Er vermutete als Ursache eine vermehrte Umwandlung von Kohlenhydraten in Fett. *Leichte Hyperglykämien* fanden THANN-
HAUSER [2284], KLATSKIN [1265] und GORDON, MOVITT [1659], MALMROS
[1535], SWAHN und TRUEDSON, FISCHER [728] und POSER, CHRISTENSEN
[459]. Auch Glucosurien wurden beobachtet [459, 728, 1113, 2284]. CORAZZA

[*492*] und MYERSON publizierten vier Fälle von Hyperlipidämie mit diabetischer Glucosetoleranzkurve. Bis auf einen zeigten sie jedoch alle einen oberhalb 120 mg-% liegenden Blutzuckernüchternwert als Ausgangspunkt der Kurve. Ein Fall wies außerdem eine Glucosurie auf. Bemerkenswert ist nur die Tatsache, daß alle vier Fälle beträchtliche Hyperlipidämien (3064, 1872, 6856, 2620 mg-% Gesamtlipide) aufwiesen, ohne daß sie zur Zeit der erhobenen Lipidbefunde stoffwechselentgleiste Diabetiker waren. Es fällt daher schwer, sie in die Gruppe der nur diabetischen Hyperlipidämien einzuordnen. WADDELL [*2379*] u. Mitarb. führten an Kranken mit Hyperlipidämie und Hypercholesterinämie Blutzuckerbelastungsversuche durch. Bei 18 von 20 Patienten verliefen sie pathologisch (gesteigerte Hyperglykämie und verzögerte Rückkehr zum Nüchternzuckerspiegel), ohne daß bei einem einzigen ein erhöhter Ausgangswert oder eine Glucosurie vorlag. Die Mehrzahl dieser Patienten zeigte auch ein erhöhtes Ansprechen auf Insulinbelastung. Die Reaktionen auf Glucagon verliefen normal, was auf ausreichend vorhandene Glykogendepots schließen läßt. Einen Fall mit einer passageren diabetischen Stoffwechsellage beschrieben FISCHER [*728*] und POSER, bei dem eine Hyperlipidämie bestand mit zunächst normaler Glucosetoleranzkurve. Im Laufe der weiteren Beobachtung trat bei dem Kranken ein manifester insulinpflichtiger Diabetes mit Glucosurie bis zu 40 g/die auf. Nach 6 Tagen konnte Insulin bereits abgesetzt werden. Unter fettbeschränkter Kost (40 g/die) und einer KH-Zufuhr von 200 g — ohne Insulinmedikation — ging die Hyperlipidämie innerhalb 3 Monate von 8390 auf 1160 mg-% zurück. Die Xanthome bildeten sich ebenfalls fast völlig zurück. Es gibt sicher auch *Mischfälle*, die beides zugleich aufweisen, einen Diabetes mellitus und eine essentielle Hyperlipidämie [*26*]. Die diätetische Ansprechbarkeit ist ein sehr charakteristisches Unterscheidungsmerkmal: Die *Hyperlipidämie bei Diabetes mellitus* läßt sich nur mit *Insulin*, also durch richtige Einstellung des Kohlenhydrathaushaltes, beseitigen. Demgegenüber spricht die *Hyperglykämie* bei *essentieller Hyperlipidämie auf fettarme Kost an*.

Über den *Fettgehalt der Leber* liegen verhältnismäßig wenige Untersuchungen vor. Im Vergleich zu dem hohen Neutralfettgehalt im Serum der Kranken mit essentieller Hyperlipidämie fanden THANNHAUSER [*2290*] und REINSTEIN die Leber fettarm. Auch CHAPMAN [*447*] und KINNEY konnten bei einem einjährigen Kind mit Serumlacteszenz, Hepatosplenomegalie und Xanthomen keinen erhöhten Fettgehalt der Leber feststellen. Auch KLATSKIN [*1265*] und GORDON fanden keinen deutlich vermehrten Fettgehalt der Leber, während andere Autoren im Leberpunktat solcher Kranken oft eine starke Fettvermehrung fanden [*366, 1183, 1345, 1659, 2017*]. Über Beziehungen zwischen Serumlipid- und Leberlipidgehalt s. „Leberkapitel"!

b) Cholesterintyp

(*Synonyma:* Essentielle Hypercholesterinämie, familiäre Hypercholesterinämie, hereditäre Hypercholesterinämie.)

Die „*essentielle Hypercholesterinämie*" wird als eine genetisch bedingte Stoffwechselanomalie angesehen. Sie wird unvollständig dominant vererbt [*32, 1094, 1836, 2458*]. Man nimmt an, daß *ein* dominantes Gen mit verschiedener Penetranz (die im Alter zunimmt!) für das Auftreten der Hypercholesterinämie (= forme fruste) verantwortlich sei, während das gleichzeitige Auftreten von Xanthomen an *zwei* Allele, d. h. an die Homozygotie gebunden sei. Diese Auffassung blieb jedoch nicht unwidersprochen. PIPER [1836] und ORRILD, sowie HARRIS-JONES [1007, 1008] u. Mitarb. halten die essentielle Hypercholesterinämie für eine heterozygot vererbte Abnormität. Ihr familiäres Vorkommen ist vielfach sichergestellt [282, 1007, 1008, 1535, 1836, 2017]. In der Literatur sind viele Stammbäume mitgeteilt, die dies

Tabelle 72. *Serumlipidwerte bei „essentieller Hypercholesterinämie"*
(Zusammenstellung aus der Literatur)

Autor	Gesamt-lipide mg-%	Neutralfette mg-%	Neutralfette %	Gesamt-cholesterin mg-%	Gesamt-cholesterin %	Phosphatide mg-%	Phosphatide %
BORRIE ⎫	1800	679	37,6	520	28,8	445	24,6
BORRIE ⎬ [296]	1920	814	42,3	520	27,1	430	22,3
BORRIE ⎭	2300	1161	50,4	515	23,3	470	20,4
LEVER ⎫	(2407)	378	15,7	1070	48,6	450	18,6
LEVER ⎪	(1013)	3	0,3	505	49,8	310	30,6
LEVER ⎪	(913)	166	18,1	345	37,7	285	31,2
LEVER ⎬ [1448]	(1224)	145	11,8	500	40,8	410	33,4
LEVER ⎪	(906)	23	2,5	430	47,4	303	33,4
LEVER ⎪	(1039)	156	15,0	445	42,8	339	32,6
LEVER ⎭	(1024)	82	8,0	465	45,4	278	27,1
THANNHAUSER [2284]	(1304)	320	25,3	364	27,8	470	36,0
LEVER ⎫	(876)	210	23,9	333	38,0	292	33,3
LEVER ⎪	(1164)	133	11,2	528	45,3	360	30,9
LEVER ⎪	(1134)	252	22,2	403	35,5	339	35,1
LEVER ⎪	(1498)	144	9,7	927	65,5	331	22,6
LEVER ⎬ [1444]	(1160)	136	11,7	489	42,1	397	33,6
LEVER ⎪	(1015)	139	13,7	400	39,4	358	35,2
LEVER ⎪	(1403)	314	22,3	520	37,0	367	26,1
LEVER ⎭	(1125)	68	6,0	477	42,4	411	36,5
LEVER ⎫	(978)	114	11,6	425	43,4	313	32,0
LEVER ⎪	(1187)	186	15,7	497	41,8	378	31,8
LEVER ⎪	(1016)	298	29,5	324	32,1	286	28,3
LEVER ⎪	(1083)	219	20,2	389	35,9	386	35,6
LEVER ⎬ [1446]	(1280)	373	29,0	480	37,5	280	21,9
LEVER ⎪	(1317)	190	14,4	500	37,8	445	33,7
LEVER ⎪	(1026)	264	25,7	381	37,1	273	26,6
LEVER ⎭	(1227)	213	17,3	477	38,8	393	32,0
POLANO ⎫	(2514)			740	29,4	476	18,9
POLANO ⎪	(1145)			334	29,1	340	29,7
POLANO ⎪	(1166)			399	34,2	565	48,4
POLANO ⎪	(1879)			836	44,4	332	17,6
POLANO ⎬ [1838]	(2532)			596	23,5	445	17,5
POLANO ⎪	(1613)			499	20,9	395	24,4
POLANO ⎪	(1544)			323	20,9	325	21,0
POLANO ⎪	(1066)			400	37,7	410	38,4
POLANO ⎭	(1315)			407	30,9	480	36,5

( ): Die Gesamtfettwerte wurden nach der bei SCHETTLER [2006] angegebenen Formel berechnet: Gesamtfette = gesamtveresterte Fettsäuren + Ges. Cholesterin + (Lipid-P ×
× 5,96)

erkennen lassen [338, 660, 1094]. Die Krankheit befällt beide Geschlechter gleichmäßig. Nach ADLERSBERG [32] ist die jüdische Rasse ausgesprochen bevorzugt.

Blutchemisch liegt *nicht nur* eine *Hypercholesterinämie* vor — bei der relativen Einfachheit des Cholesterinnachweises stand sie zwar bis in die jüngste Zeit [127] im Mittelpunkt der Betrachtung —, sondern es besteht eine *Konzentrationserhöhung des gesamten Blutfettes.* Schon der von

BÜRGER (zit. bei SCHRADE [2063]) 1933 veröffentlichte Fall von Xanthoma tuberosum (Lipoidgicht) wies neben der Cholesterinspiegelerhöhung eine Erhöhung auch der anderen Lipidwerte auf. Immer sind auch die Serumphosphatide erhöht, und zwar zugunsten des Lecithins. In einzelnen Fällen ist auch eine Neutralfetterhöhung beschrieben worden [296, *1444*, *1446*, *2284*]. Auch eine erhöhte Carotin- bzw. Vitamin-A-Konzentration wurde im Blutserum gefunden. Die Konzentration der Gesamtlipide im Serum ist immer erhöht (s. Tab. 72). Allerdings ist das prozentuale Verteilungsverhältnis der verschiedenen Serumlipide gegenüber der essentiellen Hyperlipidämie verschieden (s. Fig. 66).

In der *analytischen Ultrazentrifuge* fand sich im Serum von Kranken mit essentieller Hypercholesterinämie und Xanthoma tendinosum eine Konzentrationssteigerung der Lipoproteide niedriger Dichte, vor allem der $S_f < 20$ [*1589*]. Die chemische Analyse präparativ gewonnener Ultrazentrifugate ergab in Abweichung von den Befunden bei der essentiellen Hyperlipidämie eine leichte Cholesterinvermehrung in den Lipoproteiden von sehr niedriger Dichte (D < 1,019), dagegen eine starke Cholesterinzunahme in den Fraktionen der Dichtegrade D 1,019 bis 1,063 ([*1036*]. GURAVICH [*969*] fand bei der Untersuchung einer großen Zahl von Fällen durchweg die $S_f 0$ bis 12-*Lipoproteide* vermehrt. Bei der Mehrzahl der Fälle war auch die Konzentration der $S_f 12$ bis 20 und in etwa der Hälfte der Fälle auch die der $S_f 20$ bis 100 erhöht. Dagegen verhielten sich die $S_f 100$ bis 400-Klassen in den meisten Fällen normal. *Papierelektrophoretisch* findet sich eine schmale, sehr dichte Beta-Lipoproteidbande [*512*].

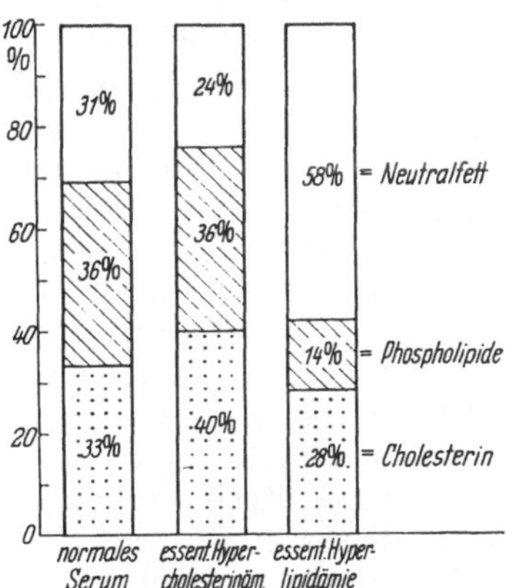

Fig. 66. Prozentuale Verteilung der Lipidfraktionen in Seren von Kranken mit „essentieller Hyperlipidämie" und „essentieller Hypercholesterinämie"

Aus diesen Ergebnissen dürfte demnach auch bei dieser Stoffwechselstörung der Schluß erlaubt sein, daß eine *transportspezifische Bereitstellung von Lipoproteiden* erfolgt. Da bereits in der kleinsten Transporteinheit, dem Lipoproteidpartikel, eine charakteristische Lipidbeladung erfolgt (s. S. 50), ist es verständlich, daß hier entgegen der ursprünglichen Ansicht nicht nur eine isolierte Konzentrationssteigerung des Cholesterins im Blutplasma, sondern zugleich auch eine Vermehrung der anderen Lipidfraktionen im Blutplasma, der Art der Hyperlipoproteidämie entsprechend, vorliegt.

THANNHAUSER [*2284*] sieht ein wesentliches Unterscheidungsmerkmal darin, daß *bei der essentiellen Hypercholesterinämie das Serum klar*, während es bei der essentiellen Hyperlipidämie getrübt sei. Der Gesamtcholesterin/Estercholesterinquotient wurde von THANNHAUSER [*2284*] normal gefunden. LEVER [*1444*, *1446*], sowie SCHILLING [*2022*] und GAMP stellten demgegenüber eine eindeutige Vermehrung des freies Anteils fest, ebenso auch FRÖHLICH [*810*].

Xanthome kommen nur etwa in der Hälfte der Fälle vor. Sie können schon frühzeitig auftreten. SPIER [*2179*] hat über einen 14 Wochen alten Säugling mit erbsen- bis kirschkerngroßen Xanthomen berichtet, die, wenn auch kleiner, schon bei der Geburt bestanden haben. Später treten die Xanthome meist erst dann auf, wenn die Hypercholesterinämie (oberhalb 400 mg-%) schon längere Zeit besteht. Im Gegensatz zur essentiellen

Hyperlipidämie handelt es sich hier nicht um eruptive, sondern um *tuberöse* und *plane Xanthome*. Sie sind *durch Diät meist nicht zum Schwinden zu bringen*. ADLERSBERG [*32*] hat in erster Linie „tendinöse" Xanthome beobachtet. Prädilektionsorte für diese Xanthome sind die Streckseiten der Extremitäten (Gegend der Fingerstrecksehnen, der Patellar- und Achillessehne) [*983, 1008, 1444, 2284*]. Plane Xanthome kommen vorwiegend an den Innenseiten der Hände und an den Fußsohlen zur Beobachtung. *Xanthelasmen* an den Augenlidern sind häufig. Jedoch werden die typischen Veränderungen an der Cornea eigentlich zu Unrecht Arcus „senilis" genannt, wenn sie auch in der Mehrzahl der Fälle bei Kranken oberhalb des 40. Lebensjahres beobachtet werden. Dieser Arcus, auch Gerontoxon genannt, ist nicht ausschließlich auf ältere Menschen beschränkt. Man hat daher schon vor längerer Zeit die Bezeichnung „*Arcus lipoides*" vorgeschlagen [*375*]. GURAVICH [*969*] fand ihn bei 22 Fällen von essentieller Hypercholesterinämie achtmal bei Kranken unter 40 Jahren. Der jüngste Patient war 27 Jahre alt. BOAS [*273*] fand ihn bei 1000 Untersuchten (20 bis 79 Jahre alt) in 21%, SCHETTLER [*2004*] bei 2415 Untersuchten (30 bis 79 Jahre alt) nur in 6% der Fälle. Diese Untersuchungen bezogen sich bei BOAS auf ein ausgewähltes (Kreislaufkranke und Juden), bei SCHETTLER auf ein nicht ausgewähltes Material, in beiden Fällen nur auf unmittelbarer Untersuchung mit dem bloßen Auge beruhend. ROHRSCHNEIDER [*1934*] fand an 400 nicht ausgewählten Fällen bei einfacher Inspektion in 28%, bei Betrachtung mit der Spaltlampe aber in 64% der Fälle einen Arcus lipoides. Unter den untersuchten 70- und Mehrjährigen waren sogar 90% Arcusträger. Selten wird der Arcus auch bei Normocholesterinämikern gefunden. Andererseits wird der diagnostische Wert dieses Symptoms bei der Atherosklerose dadurch stark eingeschränkt, daß er auch bei Nichtatherosklerotikern vorkommt [*1934*].

Histologisch stehen bei hypercholesterinämischen Xanthomen die Schaumzellen im Vordergrund. Daneben finden sich TOUTONsche Riesenzellen und doppelbrechende freie Cholesterinkristalle. Für die Ablagerung des Lipidmaterials im Gewebe wird neben dem erhöhten Serumcholesterinspiegel ein zusätzlicher Gewebsfaktor verantwortlich gemacht. Wesentlich charakteristischer für die Krankheit ist der erhöhte Lipidspiegel (einschließlich Hypercholesterinämie) als die Cholesterinablagerung in der Haut oder in den Sehnen. Die Fälle mit Hypercholesterinämie, aber ohne Xanthomatosis, hat man früher „*formes-frustes*" genannt. ADLERSBERG [*32*] fand bei 35 Kranken mit Xanthomen und ihren Blutsverwandten (insgesamt 201 Personen) nur in 12,5% der Fälle tuberöse oder tendinöse Xanthome. Dagegen zeigten 69% eine Hypercholesterinämie, 30% Xanthelasmen an den Augenlidern und 18% einen Arcus senilis.

Für das Zustandekommen derartiger Cholesterinablagerungen ist nach ZÖLLNER [*2527*] ein vermehrter Einstrom von Cholesterin, meist in veresterter Form, in bestimmte Zelltypen mesenchymaler Herkunft verantwortlich zu machen. Diese Zellen sind anscheinend nur begrenzt fähig, das Cholesterin wieder zu eliminieren. Als Folge der eintretenden Speicherung verändert sich die Zelle in charakteristischer vacuoliger Form („Schaumzelle"). Daneben dürfte der über längere Zeit erhöhte Gesamtlipid- und Cholesterinspiegel im Serum eine wesentliche Rolle spielen. Für diese Auffassung spricht die diätetische Beeinflußbarkeit mittels fettarmer Kost — cholesterinarme Diät allein ist wirkungslos! — aber auch das Tierexperiment. MANN [*1548*] u. Mitarb. konnten an einem erwachsenen Rhesusaffen durch Aufrechterhaltung eines stark erhöhten Serumcholesterinspiegels über 3 Jahre Xanthome erzeugen.

Das besondere *Interesse des Internisten* an dieser Krankheit liegt vor allem darin begründet, daß sie das frühzeitige Auftreten der Arteriosklerose, namentlich in den Coronararterien, begünstigt [*142, 486, 1446, 1447, 1836, 1870, 1907*]. ADLERSBERG [*32*] fand bei 40% seiner oben erwähnten Fälle Zeichen einer Coronarsklerose mit stenokardischen Beschwerden. Nach der Literatur scheinen 50% der Kranken unter Angina-pectoris-Beschwerden zu leiden [*2016*]. Besonders tragisch sind die plötzlichen Todesfälle bei essentieller Hypercholesterinämie im Kindesalter. Die Autopsie eines 12jährigen Knaben ergab Coronarverschlüsse und eine starke Einengung der Aorta durch atheromatöse Plaques [*1907*]. PÜRSCHEL [*1870*] und RUST beobachteten einen 9jährigen Knaben, der seit dem 1. Lebensjahr „herzkrank" war und unter den Zeichen akuten Herz- und Kreislaufversagens ad exitum kam. Autoptisch fanden sich atheromatös veränderte destruierte Aortenklappen bei gleichzeitigem Befallensein der Coronarien und der Art. basilaris cerebri.

Ursächlich handelt es sich bei der sog. essentiellen Hypercholesterinämie wohl um eine *Einregulierung auf einen erhöhten Plasmacholesterinspiegel*, der mit zunehmendem Alter nach den Beobachtungen von PIPER [*1836*] und ORRILD offenbar ansteigt. Betroffen scheint vorwiegend der Abbau des Cholesterins zu sein, wofür auch die geringe diätetische Beeinflußbarkeit durch Cholesterinentzug sprechen dürfte. Diese Annahme findet eine weitere Stütze in der Beobachtung, daß Inhibitoren bestimmter stoffwechselaktiver Fermente nur die endogene Cholesterinbildung hemmen, nicht aber den durch exogene Zufuhr bewirkten Cholesterinanstieg im Blut beeinflussen. Die Cholesterinsynthese ist mühelos möglich, aber ihr Abbau ist praktisch aufgehoben oder zumindest weitgehend eingeschränkt. Da die Enzymtätigkeit gewöhnlich reversibel eingestellt ist, nach Bedarf also in Richtung Synthese oder in Richtung Abbau, kann man hier annehmen, daß es sich nicht um das Fehlen bestimmter Fermente, sondern um eine *fehlerhafte Steuerung des Fermentmechanismus* handelt. Die essentielle Hypercholesterinämie würde nach dieser Theorie demnach eine *hereditäre Enzymopathie* darstellen.

Für das Vorhandensein eines von SPERRY [*2170, 2175, 2176*] und Mitarb. sowie HOFFMANN (unter BÜRGER) beschriebenen Cholesterinesterasesystems im Blut konnten von FRIEDMAN [*803*] und BYERS im Rattenversuch keine Anhaltspunkte gefunden werden. Sie ließen aber offen, ob dieses Fehlen an der getroffenen Versuchsanordnung lag oder ob es der Ratte tatsächlich eigentümlich ist.

Eine *Sonderform* dieser Erkrankung stellt die cerebro-tendinöse Form ausgesprochen familiärer Häufung dar [*852*]. Es finden sich eine somatische und geistige Entwicklungshemmung und cerebellar-ataktische paretische Erscheinungen. Die nervalen Veränderungen sind durch Cholesterineinlagerungen in die weiße Substanz, vor allem des Kleinhirns und der Hirnschenkel bedingt. Neben extracellulären, kristallinischen Cholesterindepots finden sich xanthomatöse Gliaveränderungen, Demyelinisation der Nervenfasern und andere Degenerationszeichen [*2006*].

Wie unsere Gegenüberstellung der Serumlipidbefunde verschiedener Autoren (s. Tab. 70 und 72) zeigt, scheint es schon blutchemisch zahlreiche Übergangsfälle zu geben. Pathogenetisch ist die eine Stoffwechselanomalie möglicherweise eine Variante der anderen. Nach dem augenblicklichen Stand der Forschung kann man nur Vermutungen aussprechen. Vielleicht handelt es sich in beiden Fällen um eine *hereditäre Enzymopathie:* Im Falle des Cholesterintyps um einen gestörten Abbau des Cholesterins, im Falle des

Neutralfettyps um eine Störung des Klärungsmechanismus durch die Lipo-
proteinlipase. Die letztere Auffassung wurde zuerst von WILKINSON [*2456,
2457*] geäußert.

Die *experimentellen Ergebnisse* des Arbeitskreises BYERS, FRIEDMAN und
ROSENMAN haben gezeigt, daß es zu einer Hypercholesterinämie durch genügend intensive Konzentrationserhöhung jeder einzelnen Lipidkomponente
im Blutserum kommen kann (s. Abschnitt C I 1 b).

Die früher betonten Unterschiede hinsichtlich der *Atheroskleroseentwicklung* bestehen sicher nicht. Wir stimmen mit der Ansicht vieler Autoren
überein, daß beide Verlaufsformen schwere Atheromatosen zeigen. ADLERS-
BERG [*14*] fand sie in 34% beim Neutralfettyp und in 43% beim Cholesterintyp. Beim Cholesterintyp scheinen sie wesentlich früher aufzutreten.

Tabelle 73. *Zur Differentialdiagnose der essentiellen Hyperlipidämieformen*

	Neutralfettyp ("essentielle Hyperlipidämie")	Cholesterintyp ("essentielle Hypercholesterinämie")
Serum	lacteszent (regelmäßig) Gesamtlipidkonzentration erhöht betonte Neutralfettvermehrung	klar (gelegentlich lacteszent) Gesamtlipidkonzentration erhöht betonte Cholesterinvermehrung
Xanthome	eruptiv verschwinden unter fettarmer Kost	nicht eruptiv durch fettarme Kost nicht wesentlich beeinflußbar
vorwiegende Lokalisation	Streckseiten der Extremitäten, Gesäß, Nacken, Wange, Lippen	Sehnen, Augenlider
Herz- und Gefäßbefund	Coronararterien Aorta Coronarinsuffizienz	Coronararterien Aorta Coronarinsuffizienz
Abdominelle Symptome	Hepatosplenomegalie Oberbauchkoliken	—
Stoff- wechsel	gelegentlich Hyperglykämie, Glucosurie	—

Wie SECKFORT [*2102*] und BRAUN-FALCO nachgewiesen haben, besteht
hinsichtlich des *Plasmalogengehaltes in Serum* und Organen kein Unterschied
zwischen beiden Erkrankungsformen. Bei beiden lag eine Konzentrationserhöhung der Acetalphosphatide im Blutserum vor.

Xanthome und *Xanthelasmen* pflegen bei beiden Störungen aufzutreten.
Unterschiede in der Beschaffenheit der Effloreszenzen bestehen nicht prinzipiell, sondern nur in der Häufigkeit ihres Auftretens. ADLERSBERG [*14*]
fand folgende Unterschiede. Bei der *essentiellen Hyperlipidämie:* Xanthelasmen 2,2%, Xanthoma tendinosum 1,1%, Xanthoma tuberosum bei 13,5%,
bei der *essentiellen Hypercholesterinämie:* Xanthelasmen 23%, Xanthoma
tendinosum 10%, Xanthoma tuberosum 1,6%.

Die *Xanthome* treten, im Gegensatz zu der THANNHAUSERschen An-
schauung [*2284*], *auch bei der essentiellen Hypercholesterinämie eruptiv* auf,
wenn auch nur die tuberösen Xanthome. Desgleichen zeigten neuere Beobachtungen [*1535, 1659*], daß nicht alle Neutralfettypen auf fettarme Diät
ansprechen, andererseits aber auch Fälle des Cholesterintyps der essentiellen
Hyperlipidämie auf eine solche Kost reagierten, und zwar mit einem Absinken des Serumlipidspiegels und einem Rückgang der Xanthome [*1111,
1870*].

Bezüglich der *Hyperglykämiebefunde* konnte ebenfalls eine *Ausschließlichkeit nicht bestätigt werden*. ADLERSBERG [*14*] fand sie in 2,5% der Fälle des Cholesterintyps, allerdings in 6,7% des Neutralfettyps.

Schließlich erscheint es mir wesentlich, daß beide Hyperlipidämietypen in der gleichen Familie vorkommen können. So beobachtete ADLERSBERG [*14*] eine Kranke mit essentieller Hyperlipidämie (mit lacteszentem Serum), deren drei Söhne eine Hypercholesterinämie (mit klarem Serum) und ohne Neutralfetterhöhung aufwiesen. Der gleiche Autor berichtete weiter von drei Geschwistern, von denen zwei eine Hyperlipidämie mit Hepatosplenomegalie und eines eine Hypercholesterinämie darboten.

3. Hypolipidämie

Bei chronisch Hunger leidenden und stark unterernährten Menschen sind niedrige Plasmacholesterinspiegel die Regel [*1243*]. Schwere, bis zur *Kachexie* führende Hungerzustände, wie sie bei Konzentrationslagerhäftlingen beobachtet wurden, waren gewöhnlich mit einer schweren Hypolipidämie verbunden. Dabei waren sämtliche Lipidfraktionen im Serum stark vermindert, das Cholesterin bis auf 100 mg-% oder sogar noch darunter (ADLERSBERG und SOBOTKA in COOK [*488*]). Es sind Fälle mit einem Gesamtlipidgehalt von nur 200 bis 300 mg-% und einem Gesamtcholesteringehalt von 30 bis 40 mg-% im Serum beschrieben worden [*1749*]. Ursächlich werden nicht nur reduzierte Synthese, sondern auch vermehrter Verlust im Darm infolge verminderter Rückresorption des mit der Galle in den Darm ausgeschiedenen Cholesterins diskutiert. SHERLOCK [*2131*] und WALSHE fanden bei 20 chronisch unterernährten Männern aus Wuppertal nach dem zweiten Weltkrieg einen Cholesterinspiegel im Serum von nur 166 mg-%. Die Probanden waren zwischen 45 bis 60 Jahre, im Mittel 48 Jahre alt.

Der Serumcholesterinspiegel bei Kranken mit *Hyperthyreose* ist gewöhnlich niedrig, wenngleich dieses Symptom nicht so konstant ist wie die Hypercholesterinämie beim Myxödem.

Im Gegensatz zur Nebennierenrindenüberfunktion liegt die Cholesterinkonzentration im Serum bei der *chronischen Nebennniereninsuffizienz* (Morbus ADDISON) meist niedrig.

Schließlich kann der Serumlipidspiegel bei *schweren Leberparenchymstörungen* niedrig sein. Die Hypocholesterinämie wird auf einen starken Rückgang der Cholesterinsynthese bezogen. Das ist der Fall bei der akuten Leberatrophie, der schweren akuten Hepatitis und akuten ikterischen Schüben bei einer Lebercirrhose. Der häufig dabei auftretende „*Estersturz*“ ist ein in der Klinik sehr beachtetes Zeichen. Die enzymatische Veresterung in der Leber schwindet.

Bei fieberhaften Erkrankungen findet man subnormale Serumlipidspiegel [*1343*]. *Hypocholesterinämie* wurde von SCHLIEPHAKE [*2025*] u. Mitarb. bei akuten Infektionskrankheiten, „perniziöser Anämie, Kachexien und chronischen Inanitionszuständen, Morbus Basedowii, ulceröser Colitis, Anaphylaxie, akuter gelber Leberatrophie, ikterischer Lebercirrhose, Carcinom, Gastritis und Ulcus ventriculi (duodeni)“, Herzinsuffizienz und im hypoglykämischen Schock beobachtet. Die gleichen Autoren fanden beim Magen-Zwölffingerdarm-Geschwürsleiden einen um 30 bis 40% gegenüber der Norm gesenkten Serumcholesterinspiegel. Sie nahmen einen pathogenetischen Zusammenhang an, da bei der Graviditätshypercholesterinämie, ähnlich wie bei der nephrotischen Hypercholesterinämie, kein Ulcus aufzutreten pflege.

IV. Verhalten der Serumlipide
und -lipoproteide bei anderen Erkrankungen

1. Krankheiten der Leber

Von
F. A. Pezold und H. Seckfort

Erstmalig wurde 1932 versucht, qualitative und quantitative Änderungen der Blutfettkonstellationen nach oraler Fettbelastung differentialdiagnostisch bei Leberkrankheiten auszuwerten [2403]. Schon vorher war beobachtet worden [382, 2449], daß der Serumcholesterinspiegel auf orale Belastung mit in Olivenöl gelöstem Cholesterin bei Gesunden anders reagiert als bei Leberkranken [110]. Gegen die Leberspezifität derartiger Veränderungen wurden allerdings erhebliche Bedenken [2287] geäußert.

Eine andere Beobachtung hat sich jedoch diagnostisch als verwertbar erwiesen. Bei manchen Fällen von Stauungsikterus fand nämlich Bürger [380] den Esteranteil des Gesamtcholesterins sehr niedrig. Dieser „Estersturz" [2287] im Verlauf von Leberkrankheiten ist seither als klinisch brauchbares Zeichen zum Begriff geworden [31]. Bis heute gilt die Bestimmung des Gesamtcholesterins im Serum und seines Esteranteiles als wichtigste Methode, um den Lipoidstoffwechsel der Leberkranken funktionsanalytisch zu beurteilen. Beckmann [157] meint sogar, daß „auf dem Gebiete des Fettstoffwechsels nur das Verhalten des Cholesterins und der Cholesterinester für den Einblick in die Lebertätigkeit brauchbar sei".

Bei der diagnostischen Verwertung derartiger Befunde empfiehlt sich Zurückhaltung, wie dies auch gegenüber anderen Leberfunktionsproben gilt [759, 1012, 1013, 1189, 1479]. Man darf nicht vergessen, daß man auch mit der Cholesterinbestimmung nur eine Teilfunktion des hepatischen Geschehens kontrolliert, die aus Gründen, die im einzelnen noch unbekannt sind, bei vielen Leberstörungen manchmal nicht mitbetroffen sind. Sicher ist es nicht statthaft, schon Verminderungen der Cholesterinesterquote von 15 % [1655] als Ausdruck einer Leberschädigung zu deuten, vor allem dann nicht, wenn sonstige Leberfunktionsausfälle oder klinische Symptome, die auf eine Leberschädigung hinweisen, fehlen. Nach eigenen Erfahrungen bei laparoskopisch und histologisch gesicherten Lebererkrankungen (s. Fig. 68) bleibt, ähnlich dem Verhalten anderer Leberfunktionsproben, der Cholesterin-/Cholesterinesterquotient häufig lange Zeit stabil.

Wenn man an *Ratten* operativ $^2/_3$ oder gar $^3/_4$ der Leber entfernt, tritt im Mittel keine Erniedrigung der Esterquote ein [2102] (s. Tab. 74). Aber auch andere Lipidfraktionen des Blutes zeigen bei Leberkranken, wie im Tierexperiment, nach dem Ausfall großer Teile der Leber eine bemerkenswerte Stabilität [443, 719, 2104]. Acetalphosphatid- und Esterfettsäurenspiegel des Blutserums blieben nach Teilhepatektomie weitgehend konstant, und die Werte für den Lipoidphosphor stiegen sogar vorübergehend etwas an. Vor allem erwies sich der *Acetalphosphatidspiegel im Blutserum*, auch nach unseren klinischen Beobachtungen, als *weitgehend unabhängig vom hepatischen Geschehen* [2103]. So wirken sich z. B. experimentelle Leberzellnekrosen nach Tetrachlorkohlenstoffintoxikation [391, 2097] wohl erheblich auf den Plasmalgehalt der Leberzellen aus, ohne daß es gleichzeitig zu einer Änderung des Plasmalogenspiegels im Blutserum kommt. Während die übrigen Plasmaphosphatide bekanntlich aus der Leber stammen (s. S. 81), scheint das,

soweit bisher bekannt, bei den Acetalphosphatiden nicht der Fall zu sein
[*1427, 2300, 1971, 1984, 1623*]. Aus Tierversuchen mit „Lebergiften" geht
hervor, daß sich ihre Auswirkung oft ausschließlich auf die Leber erstreckt,
ohne daß sich solche Veränderungen, wie Fettleber, auch an den Lipiden im
Blut äußern müssen. Es handelt sich also offenbar hier um ein rein örtliches
Geschehen, ähnlich wie wir es bei xanthomatösen Erkrankungen [*2102*] und
interessanterweise auch bei der Psoriasis fanden [*335*]. Wir kommen bei der
Besprechung der Fettleber auf dieses Problem zurück.

Tabelle 74. *Serumlipidkonzentrationen bei der Ratte nach Teilhepatektomie*
(Nach SECKFORT [*2104*], BUSANNY-CASPARI und ANDRES)

	Gesamtcholesterin mg-%		Estercholesterin mg-%		freies Cholesterin mg-%	
	N	TH	N	TH	N	TH
E+	71,2	82,4	53,4	50,0	24,2	34,5
$\overline{\text{m}}$	50,5	57,7	34,4	34,4	16,1	21,1
E—	30,2	43,8	13,3	25,8	6,0	12,0

	Plasmalogen mg-%		Lipoidphosphor mg-%		Esterfettsäuren mÄqu/L	
	N	TH	N	TH	N	TH
E+	2,5	1,9	4,0	4,8	9,6	7,2
$\overline{\text{m}}$	1,6	1,5	2,6	2,8	5,7	4,4
E—	1,2	1,2	1,6	1,7	3,1	2,3

Alle Werte in den beiden vorstehenden Tabellen sind Mittelwerte von Doppelbestimmungen. N = Normalwerte; TH = Werte nach Teilhepatektomie; E+ = in jedem Kollektiv
gemessener höchster Einzelwert; E— = jeweiliger niedrigster Einzelwert; $\overline{\text{m}}$ = arithmetisches Mittel.

Die *auffällige Stabilität der Serumlipidkonzentrationen bei Leberschäden*
ist einstweilen nur vermutungsweise zu interpretieren. Vor allem ist es noch
nicht möglich zu entscheiden, ob z. B. nach Teilhepatektomie die *normalen
Stoffwechselleistungen* der in situ verbliebenen Leberparenchymzellen zur
Konstanterhaltung des Serumlipidspiegels ausreichen oder ob die restlichen
Leberzellen zu einer *kompensatorischen Steigerung ihrer Fettstoffwechselaktivität* angeregt werden. Es wäre auch denkbar, daß nach dem Ausfall
großer Teile von funktionstüchtigem Leberparenchym *extrahepatische Stoffwechselzentren kompensierend* zu erhöhter Fettabgabe in das Blut angeregt
werden, z. B. das periphere Fettgewebe. Zumindest am Plasmalogenumsatz
des Blutes ist die Peripherie in hohem Maße beteiligt [*1623, 1590, 2492*],
so daß für diese Fraktion ein solcher Erklärungsversuch naheliegt. Schließlich muß noch ein weiterer Gesichtspunkt in Erwägung gezogen werden.
Man nimmt heute an, daß normalerweise [*442, 663*] ein regelmäßiger Austausch zwischen Blut- und Leberzellphosphatiden besteht. Nach Injektion
von mit P^{32} markierten Phosphatiden verschwindet die Radioaktivität sehr
schnell aus dem Blut und wird in der Leber nachweisbar [*2513*]. Es findet
nicht nur ein Abstrom von Phosphatiden aus der Leber statt, sondern diese
werden aus dem Blut wieder rückresorbiert. Es wäre daher denkbar, daß
nach dem Ausfall von funktionstüchtigen Leberzellen nicht nur die *Phosphatidabgabe, sondern auch deren Rückresorption aus dem Blut* in die Leber *gestört*
ist, so daß durch eine „Überalterung der Blutphosphatide" formaliter der

Serumspiegel aufrechterhalten wird [*1013, 1014*]. Unter diesem Gesichtspunkt werden Befunde verständlich, nach denen bei totaler Ausschaltung der Leber aus dem Kreislauf [*663*] der Phosphatidgehalt des Blutes nicht absank.

Nach *operativer Teilausschaltung der Leber* [*2104*] *verfetten* die verbliebenen *Leberzellen* in erheblichem Maße [*281, 970, 1510, 2269*]. Die Kapazität des restlichen Leberparenchyms ist in der ersten Zeit nach der Operation, ehe die Zellregeneration einsetzt, offensichtlich nicht in der Lage, die vom Blut her einströmenden Neutralfette zu verestern bzw. in Phosphatide umzuwandeln, so daß eine Überhäufung der Leberzellen mit Neutralfett resultiert. Wenn dann die Leberzellregeneration voll anläuft, zeigen sich in den Leberzellen auch Phospholipide in stark vermehrter Menge [*2104*]. Dies dürfte das Zeichen einer wieder in Gang gekommenen bzw. verstärkt einsetzenden Phosphatidsynthese sein, als deren Folge man den zu diesem Zeitpunkt besonders hohen Blutphosphatidspiegel deuten muß. Man kann annehmen, daß der Phosphatidstoffwechsel in der Phase der Leberregeneration (normale und teilweise sogar erhöhte Serumphosphatidspiegel bei vielen Fällen von Lebercirrhose!, s. unten) besonders aktiv ist. Das geht auch daraus hervor, daß z. B. in dem Blutphosphatidkomplex am meisten P^{32} dann nachweisbar wird, wenn die Mitosen der Leber im Regenerationsstadium am zahlreichsten sind [*1169, 1170*]. In diesem Falle ist also ein gewisser Rückschluß vom Phosphatidgehalt des Blutes auf den der Leberzellen möglich.

Wenn auch infolge der zahlreichen *Kompensationsmechanismen*, die den Ausfall von Lebergewebe auszugleichen vermögen, die Konzentrationen der Plasmalipide und -lipoproteide oft nicht oder kaum tangiert werden, so lehrt die klinische Erfahrung, daß manchmal beträchtliche Verschiebungen eintreten. Daher erscheint uns, solange die tieferen Zusammenhänge im einzelnen noch nicht genügend geklärt sind, die analytische Erfassung und möglichst weitgehende *Differenzierung der Serumlipide bei Leberkrankheiten* zumindest *von großem theoretischem Interesse* zu sein. Für die Diagnose oder die Differentialdiagnose der Leberkrankheiten jedoch sind die Serumlipidbestimmungen in der heute möglichen Form in praxi einstweilen ohne entscheidende Bedeutung, da sie — auch die Cholesterinbestimmung! — keine Ergebnisse zu liefern vermögen, die nicht einfacher und häufig auch zuverlässiger mit anderen Methoden zu erzielen sind.

a) Akute Hepatitis

Bei den akuten Hepatitiden findet man im allgemeinen ernstere Funktionsstörungen erst dann, wenn durch die primär am Mesenchym sich abspielende Erkrankung sekundär auch die epithelialen Anteile des Hepatons geschädigt werden. Die Konzentration des *Gesamtcholesterins* ist bei der akuten Hepatitis epidemica meist normal oder sogar, besonders im Frühstadium, leicht vermindert ([*46, 617*], eigene Beobachtungen), keinesfalls meist erhöht, wie verschiedene Autoren meinen [*488, 1543, 2227, 2404*]. In den Fällen, bei denen es zu einer Zunahme des Gesamtcholesterins kommt, geschieht dies meist zugunsten des nicht veresterten Anteils. Vereinzelt wird auf eine *Abnahme des Gesamtcholesterins* beim Ansteigen der Serumbilirubinwerte hingewiesen [*2510*], gleichgültig, ob es sich hierbei um entzündliche oder mechanische Veränderungen handelt. Zur Gallenfarbstoffausscheidung konnte man keine gesetzmäßigen Beziehungen feststellen [*375, 1951*]. Bei besonders schwerer Leberschädigung kann es zu einem starken

Abfall der Gesamtcholesterinwerte kommen. Wenn diese in drastischer Weise, etwa bis unter 100 mg-% absinken, verläuft der Krankheitsfall gewöhnlich tödlich. Allerdings muß man feststellen, daß das klinische Gesamtgeschehen häufig den biochemischen Blutbefunden vorauseilt.

Manchmal kommt es schon in der ersten Ikteruswoche zu einem *Absinken des Esteranteils [2100]*. Gesetzmäßig tritt dies jedoch nicht ein. Es handelt sich bei der gelegentlich beobachteten Verminderung der Cholesterinester noch nicht um einen „*Estersturz*" im klassischen Sinne. Immerhin wird allgemein der Abnahme der Cholesterinester große Bedeutung beigemessen. Die Erfahrung hat gelehrt, daß die Intensität des Abfalls als prognostischer Anhaltspunkt gewertet werden kann und daß sich die Prognose im allgemeinen bei fortschreitender Esterverminderung verschlechtert (s. auch DEUEL [553], dort weitere Lit.). Dies gilt sowohl für die akuten Hepatitiden als insbesondere auch für die Spätstadien von Lebercirrhosen und die akute Leberdystrophie. Das veresterte Cholesterin, das physiologischerweise etwa $^2/_3$ des Gesamtcholesterins ausmacht, kann dabei bis auf 10% des gesamten Cholesterins absinken. Man kann grundsätzlich sagen, daß die Vorhersage bei Leberkranken immer dann ungünstig wird, wenn es — das gilt besonders für die Hepatitiden — zu einem ausgesprochenen Ester*sturz* kommt. Andererseits haben wir, wie auch andere Autoren [11, 2241], selbst bei schwersten Leberzellnekrosen mit Coma hepaticum gelegentlich völlig normale Cholesterinesterwerte gefunden. Demnach kann also der Estersturz keineswegs, wie das oft zu lesen ist, als unbedingt verläßliches signum mali ominis gewertet werden. In Übereinstimmung mit anderen Autoren (z. B. STROEBE [2241]) halten wir allerdings einen *Wiederanstieg der Cholesterinesterkonzentration* in jedem Fall für ein günstiges Zeichen, das oft einen Ausheilungsprozeß anzeigt.

Die Konzentration der *Phosphatide* im Blutserum ist bei nicht allzu schweren Leberparenchymerkrankungen nicht vermindert [45, 2100, 2103, 1988], so daß die analytische Erfassung des Blutphosphatidspiegels klinisch noch weniger Bedeutung hat als die des Cholesterins [2100, 2103]. ALBRINK [46] u. Mitarb. fanden bei 41 Fällen von infektiöser Hepatitis, daß die Konzentrationen der Phosphatide und des freien Cholesterins im Plasma konform gingen. Da der Plasmaphosphatidspiegel, dessen Hauptanteil das Lecithin ausmacht, bei diesen Hepatitisfällen konstant blieb — auch die *Sphingomyelinkomponente* der cholinhaltigen Phosphatide änderte sich während der Hepatitis kaum —, dürfte es sich hier ausschließlich um Wechselbeziehungen zwischen dem Lecithin und dem freien Cholesterin handeln. Worauf diese Konstanz beruht, ist bis heute unklar. In den Anfangsstadien der *infektiösen Hepatitis* und bei der Cirrhose wurde der *Plasmaphosphatidspiegel* manchmal leicht *erhöht* gefunden [1683, 1684, 2100], von PETERSEN [1790] bei 14 von 15 Kranken. Im Gegensatz zu dem abgesunkenen Gesamtcholesterinspiegel bei schweren Fällen [617] in der ersten Ikteruswoche fand man jedoch oft keine entsprechende Reduktion der Phosphatidkonzentration im Serum. Der Cholesterin-Phosphatidquotient war in dieser Krankheitsphase auf 0,5 gegenüber einem Normwert von 1,26 abgesunken. Die gleichen Autoren [617] fanden in den nach der COHNschen Fraktionierungsmethode X gewonnenen Fraktionen IV, V und VI im Vergleich zu Gesunden etwa doppelt soviel Phosphatide wie Cholesterin. Mit dem Abklingen des Ikterus fiel der Phosphatidspiegel im Serum gewöhnlich wieder zur Norm ab. PETERSEN [1790] vermutete als Ursache der Hyperphosphatidämie eine beschleunigte Phosphatidsynthese in der Leber, ohne allerdings die Frage nach dem stimulierenden Agens beantworten zu können. Auch andere Autoren fanden bei Hepatitis epidemica in der ersten Ikteruswoche die Konzentration der Gesamtlipide, Phosphatide und des freien Cholesterins im Blutserum erhöht, aber den Esteranteil des letzteren vermindert.

Der *Acetalphosphatidspiegel* im Blut wurde bei der akuten Hepatitis im allgemeinen nicht verändert gefunden [*1427, 2100, 2103, 2302*].

Im großen und ganzen scheint es erst nach dem Eintreten *schwerster Leberschäden* zu einer gewissen *Einschränkung der Phosphatidsynthese* zu kommen, die sich dann durch einen Abfall der Phosphatidkonzentration im Blutserum zu erkennen gibt [*442, 1540, 2100, 2103*]. Vereinzelt konnten bei einigen schweren Fällen von akuter Hepatitis auffallend niedrige Lecithinwerte und bei einer nach der Menopause auftretenden malignen Hepatitis mit tödlichem Ausgang während des gesamten Krankheitsverlaufes niedrige Lecithin- und Sphingomyelinwerte — bei normalen Cephalinkonzentrationen — beobachtet werden [*1790*]. Gelegentlich fand man in der 3. Krankheitswoche schwererer Hepatitisfälle einen Absturz der Gesamtlipid-, Phosphatid- und Neutralfettkonzentrationen im Serum [*2080*]. Analog den Vorgängen bei CCl_4-vergifteten Hunden schlossen diese Autoren aus den von ihnen festgestellten Veränderungen auf eine in der dritten Hepatitiswoche eingetretene Neutralfetteinlagerung in die Leber. Zu einer Wiederherstellung des normalen Serumlipidgleichgewichtes kam es in der 4. bis 8. Krankheitswoche, soweit es sich um einwandfreie Reparationsvorgänge handelte. Die Untersucher zogen den Schluß, daß man eine Fortdauer des hepatischen Krankheitsprozesses annehmen müsse, wenn es innerhalb dieser Zeit nicht zu einer Normalisierung der Serumlipidkonzentrationen komme. Auch Unterernährung soll bei Mensch und Tier [*661, 1198*] zu einer Erniedrigung des Plasmaphosphatidspiegels führen können.

Die modernen Plasmafraktionierungsmethoden haben auch für die Leberkrankheiten neue Erkenntnisse gebracht. Im akuten Stadium der infektiösen Hepatitis, bei der biliären Cirrhose und zum Teil auch beim Gallengangsverschluß, liegen atypische Lipidproteinkomplexe im Serum vor [*1965*]. Es zeigte sich z. B. mit der fraktionierten Fällungsmethode nach COHN [*467*], daß bei schwereren Leberparenchymschäden fast alle Serumlipide von den Beta-Lipoproteiden transportiert werden [*139, 141, 814*]. Diese Fraktion spiegelt geradezu das Lipidspektrum des gesamten Blutserums wider. In der Ultrazentrifuge fand sich eine starke Konzentrationszunahme der Lipoproteide niedriger Dichte [*1589*]. Schon die freie Elektrophorese zeigte ein atypisches Verhalten [*1371, 1441, 2226, 2507*]. Mittels der *Zonenelektrophorese* konnte nachgewiesen werden, daß bei der akuten Hepatitis, aber auch bei anderen Leberstörungen [*1373*] die a_1-Lipoproteidkonzentration relativ stark vermindert ist [*163, 172, 253, 721, 757, 758, 1268, 1502, 1565, 1700, 1706, 1707, 2258, 2259, 2323, 2404, 2485*]. Weitere Nachprüfungen [*1268, 1707*] und auch eigene Beobachtungen [*1798*] haben allerdings gezeigt, daß diesen Verschiebungen der Lipoproteidfraktionen in Richtung einer relativen *Verminderung der Alpha-Lipoproteide keine pathognomonische Bedeutung* für die Leberdiagnostik zukommt.

Nach unseren Untersuchungen läßt sich der Grad der Leberparenchymschädigung nicht aus der Konzentration des Alpha-Lipoproteidspiegels ablesen. Wir haben fortgeschrittene Lebercirrhosen mit normalem Alpha-Lipoproteidanteil gesehen, andererseits bei hepatitischen Schüben mit Ikterus diese Fraktion meist vermindert gefunden. Im allgemeinen konnten wir keine Beziehung zum Schweregrad der Krankheit, dagegen wenigstens angedeutet, zur Höhe der Bilirubin- und der Beta-Globulinkonzentration im Serum feststellen [*1809*]. Aber auch anikterische Hepatitiden können mit einem Fehlen der Alpha-Lipoproteide im Serum einhergehen. Andererseits kommt es bemerkenswerterweise bei der *infektiösen Hepatitis* zusammen mit der klinischen und biochemischen Besserung gewöhnlich zur Normalisierung des Alpha-/Beta-Lipoproteidquotienten (s. Tab. 75).

Während schon normalerweise etwa 75% des Plasmacholesterins im Bereich der Beta-Lipoproteidfraktion wandert, findet sich bei schwerer Lebererkrankung fast das gesamte Cholesterin in dieser Fraktion. Bei ent-

Tabelle 75. *Elektrophoretische Verlaufsuntersuchungen bei infektiöser Hepatitis*

Patient	Datum der Untersuchung	Proteine					Lipoproteide	
		Alb.	a_1	a_2	β	γ	a	β
K., H., ♀ 49 Jahre	21. 8.	43	6	10	17	24	3	97
(4570/56)	11. 9.	44	5	13	18	20	3	97
	8. 10.	42	8	12	18	20	23	77
	24. 10.	41	10	11	18	20	24	76
K., R., ♀ 43 Jahre	5. 10.	34	8	12	17	29	8	92
(5831/56)	26. 10.	41	9	8	18	24	23	77
	2. 11.	49	5	7	16	23	26	74
Oe., W., ♂ 27 Jahre	28. 11. 56	42	7	11	19	21	2	98
(7730/56)	19. 12. 56	50	7	9	15	19	10	90
	10. 1. 57	54	3	7	15	21	18	82
R., I., ♀ 41 Jahre	6. 8.	50	5	8	16	21	3	97
(3902/56)	15. 8.	45	6	12	14	23	7	93
	22. 8.	45	5	9	18	23	25	75
	12. 9.	49	5	9	21	16	30	70
Sch., W., ♂ 51 Jahre	4. 7.	46	2	8	17	27	8	92
(1959/56)	25. 7.	61	3	6	11	19	12	88
	6. 8.	67	3	5	11	14	22	78

sprechenden, beispielsweise hepatisch bedingten Konstellationsverschiebungen der Cholesterinfraktionen im Sinne des Estersturzes findet sich in der *Beta-Lipoproteidfraktion* eine *Abnahme der Cholesterinester* bei entsprechender *Zunahme des nichtveresterten Cholesterins*. Der Mangel an Cholesterinestern in dieser Fraktion ließ sich sowohl in den mittels Ausfällung gewonnenen COHNschen Fraktionen I und III [*617*], als auch in der durch Ultrazentrifugierung bei einer Lösungsdichte von 1,063 g/ml erhaltenen Oberflächenfraktion (top fraction im Zentrifugierröhrchen) nachweisen, wie SNAVELY [*2157*], GOLDWATER, RANDOLPH und UNGLAUB zeigen konnten. Diese „spezifisch leichten" Lipoproteidaggregate sind relativ reich an Neutralfetten und arm an Cholesterinestern, ein Befund, der als Ausdruck einer erhöhten Mobilisation von Depotfett und eines verminderten Fettsäurenabbaues in der Leber gedeutet wird. Mittels *Ultrazentrifugenuntersuchungen* konnten PIERCE [*1830*], KIMMEL und BURNS eine signifikante Lipoproteiderhöhung der Klassen $S_f 0$ bis 12, 12 bis 20, 20 bis 100 feststellen. Diese Konzentrationserhöhung [*1152*] verlief direkt proportional der Höhe des Bilirubinspiegels, während die Lipoproteidklassen $S_f 100$ bis 400 in keiner korrelativen Beziehung zum Ikterusindex standen. Die Konzentrationen der gesamten $S_f 0$ bis 400-Gruppe der Lipoproteide verliefen weitgehend mit dem Thymoltrübungstest parallel. Dagegen verlief der Gesamtlipidspiegel nur mit den Gruppen $S_f 20$ bis 100 und der Kolloidalrottest nur mit den

Gruppen $S_f 12$ bis 20 parallel. Die Autoren fanden keinerlei Wechselbeziehungen zwischen Lipoproteinklassen und Albumin-Globulinquotient, Gamma-Globulinspiegel, Zinktrübungs- oder Chephalin-Cholesterintrübungstest.

WEICKER [2408] fand papierelektrophoretisch sowohl in der schnellwandernden „Albumin-α_1-Fraktion" wie auch in der langsamen Beta-Lipoproteidfraktion mit zunehmendem Ikterus bei der akuten Hepatitis eine *Abnahme der Phospholipoidproteide*. Papierelektrophoretisch konnte der gleiche Autor nach einer besonderen Vorbehandlung zwei Phospholipo-

Diagnose	Lipoprot. %	Proteine %					Bilir. i. S. mg %	Patient
		Alb.	α_1	α_2	β	γ		
Verschlußikterus (Pankreaskopftumor)	0·100	45	4	11	15	25	16,0	L.K. ♂ 62 J
akute infektiöse Hepatitis	1·99	63	3	5	11	18	6,2	B.U. ♀ 55 J
abklingende infektiöse Hepatitis	11·89	54	3	7	15	21		Sch.E. ♀ 55 J
chronische Hepatitis	20·80	52	3	5	11	29	0,26	R.H. ♀ 57 J
Laënnec'sche Lebercirrhose	44·56	38	3	4	11	44		S.K. ♂ 67 J
posthepatit.Lebercirrhose dekompens.,Altersdiabetes	30·70	48	2	5	8	37		R.W. ♂ 45 J
biliäre Lebercirrhose	1·99	46	3	5	13	33	9,2	B.M. ♀ 61 J
Chlorpromazinikterus (Cholostase)	0·100	50	5	8	20	17	8,7	H.R. ♂ 44 J
Praecoma hepaticum	1·99	42	2	3	7	46	1,5	A.M. ♀ 69 J

Fig. 67. Lipoproteidelektrophorese bei Leberkrankheiten (aus PEZOLD [1809])

proteidbanden im Beta-Bereich darstellen. Mit dem Rückgang der Gelbsucht erfolgte ein Wiederanstieg der Phospholipoproteide. Gleichzeitig verschwanden die auf dem Filtrierpapier im Beta-Bereich zur Darstellung kommenden Doppelbanden. Bemerkenswerterweise fand sich bei der anikterischen Hepatitis und auch bei der Hepatitis im Zusammenhang mit einer Mononucleose ohne Ikterus keine Phospholipoproteiddoppelstreifenbildung und auch die Alpha-Lipoproteidverminderung fehlte.

b) Chronische Hepatitis

Der mesenchymal schwelende und erst in fortgeschritteneren Stadien das Leberparenchym beeinträchtigende Prozeß beeinflußt die Lipidkonzentrationen des Blutserums nicht, da die Leber in den allermeisten Fällen noch über umfangreiche Reservekräfte verfügt. Nur in einigen wenigen Fällen konstatierte man eine Verminderung der *Cholesterinesterkonzentrationen*. Durchschnittlich lagen bei normalem Gesamtcholesterin die Esterwerte jedoch auch in fortgeschritteneren Stadien der Erkrankung an der unteren Grenze der Norm [2100, 2103]. Vereinzelt wird sogar darauf hingewiesen, daß sich Blutcholesterinspiegeländerungen, die manchmal bei Kranken mit einer akuten Hepatitis auftreten, nach dem Übergang in das Stadium der chronischen Hepatitis wieder normalisieren [*1863*]. Die Werte für *Acetal-phosphatide*, *Lipoidphosphor* und *Esterfettsäuren* bewegten sich im Rahmen der genannten Untersuchungen [*2100, 2103*] in normalen Variations-breiten.

Auch die neueren Untersuchungsverfahren zur Differenzierung der *Lipo-proteidkomplexe* lieferten bei der chronischen Hepatitis bisher nur grobe Anhaltspunkte, soweit die Ergebnisse, die teilweise erheblich variieren, zu übersehen sind. KLEIN [*1268*] und FRANKEN [*758*] fanden z. B. das Lipo-proteidspektrum bei chronischer Hepatitis gerade umgekehrt wie bei der akuten Verlaufsform. Während dort eine deutliche Abnahme der Alpha-Lipoproteidkonzentration, in schweren Fällen sogar bis zu einem völligen Schwund derselben, die Regel ist, fanden die Autoren den Alpha-Lipopro-teidanteil bei der chronischen Hepatitis stets signifikant erhöht und ent-sprechend den Beta-Lipoproteidanteil vermindert. Wenn es zu einer Erho-lung kam, normalisierte sich die Verteilung entsprechend den Verhältnissen beim Gesunden. Dagegen beobachteten KÜCHMEISTER [*1358*] und VOIGT „bei chronischen Hepatopathien einen Anstieg des im Beta-Bereich wan-dernden Lipoproteids, ähnlich wie wir es auch in unseren tierexperimentellen Untersuchungen haben finden können". Eine umgekehrte Fettverteilung fanden KÜCHMEISTER [*1358*] und VOIGT lediglich bei einer Metastasenleber. KLEIN [*1268*] und FRANKEN [*758*] vertraten die Ansicht, daß man die von ihnen gefundene relative Alpha-Lipoproteidvermehrung bei chronischen Hepatitiden als differentialdiagnostisches Unterscheidungsmerkmal gegen-über der akuten Hepatitis betrachten könne. Wir fanden bei unserem großen Material von chronischen Hepatitiden etwa ebenso häufig verminderte Alpha-Lipoproteidkonzentrationen, wie normale ([*1809*] vgl. auch TRENCK-MANN [*2323*]). Selbst bei jugendlichen weiblichen Personen mit chronischer Hepatitis fanden wir niemals mehr als 35% der mit Ölrot färbbaren Serum-lipide in der Alpha-Lipoproteidfraktion.

c) Lebercirrhose

Wie es nur bedingt möglich ist, aus dem Ausfall von Leberfunktions-proben auf das Vorhandensein und die Intensität eines cirrhotischen Pro-zesses zu schließen, so trifft dies in ganz besonderem Maß für die Serumlipid-diagnostik zu. Eine auch nur annähernd zuverlässige Regel, aus dem Serum-lipidspiegel Rückschlüsse auf die Ausdehnung oder gar mögliche Progre-dienz eines cirrhotischen Leberprozesses zu ziehen, ließ sich bis jetzt nicht aufstellen. Wir fanden, wie bereits erwähnt, vereinzelt sogar bei dekompen-sierten Lebercirrhosen (s. Fig. 68) normale Serumlipidkonzentrationen. Immerhin ist die Differenzierung des Serumlipidstatus im Rahmen der klinischen Gesamtdiagnostik oft wertvoll. Die klinische Erfahrung hat näm-lich gelehrt, daß Gleichgewichtsverschiebungen im Blutlipidsystem progno-stisch in ungünstigem Sinne gewertet werden können. Umgekehrt kann die Restitution des Blutlipidbildes, z. B. das Verschwinden des Estersturzes, als prognostisch günstiges Zeichen gedeutet und vielleicht auch als Hinweis auf das Ansprechen einer bestimmten Therapie verwertet werden. Nach unseren Erfahrungen ist hier im allgemeinen der Gesamtcholesterinspiegel prognostisch ohne Bedeutung. Der Esterrückgang dagegen ist meist typisch für das Fortschreiten einer Leberschädigung und der bekannte „Estersturz" leitet gewöhnlich akute Verschlechterungen ein, besonders im Endstadium, oder er begleitet sie.

Der Vollständigkeit halber sei darauf hingewiesen, daß die *Narbenleber* [*1190*] im allgemeinen nicht zu Funktionsausfällen bzw. zu Änderungen der Blutfettkonzentrationen führt. Bei diesem Krankheitsbild bleibt gewöhnlich noch genügend Restparenchym zur Aufrechterhaltung normaler Plasmalipidkonzentrationen übrig, solange nicht typische cirrhotische Umbauvorgänge das Bild komplizieren. In diesen Fällen finden sich nach unseren Erfahrungen die gleichen Veränderungen wie beim Morbus LAENNEC. Das gleiche gilt im Prinzip auch für die *Stauungsleber* und die *Metastasenleber*. Auch bei diesen Krankheitszuständen finden sich blutfettanalytisch keine Ausfälle, solange das genügend intakte Restparenchym den Ausfall anderer Leberzellbezirke zu kompensieren vermag. Trotzdem können besonders massive Metastasierungen in der Leber gelegentlich auch einmal einen Estersturz herbeiführen. Bei unserem Krankengut boten Fälle von *posthepatitischer Hyperbilirubinämie*, sowie einiger Kranker mit einem *Ikterus juvenilis intermittens* „MEULENGRACHT" [*2100*], keine Abweichungen ihrer Blutfettkonzentrationen von der Norm. Über die Blutfettverhältnisse beim „*erworbenen posthepatitischen hämolytischen Ikterus*" [*1190*] liegen noch keine ausreichend gesicherten Erfahrungen vor.

α) LAENNECsche und posthepatitische Lebercirrhose

Bei der LAENNECschen Form der Lebercirrhose wurde im allgemeinen eine Verminderung der *Gesamtlipide* des Blutserums gefunden [*157*]. Zu verallgemeinern ist dieser Befund jedoch nicht. Wir selbst fanden bei 74 Fällen im ganzen nur elf Kranke, bei denen die Gesamtlipide unter 500 mg-% lagen (PEZOLD [*1795*], s. auch Fig. 68).

BÜRGER [*382, 383*] u. Mitarb. machten darauf aufmerksam, daß *bei der Lebercirrhose* die *postresorptive alimentäre Lipämie* fehlt. Dieser Befund ist aber weder diagnostisch noch differentialdiagnostisch zu verwerten, da er auch bei Fettresorptionsstörungen anderer Genese auftreten kann [*2433*]. Nachdem gefunden war, daß die normale Leber die Lipoproteidlipase des Blutplasmas inaktiviert, mußte es von hohem Interesse sein, wie sich die Klärungsreaktion bei chronischen Leberparenchymerkrankungen verhält. Hepatektomierte Ratten zeigten eine stärkere Lipämieklärungsaktivität im Plasma als intakte Kontrolltiere [*484*]. Kranke mit Lebercirrhose wiesen eine Verkürzung der Klärungszeit [*508*] und eine hohe Konzentration des Klärfaktors im Blutplasma auf [*115*]. CONNOR [*477*] und ECKSTEIN schlossen aus ihren Beobachtungen an Lebercirrhotikern und an Hunden mit Lebernekrosen, daß dieses Phänomen auf eine geringere Eliminationsrate der Lipoproteidlipase durch die erkrankte Leber zurückzuführen sei.

Anikterische Lebercirrhosen sollen häufig und ikterische nur unregelmäßig eine Hypercholesterinämie zeigen [*382*]. Aber auch dieser Unterschied soll nicht zuverlässig sein [*2241, 2242*], und es sollen sehr oft die *Serumcholesterinwerte* im Bereich der Norm liegen [*1543*]. Der Gesamtcholesterinspiegel wurde bei der LAENNECschen Lebercirrhose in weiten Grenzen schwankend (44 bis 551 mg-%, EDER [*617*]) gefunden. 20 von 36 untersuchten Fällen lagen allerdings unterhalb der Normgrenze, 4 davon sogar unter 100 mg-%. In unseren eigenen Fällen bewegten sich die Serumkonzentrationen des Gesamtcholesterins in etwa 65% der Fälle unterhalb von 175 mg-%, was gegenüber dem entsprechenden Altersdurchschnitt eine leichte Erniedrigung bedeutet. Werte unter 100 mg-% (s. oben) fanden wir in keinem unserer Fälle [*1795*]. Sicherlich sind für die Verschiedenheiten der Untersuchungsergebnisse methodische Gesichtspunkte maßgebend. Wir messen (ebenso wie MANCKE [*1543*]) der Cholesterinbestimmung bei dieser Erkrankung aus diesen Gründen nur eine untergeordnete Bedeutung bei.

Die erwähnte Arbeitsgruppe um EDER [*617*] fand den *Quotienten freies: Gesamtcholesterin* durchschnittlich bei 0,5 liegend, was bedeuten würde, daß bei diesen Krankheitszuständen, ähnlich wie bei Gesunden, etwa $^2/_3$ des gesamten Cholesterins in veresterter Form vorliege. Mit dem Verschwinden des Ikterus kam es meist zu einer völligen Normalisierung. Bei unserem Krankenmaterial entsprach dieser Quotient ebenfalls in der Mehrzahl der Fälle dem Normverhalten. Nur in relativ wenigen Fällen sank der Esteranteil unter 50% vom Gesamtcholesterin (PEZOLD [*1795*], ebenso SECKFORT [*2100, 2103*], s. Fig. 68). Den vereinzelt beschriebenen Estersturz [*1098*] bei 96% aller Lebercirrhosefälle können wir demnach mit unserem Material nicht bestätigen. Gesetzmäßige Beziehungen zwischen Gesamtcholesterin- und Estercholesterinkonzentration im Blut auf der einen Seite und Hyperbilirubinämie, Bilirubinurie und Urobilinogenurie auf der anderen Seite scheinen nicht zu bestehen [*1951*].

Bei weiter fortgeschrittenem cirrhotischem Lebergewebsuntergang, namentlich in den Endstadien, hat sich gezeigt, daß im Gegensatz zu den vorherigen Befunden relativ häufig ein Abfall des Gesamtcholesterins und auch der Cholesterinester eintritt. Wir hatten bereits oben darauf hingewiesen, daß sich akute Verschlechterungen, insbesondere die finalen posthämorrhagischen oder präkomatösen Stadien, sehr oft durch einen starken Esterabfall ankündigen [*1565*]. Meist ist eine Verschiebung des Verhältnisses von freiem zu verestertem Cholesterin beim Verschlußikterus wesentlich stärker als z. B. bei der fortgeschrittenen Lebercirrhose ohne Ikterus, obwohl der Leberschaden hier sicher größer ist. Diese Beobachtung kann die These stützen, daß bei der Leberschädigung im Zusammenhang mit einer Lebercirrhose weniger die Veresterungsfunktion leidet, als daß vielmehr abnorm zusammengesetzte Lipidproteinkomplexe produziert und in das Blut ausgeschwemmt werden.

Hinsichtlich der *Serumphosphatide* wurden bei 36 Fällen von Lebercirrhose Schwankungen der Blutkonzentrationen etwa in gleicher Höhe und Art gefunden, wie sie auch das Gesamtcholesterin aufwies, so daß sich der Cholesterin/Phosphatidquotient nicht von dem normaler Personen unterschied. Nur in neun Fällen beobachtete man bei diesen Untersuchungen einen niedrigeren Cholesterin/Phosphatidquotienten, und zwar sowohl im Blutserum als auch in den Äthanolfraktionen I und III (Beta-Lipoproteide). Zahlreiche Autoren [*315, 1540, 2100, 2103, 1795*] fanden im Blutserum von Kranken mit portaler Cirrhose normale bis subnormale Phospholipidkonzentrationen. Bei einer Verschlechterung des Krankheitsbildes zeigte sich dann allerdings eine Neigung zum Phosphatidspiegelabfall. Mittels Isotopentechnik [*424*] konnten diese Befunde bestätigt werden. Man fand bei fortgeschrittenen Formen von Lebercirrhosen eine gewisse Reduktion der Phosphatidbildung bis in untere Bereiche der Norm, was sich nach unseren eigenen Erfahrungen bei der Errechnung von Durchschnittswerten allerdings nicht verifizieren läßt, was dagegen aber in Einzelfällen auch bei unserem Krankenmaterial beobachtet werden konnte [*2100*]. Wenn es nach einmaliger Zufuhr einer größeren Cholindosis zu einer eindeutigen Verstärkung des Phosphatidumsatzes kam, deutete man diesen Befund als einen Hinweis auf das Vorliegen einer fettigen Infiltration der Leber [*1017*].

Im Gegensatz zu den obigen Befunden stellte eine andere Untersuchergruppe [*1017*] bei 19 von 21 Lebercirrhotikern, die eine große Leber aufwiesen, einen teilweise erheblich erniedrigten Blutspiegel der cholinhaltigen Phosphatide fest. In einer späteren Arbeit [1012] wird von dem gleichen Arbeitskreis über einen mittleren Blutphosphatidspiegel bei 28 Lebercirrhotikern von durchschnittlich 69,5 mg-% gegenüber einem mittleren Normwert von 128,1 mg-% ± 16,9 berichtet. Bei der Hälfte dieser Kranken [1017] konnte nach geeigneter Cholin- bzw. Methionintherapie schon nach 5 Tagen ein Phosphatidanstieg im Blut um durchschnittlich 61,7% festgestellt werden. Man schloß aus dem erniedrigten Blutphosphatidspiegel auf

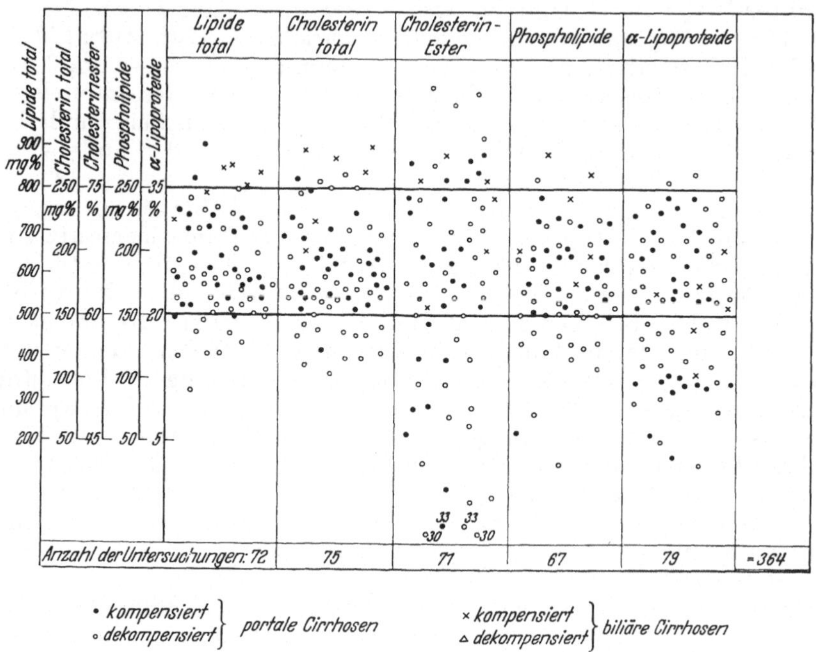

Fig. 68. Konzentrationen der Serumlipide bei Lebercirrhose (aus PEZOLD [1795])

das Vorliegen einer Fettleber. Wir fanden dagegen bei unseren hämatogenen Lebercirrhotikern, worauf wir bereits hinwiesen, die Blutphosphatidwerte in den allermeisten Fällen im Bereich der Norm liegend. Nur bei schweren dekompensierten Lebercirrhosen lagen die Werte in etwa $^1/_3$ der Fälle unterhalb der unteren Normgrenze. Die klinische Erfahrung hat gelehrt, daß man ein kontinuierliches Absinken der Phospholipidwerte im Serum prognostisch am Krankenbett ebenso als Zeichen eines ungünstigen Verlaufes werten kann, wie den Konzentrationsabfall der Cholesterinester. Er trat fast ausschließlich im Rahmen der fortschreitenden Leberdekompensation in Erscheinung.

Ähnlich wie die Phosphatidsynthese ganz allgemein, scheint auch die *Acetalphosphatidproduktion* nur bei schwerster Leberparenchymdestruktion gestört zu sein, nach unseren Beobachtungen aber noch erheblich seltener als die Reduktion des Gesamtphosphatidkomplexes [1427, 2300]. Vereinzelt haben wir bei Leberdekompensation infolge fortschreitender Cirrhose — auch bei Hepatitiden — eine Erhöhung der Blutphosphatidwerte gefunden (ebenso NAVA [1683, 1684]).

SWAHN [*2258, 2259*], NIKKILÄ [*1700*], WUNDERLY [*2485*] und PILLER, KLEIN [*1268*] und FRANKEN [*758*], LORENZINI [*1502, 1503*] beschrieben Fälle von Lebercirrhosen, die entweder nur *Spuren von Alpha-Lipoproteiden* oder sogar ein völliges Fehlen dieser Fraktion aufwiesen. KLEIN [*1268*] und FRANKEN [*758*] stellten diesen Befund als Prototyp der unbehandelten Lebercirrhose dar, der nur noch mit dem Lipidogramm beim Verschlußikterus und bei schweren Fällen von akuter Hepatitis vergleichbar sei. Auch KÜCHMEISTER [*1357, 1358*] und VOIGT sprechen von einer extremen Alpha-Lipoproteidverminderung bei der Lebercirrhose. Mit 3,8% Alpha-Lipoproteiden war ihr Durchschnitt bei der LAENNECschen Lebercirrhose sogar noch geringer als der bei Hepatitis mit 5,9% gefundene Wert. FRANKEN [*758*] und KLEIN berichteten, daß sie unter der Behandlung mit Leberhydrolysaten bei der Mehrzahl ihrer Lebercirrhotiker „relativ rasch" eine Normalisierung der Lipoproteidfraktion sahen. In diesem Zusammenhang wiesen sie darauf hin, daß sie unter insgesamt 23 Lebercirrhosepatienten in keinem Fall die von ihnen als typisch angesehene Alpha-Lipoproteidvermehrung im Serum beobachtet hätten.

Abweichend von den fast einheitlichen Befunden der erwähnten Autoren beschrieb erstmalig WEICKER [*2404*] Fälle von Lebercirrhose mit unveränderten „Albumin-a_1-Lipoproteidwerten". Er beobachtete den Rückgang dieser Fraktion bei Lebercirrhotikern erst beim Auftreten eines Ikterus, gleichgültig welcher Genese dieser war.

KUSHNER [*1386*], DUBIN, FELS und POPPER fanden unter 39 Fällen von Lebercirrhose nur bei zwei Kranken einen totalen und dauernden Alpha-Lipoproteidschwund, desgleichen bei zwei postnekrotischen Lebercirrhosen. Bei den übrigen Fällen war nur gelegentlich das Alpha-Lipoproteid leicht vermindert. BERG [*172*] fand bei fünf kompensierten Lebercirrhosen einen durchschnittlichen Alpha-Lipoproteidwert von 18,67% ± 4,6, also Werte im Normbereich. Dagegen zeigten sieben dekompensierte Lebercirrhosen eine „Dyslipoproteidämie" von 14,55% ± 10,0, also erhebliche Schwankungen. Die Durchschnittswerte lagen allerdings etwas tiefer als die bei kompensierter Cirrhose. In keinem Fall lag der von den obigen Autoren geradezu als regelmäßig vorkommend beschriebene Alpha-Lipoproteidschwund im Serum vor. In unseren Fällen fanden wir nur in etwa der Hälfte der Fälle und ohne Beziehung zu einem bestimmten Cirrhosetyp eine relative Erniedrigung der Alpha-Lipoproteidanteile unterhalb der von uns gefundenen und auch in der Literatur angegebenen unteren Normgrenze (ebenso TRENCKMANN [*2323*]). Nach unserem Material ist der *Alpha-Lipoproteidschwund bei der posthepatitischen Lebercirrhose weder die Regel, noch gar spezifisch.* Für die Prognose verwertbar erscheint uns allerdings bis zu einem gewissen Grad der Rückgang dieser Fraktion, soweit nicht gleichzeitig eine Zunahme des Ikterus vorliegt. Für diesen Fall kann man wohl geänderte Bindungsverhältnisse im Blutplasma ursächlich annehmen. Auf Grund unserer Beobachtungen sind wir der Meinung, daß es sich wohl bei der Mehrzahl der in der Literatur beschriebenen Fälle von Lebercirrhose mit niedriger Alpha-Lipoproteidkonzentration um ikterische Fälle gehandelt hat, wenn dies auch nicht ausdrücklich beschrieben wird. Bei biliären Cirrhosen, die meist mit einer beträchtlichen Hyperbilirubinämie einhergehen, ist die Alpha-Lipoproteidverminderung ein Regelbefund. Nach unseren Befunden liegt bei posthepatitischen Lebercirrhosen elektrophoretisch keine Beta-Globulinvermehrung, wohl aber eine *Beta-Lipoproteidvermehrung* vor. In den Alpha-Lipoproteiden fanden EDER [*617*] u. Mitarb. eine Cholesterinabnahme

(Äthanolfraktionen IV, V und VI), wohingegen der Cholesteringehalt der
Fraktionen I und III (= Beta-Lipoproteide) von der Höhe des Gesamtcholesterinspiegels im Blutserum abhängig war.

Tabelle 76. *Cholesterinverteilung (mg-%) auf die Alpha- und Beta-Lipoproteidfraktion bei
Gesunden und bei Kranken mit portaler Lebercirrhose (Typus* LAENNEC*)*
(Vergleiche zwischen gleichen Altersstufen unter Verwendung der Zahlenangaben aus EDER
[617] u. Mitarb.)

	Gesunde	LAENNECsche Cirrhose	Anzahl der Patienten
Altersstufen von 18 bis 35 Jahren			
Plasmacholesterin mg-% (total)	199 (126—276)	164 (79—314)	15
Cholesterin im Alpha-Lipoproteid mg-%	58 (39— 93)	22 (5— 54)	15
Cholesterin im Beta-Lipoproteid mg-%	134 (47—228)	127 (66—243)	14
Altersstufen von 45 bis 65 Jahren			
Plasmacholesterin mg-% (total)	261 (171—354)	184 (99—306)	24
Cholesterin im Alpha-Lipoproteid mg-%	54 (32— 80)	33 (8— 60)	24
Cholesterin im Beta-Lipoproteid mg-%	187 (95—294)	143 (79—251)	24

Es galt lange Zeit als klinische Regel, daß Menschen mit LAENNECscher
Lebercirrhose weniger häufig arteriosklerotische Manifestationen zeigten als
Nichtleberkranke [1828]. Die S_f10 bis 20-Flotationsklassen der Lipoproteide
von 32 von diesen untersuchten Lebercirrhotikern zeigten jedoch mengen-

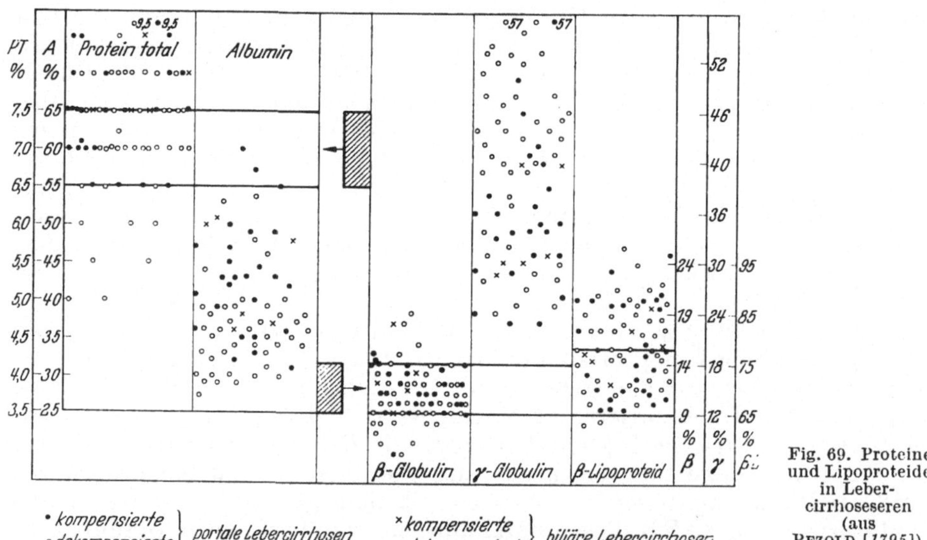

Fig. 69. Proteine
und Lipoproteide
in Leber-
cirrhoseseren
(aus
PEZOLD [1795])

mäßig keinen sehr deutlichen Unterschied gegenüber Kontrollpersonen
gleichen Alters und Geschlechts. Es fand sich höchstens eine leichte Konzentrationserhöhung dieser Gruppen.

β) **Erkrankungen der ableitenden Gallenwege (außer Verschlußsyndrom)
und die sekundäre biliäre Lebercirrhose (cholangitische Lebercirrhose)**

Erkrankungen der ableitenden Gallenwege führen im allgemeinen erst
dann zu einer Änderung im Getriebe des Lipidstoffwechsels, wenn die Leber

selbst von dem entzündlichen Geschehen mitergriffen wird. Die *Cholelithiasis* bedingt ohne umfangreiche sekundäre Leberparenchymstörungen oder eine Behinderung des Gallenabflusses (s. S. 247) keine Veränderung des Blutlipidspektrums [*667, 668, 831, 2336*]. Bei der *Cholangiohepatitis* fanden wir in den wenigen Fällen, die wir bisher untersuchen konnten, keine Verschiebung im Lipidspektrum des Blutserums, die man als gesetzmäßig verwerten könnte. In manchen Fällen beobachtete man eine Verminderung der a_1-Lipoproteidfraktion, ähnlich wie bei der akuten Hepatitis epidemica [*2323*].

Ähnlich wie die posthepatitischen zeigen auch die *biliären Lebercirrhosen* manchmal etwas erhöhte *Gesamtlipid- und Cholesterinwerte* im Serum und es scheint [*1795*], als wenn diese teilweise allerdings nur minimale Erhöhung bei letzteren öfter zu finden sei als bei den posthepatitischen Cirrhosen. Es liegt die Annahme nahe, daß es sich hierbei um die Folgen einer gewissen Gallenabflußbehinderung handelt, die durch Verquellungen der kleinsten (intrahepatischen) Gallengänge bedingt sind. Ob die *intrahepatische Cholostase* gleich welcher Genese (Hepatitis mit cholostatischem Einschlag = cholangiolitische Form der Hepatitis [*955, 1190*]; cholostatische Hepatose [*1190*]) häufiger als andere Lebererkrankungen zu hyperlipidämischen Zuständen führt und sich hier durch Untersuchungen der Blutfette brauchbare differentialdiagnostische Möglichkeiten ergeben, ist eine klinisch sehr bedeutsame Frage von großer Aktualität, da bei solchen Zuständen wegen des Versagens der üblichen Laborbefunde häufig zur Erklärung, ob ein intrahepatischer oder ein extrahepatischer Gallengangsverschluß vorliegt, auf die Probelaparotomie zurückgegriffen werden muß. Eine Entscheidung ist einstweilen noch nicht möglich. Weitere intensive Untersuchungen erscheinen nach den bis jetzt vorliegenden Ergebnissen erfolgversprechend. KALK [*1190*] beschreibt z. B. bei seiner sog. *primären cholostatischen Lebercirrhose*, die den Endzustand der cholostatischen Hepatose darstellt, eine deutliche Erhöhung der Blutcholesterinwerte in Kombination mit anderen blutchemischen Veränderungen, die man auch beim Verschlußsyndrom finden kann (z. B. Erhöhung der alkalischen Serumphosphatase usw.).

Die *Phosphatide* des Blutserums boten ebenso wie die Cholesterinfraktionen bei unserem Krankenmaterial von sekundärer biliärer Lebercirrhose die gleichen uncharakteristischen Veränderungen wie bei den posthepatitischen Formen von Lebercirrhose. Die Werte bewegten sich in den allermeisten Fällen in normalen Bereichen, sie überschritten nur vereinzelt die obere Normgrenze. Das gleiche gilt für die *Acetalphosphatidfraktionen*. Auch das Verhalten der Alpha-Lipoproteide glich dem bei der posthepatitischen Lebercirrhose. Kurz sei darauf hingewiesen, daß sich bei unseren Fällen auch die Konzentrationen der Serumproteine in den bei posthepatitischen Verlaufsformen der Lebercirrhose gefundenen Bereichen hielten.

Bei diesen biliären Lebercirrhosen (secondary biliary cirrhosis der anglo-amerikanischen Literatur) konnte auch mittels der COHNschen Fraktionierungstechnik manchmal eine leichte Erhöhung der *Cholesterinkonzentrationen* festgestellt werden [*617*]. Mit fortschreitender Leberschädigung trat ein immer stärkerer Abfall der Cholesterinester mit einer allgemeinen Tendenz zur Erniedrigung des Gesamtcholesterins ein. Dadurch erfolgte im Plasma und in der Fraktionsgruppe I und III (= Beta-Lipoproteid) eine starke Zunahme des Quotienten freies Cholesterin/Gesamtcholesterin. Es zeigt diese Erscheinung demnach die gleiche Tendenz wie bei der primären biliären Cirrhose. Unsere Fälle von sog. *intermittierendem Verschlußikterus*

wiesen bei der bioptischen Differenzierung recht erhebliche Leberparenchymdestruktionen auf. Wir fanden in diesen Fällen fast immer teilweise
erhebliche Konzentrationszunahmen des freien Cholesterins bei meist
deutlich verminderten Cholesterinesterwerten. Die übrigen Serumlipide
lagen bei unseren Fällen innerhalb der physiologischen Grenzen [2100].

KUNKEL [1371] und AHRENS stellten bei sekundären biliären Lebercirrhosen mit erhöhtem Lipidspiegel im Serum in Übereinstimmung mit
LONGSWORTH [1499] u. Mitarb., sowie STERLING [2226] und RICKETTS einen
ausgesprochenen Anstieg der *Beta-Globuline* fest (untersucht mittels freier
Elektrophorese nach dem Prinzip von LONGSWORTH [1499]). Dieser verhielt sich direkt proportional zum Gesamtlipidgehalt des Serums. Die Autoren
kamen mittels vergleichender Untersuchungen an nativen und entlipidisierten Seren zu der Vorstellung, daß die Serumkonzentration der Beta-
Globuline durch den Gesamtlipidgehalt bestimmt wird.

KUNKEL [1372] und SLATER untersuchten als erste mittels Elektrophorese im Stärkemedium Seren von sekundären biliären Cirrhosen und beobachteten einen hohen Beta-Lipoproteidgipfel. Den Alpha-Lipoproteidgipfel
fanden sie in zwei von den fünf biliären Lebercirrhosen völlig verschwunden,
in den restlichen drei Fällen extrem niedrig.

In den wenigen von uns bis jetzt untersuchten Fällen von sekundärer
biliärer Cirrhose (s. PEZOLD [1795], S. 167, Fig. 1) glich das Alpha-Lipoproteidverhalten dem bei der posthepatitischen Lebercirrhose erwähnten.
Ebenso bewegten sich die Konzentrationen der Serumproteine in den bei den
posthepatitischen Verlaufsformen gefundenen Bereichen.

γ) Hämochromatose (Broncediabetes)

Bei der Lipidanalyse haben wir in mehreren Fällen *Serumlipidveränderungen* gefunden, die sich in ihrem Wesen *nicht von denen posthepatitischer
Cirrhosen unterschieden* und genau so wechselnd in ihrem Gesamtbild waren
(ebenso BÜCHMANN [372]). Auch hier konnten wir erst im fortgeschritteneren
Stadium der Erkrankung einen *Cholesterinestersturz* und gelegentlich eine
Vermehrung oder Verminderung des *Serumphosphatid*gehaltes beobachten.
Der *Acetalphosphatidspiegel* war, wie bei den gewöhnlichen Cirrhosen, in fast
allen diesen Fällen normal. *Ein spezifisches Lipidbild im Blut gibt es demnach
bei der Hämochromatose wohl nicht.* Inwieweit sich die diabetische Stoffwechsellage nun bei diesen Krankheitszuständen auf das Lipidbild des Blutes
auswirkt, wissen wir noch nicht sicher. Bei einem einzelnen Fall, den wir
beobachten konnten, kam es anläßlich einer passageren Diabetesdekompensation jedenfalls nicht zu einer nennenswerten Hyperlipidämie, wie man sie
sonst bei Diabetikern häufig findet. Die Leber dieses Falles war laparoskopisch-bioptisch schwerstens cirrhotisch verändert.

δ) Biliäre xanthomatöse Cirrhose
(Xanthomatous biliary cirrhosis) (Primäre biliäre Cirrhose)

Das Zusammentreffen von Xanthelasmen der Haut mit ikterischer
Hepatomegalie ist lange bekannt (vgl. MCMAHON [1591]). Die Krankheit
wurde erstmalig von ADDISON [10] und GULL 1851 in klassischer Weise
beschrieben. Seither ist eine große Anzahl von Fällen in der Weltliteratur
publiziert worden (Lit. bei THANNHAUSER [2284], sowie aus dem deutschsprachigen Schrifttum: SCHETTLER [2006], KALKOFF [1191, PFEIFFER [1820]
und WIRTZ, SPRUNG [2190], KÜHN [1359], MÜLLER und PFISTER).

Die *Gesamtlipide* im Serum sind meist *extrem vermehrt* ([*38, 617, 1371*], eigene Untersuchungen). Vielen Untersuchern fiel auf, daß die *Konzentration der Phosphatide* im Serum wesentlich *höher als die des Gesamtcholesterins* ist [*37, 617, 1443, 1700, 2284*]. Mit zunehmendem Anstieg des Gesamtlipidspiegels verschiebt sich dieses Verhältnis immer mehr zugunsten der Phosphatide. Vermehrt ist vor allem das Lecithin [*2284*]. Die *Hyperphosphatidämie* ist lipidchemisch *kennzeichnend für dieses Krankheitsbild.* AHRENS [*37*] und KUNKEL beobachteten bei 19 Fällen Phosphatidwerte zwischen 386 bis 1538 mg-%. Auch wir fanden in zwei eigenen Fällen die stärkste Konzentrationszunahme bei den Serumphosphatiden [*1795*]. Auch der *Serumcholesterinspiegel* ist gewöhnlich erhöht. Im Falle DYKEs [*608*] betrug das Gesamtcholesterin 2575 mg-% im Maximum, im Fall GOLDBLOOMs [*891*] und STEIGMANs bis zu 1538 mg-% und die Gesamtlipide im Blutserum 5100 mg-%. AHRENS [*37*] und KUNKEL berichten über 19 Fälle mit Gesamtlipidwerten zwischen 1000 bis 3027 mg-% und Gesamtcholesterinwerten zwischen 325 bis 1070 mg-%. EDER [*617*] u. Mitarb. fanden in sieben von acht Fällen einen beträchtlich erhöhten Gesamtcholesterinspiegel. Bei

längerer Krankheitsdauer beobachteten sie allerdings auch einen Abfall. Die Esterquote ist lange Zeit normal, fällt aber mit Zunahme der Lebercirrhose ab. Auffällig sind die relativ niedrigen Neutralfettspiegel bei dieser Erkrankung [*2284*], die auch von uns beobachtet wurden.

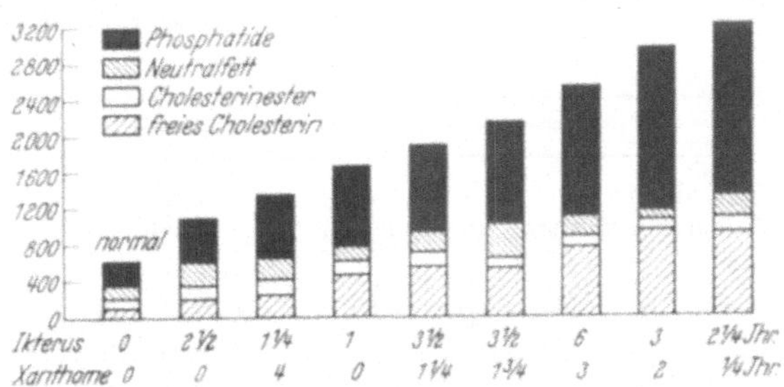

Fig. 70. Serumlipidwerte bei primärer biliärer Cirrhose (aus PEZOLD [*1795*])

Das Serum dieser Kranken ist *trotz der starken Hyperlipidämie klar*, was einmal auf das Fehlen von Neutralfetten oder ihre nur geringe Konzentration im Serum, zum anderen wohl aber auch auf die zugleich lipophilen und hydrophilen Eigenschaften des Lecithinmoleküls zurückgeführt werden kann. Der hohe Phosphatidgehalt wirkt nach AHRENS [*36*] und KUNKEL als natürliches Emulgierungsmittel im Serum.

Nach den Beobachtungen von AHRENS [*37*] und KUNKEL kommt es zum Auftreten von Xanthomen erst nach Überschreiten einer Gesamtlipidkonzentration im Blutserum von 1800 mg-%.

Im Gegensatz zur Portalcirrhose finden sich bei der primären biliären Lebercirrhose gewöhnlich nur Spuren von Alpha-Lipoproteiden im Serum [*1965*]. Die COHN-Fraktionen IV, V und VI scheinen in der Hauptsache den Überschuß an Cholesterin aufzunehmen, nämlich in der Mehrzahl mehr als 50%, in drei Fällen sogar 70% oder mehr des Gesamtcholesterins [*617*]. Auch die Phosphatidzunahme betrifft vorwiegend die Fraktionen IV, V und VI [*141, 617*]. Die erhöhten Cholesterinspiegel beruhten in allen EDERschen [*617*] Fällen auf einer Vermehrung des freien Cholesterins, so daß der Quotient freies Cholesterin/Gesamtcholesterin sich oberhalb 0,73 bewegte, in einem Fall sogar 1,0 betrug. Demgegenüber fanden sich die Cholesterinester hauptsächlich in den Fraktionen I und III. Das Verschwinden des veresterten Cholesterins aus den COHN-Fraktionen IV, V und VI ist besonders bemerkenswert.

KUNKEL [*1373*] und SLATER fanden in dem mit den Beta-Globulinen im Stärkeblock wandernden Lipoproteidmaterial bei Kranken mit biliärer

Cirrhose und Obstruktionsikterus mehr Phosphatide als in der Norm, so daß
ein niedrigerer Cholesterin/Phosphatidquotient resultierte. Dieser betrug 0,5
gegenüber dem Normalwert von 1,26. Dieser Befund wurde auch mittels der
Ultrazentrifuge bestätigt, indem die so getrennten Beta-Lipoproteide ebenfalls einen niedrigen Cholesterin/Phosphatidquotienten aufwiesen.

McGINLEY [1589], JONES und GOFMAN fanden in fünf Fällen von *primärer biliärer Lebercirrhose ultrazentrifugendiagnostisch* eine starke Zunahme der
S_f6 bis 8-Flotationsklassen mit wechselnder Vermehrung der S_f10 bis 17-
Lipoproteide. Auf Grund weiterer Untersuchungen [885] sahen sie als Regel
eine massive Erhöhung der Standardgruppen S_f0 bis 12 und S_f12 bis 20 an.
Die S_f20 bis 100-Gruppen waren immer, wenn auch unterschiedlich stark,
erhöht, während sich die Konzentrationen der Standardgruppen S_f100 bis
400 nicht signifikant von denen gesunder Kontrollpersonen unterschieden.
Die Autoren finden die angeführten Veränderungen so typisch, daß die Diagnose primäre biliäre Lebercirrhose aus dem Serumlipoproteidspektrum
allein gestellt werden könne.

Tabelle 77. *Lipoproteidkonzentrationen im Serum (mg-%) bei intrahepatischer chronischer
biliärer Obstruktion*

(aus GOFMAN [885])

Mittelwerte von	S_f^o0—12	S_f^o12—20	S_f^o20—100	S_f^o100—400
6 Kranken	910	1053	1265	49
Gesunden Kontrollpersonen	346	70	78	39

Papierelektrophoretisch stellten KUNKEL [1373] und SLATER, sowie
EDER [617] u. Mitarb. trotz des hohen Serumphosphatidgehaltes nur Spuren
von Alpha-Lipoproteiden fest. „Das gesamte färbbare Lipid scheint in der
Beta-Zone zu liegen." Wir konnten diesen Befund bestätigen.

Ähnlich wie beim *Obstruktionsikterus* (s. unten) fanden EDER [617] u.
Mitarb. auch in Seren von primärer biliärer Lebercirrhose sowohl die Äthanolfraktionen IV, V und VI (= Alpha-Lipoproteide) als auch I und III
(= Beta-Lipoproteide) bei nachfolgender Untersuchung im elektrischen
Feld mit einer Beweglichkeit der Beta-Lipoproteide ausgestattet. Sie nahmen
ähnlich wie beim einfachen Gallengangsverschluß an, daß abnorme Lipoproteide ins Blutplasma einströmen. In den letzten Jahren ließen sich bei
dieser Krankheit drei verschiedene abnorme Beta-Lipoproteide isolieren.
Die Masse der Lipide scheint auf atypische Weise mit Beta-Globulinen verbunden zu sein. Elektrophoretisch wandern sie daher im Beta-Lipoproteidbereich, und in der Ultrazentrifuge erscheinen sie als Lipoproteide niedriger
Dichte. Das Verhältnis Peptide zu Lipiden ist niedriger als in normalen Beta-
Lipoproteiden, ebenso der Cholesterin/Phosphatidquotient. Estercholesterin
ist wenig vorhanden oder es fehlt sogar ganz. Keines der in den COHN-
Fraktionen IV, V und VI gefundenen atypischen Lipoproteide war mit den
in den Fraktionen I und III vorkommenden hinsichtlich ihrer chemischen
Zusammensetzung identisch [1965].

THANNHAUSER [2284] hält die Lebercirrhose für primär und die Xan-
thombildung in der Haut und die Atherombildung in den Gefäßen für
sekundär. Die Hypercholesterinämie und Hyperlecithinämie besteht allerdings schon frühzeitig, noch bevor der Gallenfluß in der Leber ernstlich
behindert ist und erreicht gerade zu Beginn der Erkrankung viel höhere
Werte, als dies bei einem kompletten Choledochusverschluß mit mechani-

schem Ikterus durch Tumor oder Stein der Fall zu sein pflegt. Andererseits
entwickeln sich bei der xanthomatösen biliären Cirrhose die Xanthome schon
sehr frühzeitig, während sie, wenn überhaupt, beim Verschlußikterus nur
gelegentlich und dann nur transitorisch vorhanden sind [2284].

Demgegenüber meint allerdings SCHETTLER [2006], daß die Entwicklungsmöglichkeit von Xanthomen bei entsprechenden Serumbefunden in
erster Linie von der Zeit abhängig sei. Da ein Okklusionsikterus entweder
operativ beseitigt werde oder bei Totalverschluß bald zum Exitus führe,
würde selten das Xanthomstadium erreicht. So ist nach SCHETTLER [2006]
„bisher kein Beweis dafür zu erbringen, daß die Hyperlipidämie beider
Krankheiten verschiedene Ursachen hat".

THANNHAUSER [2284] vertritt die Ansicht, daß es sich weniger um eine
Cholesterinretention als um eine vermehrte Produktion handele. Er nimmt
eine Gleichgewichtsstörung zwischen der endogenen Cholesterin- und
Phospholipidproduktion in der Leber und der Ausscheidung dieser Substanzen an [2284]. Dieser Schluß auf eine vermehrte Produktion scheint
GOLDBLOOM [891] und STEIGMAN nach der Beobachtung berechtigt, daß
mit einer fettarmen, cholesterinfreien und gering-calorischen Diät und zusätzlich verabreichten lipotropen Substanzen zwar ein deutlicher Rückgang des Serumcholesterinspiegels und der Hautxanthome einhergeht, trotzdem aber ein gegenüber der Norm stark erhöhter Serumlipidspiegel zugunsten der Phosphatide zurückbleibt. Daß auch eine herabgesetzte Cholesterinausscheidung pathogenetisch beteiligt ist, schließt THANNHAUSER [2284]
aus der chronisch obliterierenden Cholangiolitis.

Auch die Vorstellung von einer Partialschädigung der Leberzellen, die
zu einer verstärkten Synthese von Gallensäuren, Phosphatiden, Cholesterin
und alkalischer Phosphatase, sowie zu einer Störung der Sekretion führt
[1359], ist hypothetisch. Immerhin ist eine gesteigerte Phosphatidbildung in
der Leber bei primärer und sekundärer biliärer Lebercirrhose von BALFOUR
[116] nachgewiesen worden. KÜHN [1359] denkt schließlich noch daran,
daß die angenommene unterschiedliche topographische Lokalisation der für
die Bildung bzw. Ausscheidung der gallenfähigen Stoffe verantwortlichen
Zellbestandteile eine Erklärung für das Zustandekommen der Hyperlipidämie abgeben könnte. Solange die Leberzellen anatomisch und funktionell
einigermaßen intakt sind, ist die Cholesterinveresterung nicht gestört. Wir
haben daher in den Frühstadien meist ein physiologisches Verhältnis
zwischen verestertem und nichtverestertem Cholesterin gefunden. Mit
Zunahme der Lebercirrhose in den Spätstadien der Erkrankung fällt die
Esterquote dann allerdings ab.

Zur *Differentialdiagnose* sei folgendes bemerkt: Die Kombination der
Symptome Hepato(-Spleno-)megalie und Xanthome erlaubt noch nicht die
Diagnose xanthomatöse bzw. primäre biliäre Lebercirrhose. Schon THANN
HAUSER [2289] u. Mitarb. haben nach dem klinischen Bild und den biochemischen Befunden folgende Formen (s. Tab. 78) unterschieden.

Für die *xanthomatöse biliäre Lebercirrhose* sind folgende Eigentümlichkeiten typisch (vgl. auch KALLAI [1192]): Starkes Hautjucken bei langdauerndem Ikterus mit hohen Bilirubinwerten (direkt reagierend nach
VAN DEN BERGH). Keine Vorgeschichte mit Koliken oder Hepatitis. Keine
Operationsbefunde von extrahepatischem Gallengangsverschluß oder Infektion der Gallenwege. Plötzlicher oder allmählicher Beginn ohne bekannte
toxische, alimentäre oder infektiöse Leberschäden (infektiöse Hepatitis).
Betonte Hepatomegalie, gelegentliche Splenomegalie. Kein Ascites, keine

Ödeme. Extrem hohe Gesamtcholesterinwerte (dreimal bis achtmal höher als die Norm) mit zunächst normalem Verhältnis von Gesamtcholesterin und Esterquote, ebenso erhöhten Lecithinwerten. Knötchenförmige und platte Xanthomknötchen (Streckseite der Ellenbogen, Knie, Handinnenflächen, Handrücken, Schultern, Gesichtshaut, gelegentlich Cornea). Das Serum ist klar, da der Gehalt an Neutralfetten normal bis niedrig ist und der hohe Phosphatidgehalt nach AHRENS [36] und KUNKEL fettemulgierend wirkt.

Die *hyperlipämische Hepatosplenomegalie* unterscheidet sich wesentlich von der vorigen Form: Es besteht niemals ein Ikterus, und das Blutserum ist milchig-sahnig getrübt. Dies ist durch eine enorme Vermehrung von Neutralfetten im Blutserum (5- bis 20fach erhöht gegenüber der Norm) bedingt. Dagegen sind Cholesterin- und Lecithinspiegel nicht so stark erhöht, immerhin aber auf das Doppelte bis Dreifache der Norm.

Die *normocholesterinämische Hepatosplenomegalie* zeigt ebenfalls keinen Ikterus. Cholesterin- und Lecithinwerte sind normal. Die Hepatosplenomegalie resultiert im Gegensatz zu den zwei vorgenannten Typen aus granulomatösen Wucherungen, die aus Histiocyten, Reticulumzellen und Eosinophilen, sowie später aus Anhäufungen von Schaumzellen bestehen. Oft besteht eine diffuse Lymphadenose.

THANNHAUSER [2289] und MAGENDANTZ haben ihre ursprüngliche Ansicht, daß die xanthomatöse biliäre Cirrhose zum Krankheitsbild der „familiären hypercholesterinämischen Xanthomatose" gehöre, später unter dem Eindruck weiterer eigener Beobachtungen und der von anderer Seite erhobenen Kritik aufgegeben.

Da in den Anfangsstadien die Unterscheidung zwischen primärer (= *intrahepatisch bedingter*) und sekundärer (= extrahepatisch bedingter) biliärer Lebercirrhose schwierig ist, kann unter Umständen eine Laparotomie zur Revision der Leberpforte notwendig werden (s. oben). Sind die äußeren Gallengänge durch ein Hindernis verlegt, kann der ungünstige weitere Verlauf durch einen operativen Eingriff verhindert werden — soweit sich das Hindernis entfernen läßt.

Tabelle 78. *Hepato-(spleno-)megale Xanthomatosen*

1. Xanthomatöse biliäre Lebercirrhose
(primäre biliäre Cirrhose)

2. Hyperlipämische Hepatosplenomegalie mit sekundärer Xanthomatose (idiopathische Hyperlipidämie)

3. Normocholesterinämische Hepatosplenomegalie mit xanthomatösen Granulomen und diffuser Lymphadenose
(SCHÜLLER-CHRISTIAN-Syndrom)

d) Fettleber

Im Rahmen dieses Buches kann nur auf die Beziehungen der Fettleber zu den Lipiden und Lipoproteiden im Blutplasma eingegangen werden. Die blutanalytische Differenzierung der Lipide läßt sich zur Diagnose einer Fettleber kaum verwerten. Der *qualitative und quantitative Fettgehalt der Leberzellen spiegelt sich keineswegs immer im Lipidspektrum des Blutes* wider [221, 1540, 2241, 2290], wie das gelegentlich diskutiert wurde [1017, 1018]. Die *Diagnose Fettleber* ist daher *aus dem Ergebnis von Blutserumanalysen*, einschließlich der Lipidbestimmungen, auch heute noch *nicht* mit genügender Zuverlässigkeit *zu stellen* (SECKFORT [2108]). Es darf hier vorweggenommen werden, daß die klinische Diagnose „Fettleber" mit hinreichender Verläßlichkeit überhaupt nicht möglich ist. Mit Sicherheit kann sie in Übereinstimmung mit anderen Autoren [1155, 1190] überhaupt nur laparoskopisch-histologisch gestellt werden. Mehr als die Hälfte aller Fettlebern ruft funktionsanalytisch überhaupt keine Ausfälle hervor.

Kommt es jedoch nach einer toxischen Leberschädigung, z. B. beim sog. Megaphenikterus [565], zu dem Bilde einer gleichzeitigen intrahepatischen Cholostase (cholostatische Hepatose nach KALK [1190]), so treten blut-chemische Veränderungen wie beim Verschlußsyndrom (s. unten) auf. Der gesamte Lipidstatus im Blutserum verhält sich *bei der kompletten Fettcirrhose* meist genau so *wie bei der* LAENNECschen *Lebercirrhose*. Einzelne Autoren [1410] fanden in mehr als der Hälfte ihrer Fälle von Fettleber (100 Kranke) eine Hypercholesterinämie. Wir selbst sahen diese nur in einigen Ausnahmefällen, bei der Mehrzahl unserer Fettleberkranken war auch der Serumcholesterinspiegel normal.

e) Hepato- (Spleno-) megalie infolge Lipoidspeicherung

Cholesteringranulomatose

(Morbus HAND-SCHÜLLER-CHRISTIAN)

Die Leber ist oft vergrößert, ihre Funktion aber gewöhnlich nicht eingeschränkt, da die disseminierte Einlagerung des Granulationsgewebes das Leberorgan gewöhnlich nur strukturell verändert. Im Blutplasma liegt weder eine Hypercholesterinämie noch eine Hyperlipidämie vor. Die Serumcholesterinkonzentration liegt entweder im Bereich der Norm oder etwas darunter (Lit. bei SCHETTLER [2006]).

Sphingomyelinose

(Morbus NIEMANN-PICK)

Es liegt eine lipoidzellige („NIEMANN-PICK-Zellen") Hepatosplenomegalie vor, wobei der Lebertumor die Milzschwellung gewöhnlich übersteigt. Die Konzentration der Serumlipide ist meist geringfügig und nur uncharakteristisch verändert. Der Sphingomyelinspiegel im Serum ist nicht erhöht. Die Gesamtphosphatidkonzentration ist wechselnd, sie kann erhöht und auch erniedrigt sein (Lit. bei SCHETTLER [2006]).

Gangliosidosen

Neben der seltenen *familiären amaurotischen Idiotie* (Morbus TAY-SACHS) kommt auch die Lipochondrodystrophie (Gargoylismus. Morbus PFAUNDLER-HURLER) sehr selten vor. Es besteht eine Hepatosplenomegalie. Im Serum fand SCHETTLER [2006] normale Lipidfraktionen.

Cerebrosidose

(Morbus GAUCHER)

Die Leber ist nicht so stark vergrößert, wie die Milz. Die Serumlipidkonzentrationen sind gewöhnlich normal, manchmal etwas erniedrigt.

Intestinale Lipodystrophie

(Morbus WHIPPLE)

Der Krankheit liegt eine Blockierung der abdominalen Lymphbahnen zugrunde. Im Lymphknotenpunktat findet man Speicherzellen, die vermehrt Glykoproteid enthalten. Die Darmwand ist eigenartig verdickt. Es handelt sich um eine Mangelkrankheit infolge schwerer Resorptionsstörung, auch gegenüber Fetten. Die Erkrankung, die den Kollagenkrankheiten zugeordnet wird, ist durch Leibschmerzen, Meteorismus, voluminöse Stuhlentleerungen, gelegentlich Durchfälle, Fieber, „rheumatische" Gelenkentzündungen, Hypovitaminosen, Pigmentationen, Proteinurie und Hyperglobulinämie gekennzeichnet. Die Faeces enthalten meistens vermehrt Fett (Steatorrhoe). Man findet dabei oft niedrige Serumcholesterinwerte, Hypoproteinämie, Hypocalcämie. SCHAFFNER [*1989*] fand in dem von ihm publizierten Fall (39 J. ♂) 595 mg-% Gesamtlipide, 127 mg-% Gesamtcholesterin, davon nur 17,3% verestert und 5,4 mg-% Lipoidphosphor. Es kann zu chylösen Ergüssen infolge Verlegung der großen Lymphbahnen kommen.

f) Obstruktionsikterus

Wie BÜRGER [*380*] und BEUMER 1913 erstmalig feststellten, liegen beim Gesunden etwa $^2/_3$ des Serumcholesterins in veresterter Form vor. Beim Gallengangsverschluß kommt es außer einer schon BÜRGER [*375*] bekannten „Vermehrung der gesamten Serumfette einschließlich sämtlicher Lipoide" — von ihm „*Cholämische Lipämie*" genannt — meist bald zu einem *Anstieg des Gesamtcholesterins* im Serum. Dieser ist gewöhnlich durch eine *Zunahme des nichtveresterten Cholesterins* bedingt, wie in der Folgezeit vielfach bestätigt wurde ([*1479, 1540*], sowie Übersichten bei DEUEL [*553*], COOK [*488*]). SWEDIN [*2263*] beobachtete allerdings bei seinen Fällen, daß trotz vorhandener Hypercholesterinämie der Quotient Estercholesterin zu Gesamtcholesterin nicht verändert war. Trotz der bestehenden Hyperlipidämie wird das Serum nicht lipämisch getrübt, sondern bleibt klar („latente Lipämie" nach BÜRGER [*375*]). Diese Veränderung macht sich in einer relativen Abnahme des veresterten Anteils im Serum bemerkbar [*1269*]. Beide Zeichen, Hypercholesterinämie und Esterrückgang in Kombination, treten zwar häufig beim mechanischen Ikterus in Erscheinung, sie können aber keineswegs als absolut verläßliches differentialdiagnostisches Zeichen gegenüber dem Parenchymikterus gewertet werden. Vielmehr wird eine Hypercholesterinämie gelegentlich auch bei sicherem hepatocellulärem Ikterus beobachtet [*378*].

Die *Vermehrung des Gesamtcholesterins* zugunsten *des nichtveresterten Cholesterins* wurde bisher rein mechanisch erklärt. Die Leber scheidet nur „freies" Cholesterin in die Galle aus. Dieses würde, so nahm man an, bei Gallengangsverschluß daher im Blut zurückgehalten werden [*374, 375, 380, 704, 2225*].

Durch *Unterbindung des Ductus choledochus* lassen sich im Tierversuch die durch den Gallengangsverschluß eintretenden Lipidverschiebungen im menschlichen Plasma teilweise reproduzieren. Es kommt zum Konzentrationsanstieg des freien Cholesterins ohne gleichzeitigen Anstieg von Cholesterinestern. Außerdem nehmen die Phosphatide verhältnismäßig stärker zu als das freie Cholesterin. Ebenfalls zu, wenn auch in geringerem Maße, nehmen die Acetalphosphatide, obwohl für diese Fraktion gelegentlich auffallend niedrige Werte beschrieben worden sind [*2100, 395, 397, 442, 2300*]. Nun haben aber neuere Bilanzuntersuchungen gezeigt, daß die tägliche Cholesterinzunahme im Serum bei experimentellem Gallengangsverschluß bis zu dreimal so groß ist, wie die mit der Galle physiologischerweise ausgeschiedene Cholesterinmenge [*793*]. Ebenso normalisiert sich eine experimentell durch Gallensperre erzeugte Hypercholesterinämie bei der

Ratte nach Wiederherstellung des Gallenabflusses rascher, als dies der täglich mit der Galle ausgeschiedenen Cholesterinmenge entsprechen würde [*398*]. Gegen die alte Retentionstheorie sprechen aber noch andere Befunde. Die gleiche Arbeitsgruppe [*398*] konnte nämlich zeigen, daß nach Hepatektomie (im Anschluß an die Gallengangsligatur) der Cholesterinanstieg unterblieb. Eine Hypercholesterinämie trat aber auch ohne Gallengangsligatur ein, wenn der Gallengang mit der Pfortader verbunden wurde. Bemerkenswert war dabei, daß die Cholesterinausscheidung durch die Galle im wesentlichen unverändert blieb. Schließlich ließ sich auch durch Erhöhung des Gallensäurespiegels im Blut eine Hypercholesterinämie [*401*] erzeugen. Demnach kann es sich beim Verschlußsyndrom nicht einfach um eine „Retentionshypercholesterinämie" durch Rückstauung infolge herabgesetzter Gallensekretion handeln.

Aus diesen Versuchsergebnissen kann man für die menschliche Pathologie schließen, daß die Hypercholesterinämie beim Obstruktionsikterus auf einer *Störung der Regulierungsfunktion in der Leber* beruht, indem entweder mehr Cholesterin in der Leber gebildet und aus der Leber ins Blut ausgeschwemmt oder die Elimination des Plasmacholesterins aus dem Blut gehemmt wird. Den Befunden von FREDRICKSON [*774*], LOUD, HINKELMAN, SCHNEIDER und FRANTZ, daß nach Gallengangsligatur die Leber mehr Cholesterin synthetisiert, stehen neuere Befunde des BYERS-FRIEDMANschen Arbeitskreises entgegen. EDER [*617*] u. Mitarb. nahmen an, daß das Auftreten abnormer Lipoproteide im Blutplasma unter den erwähnten Umständen zu einer Verteilungsänderung des Cholesterins zwischen Leber und Plasma führt, ein Umstand, der vielleicht die Größe der Cholesterinsynthese kontrolliert. Der Konzentrationsanstieg der Gallensäuren, die mittels ihrer oberflächenaktiven Eigenschaften die Vehikelfunktion der lipophilen Plasmaglobuline gegenüber Cholesterin ändern, bewirkt nach Auffassung von BYERS [*400*] und FRIEDMAN eine *Verminderung der normalen Passagerate des Cholesterins aus dem Blutplasma in die Leber.*

Daß beim Verschlußikterus *andere Bindungsverhältnisse zwischen Lipiden und Proteinen* vorliegen könnten, vermutete zuerst TAYEAU [*2276 bis 2278*]. Er beobachtete, daß sich beim Verschlußikterus der größte Teil der Serumlipide mit Äther unmittelbar extrahieren läßt.

KUNKEL [*1373*] und SLATER wiesen mit der *Stärkeelektrophoresemethode* nach, daß der Verschlußikterus durch eine starke Verminderung des Alpha-Lipoproteids und einen hohen Phospholipoidgipfel im Bereich der Beta-Lipoproteide gekennzeichnet ist. Beim *Gallengangsverschluß* und bei der *infektiösen Hepatitis* kommt der Alpha-/Beta-Relation für die Beurteilung des Krankheitsverlaufes eine gewisse Bedeutung zu. Die bei totalem Verschluß stets fehlende Alpha-Lipoproteidfraktion kehrt gewöhnlich nach operativer Beseitigung der Obstruktion wieder.

Ein lebhafter Disput ist über das „*Verschwinden der Alpha-Lipoproteidfraktion*" bei Verschlußikterus und bei manchen Fällen von Virushepatitis entstanden. Für die ersten Beobachter dieses Phänomens [*163, 1268, 1373, 1700, 1706, 2259, 2323, 2404, 2485*] war es naheliegend, eine *Synthesestörung in der Leber* als Ursache anzunehmen. BERG [*172*] vermutete in Anlehnung an tierexperimentelle Versuchsergebnisse KÜCHMEISTERS [*1357, 1358*] eine Störung der Phosphatidbildung in der Leber. Dagegen sprachen die normalen, manchmal sogar zu Beginn erhöhten Phosphatidkonzentrationen im Serum bei der akuten Hepatitis. Wir fanden sogar bei schweren fortgeschrittenen Lebercirrhosen noch normale Phosphatidwerte im Blutserum.

Schließlich zeigt die *biliäre xanthomatöse Lebercirrhose* trotz einer oft enormen Hyperphosphatidämie papierelektrophoretisch ein völliges Verschwinden der Alpha-Lipoproteidfraktion [*1798*]. Das unter völlig heterogenen pathologischen Bedingungen auftretende Phänomen mit einer Synthesestörung des Alpha-Lipoproteids oder seines Proteinvehikels zu erklären, erscheint mir unbegründet, weil z. B. beim *akuten Gallengangsverschluß* die Alpha-Lipoproteide im Blutserum schon zu einem Zeitpunkt nicht mehr nachweisbar sind, an dem überhaupt noch keine biochemisch oder histologisch faßbare Leberparenchymschädigung vorliegt. Selbst bei fortgeschrittenen Lebercirrhosen vermißten wir nur in 50 % der Fälle die Alpha-Lipoproteide völlig [*1809*].

MARNER [*1565*] hielt in Anlehnung an TAYEAU [*2276*] eine Dissoziation der Lipide von den Proteinvehikeln für möglich, wenn eine Erhöhung der Gallensäurenkonzentration im Blut eintritt. Tatsächlich kann man, wie bereits erwähnt, tierexperimentell mittels Erhöhung des Gallensäurenspiegels im Blutplasma [*395, 398, 400, 794*] die Alpha-Lipoproteidfraktion im Serum zum Schwinden bringen, oder besser gesagt, sie dem elektrophoretischen Nachweis entziehen.

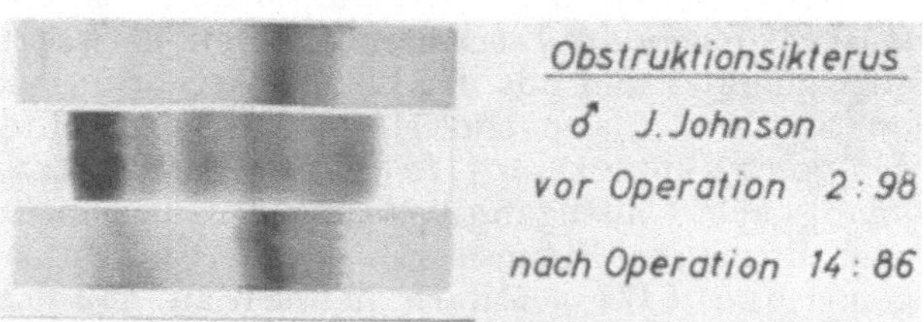

Fig. 71. Lipoproteidelektrophorese vor und nach operativer Beseitigung eines Gallengangsverschlusses

Beim Verschlußikterus geht ein *niedriger Cholesterin/Phospholipoidquotient im Plasma* mit einem *hohen Quotienten von freiem Cholesterin zu Gesamtcholesterin* einher. Das gleiche Verhältnis findet sich in den Lipoproteiden. Der Anteil an freiem Cholesterin ist am höchsten bei komplettem und länger andauerndem Verschlußikterus. Es besteht eine beträchtliche Hyperphospholipidämie, wenn und so lange ein totaler Gallengangsverschluß besteht. Sie fällt nach Wiederdurchgängigwerden der Gallengänge oder nach Operation ab [*46, 1540*]. Die Hyperphospholipidämie bei totalem Verschluß ist durch Lecithin- und Sphingomyelinzunahme im Serum bedingt. Die Phosphatide bei inkomplettem Verschluß verhalten sich wie bei der Hepatitis, allerdings ist beim Obstruktionsikterus nur das Lecithin erhöht. Die Kephalinfraktion zeigt auch hier kein typisches Verhalten. Die Hyperphosphatidämie beim Gallengangsverschluß ist also vorwiegend durch Lecithinüberproduktion in der Leber verursacht [*116*]. Man nimmt heute mehr eine *Überproduktion neuer Phosphatide in der Leber beim Gallengangsverschluß* an als eine Akkumulation im Blut infolge Abflußbehinderung durch den Ductus choledochus.

Was die prozentuale Verminderung der Esterquote des Serumcholesterins betrifft, so sah BÜRGER [*383*] ihre Ursache in der Fettresorptionsstörung infolge des gestörten Gallenabflusses zum Darm hin, wodurch es zu einem Mangel an den zur Veresterung erforderlichen Fettsäuren käme. Die alte Annahme, daß Cholesterin nicht ohne Fett resorbiert werden könne (Lit. in BÜRGER [*375*], THANNHAUSER [*2284*], KRITCHEVSKY [*1350*]) erscheint durch neuere Ergebnisse widerlegt [*566, 1860*]. Auch scheint die Cholesterinresorption nicht an die Anwesenheit von Gallensäuren im Darm geknüpft zu sein. Kaninchen zeigten nach Verfütterung von Cholesterin ohne gleichzeitige Fettzufuhr einen Serumcholesterinanstieg. SCHETTLER [*1997*] beobachtete bei einer Patientin mit Choledochusligatur nach oraler Cholesterin-Öl-Belastung eine Zunahme des Serumcholesterinspiegels. Radioaktiv markierte Fettsäuren wurden trotz Fehlens von Gallensäuren vollständig resorbiert. Der Bürgerschen Auffassung von der Reduktion des Nachschubmaterials als Ursache der mangelhaften Veresterung haben Thannhauser [2287] und Schaber ihre Fermenthemmungstheorie entgegengestellt. Danach wäre eine Schädigung des Esterifizierungsprozesses in der Leber anzunehmen.

g) Coma hepaticum

Das klinische Symptomenbild schwerster Leberinsuffizienz, das Coma hepaticum, bietet Fettstoffwechselstörungen mit Abweichungen der Serumlipidkonzentrationen von der Norm, über deren Art im einzelnen die Meinungen noch weit auseinandergehen, ganz abgesehen von der unterschiedlichen Auffassung über ihren Entstehungsmodus.

Ältere Untersucher (Zusammenfassung s. Balfour [116]) hatten schon auf die Ketonämie hingewiesen und im wesentlichen außerdem einen Abfall der Gesamtcholesterin-, Estercholesterin- und Lecithinkonzentrationen beschrieben. Der Göttinger Arbeitskreis [2080] sah außer dem bekannten Estersturz erhöhte Werte für freies Cholesterin und darüber hinaus auch Phosphatidspiegelerhöhungen im Blut. Ein hoher Blutphosphatidspiegel wurde für das Coma hepaticum geradezu als charakteristisch angesehen. Wir selbst [2100] haben bei unseren Fällen von schwerer dekompensierter Laennecscher Lebercirrhose mit beginnendem oder tiefem Coma hepaticum unterschiedliche Beobachtungen gemacht. Durchschnittlich lagen bei uns die Werte für Acetalphosphatide, Lipoidphosphor und Esterfettsäuren in normalen Bereichen und die Cholesterinesterkonzentrationen waren meist deutlich erniedrigt, während die Werte für das freie Cholesterin um die obere Normgrenze schwankten. Einzelwerte aller Fraktionen lagen teilweise erheblich über oder auch unter dem normalen Schwankungsbereich.

Es ist bei dem derzeitigen Stand unseres Wissens um die Zusammenhänge im einzelnen noch schwierig, für diese unterschiedlichen Befunde eine Erklärung zu geben. Immerhin wäre es vorstellbar, daß beim Zustandekommen der gefundenen Normabweichungen nicht nur das Ausmaß eines solchen Leberprozesses, sondern auch die Art der zur Leberinsuffizienz führenden Grundkrankheit von entscheidender Bedeutung sind, so daß sich die jeweiligen Ausgangsbedingungen in ihrer pathogenetischen Variabilität auch noch weiterhin auswirken. Bürger [375] führt den Estersturz bei schweren hepatocellulären Funktionsstörungen gegebenenfalls auf ein Abfließen des Serumcholesterins in den Ascites und auf ein „allmähliches Erlahmen der Cholesterinsynthese im Organismus" zurück. Inwieweit hierbei eine Störung in dem normalerweise schon problematischen Cholesterinesterasesystem eine Rolle spielt, ist einstweilen nicht zu beantworten. Die manchmal zu findende Erhöhung der Serumphosphatidspiegel wäre zumindest arbeitshypothetisch im Sinne der eingangs zur Diskussion gestellten „Kompensationsmechanismen" deutbar. Ante finem erlahmen dann alle Syntheseprozesse, auch die hepatischen „Reservemechanismen", und es fallen die Konzentrationen der Blutlipide bis in kaum noch nachweisbare Bereiche ab. Viel experimentelle Arbeit wird notwendig sein, um endgültig Klarheit zu schaffen.

2. Exkretorische Pankreaserkrankungen

Von

Fritz A. Pezold

Die *akute Pankreatitis* geht nur ausnahmsweise mit einer Hyperlipidämie einher [*464, 830, 956, 1184, 1906*]. Nach akuter Alkoholvergiftung kann man sie jedoch häufiger beobachten [*49*]. Zusammen mit einem erhöhten Lipasespiegel im Serum scheint eine Hyperlipidämie, zumindest ein erhöhter Cholesteringehalt in der Beta-Lipoproteidfraktion, einherzugehen [*1742*].

Die *chronische Pankreatitis* geht in seltenen Fällen [*365*] mit Hyperlipidämie, xanthomatösen Hautinfiltrationen und typischem Pankreasschmerzsyndrom einher. Klatskin [*1265*] und Gordon fanden in der Literatur nur zehn Fälle beschrieben. Worauf die gelegentliche Hyperlipidämie bei der Pankreatitis beruht, liegt noch im Dunkeln. Poulsen [*1864*], Klatskin [*1265*] und Gordon sprachen den Verdacht aus, daß es sich bei diesen Formen überhaupt gar nicht um eine primäre Pankreaserkrankung, sondern umgekehrt um eine essentielle Hyperlipidämie mit sekundärer Pankreasbeteiligung handele, eine Ansicht, der auch Garunas [*833*] beipflichtete. Auch Gross [*956*] und Comfort sehen bei der Seltenheit des Zusammentreffens die Hyperlipidämie bei der „relapsing pancreatitis" als zufällige Koincidenz an.

Über das Auftreten von *Hyperlipidämie* und Hypercholesterinämie nach *experimenteller Pankreatitis* haben Binet [*222*] und Brocq berichtet. Eine schwere hämorrhagische Pankreatitis läßt sich mit dem Methioninantagonisten Äthionin erzielen, mit dem im Zusammenhang mit dem Verhalten der Serumlipoproteide das Adlersbergsche Team [*27*] gearbeitet hat. Feinberg [*706*], sowie Wang [*2397*] u. Mitarb. sahen bei Hunden unter Äthioninintoxikation einen Abfall der Serumlipide und -lipoproteide, was sie auf die gleichzeitig verminderte Proteinsynthese bezogen. Da sich bei der Äthioninvergiftung jedoch eine allgemeine schwere hämorrhagische Diathese neben den spezifischen Pankreasveränderungen einstellte, erschienen Adlersberg [*27*] pankreasbezogene Schlußfolgerungen nicht erlaubt. Deshalb erzeugte man nach Ligatur des Ductus pancreaticus und Injektion einer Staphylokokkenzubereitung [*2282, 2396*] eine Pankreatitis am Tier und erzielte eine Hyperlipidämie, vorwiegend zugunsten der Neutralfette, die am 2. Tag bis auf 400% des Ausgangswertes anstiegen, während der Anstieg des Cholesterins und der Phosphatide bis zu 200% betrug. Diese Veränderungen ließen sich in etwa der gleichen Weise am Kaninchen wie am Hund reproduzieren.

Die Tatsache, daß es nach vollständiger Entfernung des Pankreas zu einer beträchtlichen Hyperlipidämie kommt, ist seit den ersten Untersuchungen über den experimentellen Pankreasdiabetes bekannt (ältere Literatur s. bei Bürger [*375*]). Chaikoff [*429*] und Kaplan fanden bei *pankreatektomierten* Hunden, die mittels Insulin im Kohlenhydratgleichgewicht gehalten waren, eine starke Senkung der Serumlipide unter gleichzeitigem Schwund des Körperfettes. Diese ging mit einer fettigen parenchymatösen Degeneration der Leber einher.

Allen [*54*] u. Mitarb. hatten schon 1924 starke Leberverfettungen bei derartig behandelten Hunden trotz ausreichender Insulinierung beobachtet. Mit Gaben von rohem Pankreas ließ sich die Entwicklung einer Fettleber verhindern und das Leben der Tiere nach der Pankreatektomie verlängern. Der

DRAGSTEDTsche Arbeitskreis [*581* bis *584*] war auf Grund tierexperimenteller Ergebnisse zu dem Schluß gekommen, daß im Pankreas eine hormonähnliche Substanz, *Lipocaic* (s. S. 131) genannt, mit lipotroper Wirkung produziert wird. Im Gegensatz zu der Auffassung, daß dieses lipotrope Prinzip vorwiegend enzymatischen Charakter habe [*432, 1635*], vertritt DRAGSTEDT auf Grund seiner Beobachtung, daß der Lipocaicfaktor hitzestabil ist, den Standpunkt, daß es sich nicht um die Wirkung proteolytischer, aus der Nahrung Cholin und Methionin freisetzender Fermente handeln könne. Für die DRAGSTEDTsche Ansicht sprechen auch die Versuche HARTMANNs [*1015*], der *trotz proteolytisch ausreichender Fermentsubstitution* bei pankreatektomierten (und insulinierten) Hunden die Entwicklung einer Fettleber (wohl der Plasmalipidveränderungen!) *nicht* verhindern konnte.

Daß es sich andererseits nicht einfach, wie BEST u. Mitarb. annahmen, bei der lipotropen Wirkung von Pankreasextrakten um den Effekt lipotroper Faktoren der bekannten Art, wie Cholin und Methionin handelt, konnte DRAGSTEDT widerlegen. Leber-, Gehirn- und Speicheldrüsenextrakte, die in ihrem Cholin- und Methioningehalt dem Pankreasextrakt nicht nachstanden, verhüteten beim pankreatektomierten (und insulinsubstituierten) Hund nicht die Entwicklung einer Fettleber. Das scheint allerdings zunächst nur für den Hund zu gelten, da GILLMAN [*859*] und GILBERT an pankreatektomierten Pavianen allein mit Insulinsubstitution die Entwicklung einer Fettleber verhüten konnten. Dagegen entwickelte sich nach Weglassen des Insulins alsbald mit der Dekompensation des Zuckerstoffwechsels eine schwere Fettleber.

Von besonderem Interesse für unsere Fragestellung ist das *Verhalten der Serumlipidkonzentration nach Pankreatektomie*, das von dem DRAGSTEDTschen Team [*584*] in ausgiebigen Untersuchungen studiert wurde. Die Ausgangswerte der Gesamtlipide lagen bei 104 Hunden innerhalb eines Schwankungsbereiches von 500 bis 900 mg-% (insgesamt 251 Einzelbestimmungen). Nach Pankreatektomie (75 Hunde) und unter Insulinsubstitution zeigten 58% einen signifikant erniedrigten Serumlipidspiegel. Bei dem Rest war der Abfall weniger deutlich, in einzelnen Fällen war ein Konzentrationsanstieg erfolgt. Bei 34 Hunden erfolgte in 62% der Fälle von *Ligatur der Pankreasgänge* ein Absinken unter 400 mg-%. Durch Gaben von 200 bis 400 g Rohpankreas pro Tier ließ sich der Serumlipidspiegel normalisieren. Bei gesunden intakten Tieren war die Zufuhr von Pankreas ohne Einfluß auf die Serumlipide.

Die Beobachtungen von ALLEN [*56*] u. Mitarb. am Pankreasfistelhund, der keine Fettleber und keine Hypolipidämie entwickelte, wurden von einigen Autoren gegen die Wirksamkeit einer Pankreassubstanz auf den Fettstoffwechsel gedeutet. Sie könnten aber auch dahin gedeutet werden, daß es sich um eine hormonartige Substanz handelt, die allerdings nur dann wirksam wird, wenn der exkretorische Apparat intakt ist. Dafür sprechen Befunde, die ebenfalls von dem ALLENschen Arbeitskreis erhoben worden sind. Teilpankreatektomierte Hunde mit äußerer Fistel wiesen normale Serumlipidspiegel auf, während in gleicher Weise operierte Tiere nach Unterbindung des Pankreasganges erniedrigte Serumlipidspiegel zeigten.

GLOOR [*870*] und WERTHEMANN haben eine hochgradige Leberverfettung bei einem 15 Monate alten Knaben mit einer *cystischen Pankreasfibrose* beschrieben. Die von LINDLAR [*1480*] und BERNHARD durchgeführte Lipidanalyse dieser Fettleber ergab, daß rund 80% der Trockensubstanz (bzw. 39% des Feuchtgewichtes) der Leber aus Fett, in der Hauptsache

Neutralfett bestand. Aus der dem Depotfett ähnlichen Zusammensetzung des Leberfettes kann man wohl auf eine Fettinfiltration aus den Depots schließen. So ganz selten, wie man bisher angenommen hatte, ist diese Fehlbildung gar nicht. HOLLE [*1102*] berichtet von 1,5%, andere Statistiken sogar von 2 bis 8% Vorkommen der cystischen Pankreasfibrosen unter den Säuglingsobduktionen.

Neben der Wirksamkeit des oben erwähnten hypothetischen lipokinetischen Faktors (Lipocaic) muß sich natürlich auch der Ausfall (Pankreatektomie, Gangligatur) der Pankreasexkrete durch den Mangel an spezifischen Fermenten bemerkbar machen. Mit der Störung der Eiweißresorption infolge des Ausfalls der proteolytischen Enzyme dürfte es zu einer mangelnden Freisetzung von Methionin aus Nahrungseiweiß kommen. Der Mangel an lipolytischen Fermenten betrifft die Emulgierung der Nahrungsfette im Darm, ihre Spaltung und Resorption, einschließlich des Lecithins und der Freisetzung von Cholin, der fettlöslichen Vitamine E und K. Von praktischer Bedeutung ist die Beobachtung, daß es auch beim Menschen unter Vitamin-A-Mangel zu Pankreasveränderungen kommen kann, die über Epithelmetaplasien und cystischer Umwandlung bis zur Fibrose reichen.

3. Adipositas

Bei *Adipösen* wurden erhöhte Lipoproteidkonzentrationen, insbesondere der Flotationsklassen $S_f 35$ bis 100 und $S_f 12$ bis 20 gefunden [*881, 1244, 2390*]. GOFMAN [*881*] und JONES sahen in diesem Befund eine mögliche Erklärung für den häufigen Befall der Adipösen mit arteriosklerotischen Gefäßveränderungen. FISCHER [*729*] und MONNIER wollten die Adipösen in zwei Gruppen eingeteilt wissen, solche mit normalem und solche mit überhöhtem Beta-/ Alpha-Lipoproteidquotienten. Dagegen wiesen *Unterernährte* niedrige Konzentrationen an Lipoproteiden, Gesamtlipiden und Phosphatiden im Serum auf [*1403*].

SKANSE [*2151*] fand bei 122 Adipösen weiblichen Geschlechts, die im übrigen gesund erschienen, im Bereich der Gesamtlipide und Phospholipide keine Unterschiede zwischen Über- und Normalgewichtigen, wobei in beiden Gruppen die Phospholipid- und auch die Cholesterinkonzentration mit zunehmendem Alter anstieg. Auch LINDHOLM [*1478*] fand keine Beziehungen zwischen Körpergewicht (auch nicht bezüglich Adipositas) und Lipidkonzentrationen im Serum. Hochsignifikant unterschieden sich jedoch die Alpha-Lipoproteide junger Frauen. Die Adipösen zeigten nämlich wesentlich geringere Konzentrationen als die Nichtadipösen. Junge fette Frauen zeigten bereits so niedrige Alpha-Lipoproteidwerte wie postklimakterische nichtadipöse Frauen. SKANSE [*2151*] meint, daß weder für ein Oestrogendefizit, noch für eine erhöhte Androgenaktivität bei jungen adipösen Frauen ein Anhalt bestünde. Nach MALMROS [*1534*] und SWAHN, sowie GROSS[*957*] und WEICKER beeinflußt der Funktionszustand der Schilddrüse nicht den Alpha-Lipoproteidspiegel.

Nach den Angaben der großen amerikanischen Lebensversicherungsgesellschaften [*353*] scheinen Adipöse öfter an Herzerkrankungen, insbesondere an Herzinfarkt [*1915*] zu sterben, als Normalgewichtige. Während auch von einer Reihe von Autoren [*2390, 677*] die Ansicht vertreten wird, daß ein Zusammenhang zwischen *Körpergewicht und Ausmaß der Arteriosklerose* bestünde, kamen FABER [*677*] und LUND auf Grund von chemischen Lipidanalysen von 408 Aorten zu der Überzeugung, daß die *Adipositas für sich* graduell *in keinem Zusammenhang* mit dem Cholesterin- und Calciumgehalt der Aortenwand steht. Die Autoren haben dabei die Altersveränderungen und die Auswirkungen einer begleitenden Hypertonie gesondert in Rechnung gesetzt. Beim Vergleich zwischen der Menge des aus der Aorta extrahierbaren Lipidmaterials und dem Körpergewicht fanden PATERSON [*1773*] und MILLS keine Parallelität. GARN [*832*] u. Mitarb. kamen bei der Gegenüberstellung von 97 männlichen Kranken, die vor dem 40. Lebensjahr einen Herzinfarkt durchgemacht hatten, und 146 gesunden Männern gleichen Alters und vergleichbarer Berufsausübung und Lebensweise zu dem Schluß, daß die Übergewichtigkeit in beiden Gruppen statistisch praktisch die gleiche Verteilung zeigte. Die DAWBERsche [*526*] Arbeitsgruppe fand mittels mehrjährigen Reihenuntersuchungen an über 4000 Personen, daß die Adipositas *allein* keine größere Morbidität oder Mortalität an Myokardinfarkt erbrachte. War dagegen die Übergewichtigkeit mit einem Hochdruck verbunden, so war eine deutliche positive Proportionalität zu finden. Es hatte den Anschein, daß beim Vorliegen eines Hochdrucks das vermehrte Körpergewicht eine zusätzliche Noxe bedeutet. Auch BROŽEK [*353*] kam zu dem Schluß, daß in dem bisher bekannt gewordenen statistisch ausgewerteten Sektionsmaterial ein schlüssiger Beweis für einen positiven Zusammenhang nicht gefunden werden kann. Wir kamen an unserem Material zu der gleichen Schlußfolgerung [*1818*].

Auch über den Einfluß einer therapeutisch bedingten *Gewichtsreduktion* liegt Literatur vor. Von einigen Autoren wurde eine Tendenz zum Absinken der Serumcholesterinspiegel gefunden [*2391, 2392*]. MOORE [*1637*] u. Mitarb. dagegen fanden bei 24 Frauen, deren Körpergewicht unter einer täglichen Zufuhr von 1400 Calorien (und 50 bis 80 g Fett) um 2 (englische) Pfund in einer Woche abnahm, kein Absinken der Serumcholesterinspiegel.

Es liegen experimentelle Ergebnisse an körperlich gesunden Schizophrenen vor, nach denen eine Fettzulage zur Kost nur dann zur Erhöhung des Serumcholesterinspiegels führte, wenn die Beanspruchung durch körperliche Arbeit die gleiche blieb. Wurde ein erhöhter Energieverbrauch gefordert, stieg die Serumcholesterinkonzentration trotz vermehrter Fettzufuhr nicht an [*65*].

4. Sonstige Krankheiten

a) Akute Infektionskrankheiten

Bei fieberhaften Erkrankungen wurden oft subnormale Serumlipidspiegel gefunden [*1343*]. Nach BÜRGER [*375*] geht bei akuten Infektionskrankheiten eine *initiale Hypocholesterinämie* nach Abklingen des Fiebers in eine *sekundäre Hypercholesterinämie* über, eine Beobachtung, die von SCHLIEPHAKE [*2025*] und VESCOVI für Typhus abdominalis, Diphtherie, Scharlach, Kinderlähmung bestätigt wurde. Diese Verschiebungen scheinen von der Intensität und Dauer der Infektion abhängig zu sein. Besonders deutlich wurden diese Veränderungen bei schweren *Pneumonien* und beim *Typhus abdominalis* gefunden.

Bei *infektiöser Mononucleose* wurde ein *Konzentrationsanstieg der Beta-Lipoproteide von sehr geringer Dichte* (der Flotationsklassen $S_f > 12$) bei entsprechendem Abfall der Beta-Lipoproteide größerer Dichte (Flotationsklassen $S_f 0$ bis 12) und der Alpha-Lipoproteide gefunden. Der Gesamtlipidspiegel veränderte sich dagegen nicht. Um die 10. Woche nach Krankheitsbeginn stellten sich die ursprünglichen Verhältnisse wieder her [*1959*].

Lipidchemisch findet sich, wie bereits erwähnt, auch bei der üblichen Virushepatitis eine verminderte Alpha-Lipoproteidkonzentration. Dagegen fand PIERCE [1830] bei der Hepatitis epidemica im Serum die Flotationsklassen S_f0 bis 12, S_f12 bis 20 und S_f20 bis 100 insgesamt vermehrt, jedoch die S_f100 bis 400 signifikant vermindert. Obwohl man aus der Abnahme der S_f0 bis 12-Konzentration bei der infektiösen Mononucleose auf eine Verminderung des veresterten Cholesterins im Serum schließen sollte — die Beta-Lipoproteide der Flotationsklassen S_f0 bis 12 und die Alpha-Lipoproteide enthalten den höchsten Anteil an Estercholesterin — wurden in der Mehrzahl der Fälle von infektiöser Mononucleose normale Esterquoten gefunden (Lit. bei RUBIN [1959]).

Über Hyperlipidämie bei Morbus BOECK s. KÜHN [1361].

b) Chronische Polyarthritis (Rheumatoid arthritis)

Die *Serumlipide* wurden von der Mehrzahl der Autoren bei dieser Erkrankung normal, der Serumcholesterinspiegel gelegentlich leicht erniedrigt gefunden ([644], weitere Literatur bei SCHMID [2027]). Von SCHMID [2027] u. Mitarb. durchgeführte Untersuchungen der Lipoproteide im Serum von Polyarthritikern mittels Papierelektrophorese zeigten keine signifikanten Abweichungen vom Normverhalten. Unabhängig von diesem Arbeitskreis waren KUHNS [1369] und CRITTENDEN zum gleichen Ergebnis gekommen.

c) Verschiedenes

BOKELMANN [286] und MÜHLBOCK fanden den Gesamtcholesterinspiegel bei 92 Frauen mit *Carcinom des Collum uteri* gegenüber gleichaltrigen gesunden Frauen deutlich erniedrigt. Dabei war sowohl das freie, wie auch das veresterte Cholesterin vermindert, so daß das Veresterungsverhältnis das gleiche blieb.

Ausgiebig untersucht wurde das Verhalten der Serumlipoproteide bei fortgeschrittenem *Mammacarcinom* [130, 131, 1207]. Mit Hilfe der Äthanolfraktionierung nach COHN (Methode X) und der Ultrazentrifugierung nach GOFMAN fand diese Arbeitsgruppe bei den Kranken signifikant geringere Alpha-Lipoproteidkonzentrationen im Serum als sie gleichaltrige, gesunde, menstruationsfähige Frauen aufzuweisen pflegen. Dieses Verhalten zeigte sich sowohl bei den Kranken ohne, wie auch mit Knochenmetastasen. Die Carcinomkranken wiesen weiter höhere Konzentrationen der Beta-Lipoproteide der Flotationsklassen S_f10 bis 20 und 20 bis 100 im Serum auf als die gesunden Vergleichspersonen. Waren Knochenmetastasen vorhanden, so lagen die Beta-Lipoproteidspiegel im Mittel noch höher als beim Mammacarcinom mit Weichteilmetastasen [1207].

Nach *beidseitiger Oophorektomie* fanden sich bemerkenswerterweise erhebliche Veränderungen der Verteilung und Konzentration der Lipoproteide im Serum: Die Konzentration der Alpha-Lipoproteide, ebenso auch ihr Phosphatidgehalt, nahm bei allen Operierten eindeutig zu. Dagegen nahmen die Beta-Lipoproteide der Flotationsklassen S_f10 bis 20 beim Vorhandensein von Knochenmetastasen ab. Die S_f0 bis 10-Lipoproteide waren nur beim Vorliegen von Weichteilmetastasen signifikant vermehrt. Die Autoren fanden weiter Unterschiede innerhalb der Lipidverschiebungen, die zu der therapeutischen Ansprechbarkeit in Beziehung zu stehen schienen [129, 131].

Bei *Bronchialcarcinomen* fanden SCHMIDT [*2033*] und ZERLETT bei allen Kranken mittels Papierelektrophorese eine Konzentrationsverminderung der Alpha-Lipoproteide und eine entsprechende Vermehrung der Beta-Lipoproteide im Blutserum. Die Alpha-Verminderung war um so ausgeprägter, je weiter fortgeschritten die Krankheit war. Wenn Lebermetastasen vorhanden waren, waren die Alpha-Lipoproteide völlig verschwunden. Umgekehrt wurden bei nachweisbarer Alpha-Fraktion autoptisch niemals Lebermetastasen gefunden.

Über Lipoproteide in *Plasmocytom*seren berichteten erstmalig HILL [*1081*] u. Mitarb. Sie konnten aus einem Cryoprotein ein Lipid isolieren, aus dem sich Cholesterinester auskristallisieren ließen. SACHS [*1970*] u. Mitarb. fanden bei der Papierelektrophorese in fünf von sieben Fällen von Gamma-Plasmocytom eine zusätzliche Lipidbande, welche die Beweglichkeit des abnormalen Gamma-Globulins aufwies. HARTMANN [*1011*] hatte schon vorher bei Beta-Plasmocytomen eine Erhöhung des Cholesteringehaltes festgestellt. Demgegenüber hatte der gleiche Autor bei einem Fall von Übergang eines Beta- in ein Gamma-Plasmocytom einen Abfall des Cholesterinspiegels festgestellt. Eine ausgesprochene Lipämie beobachtete WALDENSTRÖM (zit. in [*1970*]) bei seinen Beta-Plasmocytomen nur einmal. Ultrazentrifugenanalytisch fanden LEWIS [*1465*] und PAGE in ihren Fällen, bei denen es sich in der Mehrzahl um Gamma-Plasmocytome handelte, die Flotationsklassen —S > 70, 40 bis 70 und —S 20 bis 25 (= S_f20 bis 100, 12 bis 20, 1 bis 3) im Normalbereich, dagegen die —S 25 bis 40 (= S_f3 bis 12) und die —S 1 bis 10 (= a_1-Lipoproteide) erniedrigt. WEICKER [*2406*] fand in den Paraproteinen von Plasmocytomseren eine Lipoproteidkomponente, die auch im BENCE-JONESschen Eiweißkörper im Urin nachweisbar war. Im Gegensatz zu anderen Proteinurien fanden sich in diesem Material auch acetonunlösliche Substanzen. Von besonderer diagnostischer Bedeutung kann dieser Befund beim Gamma-Plasmocytom sein, da weder in der normalen Gamma-Globulinfraktion, noch bei dysproteinämischer Gamma-Globulinvermehrung dieses Lipoproteid in der Gamma-Globulinfraktion vorkommt.

Über Lipoproteiduntersuchungen bei *multipler Sklerose* s. ROBOZ [*1928*].

D. Therapie

Von

FRITZ A. PEZOLD

I. Allgemeine therapeutische Richtlinien bei Hyperlipidämien

1. Diät

Es lassen sich dem noch Gesunden, aber hereditär Belasteten folgende Ernährungsratschläge geben: 1. Die exogene Cholesterinzufuhr, die in der Normalkost bis zu 0,5 g pro Tag beträgt, kann in Anbetracht der Tatsache, daß der menschliche Organismus bis zu 2 g Cholesterin endogen zu bilden vermag, weitgehend vernachlässigt werden. 2. Von Bedeutung ist dagegen die Menge und Zusammensetzung des Nahrungsfettes und das Verhältnis der Fettcalorien zu den Gesamtcalorien. 3. Die Kost soll nicht übercalorisch sein. Sie darf höchstens 25% an Fettcalorien enthalten.

Bei *Adipositas* sollte die *Calorienzufuhr*, insbesondere ihr *Fett-* und *Koh-lenhydratanteil* erheblich *reduziert* werden. Man darf allerdings nicht das Ernährungsproblem auf die Calorienfrage beschränken. Personen mit ent-sprechender familiärer *kardiovasculärer Belastung* sollten an die *Zufuhr aus-reichender Mengen essentieller Fettsäuren* denken, etwa 1 % der Gesamt-calorien. Die *Durchschnittsernährung* wird nach den Empfehlungen des „Food and Nutrition Board of the National Research Council (USA)" zweckmäßigerweise auf einen 20 bis 25 %igen, statt wie bisher 40 bis 45 %igen, Fettanteil an der Calorienzufuhr eingestellt [553].

Bei *älteren Menschen* darf man die Calorienzufuhr nicht generell, sondern nur dann einschränken, wenn klinische Zeichen einer Atherosklerose beste-hen und im Plasma eine pathologische Lipoproteidzusammensetzung vor-liegt. In diesem Fall ist der Fettan-teil der Nahrung einzuschränken. jedoch nicht auf eine drastische Art.

Tabelle 79. *Linolsäuregehalt in vegetabilen Fetten* (nach Deuel [554] und Reiser)

Fettart	chemisch-analytisch in %	Biolo-gische Wirkung in %
Safflower Öl (Carthamus tinctorius) .	78,0	78,8
Walnußöl	75,5	—
Hanfsamenöl	68,8	—
Sonnenblumensamenöl ...	68,0	55—65
Mohnsamenöl	62,2	—
Sojabohnenöl	58,8	62,4
Weizenkeimlingsöl	—	52,9
Baumwollsamenöl	50,4	48,5
Sesamöl	50,4	28,2
Rapsöl	29,0	17,3
Erdnußöl	27,4	31,1
Olivenöl	15,0	15,8

Einen anderen Weg, mehr unge-sättigte Fettsäuren mit der Nahrung zuzuführen, schlug Horlick [1121] mit seinen Mitarbeitern ein. Es ist schon lange bekannt, daß das Depot-fett von Schweinen durch Wechsel des Futters geändert werden kann. Ebenso ließ sich durch *Verfütterung ungesättigter Fettsäuren*, z. B. in Form von Leinsamen- oder Hanfsamenöl an Legehühnern, der Gehalt des Ei-gelbs an ungesättigten Fettsäuren beträchtlich ändern. Man fand nach Zufuhr adäquater Mengen mehrfach ungesättigter Fettsäuren mit dem Futter im Eidotterfett beträchtlich höhere Konzentrationen von Arachi-don- und Pentaensäure als im Depotfett. Bei Mangel an diesen Fettsäuren im Futter ist das Ovarialgewebe der Henne anscheinend in der Lage, eine de novo-Synthese dieser vier und fünf Doppelbindungen aufweisenden Fett-säuren aus Linolsäure vorzunehmen, die aus den Fettdepots entnommen sind [703] (weitere Literatur zit. bei Horlick [1121]). Desgleichen nahm nach Verfütterung von Safflweröl die Jodzahl des Eigelbs von 74 auf 103 und der Linolsäuregehalt von 8,9 % auf 18,4 % zu (Lit. bei Horlick [1121]). Gab man Hühnern 8 Wochen lang ein Futter, das 10 % Sonnenblumensamenöl ent-hielt, so zeigten sie vom 10. Tage ab eine Zunahme der Linolsäure im Eigelb um das Sechsfache, während der Ölsäuregehalt um die Hälfte des Ausgangs-wertes abnahm [1121]. Horlick stellte an zwei Versuchspersonen verglei-chende Untersuchungen mit derartigen Eiern an. Die Probanden erhielten nach Einstellung auf eine relativ fettarme Standardkost an 3 aufeinander-folgenden Tagen je fünf „Spezialeier" täglich und zu einem späteren Zeit-punkt je fünf Normaleier. Nach der Aufnahme der Spezialeier kam es zu einem wesentlich geringeren Cholesterinspiegelanstieg im Blutserum als nach den Normaleiern.

Bei Kranken mit *essentieller Hyperlipidämie* ist eine energische Fettbe-schränkung angezeigt. Ein brauchbares Regime geben Gordon [906] u. Brock an. Die therapeutischen Erfolge mit fettarmer Diät sind gut [27, 384, 447, 492. 624, 728, 1028, 1109, 1345, 1430, 1457, 1535, 1572, 2017, 2018, 2023, 2284].

Nach der Ansicht vieler maßgeblicher Autoren, z. B. AHRENS [*40*], LOWN [*1507*] und STARE, existiert bis jetzt kein schlüssiger Beweis, daß Änderungen in der Nahrungszusammensetzung einen spezifischen Einfluß auf einen sich entwickelnden *Atheroskleroseprozeß* ausüben. Trotzdem sollte

Tabelle 80. *Ungesättigte Fettsäuren in animalischen Fetten*
(nach DEUEL [*554*] und REISER)

Fettart	Linolsäure in %	Linolensäure in %	Arachidonsäure in %	Biologische Wertigkeit
Hühnereigelb				
a) Hanfsamenölfutter	41,9	10,0	0	—
b) Leinsamenölfutter	24,9	17,4	0	—
Gänsefett	19,3	0	0	—
Hühnerfett	21,3	0	0	—
Rinderfett	5,3	0	0,5	1,5
Schaffett	5,0	—	—	—
Schweinefett				
a) Sojabohnenölfutter	38,0	0,5	—	—
b) Baumwollsamenölfutter (12%ig)	26,8	—	—	—
Walöl	11,0	0	33,4	6,4
Heringsöl	10,6	0	26,0	7,9
Lebertran	9,5	0	16,5	3,9

eine *Senkung des übermäßigen Körpergewichtes* auf das Sollgewicht angestrebt werden. SCHETTLER [*2007*] empfiehlt bei Arteriosklerotikern mit Hyperlipidämie eine eiweiß- und vitaminreiche, aber extrem fettarme Kost (20 g Fett oder Öl, einschließlich der Kochfette), bei einer täglichen Calorienzufuhr von 1500 bis 2000 Calorien. HAUSS [*1031*] rät zu einer Reduktion des Fettanteils auf 20% der Gesamtcalorienaufnahme.

2. Phytosterine

Durch Verfütterung von Sterinen aus der Sojabohne, hauptsächlich *Sitosterin*, ließ sich an *Hähnchen* [*1791, 1792*], *Cholesterinkaninchen* [*1840, 1841, 1695*] und an *Ratten* [*193, 194, 196, 1065*] ein *Abfall des Cholesterinspiegels im Serum* und ein *Rückgang der Atheroskleroseentwicklung* herbeiführen. KRITCHEVSKY [*1351*] u. Mitarb. dagegen konnten an Affen diese Ergebnisse nicht generell bestätigen.

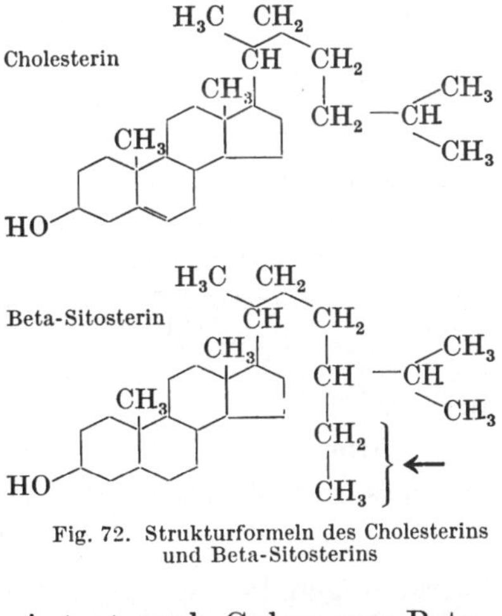

Fig. 72. Strukturformeln des Cholesterins und Beta-Sitosterins

Auch bei *Kranken mit Hypercholesterinämie* trat nach Gaben von Beta-Sitosterin eine signifikante Senkung des Cholesterinspiegels [*128, 193, 194, 196, 205, 679, 684, 1425, 1456, 1841, 1843*] und der Beta-Lipoproteide [*686*] im Serum ein. Diese Therapie ist nicht ohne Kritik geblieben [*2457, 2459, 2460*]. Ihre Wirkung sei unregelmäßig oder zeitlich begrenzt [*1909*].

Sitosterin ist chemisch-strukturell eng verwandt mit dem Cholesterin. Nur in dem Aufbau der Seitenkette unterscheidet es sich von diesem.

In ähnlicher Weise ließ sich auch mit anderen cholesterinähnlichen Sterinen, z. B. Dihydrocholesterin [*516, 1695, 1945, 2148*], beim Tier das Auftreten einer Hypercholesterinämie nach Cholesterinfütterung verhindern. Figur 73 zeigt die hauptsächlichen Cholesterininhibitoren.

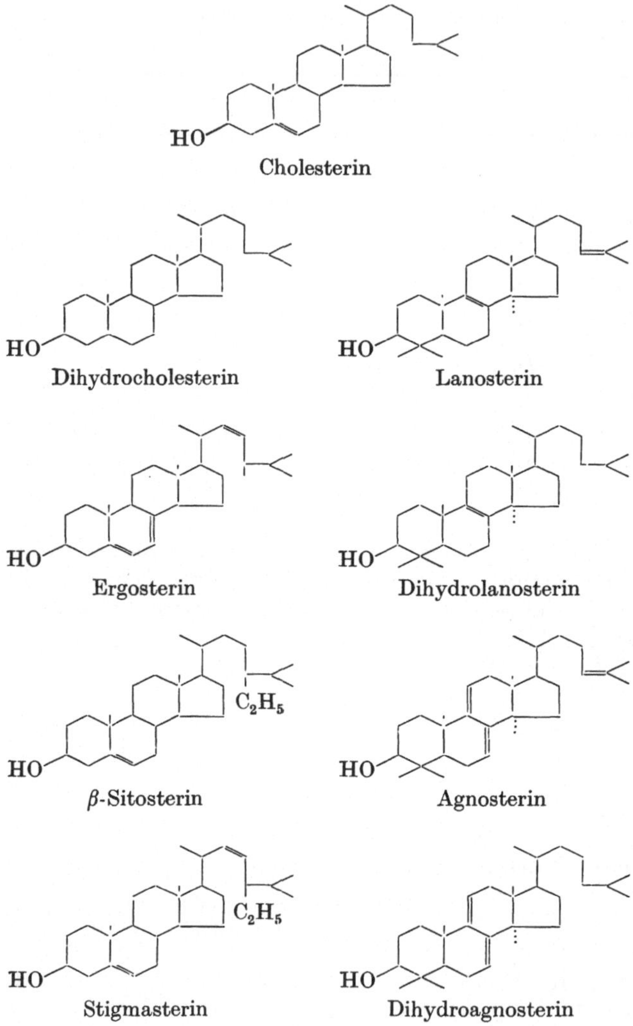

HO—
Cholesterin

HO—
Dihydrocholesterin

HO—
Lanosterin

HO—
Ergosterin

HO—
Dihydrolanosterin

HO— C_2H_5
β-Sitosterin

HO—
Agnosterin

HO— C_2H_5
Stigmasterin

HO—
Dihydroagnosterin

Fig. 73. Strukturformeln des Cholesterins und seiner Inhibitoren (aus BEST [*197*])

Wahrscheinlich *hemmen* die *Phytosterine* die Resorption des Cholesterins aus dem Darmtrakt [*920, 1065*], und zwar nicht nur des aus der Nahrung stammenden, sondern auch des mit der Galle in den Darm ausgeschiedenen Cholesterins. BEST [*198*] nimmt auf Grund vergleichender Untersuchungen mit verschiedenen Sitosterinpräparationen an, daß nur der freie Alkohol und nicht das veresterte Sitosterin in die Cholesterinresorption eingreift. Der inhibitorische Effekt am Tier ist am größten, wenn die zwei- bis dreifache Menge an Phytosterinen (gegenüber der zugeführten Cholesterindosis) gegeben wird. Der Wirkungsmechanismus ist jedoch noch nicht restlos geklärt. Ob es sich um die Bildung einer Komplexbindung handelt, die weniger löslich ist, als eines der beiden Sterine allein [*525*] oder ob sich Sitosterin bei der Veresterung des Cholesterins an die Stelle des Cholesterins setzt und so die Voraussetzungen für den Resorptionsvorgang des Cholesterins zunichte macht [*193*], ist noch nicht entschieden. Möglicherweise findet eine „Hemmung der Cholesterinsynthese durch das zugeführte Sitosterin" statt [*2044*].

Neuere Beobachtungen sprechen dafür, daß die Resorption des Phytosterins schon vor der Veresterung in der Darmwand blockiert wird. Nach Untersuchungen von SCHOEN [*2044*] und HENNING an der Ratte werden 20 bis 40% des zugeführten Sitosterins resorbiert. Aber „durch die Zugabe eines körperfremden Sterins wird die Resorption des körpereigenen Cholesterins verhindert oder wenigstens vermindert". Da Phytosterine trotz gleichzeitiger Fettgaben von den Tieren großenteils mit den Faeces wieder ausgeschieden werden, muß angenommen werden, daß sie keine Verbindung mit den Nahrungsfetten aufnehmen. Da schließlich Sitosterin keine toxischen Begleiterscheinungen macht und gut verträglich ist, erscheint eine unmittelbare Beeinflussung der resorbierenden Darmschleimhaut ausgeschlossen.

3. Hormone

Durch Behandlung mit *ACTH* und *Cortison* läßt sich der erhöhte Lipidspiegel im Serum beim nephrotischen Syndrom [*28, 161, 393, 683, 1793, 2164, 2017, 2053*], sowie der essentiellen Hyperlipidämie und familiären Hyperlipidämie senken [*812*]. SCHETTLER [*2017*] hat über sechs Fälle berichtet, bei denen er nach 7- bis 20tägiger Behandlung *beträchtliche Senkungen* der Gesamtlipidwerte und der Lipidfraktionen, vor allem der Neutralfette erzielte. Nach zweimaliger Injektion von je 40 iE ACTH nahmen die Neutralfette um 50 bis 88%, das Gesamtcholesterin und die Phosphatide im Serum um jeweils 45 bis 60% gegenüber dem Ausgangswert ab. Demgegenüber stehen KLATSKIN [*1265*] und GORDON auf dem Standpunkt, daß ACTH kontraindiziert sei, weil es die Hyperlipidämie steigere und Oberbauchschmerzen auslösen könne. RICH [*1904*], COCHRAN und McGOON sahen unter ACTH-Therapie zwar eine Abnahme der Neutralfette im Serum, aber zugleich eine Zunahme des Cholesterins und der Phosphatide, worauf schon ADLERSBERG [*20, 21*], SCHAEFER und DRACHMAN hingewiesen hatten.

RICH [*1904*], COCHRAN und McGOON beobachteten an Kaninchen unter *Cortison*therapie eine ausgeprägte Lipämie. Eine Reihe weiterer Tierexperimente ist geeignet, sich zunächst großer therapeutischer Zurückhaltung gegenüber der ACTH- bzw. Cortisontherapie der essentiellen Hyperlipidämie zu befleißigen. Bei manchen Tieren, z. B. beim Pferd, ließ sich nach Cortisoninjektionen eine Lipämie erzeugen, die selbst nach vorheriger Heparinisierung des Tieres auftrat [*2112*]. Wenn man derartiges Plasma oder sein Dialysat anderen Tieren intravenös injizierte, trat auch bei diesen eine Lipämie auf [*2113*]. Der gleiche Effekt trat auch bei hypophysektomierten oder adrenalektomierten Tieren auf [*2114*]. SEIFTER schloß aus diesen Beobachtungen, daß es sich um eine spezifische lipidmobilisierende Substanz (lipid mobilizing factor) handeln müsse. Da schließlich auch am Menschen die Wirksamkeit dieser Substanz nachgewiesen werden konnte [*2213*], muß die weitere Entwicklung abgewartet werden.

Die *hypothyreotische Hyperlipidämie des Myxödemkranken* verschwindet unter geeigneter *Schilddrüsentherapie*. Besonders nachhaltige Erfolge werden mit Trijodthyronin gesehen [*145, 313, 761, 824, 1725, 2325*]. Versuche bei anderen Hyperlipidämien verliefen erfolgversprechend [*338, 545, 1815*]. Die *experimentelle Atheroskleroseentwicklung* läßt sich *mit Schilddrüsenhormonen wirkungsvoll bremsen* [*285, 1203, 1204, 2331*]. STRISOWER [*2238* bis *2240*] aus dem GOFMANschen Institut untersuchte die *Wirkung einer Langzeitbehandlung* mit getrockneter Schilddrüsensubstanz und fand einen deutlichen Abfall der Serumlipoproteidklassen S_f^0 0 bis 12, 12 bis 20, 20 bis 100 und 100 bis 400, sowie eine Abnahme der Serumcholesterinkonzentration. Die einzigen Anhaltspunkte zur *Beurteilung eines Therapieeffektes bei manifesten Atherosklerotikern* sind die klinischen Symptome. Da aber meist nur die Komplikationen klinisch in Erscheinung treten, läßt sich nicht entscheiden, was an den primären Vorgängen und was an den sekundären Folgen sich geändert hat. Man wird sich daher bei Atherosklerotikern mit Hyperlipidämie in erster Linie auf die Messung der Serumlipidkonzentrationen beschränken müssen.

Einen stark senkenden Effekt auf die Lipid- und Lipoproteidkonzentrationen im Serum üben die *Oestrogene* aus [1076]. Über gute Erfolge bei der *essentiellen Hyperlipidämie* wird berichtet [27, 299, 338, 707, 1721, 1722]. Ihre Anwendung bei hyperlipidämischen Atherosklerotikern [137, 139, 140, 632, 633, 652, 655, 826, 1202, 1603, 1721, 1722, 1724, 1725, 1824, 1925, 1964, 2200, 2221] führte zwar beträchtliche Senkungen der Lipidkonzentrationen im Serum herbei, war aber mit Nebenwirkungen (Gynäkomastie, Nachlassen von Libido und Potenz) verbunden [1718, 1925, 2202]. Neuere Untersuchungen mit Oestrogenderivaten, in denen der oestrogene Effekt zugunsten der den Lipidstoffwechsel betreffenden Wirkung abgeschwächt worden war (= „weak oestrogens“), zeigen anscheinend, daß eine cholesterinsenkende Wirkung allein in Zukunft möglich sein wird [523, 524, 618, 1926].

4. Heparin und Heparinoide

Mittels Heparin, in kleineren Dosen als zur Gerinnungshemmung notwendig, wird die Freisetzung des „Klärfaktors“ aus seinen Produktionsstätten [1146] und vielleicht auch seine Aktivierung bewirkt. Es kommt in vivo zur *Klärung lipämischer Seren*, die Chylomikronenzahl [958, 959, 960, 1103, 2185, 2260, 2261] und die Konzentration der veresterten Fettsäuren im Serum nimmt ab [1379], was von ZÖLLNER [2528] nicht bestätigt wurde. Während HERZSTEIN [1067] und KUO [1379] nach Heparininjektion eine *Senkung des Gesamtlipidspiegels* (vorwiegend durch eine Abnahme der Neutralfettkonzentration bedingt) im Blut auf dem Höhepunkt der postresorptiven Hyperlipidämie fanden, konnten SWANK [2261] und WELD [2430] dies nicht feststellen. Dagegen wurde der Cholesterin- und Phospholipidspiegel durch Heparinzufuhr nicht signifikant beeinflußt [2234], was auch schon HERZSTEIN [1067] u. Mitarb. festgestellt hatten. Die nach der Heparinisierung der Kranken mittels *Ultrazentrifugation* untersuchten Seren zeigten einen raschen Konzentrationsabfall der low density lipoproteins, und zwar der S_f-Klassen oberhalb 70 und bald auch oberhalb 20, der allerdings spätestens nach 12 Std. völlig abgeklungen war [438]. Aus der Chylomikronenabnahme und der Verminderung der Lipoproteide kann man auf eine fortlaufende Verringerung des Fettgehaltes dieser Lipideiweißsymplexe schließen, wodurch ihr spezifisches Gewicht höher wird [926].

Bei Kranken mit *essentieller hyperlipidämischer Xanthomatose* wurden günstige Erfolge erzielt [816, 975, 1062, 1145, 1447, 1555, 1572, 1821, 2017].

Wenn auch aus der beobachteten *Hemmung der Cholesterinatherosklerose des Kaninchens* [926, 1118, 1678] durch Heparin und synthetische Heparinoide [478, 479, 481, 482] nicht ohne weiteres ein Analogieschluß auf das Geschehen bei der menschlichen Atherosklerose möglich ist, konnten ENGELBERG [644 bis 646, 860, 862] u. Mitarb. mit langfristiger Heparintherapie über günstige Erfolge an Kranken mit mehr als 3 Monate zurückliegendem *Myokardinfarkt* berichten. Von 105 Kranken starben in einem bestimmten Beobachtungszeitraum nur 4 an kardiovasculärer Ursache, während in der nicht heparinbehandelten Kontrollgruppe von 117 Kranken 21 aus herzbedingten Gründen ad exitum kamen. Über günstige Ergebnisse berichteten auch andere Autoren [*501, 645, 648, 654, 656, 1067, 2314*]. Wir selbst haben bei *Kranken mit stenokardischen Beschwerden und erhöhten Lipidkonzentrationen im Serum,* namentlich mit vermehrtem Neutralfettgehalt, von der protrahierten, kleindosierten Heparintherapie einen *günstigen Eindruck.* Wir geben je nach der Ausgangslage zwei- bis dreimal wöchentlich je 20 000 E Depot-Liquemin intramuskulär. Der Erfolg wurde mittels wiederholter Trübungsmessung und Serumlipidanalyse kontrolliert.

CONSTANTINIDES [*478, 481* bis *483*] u. Mitarb. erzielten am Cholesterinkaninchen mit einem synthetischen Heparinoid (SAA = sulphated alginic acid) ebenfalls antilipämische und atheroskleroseverhütende Wirkungen. Sie fanden die antilipämische Wirkung dieser Substanz sogar stärker als die des Heparins. Die Trübung des Serums verschwand, und sogar die Hypercholesterinämie (im Gegensatz zum Heparineffekt!) nahm ab. Ähnlich wie nach Heparin traten auch nach SAA keine weiteren Atherome in Aorta und Visceralarterien der Tiere auf.

5. Lipotrope Substanzen

Ratten entwickelten unter cholinarmer, fettreicher Ernährung erhebliche Lipidablagerungen in ihren Arterien [*2454*]. Dem *Lecithin* kommt eine *stabilisierende Wirkung* auf lipämische Seren zu [*36, 356, 1213, 2002, 2051*]. Das *Cholesterinlösungsvermögen* des Blutes wird durch Lecithin gesteigert. SCHETTLER [*2002*] konnte durch Lecithin-Invertzuckergaben lipämische, cholesterinreiche, aber phosphatidarme Seren klären. *Cholin* führt zu einer Erhöhung der Phospholipidkonzentration im Blut und damit zu einer gesteigerten Lipophilie der Lipoproteide, die hierdurch mehr Cholesterin binden können. Da oral zugeführtes Lecithin im Magen-Darm-Kanal zerstört wird, hat KEESER [*1214*] *Cholin* zur Arteriosklerosetherapie mit der Begründung empfohlen, daß es die Phosphatidsynthese in der Leber fördere und selbst dabei in die Phosphatide (wie Lecithin) eingebaut, somit also die Bildung des Cholesterinantagonisten Lecithin anregen würde. Bei gleichzeitig mit Cholin und Cholesterin gefütterten Kaninchen blieb tatsächlich die Entstehung von Aortenatheromen aus (MOSES und LONGABOUGH, zit. bei KEESER [*1214*]).

Entgegen den Erwartungen, die man analog dem leberfettsenkenden Effekt der *lipotropen Substanzen* auf diese Stoffe in bezug auf die Aortenwandlipide gesetzt hatte, konnten WEITZEL [*2428*] u. Mitarb. an der Spontanatherosklerose des alten Huhnes zeigen, daß weder dem *Cholin*, noch dem *Methionin* und Inosit eine lipolytische Funktion in der Aortenwand zukommt. Methionin führte bei Hühnern sogar zu einer starken Vermehrung des Cholesterin- und Bindegewebsgehaltes der Aorta, allerdings ohne Erzeugung einer Hypercholesterinämie. Dagegen hatte Cholin beim Huhn zwar keinen Einfluß auf den Lipidgehalt der Aortenwand, aber es senkte ihren Gehalt an Kollagen und Chondroitinsulfat.

Die KATZsche Arbeitsgruppe [*1200, 1204, 1205, 2196, 2197, 2199*] konnte an ihren intakten cholesteringefütterten Küken auch nach langfristigen Versuchen (15 bis 35 Wochen) mittels Zulage von Cholin, Lecithin, Inositol, „Antifettleberfaktor", Lipocaic u. a. weder die Hypercholesterinämie und Hyperlipidämie, noch die Lipideinlagerung in der Aorta und anderen Geweben vermindern. Ebenso blieb jeder Einfluß auf die Atheroskleroseentwicklung aus. Auch an den pankreatektomierten Tieren zeigte sich kein Effekt.

In gleicher Weise ließen lipotrope Faktoren eine Wirkung auf die mit Stilboestrolmedikation erzeugte Atherosklerose vermissen. Auch Untersuchungen von FIRSTBROOK [718], DAVIDSON [521], KATZ [1202, 1205] u. a. haben die Wirkungslosigkeit lipotroper Substanzen auf die experimentelle Atherosklerose gezeigt. Der *Wert lipotroper Substanzen in der Prophylaxe der menschlichen Atherosklerose* erscheint demnach sehr *fraglich*, wenn nicht sogar illusorisch [1752].

6. Vitamine

Mittels oraler Zufuhr hoher Dosen von Vitamin A läßt sich beim *Kaninchen* eine Hypercholesterinämie erzeugen [360, 1188, 1993, 2434]. Zu ähnlichen Ergebnissen kam LASCH [1398] am Menschen (dreimal 25 bis dreimal 50 Tropfen Vogan in Milch). Der Konzentrationsanstieg erfolgte in erster Linie zugunsten der Cholesterinester.

Bei der experimentellen Beurteilung des kurativen und präventiven Effektes von Vitamin A muß man sehr genau zwischen den Ergebnissen aus Mangelversuchen, aus Versuchen unter Zufuhr physiologischer Dosen und aus Versuchen mit pharmakodynamischen Dosen unterscheiden. Nach den Untersuchungsergebnissen WEITZELs [2428] und seiner Schüler kommt dem *Vitamin A beim alten Huhn* eine einwandfreie Schutz- und Heilwirkung gegenüber der Atherosklerose zu. Die *atheromatösen Plaques bilden sich zurück*. Das zugeführte Vitamin A lagert sich dank seiner Grenzflächenaktivität an der Gefäßwand an und bewirkt eine *Entfettung der Aortenwand*, unter besonders starker *Verminderung ihres Cholesteringehaltes*. Am Cholesterinkaninchen konnte mit Vitamin-A-Gaben allerdings weder die entstandene Hypercholesterinämie, noch der Cholesteringehalt in den Aorten der Tiere gemindert werden.

Unter fortgesetzter *Vitamin-E*-Zufuhr wurde bei Cholesterinkaninchen anscheinend nicht der Anstieg des Serumcholesterinspiegels gemindert, dagegen wohl in geringem Umfang die Cholesterineinlagerung in die Aortenintima [107]. Im Hühnerversuch war der antiatherosklerotische Effekt des Vitamins E nur in sehr hohen Dosen nachweisbar und selbst dann nur schwach und fraglich [2421]. Dagegen zeigte Vitamin E in Kombination mit Vitamin A einen „potenzierenden" Effekt auf dieses. Besonders in der Verbindung A + E *nahm der Lipidgehalt der Aorten* deutlich *ab*.

Wahrscheinlich beruht eine der hauptsächlichen biologischen Wirkungen der Vitamine der E-Gruppe (Tocopherole) darauf, als Antioxydantien die namentlich in Gegenwart von Metallspuren leichte Bildung von im Intermediärstoffwechsel unerwünschten Oxydationsprodukten der sehr reaktionsfähigen ungesättigten Fettsäuren zu verhindern. Wurde Tocopherol zu isolierten Rattenlebermitochondrien hinzugegeben, so ließ sich sowohl ein inhibitorischer Effekt auf die Lipoidoxydation als ein stabilisierender auf die DPNH-Cytochrom C-Reduktase feststellen. Vitamin-E-Mangelratten zeigten in vivo eine Lipoidoxydation in ihren Lebern. Die isolierten Leberzellmitochondrien wiesen eine erhöhte Labilität auf [2273].

Am Kranken mit Hypercholesterinämie ließ sich trotz mehrwöchiger Vitamin-E-Therapie keine signifikante Senkung des Serumcholesterinspiegels erzielen [1847]. Auch MALMROS [1533] konnte „weder in Kurzzeitexperimenten an gesunden, freiwilligen Versuchspersonen, noch unter langdauernden klinischen Versuchen an Hypercholesterinämiekranken irgendeinen Effekt von sehr hohen Dosen von Tocopherol auf den Serumcholesterinspiegel demonstrieren".

Bezüglich weiterer Einzelheiten über die kombinierte A- und E-Zufuhr sei auf die Arbeiten Weitzels [*2421* bis *2425, 2427, 2428*] u. Mitarb. [*370*], sowie Vanottis [*2346*] und Schmidts [*2034, 2035*] verwiesen. Die Gewinnung objektiver Befunde am Menschen ist schwierig, was die kürzlich publizierten Reihenuntersuchungen wiederum gezeigt haben [*2019*].

Der cholesterinspiegelsenkende Effekt von *Nicotinsäure* (bei normaler Kost) kann wegen der erforderlichen hohen Dosierung nicht als Substitution eines Vitaminmangels angesehen werden. Es kann sich nur um eine pharmakodynamische Wirkung handeln. Die orale Verabreichung von *Nicotinsäure* senkte bei Cholesterinkaninchen nicht nur die Hypercholesterinämie, sondern verminderte auch die Cholesterinablagerungen in der Aortenwand [*60, 1606*]. Erfolgreiche Versuche an Kranken mit Hyperlipidämie und Hypercholesterinämie wurden von Altschul [*60*], Parsons [*1766, 1767*], Achor [*6*], O'Reilly [*1713*] und Goldner [*895*], sowie Galbraith mit ihren Mitarbeitern durchgeführt. Es fand sich in erster Linie eine Verminderung des Cholesteringehaltes der Beta-Lipoproteidfraktion. Duncan [*596*] und Best fanden an der Ratte unter entsprechender Nicotinsäurezufuhr eine herabgesetzte Cholesterinsynthese in der Leber. Diese Befunde konnten von Friedman [*808*] und Byers nicht bestätigt werden. Sie fanden weder an der Ratte, noch am Cholesterinkaninchen eine Verminderung der enteralen Resorption oder hepatischen Synthese von Cholesterin. Ebenso war die nach kontrollierter Cholesterinverfütterung eintretende Hypercholesterinämie gleich hoch, ob den Tieren Nicotinsäure zugeführt wurde oder nicht. Die von anderen Autoren beobachtete Senkung der Serumcholesterinkonzentration bezogen sie auf die eintretende Freßunlust. Bei Kaninchen konnten sie auch keine signifikanten Unterschiede im Schweregrad der Aortensklerose feststellen. Die Nebenwirkungen, z. B. Trockenheit der Haut, waren teilweise beträchtlich [*1713, 1769*]. Erfolglos blieben dagegen Behandlungen mit Nicotinsäureamid [*174, 1619, 1768*].

Pyridoxin vermag in seiner physiologisch aktiven Wirkform als Coenzym von Decarboxylasen, Transaminasen und Racemasen in den Eiweißstoffwechsel einzugreifen. Schroeder [*2069*] nimmt ferner eine Wirkung des Pyridoxins im Stoffwechsel der Fettsäuren an, nach Carter, Wittin und Holman (zit. bei Rosie [*1955*]) im Stoffwechsel der hoch ungesättigten Fettsäuren, nach Sherman [*2132, 2133*] möglicherweise u. a. bei der Bildung von ungesättigten aus gesättigten („desaturation") Fettsäuren im Falle des Bedarfs. In Mangelversuchen an Affen ließen sich subintimale Läsionen nachweisen, die denen einer beginnenden Atherosklerose glichen [*1911, 1913*]. Jedoch zeigte Pyridoxin nach den Untersuchungen des Weitzelschen Arbeitskreises [*2428*] keinen therapeutischen Einfluß auf den Lipidgehalt der Aortenwand beim atherosklerotischen Huhn. Dagegen *wirkte* Pyridoxin *selektiv auf den Bindegewebsstoffwechsel der Aortenwand* ein, indem es die pathologisch vermehrte Chondroitinsulfatkonzentration herabsetzte, und — wenn auch nur in hoher Dosierung — die Neubildung von Kollagen verminderte, bzw. sogar zum Abbau von Kollagen beitrug. In der *Kombination mit Nicotinsäure* sahen Goldner [*895*] u. Mitarb. bei Hypercholesterinämikern einen signifikanten cholesterinspiegelsenkenden Effekt.

7. Inhibitoren der Cholesterinsynthese

Stoffe, die z. B. die Aktivität der Coenzym-A-enthaltenden Fermente (die den Stoffwechsel der Essigsäure beherrschen) hemmen, haben sich als serumcholesterinsenkend erwiesen. Diese Synthesehemmung konnte an Leberschnitten bewiesen werden [*2217*]. Andererseits wird nach den Untersuchungen dieser Autoren an überlebenden Rattenleberschnitten die Oxydation der Essigsäure und höherer Fettsäuren kaum beeinträchtigt.

a) Phenyl-alkyl-Essigsäuren

Zu den in dieser Richtung wirksamen Substanzen gehören Phenyl-Äthylessigsäure [*495, 496*], Diphenyl-Äthylessigsäure [*75, 829*], $a.a'$Diphenylbuttersäure [*363*], $\beta.\beta'$-Diphenyl-Alpha-Äthylpropionsäure und nicht zuletzt die bereits in hoher Verdünnung wirkende $a.a'$-Diphenylvaleriansäure. Darüber hinaus kommen noch weitere Substanzen als *Hemmstoffe von Coenzym A* in Betracht, worüber kürzlich WAGNER-JAUREGG [*2382*] berichtet hat.

ROSSI [*1956*] und RULLI behandelten Arteriosklerotiker mit ausgesprochener Hypercholesterinämie mit Phenyläthylessigsäureamid und konnten bei 13 von 14 Kranken den Blutcholesterinspiegel in signifikanter Weise (durchschnittlich 43,3%) senken. Nach Absetzen des Medikamentes kam es zu einem Wiederanstieg. VOIGT [*2367*] u. Mitarb. dagegen konnten bei ihren Fällen lediglich eine leichte Senkung der Gesamtlipid- und -cholesterinwerte konstatieren, abgesehen von erheblichen Unverträglichkeitserscheinungen (Kopfschmerzen, Nausea, Dyspepsie) in 20%.

Die Synthesehemmung scheint nur die Estercholesterinbildung zu betreffen [*2429*]. Besonders wichtig erscheint mir die Feststellung WEITZELs [*2429*] und seiner Mitarbeiter, daß sich auch im Gegensatz zu den Befunden von WOLF [*2472*] und KIRNBERGER an der Cholinmangelratte keinerlei fettleberverhütende Wirkung der Phenyl-Äthylessigsäure nachweisen ließ.

b) Vanadium

Vanadium wird als spezifischer Inhibitor der Cholesterinbiosynthese angesehen. Es wurde sowohl eine statistisch signifikante Senkung der Serumkonzentrationen des gesamten, wie auch des unveresterten Cholesterins nachgewiesen [*505*].

Am Cholesterinkaninchen ließ sich unter Vanadiumapplikation eine Mobilisation von Cholesterinablagerungen [*504*] und eine verminderte Cholesterininfiltration in die Aortenwand nachweisen [*505*]. GUTMAN-AUERSPERG [*973*] unter CONSTANTINIDES konnten diesen Effekt nicht bestätigen. Ob sich der Vorschlag CURRANs [*503*], Vanadiumsalze in die Therapie der menschlichen Atherosklerose einzuführen, verwirklichen läßt, wird die Zukunft erweisen.

c) Andere Substanzen

Versuche mit Benzmalacin (= N- (1-methyl-2, 3-di-p-chlorophenyl-propyl-Maleaminsäure) bewirkten bei normo- und hypercholesterinämischen Patienten in den meisten Fällen eine Serumcholesterinsenkung, die jedoch mit Gewichtsverlust und bei längerem Gebrauch mit Leberfunktionsstörungen verbunden war [*1761*].

II. Intravenöse Fettinfusion zur parenteralen Ernährung

Die ersten Versuche, eine intravenös injizierbare Fettlösung herzustellen, wurden bereits vor 40 Jahren in Japan von YAMAKAWA unternommen. Das Ergebnis dieser und anderer, später in USA angestellter Versuche war unbefriedigend. Die erste praktisch brauchbare injizierbare Fettemulsion wurde 1943 an der Harvard-Universität von STARE und seinen Mitarbeitern entwickelt. Die klinische Überprüfung zeigte jedoch bei $^1/_4$ der Patienten erhebliche Nebenwirkungen, wie Schüttelfrost, Fieber, Dyspnoe, Brechreiz. Erst in den letzten Jahren ist es gelungen, geeignete Fette, Emulgatoren und Stabilisatoren zu finden, um beständige, lagerungsfähige und pyrogenfreie Fettemulsionen herzustellen. Über Zusammensetzung und Herstellung geeigneter Emulsionen s. MENG [1602], GEYER [849, 850], LERNER [1424], WADDELL [2377], ZILVERSMIT [2517] u. a. Es handelt sich meist um unter hohem Druck homogenisierte Emulsionen, die in Vakuumflaschen aufbewahrt und im Autoklaven sterilisiert werden. Als Stabilisatoren werden verwendet: Lecithin, Eierlecithin, Mischungen von Polyglycerinestern, gereifte Sojaphosphatide (Asolectin).

Bis jetzt sind folgende *Indikationen* bekannt geworden: Zustand nach eingreifenden Operationen, ausgedehnten Traumen, schweren Verbrennungen, chronische Colitis ulcerosa, Krebskachexie, chronische Niereninsuffizienz mit erhöhtem Rest-N.

Nach Traumen (auch größeren chirurgischen Eingriffen) ist die endogene Fettoxydation stark gesteigert [1636]. Im Verlauf von 4 bis 5 Tagen nach der Operation wurden in dieser Untersuchungsreihe bis zu 12% des Speicherfettes aufgebraucht. Bei der Ratte traten nach Traumen Veränderungen der Lipoproteidkonzentration im Blutplasma ein, die sich in einer Verschiebung zu höheren Flotationsklassen und einer geringeren Ansprechbarkeit auf die Heparinklärung äußerten [1616]. Kaninchen zeigten 24 Std nach experimentellen Knochenfrakturen einen Anstieg der Gesamtlipide im Serum auf das Doppelte, und man fand in den Lungengefäßen mit Fettfarbstoffen anfärbbares Material. [1171].

Erfahrungsberichte liegen vor allem aus USA vor: [92, 151, 834, 914, 1178, 1636, 2380]. In Deutschland hat sich vor allem DOHRMANN [567, 568] mit dieser Therapie beschäftigt.

Über die *Dynamik des Fetttransportes* im Blut liegen Untersuchungen von [186, 567, 1172, 1424, 1554, 1601, 1602, 2376, 2377] über den *Stoffwechsel* und den *Einfluß auf Organfunktionen* von [835, 1177, 1413, 1602, 2124, 2379, 2399] und über *Nebenwirkungen* von [499, 914, 1602, 1670, 2125] vor.

Mit dieser Therapie ist es möglich, in geeigneten Fällen die aus vitaler Indikation calorisch ausreichend ernährt werden sollten, bis zu 3000 Cal./die zuzuführen. Derartige Fettinfusionen haben einen deutlichen eiweißsparenden Effekt. Sie bewirken eine wesentliche Reduktion der negativen Stickstoffbilanz.

Literatur

[1] ABDERHALDEN, R.: Die Hormone. In: SCHÜTZ-TRENDELENBURG: Lehrbuch der Physiologie. Berlin-Göttingen-Heidelberg: Springer 1952.

[2] ABEGG, W.: Ein Fall von hochgradiger alimentärer „hepatogener" Fettretention im Blut bei einem 11jährigen Kinde. Jb. Kinderheilk. 149, 94 (1937).

[3] ABELIN, I., u. P. KÜRSTEINER: Über den Einfluß der Schilddrüsensubstanzen auf den Fettstoffwechsel. Biochem. Z. 198, 19 (1928).

[4] ABELL, L., B. LEVY, B. BRODIE and F. KENDALL: A simplified method for the estimation of total cholesterol in serum and demonstration of its specifity. J. biol. Chem. 195, 357 (1952).

[5] ABRAMS, G. D., B. L. BAKER, D. J. INGLE and CH. LI: The influence of STH and ACTH on the islets of Langerhans of the rat. Endocrinology 53, 252 (1953).

[6] ACHOR, R. W. P., K. G. BERGE, N. W. BARKER and B. F. MCKENZIE: Treatment of hypercholesterolemia with nicotinic acid. Circulation 17, 497 (1958).

[7] ACKERMANN, P. G., G. TORO and W. B. KOUNTZ: Zone electrophoresis in the study of serum lipoproteins. J. Lab. clin. Med. 44, 517 (1954).

[8] — — — — Zone electrophoretic studies on serum lipids in the eldery. Circulation 14, 494 (1956).

[9] —, R. F., TH. J. DRY and J. E. EDWARDS: Relationships of various factors in the degree of coronary atherosclerosis in women. Circulation 1, 1345 (1950).

[10] ADDISON, T., and W. GULL: On a certain affection of the skin vitiligoidea. — a) plana; b) tuberosa with remarks. Guy's Hosp. Rep. 7, 265 (1851).

[11] ADLER, A., u. H. LEMMEL: Zur feineren Diagnostik der Leberkrankheiten. I. Cholesterin und Cholesterinester im Blute Leberkranker. Arch. klin. Med. 158, 173 (1928).

[12] —, I.: Further studies on experimental atherosclerosis. J. exp. Med. 26, 581 (1917).

[13] ADLERCREUTZ, H., and G. TALLQVIST: Variation in the serum total cholesterol and hematocrit values in normal women during the menstrual cycle. Scand. J. clin. Lab. Invest. 11, 1 (1959).

[14] ADLERSBERG, D.: Hypercholesteremia with predisposition to atherosclerosis. An inborn error of lipid metabolism. Amer. J. Med. 11, 600 (1951).

[15] — Inborn errors of lipid metabolism. Clinical, genetic and chemical aspects. Arch. Path. 60, 481 (1955).

[16] — Hormonal influences on the serum lipids. Amer. J. Med. 23, 769 (1957).

[17] — Obesity, fat metabolism and diabetes. Diabetes 7, 236 (1958).

[18] —, L. E. SCHAEFER and R. H. DRITCH: Effect of cortisone, ACTH and DOCA on serum lipids. J. clin. Invest. 29, 795 (1950).

[19] — — — Adrenal cortex and lipid metabolism: Effects of cortisone and ACTH on serum lipids in man. Proc. Soc. exp. Biol. (N. Y.) 74, 877 (1950).

[20] — — and S. R. DRACHMAN: Development of hypercholesteremia during cortisone and ACTH-therapy. J. Amer. med. Ass. 144, 909 (1950).

[21] — — — Studies on hormonal control of serum lipid partition in man. J. clin. Endocr. 11, 67 (1951).

[22] —, S. R. DRACHMAN and L. E. SCHAEFER: Serum lipids during the stress of acute myocardial infarction. Circulation 4, 464 (1951).

[23] — — — Effects of cortisone and ACTH on serum lipids in animals: Possible relationship to experimental atherosclerosis. Circulation 4, 475 (1951).

[24] —, L. E. SCHAEFER and S. R. DRACHMAN: The incidence of hereditary hypercholesteremia. J. Lab. clin. Med. 39, 237 (1952).

[25] — — and C. I. WANG: Adrenal cortex, lipid metabolism and atherosclerosis: Experimental studies in the rabbit. Science 120, 319 (1954).

[26] —, and C. I. WANG: Syndrome of idiopathic hyperlipemia, mild diabetes mellitus and severe vascular damage. Diabetes 4, 210 (1955).

[27] — — Hyperlipemia and pancreatitis produced by ethionine. Abstract. Circulation 12, 498 (1955).

[28] ADLERSBERG, D., J. STRICKER and H. HIMES: Hazard of corticotropin and cortisone therapy in patients with hypercholesteremia. J. Amer. med. Ass. 159, 1731 (1955).

[29] —, C. I. WANG, H. RIFKIN, J. BERKMAN, G. ROSS and C. WEINSTEIN: Serum lipids and polysaccharides in diabetes mellitus. Diabetes 5, 11 (1956).

[30] —, L. E. SCHAEFER, A. G. STEINBERG and CH. I. WANG: Age, sex, serum lipids, and coronary atherosclerosis. J. Amer. med. Ass. 162, 619 (1956).

[31] —, and H. SOBOTKA: Pathological manifestations of abnormal cholesterol metabolism. In: COOK, R. P.: Cholesterol. New York: Acad. Press Inc., Publ. 1958.

[32] —, and L. E. SCHAEFER: The interplay of heredity and environment in the regulation of circulating lipids and in atherogenesis. Amer. J. Med. 26, 1 (1959).

[33] —, and L. EISLER: Circulating lipids in diabetes mellitus. J. Amer. med. Ass. 170, 1261 (1959).

[34] AHRENS, E. H. JR.: The lipid disturbance in biliary obstruction and its relationship to the genesis of arteriosclerosis. Bull. N.Y. Acad. Med. 26, 151 (1950).

[35] — Essential hyperlipemia. In: NAJJAR, V. A.: Fat metabolism (A symposium on the clinical and biochemical aspects of fat utilization in health and disease), p. 61. Baltimore: John Hopkins Press 1954

[36] —, and H. G. KUNKEL: The stabilisation of serum lipid emulsions by serum phospholipids. J. exp. Med. 90, 409 (1949).

[37] — — The relationship between serum lipids and skin xanthomata in 18 patients with primary biliary cirrhosis. J. clin. Invest. 28, 1565 (1949).

[38] —, M. A. PAYNE, H. G. KUNKEL, W. J. EISENMENGER and S. H. BLONDHEIM: Primary biliary cirrhosis. Medicine (Baltimore) 29, 299 (1950).

[39] —, D. H. BLANKENHORN and T. T. TSALTAS: Effect on human serum lipids of substituting plant for animal fat in diet. Proc. Soc. exp. Biol. (N.Y.) 86, 872 (1954).

[40] —, J. HIRSCH, W. INSULL JR., T. T. TSALTAS, R. BLOMSTRAND and M. L. PETERSON: The influence of dietary fats on serum-lipid levels in man. Lancet 1957, 943.

[41] — — — and M. L. PETERSON: Dietary fats and human serum lipide levels. In: PAGE, I. H.: Chemistry of lipides as related to atherosclerosis. p. 222. Springfield/Ill.: Ch. C. Thomas Publ. 1958.

[42] ALADJEM, F., and L. RUBIN: Serum lipoprotein changes during fasting in rabbits. Amer. J. Physiol. 178, 267 (1954).

[43] —, M. LIEBERMAN and J. W. GOFMAN: Immunochemical studies on human plasma lipoproteins. J. exp. Med. 105, 49 (1957).

[44] —, and D. H. CAMPBELL: Immunochemical heterogenicity of human plasma lipoproteins. Nature (Lond.) 179, 204 (1957).

[45] ALBRINK, M. J.: The choline containing phospholipids of serum. J. clin. Invest. 29, 46 (1950).

[46] —, F. B. MAN and J. B. PETERS: Serum lipids in infectious hepatitis and obstructive jaundice. J. clin. Invest. 29, 781 (1950).

[47] — — — The relation of neutral fat to lactescence of serum. J. clin. Invest. 34, 147 (1955).

[48] —, W. W. L. GLENN, J. P. PETERS and E. B. MAN: The transport of lipids in chyle. J. clin. Invest. 34, 1467 (1955).

[49] —, and G. KLATSKIN: Lactescence of serum following episodes of acute alcoholism and its probable relationship to acute pancreatitis. Amer. J. Med. 23, 26 (1957).

[50] —, J. R. FITZGERALD and E. B. MAN: Effect of glucagon on alimentary lipemia. Proc. Soc. exp. Biol. (N.Y.) 95, 778 (1957).

[51] — — — Reduction of alimentary lipemia by glucose. Metabolism 7, 162 (1958).

[52] —, and E. B. MAN: Serum triglycerides in health and diabetes. J. Amer. Diabet. Ass. 7, 194 (1958).

[53] ALFIN-SLATER, R. B., L. AFTERGOOD, A. F. WELLS and H. J. DEUEL JR.: The effect of essential fatty acid deficiency on the distribution of endogenous cholesterol in the plasma and liver of the rat. Arch. Biochem. 52, 180 (1954).

[54] ALLEN, F. N., D. J. BOWIE, J. J. R. MacLEOD and W. J. ROBINSON: Behavior of depancreatized dogs kept alive with insulin. Brit. J. exp. Path. 5, 75 (1924).

[55] —, and J. R. LISA: „Scottie" — twelve years diabetic. Endocrinology 46, 282 (1950).

[56] —, J. G., C. VERMEULEN, F. M. OWENS and L. R. DRAGSTEDT: Effect of total loss on pancreatic juice on blood and liver lipids. Amer. J. Physiol. 138, 352 (1943).

[57] ALPERN, D., u. J. A. COLLAZO: Über den Einfluß des Adrenalins auf den Blutchemismus in der Norm, im Hungerzustand und bei der Avitaminose. Z. ges. exp. Med. 35, 288 (1923).

[58] ALTMAN, K. I., and S. N. SWISHER: Incorporation of acetate-2-^{14}C into human erythrocyte stroma as a function of storage. Nature (Lond.) 174, 459 (1954).

[59] ALTSCHUL, R.: Experimental cholesterol arteriosclerosis. II. Changes produced in golden hamsters and in Guinea pigs. Amer. Heart J. 40, 401 (1950).

[60] —, A. HOFFER and J. D. STEPHEN: Influence of nicotinic acid on serum cholesterol in man. Arch. Biochem. 54, 558 (1955).

[61] ALVORD, R.: Coronary heart disease and xanthoma tuberosum associated with hereditary hyperlipemia (Study of thirty affected persons in a family). A. M. A. Arch. intern. Med. 84, 1002 (1949).

[62] AMATUZIO, D. S., and L. J. HAY: Dietary control of essential hyperlipemia. Arch. intern. Med. 102, 173 (1958).

[63] ANDERSON, J. T., F. GRANDE and A. KEYS: Serum cholesterol concentration of men in semistarvation and in refeeding. Fed. Proc. 14, 426 (1955).

[64] —, H. L. TAYLOR and A. KEYS: Serum cholesterol in subjects on reducing diets high and low in fat. Fed. Proc. 15, 542 (1956).

[65] —, A. LAWLER and A. KEYS: Weight gain from simple overeating. 2. Serum lipids and blood volume. J. clin. Invest. 36, 81 (1957).

[66] —, N. G., and B. FAWCETT: An antichylomicronemic substance produced by heparin injection. Proc. Soc. exp. Biol. (N.Y.) 74, 768 (1950).

[67] ANFINSEN, CH. B.: On the role of lipemia clearing factor in lipid transport. In: NAJJAR, V. A.: Fat metabolism (A symposium on the clinical and biochemical aspects of fat utilization in health and disease). Baltimore: John Hopkins Press 1954.

[68] — Physiological aspects of lipid transport. In: „Symposium on atherosclerosis“, National Academy of Sciences, National Research Council, Washington, Publ. Nr. 338, 217 (1955).

[69] — Biochemical aspects of atherosclerosis. Fed. Proc. 15, 894 (1956).

[70] —, E. BOYLE and R. K. BROWN: The role of heparin in lipoprotein metabolism. Science 115, 583 (1952).

[71] ANITSCHKOW, N.: Über die Veränderungen der Aorta bei der experimentellen Cholesterin-verfettung. (Sitzungsbericht der Russ. patholog. Ges. im September bis Dezember 1912), ref. in: Zbl. allg. Path. path. Anat. 24, 618 (1913).

[72] — Über die Atherosklerose der Aorta beim Kaninchen und über deren Entstehungsbe-dingungen. Beitr. path. Anat. 59, 306 (1914).

[73] — Zur Ätiologie der Atherosklerose. Virchows Arch. path. Anat. 249, 73 (1924).

[74] —, u. S. CHALATOW: Über experimentelle Cholesterinsteatose und ihre Bedeutung für die Entstehung einiger pathologischer Prozesse. Zbl. allg. Path. path. Anat. 24, 1 (1913).

[75] ANNONI, G.: Prime osservazioni cliniche con un nuovo anticolesterinemico (acido-4-difenilil-etil-acetico) (M. G. 1559) Farmaco, Ed. sci. 11, 244 (1956).

[76] ANSELL, G. B., and R. M. C. DAWSON: Ethanolamine-o-phosphoric acid in rat brain. Biochem. J. 50, 241 (1951).

[77] —, and J. M. NORMAN: Observations on the acetalphospholipids of brain tissue. J. Neurochem. 1, 32 (1956).

[78] ANSELMINO, K. J., u. F. HOFFMANN: Das Fettstoffwechselhormon des Hypophysen-vorderlappens. I. Nachweis, Darstellung und Eigenschaften des Hormons. Klin. Wschr. 1931, 2380.

[79] —, G. EFFKEMANN und F. HOFFMANN: Über die Wirkung des Fettstoffwechselhormons des Hypophysenvorderlappens auf die gesättigten und ungesättigten Fettsäuren der Leber. Z. ges. exp. Med. 96, 209 (1935).

[80] ANTHONY, A., and S. BABCOCK: Effects of intense noise on adrenal and plasma chole-sterol of mice. Experentia (Basel) 14, 104 (1958).

[81] ANTONINI, F. M., e G. PIVA: Paper electrophoresis. Boll. Soc. ital. Biol. sper. 28, 764 (1952).

[82] — —, L. SALVINI e A. SORDI: Lipoproteine et eparina nel quadro umorale della chemio-patogenesi dell'aterosclerosi. G. Geront. Suppl. 1, 95 (1953).

[83] ANTONIS, A.: Essential fatty acids. Proceedings of the Fourth Internat. Conf., held at the University of Oxford in July 1957, on the Biochemical Problems of Lipids). — p. 158. London: Butterworths Scientific Publ. 1958.

[84] APPEL, W.: Zur Kritik von Stoffwechseluntersuchungen. Verh. dtsch. Ges. inn. Med. 55, 334 (1949).

[85] —, u. K. J. HANSEN: Über den Abfall der veresterten Fettsäuren und der Aminosäuren des Blutes nach Insulin. Z. phys. Chem. 297, 49 (1954).

[86] —, u. H. KEUER: Über den Abfall der veresterten Fettsäuren nach Insulin. Z. phys. Chem. 308, 251 (1957).

[87] ARCUS, C. L., and I. SMEDLEY-MACLEAN: The structure of arachidonic and linoleic acids. Biochem. J. 37, 1 (1943).

[88] ARTOM, C.: Lipid metabolism. Ann. Rev. Biochem. 22, 211 (1953).

[89] —, e L. REALE: Sulla formazione di prodotte intermedi nella digestione pancreatica del graso neutro. Arch. Sci. biol. (Bologna) 21, 368 (1935).

[90] —, and W. E. CORNATZER: The action of choline and fat on lipide phosphorylation in the liver. J. biol. Chem. 171, 779 (1947).

[91] —, and M. A. SWANSON: On the absorption of phospholipides. J. biol. Chem. 175, 871 (1948).

[92] Artz, C. P., and T. K. Williams: Intravenous fat as a supportive therapy after severe injuries. Amer. J. Surg. 95, 651 (1958).

[93] Asboe-Hansen, G.: Der Einfluß der Schilddrüse und des thyreotropen Hormons auf die Haut. Hautarzt 9, 478 (1958).

[94] Asher, L.: Die nervöse Regulation der Schilddrüsentätigkeit. Schweiz. med. Wschr. 1938, 479.

[95] Astrup, T.: The biological significance of fibrinolysis. Lancet 1956 II, 565.

[96] Autenrieth, W., u. A. Funk: Über colorimetrische Bestimmungsmethoden: Die Bestimmung des Gesamtcholesterins im Blut und in den Organen. Münch. med. Wschr. 1913, 1243.

[97] Avigan, J., R. Redfield and D. Steinberg: N-terminal residues of serum lipoproteins. Biochim. biophys. Acta 20, 557 (1956).

[98] —, H. A. Eder and D. Steinberg: Metabolism of the protein moiety of rabbit serum lipoproteins. Proc. Soc. exp. Biol. (N.Y). 95, 429 (1957).

[99] —, and D. Steinberg: Effect of saturated and unsaturated fat on cholesterol metabolism in the rat. Proc. Soc. exp. Biol. (N.Y.) 97, 814 (1958).

[100] Azen, N. H., L. L. Lewis and V. G. de Wolfe: Serum lipoproteins in peripheral arteriosclerosis. Circulation 14, 496 (1956).

[101] Bacmeister, u. Henes: Untersuchungen über den Cholesteringehalt des menschlichen Blutes bei verschiedenen inneren Erkrankungen. Dtsch. med. Wschr. 1913, 544.

[102] Baer, E., and M. Kates: Migration during hydrolysis of esters of glycerophosphoric acid. I. The chemical hydrolysis of L-Alpha-glycerylphosphorylcholine J. biol. Chem. 175, 79 (1948).

[103] — — Synthesis of enantiomeric Alpha-lecithins. J. Amer. chem. Soc. 72, 942 (1950).

[104] —, H. C. Stancer and I. A. Korman: Migration during hydrolysis of esters of glycerolphosphorylethanolamine. J. biol. Chem. 200, 251 (1953).

[105] —, and J. Maurukas: Phosphatidyl serine. J. biol. Chem. 212, 25 (1955).

[106] — — The diazometholysis of glycerolphosphatides. A novel method of determining the configuration of phosphatidylserines and cephalines. J. biol. Chem. 212, 39 (1955).

[107] Báguena, M. B.: Estudio sobre la aterosclerosis experimental cholesterinica del conejo. Arch. Med. exp. (Madr.) 14, 47 (1951).

[108] Bahner, F.: Die ketogene Wirkung der HVL-Hormone. Verh. dtsch. Ges. inn. Med. 57, 207 (1951).

[109] —, u. P. Seifert: Die Bestimmung des ketogenen Hypophysenvorderlappenhormons. Z. ges. exp. Med. 115, 603 (1950).

[110] Bailey, R. O., and S. Freeman: Hepatic function and cholesterol tolerance in the dog. J. Lab. clin. Med. 39, 184 (1952).

[111] Bailly, M. C.: Sur un mode simple et presque quantitatif de passage des Alpha-aux Beta-glycerophosphates. C. R. Acad. Sci. (Paris) 206, 1902 (1938).

[112] — Sur la reversibilité de la transposition glycérophosphorique. C. R. Acad. Sci. (Paris) 208, 443 (1939).

[113] — Sur l'hydrolyse des monoesters Alpha- et Beta-glycérophosphoriques. C. R. Acad. Sci. (Paris) 208, 1820 (1939).

[114] Baker, R. W., C. L. Joiner and J. R. Trounce: A study of paper electrophoresis of the serum lipoproteins in diabetic and non-diabetic subjects. Quart. J. Med. 24, 295 (1955).

[115] —, S. P., H. Levine, L. Turner and A. Dubin: Lipoprotein lipase response in Laennecs cirrhosis. Proc. Soc. exp. Biol. (N.Y.) 99, 670 (1958).

[116] Balfour, W. M.: Human plasma phospholipid formation: A study made with the aid of radiophosphorus. Gastroenterology 9, 686 (1947).

[117] Bally, P. R.: Über die klinische Bedeutung des Heparins, mit besonderer Berücksichtigung der Heparinbelastung als diagnostisches Mittel. Z. klin. Med. 148, 295 (1951).

[118] Bang, I.: Über Lipämie. Biochem. Z. 90, 383 (1918); 91, 104, 111, 224 (1918).

[119] Banse, H. J.: Zur Physiologie und Pathologie des intermediären Fettstoffwechsels. VIII. Blutcholesterinspiegel und Insulinempfindlichkeit. Klin. Wschr. 1939, 1180.

[120] Bansi, H. W.: Krankheiten der Schilddrüse. In: Handb. d. inn. Med. VII/1, S. 486. Berlin-Göttingen-Heidelberg: Springer 1955.

[121] — Schilddrüsenerkrankungen. Klinik d. Gegenwart 2, 524 (1956).

[122] —, I. Zieger und A. Meyer-Flemming: Die Häufung der Herzinfarkte seit 1948. Med. Klin. 48, 487 (1953).

[123] —, u. F. Fretwurst: Zur klinischen Chemie der Hypothyreosen. I. Mitt.: Die Serumfette und -lipoide. Klin. Wschr. 1954, 887

[124] —, R. Th. Gronow und H. Redetzki: Über den klinischen Wert der Lipoidelektrophorese, ihre Beziehung zu den Serumlipoiden und ihre Beeinflussung durch orale Fettbelastung. Klin. Wschr. 1955, 101.

[125] Bansi, H. W., R. Neth und G. Schwarting: Das Verhalten der Herzinfarkte zur Coronarsklerose.Verh. dtsch. Ges. Kreisl.-Forsch. 21, 139 (1955).
[126] Barach, J. H., and A. D. Lowy: Lipoprotein molecules, cholesterol and atherosclerosis in diabetes mellitus. Diabetes 1, 441 (1952).
[127] Barat, J.: Über Hypercholesterinämien. Wien. klin. Wschr. 1923, 221.
[128] Barber, J. M., and A. P. Grant: The serum cholesterol and other lipids after administration of sitosterol. Brit. Heart J. 17, 296 (1955).
[129] Barclay, M., R. J. Kaufman, D. W. Sved, E. D. Kidder, G. C. Eschler and M. I. Petermann: Effects of surgical castration on the plasma lipoproteins of young women with advanced mammary carcinoma. Proc. Amer. Ass. Cancer Res. 2, No. 1 (1955).
[130] —, G. F. Cogin, G. C. Escher, R. J. Kaufman, E. D. Kidder and M. L. Petermann: Human plasma lipoproteins. I. In normal women and in women with advanced carcinoma of the breast. Cancer (Philad.) 8, 253 (1955).
[131] —, R. J. Kaufman, D. W. Sved, E. D. Kidder, G. C. Escher and M. L. Petermann: Human plasma lipoproteins. III. The effect of bilateral oophorectomy on the plasma lipoproteins in young women with advanced mammary carcinoma. Cancer (Philad.) 10, 1076 (1957).
[132] Barker, M. H., and E. J. Kirk: Experimental edema (nephrosis) in dogs in relation to edema of renal origin in patients. Arch. intern. Med. 45, 319 (1930).
[133] —, S. B.: Metabolic actions of thyroxine derivatives and analogs. Endocrinology 59, 548 (1956).
[134] Barkhan, P., M. J. Newlands and F. Wild: Phospholipids from brain tissue as accelerators and inhibitors of blood coagulation. Lancet 1956 II, 234.
[135] Barnes, R. H., E. S. Miller and G. O. Burr: Fat absorption in essential fatty acid deficiency. J. biol. Chem. 140, 773 (1941).
[136] Baron, D. N.: Hypothyroidism. Its aetiology and relation to hypometabolism, hypercholesterolaemia and increase in body-weight. Lancet 271, 277 (1956).
[137] Barr, D. P.: Some chemical factors in the pathogenesis of atherosclerosis. Circulation 8, 641 (1953).
[138] — Influence of sex and sex hormones on lipoproteins and the pathogenesis of atherosclerosis. „Symposium über Arteriosklerose" Bull. schweiz. Akad. med. Wiss. 13, 369 (1957).
[139] —, E. M. Russ and H. A. Eder: Protein lipid-relationships in human plasma. II. In arteriosclerosis and related conditions. Amer. J. Med. 11, 480 (1951).
[140] — — — The influence of hormones on the distribution of lipoproteins in plasma. Circulation 6, 455 (1952).
[141] — — — Protein-lipid relationships in plasma. In: Tullis: Blood cells and plasma proteins. Their state in nature, p. 382—391. New York: Academic Press 1953.
[142] —, S. Rothbard and H. A. Eder: Atherosclerosis and aortic stenosis in hypercholesteremic xanthomatosis. J. Amer. med. Ass. 156, 943 (1954).
[143] Barritt, D. W.: Alimentary lipemia in men with coronary artery disease and in controls. Brit. med. J. 1956 II, 640.
[144] Barskiy, B. I.: Mechanism of action of raw vegetarian foods on elimination of sterols from the organism. Med. Klin. 23, 51 (1945).
[145] Bartels, E. C.: Basal metabolic rate and plasma cholesterol as aids in the clinical study of thyroid disease. J. clin. Endocr. 10, 1126 (1950).
[146] Basnayake, V., and H. M. Sinclair: The effect of deficiency of essential fatty acids upon the skin. Proc. 2nd Internat. Conf. on Lipids, Ghent 1955, 476.
[147] Bastenie, P. A.: Cortisone et foie, hypothèse concernant le mécanisme thérapeutique de la cortisone dans la défaillance hépatique grave. Acta gastro-ent. belg. 18, 25 (1955).
[148] Bauer, J.: Über das fettspaltende Ferment des Blutserums bei krankhaften Zuständen. Wien. klin. Wschr. 1912, 1376.
[149] Baumann, A.: Über den stickstoffhaltigen Bestandteil des Kephalins. Biochem. Z. 54, 30 (1913).
[150] Baxter, J. H.: Neutralization of nephrotoxic sera by soluble material from kidney digests. In: The nephrotic syndrome, Proc. V. Annual Conf. p. 105. New York: National Nephrosis Foundation Inc. 1953.
[151] Beal, J. M., M. A. Payne, H. Gilder, G. Johnson and W. L. Craver: Experience with administration of an intravenous fat emulsion to surgical patients. Metabolism 6, Nr. 6, part II (1957).
[152] Beaumont, J.-L., V. Beaumont, B. Boumard et J. Lenégre: Atherosclerosis and primary hyperlipemia (On the basis of 8 observations). Arch. Mal. Coeur 51, 812 (1958).
[153] Becker, G., F. Bode und W. Schrade: Über die Lipopeptide des Blutes und Gewebes. Klin. Wschr. 1953, 593.
[154] —, G. H., J. Meyer and H. Necheles: The absorption and atherosclerosis. Science 110, 529 (1949).

[155] BECKER, G. H., J. MEYER and H. NECHELES: Fat absorption in young and old age. Gastroenterology 14, 80 (1950).
[156] —, T. W. RALL and M. I. GROSSMAN: Effect of heparin on the distribution of intravenously administered C-14-labeled soybean oil emulsion in rats. J. Lab. clin. Med. 45, 786 (1955).
[157] BECKMANN, K.: Die Krankheiten der Leber und der Gallenwege. In: Handb. inn. Med. III/2, 665, 846. Berlin-Göttingen-Heidelberg: Springer 1953.
[158] BEHER, W. T., W. L. ANTHONY and G. D. BAKER: Effects of Beta-sitosterol on regression of cholesterol atherosclerosis in rabbits. Circulat. Res. 4, 485 (1956).
[159] BEISCHER, D. E.: Electron microscopy of human plasma lipoprotein separated by ultracentrifugation. Circulat. Res. 2, 164 (1954).
[160] — Effect of simulated flight stresses on serum cholesterol, phospholipide and lipoprotein. Aviation Med. 27, 260 (1956).
[161] BENDA, L., A. BERINGER, E. RISSEL und E. SCHOLDA: Über den Fett- und Glykogengehalt der Leber nach Hypophysenvorderlappenextrakten und Nebennierenrindenwirkstoffen. Verh. dtsch. Ges. inn. Med. 59, 218 (1953).
[162] BENHAMOU, E., P. AMOUCH et E. CHEMLA: La valeur séméiologique de la globuline a_2. Son intérêt practique. Press méd. 1953, 1725.
[163] —, J. PUGLIÈSE, P. AMOUCH et J. C. CHICHE: Le phospholipidogramme dans la microélectrophorèse sur papier et son intérêt dans les maladies avec hyperbétaglobulinémie. Presse Méd. 63, 441 (1955).
[164] BENJAMIN, E. L.: Report of 200 necropsies on natives of Okinawa. U. S. nav. med. Bull. 46, 495 (1946).
[165] BENNETT, L. L., R. E. KREISS, CH. LI and H. M. EVANS: Production of ketosis by the growth and adrenocorticotropic hormones. Amer. J. Physiol. 152, 210 (1947).
[166] BENNHOLD, H.: Über die Bindung des Cholesterins an die Globuline; zugleich ein weiterer Beitrag zur Frage der Funktion der Serumeiweißkörper. Verh. dtsch. Ges. inn. Med. 43, 211 (1931).
[167] — Über die Vehikelfunktion der Serumeiweißkörper. Ergebn. inn. Med. Kinderheilk. 42, 273 (1932).
[168] — Kongenitale Defektdysproteinämien. Verh. dtsch. Ges. inn. Med. 62, 657 (1956).
[169] —, H. PETERS und E. ROTH: Über einen Fall von kompletter Analbuminämie ohne wesentliche klinische Krankheitszeichen. Verh. dtsch. Ges. inn. Med. 60, 630 (1954).
[170] BEREZIN, D., and W. v. STUDNITZ: The effect of the administration of sex hormones on serum lipids and lipoproteins in women. I. Oestrogens. Acta endocr. (Kbh.) 25, 427 (1957).
[171] — — The effect of the administration of sex hormones on serum lipids and lipoproteins in women. II. Androgens. Acta endocr. (Kbh.) 25, 435 (1957).
[172] BERG, G.: Das Verhalten der Serumlipoproteinfraktionen bei Lebererkrankungen. Verh. dtsch. Ges. Verdau.- u. Stoffwechselkr. 18, 269 (1956).
[173] —, F. SCHEIFFARTH und G. MARWAN: Klinische Erfahrungen mit der Lipoidelektrophorese. Klin. Wschr. 1957, 415.
[174] BERGE, K. G., R. W. P. ACHOR, N. W. BARKER and M. H. POWER: A comparison of nicotinic acid, sitosterol and safflower oil in the treatment of hypercholesteremia. Circulation 18, 490 (1958).
[175] BERGSTRÖM, S., B. BORGSTRÖM and M. ROTTENBERG: Intestinal absorption and distribution of fatty acids and glycerides in the rat; metabolism of lipids. Acta physiol. scand. 25, 120 (1952).
[176] —, and A. NORMAN: Metabolic products of cholesterol in bile and feces of rat. Steroids and bile acids. Proc. Soc. exp. Biol. (N.Y) 83, 71 (1953).
[177] —, R. BLOMSTRAND and B. BORGSTRÖM: Route of absorption and distribution of oleic acid and triolein in the rat. Biochem. J. 58, 600 (1954).
[178] —, and B. BORGSTRÖM: Metabolism of lipides Ann. Rev. Biochem. 25, 177 (1956).
[179] BERNHARD, K., and R. SCHOENHEIMER: The inertia of highly unsaturated fatty acids in the animal investigated with deuterium. J. biol. Chem. 133, 707 (1940).
[180] —, H. STEINHAUSER und F. BULLET: Fettstoffwechseluntersuchungen mit Hilfe von Deuterium als Indikator. I. Zur Frage der lebensnotwendigen Fettsäuren. Helv. chim. Acta 25, 1313 (1942).
[181] — — Fettstoffwechseluntersuchungen mit Deuterium als Indikator III. Lipidsynthese bei Inanition. Helv. chim. Acta 27, 207 (1944).
[182] —, u. E. VISCHER: Der Abbau der Behensäure im Tierkörper. Helv. chim. Acta 29, 929 (1946).
[183] —, u. F. BULLET: Die Bildung von Fettsäuren im Intestinaltractus. Helv. chim. Acta 30, 1784 (1947).
[184] BERNSOHN, J.: Isolation of serum lipoprotein by zone electrophoresis. J. Lab. clin. Med. 49, 478 (1957).

[185] BERNSTEIN, S. M., H. H. WILLIAMS, F. C. HUMMEL, M. L. SHEPHERD and B. N. ERICKSON: Metabolic observations on a child with essential hyperlipemia. J. Pediat. **14**, 570 (1939).

[186] BERRY, I. M., and A. C. IVY: The tolerance of dogs to intravenously administered fatty chyle and synthetic fat emulsion. Fed. Proc. **7**, 7 (1948).

[187] BERSOHN, I., and S. WAYBURNE: Serum cholesterol concentration in newborn African and European infants and their mothers. Amer. J. clin. Nutr. **4**, 117 (1956).

[188] BERTHET, J.: Action du glucagon et de l'adrénaline sur le métabolisme des lipides dans le tissu hépatique. IV. Internat. Kongr. Biochem., Wien 1958.

[189] BEST, C. H.: The hormonal control of fat metabolism. 18. Internat. Phys. Kongr., S. 10. Kopenhagen 1950.

[190] — Aspects of the action of insulin. Ann. intern. Med. **39**, 433 (1953).

[191] —, and J. J. CAMPBELL: Anterior pituitary extracts and liver fat. J. Physiol. **86**, 190 (1936).

[192] — — Effect of anterior pituitary extracts on liver fat of various animals. J. Physiol. (Lond.) **92**, 91 (1938).

[193] —, M. M., CH. H. DUNCAN, E. J. VAN LOON and J. D. WATHEN: Lowering of serum cholesterol by the administration of a plant sterol. Circulation **10**, 201 (1954).

[194] — — — — — The effects of sitosterol on serum lipids. Amer. J. Med. **19**, 61 (1955).

[195] — — Effects of sitosterol on the cholesterol concentration in serum and liver in hypothyroidism. Circulation **14**, 344 (1956).

[196] — — Modification of abnormal serum lipid patterns in atherosclerosis by administration of sitosterol. Ann. intern. Med. **45**, 614 (1956).

[197] — — Inhibitory effect of „isocholesterol" on the absorption of cholesterol. Circulat. Res. **5**, 401 (1957).

[198] — — Factors influencing the hypocholesterolemic effect of sitosterol. Circulation **16**, 861 (1957).

[199] BESTERMAN, E. M. M.: Lipoproteins in coronary artery disease. Brit. Heart J. **19**, 503 (1957).

[200] — The effects of acute cardiac infarction and of heparin therapy on the lipoproteins. Brit. Heart J. **20**, 21 (1958).

[201] BEUMER, H.: Zur Kenntnis der Schutzwirkungen des Cholesterins. Z. Kinderheilk. **35**, 298 (1923).

[202] —, u. M. BÜRGER: Zur Lipoidchemie des Blutes. II. Über die Zusammensetzung der Stromata menschlicher Erythrocyten mit besonderer Berücksichtigung der Lipoide. Arch. exp. Path. Pharmak. **71**, 311 (1913).

[203] BEVAN. TH., D. A. BROWN, G. I. GREGORY and T. MALKIN: Acyl migration during dephosphorylation and a suggested mechanism. J. chem. Soc. **1953**, 127.

[204] BEVERIDGE, J. M. R.: The function of phospholipids. Canad. J. Biochem. **34**, 361 (1956).

[205] — Role of dietary fat in human nutrition. II. Role of unsaturated fat in adult nutrition. Amer. J. publ. Hlth. **47**, 1370 (1957).

[206] —, W. F. CONNELL, G. A. MAYER, J. B. FIRSTBROOK and M. S. DE WOLFE: The effects of certain vegetable and animal fats on plasma lipids of humans. Circulation **10**, 593 (1954).

[207] — — — — — The effects of certain vegetable and animal fats on the plasma lipids of humans. J. Nutr. **56**, 311 (1955).

[208] — — — Further studies on dietary factors affecting plasma lipid levels in humans. Circulation **12**, 499 (1955).

[209] — — — Dietary factors affecting the level of plasma cholesterol in humans: The role of fat. Canad. J. Biochem. **34**, 441 (1956).

[210] — — — The nature of the plasma cholesterol elevating and depressant factors in butter and corn oil. Circulation **14**, 484 (1956).

[211] — — — Plasma cholesterol depressant factor in corn oil. Fed. Proc. **16**, 11 (1957).

[212] — — — The nature of the substances in dietary fat effecting the level of plasma cholesterol in humans. Canad. J. Biochem. **35**, 257 (1957).

[213] BEZNAK, A. B. L.: Discussion to: FRAZER, A. C.: Blood plasma lipoproteins with special reference to fat transport and metabolism. Dis. Faraday Soc. **6**, 95 (1949).

[214] BIELING, R.: Experimentelle Untersuchungen über die Sauerstoffversorgung bei Anämien. Biochem. Z. **60**, 421 (1914).

[215] BIERI, J. G., C. J. POLLARD and G. M. BRIGGS: Essential fatty acids in the chick. II. Polyunsaturated fatty acid composition of blood, heart and liver. Arch. Biochem. **68**, 300 (1957).

[216] BIERMAN, E. L., I. SCHWARTZ and V. P. DOLE: Action of insulin on release of fatty acids from tissue stores. Amer. J. Physiol. **191**, 359 (1957).

[217] —, V. P. DOLE and TH. N. ROBERTS: An abnormality of nonesterified fatty acid metabolism in diabetes mellitus. Diabetes **7**, 189 (1958).

[218] Biggs, M. W., and D. Kritchevsky: Observations with radioactive hydrogen (H 3) in experimental atherosclerosis. Circulation **4**, 34 (1951).
[219] —, M. Friedman and S. O. Byers: Intestinal lymphatic transport of absorbed cholesterol. Proc. Soc. exp. Biol. (N. Y.) **78**, 641 (1951).
[220] —, D. Kritchevsky, D. Colman, J. W. Gofman, H. B. Jones, F. T. Lindgren, G. Hyde and T. P. Lyon: Observations on the fate of ingested cholesterol in man. Circulation **6**, 359 (1952).
[221] Billing, B. H., R. M. Haslam, D. E. Hein, H. J. Conlon, D. L. Hamilton, G. M. Mindrum and L. Schiff: Serum and liver lipids in patients with and without liver disease. J. Lab. clin. Med. **45**, 363 (1955).
[222] Binet, L., et P. Brocq: Le lactescence du sérum sanguin au course de la pancréatite hémorrhagique (étude expérimentale). Paris méd. **1**, 489 (1929).
[223] Bing, H. I., u. H. Heckscher: Untersuchungen über Lipämie. I. Mitt.: Eine Mikromethode zur Messung der Fettmenge des Blutes. — II. Mitt.: Über die Fettmenge des Blutes bei normalen Menschen. — III. Mitt.: Pathologische Verschiebungen der Blutfettmenge. Biochem. Z. **149**, 79, 83, 90 (1924).
[224] —, R. J.: Myocardial metabolism. Circulation **12**, 635 (1955).
[225] —, A. Siegel, I. Ungar and M. Gilbert: Metabolism of the human heart. II. Studies on fat, ketone and amino acid metabolism. Amer. J. Med. **16**, 504 (1954).
[226] Biörck, G., G. Blomquist and J. Sievers: Cholesterol values in patients with myocardial infarction and in a normal control group. Acta med. scand. **156**, 493 (1957).
[227] — — — Studies on myocardial infarction in Malmö 1935 to 1954. I. Morbidity and mortality in a hospital material. Acta med. scand. **159**, 253 (1957).
[228] Bischoff, F., R. D. Stauffer and C. L. Gray: Physico-chemical state of the circulating steroids. Amer. J. Physiol. **177**, 65 (1954).
[229] Bix, H.: Über cerebral bedingte Acetonurie. Wien. klin. Wschr. **1930**, 778.
[230] — Zur Frage der cerebral bedingten Acetonurie. Wien. klin. Wschr. **1932**, 686.
[231] Bjorklund, R., and S. Katz: The molecular weights and dimensions of some human serum lipoproteins. J. Amer. chem. Soc. **78**, 2122 (1956).
[232] Bland, E. F., and P. D. White: Coronary thrombosis (with myocardial infarction) ten years later. J. Amer. med. Ass. **117**, 1171 (1941).
[233] Blankenhorn, D. H., Freiman, D. G. and H. C. Knowles jr.: Carotenoids in man. The distribution of epiphasic carotenoids in atherosclerotic lesions. J. clin. Invest. **35**, 1243 (1956).
[234] Blietz, R. J.: Über die Struktur der Aldehyde liefernden Seitenketten im Plasmologen. Hoppe Seylers Z. physiol. Chem. **310**, 120 (1958).
[235] Blix, F. G., A. Gottschalk and E. Klenk: Proposed nomenclature in the field of neuraminic and sialic acid. Nature (Lond.) **179**, 1088 (1957).
[236] —, G.: Studies on diabetic lipemia. Lund: Lindstedt 1925.
[237] — Studies on diabetic lipemia. I. Acta med. scand. **64**, 142 (1926).
[238] — Studies on diabetic lipemia. III. Acta med. scand. **64**, 234 (1926).
[239] — Zur Kenntnis der schwefelhaltigen Lipoidstoffe des Gehirns. Über Cerebronschwefelsäure. Hoppe Seylers Z. physiol. Chem. **219**, 82 (1933).
[240] — Electrophoresis of lipid-free blood serum. J. biol. Chem. **137**, 495 (1941).
[241] —, A. Tiselius and H. Svensson: Lipids and polysaccharides in electrophoretically separated blood serum proteins. J. biol. Chem. **137**, 485 (1941).
[242] —, L. Svennerholm and I. Werner: Chondrosamine as a component of gangliosides and of submaxillary mucin. Acta chem. scand. **4**, 717 (1950).
[243] — — — The isolation of chondrosamine from gangliosides and from submaxillary mucin. Acta chem. scand. **6**, 358 (1952).
[244] —, E. Lindberg, L. Odin and I. Werner: Studies on sialic acids. Acta Soc. Med. upsalien. **61**, 1 (1956).
[245] Blixenkrone-Møller, N.: Respiratorischer Stoffwechsel und Ketonbildung der Leber, Z. physiol. Chem. **252**, 117 (1938).
[246] Bloch, J. W., u. E. Graf: Lipidelektrophorese. I. Untersuchungen bei Diabetes mellitus. Wien. klin. Wschr. **1954**, 652.
[247] —, K., and D. Rittenberg: On the utilisation of acetic acid for cholesterol formation. J. biol. Chem. **145**, 625 (1942).
[248] —, B. N. Berg and D. Rittenberg: Biological conversion of cholesterol to cholic acid. J. biol. Chem. **149**, 511 (1943).
[249] —, and D. Rittenberg: An estimation of acetic acid formation in the rat. J. biol. Chem. **159**, 45 (1945).
[250] —, and W. Kramer: The effect of pyruvate and insulin on fatty acid synthesis in vitro. J. biol. Chem. **173**, 811 (1948).

[251] BLOCK, W. J., N. W. BARKER and F. D. MANN: Effect of small doses of heparin in increasing the translucence of plasma during alimentary lipemia (Studies in normal persons and patients having atherosclerosis). Circulation 5, 674 (1951).
[252] BLÖCH, J., u. E. GRAF: Lipoidelektrophorese. I. Untersuchungen bei Diabetes mellitus. Wien. klin. Wschr. 1954, 652.
[253] — — Lipoidelektrophoretische Serumuntersuchungen bei ikterischen Lebererkrankungen mit besonderer Berücksichtigung der Wirkung von Heparin auf das Lipoidogramm. Wien. klin. Wschr. 1956, 941.
[254] BLOHM, T. R., M. E. WINJE, T. KARIYA and M. KANE: Inhibition of aortic atherogenesis in the parakeet by stilbestrol. Circulation 16, 503 (1957).
[255] BLOMSTRAND, R.: The intestinal absorption of linoleic-1-C^{14} acid. Acta physiol. scand. 32, 99 (1954).
[256] — On the intestinal absorption of phospholipids in the rat. Acta chem. scand. 8, 1945 (1954).
[257] — The intestinal absorption of phospholipids in the rat. Acta physiol. scand. 34, 147 (1955).
[258] BLOOM, B., I. L. CHAIKOFF and W. O. REINHARDT: Intestinal lymph as pathway for transport of absorbed fatty acids of different chain lenghts. Amer. J. Physiol. 166, 451 (1951).
[259] —, and F. T. PIERCE: Relationship of ACTH and cortisone to serum lipoproteins and atherosclerosis in humans. Metabolism 1, 155 (1952).
[260] —, J. Y. KIYASU, W. O. REINHARDT and I. L. CHAIKOFF: Absorption of phospholipides. Manner of transport from intestinal lumen to lacteals. Amer. J. Physiol. 177, 84 (1954).
[261] —, D., S. R. KAUFMAN and R. A. STEVENS: Hereditary xanthomatosis. Familial incidence of xanthoma tuberosum associated with hypercholesteremia and cardiovascular involvment, with report of several cases of sudden death. Arch. Derm. Syph. (Chicago) 45, 1 (1942).
[262] BLOOR, W. R.: Studies on blood fat: I. Variations in the fat content of the blood under approximately normal conditions. J. biol. Chem. 19, 1 (1914).
[263] — The determination of cholesterol in blood. J. biol. Chem. 24, 227 (1916).
[264] — Fat assimilation. J. biol. Chem. 24, 447 (1916).
[265] — Anemia and low lecithin concentrations in blood of hemophilia. J. biol. Chem. 25, 577 (1916).
[266] — Blood phosphales in the lipemia produced by acute experimental anemia in rabbits. J. biol. Chem. 45, 171 (1920).
[267] — Lipemia. J. biol. Chem. 49, 201 (1921).
[268] — Biochemistry of the fatty acids and their compounds, the lipids. New York: Reinhold 1943.
[269] BLUMENTHAL, H. T.: Response potentials of vascular tissues and the genesis of arteriosclerosis: A review. Part IIb. Lipidmetabolic factors. Geriatrics 11, 514 (1956).
[270] — Response potentials of vascular tissues and the genesis of arteriosclerosis: A review. Part IIC: Hemodynamic factors. Geriatrics 11, 554 (1956).
[271] BLUMGART, H. L., A. ST. FREEDBERG and G. S. KURLAND: Hypercholesterinemia, myxedema and atherosclerosis. Amer. J. Med. 14, 665 (1953).
[272] BOAS, E. P.: Some immediate causes of cardiac infarction. Amer. Heart J. 23, 1 (1942).
[273] —, and D. ADLERSBERG: Familial hypercholesterolemia (xanthomatosis) and atherosclerosis. J. Mt. Sinai Hosp. 12, 84 (1945).
[274] —, A. D. PARETS and D. ADLERSBERG: Hereditary disturbance of cholesterol metabolism: A factor in the genesis of atherosclerosis. Amer. Heart J. 35, 611 (1948).
[275] BODE, F., u. U. M. LUDWIG: Zur Frage der Existenz von „Lipopeptiden". Klin. Wschr. 1954, 1097.
[276] BÖHLE, E., K. BÖTTCHER, H. G. PIEKARSKI und R. BIEGLER: Die Serumlipoproteide und ihre Beziehungen zu den Protein- und Lipidfraktionen des Blutes unter Berücksichtigung von Alter und Geschlecht. Dtsch. Arch. klin. Med. 203, 29 (1956).
[277] —, R. BIEGLER und G. HOHNBAUM: Über Beziehungen zwischen Blutfettvermehrung, Konstitution und Lebensalter bei Arteriosklerosekranken. Medizinische 1958, 664.
[278] BOENHEIM, F., u. F. HELMANN: Das fettstoffwechselregulierende Hormon des Hypophysenvorderlappens im Inkretan. Z. ges. exp. Med. 83, 637 (1932).
[279] BÖTTCHER, C. J. F., F. P. WOODFORD, C. CH. TER HAAR ROMENY, E. BOELSMA and C. M. VAN GENT: Composition of lipids isolated from the aorta, coronary arteries and circulus Willisii of atherosclerotic individuals. Nature (Lond.) 183, 47 (1959).
[280] — —, E. BOELSMA-VAN HOUTE and C. M. VAN GENT: Methods for the analysis of lipids extracted from human arteries and other tissues. Rec. Trav. chim. Pays-Bas 78, 794 (1959).

[281] BOGETTI, H. y P. MAZZOCCO: Glucôgeno hepâtico, muscular y cardiaco después de la hepatectomia parcial. Rev. Soc. argent. Biol. 17, 41 (1941).

[282] BOGGS, J. D., D. YI-YUNG HSIA, R. F. MAIS and J. A. BIGLER: The genetic mechanism of idiopathic hyperlipemia. New Engl. J. Med. 257, 1101 (1957).

[283] —, R., and R. S. MORRIS: Experimental lipemia in rabbits. J. exp. Med. 11, 553 (1909).

[284] BOGOCH, S.: Studies on the structure of brain ganglioside. Biochem. J. 68, 319 (1958).

[285] BOIS, P., and H. SELYE: Enhancement by thyroxine of the adrenal-stimulating effect of somatotrophic hormone. J. Endocr. 15, 171 (1957).

[286] BOKELMANN, O., u. O. MÜHLBOCK: Untersuchungen über den Cholesteringehalt des Blutes und Serums bei Gesunden und Krebskranken verschiedener Altersklassen. Klin. Wschr. 1937, 854

[287] BOLLMANN, J. L., and E. V. FLOCK: Cholesterol in intestinal and hepatic lymph in the rat. Amer. J. Physiol. 164, 480 (1951).

[288] BOOIJ, H. L.: The protoplasmic membrane regarded as a lipoprotein complex. Discuss. Faraday Soc. 6, 143 (1949).

[289] BORCHARDT, L.: Die vegetativ hormonalen Fehlregulationen des Fettstoffwechsels. Med. Mschr. 5, 453 (1951).

[290] BORGSTRÖM, B.: On the mechanism of the intestinal fat absorption. V. The effect of bile diversion on fat absorption in the rat. Acta physiol. scand. 28, 279 (1953).

[291] — On the mechanism of the hydrolysis of glycerides by pancreatic lipase. Acta chem. scand. 7, 557 (1953).

[292] — The formation of new glyceride-ester bonds during digestion of glycerides in the lumen of the small intestine of the rat. Arch. Biochem. 49, 268 (1954).

[293] —, and L. A. CARLSON: On the mechanism of the lipolytic action of the lipaemia-clearing factor. Biochim. biophys. Acta 24, 638 (1957).

[294] BORKENHAGEN, L. F., and E. P. KENNEDY: The enzymatic synthesis of cytidine diphosphate choline. J. biol. Chem. 227, 951 (1957).

[295] BORRERO, J., E. SHEPPARD and I. S. WRIGHT: Further experiences with blood coagulation after fat meals and carbohydrate meals. Circulation 17, 936 (1958).

[296] BORRIE, P.: Essential hyperlipemia and idiopathic hypercholesterolaemic xanthomatosis. Brit. med. J. 1957, 911.

[297] BOSSAK, E. T., C. J. WANG and D. ADLERSBERG: Comparative studies of lipoproteins in various species by paper electrophoresis. Proc. Soc. exp. Biol. (N.Y.) 87, 637 (1954).

[298] — — — Species variations in the response of serum proteins, lipids and lipoproteins to the cortisones. J. clin. Endocr. 16, 613 (1956).

[299] — — — Prolonged low-dose estrogen therapy in idiopathic hyperlipemia and hypercholesteremia. Circulation 16, 503 (1957).

[300] BOUCEK, R. J., N. L. NOBLE and J. E. WOESSNER JR.: Properties of fibroblasts. — p. 193. In: PAGE, I. H.: Connective tissue, thrombosis and atherosclerosis. New York and London: Academic Press 1959.

[301] — — — The effects of tissue age and sex upon connective tissue metabolism. Ann. N.Y. Acad. Sci. 72, 1016 (1959).

[302] BOYD, E. M.: A differential lipidanalysis of blood plasma in normal young women by microoxidative methods. J. biol. Chem. 101, 323 (1933).

[303] — Lipemia of pregnancy. J. clin. Invest. 13, 347 (1934).

[304] — Diurnal variations in plasma lipids. J. biol. Chem. 110, 61 (1935).

[305] — A comparison of the direct versus the indirect method of estimating the lipid composition of the red blood cells. J. Lab. clin. Med. 22, 237 (1936).

[306] — The effect of pregnancy and pseudopregnancy upon the blood lipids of rabbits. J. Physiol. (Lond.) 86, 250 (1936).

[307] — Lipid composition of white blood cells in leukemia. Arch. Path. 21, 739 (1936).

[308] — Lipid composition of blood in newborn infants. Amer. J. Dis. Child. 52, 1319 (1936).

[309] — The lipid composition of „milky" blood serum. Trans. roy. Soc. Can., Sect. V 31, 11 (1937).

[310] — Species variation in normal plasma lipids estimated by oxidative methods. J. biol. Chem. 143, 131 (1942).

[311] —, and W. F. CONNELL: Thyroid disease and blood lipids. Quart. J. Med. 5, 455 (1936).

[312] —, and D. J. STEPHENS: A comparison of lipid composition with differential count of the white blood cells. Proc. Soc. exp. Biol. (N.Y.) 33, 558 (1936).

[313] —, and W. F. CONNELL: Plasma lipids in the diagnosis of mild hypothyroidism. Quart. J. Med. 6, 467 (1937).

[314] —, and J. W. STEVENSON: The lipid content of rabbit leucocytes. J. biol. Chem. 117, 491 (1937).

[315] —, and W. F. CONNELL: Lipopenia associated with cholesterol Estersturz in parenchymatous hepatic disease. Arch. intern. Med. 61, 755 (1938).

[316] BOYD, G. S.: The estimation of serum lipoproteins. A micromethod based on zone electrophoresis and cholesterol estimation. Biochem. J. 58, 680 (1954).

[317] —, and W. B. McGUÈRE: The effect of hexoestrol on cholesterol metabolism in the rat. Biochem. J. 62, 19 p (1956).

[318] —, and M. F. OLIVER: The effect of thyroxine analogues on lipid and lipoprotein metabolism. Bull. schweiz. Akad. med. Wiss. 13, 384 (1957).

[319] — — The physiology of the circulating cholesterol and lipoproteins. In: COOK, R. P.: Cholesterol. Chemistry, Biochemistry, and Pathology, p. 181. New York: Academic Press Inc., Publ. 1958.

[320] — — Hormonal control of the circulating lipids. Brit. med. Bull. 14, 239 (1958).

[321] BOYLE, E.: Clinical and chemical results in hypercholesteremic patients using estrogen and/or heparin therapy on a long term basis. Bull. schweiz. Akad. med. Wiss. 13, 381 (1957).

[322] BRADY, R., and S. GURIN: The biosynthesis of radioactive fatty acids and cholesterol. J. biol. Chem. 186, 461 (1950).

[323] —, J. RABINOWITZ, J. VAN BAALEN and S. GURIN: The Synthesis of radioactive cholesterol and fatty acids in vitro. II. A further study of precursors. J. biol. Chem. 193, 137 (1951).

[324] —, and G. J. KOVAL: Biosynthesis of sphingosine in vitro. J. Amer. chem. Soc. 79, 2648 (1957).

[325] — — The enzymatic synthesis of sphingosine. J. biol. Chem. 233, 26 (1958).

[326] —, J. V. FORMICA and G. J. KOVAL: The enzymatic synthesis of sphingosine. II. Further studies on the mechanism of the reaction. J. biol. Chem. 233, 1072 (1958).

[327] BRAGDON, J. H.: Lipoprotein lipase. In: HOMBURGER, F., and P. BERNFELD: The lipoproteins, methods and clinical significance, p. 37. Basel/New York: S. Karger 1958.

[328] — Chylomicrons and lipid transport. Ann. N.Y. Acad. Sci. 72, 845 (1959).

[329] —, and R. J. HAVEL: In vivo effect of anti-heparin agents on serum lipids and lipoproteins. Amer. J. Physiol. 177, 128 (1954).

[330] — — and E. BOYLE: Human serum lipoproteins. I. Chemical composition of four fraction, II. Some effects of their intravenous injection in rats. J. Lab. clin. Med. 48, 36, 43 (1956).

[331] —, H. A. EDER, R. G. GOULD and R. J. HAVEL: Lipid nomenclature; recommendations regarding the reporting of serum lipids and lipoproteins made by the Committee on Lipid and Lipoprotein Nomenclature of the American Society for the study of Arteriosclerosis. Circulat. Res. 4, 129 (1956).

[332] —, R. J. HAVEL and R. S. GORDON JR.: Effects of carbohydrate feeding on serum lipids and lipoproteins in the rat. Amer. J. Physiol. 189, 63 (1957).

[333] —, and R. S. GORDON JR.: Tissue distribution of C^{14} after the intravenous injection of labeled chylomicrons and unesterified fatty acids in the rat. J. clin. Invest. 37, 574 (1958).

[334] BRANTE, G.: Zit. nach BRANTE, G.: Studies on lipids in the nervous system with special reference to quantitative determination and topical distribution. Acta physiol. scand. 18 (Suppl.) 63 (1949).

[335] BRAUN-FALCO, O., H. THEISEN und H. SECKFORT: Über das Verhalten der Acetalphosphatide bei Psoriasis vulgaris. Gleichzeitig ein Beitrag zur Frage der Psoriasis vulgaris als Lipoidose. Klin. Wschr. 1958, 763.

[336] BREDT, H.: Die Morphologie der Arteriosklerose. Verh. dtsch. Ges. Path. 41, 11 (1958).

[337] BREHMER, W., u. P. LÜBBERS: Über eine generalisierte Xanthomatose mit Knochenbefall und diffuser Plasmazellwucherung im Knochenmark bei essentieller Hyperlipämie. Virchows Arch. path. Anat. 318, 394 (1950).

[338] BRESLAW, L.: Xanthoma tuberosum. A six-month control study. Amer. J. Med. 25, 487 (1958).

[339] BRICE, B. A., M. HALWER and R. SPEISER: Photoelectric light scattering photometer for determining high molecular weights. J. Opt. Soc. Am. 40, 768 (1950).

[340] BROCK, J. F., and H. GORDON: The dietetics of coronary heart disease. S. Afr. med. J. 31, 663 (1957).

[341] BRONTE-STEWART, B.: The effect of dietary fats on the blood lipids and their relation to ischaemic heart disease. Brit. med. Bull. 14, 243 (1958).

[342] —, A. KEYS, J. F. BROCK, A. D. MOODIE, M. H. KEYS and A. ANTONIS: Serum cholesterol, diet and coronary heart disease. An inter-racial survey in the Cape Peninsula. Lancet 269, 1103 (1955).

[343] —, A. D. MOODIE, A. ANTONIS, L. EALES and J. F. BROCK: Serum cholesterol, the diet and coronary heart-disease. S. Afr. med. J. 29, 1151 (1955).

[344] —, L. EALES, A. ANTONIS and J. F. BROCK: Coronary-artery disease. Letters to the Editor. Lancet 1956 I, 101.

[345] Bronte-Stewart, B., A. Antonis, L. Eales and J. F. Brock: Effects of feeding different fats on serumcholesterol level. Lancet 1956 I, 521.

[346] —, and H. Blackburn: Essential fatty acids. (Proceedings of the Fourth Internat. Conf., held at the University of Oxford in July 1957, on the Biochemical Problems of Lipids), p. 180. London: Butterworth Scientific Publ. 1958.

[347] Brown, F. R. jr., G. D. Michaels and L. W. Kinsell: Quantitative lipoprotein studies in normal and abnormal subjects using combined electrophoretic and chemical technics. Proc. Soc. exp. Biol. (N.Y.) 92, 587 (1956).

[348] —, H. T., and G. H. Morris: Note in the identity of cerebrose and galactose. J. chem. Soc. 57, 57 (1890).

[349] —, R. K., Boyle, E. and C. B. Anfinsen: The enzymatic transformation of lipoproteins. J. biol. Chem. 204, 423 (1953).

[350] —, H. Winfield, H. Baker and D. L. Kauffman: Comparison of in vivo and in vitro clearing factors. Fed. Proc. 13, 186 (1954).

[351] —, W. D.: Reversible effects of anticoagulants and protamine on alimentary lipaemia. Quart. J. exp. Physiol. 37, 75 (1952).

[352] -- Inhibition of alimentary lipaemia by anticoagulants. Quart. J. exp. Physiol. 37, 215 (1952).

[353] Brožek, J., and A. Keys: Overweight, obesity and coronary heart disease. Geriatrics 12, 79 (1957).

[354] v. Bruck, G., u. E. J. Kirnberger: Lipotrope Wirksamkeit von Pancreasextrakten. Mat. Med. Nordmark 8, 179 (1956).

[355] Brückel, K. W., D. Berg, H. D. Berger, H. Jobst, B. Kommerell, M. Krebs und G. Schettler: Fortschritte der Arterioskleroseforschung. Z. Kreisl.-Forsch. 47, 923 (1958).

[356] Brügel, H., u. H. Simmer: Erfolgreiche Cholintherapie bei einem Fall von essentieller Hyperlipidämie. Dtsch. Arch. klin. Med. 202, 739 (1955).

[357] Brüggemann, J., J. Schole und H. Karg: Beiträge zur Wirkungsweise des Insulins. II. Direkte oder indirekte Wirkung des Insulins? Z. phys. Chem. 302, 41 (1955).

[358] Bruger, M., and I. Somach: The diurnal variations of the cholesterol content of the blood. J. biol. Chem. 97, 23 (1932).

[359] —, and J. A. Rosenkrantz: Arteriosclerosis and Hypothyroidism: Observations on their possible interrelationship (thyroid and arteriosclerosis). J. clin. Endocr. 2, 176 (1942).

[360] van Bruggen, J. T., and J. V. Straumfjord: High vitamin A intake and blood levels of cholesterol, phospholipids, carotine, and vitamins C, A and E. J. Lab. clin. Med. 33, 67 (1948).

[361] Brun, G. C.: Cholesterol content of the red blood cells in man. Copenhagen and London: Nyt Nordisk Forlag 1939.

[362] Brunner, D., and K. Loebl: Serum-lipids in Israeli communities. Lancet 1957, 1300.

[363] — — and L. E. Schindel: Reduction of circulating lipids. Lancet 1958 I, 743. —

[364] —, H.: Die Steuerung der ACTH-Sekretion. Dtsch. med. Wschr. 1957, 185.

[365] —, W.: Beitrag zur pankreatogenen Lipämie. Klin. Wschr. 1935, 1853.

[366] Bruton, O., and A. Kanter: Idiopathic familial hyperlipemia. Amer. J. Dis. Child. 82, 153 (1951).

[367] Bruun, P., H. Dam and K. Schilling: On the lipoprotic action of lipocaic. Acta physiol. scand. 20, 319 (1950).

[368] Buck, R. C.: Distribution of acid mucopolysaccharides and lipids in tissues of cholesterol-fed rabbits. Arch. Path. 58, 576 (1954).

[369] —, and R. J. Rossiter: Lipids of normal and atherosclerotic aortas. A chemical study. Arch. Path. 51, 224 (1951).

[370] Buddecke, E.: Beeinflussung des Aortenbindegewebes bei tierexperimenteller Atherosklerose. Ber. ges. Physiol. 189, 125 (1957).

[371] Buechley, R. W., R. M. Drake and L. Breslow: Relationship of amount of cigarette smoking to coronary heart disease mortality rates in men. Circulation 18, 1085 (1958).

[372] Büchmann, P., u. G. Schenz: Zur Diagnose der Hämochromatose. Dtsch. med. Wschr. 1948, 634.

[373] Büchner, F.: Diskussionsbemerkung. „Symposium über Arteriosklerose." Bull. schweiz. Akad. med. Wiss. 13, 480 (1957).

[374] Bürger, M.: Über cholämische Lipämie. Münch. med. Wschr. 1922, 103.

[375] — Der Cholesterinhaushalt beim Menschen. Ergebn. inn. Med. Kinderheilk. 34, 583 (1928).

[376] — Die Physiologie und Pathologie der Hyperlipämien. Dtsch. med. Wschr. 1932, 582.

[377] — Die chemischen Altersveränderungen an Gefäßen. Z. ges. Neurol. Psychiat. 167, 273 (1939).

[*378*] Bürger, M.: Der Sterinhaushalt in seinen Beziehungen zu Leber- und Gallenwegs-erkrankungen. Med. Klin. **36**, 186, 223 (1940).

[*379*] — Altern und Krankheit. Leipzig 1954 und 1957.

[*380*] —, u. H. Beumer: Zur Lipoidchemie des Blutes. I. Über die Verteilung von Cholesterin, Cholesterinestern und Lecithin im Serum. Berl. klin. Wschr. **1913**, 112.

[*381*] —, u. H. Habs: Die alimentäre Hypercholesterinämie beim stoffwechselgesunden Menschen. Z. ges. exp. Med. **56**, 640 (1927).

[*382*] — — Über Störungen der Cholesterin- und Fettresorption bei Lebercirrhose. Klin. Wschr. **1927** II, 2125.

[*383*] —, u. W. Winterseel: Über Störungen der Fett- und Cholesterinresorption und des Schicksals des Cholesterins im Darmkanal bei Kranken mit Lebercirrhose. Z. ges. exp. Med. **64**, 787 (1929).

[*384*] —, u. O. Grütz: Über hepatosplenomegale Lipoidose mit xanthomatösen Veränderungen in Haut und Schleimhaut. Arch. Derm. Syph. (Berl.) **166**, 542 (1932).

[*385*] —, u. W. Schrade: Über die alimentäre Beeinflussung der Blutgerinnungszeit. Klin. Wschr. **1936**, 550.

[*386*] — — und H. Landers: Die diätetische Beeinflussung des Stoffwechsels bei hepato-splenomegaler Lipoidose. Z. klin. Med. **132**, 594 (1937).

[*387*] Burkhardt, L.: Anatomisch-statistische Untersuchungen zur Konstitutionspathologie nebst einem kurzen Rückblick auf die gegenwärtige Typenlehre. Z. menschl. Vererb.- und Konstit.-Lehre **23**, 373 (1939).

[*388*] Burr, W., C. Dunkelberg, J. McPherson and H. Tidwell: Blood levels of absorbed labeled fat and chylomicronemia. J. biol. Chem. **210**, 531 (1954).

[*389*] Burton, R. M., M. A. Sodd and R. O. Brady: Studies on the biosynthesis of galactoli-pids. Neurology (Minneap.) **8**, 84 (1958).

[*390*] — — — The incorporation of galactose into galactolipides. J. biol. Chem. **233**, 1053 (1958).

[*391*] Busanny-Caspari, W., H. Seckfort und E. Andres: Die Serumlipide unter besonderer Berücksichtigung des Plasmalogens. VI. Die Wirkung des Cortisons auf Serumlipoide und Leberfette nach experimenteller Leberschädigung. Klin. Wschr. **1956**, 1016.

[*392*] — — — Serum- und Leberlipoide nach Teilhepatektomie. Gastroenterologia (Basel) Sppl. ad **90**, 249 (1958).

[*393*] Buschhaus, H.: Essentielle Hyperlipämie. Med. Klin. **52**, 2114 (1957).

[*394*] Buzina, R., and A. Keys: Blood coagulation after a fat meal. Circulation **14**, 854 (1956).

[*395*] Byers, S. O., M. Friedman and F. Michaelis: Observations concerning the production and excretion of cholesterol in mammals. I. Plasma cholesterol after bile duct ligation and free cholesterol injection. J. biol. Chem. **184**, 71 (1950).

[*396*] — — Extreme hypercholesterolemia following administration of cholic acid to the bile duct ligated rat. Fed. Proc. **10**, 22 (1951).

[*397*] — — and F. Michaelis: Observations concerning the production and excretion of cholesterol in mammals. III. The source of excess plasma cholesterol after ligation of the bile duct. J. biol. Chem. **188**, 637 (1951).

[*398*] — — Effect of various bile acids on the hypercholesteremia following biliary obstruction in the rat. Amer. J. Physiol. **168**, 138 (1952).

[*399*] — — and R. H. Rosenman: Review: On the regulation of blood cholesterol. Metabolism **1**, 479 (1952).

[*400*] — —, M. W. Biggs and B. Gunning: Observations concerning the production and excretion of cholesterol in mammals. IX. The mechanism of the hypercholesteremic effect of cholic acid. J. exp. Med. **97**, 511 (1953).

[*401*] — — and H. Rosenman: Hepatic synthesis of cholesterol in nephrotic rats. Amer. J. Physiol. **178**, 327 (1954).

[*402*] — — Observations concerning the production and excretion of cholesterol in mammals. XIII: Rolle of chylomicra in transport of cholesterol and lipid. Amer. J. Physiol. **179**, 79 (1954).

[*403*] — — Independence of phosphatide induced hypercholesteremia and hepatic function. Proc. Soc. exp. Biol. (N.Y.) **92**, 459 (1956).

[*404*] Caccuri, S.: XI. Congr. Internat. Med. Lavoro, Napoli 13.—19. 9. 53. Instituto di Medicina del Lavoro. Napoli 1954.

[*405*] Cagan, R. N., A. E. Sobel, R. A. Nichols and L. Loewe: Serum lipids in normal and alloxan diabetic rats. Metabolism **3**, 168 (1954).

[*406*] Cairns, A., and P. Constantinides: Mast cells in human atherosclerosis. Science **120**, 31 (1954).

[*407*] Campbell, J., and C. C. Lucas: The lipid mobilized by anterior pituitary extract. Biochem. J. **48**, 241 (1951).

[408] Careddu, P.: Modificazioni di attività enzimatiche nella nefrosi sperimentale. Clin. pediat. (Bologna) 37, 579 (1955).

[409] —, et C. Vullo: Modifications de la protéinurie et de la lipémie dans la néphrose expérimentale au sérum anti-rein. Helv. paediat. Acta 10, 672 (1955).

[410] Carlson, L. A., and B. Olhagen: The electrophoretic mobility of chylomicrons in a case of essentiel hyperlipemia. Scand. J. clin. Lab. Invest. 6, 70 (1954).

[411] —, and B. Pernow: Studies on blood lipids during exercise I. Arterial and venous plasma concentrations of unesterified fatty acids. J. Lab. clin. Med. 53, 833 (1959).

[412] —, and B. Olhagen: Studies on a case of essential hyperlipemia. Blood lipids, with special reference to the composition and metabolism of the serum glycerides before, during and after the course of a viral hepatitis. J. clin. Invest. 38, 854 (1959).

[413] Carter, H. E., F. J. Glick, W. P. Norris and G. E. Philipps: The structure of sphingosine. J. biol. Chem. 142, 449 (1942).

[414] —, and W. P. Norris: Isolation of dihydrosphingosine from brain and spinal cord. J. biol. Chem. 145, 709 (1942).

[415] — —, F. J. Glick, G. E. Phillips and R. Harris: Biochemistry of the sphingolipides. II. Isolation of dihydrosphingosine from the cerebroside fractions of beef brain and spinal cord. J. biol. Chem. 170, 269 (1947).

[416] —, F. J. Glick, W. P. Norris and G. E. Phillips: Biochemistry of the sphingolipides. III. Structure of sphingosine. J. biol. Chem. 170, 285 (1947).

[417] —, and C. G. Humiston: Biochemistry of the sphingolipides. V. The structure of sphingine. J. biol. Chem. 191, 727 (1951).

[418] —, D. S. Galanos and Y. Fujino: Chemistry of sphingolipides. Canad. J. Biochem. 34, 320 (1956).

[419] —, and Y. Fujino: Biochemistry of sphingolipides. IX. Configuration of cerebrosides. J. biol. Chem. 221, 879 (1956).

[420] —, D. B. Smith and D. N. Jones: A new ethanolamine-containing lipide from egg yolk. J. biol. Chem. 232, 681 (1958).

[421] Carveyet, R. A., Y. M. L. Golla and M. Reiss: The action of gonadotrophic hormone and of pituitary corticotrophic hormone on the cholesterol content of the adrenals. J. Physiol. (Lond.) 104, 210 (1945/46).

[422] Catsch, A.: Korrelationspathologische Untersuchungen. 4. Habitus und Krankheitsdisposition; zugleich ein Beitrag zur Frage der Körperbautypologie. Z. menschl. Vererb. u. Konstit.-Lehre 25, 94 (1942).

[423] Cauchie, Ch.: Cortisone et foie. Observations cliniques. Acta gastro-ent. belg. 18, 32 (1955).

[424] Cayer, D., and W. E. Cornatzer: Radioactive phosphorus as an indicator of the rate of phospholipid formation in patients with liver disease. Gastroenterology 14, 1 (1950).

[425] Celmer, W. D., and H. E. Carter: Chemistry of phosphatides and cerebrosides. Physiol. Rev. 32, 167 (1952).

[426] Chaikoff, I. L.: Metabolic blocks in carbohydrate metabolism in diabetes. Harvey Lect. 47, 99 (1951/52).

[427] —, and J. J. Weber: The formation of sugar from fatty acids in the depancreatized dog injected with epinephrine. J. biol. Chem. 76, 813 (1928).

[428] —, and A. Kaplan: Cholesterol esters of blood in experimental pancreatic diabetes. Proc. Soc. exp. Biol. (N.Y.) 31, 149 (1933).

[429] — — The blood lipids in completely depancreatized dogs maintained with insulin. J. biol. Chem. 106, 267 (1934).

[430] —, F. S. Smith and G. E. Gibbs: The blood lipids of diabetic children. J. clin. Invest. 15, 627 (1936).

[431] —, and A. Kaplan: On the survival of the completely depancreatized dog. J. Nutr. 14, 459 (1937).

[432] —, and C. Entenman: Antifatty-liver factor of the pancreas. Present status. Advanc. Enzymol. 8, 171 (1948).

[433] — — Lipid metabolism. Ann. Rev. Biochem. 17, 253 (1948).

[434] —, S. Lindsay, F. W. Lorenz and C. Entenman: Production of atheromatosis in the aorta of the bird by the administration of diethylstilbestrol. J. exp. Med. 88, 373 (1948).

[435] —, B. Bloom, M. D. Siperstein, I. Y. Kiyasu, W. O. Reinhardt, W. G. Dauben and J. F. Eastham: C 14-cholesterol. I. lymphatic transport of absorbed cholesterol-4-C 14. J. biol. Chem. 194, 407 (1952).

[436] Chakravarti, R. N., and B. Mukerji: Lucknow studies in experimental atherosclerosis. III. Effect on desiccated thyroid and oestrogen on the regression of experimental cholesterol atherosclerosis. Indian J. med. Res. 44, 683 (1956).

[437] Chalmers, T. M., A. Kerwick and G. L. S. Pawan: On the fat-mobilizing activity of human urine. Lancet 1958 I, 866.

[*438*] Chandler, H. L., E. Y. Lawry, K. G. Potee and G. V. Mann: Spontaneous and induced variations in serum lipoproteins. Circulation 8, 723 (1953).

[*439*] Channon, H. J., and A. C. Chibnall: The ether soluble substances of cabbage leaf cytoplasm. IV. Further observations on diglyceride phosphoric acid. Biochem. J. 21, 1112 (1927).

[*440*] —, and G. A. Collinson: The unsaponifiable fraction of liver oils. V. Biochem. J. 23, 676 (1929).

[*441*] —, and J. Devine: The absorption of n-hexadecane from the alimentary tract of the cat. Biochem. J. 28, 467 (1934).

[*442*] Chanutin, A., and St. Ludewig: The blood plasma cholesterol and phospholipid phosphorus in rats following partial hepatectomy and following ligation of the bile duct. J. biol. Chem. 115, 1 (1936).

[*443*] —, and E. C. Gjessing: The effect of partial hepatectomy, thermal injury and beta-chloraethyl vesicants on the lipids of plasma and plasma fractions of rats. J. biol. Chem. 178, 1 (1949).

[*444*] Chapin, M. A.: The distribution of lipid and phospholipid in paper electrophoresis of normal serum lipoproteins. J. Lab. clin. Med. 47, 386 (1956).

[*445*] —, and S. Proger: The distribution of lipid and phospholipid in paper electrophoresis of the serum lipoproteins in normal subjects and in patients with atherosclerosis. J. Lab. clin. Med. 53, 39 (1959).

[*446*] Chapman, C. B., T. Gibbons and A. Henschel: The effect of the rice fruit diet on the composition of the body. New Engl. J. Med. 243, 899 (1950).

[*447*] —, F. D., and T. D. Kinney: Hyperlipemia, „idiopathic lipemia". Amer. J. Dis. Child. 62, 1014 (1941).

[*448*] Chargaff, E.: Note on the mechanism of conversion of beta-glycerophosphoric acid into the alpha-form. J. biol. Chem. 144, 455 (1942).

[*449*] Chatagnon, C., et P. Chatagnon: Propriétés chimiques du strandin de Folch. Strandin et acide neuraminique. Bull. Soc. Chim. biol. (Paris) 36, 373 (1954).

[*450*] Chernick, S. S., P. A. Srere and I. L. Chaikoff: The metabolism of arterial tissue. II. Lipide synthesis: The formation in vitro of fatty acids and phospholipides by rat artery with C-14 and P-32 as indicators. J. biol. Chem. 179, 113 (1949).

[*451*] —, I. L. Chaikoff, E. J. Masoro and E. Isaeff: Lipogenesis and glucose oxidation in the liver of the alloxan-diabetic rat. J. biol. Chem. 186, 527 (1950).

[*452*] — — Insulin and hepatic utilization of glucose for lipogenesis. J. biol. Chem. 186, 535 (1950).

[*453*] —, and R. O. Scow: Early effects of „total" pancreatectomy on fat metabolism in the rat. Amer. J. Physiol. 196, 125 (1959).

[*454*] Chibnall, A. C., and H. J. Channon: The ether-soluble substances of cabbage leaf cytoplasm. I. Preparation and general characters. Biochem. J. 21, 225 (1927).

[*455*] — — The ether-soluble substances of cabbage leaf cytoplasm. II. Calcium salts of glyceride-phosphoric acids. Biochem. J. 21, 233 (1927).

[*456*] — — The ether-soluble substances of cabbage leaf cytoplasm. VI. Summary and general conclusions. Biochem. J. 23, 176 (1929).

[*457*] Chick, H.: The apparent formation of euglobulin from pseudo-globulin and a suggestion as to the relationship between these two proteins in serum. Biochem. J. 8, 404 (1914).

[*458*] Christensen, J. A., and A. W. Wase: Effect of psychotherapeutic agents on phospholipid metabolism. IV. Internat. Kongr. Biochem., Wien, 1958. London: Pergamon Press 1960.

[*459*] —, S., E. Dollerup and S. E. Jensen: Idiopathic hyperlipaemia, latent diabetes mellitus and severe neuropathy. Acta med. scand. CLXI, 57 (1958).

[*460*] Chung, A. C., and J. C. Shaw: Sustained elevation of blood lipids and effect upon milk production. J. Dairy Sci. 34, 1180 (1951).

[*461*] Clément, F.: Mobilisation des glycérides de réserve chez le rat. III. Influence des facteurs hormonaux. Arch. Sci. physiol. 5, 169 (1951).

[*462*] Clément, G., et J. Clément: Sur les teneurs en lecithase et cholesterolesterase du suc pancreatique de rat normal. C. R. Soc. Biol. (Paris) 147, 1031 (1953).

[*463*] Closs, K., and J. Dedichen: Vascular disease. Lancet 1949 II, 1242.

[*464*] Coffee, R. J.: Unusual features of acute pancreatic disease. Ann. Surg. 135, 715 (1952).

[*465*] Cohen, W. D., N. Higano and R. W. Robinson: Serum lipid and estrogenic effects of manvene, a new estrogen analog. Circulation 17, 1035 (1958).

[*466*] Cohn, E. J., L. E. Strong, W. L. Hughes jr., D. J. Mulford, J. N. Ashworth, M. Melin and H. L. Taylor: Preparation and properties of serum and plasma proteins. IV. A system for the separation into fractions of the protein and lipoprotein components of biological tissues and fluids. J. Amer. chem. Soc. 68, 459 (1946).

[467] COHN, E. J., F. R. N. GURD, D. M. SURGENOR, B. A. BARNES, R. K. BROWN, G. BEROUAUX, J. M. GILLESPIE, F. W. KAHNT, W. F. LEVER, C. H. LIU, J. MITTLEMAN, R. F. MOUTON, K. SCHMID and E. UROMA: A system for the separation of the components of human blood: Quantitative procedures for the separation of the protein components of human plasma. J. Amer. chem. Soc. 72, 465 (1950).
[468] COHRS, P.: Gibt es spontane Arteriosklerose bei Tieren? Bull. schweiz. Akad. med. Wiss. 13, 45 (1957).
[469] COLEMAN, D. L., and C. A. BAUMAN: Intestinal sterols. V. Reduction of sterols by intestinal microorganisms. Arch. Biochem. 72, 219 (1957).
[470] COLLENS, W. S., M. M. BANOWITCH and J. COLSKY: Lipoprotein-studies in diabetics with arteriosclerotic disease. J. Amer. med. Ass. 155, 814 (1954).
[471] COLLET, R. W., and R. L. J. KENNEDY: Chronic relapsing pancreatitis associated with hyperlipemia in 8-year old boy. Proc. Mayo Clin. 23, 158 (1948).
[472] COMB, D. G., and S. ROSEMAN: Composition and enzymatic synthesis of N-acetyl-neuraminic acid (sialic acid). J. Amer. chem. Soc. 80, 497 (1958).
[473] COMFORT, A.: Effect of large doses of heparin, and of heparin clearing factor, on lipoprotein migration in the rabbit. J. Physiol. (Lond.) 127, 225 (1955).
[474] CONN, J. W., and W. C. VOGEL: Effects of prolonged adrenal cortical stimulation upon free and esterified serum cholesterol in normal men (abstract). J. clin. Endocr. 9, 656 (1949).
[475] — —, L. H. LOUIS and S. S. FAJANS: Serum cholesterol. A probable precursor of adrenal cortical hormones. J. Lab. clin. Med. 35, 504 (1950).
[476] CONNOR, W. E., and J. W. ECKSTEIN: Removal of lipoprotein lipase from the blood by the normal and diseased liver. Circulation 18, 483 (1958).
[477] — — The removal of lipoprotein lipase from the blood by the normal and diseased liver. J. clin. Invest. 38, 1746 (1959).
[478] CONSTANTINIDES, P.: Mast cells and suspectibility to experimental atherosclerosis. Science 117, 505 (1953).
[479] —, G. SZASZ and F. HARDER: Retardation of atheromatosis and adrenal enlargement by heparin in the rabbit. A. M. A. Arch. Path. 56, 36 (1953).
[480] —, and A. CANES: Effect of endocrines on formation of lipemia clearing factor (LCF) in response to heparin. Fed. Proc. 14, 31 (1955).
[481] —, P. SAUNDERS and A. WOOD: Effects of sulfated polysaccharides on preestabilished atherosclerosis. Action in the presens of continued cholesterol feeding. Arch. Path. 62, 369 (1956).
[482] — — Effects of sulfated polysaccharides on preestablished atherosclerosis in the presence of continued cholesterol feeding. Circulation 14, 481 (1956).
[483] — — Effects of sulfated alginic acid (SAA) on preestablished rabbit atherosclerosis. II. Study in the absence of concomitant cholesterol feeding. A. M. A. Arch. Path. 65, 360 (1958).
[484] —, Y. So and F. R. C. JOHNSTONE: Role of liver and kidney in development of heparin-induced lipemia clearing activity (LCA). Proc. Soc. exp. Biol. (N.Y.) 100, 262 (1959).
[485] CONTI, C., S. CALTABIANO e C. VALLERINI: Azione della follicolina sulla aterosclerosi sperimentale. Rass. Fisiopat. clin. ter. 24, 355 (1952).
[486] COOK, C. D., H. L. SMITH, C. W. GIESEN and G. L. BERDEZ: Case reports. Xanthoma tuberosum, aortic stenosis, coronary sclerosis and angina pectoris (Report of a case in a boy thirteen years of age). Amer. J. Dis. Child. 73, 326 (1947).
[487] —, D. L., R. RAY and E. DAVISSON, L. M. FELDSTEIN, L. D. CALVIN and D. M. GREEN: The effects of cholesterol dosage, cortisone, and DCA on total serum cholesterol, lipoproteins, and atherosclerosis in the rabbit. J. exp. Med. 96, 27 (1952).
[488] —, R. P.: Cholesterol. Chemistry, Biochemistry, and Pathology. New York: Academic Press Inc. 1958.
[489] —, and R. O. THOMSON: Absorption of fat and of cholesterol in the rat, Guinea pig, and rabbit. Quart. J. exp. Physiol. 36, 61 (1951).
[490] COPLEY, A. L.: Fibrinolysis and atherosclerosis. Lancet 1957 I, 103.
[491] COPPO, M.: Alcuni effetti del pasto grasso e dell eparina sul lipidogramma „ef“ in soggeti Giovani e in aterosclerotici. G. Geront. 4, 599 (1956).
[492] CORAZZA, L. J., and R. M. MYERSON: Essential hyperlipemia. Amer. J. Med. 22, 258 (1957).
[493] CORNFORTH, J. W., and G. POPJÁK: Biosynthesis of cholesterol. Brit. med. Bull. 14, 221 (1958).
[494] CORSINI, G.: Le alterazioni lipemiche nelle nefropatie glomerulari e loro patogenesi. Rass. Fisiopat. clin. ter. 27, 910 (1955).
[495] COTTET, J., J. VIGNALOU, J. REDEL et COLAS-BELCOUR: Propriétés hypocholestérolé-miantes des acides phényl-éthyl-acétique (22 TH) et phényl-méthyl-acétique (4082 TH). Bull. Soc. méd. Hôp. Paris 69, 903 (1953).

[496] Cottet, J., A. Mathivat et J. Redel: Etude thérapeutique d'un hypocholestérolémiant de synthèse: l'acide phényl-éthyl-acétique. Presse méd. 62, 939 (1954).

[497] Courtice, F. C., and B. Morris: The exchange of lipids between plasma and lymph of animals. Quart. J. exp. Physiol. 40, 138 (1955).

[498] Cramer, D. L., and J. B. Brown: The component fatty acids of human fat. J. biol. Chem. 151, 427 (1952).

[499] Creditor, M. C.: Some observations of effects of intravenous fat emulsions on erythrocyte fragility. Proc. Soc. exp. Biol. (N.Y.) 82, 83 (1953).

[500] Crockett, M. E., and H. J. Deuel jr.: A comparison of the coefficient of digestibility and the rate of absorption of several natural and artificial fats as influenced by melting point. J. Nutr. 33, 187 (1947).

[501] Cullen, C. F., and R. L. Swank: Intravascular aggregation and adhesiveness of the blood elements associated with alimentary lipemia and injections of large molecular substances. Effect on blood-brain barrier. Circulation 9, 335 (1954).

[502] Cullumbine, H.: Cardiovascular disease in Ceylon, on factors regulating blood pressure, p. 124. New York: Transaction, Fifth Conference Josiah Macy Jr. Foundation 1951.

[503] Curran, G. L.: A rational approach to the treatment of atherosclerosis. Amer. Practit. 7, 1412 (1956).

[504] —, and R. L. Costello: Reduction of excess cholesterol in the rabbit aorta by inhibition of endogenous cholesterol synthesis. J. exp. Med. 103, 49 (1956).

[505] —, D. L. Azarnoff and R. E. Bolinger: Effect of cholesterol synthesis inhibition in normocholesteremic young men. J. clin. Invest. 38, 1251 (1959).

[506] Curtis, A. C., and H. C. Blaylock: Secondary eruptive xanthomatosis due to myxedema; a genetic and metabolic study. Arch. Derm. Syph. (Chicago) 66, 460 (1952).

[507] Cushing, H.: The pituitary body and its disorders. Philadelphia: Lippincott 1912.

[508] Cuttin, J., and F. Kern jr.: Plasma clearance of induced hyperlipemia in hepatic disease. Clin. Res. Proc. 6, 58 (1958).

[509] Dakin, H. D.: Oxydations and reductions in the animal body. London: Longmans, Green and Co. 1912.

[510] Dallam, R. D., and L. Shimomura: Partition and chemical analysis of mitochondrial lipoprotein lipides. Arch. Biochem. 79, 187 (1959).

[511] Dam, H., and P. F. Engel: Unsaturated fatty acid composition of subcutaneous fat and liver fat in rats in relation to dietary fat. Acta physiol. scand. 42, 28 (1958).

[512] Dangerfield, W. G.: Lipid electrophoresis pattern in xanthomatosis. Proc. roy. Soc. Med. 49, 1065 (1956).

[513] —, and E. B. Smith: Paper electrophoresis of lipids and lipoproteins of human sera. Proc. Biochem. Soc. and Biochem. J. 58, 13 (1954).

[514] — — An investigation of serum lipids and lipoproteins by paper electrophoresis. J. clin. Path. 8, 132 (1955).

[515] Danielsson, H., and B. Gustafsson: On serum cholesterol levels and neutral fecal sterols in germ-free rats. Bile acids and steroids 59. Arch. Biochem. 83, 482 (1959).

[516] Daskalakis, E. G., and I. L. Chaikoff: The significance of esterification in the absorption of cholesterol from the intestine. Arch. Biochem. 58, 373 (1955).

[517] Dauber, D. V.: Spontaneous arteriosclerosis in chickens. Arch. Path. 38, 46 (1944).

[518] —, and L. N. Katz: Experimental atherosclerosis in the chick. Arch. Path. 36, 473 (1943).

[519] —, L. Horlick and L. N. Katz: The role of desiccated thyroid and potassium iodine in the cholesterol-induced atherosclerosis of the chicken. Amer. Heart J. 38, 25 (1949).

[520] Daun, H.: Zur Kenntnis des Folchschen Strandins. Dissertation. Köln 1952.

[521] Davidson, J. D.: Diet and lipotropic agents in arteriosclerosis. Amer. J. Med. 11, 736 (1951).

[522] Davis, D., B. Stern and G. Lesnick: Lipid and cholesterol content of blood of patients with angina pectoris and arteriosclerosis. Ann. intern. Med. 11, 354 (1937).

[523] —, F. W., W. R. Scarborough, B. M. Baker, M. L. Singewald and R. E. Mason: Experimental hormonal therapy of atherosclerosis: Preliminary observation on the effects of two compounds. Circulation 16, 501 (1957).

[524] — —, R. E. Mason, M. L. Singewald and B. M. Baker: Experimental hormonal therapy of atherosclerosis: Preliminary observations on the effects of two new compounds. Amer. J. med. Sci. 235, 50 (1958).

[525] —, W. W.: Symposium on sitosterol. III. The physical chemistry of cholesterol and beta-sitosterol related to the intestinal absorption of cholesterol. Trans. N.Y. Acad. Sci. Ser. 2, 18, 123 (1955).

[526] Dawber, T. R., F. E. Moore and G. V. Mann: II. Coronary heart disease in the Framingham study. Amer. J. publ. Hlth 47, 4 (1957).

[527] DAWBER, T. R., W. B. KANNEL, N. REVOTSKIE, J. STOKES, A. KAGAN and T. GORDON: Some factors associated with the development of coronary heart disease. Six years follow-up experience in the Framingham study. Amer. J. publ. Hlth **49**, 1349 (1959).

[528] DAWSON, A. M., V. M. BELL and K. J. ISSELBACHER: The transport and synthesis of lipid by the small intestine. J. clin. Invest. **38**, 999 (1959).

[529] —, R. M. C.: Phosphorylcholine in rat tissues. Biochem. J. **60**, 325 (1955).

[530] — Studies on the phosphorylcholine of rat liver. Biochem. J. **62**, 693 (1956).

[531] — The phospholipase B of liver. Biochem. J. **64**, 1 (1956).

[532] — The enzymic breakdown of monophosphoinositide by phospholipase B preparations. Biochim. biophys. Acta **27**, 228 (1958).

[533] — The identification of two lipid components in liver which enable penicillium notatum extracts to hydrolyse lecithin. Biochem. J. **68**, 352 (1958).

[534] DAY, A. J., G. K. WILKINSON and C. J. SCHWARTZ: The effect of toluidine blue on serum lipids and lipoproteins in rabbits. Aust. J. exp. Biol. med. Sci. **34**, 415 (1956).

[535] — —, H. R. GILMORE and C. J. SCHWARTZ: Effect of protamine on alimentary lipemia. Circulation **16**, 72 (1957).

[536] —, and J. A. PETERS: Observations on clearing factor inhibitor elaborated by cortisone in rabbits. Aust. J. exp. Biol. med. Sci. **36**, 121 (1958).

[537] DEBUCH, H.: In: RAUEN, H. M.: Biochemisches Taschenbuch. Berlin-Göttingen-Heidelberg: Springer 1956.

[538] — Beitrag zur chemischen Konstitution der Acetalphosphatide und zur Frage des Vorkommens des Colamin-Kephalins im Gehirn. Hoppe-Seylers Z. physiol. Chem. **304**, 109 (1956).

[539] — Über die enzymatische Spaltung des Lecithins aus Sojabohnen. Hoppe-Seylers Z. physiol. Chem. **306**, 279 (1956).

[540] — Nature of the linkage of the aldehyde residue in natural plasmalogens. Biochem. J. **67**, 27 p. (1957).

[541] — Nature of the linkage of the aldehyde residue of natural plasmalogens. J. Neurochem. **2**, 243 (1958).

[542] — Die Bindung des Aldehyds im Colamin-Plasmalogen (Acetalphosphatid) aus Gehirn. Hoppe Seylers Z. physiol. Chem. **311**, 266 (1958).

[543] — Über die Stellung des Aldehyds im Colamin-Plasmalogen aus Gehirn. Hoppe Seylers Z. physiol. Chem. **314**, 49 (1959).

[544] DELAGE, M. B.: Extractibilité des lipides sériques par l'éther en fonction du pH. Contribution à l'étude des liaisons lipidesprotéides dans le sérum sanguin. Analyse des facteurs physico-chimique de l'extrabilité des lipides sériques par l'éther en présence de différentes substances. Bull. Soc. Chim. biol. (Paris) **18**, 1600, 1603 (1936).

[545] DELMEZ, J. P., et E. ENGEL: Essai de traitement de l'hypercholesterolemie par la l-triiodothyronine. Schweiz. med. Wschr. **1957**, 133.

[546] DEMANET, J. C., P. E. GREGOIRE and P. A. BASTENIE: Changes in proteins and lipoproteins in diabetes and their relationship to vascular degeneration. Circulation **19**, 863 (1959).

[547] DEMING, Q. B., E. MOSBACH, M. BEVANS, L. ABELL, E. MARTIN, L. BRUN and E. HALPERN: Effect of desoxycorticosterone + NaCl-induced hypertension on dietary atherosclerosis and dietary hyperlipemia in the rat. Fed. Proc. **16**, 1520 (1957).

[548] DESNUELLE, P., M. NAUDET et J. ROUZIER: Sur la formation des glycérides partiels au cours de l'hydrolyse des triglycerides par la lipase pancréatique. Arch. Sci. physiol. **2**, 71 (1948).

[549] — — — Etude quantitative de la formation des glycérides partiels au cours de l'hydrolyse fermentaire des triglycerides. Biochim. biophys. Acta **2**, 561 (1948).

[550] —, et M. J. CONSTANTIN: Formation des glycérides partiels pendant la lipolyse des triglycérides dans l'intestin. Biochim. biophys. Acta **9**, 531 (1952).

[551] DEUEL, H. J. JR.: The lipids. Their chemistry and biochemistry. Vol. I: Chemistry. New York: Interscience Publ., Inc. 1951.

[552] — The lipids. Their chemistry and biochemistry. Vol. II: Biochemistry. Digestion, absorption, transport and storage. New York: Interscience Publ., Inc. 1955.

[553] — The lipids. Their chemistry and biochemistry. Vol. III: Biochemistry. Biosynthesis, oxidation, metabolism and nutritional value. New York: Interscience Publ., Inc. 1957.

[554] —, and R. REISER: The physiology and biochemistry of the essential fatty acids. Vitam. and Horm. **13**, 29 (1955).

[555] DEWIND, L. T., G. D. MICHAELS and L. W. KINSELL: Lipid studies in patients with advanced diabetic atherosclerosis. Diabetes **2**, 394 (1953).

[556] DIAZ, J. C., y H. CASTRO-MENDOZA: La intervencion del rinon en el metabolismo de la grasa. Rev. clin. esp. **29**, 84 (1948).

[557] DIECKMANN, W. J., and C. R. WEGNER: Studies of the blood in normal pregnancy. VI. Plasma cholesterol. Arch. intern. Med. **53**, 540 (1934).

[558] DIETRICH, F.: Zur Differenzierung der Lipoproteide des Serums mittels präparativer Elektrophoresemethoden. Hoppe Seylers Z. physiol. Chem. **302**, 227 (1955).

[559] DIEZEL, P. B.: Histochemische Befunde an der Gefäßwand bei Arteriosklerose. Verh. dtsch. Ges. Path. **41**, 102 (1958).

[560] DIRR, K., u. P. HOFFMANN: Die Lipämie beim menschlichen Diabetes unter Insulinbehandlung und die Lipämie beim Aderlaß von Kaninchen. Z. ges. exp. Med. **100**, 256 (1937).

[561] DOBNYS, B. M., and S. L. STEELMAN: The thyroid stimulating hormone of the anterior pituitary as a distinct from the exophthalmos producing substance. Endocrinology **52**, 705 (1953).

[562] DOCK, W.: The predilection of atherosclerosis for the coronary arteries. J. Amer. med. Ass. **131**, 875 (1946).

[563] — Diskussionsbemerkung. „Symposium über Arteriosklerose". Bull. schweiz. Akad. med. Wiss. **13**, 480 (1957).

[564] — Research in arteriosclerosis — the first fifty years (Editorial). Ann. intern. Med. **49**, 699 (1958).

[565] DÖLLE, W., u. G. A. MARTINI: Gelbsucht mit Verschlußsyndrom als Leitsymptom bei Virushepatitis, Arzneimittelschäden, in der Schwangerschaft und bei Neugeborenen. Acta hepato-splenolog. **6**, 138 (1959).

[566] DÖMÖSI, and M. EGYED: Resorption of aqueous suspension of cholesterol from alimentary tract of rabbit. Magyar Orvosi Arch. **40**, 242 (1939).

[567] DOHRMANN, R., F. A. PEZOLD und H. WELLER: Das Verhalten der Serumlipide und -lipoproteide frisch Operierter während intravenöser Fettinfusionen. Klin. Wschr. **1959**, 704.

[568] — Zur Frage der Therapie mit intravenös gegebenen Fetten. Arch. klin. Chir. **292**, 152 (1959).

[569] DOLBY, D. E., L. C. A. NUNN and I. SMEDLEY-MACLEAN: The constitution of arachidonic acid. Biochem. J. **34**, 1422 (1940).

[570] DOLE, V. P.: A relation between non-esterified fatty acids in plasma and the metabolism of glucose. J. clin. Invest. **35**, 150 (1956).

[571] — The transport of non-esterified fatty acids in plasma. Symposium. Chemistry of lipids as related to atherosclerosis. — p. 189. Cleveland, May 1957. Edited by I. H. PAGE. publ. by Charles C. Thomas, Springfield/Ill. 1958.

[572] —, A. T. JAMES, J. P. W. WEBB, M. A. RIZACK and M. F. STURMAN: The fatty acid patterns of plasma lipids during alimentary lipemia. J. clin. Invest. **38**, 1544 (1959).

[573] DOLL, R., and A. B. HILL: Lung cancer and other causes of death in relation to smoking: A second report on the mortality of British doctors. Brit. med. J. **2**, 1071 (1956).

[574] DONATH, W. F., I. A. FISCHER, H. C. v. D. MEULEN-VAN EYSBERGEN en J. F. DE WIJN: Gezondheid, Voeding en Veganisme. Voorlipige mededelingen omtrent een onderzoek naar de voedingstoestand van Personen. die zich nitsluitend med plantaardige middelen voeden. Voeding **14**, 153 (1953).

[575] DONNISON, C. P.: Blood pressure in the African Native. Lancet **1946 I**, 6.

[576] DONTENWILL, W., W. HILSCHER und H. FRANK: Tierexperimentelle Untersuchungen zur Wirkung hoher Dosen Cortison und ACTH. Klin. Wschr. **1955**, 725.

[577] DOOLAN, P. D., W. C. WELHAM and L. H. KYLE: Studies on the effect of ACTH and certain adrenal steroids on total body fat. Metabolism 4, 39 (1955).

[578] DOUGHERTY, TH. F., and D. L. BERLINER: Some ways by which ACTH and cortisol influence functions of connective tissue. — p. 143. In: PAGE, I. H.: Connective tissue, thrombosis and atherosclerosis. New York and London: Academic Press 1959.

[579] DOYLE, J. T., L. S. DE LALLA, W. H. BAKER, A. S. HESLIN and R. K. BROWN: Serum lipoproteins in preclinical and in manifest ischemic heart disease. J. chron. Dis. **6**, 33 (1957).

[580] DRAGSTEDT, L. R.: The role of the pancreas in arteriosclerosis. Biol. Symposia **11**, 118 (1945).

[581] —, J. VAN PROHASKA and H. P. HARMS: Observations on a substance in pancreas (A fat metabolizing hormone) which permits survival and prevents liver changes in depancreatized dogs. Amer. J. Physiol. **117**, 175 (1936).

[582] —, W. B. NEAL and G. R. ROGERS: Effects of feeding autoclaved pancreas to depancreatized and duct-ligated dogs. Proc. Soc. exp. Biol. (N.Y.) **75**, 785 (1950).

[583] —, J. S. CLARKE, G. R. ROGERS and P. V. HARPER JR.: Effects of feeding autoclaved pancreas to depancreatized and duct ligated dogs. Amer. J. Physiol. **177**, 95 (1954).

[584] — —, G. R. HLAWACEK and P. V. HARPER JR.: Relation of the pancreas to the regulation of the blood lipids. Amer. J. Physiol. **179**, 439 (1954).

[585] Dreyfuss, F.: The incidence of myocardial infarctions in various communities in Israel. Amer. Heart J. 45, 749 (1953).
[586] —, M. Toor, J. Agmon and A. Zlotnick: Observations on myocardial infarction in Israel. Cardiologia (Basel) 30, 387 (1957).
[587] Drury, D. R.: The role of insuline in carbohydrate metabolism. Amer. J. Physiol. 131, 536 (1940).
[588] Duff, G. L., and G. C. McMillan: Pathology of atherosclerosis. Amer. J. Med. 11, 92 (1951).
[589] Duguid, J. B.: Thrombosis as a factor in the pathogenesis of coronary atherosclerosis. J. Path. Bact. 58, 207 (1946).
[590] — Thrombosis as factor in pathogenesis of aortic atherosclerosis. J. Path. Bact. 60, 57 (1948).
[591] — Mural thrombosis in arteries. Brit. med. Bull. 11, 36 (1955).
[592] — The etiology of atherosclerosis. Practitioner 175, 241 (1955).
[593] — The pathogenesis of arterial narrowing. Bull. schweiz. Akad. med. Wiss. 13, 73 (1957).
[594] Dulin, W. E.: Effects of corticosterone, cortisone and hydrocortisone on fat metabolism in the chick. Proc. Soc. exp. Biol. (N.Y.) 92, 253 (1956).
[595] Duncan, Ch. H., and M. M. Best: Effects of thyroxine analogue on the cholesterol-fed rat. Circulation 14, 491 (1956).
[596] — — Effect of nicotinic acid on cholesterol metabolism of the rat. Circulation 18, 490 (1958).
[597] Durlacher, S. H., J. R. Meier, R. S. Fisher and W. V. Lovitt jr.: Sudden death due to pulmonary fat embolism in persons with alcoholic fatty liver. Amer. J. Path. 30, 633 (1954).
[598] Durrum, E. L.: Microelectrophoretic and microionophoretic technique. Amer. Chem. Soc. 115th Meeting, 1949, p. 22 C.
[599] — A microelectrophoretic and microionophoretic technique J. Amer. chem. Soc. 72, 4329 (1950).
[600] —, M. H. Paul and E. R. B. Smith: Lipid detection in paper electrophoresis. Science 116, 428 (1952).
[601] Dury, A.: The effects of high cholesterol diet alone and plus cortisone administration of phospholipid turnover and lipid partition in plasma, liver and aorta of rabbits. Amer. J. med. Sci. 230, 427 (1955).
[602] — Immediate effects of epinephrine on phospholipides turnover and lipide partition in plasma, liver and aorta. Proc. Soc. exp. Biol. (N.Y.) 89, 508 (1955).
[603] — Lipids distribution and phospholipid turnover in tissues of rabbit shortly after growth hormone. Proc. Soc. exp. Biol. (N.Y.) 90, 623 (1955).
[604] — Influence of cortisone on lipid distribution and atherogenesis. Ann. N.Y. Acad. Sci. 72, 870 (1959).
[605] —, and N. R. Di Luzio: Effects of cortisone and epinephrine exhibition on lipid components and phospholipid turnover in plasma, liver and aorta of rabbits. Amer. J. Physiol. 182, 45 (1955).
[606] —, and C. R. Treadwell: Effect of epinephrine on plasma lipid components and inter-relationships in normal and epileptic humans. J. clin. Endocr. 15, 818 (1955).
[607] Dusso, R.: Poliendocrinosimpatosi a prevalenza pancreatica. Xantomatosi universale. Endocrinologia (B. Aires) 12, 327 (1937).
[608] Dyke, S. C.: Hypercholesterolemic splenomegaly J. Path. Bact. 21, 173 (1928).

[609] van Eck, W. F.: The effect of a low fat diet on the serum lipids in diabetes and its significance in diabetic retinopathy. Amer. J. Med. 27, 196 (1959).
[610] —, J. P. Peters and E. B. Man: Significance of lactescence in blood serum. Metabolism 1, 383 (1952).
[611] Edelmann, A.: Ursache und Entstehung der Aderlaßlipämie. Z. ges. exp. Med. 30, 221 (1922).
[612] Eder, H. A.: Plasma lipoproteins in atherosclerosis and related disease. In: „Symposium on atherosclerosis", National Academy of Sciences, National Research Council, Washington Publ. Nr. 338, 228 (1955).
[613] — The lipoproteins of human serum. Amer. J. Med. 23, 269 (1957).
[614] —, and E. M. Russ: Composition and distribution of plasma lipoproteins in normal and pathological states. J. clin. Invest. 31, 626 (1952).
[615] —, J. J. Bragdon and E. Boyle: The in vitro exchange of phospholipid phosphorus between lipoproteins. Circulation 10, 603 (1954).
[616] —, and D. Steinberg: The metabolism of plasma lipoproteins. J. clin. Invest. 34, 932 (1955).

[617] EDER, H. A., E. M. RUSS, R. A. REES PRITCHETT, M. M. WILBER and D. P. BARR: Protein-lipid relationships in human plasma: In biliary cirrhosis, obstructive jaundice and acute hepatitis. J. clin. Invest. 34, 1147 (1955).

[618] EDGREN, R. A.. and D. W. CALHOUN: Steroid interactions and estrogen therapy for atherosclerosis. Circulation 16, 505 (1957).

[619] EDITORIAL: The pituitary and the blood. Lancet 1951, 674.

[620] EDSALL, J. T.: The plasma proteins and their fractionation in advances in protein chemistry. Vol. III p. 384. New York: Academic Press 1947.

[621] — Diskussionsbemerkung über die Struktur der Lipoproteine. Discussion Faraday Soc. 6, 93 (1949).

[622] EGGSTEIN, M.: Die Bestimmung der veresterten Fettsäuren und der Nachweis von Sphingomyelin im Blut, p. 150. (Third Internat. Conf. on Biochemical Problems of Lipids, July 1956). Brüssel: Koninkl. Vlaam. Acad. Wetenschappen 1956.

[623] — Über die Auswirkung der Nahrungsfette auf den Blutfettspiegel. Klin. Wschr. 1957, 898.

[624] — Die Neutralfette im Blut und ihre Veränderung nach Zufuhr ungesättigter Fettsäuren. Verh. dtsch. Ges. inn. Med. 64, 156 (1958).

[625] — Essentielle Hyperlipämie und Xanthomatosis diabetica. Ärztl. Wschr. 1958, 683.

[626] — Zusammenhänge zwischen Ernährung und Gefäßkrankheiten vom Standpunkt der Klinik. Fortschr. Med. 77, 297 (1959).

[627] —, u. E. MAMMEN: Die Beziehungen zwischen Blutfetten und Blutgerinnung. Verh. dtsch. Ges. inn. Med. 63, 626 (1957).

[628] —, and G. SCHETTLER: Essential fatty acids. (Proceedings of the Fourth Internat. Conf., held at the University of Oxford in Juli 1957, on the biochemical problems of lipids.) p. 111. London: Butterworth Scientific Publ. 1958.

[629] EHRICH, W. E.: Nephritis und Nephrose beim Menschen und im Experiment nebst einem Beitrag zur funktionellen Struktur der Nieren. Klin. Wschr. 1957, 1149.

[630] —, C. W. FORMAN and J. SEIFTER: Diffuse glomerular nephritis and lipid nephrosis. A. M. A. Arch. Path. 54, 463 (1952).

[631] EIDINOFF, M. L., J. E. KNOLL, B. J. MARANO, E. KVAMME, R. S. ROSENFELD and L. HELLMAN: Cholesterol biosynthesis. Studies related to the metabolic role of squalene. J. clin. Invest. 37, 655 (1958).

[632] EILERT, M. L.: The effect of estrogens upon the partition of the serum lipids in female patients. Amer. Heart J. 38, 472 (1949).

[633] — Effect of estrogens on the partition of serum lipids in female patients. Metabolism 2, 137 (1953).

[634] EISLEY, N. F., and G. H. PRITHAM: Arterial synthesis of cholesterol in vitro from labeled acetat. Science 122, 121 (1955).

[635] EITEL, H., G. LÖHR und A. LOESER: Hypophysenvorderlappen und Schilddrüse; der Einfluß der thyreotropen Substanz auf Leberglykogen und Blutketonkörper. Arch. exp. Path. Pharm. 173, 205 (1933).

[636] EJARQUE, P., A. MARBLE and E. TULLER: Proteins, lipoproteins and protein-bound carbohydrates in the serums of diabetic patients. Amer. J. Med. 27, 221 (1959).

[637] PER EKWALL: Solubilization of lipophilic substances by proteinassociation colloid complexes, p. 120. In: POPJAK, G., and E. LE BRETON: Biochemical problems of lipids (Proc. II. Internat. Conference on biochemical problems). London: Butterworth Scientific Publ. 1956.

[638] ELKES, J. J., A. C. FRAZER and H. C. STEWART: The composition of particles seen in normal human blood under darkground illumination. J. Physiol. (Lond.) 95, 68 (1939).

[639] ELLERMANN, V., and E. MEULENGRACHT: Ugeskr. Laeg. 79, 1287 (1917) zitiert b. JOHANSEN [1168].

[640] EMMRICH, R.: Das Bluteiweißbild. Diagnose und Therapie der Bluteiweißstörungen. 2. Aufl. Stuttgart: Ferd. Enke 1957.

[641] — Chronische Krankheiten des Bindegewebes. Leipzig: VEB Georg Thieme 1959.

[642] ENGEL, F. L.: Role of the adrenal cortex in intermediary metabolism. Amer. J. Med. 11, 556 (1951).

[643] —, M. G. ENGEL and H. T. McPHERSON: Ketogenic and adipokinetic activities of pituitary hormones. Endocrinology 61, 713 (1957).

[644] ENGELBERG, H.: Correlation of plasma heparin levels with serum lipoproteins. Acta med. scand. 151, 161 (1955).

[645] — Human endogenous lipemia clearing factor (active factor). Amer. J. Physiol. 181, 309 (1955).

[646] — Studies of circulating human endogenous lipoprotein lipase: Heparin lipemia clearing factor. Circulation 14, 498 (1956).

[647] Engelberg, H.: In vitro studies of human plasma lipolytic activity before and after oral fat intake. Circulation 16, 506 (1957).

[648] — The effect of heparin upon the total oxygen consumption of atherosclerotic individuals. Amer. med. Sci. 236, 175 (1958).

[649] — Plasma heparin levels and lipemia clearing activity after ingestion of animal and vegetable fat. J. appl. Physiol. 13, 296 (1958).

[650] — Human endogenous lipemia clearing activity-observations in 482 individuals. Circulation 18, 495 (1958).

[651] — Studies of fat lipolysis by post-heparin human plasma lipoprotein lipase and by human pancreatic lipase. Circulation 19, 884 (1959).

[652] —, S. J. Glass and R. Marcus: The effect of estrogens upon the serum lipids and lipoproteins of male and female patients. Circulation 4, 467 (1951).

[653] —, J. W. Gofman and H. B. Jones: Serum lipids and lipoproteins in diabetic glomerulosclerosis. Preliminary observation of the effect of heparin upon the disease. Diabetes 1, 425 (1952).

[654] —, and R. Kuhn: Studies of arteriovenous oxygen differences in atherosclerotic individuals before and after heparin. Circulation 10, 604 (1954).

[655] —, and S. J. Glass: Influence of physiologic doses of sex steroid hormones on serum lipids and lipoproteins in humans. Metabolism 4, 298 (1955).

[656] —, R. Kuhn and M. Steinman: A controlled study of the effect of intermittent heparin therapy on the course of human coronary atherosclerosis. Circulation 13, 489 (1956).

[657] English, J. P., F. A. Willius and J. Berkson: Tobacco and coronary disease. J. Amer. med. Ass. 115, 1327 (1940).

[658] Engström, A., and J. B. Finean: Biological ultrastructure. New York: Academic Press Inc., Publ. 1958.

[659] Enos, W. F., R. H. Holmes and J. Beyer: Coronary disease among United States soldiers killed in action in Korea; preliminary report. J. Amer. med. Ass. 152, 1090 (1953).

[660] —, W. F. jr., J. C. Beyer and R. H. Holmes: Pathogenesis of coronary disease in American soldiers killed in Korea. J. Amer. med. Ass. 158, 912 (1955).

[661] Entenman, C., C. W. Changus, G. E. Gibbs and I. L. Chaikoff: The response of lipid and metabolism to alteration in nutritional state. I. The effect of fasting and chronic undernutrition upon the postabsorptive level of the blood lipid. J. biol. Chem. 134, 59 (1940).

[662] —, I. L. Chaikoff and F. L. Reichert: Blood lipids of the hypophysectomized-thyroidectomized dog. Endocrinology 30, 802 (1942).

[663] — — and D. B. Zilversmit: Removal of plasma phospholipides as a function of the liver: The effect of exclusion of the liver on the turnover rate of plasma phospholipides as measured with radioactive phosphorus. J. biol. Chem. 166, 15 (1946).

[664] Enzinger, J.: Über die Serumlipoide bei der primär chronischen Polyarthritis. Wien. Z. inn. Med. 36, 357 (1955).

[665] — Zur Reproduzierbarkeit der Lipoidelektrophorese auf Filterpapier. Wien. Z. inn. Med. 36, 533 (1955).

[666] Epstein, A. A., and H. Lande: Studies on blood lipoids. I. The relation of cholesterol and protein deficiency to basal metabolism. Arch. intern. Med. 30, 563 (1922).

[667] —, E. Z.: Cholesterol of blood plasma in hepatic and biliary diseases. Arch. intern. Med. 50, 203 (1932).

[668] —, and E. B. Greenspan: Clinical significance of the cholesterol partition of the blood plasma in hepatic and biliary diseases. Arch. intern. Med. 58, 860 (1936).

[669] —, F. H., and E. P. Boas: Prevalence of manifest atherosclerosis among randomly chosen Italian and Jewish garment workers: Preliminary report. J. Geront. 10, 331 (1955).

[670] —, R. Simpson and E. P. Boas: Relations between diet and atherosclerosis among working population of different ethnic origins. Amer. J. clin. Nutr. 4, 10 (1956).

[671] —, E. P. Boas and R. Simpson: The epidemiology of atherosclerosis among a random sample of clothing workers of different ethnic origins in New York City. I. Prevalence of atherosclerosis and some associated characteristics, II. Associations between manifest atherosclerosis, serum lipid levels, blood pressure, overweight, and some other variables. J. chron. Dis. 5, 300, 329 (1957).

[672] —, W. D. Block, E. A. Hand and Th. Francis: Familial hypercholesterolemia, xanthomatosis and coronary heart disease. Amer. J. Med. 26, 39 (1959).

[673] Erickson, B. N., H. H. Williams, S. S. Bernstein, I. Avrin, R. L. Jones and I. C. Macy: The lipid distribution of posthemolytic residue or stroma of erythrocytes. J. biol. Chem. 122, 515 (1938).

[674] ERIKSSON, S.: Influence of thyroid activity on excretion of bile acids and cholesterol in the rat. Proc. Soc. exp. Biol. (N.Y.) 94, 582 (1957).
[675] v. EULER, U. S.: Adrenalin und Noradrenalin. Triangel 1, 101 (1954).

[676] FABER, H. E.: The human aorta. Sulfate-containing polyuronides and the deposition of cholesterol. Arch. Path. 48, 342 (1949).
[677] —, M., and F. LUND: Human aorta: influence of obesity on development of arteriosclerosis in human aorta. Arch. Path. 48, 351 (1949).
[678] FADELL, E. J., and B. H. SULLIVAN: Fatty liver and fat embolism. U. S. Armed Forces Med. J. 8, 114 (1957).
[679] FAHRENBACH, M. J., H. V. LEWRY, B. A. RICCARDI, C. W. DUNNETT, J. C. SAUNDERS, E. LOURIE, J. BLODINGER, J. M. RUEGSEGGER, W. C. GRANT and T. H. JUKES: Effect of beta-sitosterol and unsaturated vegetable oil combinations on human serum cholesterol levels. Circulation 18, 491 (1958).
[680] FAILEY, R. B.: Effect in man of large doses of pyridoxine on serum cholesterol. Circulat. Res. 6, 203 (1958).
[681] FAIRBAIRN, D.: The phospholipase of the venom of the cottonmouth moccasin (agkistrodon piscivorus l). J. biol. Chem. 157, 633 (1945).
[682] FARCHQUARSON, R. F., and A. A. SQIRES: Inhibition of secretion of thyroid gland by continous ingestion of thyroid substance. Trans. Ass. Amer. Phycns. 56, 87 (1941).
[683] FARNSWORTH, E. B.: Metabolic changes associated with administration of adrenocorticotropin in the nephrotic syndrome. Proc. Soc. exp. Biol. (N.Y.) 74, 60 (1950).
[684] FARQUHAR, J. W., R. E. SMITH and M. E. DEMPSEY: The effect of beta-sitosterol on the serum lipids of young men with arteriosclerotic heart disease. Circulation 14, 77 (1956).
[685] —, and M. SOKOLOW: Comparison of the effects of beta-sitosterol and safflower oil, alone and in combination, on serum lipids of humans: Long-term study. Circulation 16, 877 (1957).
[686] — — Response of serum lipids and lipoproteins of man to beta-sitosterol and safflower oil. Circulation 17, 890 (1958).
[687] —, M. G.: Preparation of ultrathin tissue sections for electron microscopy. Lab. Invest. 5, 317 (1956).
[688] FASOLI, A.: Le lipoproteine del plasma umano. Ed. Ganassini 1951.
[689] — Studi sul frazionamento del plasma; il contenuto in carbonio lipidico, colesterolo e fosforo lipoideo delle frazioni proteiche separate con metanolo a freddo. Arch. Soc. Biol. Montevideo 36, 484 (1952).
[690] — Electrophoresis of serum lipoproteins on filter-paper. Lancet 1952, 106.
[691] — Paper electrophoresis of the lipoproteins of the serum. Boll. Soc. ital. Biol. sper. 28, 603 (1952).
[692] — Electrophoresis of serum lipoproteins on filter-paper. Acta med. scand. 145, 233 (1953).
[693] —, E. B. MAGID, M. D. GLASSMAN and P. P. FOA: Serum lipoproteins in experimental diabetes. I. Serum lipoprotein pattern of normal and depancreatized dogs. Proc. Soc. exp. Biol. (N.Y.) 85, 609 (1954).
[694] —, M. D. GLASMAN, B. MAGID and P. P. FOA: Serum lipoproteins in experimental diabetes. II. Action of heparin in vivo on lipoproteins of depancreatized dogs. Proc. Soc. exp. Biol. (N.Y.) 86, 298 (1954).
[695] —, E. B. MAGID, M. D. GLASSMAN and P. P. FOA: Serum lipoproteins in experimental diabetes. III. Effect of anterior pituitary growth hormone. Proc. Soc. exp. Biol. (N.Y.) 87, 167 (1954).
[696] FAURE, M., et M. J. MORELEC-COULON: Isolement d'un acide glycéroinositophosphatidique contenu dans le germe de blé. C. R. Acad. Sci. (Paris) 236, 1104 (1953).
[697] —, et M. J. MORELEC-COULON: Isolement d'un phosphatide cristalisé à partir du muscle cardiaque du boeuf: l'acide glycéro-inosito-phosphatidique. C. R. Acad. Sci. (Paris) 238, 411 (1954).
[698] FAVARGER, P., et E. F. METZGER: La résorption intestinale du deutério-cholestérol et sa répartition dans l'organisme animal sous forme libre et estérifiée. Helv. chim. Acta 35, 1811 (1952).
[699] —, et J. GERLACH: Recherches sur la synthése des graisses à partir d'acétate ou de glucose. II. Les rôles respectifs due foie, du tissu adipeux et de certains autres tissus dans la lipogenèse chez la souris. Helv. physiol. pharmacol. Acta 13, 96 (1955).
[700] FEARNLEY, G. R.: Inhibition of fibrinolysis by alimentary lipaemia. Lancet 1956 II, 149.
[701] FECHT, K. E.: Cholesterin und Nebennierenrindenhormon. Wien. med. Wschr. 1944, 14.
[702] FEHLHAUER, H.: Der Lipocaic-Faktor. Materia Med. Nordmark VIII/3, (1956).
[703] FEIGENBAUM, A. S., and H. FISHER: The influence of dietary fat on the incorporation of fatty acids into body and egg fat of the hen. Arch. Biochem. 79, 302 (1959).

[704] FEIGL, J.: Über das Vorkommen und die Verteilung von Fetten und Lipoiden im menschlichen Blutplasma bei Ikterus und Cholämie (chemische Beiträge zur Kenntnis spezifischer Lipämien III). Biochem. Z. 90, 1 (1918).

[705] — Über das Vorkommen und die Verteilung von Fetten und Lipoiden im Blute nach Blutentziehung. Biochem. Z. 115, 63 (1921).

[706] FEINBERG, H., L. RUBIN, R. HILL, C. ENTENMAN and I. L. CHAIKOFF: Reduction of serum lipides and lipoproteins by ethionine feeding in the dog. Science 120, 317 (1954).

[707] FELDMAN, E. B., CH. WANG and D. ADLERSBERG: Effect of prolonged use of estrogens on circulating lipids in patients with idiopathic hypercholesteremia. Circulation 20, 234 (1959).

[708] FELIX, K.: Die Hormone der Nebennierenrinde, ihre Bildung und ihr weiteres Schicksal. Münch. med. Wschr. 1955, 340.

[709] FELLER, D. D., and R. L. HUFF: Lipide synthesis by arterial and liver tissue obtained from cholesterol-fed and cholesterol-alcohol-fed rabbits. Amer. J. Physiol. 182, 237 (1955).

[710] FELT, V., and D. GRAFNETTER: The effect of lipid emulsions on the blood lipoproteins of atheromatous rabbits. Experientia (Basel) 15, 113 (1959).

[711] FENZ, E., u. F. ZELL: Der Einfluß der Parasympaticushemmung auf die Cholesterin-estersenkung nach thyreotropem Hormon, Thyroxin, Dijodthyrosin und Jodthyreo-pepton. Z. ges. exp. Med. 102, 32 (1938).

[712] FERNER, H.: Das hyperglycämisierende Prinzip des Pancreas, sowie über Gefäßver-hältnisse und Innervation der Inseln. Acta neuroveg. (Wien) 9, 47 (1954).

[713] FEULGEN, R., u. K. VOIT: Über einen weitverbreiteten festen Aldehyd. Pflügers Arch. ges. Physiol. 206, 389 (1924).

[714] —, K. IMHÄUSER und M. WESTHUES: Zur Physiologie des Plasmalogens. I. Über die Resorption des Plasmalogens und die Bedingungen für das Zustandekommen der ali-mentären Plasmalogenämie. Biochem. Z. 193, 251 (1928).

[715] —, u. TH. BERSIN: Zur Kenntnis des Plasmalogens. IV. Mitt.: Eine neuartige Gruppe von Phosphatiden (Acetalphosphatide). Hoppe Seylers Z. physiol. Chem. 260, 217 (1939).

[716] FIELD, M. C., and C. K. DRINKER: The passage of visible particles through the walls of blood capillaries and into the lymph stream. Amer. J. Physiol. 116, 597 (1936).

[717] FILLIOS, L. C., and G. V. MANN: The importance of sex in the variability of the chole-steremic response of rabbits fed cholesterol. Circulat. Res. 4, 406 (1956).

[718] FIRSTBROOK, J. B.: The new knowledge of atherosclerosis. Brit. med. J. 2, 133 (1951).

[719] FISCHER, A.: Physiologie und experimentelle Pathologie der Leber. Berlin: Akademie-Verlag 1959.

[720] —, B.: Über Lipämie und Cholesterämie, sowie über Veränderungen des Pankreas und der Leber bei Diabetes mellitus. Virchows Arch. path. Anat. 172, 30, 218 (1903).

[721] —, F. W.: Die Lipoproteine des Serums bei Leberkrankheiten. Acta hepat. (Hamburg) 2, I/49 (1954).

[722] — Zur Methodik der elektrophoretischen Lipoproteindarstellung mit Ölrot O. Klin. Wschr. 1956, 849.

[723] — Die Lipoproteine des Serums bei Gesunden und Atherosklerosekranken. Klin. Wschr. 1957, 373.

[724] — Diskussionsbemerkung. „Symposium über Arteriosklerose." Bull. schweiz. Akad. med. Wiss. 13, 485 (1957).

[725] — Lipoid- und Lipoproteinrelationen im Serum. Klin. Wschr. 1957, 1112.

[726] — Serum-Lipoproteine. Z. Kreisl.-Forsch. 48, 517 (1959).

[727] —, u. CH. KROETZ: Die Beta-Lipoproteine, ihre Beziehungen zu den Lebensaltern, zu den Schüben fortschreitender Atherosklerose und zu einigen Augenkrankheiten. Bull. schweiz. Akad. med. Wiss. 13, 268 (1957).

[728] —, H. u. I. POSER: Ein Beitrag zur essentiellen Hyperlipämie. Münch. med. Wschr. 1957, 324.

[729] —, R., et J. MONNIER: Microélectrophorèse et étude des lipides chez les obèses. Schweiz. med. Wschr. 1956, 975.

[730] FISHBERG, A. M.: Arteriosclerosis in thyroid deficiency. J. Amer. med. Ass. 82, 463 (1924).

[731] —, E. H. u. A. M. FISHBERG: Chemische Zusammensetzung des Blutes bei der Lipämie nach Blutung. Biochem. Z. 195, 20 (1928).

[732] — — The mechanism of the lipemia of bleeding. Proc. Soc. exp. Biol. (N.Y.) 25, 296 (1928).

[733] FISHLER, M. C., C. ENTENMAN, M. L. MONTGOMERY and I. L. CHAIKOFF: The formation of phospholipids by the hepatectomized dog as measured with radioactive phosphorus. I. The site of formation of plasmaphospholipids. J. biol. Chem. 150, 47 (1943).

[734] FLEISCHMANN, W., H. B. SHUMAKER and L. WILKINS: The effect of thyreoidectomy on serum cholesterol and basal metabolic rate in rabbit. J. Physiol. (Lond.) 131, 317 (1940).

[735] —, and C. WILKINS: Sterol balance in hypothyroidism. J. clin. Endocr. 1, 799 (1949).

[736] FLOREY, H. W.: Capillary permeability. Proc. roy. Soc. J. Physiol. 61, 1 (1926).

[737] FLORSHEIM, W. H., and M. E. MORTON: The stability of human serum lipoproteins as measured with radiophosphorus. Abstr. Intern. Conf. on Peaceful Uses of Atomic. Energy 10, 496 (1955) — Geneva.

[738] —, B. DIMICK and M. E. MORTON: The influence of albumin on the electrophoretic mobility of serum lipids. Experientia (Basel) 12, 343 (1956).

[739] —, M. E. MORTON and J. R. GOODMAN: The effect of thyroid ablation upon serum cholesterol and beta lipoprotein spectrum. Amer. J. med. Sci. 233, 16 (1957).

[740] — — Stability of phospholipid binding in human serum lipoproteins. J. appl. Physiol. 10, 301 (1957).

[741] FOLCH, H., and H. A. SCHNEIDER: An amino acid constituent of ox brain cephalin. J. biol. Chem. 137, 51 (1941).

[742] —, J.: The isolation of phosphatidyl serine from brain cephalin and identification of the serine component. J. biol. Chem. 139, 973 (1941).

[743] — Brain cephalin a mixture of phosphatides. Separation from it of phosphatidyl serine, phosphatidyl ethanolamine and a fraction containing an inositol phosphatide. J. biol. Chem. 146, 35 (1942).

[744] — The chemical structure of phosphatidyl serine. J. biol. Chem. 174, 439 (1948).

[745] — Complete fractionation of brain cephalin: Isolation from it of phosphatidyl serine, phosphatidyl ethanolamine and diphosphoinositide. J. biol. Chem. 177, 497 (1949).

[746] — Brain diphosphoinisitide a new phosphatide having inositol metadiphosphate as a constituent. J. biol. Chem. 177, 505 (1949).

[747] —, and M. LEES: Brain proteolipids, a new group of proteinlipide substance soluble in organic solvents and insoluble in water. Fed. Proc. 9, 171 (1950).

[748] — — Proteolipides a new type of tissue lipoproteins. Their isolation from brain. J. biol. Chem. 191, 807 (1951).

[749] —, S. ARSOVE and J. A. MEATH: Isolation of brain strandin, a new type of large molecule tissue component. J. biol. Chem. 191, 819 (1951).

[750] —, and F. N. LEBARON: The chemistry of the phosphoinositides. Canad. J. Biochem. 34, 305 (1956).

[751] — — Biochemistry of inositol lipides of the central nervous system. IV. Internat. Kongr. Biochem., Symp. III Vordruck 10. Wien - London: Pergamon Press 1958.

[752] FOLCH-PI, J.: Linkages between proteins and lipids. In: TULLIS, J. L.: Blood cells and plasma proteins. Their state in nature, p. 378—381. New York: Academic Press Inc. 1953.

[753] FOLDES, F. F., and A. J. MURPHY: Distribution of cholesterol, cholesterol esters and phospholipid phosphorus (a) in normal blood; (b) in blood in thyroid disease. Proc. Soc. exp. Biol. (N.Y.) 62, 215, 218 (1946).

[754] FOLLEY, S. J., and M. L. McNAUGHT: Hormonal effects in vitro on lipogenesis in mammary tissue. Brit. med. Bull. 14, 207 (1958).

[755] FRÄNKEL, E., u. F. BIELSCHOWSKY: Untersuchungen über die Lipoide der Säugetierleber. Über das Vorkommen des Lignoceryl-sphingosins in der Schweineleber. Hoppe Seylers Z. physiol. Chem. 213, 58 (1932).

[756] — — und S. J. THANNHAUSER: Untersuchungen über die Lipoide der Säugetierleber. III. Hoppe Seylers Z. physiol. Chem. 218, 1 (1933).

[757] FRANKEN, F. H.: Vergleichende eiweiß- und lipoidelektrophoretische Untersuchungen des Serums bei akuter Hepatitis. Z. klin. Med. 153, 542 (1956).

[758] —, u. E. KLEIN: Die Bedeutung des papierelektrophoretischen Lipidogrammes für die Beurteilung von Leberkrankheiten. Dtsch. med. Wschr. 1955, 1074.

[759] FRANKLIN, M., H. POPPER, F. STEINMANN and D. D. KOZOLL: Relation between structural and functional alterations of the liver. J. Lab. clin. Med. 33, 4 (1948).

[760] —, S. M.: Splenomegaly with lipemia. Proc. roy. Soc. Med. 30, 711 (1936—1937).

[761] FRAWLEY, T. F., J. C. McCLINTOCK, R. T. BEEBE and G. L. MARTHY: Metabolic and therapeutic effects of triiodothyronine. J. Amer. med. Ass. 160, 646 (1956).

[762] FRAZER, A. C.: Blood plasma lipoproteins with special reference to fat transport and metabolism. Discuss. Faraday Soc. 6, 81 (1949).

[763] — Le système d'absorption des graisses. Bull. Soc. Chim. biol. (Paris) 33, 961 (1951).

[764] — Fat metabolism. Lect. Sci. Basis of Med. 4, 311 (1954—55).

[765] — Further studies on the fat absorption mechanism. IV. Internat. Kongr. Biochem., Wien. London: Pergamon Press 1958.

[766] — Fat absorption and its disorders. Brit. med. Bull. 14, 212 (1958).

[767] FRAZER, A. C., and H. C. STEWART: Ultramicroscopic particles in normal serum. J. Physiol. (Lond.) 87, 53 (1936).

[768] — — Relation of intestinal absorption to serum particle counts. J. Physiol. (Lond.) 87, 72 (1936).

[769] — — Chylomicrograph technique. J. Physiol. (Lond.) 95, 21 (1939).

[770] — — The interpretation of the normal chylomicrograph. J. Physiol. (Lond.) 95, 23 (1939).

[771] —, J. H. SCHULMAN and H. C. STEWART: Emulsification of fat in the intestine of the rat and its relationship to absorption. J. Physiol. (Lond.) 103, 306 (1944).

[772] —, and H. G. SAMMONS: The formation of mono- and diglycerides during the hydrolysis of triglyceride by pancreatic lipase. Biochem. J. 39, 122 (1945).

[773] —, W. F. R. POVER, H. G. SAMMONS and R. SCHNEIDER: Further observations on the absorption of fat. In: POPJÁK, G., and E. LE BRETON: Biochemical problems of lipids, p. 331. London: Butterworth Scientific Publ. 1956.

[774] FREDRICKSON, D. S., A. V. LOUD, B. T. HINKELMAN, H. S. SCHNEIDER and J. D. FRANTZ: The effect of ligation of the common bile duct on cholesterol synthesis in the rats. J. exp. Med. 99, 43 (1954).

[775] —, and R. S. GORDON JR.: Metabolism of albumin-bound labeled fatty acids in man. J. clin. Invest. 36, 890 (1957).

[776] — — Metabolism of albumin-bound labelled fatty acids in man. In: SINCLAIR, H. M.: Essential fatty acids, p. 195. London: Butterworth Scientific Publ. 1958.

[777] —, D. L. McCOLLESTER, R. J. HAVEL and K. ONO: The early steps in transport and metabolism of endogenous triglyceride and cholesterol. In: PAGE, I. H.: Chemistry of lipides as related to atherosclerosis, p. 205. Springfield/Ill.: Thomas 1958.

[778] —, and R. S. GORDON JR.: Transport of fatty acids. Physiol. Rev. 38, 585 (1958).

[779] —, D. L. McCOLLESTER and K. ONO: The role of unesterified fatty acid transport in chylomicron metabolism. J. clin. Invest. 37, 1333 (1958).

[780] —, and R. S. GORDON JR.: The metabolism of albumin-bound C^{14}-labeled unesterified fatty acids in normal human subjects. J. clin. Invest. 37, 1504 (1958).

[781] FREEMAN, N. K.: Infrared spectroscopy of serum lipides. Ann. N.Y. Acad. Sci. 69 (Art. 1), 131 (1957).

[782] —, F. LINDGREN, Y. NG and A. NICHOLS: Serum lipide analysis by chromatography and infrared spectrophotometry. J. biol. Chem. 227, 1, 449 (1957).

[783] FREISLEDERER, W., u. K. KOPETZ: Über die Lipoidproteidverteilung im Serum gesunder und kranker Säuglinge. Klin. Wschr. 1956, 1198.

[784] —, u. E. KASTNER: Lipoproteidelektrophorese als Erweiterung der Lipoidelektrophorese. Klin. Wschr. 1958, 177.

[785] FRENCH, J. E., D. S. ROBINSON and H. W. FLOREY: The effect of the intravenous injection of heparin on the interaction of chyle and plasma in the rat. Quart. J. exp. Physiol. 38, 101 (1953).

[786] —, B. MORRIS and D. S. ROBINSON: Observations in removal of chylomicra from the blood. III. Internat. Conf. on Biochemical Problems of Lipids, 26. — 28. 7. 1956, p. 323. Brüssel: Koninkl. Vlaam. Acad. Wetenschappen 1956.

[787] — — The removal of ^{14}C-labelled chylomicron fat from the circulation in rats. J. Physiol. (Lond.) 138, 326 (1957).

[788] — — and D. S. ROBINSON: Removal of lipids from the blood stream. Brit. med. Bull. 14, 234 (1958).

[789] FREUND, E.: Zur Kenntnis des Fibrinfermentes. 8. Internat. Physiologenkongreß, Wien 27. bis 30. September 1910. Zbl. Physiol. 24, 819 (1910).

[790] FREY, W.: Nephritis, Nephrose. Verh. dtsch. Ges. inn. Med. 58, 125 (1952).

[791] FRIEB, J., u. J. HRUBÝ: Über den Blutcholesterinspiegel des alternden Menschen. Zschr. Alternsforsch. 7, 309 1953).

[792] FRIEDLANDER, H. D., I. L. CHAIKOFF and C. ENTENMAN: The effect of ingested choline on the turnover of plasma phospholipids. J. biol. Chem. 158, 231 (1945).

[793] FRIEDMAN, M., S. O. BYERS and F. MICHAELIS: Observations concerning the production and excretion of cholesterol in mammals. II. The excretion of bile in the rat. Amer. J. Physiol. 162, 575 (1950).

[794] — — Cholic acid: an adequate stimulus for hypercholesteremia in normal fasting rat. Proc. Soc. exp. Biol. (N.Y.) 78, 528 (1951).

[795] — — and F. MICHAELIS: Production and excretion of cholesterol in mammals. IV. Role of liver in restoration of plasma cholesterol after experimentally induced hypocholesteremia. Amer. J. Physiol. 164, 789 (1951).

[796] — — Production and excretion of cholesterol in mammals. IV. Bile acid accumulation in production of hypercholesteremia occuring after biliary obstruction. Amer. J. Physiol. 168, 292, 297 (1952).

[797] FRIEDMAN, M., S. O. BYERS and R. H. ROSENMAN: The accumulation of serum cholate and its relationship to hypercholesteremia. Science **115**, 313 (1952).

[798] — — — Changes in excretion of intestinal cholesterol and sterol digitonides in hyper- and hypothyroidism. Circulation **5**, 657 (1952).

[799] — — and B. GUNNING: Observations concerning production and excretion of cholesterol in mammals. VIII: Fate of injected cholesterol in the animal body. Amer. J. Physiol. **172**, 309 (1953).

[800] — — Observations concerning the production and excretion of cholesterol in mammals. XIV: The relationship of the hepatic reticuloendothelial cell (Kupffer cell) to endogenously produced cholesterol. Circulation **10**, 491 (1954).

[801] —, R. H. ROSENMAN and S. O. BYERS: Deranged cholesterol metabolism and its possible relationship to human atherosclerosis. J. Geront. **10**, 60 (1955).

[802] —, and S. O. BYERS: Role of hyperlipemia in the genesis of hypercholesteremia. Proc. Soc. exp. Biol. (N.Y.) **90**, 496 (1955).

[803] — — Observations concerning the production and excretion of cholesterol in mammals. XVI: The relationship of the liver to the content and control of plasma cholesterol ester. J. clin. Invest. **34**, 1369 (1955).

[804] — — Role of hyperphospholipidemia and neutral fat increase in plasma in the pathogenesis of hypercholesteremia. Amer. J. Physiol. **186**. 13 (1956).

[805] —, and R. H. ROSENMAN: Comparison of fat intake of American men and women. — Possible relationship to incidence of clinical coronary artery disease. Circulation **16**, 339 (1957).

[806] —, and S. O. BYERS: Production of hypercholesteremia in the rabbit by infusion of phosphatide or neutral fat. Proc. Soc. exp. Biol. (N.Y.) **94**, 452 (1957).

[807] —, R. H. ROSENMAN and V. CARROLL: Changes in the serum cholesterol and blood clotting time in men subjected to cyclic variation of occupational stress. Circulation **17**, 852 (1958).

[808] —, and S. O. BYERS: Evaluation of nicotinic acid as an hypocholesteremic and antiatherogenic substance. J. clin. Invest. **38**, 1328 (1959).

[809] FRISKEY, R. W., G. D. MICHAELS and L. W. KINSELL: Observation regarding the effects of unsaturated fats. Circulation **12**, 492 (1955).

[810] FRÖHLICH, A.: Les modifications de la lipémie en pathologie. Rev. belge Path. **20**, 73 (1950).

[811] FROEHLICH, A. L.: L'hyperlipémie de l'intoxication alcoolique aigue. Acta gastro-ent. belg. **21**, 33 (1958).

[812] —, et L. v. KOEKHOVEN: Essai de traitement de l'hyperlipémie essentielle à la cortisone: Acta gastro-ent. belg. **7**, 619 (1957).

[813] FRY, E. G.: The effect of adrenalectomy and thyreoidectomy on ketonuria in the liver fat content of the albinorat following injection of anterior pituitary extract. Endocrinology **21**, 283 (1937).

[814] FÜHR, J., and R. MEINECKE: Die klinische Bedeutung von Serum-Eiweißuntersuchungen bei Diabetikern. Medizinische **1953**, 1677.

[815] FUJINO, Y.: Studies on the conjugated lipids. III. On the configuration of sphingomyelin. J. Biochem. (Tokyo) **39**, 45 (1952).

[816] FULLER, H. L.: Sublingual heparin in hyperlipemia. Angiology **9**, 311 (1958).

[817] FULLERTON, H. W.: The relationship of lipaemia to thrombosis and atheroma. Proc. Nutr. Soc. **15**, 66 (1956).

[818] —, W. J. A. DAVIE and G. ANASTASOPULOS: Relationship of alimentary lipaemia to bloodcoagulability. Brit. med. J. **1953** II, 250.

[819] FULTON, J. K.: Essential lipemia, acute gout, peripheral neuritis and myocardial disease in a Negro man; response to corticotropin. Arch. intern. Med. **89**, 303 (1952).

[820] FURMAN, R. H.: Correlations between high density -$S_{1.21}$ 0—20 (alpha) serum lipoprotein level, serum lipid phosphorus concentration and the degree of esterification of serum cholesterol. Circulation **16**, 507 (1957).

[821] —, and R. P. HOWARD: The effects of cortisone administration on serum lipids and lipoproteins in adrenal hyperplasia. J. Lab. clin. Med. **46**, 818 (1955).

[822] — — and R. IMAGAWA: Serum lipid and lipoprotein concentrations in castrate and noncastrate institutionalized male subjects. Circulation **14**, 490 (1956).

[823] —, L. N. NORCIA, A. W. FRYER and B. S. WAMACK: Lipoprotein recovery following ultracentrifugal fractionation at solvent density 1.21 as determined by cholesterol and lipid phosphorus analyses of supernatant and bottom fractions. J. Lab. clin. Med. **47**, 730 (1956).

[824] —; R. P. HOWARD and L. N. NORCIA: Serum lipid and lipoprotein response to therapy of abnormal thyroid function and to triiodothyroacetic acid (Triac) administration in euthyroid subjects. Circulation **16**, 489 (1957).

[825] FURMAN, R. H., and R. P. HOWARD: The influence of gonodal hormones on serum lipids and lipoproteins: Studies in normal and hypogonadal subjects. Ann. intern. Med. 47, 969 (1957).
[826] — —, L. N. NORCIA and E. C. KEATY: The influence of androgens, estrogens and related steroids on serum lipids and lipoproteins. Amer. J. Med. 24, 80 (1958).

[827] GAGE, S. H., and P. A. FISH: Fat digestion, absorption and assimilation in man and animals as determined by the darkfield microscope, and a fat-soluble dye. Amer. J. Anat. 34, 1 (1924).
[828] GAINSBOROUGH, H.: Study of so-called lipoid nephrosis. Quart. J. Med. 23, 101 (1929).
[829] GARATTINI, S., C. MORPURGO and N. PASSERINI: Diphenylethylacetic acid inhibits hypercholesteremia induced by triton. Experientia (Basel) 12, 347 (1956).
[830] GARDNER, C. E. JR., and B. FAWCETT: Acute pancreatitis and hyperlipemia. Surgery 27, 512 (1950).
[831] —, J. A., and H. GAINSBOROUGH: Blood cholesterol. Studies in biliary and hepatic disease. Quart. J. Med. 23, 465 (1930).
[832] GARN, S. M., M. M. GERTLER, S. A. LEVINE and P. D. WHITE: Body weight versus weight standards in coronary artery disease and a healthy group. Ann. intern. Med. 34, 1416 (1951).
[833] GARUNAS, A.: Abdominal pain in essential hyperlipemia. J. Amer. med. Ass. 163, 1135 (1957).
[834] GASTON, B. H.: Use of intravenous fat in burned patients. Metabolism 6, Nr. 6 Part. II (1957).
[835] GATES, J. M., A. U. BARNES, G. C. HENEGAR and F. W. PRESTON: The effect of an intravenous fat emulsion on liver function. A.M.A. Arch. Sur. 77, 336 (1958).
[836] GEELMUYDEN, H. C.: Die Hyperlipämie beim Diabetes mellitus des Menschen. Ergebn. Physiol. 26, 1 (1928).
[837] GEINITZ, W., u. W. SCHILD: Untersuchungen der Lipoproteide des Blutserums während der Schwangerschaft mittels der Papierelektrophorese. Ärztl. Forsch. 9, I/470 (1955).
[838] — — Fortschritte in der Charakterisierung der Serumlipoide durch die Elektrophorese. Ärztl. Forsch. 10, 167 (1956).
[839] GERÖ, S., M. BAUMAN, M. JAKAB, S. ROHNY und J. GÁCS: Beiträge zur antilipämischen Wirkung des Heparins. I. Mitt.: Untersuchungen mittels Elektrophorese. Das Problem der Präalbuminfraktion. Z. ges. exp. Med. 129, 335 (1957).
[840] —, S. ROHNY und J. GÁCS: Beiträge zur antilipämischen Wirkung des Heparins. II. Mitt. Veränderungen der Lipoidkonzentration und der Lipaseaktivität. Die Umkehr der Heparinwirkung. Z. ges. exp. Med. 129, 350 (1957).
[841] —, L. PERÉNYI, M. JAKAB und J. GÁCS: Über den Mechanismus der Protaminreversibilität des Clearingeffektes des Heparins. Klin. Wschr. 1957, 939.
[842] GERTLER, M. M., and S. M. GARN: Lipid interrelationships in health and coronary artery disease. Science 112, 14 (1950).
[843] — — and J. LERMAN: The interrelationships of serum cholesterol, cholesterol esters and phospholipids in health and in coronary artery disease. Circulation 2, 205 (1950).
[844] — — and H. B. SPRAYNE: Cholesterol, cholesterol esters and phospholipids in health and in coronary artery disease. II. Morphology and serum lipids in man. Circulation 2. 380 (1950).
[845] — — and E. F. BLAND: Age, serum cholesterol and coronary artery disease. Circulation 2, 517 (1950).
[846] — —, H. B. SPRAYNE and P. D. WHITE: Diet, serum cholesterol and coronary artery disease. Circulation 2, 696 (1950).
[847] —, P. B. HUDSON and H. JOST: Effects of castration and diethylstilbestrol on the serum lipid pattern in men. Geriatrics 8, 500 (1953).
[848] —, and P. D. WHITE: Coronary heart disease in young adults. Cambridge/Mass.: The Commonwealth Found., Harvard Univ. Press 1954.
[849] GEYER, R. P., G. V. MANN and F. J. STARE: Parenteral nutrition. IV. Improved techniques for the preparation of fat emulsions for intravenous nutrition. J. Lab. clin. Med. 33, 153 (1948).
[850] — —, J. YOUNG, T. D. KINNEY and F. J. STARE: Parenteral nutrition. V. Studies on soybean phosphatides as emulsifiers for intravenous fat emulsions. J. Lab. clin. Med. 33, 163 (1948).
[851] —, L. W. MATTHEWS and F. J. STARE: Metabolism of emulsified trilaurin (-$C^{14}OO$-) and octanoic acid ($C^{14}OO$-) by rat tissue slices. J. biol. Chem. 180, 1037 (1949).
[852] GIAMPALMO, A.: Über die Pathologie der Lipoidosen. Medizinische 1953, 492.
[853] GIBBS, G. E., and I. L. CHAIKOFF: Lipid metabolism in experimental pancreatic diabetes: blood and liver lipids of dogs fed during total insulin deprivation. Endocrinology 29, 885 (1941).

[854] GIBERT-QUERALTÒ, J., J. BALAGUER-VINTRÒ e L. GRAU-CODINA: El lipograma de la aterosclerosis y sus variaciones por la heparina. Med. esp. 31, 58 (1954).

[855] GIDEZ, L. I., and H. A. EDER: The incorporation of glycerol-1, 3-C^{14} into triglyceride and phosphatides of human serum and serum lipoproteins. Fed. Proc. 16, 186 (1957).

[856] GILBERT, A., et J. JOMIER: La cellule étoilée du foie. Arch. Méd. exp. 20, 145 (1908).

[857] GILDEA, E. F., E. KAHN and E. B. MAN: The relationship between body build and serum lipoids and a discussion of these qualities as pyknophilic and leptophilic factors in the structure of the personality Amer. J. Psychiat. 92, 1247 (1935—1936).

[858] —, E. B. MAN and J. P. PETERS: Serum lipids and proteins in hypothyroidism. J. clin. Invest. 18, 737 (1939).

[859] GILLMAN, J., and CH. GILBERT: Fatty liver of endocrine origin. Brit. med. J. 1958, 57.

[860] —, TH., and S. S. NEIDOO: In vitro effects of heparin and calcium ions on lipaemic serum. Nature (Lond.) 179, 904 (1957).

[861] GITLIN, D.: Immunochemical heterogeneity of human plasma beta-lipoprotein. Science 117, 591 (1953).

[862] — Studies on metabolism of plasma proteins in nephrotic children. In: The nephrotic syndrome, Proc. VII. Ann. Conf., p. 94. New York: The National Nephrosis Foundation, Inc. 1956.

[863] — Some concepts of plasma protein metabolism. Pediatrics 19, 657 (1957).

[864] —, and D. CORNWELL: Plasma lipoprotein metabolism in normal individuals and in children with the nephrotic syndrome. J. clin. Invest. 35, 706 (1956).

[865] — —, D. NECKASARO, J. L. ONCLEY, W. L. HUGHES and CH. A. JANEWAY: Studies on the metabolism of plasma proteins in the nephrotic syndrome. II. The lipoproteins. J. clin. Invest. 37, 172 (1958).

[866] GJONE, E.: Isolation and quantitation of lysolecithin from lipid extracts of serum from normal humans and patients with pancreatic and hepatic diseases. J. clin. Invest. 38, 1006 (1959).

[867] GLASER, F.: Vegetatives Nervensystem, Hypercholesterinämie und Arteriosklerose in ihren Beziehungen zueinander. Klin. Wschr. 1927, 2377.

[868] GLASS, S. J., H. ENGELBERG, R. MARCUS, H. B. JONES and J. GOFMAN: Lack of effect of administered estrogen on the serum lipids and lipoproteins of male and female patients. Metabolism 2, 133 (1953).

[869] GLENDY, R. E., S. A. LEVINE and P. D. WHITE: Coronary disease in youth (Comparison of 100 patients under 40 with 300 persons past 80) J. Amer. med. Ass. 109, 1775 (1937).

[870] GLOOR, R., u. A. WERTHEMANN: Über Leberveränderungen bei kongenitaler cystischer Pankreasfibrose. Schweiz. med. Wschr. 1956, 26

[871] GLOVER, J., and C. GREEN: The distribution of cholesterol and 7-dehydrocholesterol in the intestinal mucosae of the Guinea pig. Biochem. J. 58, XVIII (1954).

[872] — — Biochemical problems of lipids (Proc. II. Internat. Conf. on the Biochemical Problems of Lipids, 27. — 30. 7. 1955, Gent), p. 359. London: Butterworth Scientific Publ. 1956.

[873] — — Sterol metabolism. 3. The distribution and transport of sterols across the intestinal mucosa in the Guinea pig. Biochem. J. 67, 308 (1957).

[874] —, and R. A. MORTON: The absorption and metabolism of sterols. Brit. med. Bull. 14, 226 (1958).

[875] —, M., J. GLOVER and R. A. MORTON: Provitamin D$_3$ in tissues and the conversion of cholesterol to 7-dehydrocholesterol in vivo. Biochem. J. 51. 1 (1952).

[876] GOEBEL, A., H. KUTZIM, W. MAURER und A. NIKLAS: Über die Phosphatidneubildung in Leber und Nieren von Ratten nach Nebennierenexstirpation, untersucht mit radioaktivem Phosphor (P^{32}). Z. ges. exp. Med. 119, 471 (1952).

[877] GOFMAN, J. W., F. T. LINDGREN and H. ELLIOT: Ultracentrifugal studies of lipoproteins of human serum. J. biol. Chem. 179, 973 (1949).

[878] —, H. B. JONES, F. T. LINDGREN, T. P. LYON, H. A. ELLIOT and B. STRISOWER: Blood lipids and human atherosclerosis. Circulation 2, 161 (1950).

[879] —, F. T. LINDGREN, H. ELLIOT, W. MANTZ, J. HEWITT, B. STRISOWER, V. HERRING and T. P. LYON: The role of lipids and lipoproteins in atherosclerosis. Science 111, 166 (1950).

[880] —, H. B. JONES, T. P. LYON, F. T. LINDGREN, B. STRISOWER, D. COLMAN and V. HERRING: Blood lipids and human atherosclerosis. Circulation 5, 119 (1952).

[881] — — Obesity, fat metabolism and cardiovascular disease. Circulation 5, 514 (1952).

[882] —, B. STRISOWER, O. DE LALLA, A. TAMPLIN, H. JONES and F. LINDGREN: Index of coronary artery of atherogenesis. Modern Med. (Minneap.) 11, 119 (1953).

[883] —, A. TAMPLIN and B. STRISOWER: Relation of fat and caloric intake to atherosclerosis. J. Amer. diet. Ass. 30, 317 (1954).

[884] GOFMAN, J. W., O. F. DE LALLA, F. GLAZIER, N. K. FREEMAN, F. T. LINDGREN, A.V. NICHOLS, B. STRISOWER and A. R. TAMPLIN: The serum lipoprotein transport system in healht, metabolic disorders, atherosclerosis and coronary heart disease. Plasma (Milano) 2, 413 (1954).

[885] —, L. RUBIN, J. P. McGINLEY and H. B. JONES: Hyperlipoproteinemia. Amer. J. Med. 17, 514 (1954).

[886] —, F. GLAZIER, A. TAMPLIN, B. STRISOWER and O. DE LALLA: Lipoproteins, coronary heart disease, and atherosclerosis. Physiol. Rev. 34, 589 (1954).

[887] —, M. HANIG, H. B. JONES, M. A. LAUFFER, E. Y. LAWRY, L. A. LEWIS, G. V. MANN, F. E. MOORE, F. OLMSTEDT and F. FRANKLIN: Evaluation of serum lipoprotein and cholesterol measurements as predictors of clinical complications of atherosclerosis. Report of a cooperative study of lipoproteins and atherosclerosis. Circulation 14, 691 (1956).

[888] GOLDBERG, L., and D. J. MORANTZ: An in-vitro study of lipid infiltration of the chick aorta. J. Path. Bact. 74, 1 (1957).

[889] GOLDBLOOM, A. A.: Clinical studies in blood lipid metabolism. VI. Serial serum lipid partitions in patients with chronic coronary artery disease. Amer. Practit. 3, 799 (1952).

[890] —, H. EIBER and L. BOYD: Clinical studies of blood lipid metabolism. Serum lipid partitions in metabolic diseases. Amer. J. Gastroent. 22, 27 (1954).

[891] —, and F. STEIGMAN: Xanthomatous biliary cirrhosis eight-year observation with autopsy findings. Gastroenterology 30, 91 (1956).

[892] GOLDENBERG, M.: Adrenal medullary function. Amer. J. Med. 11, 627 (1951).

[893] GOLDMAN, D. S., I. L. CHAIKOFF, W. O. REINHARDT, C. ENTENMAN and W. G. DAUBEN: The oxidation of palmitic acid-1-carbon^{14} by extrahepatic tissues of the dog. J. biol. Chem. 184, 719 (1950).

[894] — —, W. REINHARDT, C. ENTENMAN and W. G. DAUBEN: Site of formation of plasma phospholipides studied with C^{14}-labelled palmitic acid. J. biol. Chem. 184, 727 (1950).

[895] GOLDNER, M. G., and L. E. VALLAN: Marked and sustained blood cholesterol lowering effect by medication with niacin and pyridoxine. Amer. J. med. Sci. 236, 341 (1958).

[896] GOLDSTEIN, E., and J. HARRIS: Xanthoma diabeticum; unusual process of involution. Amer. J. med. Sci. 173, 195 (1927).

[897] GOLDWATER, W. H., M. L. RANDOLPH, J. R. SNAVELY and R. H. TURNER: Chemical and isotopic tracer studies of human serum lipoproteins with the aid of the quantity ultracentrifuge. Fed. Proc. 10, 190 (1951).

[898] —, J. R. SNAVELY, M. L. RANDOLPH and R. H. TURNER: Human serum lipoprotein functions in starvation lipemia. Fed. Proc. 11, 220 (1952).

[899] GONZALES, I. E., L. L. CONRAD, L. N. NORCIA and R. H. FURMAN: Correlative histochemical-serum lipid studies of experimental atherogenesis in I^{131}-treated, cholesterol-fed dogs. Circulation 14, 491 (1956).

[900] GOODMAN, M., H. SHUMAN and S. GOODMAN: Idiopathic lipemia with secondary xanthomatosis, hepatosplenomegaly and lipemia retinalis. J. Pediat. 16, 596 (1940).

[901] GOODMAN DE WITT, S.: Preparation of human serum albumin free of long-chain fatty acids. Science 125, 1296 (1957).

[902] GOOLDEN, A. W. G.: The physiological activity of tetraiodothyroacetic acid. Lancet 1956, 890.

[903] GORDON, H., B. LEWIS, L. EALES and J. F. BROCK: Further studies on dietary fat and the serum cholesterol. S. Afr. med. J. 31, 594 (1957).

[904] — — — — Dietary fat and cholesterol metabolism. Faecal elimination of bile acids and other lipids. Lancet 1957 II, 1299.

[905] —, and J. F. BROCK: Studies on the regulation of the serum-cholesterol level in man. S. Afr. med. J. 32, 397 (1958).

[906] — — A practical dietary regime for decreasing the serum-cholesterol level. S. Afr. med. J. 32, 907 (1958).

[907] —, I.: A study of the endemiology of coronary disease, based on certificates of death. Med. Offr. 94, 256 (1955).

[908] —, R. S.: Interaction between oleate and the lipoproteins of human serum. J. clin. Invest. 34, 477 (1955).

[909] —, R. S. JR., E. BOYLE, R. K. BROWN, A. CHERKES and CH. B. ANFINSEN: Role of serum albumin in lipemia clearing reaction. Proc. Soc. exp. Biol. (N.Y.) 84, 168 (1953).

[910] —, R. S., and A. CHERKES: Unesterified fatty acid in human blood plasma. J. clin. Invest. 35, 206 (1956).

[911] — —, and H. GATES: Unesterified fatty acid in human blood plasma. II. The transport function of unesterified fatty acid. J. clin. Invest. 36, 810 (1957).

[912] —, R. S. JR., and A. CHERKES: Production of unesterified fatty acids from isolated rat adipose tissue incubated in vitro. Proc. Soc. exp. Biol. (N.Y.) 97, 150 (1958).

[913] GORE, I., A. E. HIRST JR. and Y. KOSEKI: Comparison of aortic atherosclerosis in the United States, Japan, and Guatemala. Amer. J. clin. Nutr. 7, 50 (1959).

[914] GORENS, S. W., R. P. GEYER, LE ROY W. MATTHEWS and F. J. STARE: Parenteral nutrition. X. Observations on the use of a fatemulsion for intravenous nutrition in man. J. Lab. clin. Med. 34, 1627 (1949).

[915] GOTTFRIED, S. P., R. H. POPE, N. H. FRIEDMAN and S. DI MAURO: A simple method for the quantitative determination of alpha and beta lipoproteins in serum by paper electrophoresis. J. Lab. clin. Med. 44, 651 (1954).

[916] — — —, J. B. AKERSON and S. DI MAURO: Lipoprotein studies in atherosclerotic and lipemic individuals by means of paper electrophoresis. Amer. J. med. Sci. 229, 34 (1955).

[917] — — — — — Serum-beta-lipoproteins of normal atherosclerotic and lipemic individuals. Changes in concentration stability and mobility upon incubation at 6,5° and 37,5 as determined by paper electrophoresis. Clin. Chem. 1, 253 (1955).

[918] GOTTSCHALK, A.: Virusenzyme and virus templates. Physiol. Rev. 37, 66 (1957).

[919] GOULD, R. G.: Lipid metabolism and atherosclerosis. Amer. J. Med. 11, 209 (1951).

[920] — Absorbability of dihydrocholesterol and sitosterol. Circulation 10, 589 (1954).

[921] — Sterol metabolism and its control. In: „Symposium on atherosclerosis", National Academy of Sciences, National Research Council, Washington, Publ. Nr. 338, 153 (1955).

[922] —, D. J. CAMPBELL, C. B. TAYLOR, F. B. KELLY JR., I. WARREN and C. B. DAVIS: Origin of plasma cholesterol using carbon 14. Fed. Proc. 10, 191 (1951).

[923] —, G. V. LE ROY, G. T. OKITA, J. J. KABARA, P. KEEGAN and D. B. BERGENSTAL: The use of C14 labeled acetate to study cholesterol metabolism in man. J. Lab. clin. Med. 46, 372 (1955).

[924] GRAB, W.: Pharmakologie der Schilddrüsentätigkeit. Arch. exp. Path. Pharmak. 216, 16 (1956).

[925] GRAFE, E., u. J. KÜHNAU: Krankheiten des Kohlenhydratstoffwechsels. In: Hdb. inn. Med. VII/2, 57: Beziehungen zwischen Kohlenhydrat- und Fettstoffwechsel. Berlin-Göttingen-Heidelberg: Springer 1955.

[926] GRAHAM, D. M., T. P. LYON, J. W. GOFMAN, H. B. JONES, A. JANKLEY, J. SIMONTON and S. WHITE: Blood lipids and human arteriosclerosis. II. The influence of heparin upon lipoprotein metabolism. Circulation 4, 666 (1951).

[927] —, R. L.: Sudden death in young adults in association with fatty liver. Bull. Johns Hopk. Hosp. 74, 16 (1944).

[928] GRANDE, F., T. J. ANDERSON and A. KEYS: Serum cholesterol in man and the unsaponisiable fraction of corn oil in the diet. Proc. Soc. exp. Biol. (N.Y.) 98, 436 (1958).

[929] GRANT, W. C., and H. BERGER: Production of antisera against plasma lipoprotein fraction. Proc. Soc. exp. Biol. (N.Y.) 86, 779 (1954).

[930] GRASSMANN, W.: Über ein Verfahren zur Stofftrennung durch Kataphorese (nach Versuchen mit K. HANNIG). Ber. ges. Physiol. 139, 220 (1950).

[931] —, u. K. HANNIG: Ein einfaches Verfahren zur Analyse der Serumproteine und anderer Proteingemische. Naturwissenschaften 37, 496 (1950).

[932] —, u. J. TRUPKE: Lipoproteide. In: FLASCHENTRÄGER, B., u. E. LEHNARTZ: Physiologische Chemie, Bd. I: Die Stoffe, S. 750. Berlin-Göttingen-Heidelberg: Springer 1951.

[933] —, K. HANNIG und M. KNEDEL: Über ein Verfahren zur elektrophoretischen Bestimmung der Serumproteine auf Filterpapier. Dtsch. med. Wschr. 1951, 333.

[934] GRAY, G. M.: The position of the aldehyd residue in natural plasmalogens. Biochem. J. 67, 26p (1957).

[935] — The structure of the plasmalogens of ox heart. Biochem. J. 70, 425 (1958).

[936] —, and M. G. MACFARLANE: Separation and composition of the phospholipids of ox heart. Biochem. J. 70, 409 (1958).

[937] —, J., and E. MUNSON: The rapidity of the adrenocorticotropic response of the pituitary to the intravenous administration of histamine. Endocrinology 48, 476 (1951).

[938] GREEN, A. A., L. A. LEWIS and J. H. PAGE: A method for the ultracentrifugal analysis of alpha- and beta-serum lipoproteins. Fed. Proc. 10, 191 (1951).

[939] —, D. E.: Fatty acid oxydation in soluble systems of animal tissues. Biol. Rev. 29, 330 (1954).

[940] GREENBAUM, A. L.: Changes in body composition and respiratory quotient of adult female rats treated with purified growth hormone. Biochem. J. 54, 400 (1953).

[941] —, and P. MCLEAN: The mobilisation of lipid by anterior pituitary growth hormone. Biochem. J. 54, 407 (1953).

[942] — — The influence of pituitary growth hormone on the catabolism of fat. Biochem. J. 54, 413 (1953).

[943] GREER, M. A.: The effect on endogenous thyroid activity of feeding desiccated thyroid to normal human subjects. New Engl. J. Med. 244, 385 (1951).

[944] GREER, M. A.: The role of hypothalamus in the control of thyroid function. J. clin. Endocr. 12, 1259 (1952).
[945] GREIG, H. B. W.: Inhibition of fibrinolysis by alimentary lipaemia. Lancet 1956 II, 16.
[946] — Etiology of atherosclerosis. Nature 178, 422 (1956).
[947] —, and I. A. RUNDE: Studies on the inhibition of fibrinolysis by lipids. Lancet 1957 II, 461.
[948] GRIESHABER, H.: Über Beziehungen des Blutcholesterins zum Kohlenhydratstoffwechsel mit besonderer Berücksichtigung des Diabetes mellitus. Z. klin. Med. 126, 405 (1934).
[949] GRIMBERT, L., et O. BAILLY: Sur un procédé de diagnose des monoéthers glycérophosphate de sodium crystallisé. C. R. Acad. Sci. (Paris) 160, 207 (1915).
[950] GROEN, J., B. K. TJIONG, C. E. KAMMINGA and A. F. WILLEBRANDS: The influence of nutrition, individuality and some other factors including various forms of stress on the serum cholesterol. An experiment of nine months duration in sixty normal human volunteers. Voeding 13, 556 (1952).
[951] — The effect of diet on the serum lipids of trappist and benedictine monks, p. 147. In: SINCLAIR, H. M.: Essential fatty acids. IV. Internat. Conf. on Biochemical problems of Lipids. London: Butterworth Sci. Publ. 1958.
[952] GRONOW, R. TH.: Methodik und Bewertung der Lipoproteidelektrophorese. Ärztl. Lab. 1956, 23.
[953] GROOM, D., E. E. McKEE, V. PEAN, CH. WEBB and F. W. GRANT: Coronary disease in the negroes of Haiti and the United States. Circulation 18, 729 (1958).
[954] DE GROOT, C. A., and S. E. DE JONGH: The influence of growth hormone on the blood sugar level of adrenal demedullated and adrenalectomized rats. Acta endocr. (Kbh.) 29, 451 (1958).
[955] GROS, H.: Zur Frage der cholostatischen Form der Hepatitis. Acta hepat. (Hamburg) 3, I/173 (1955).
[956] GROSS, J., and M. B. COMFORT: Chronic pancreatitis. Amer. J. Med. 21, 596 (1956).
[957] —, PH., u. H. WEICKER: Die Bedeutung des Lipoidelektrophoresediagrammes. Klin. Wschr. 1954, 509.
[958] GROSSMAN, M. I., I. STRAUB and W. DECREASE: Clearing by heparin of plasma made lipemic with synthetic fat emulsions. Amer. J. Physiol. 171, 730 (1952).
[959] —, L. PALM, G. H. BECKER and H. C. MOELLER: Effect of lipemia and heparin on free fatty acid content of rat plasma. Proc. exp. Biol. (N.Y.) 87, 312 (1954).
[960] —, H. C. MOELLER and L. PALM: Effect of lipemia and heparin on free fatty acid concentration of serum in humans. Proc. Soc. exp. Biol. (N.Y.) 90, 106 (1955).
[961] GROSSMANN, E. E.: Lipemia retinalis associated with essential hyperlipemia. Arch. Ophthal. (Chicago) 40, 570 (1948).
[962] GRÜNER, A., and T. HILDEN: The occurrence of chylomicrons in the blood in young and old individuals. Scand. J. clin. Lab. Invest. 5, 236 (1953).
[963] GRUNDY, S. M., and A. C. GRIFFIN: Effects of periodic mental stress on serum cholesterol levels. Circulation 19, 496 (1959).
[964] GRUNER, P., F. HENI und H. MAST: Wird die Nebenniere nur vom corticotropen Hormon gesteuert? Verh. dtsch. Ges. inn. Med. 58, 407 (1952).
[965] GSCHAEDLER, L., u. G. VIOLLIER: Die Zusammensetzung der Kot- und Körperfette von Ratten bei Verfütterung von Fetten mit verschiedenem Linolsäuregehalt. Helv. physiol. pharmacol. Acta 6, 267 (1948).
[966] GUBNER, R., and H. E. UNGERLEIDER: Arteriosclerosis; statement of problem. Amer. J. Med. 6, 60 (1949).
[967] GÜLZOW, M., u. H. PICKERT: Plasmaeiweißkörperregulation. VI. Regeneration des Plasmaeiweiß und Stoffwechseluntersuchungen nach Plasmaentzug (Plasmapheresen). Z. ges. exp. Med. 115, 40 (1949/50).
[968] GUGGENHEIM, K.: Über den Einfluß des Adrenalins auf den Cholesterin- und Cholesterinestergehalt des Blutes im Vergleich zum Blutdruck und Blutzuckerspiegel. Z. klin. Med. 116, 717 (1931).
[969] GURAVICH, J. L.: Familial hypercholesteremic xanthomatosis: A preliminary report. I. Clinical, electrocardiographic and laboratory considerations. Amer. J. Med. 26, 8 (1959).
[970] GURD, F. R. N., H. M. VARS and I. S. RAVDIN: Composition of the regenerating liver after partial hepatectomy in normal and proteindepleted rats. Amer. J. Physiol. 152, 11 (1948).
[971] —, I. L. ONCLEY, I. T. EDSALL and E. I. COHN: The lipoproteins of human plasma. Discuss. Faraday Soc. 6, 70 (1949).
[972] GURIN, S., and D. I. CRANDALL: Lipid metabolism. Ann. Rev. Biochem. 20, 179 (1951).

[*973*] Gutmann-Auersperg, N., D. Hospes and P. Constantinides: Effects of stilbesterol, methyl linoleate, vanadium sulfate and chronic starvation on preestabilished cholesterol atherosclerosis in the rabbit. Circulation 18, 502 (1958).
[*974*] György, P.: Über den Lipoidgehalt des Nabelschnurblutserums und des mütterlichen Blutserums. Klin. Wschr. 1924, 483.

[*975*] Haensch, R.: Heparintherapie und Klinik der idiopathischen hyperlipidämischen Xanthomatose. Arch. klin. exp. Derm. 205, 512 (1958).
[*976*] Hagerman, J. A. S., and R. G. Gould: The in vitro interchange of cholesterol between plasma and red cells. Proc. Soc. exp. Biol. (N.Y.) 78, 329 (1951).
[*977*] Hahn, P. F.: Abolishment of alimentary lipaemia following injection of heparin. Science 98, 19 (1943).
[*978*] Haist, R. E.: Effect of purified growth hormone on growth of islets of Langerhans in hypophysectomized, intact and glucoseinjected rats. Fed. Proc. 10, 58 (1951).
[*979*] Halasz, W. A., and W. A. Krehl: An application of the paper electrophoresis technique to serum changes in arteriosclerosis. J. biol. Med. 27, 119 (1954).
[*980*] Hall, C. E.: Visualization of individual macromolecules with the electron microscope. Proc. nat. Acad. Sci. (Wash.) 42, 80 (1956).
[*981*] —, G. H.: Reassessment of effect of fatty meals on blood coagulability. Brit. med. J. 4986, 207—209 (1956).
[*982*] Halliday, N., H. J. Deuel jr., L. J. Tragerman and W. E. Ward: On the isolation of a glucose-containing cerebroside from spleen in a case of Gaucher's disease. J. biol. Chem. 132, 171 (1940).
[*983*] Halse, Th.: Zur vegetativen Regulation der Serumphosphatide beim Menschen. Klin. Wschr. 1947, 220.
[*984*] Hames, C. G.: Serum cholesterol and beta-lipoprotein levels in matched white, nonwhite, maternal and prepubertal school children. Circulation 18, 502 (1958).
[*985*] Hammarsten, J. F., C. W. Cathey and S. Wolf: Serum cholesterol, diet, and stress in patients with coronary artery disease. J. clin. Invest. 36, 897 (1957).
[*986*] Hammond, E. C.: The association between smoking habits and death rates. Amer. J. publ. Hlth 48, 1460 (1958).
[*987*] —, and D. Horn: The relationship between human smoking habits and death rates. J. Amer. med. Ass. 155, 1316 (1954).
[*988*] — — Smoking and death rates. J. Amer. med. Ass. 166, 1294 (1958).
[*989*] Hanahan, D. J.: The site of action of lecithinase A on lecithin. J. biol. Chem. 207, 879 (1954).
[*990*] —, and I. L. Chaikoff: The phosphorus-containing lipides of the carrot. J. biol. Chem. 168, 233 (1947).
[*991*] — — A new phospholipide-splitting enzyme specific for the ester linkage between the nitrogenous base and the phosphoric acid grouping. J. biol. Chem. 169, 699 (1947).
[*992*] — — On the nature of the phosphorus containing lipides of cabbage leaves and their relation to a phospholipide-splitting enzyme contained in these leaves. J. biol. Chem. 172, 191 (1948).
[*993*] —, and M. E. Jayko: The isolation of dipalmitoleyl-L-alpha-glyceryl-phosphoryl-choline from yeast. A new route to (dipalmitoyl)-L-alpha-lecithin. J. Amer. chem. Soc. 74, 5070 (1952).
[*994*] —, and S. J. Wakil: Studies on absorption and metabolism of ergosterol-C^{14}. Arch. Biochem. 44, 150 (1953).
[*995*] —, M. Rodbell and L. D. Turner: Enzymatic formation of monopalmitoleyl- and monopalmitoyllecithin (Lysolecithin). J. biol. Chem. 206, 431 (1954).
[*996*] —, and J. Olley: Chemical nature of monophosphoinositides. J. biol. Chem. 231, 813 (1958).
[*997*] Hanig, M., and M. A. Lauter: Ultracentrifugal studies of lipoproteins in diabetic sera. Diabetes 1, 447 (1952).
[*998*] —, J. R. Shainoff and A. D. Lowy jr.: Flotational lipoproteins extracted from human atherosclerotic aortas. Science 124, 176 (1956).
[*999*] Harders, H.: Neue Beobachtungen zum Diätfehler. Verh. dtsch. Ges. inn. Med. 62, 499 (1956).
[*1000*] Hardinge, M. G., and F. J. Stare: Nutritional studies of vegetarians. 2. Dietary and serum levels of cholesterol. Amer. J. clin. Nutr. 2, 83 (1954).
[*1001*] Hardy, W. B.: Colloidal solution. The globulins. J. Physiol. (Lond.) 33, 251 (1905).
[*1002*] Harel, L., et E. le Breton: Mode d'action de l'adrenaline sur l'oxydation des acides gras. IV. Internat. Kongr. Biochem., Wien 1958.
[*1003*] Harel-Ceddaha, L.: Action de l'adrénaline sur l'oxydation des acides gras „in vitro" par le foie. C. R. Acad. Sci. (Paris) 236, 2114 (1953).

[1004] HARPER, P. V. JR., W. B. NEAL JR. and G. R. HLAVACEK: Lipid synthesis and transport in the dog. Metabolism **2**, 69 (1953).
[1005] HARRIS, G. W.: Neuroendocrine control of TSH. regulation. In: GORBMAN, A.: Comparative Endocrinology. New York: Wiley and Sons, Inc., Publ. 1958.
[1006] —, L., M. ALBRINK, W. F. VAN ECK, E. B. MAN, G. P. PETERS: Serum lipids in diabetic acidosis. Metabolism **2**, 120 (1953).
[1007] HARRIS-JONES, J. N., E. G. JONES and P. G. WELLS: Familial xanthomatosis. Proc. roy. Soc. Med. **49**, 1072 (1956).
[1008] — — — Xanthomatosis and essential hypercholesterolaemia. Lancet **272**, 855 (1957).
[1009] HARSLÖF, E.: Idiopathic familial hyperlipemia attended with hepatosplenomegaly. Acta med. scand. **130**, 140 (1948).
[1010] HARTLEY, P.: On the nature of the fat contained in the liver, kidney and heart. Part. II. J. Physiol. (Lond.) **38**, 353 (1909).
[1011] HARTMANN, F.: Beitrag zur Kenntnis des Verhaltens von Serum- und Urineiweiß beim Plasmocytom. Dtsch. Arch. klin. Med. **196**, 161 (1949).
[1012] — Untersuchungen über die Beurteilung der Funktionen der Leber auf Grund von Störungen ihrer Stoffwechselleistungen. II. Mitt.: Leberfunktionsstörungen im Lipoidstoffwechsel und Kohlenhydratstoffwechsel. Z. klin. Med. **147**, 443 (1951).
[1013] — Versuche zur Leberverfettung. 15. Verh. dtsch. Ges. Verdau.- u. Stoffwechselkr. 1950, Z. Verdau.- u. Stoffwechselkr., Sonderband **1952**, 134.
[1014] — Die Biochemie der Fettleber. Acta hepat. (Hamburg) **1**, 21 (1953).
[1015] — Beziehungen zwischen Pankreas und Fettstoffwechsel der Leber. Materia Medica Nordmark **28**, 7 (1958).
[1016] — Beziehungen zwischen Pankreas und Fettstoffwechsel der Leber. Acta Hepato-Splenologica **6**, 193 (1959).
[1017] —, u. F. LEUSCHNER: Die Wirkung lipotroper Substanzen auf Blut- und Leberlipoide bei experimenteller Fettlebercirrhose des Menschen. Klin. Wschr. **1950**, 514.
[1018] — — Versuche über die Wirkung lipotroper Substanzen bei der durch Tetrachlorkohlenstoffvergiftung erzeugten Fettleber des Hundes. Arch. exp. Path. Pharmak. **212**, 167 (1951).
[1019] —, u. G. SCHULZE: Eiweiß- und Lipoidveränderungen im Serum bei Nierenerkrankungen. Verh. dtsch. Ges. inn. Med. **58**, 300 (1952).
[1020] —, H. U.: Über das Verhalten der Blutlipoide unmittelbar nach Fettzufuhr bei normalen und zuckerkranken Menschen, mit und ohne Anwendung von Insulin. Biochem. Z. **146**, 307 (1924).
[1021] —, L., F. B. SHORLAND and I. R. C. MACDONALD: The trans-unsaturated acid contents of fats of ruminants and non-ruminants. Biochem. J. **61**, 603 (1955).
[1022] HARTROFT, W. ST.: Fat emboli in glomerular capillaries of cholinedeficient rats and of patients with diabetic glomerulosclerosis. Amer. J. Path. **31**, 381 (1955).
[1023] — Effects of various types of lipids in experimental hypolipotropic diets. Fed. Proc. **14**, 655 (1955).
[1024] — Abnormal fat transport. Diabetes **7**, 221 (1958).
[1025] HASHIM, S. A., R. E. CLANCY, D. M. HEGSTED and F. J. STARE: Effect of mixed fat formula feeding on serum cholesterol levels in man. Amer. J. clin. Nutr. **7**, 30 (1959).
[1026] HATCH, F. T., L. L. ABELL and F. E. KENDALL: Effects of restriction of dietary fat and cholesterol upon serum lipids and lipoproteins in patients with hypertension. Amer. J. Med. **19**, 48 (1955).
[1027] HAUCK, L.: I. Xanthoma diabeticum, II. Erythematodes auf Roentgenoderm. Hautarzt **1952**, 332.
[1028] HAUGE, J. G., and R. NICOLAYSEN: The serum cholesterol depressive effect of linoleic, linolenic acids and of cod liver oil in experimental hypercholesterolaemic rats. Acta physiol. scand. **45**, 26 (1959).
[1029] HAUSBERGER, F. X.: Die Pathophysiologie des Diabetes mellitus. Ergeb. inn. Med. Kinderheilk., N. F. **3**, 220 (1952).
[1030] — Action of insulin and cortisone on adipose tissue. J. Amer. diabet. Ass. **7**, 211 (1958).
[1031] HAUSS, W. H.: Die Behandlung der Coronarsklerose und ihrer Folgezustände. Dtsch. med. Wschr. **1957**, 2093.
[1032] —, u. E. BÖHLE: Über die Fettfraktionen im Blut bei Kreislaufkranken, insbesondere bei Herzinfarktpatienten. Dtsch. Arch. klin. Med. **202**, 579 (1955).
[1033] HAVEL, R. J.: Evidence for the participation of lipoprotein lipase in the transport of chylomicrons. (III. Internat. Conf. on Biochemical Problems of Lipids, July 1956 Brüssel), p. 265. Brüssel: Koninkl. Vlaam. Acad. Wetenschappen 1956.
[1034] — Early effects of fat ingestion on lipids and lipoproteins of serum in man. J. clin. Invest. **36**, 848 (1957).

[*1035*] HAVEL, R. J.: Early effects of fasting and of carbohydrate ingestion on lipids and lipoproteins of serum in man. J. clin. Invest. **36**, 855 (1957).

[*1036*] —, H. A. EDER and J. H. BRAGDON: The distribution and chemical composition of ultracentrifugally separated lipoproteins in human serum. J. clin. Invest. **34**, 1345 (1955).

[*1037*] —, and D. S. FREDRICKSON: The metabolism of chylomicra. I. The removal of palmitic acid-1-C-14 labeled chylomicra from dog plasma. J. clin. Invest. **35**, 1025 (1956).

[*1038*] —, and M. PETERSON: Lipoprotein lipase in blood plasma of men with coronary heart disease. Circulation **18**, 496 (1958).

[*1039*] HAWKE, C. C.: Castration and sex crimes. J. Kans. med. Soc. **51**, 470 (1950).

[*1040*] HAWTHORNE, J. N.: The ethanol-insoluble phosphatides of mammalian liver. Biochem. J. **59**, II (1955).

[*1041*] — A further study of inositol-containing lipids. Biochem. biophys. Acta **18**, 389 (1955).

[*1042*] HAYES, TH. L., and J. E. HEWITT: Visualization of individual lipoprotein macromolecules in the electron microscope. J. appl. Physiol. **11**, 425 (1957).

[*1043*] —, J. C. MARCHIO, F. T. LINDGREN and A. V. NICHOLS: A determination of lipoprotein molecular weight using the electron microscope. University of California Radiation Laboratory Report UCRL **1959**, 8597.

[*1044*] HEFTMANN, E., E. WEISS, K. H. MILLER and E. MOSETTIG: Isolation of some bile acids and sterols from the feces of healthy men. Arch. Biochem. **84**, 324 (1959).

[*1045*] HEGGLIN, R., u. G. KEISER: Über Rauchen und Coronarerkrankungen. Schweiz. med. Wschr. **1955**, 53.

[*1046*] HELE, P.: Biosynthesis of fatty acids. Brit. med. Bull. **14**, 201 (1958).

[*1047*] HELLER, H.: The state and concentration of the neurohypophyseal hormones in the blood. Colloquia on Endocrinology, Ciba-Foundation. IV. Anterior Pituitary Secretion. London: Churchill Ltd. 1952.

[*1048*] HELLMAN, L., R. S. ROSENFELD, D. K. FUKUSHIMA, T. F. GALLAGHER and K. DOBRINER: Utilization of C^{14}-acetate for cholesterol and steroid hormone synthesis in the human. J. clin. Endocr. **12**, 934 (1952).

[*1049*] — — —, M. EIDINOFF and T. F. GALLAGHER: The major pathways of steroid metabolism in man. J. clin. Invest. **32**, 573 (1953).

[*1050*] — — and T. F. GALLAGHER: Cholesterol synthesis from C^{14}-acetate in man. J. clin. Invest. **33**, 142 (1954).

[*1051*] —, H. L. BRADLOW, E. L. FRAZELL and T. F. GALLAGHER: Tracer studies of the absorption and fate of steroid hormones in man. J. clin. Invest. **35**, 1033 (1956).

[*1052*] HELVE, O., and A. PERKARINEN: Continuous intravenous adrenalin and nor-adrenalin infusion. Ann. Med. exp. Fenn. **30**, 337 (1952).

[*1053*] HEMINGWAY, J. T., and D. B. CATER: Effects of pituitary hormones and cortisone upon liver regeneration in the hypophysectomized rat. Nature (Lond.) **181**, 1065 (1958).

[*1054*] HENDERSON, E., J. W. GRAY, M. WEINBERG, E. Z. MERRICK and H. SENECA: Cortisone plus insulin in the palliative treatment of rheumatoid arthritis: A preliminary study. J. clin. Endocr. **11**, 119 (1951).

[*1055*] HENI, F.: Problematik der Regulation des Hypophysen-Nebennierenrindensystems. Verh. dtsch. Ges. inn. Med. **61**, 454 (1955).

[*1056*] HENNING, U.: Die Biosynthese des Cholesterins. Dtsch. med. Wschr. **1959**, 760.

[*1057*] HENSCHEN, F.: Geographic and historical pathology of arteriosclerosis. J. Geront. **8**, 1 (1953).

[*1058*] Herausgebernotiz: Entdeckung des Wachstumshormons. Dtsch. med. Wschr. **1958**, 1303.

[*1059*] HERBERT, F. K.: Observations in the blood fats in diabetic lipaemia. Biochem. J. **29**, 1887 (1935).

[*1060*] HERBST, F. S., and N. A. HURLEY: Effects of heparin on alimentary hyperlipemia. An electrophoretic study. J. clin. Invest. **33**, 907 (1954).

[*1061*] —, W. F. LEVER and N. A. HURLEY: Idiopathic hyperlipemia and primary hypercholesteremic xanthomatosis. VI. Studies of the serum proteins and lipoproteins by moving boundary electrophoresis and paper electrophoresis before and after administration of heparin. J. invest. Derm. **24**, 507 (1955).

[*1062*] — —, M. E. LYONS and N. A. HURLEY: Effects of heparin on lipoproteins in hyperlipemia. Electrophoretic study of serum alpha- and beta-lipoproteins after their separation by fractionation of plasma proteins or ultracentrifugal flotation. J. clin. Invest. **34**, 581 (1955).

[*1063*] HERMANN, E., u. J. NEUMANN: Über den Lipoidgehalt des Blutes normaler und schwangerer Frauen sowie neugeborener Kinder. Biochem. Z. **43**, 47 (1912).

[*1064*] HERMSTEIN, A.: Über die Lipoide des Menstrualblutes. Arch. Gynäc. **130**, 80 (1927).

[1065] HERNANDEZ, H. H.. D. W. PETERSON, I. L. CHAIKOFF and W. G. DAUBEN: Absorption of cholesterol-4-C^{14} in rats fed mixed soybean sterols and beta sitosterol. Proc. Soc. exp. Biol. (N.Y.) 83, 498 (1953).

[1066] —, and I. L. CHAIKOFF: Purification and properties of pancreatic cholesterol esterase. J. biol. Chem. 228, 447 (1957).

[1067] HERZSTEIN, J., I. WANG and D. ADLERSBERG: Effect of heparin on plasma lipid partition in man: Studies in normal persons and in patients with coronary atherosclerosis, nephrosis and primary hyperlipemia. Ann. intern. Med. 40, 290 (1954).

[1068] HETZEL, P. S.: Idiopathic hyperlipaemia with a report of two cases occurring in one family and a review of the literature. Med. J. Aust. 2, 396 (1951).

[1069] HEVELKE, G.: Angiochemische Untersuchungen der Aorta zur Frage der Physiosklerose, Arteriosklerose und diabetischen Angiopathie. Dtsch. Arch. klin. Med. 203, 528 (1956).

[1070] HEWITT, J. E., T. L. HAYES, J. W. GOFMAN, H. B. JONES and F. T. PIERCE: Effects of total body irradiation upon lipoprotein metabolism. Cardiologia (Basel) 21, 353 (1952).

[1071] — — — — — Effects of total body irradiation upon lipoprotein metabolism. Amer. J. Physiol. 172, 579 (1953).

[1072] HEYMANN, W.: Pathogenesis of hyperlipemia in experimental nephrotic syndrome. In: The Nephrotic Syndrome, Proc. VIIth Ann. Conf., p. 63. New York: The National Nephrosis Foundation Inc. 1956.

[1073] — Nephrotic renal disease in dogs (S. 89—92). Pathogenesis of nephrotic hyperlipemia (S. 95—101). In: The Nephrotic Syndrome, Proc. VIIIth Ann. Conf., New York: The National Nephrosis Foundation Inc. 1957.

[1074] —, and V. STARTZMAN: Lipemic nephrosis. J. Pediat. 28, 117 (1946).

[1075] —, and D. B. HACKEL: The early development of anatomic and blood chemistry changes in the nephrotic syndrome in rats. J. Lab. clin. Med. 39, 429 (1952).

[1076] HIGANO, N., W. D. COHEN and R. W. ROBINSON: Effects of sex steroids on lipids. Ann. N. Y. Acad. Sci. 72, 970 (1959).

[1077] HIGGINBOTHAM, A. C., and A. V. WILLIAMS: Intravascular agglutination of the blood following fat ingestion. J. S. C. med. Ass. 13, 1 (1957).

[1078] HIGGINSON, J., and W. J. PEPLER: Fat intake, serum cholesterol concentration and atherosclerosis in the South African Bantu. II.: Atherosclerosis and coronary artery disease. J. clin. Invest. 33, 1366 (1954).

[1079] HILDITCH, T. P.: The chemical constitution of natural fats. (3rd Edition). London: Chapman and Hall 1956.

[1080] HILDRETH, E. A., S. M. MELLINKOFF. G. W. BLAIR and D. M. HILDRETH: The effect of vegetable fat ingestion on human serumcholesterol concentration. Circulation 3, 641 (1951).

[1081] HILL, R. M., R. M. MULLIGAN and S. G. DUNLOP: Plasma cell myeloma associated with high concentration of plasma lipoprotein. Amer. J. Path. 24, 688 (1948).

[1082] HILLER, E.: Die Glykogenverhältnisse der Leber im Spiel der Gegenregulation von Insulin und Adrenalin. Klin. Wschr. 1950, 120.

[1083] HILLYARD, L. A., C. ENTENMAN, H. FEINBERG and I. L. CHAIKOFF: Lipide and protein composition of four fractions accounting for total serum lipoproteins. J. biol. Chem. 214, 79 (1955).

[1084] HIMWICH, H. E., and M. A. SPIERS: The effect of adrenalin, ephedrine and insulin on blood fat. Amer. J. Physiol. 97, 648 (1931).

[1085] HINSBERG, K.: Blut. — S. 131/132. In: HOPPE-SEYLER-THIERFELDER: Hdb. d. Physiologischen und Pathologisch-chemischen Analyse. Bd. V. Berlin-Göttingen-Heidelberg: Springer 1953.

[1086] — Das Blut. — S. 254—415. In: FLASCHENTRÄGER, B., u. W. LEHNARTZ: Physiologische Chemie, II/1a. Berlin-Göttingen-Heidelberg: Springer 1954.

[1087] HIRSCH, A., u. C. CATTANEO: Beitrag zur Frage der Untersuchung der Lipoidfraktionen des Blutserums. Klin. Wschr. 1956, 581.

[1088] —, E. F.: Studies of the hyperlipemia in diabetes and other disorders. Ann. intern. Med. 41, 546 (1954).

[1089] —, and S. WEINHOUSE: Role of lipids in atherosclerosis. Physiol. Rev. 23, 185 (1943).

[1090] —, B. P. PHIBBS and L. CARBONARO: Parallel relation of hyperglycemia and hyperlipemia (esterified fatty acids) in diabetes. A. M. A. Arch. intern. Med. 91, 106 (1953).

[1091] —, and R. NAILOR: Atherosclerosis. IV. The relation of the composition of the blood lipids to atherosclerosis in experimental hyperlipemia. Arch. Path. 61, 469 (1956).

[1092] —, S.: Über den gegenwärtigen Stand der Frage der Arteriosklerose (Überblick über die Probleme, Theorien und Ergebnisse). Medizinische 1955, 1495.

[1093] HIRSCHHORN, K., J. F. HEFFERMAN JR., L. J. STUTMAN, R. C. BOZIAN and CH. F. WILKINSON JR.: Fat tolerance test in apparently healthy young adults. Circulation 16, 509 (1957).

[1094] —, and CH. F. WILKINSON JR.: The mode of inheritance in essential familial hypercholesterolemia. Amer. J. Med. 26, 60 (1959).

[1095] HLADOVEC, J., Z. ROUBAL and V. MANSFELD: Antilipemic activities of several new heparinoids. Experientia (Basel) 13, 190 (1957).

[1096] HODGES, R. G., W. M. SPERRY and D. H. ANDERSON: Serum cholesterol values for infants and children. Amer. J. Dis. Child. 65, 858 (1943).

[1097] HOFF, F.: Klinische Physiologie und Pathologie. 5. Aufl. Stuttgart: Georg Thieme 1957.

[1098] HOFFMAN, J., and J. R. LISA: Significance of clinical findings in cirrhosis of the liver. Amer. J. med. Sci. 214, 525 (1947).

[1099] HOFFMANN, F., u. K. J. ANSELMINO: Das Fettstoffwechselhormon des Hypophysenvorderlappens. II. Stoffwechselwirkungen und -regulationen des Hormons. Klin. Wschr. 1931, 2383.

[1100] HOFFMEYER, J.: Influence of adrenal cortex on cholesterol content in rabbit serum. Acta physiol. scand. 10, 31 (1945).

[1101] HOKIN, L. E., and M. R. HOKIN: The presence of phosphatidic acid in animal tissues. J. biol. Chem. 233, 800 (1958).

[1102] HOLLE, G.: Pathologische Anatomie der Beziehungen zwischen Leber und Pankreas. 3. Leberkolloquium, Bad Bertrich. Materia Medica Nordmark Nr. 28 (1958).

[1103] HOLLISTER, L. E., and S. L. KANTER: Essential hyperlipemia treated with heparin and with chlorpromazine. Gastroenterology 29, 1069 (1955).

[1104] HOLMAN, R. T.: Metabolism of isomers of linoleic and linolenic acids. Proc. Soc. exp. Biol. (N.Y.) 76, 100 (1951).

[1105] — Function and metabolism of essential fatty acids. In: POPJÁK, G., and E. LE BRETON: Biochemical problems of lipids (Proc. II. Internat. Conf. on Biochemical Problems), p. 463. London: Butterworths Scientific Publ. 1956.

[1106] —, W. O. LUNDBERG and T. MALKIN: Progress in the chemistry of fats and other lipids. New York: Academic Press Inc. Publ. 1952.

[1107] HOLMES, A. D., and H. J. DEUEL JR.: Digestibility of some hydrogenated oils. Amer. J. Physiol. 54, 479 (1921).

[1108] HOLMGREN, H., u. O. WILANDER: Beitrag zur Kenntnis der Chemie und Funktion der EHRLICHschen Mastzellen. Z. mikr. anat. Forsch. 42, 242 (1937).

[1109] HOLT, L. E., F. X. AYLWARD and H. G. TIMBRES: Idiopathic familial lipemia. Bull. Johns Hopk. Hosp. 64, 279 (1939).

[1110] HOLTDORFF, J., u. H. HALLER: Ein Beitrag zur Hyperlipidämie in der Schwangerschaft. Zbl. Gynäk. 77, 1685 (1955).

[1111] HOOD, B., and G. ANGERWALL: Studies in essential hypercholesterolemia and xanthomatosis. Relationships between age, sex, cholesterol concentrations in plasma fractions, and size of tendinous deposits. Amer. J. Med. 26, 30 (1959).

[1112] HOOFT, C., C. VANDENBERGHEN and M. VAN BELLE: Le lipidogramme de la néphrose lipoidique lors d'une infection rougeoleuse. Rev. belge Path. 25, 167 (1956).

[1113] HOPGOOD, W. C.: Idiopathic hyperlipemia. New Engl. J. Med. 238, 429 (1948).

[1114] HORIUCHI, Y.: Studies on blood fat. II. Lipemia in acute anemia. J. biol. Chem. 44, 363 (1920).

[1115] HORLICK, L.: Serum lipoprotein stability in atherosclerosis. Circulation 10, 30 (1954).

[1116] — Paper electrophoresis. A new clinical tool for the separation of serum proteins and lipoproteins. Canad. J. med. Technol. 17, 145 (1955).

[1117] —, and L. N. KATZ: Effects of diethylstilbestrol on blood lipids and development of atherosclerosis in chickens on normal and low fat diet. J. Lab. clin. Med. 33, 733 (1948).

[1118] —, and G. L. DUFF: Heparin in experimental cholesterol atherosclerosis in the rabbit. I. The effect of heparin on the serum lipids and development of atherosclerosis. A.M.A. Arch. Path. 57, 417 (1954).

[1119] — — Heparin in experimental cholesterol atherosclerosis in the rabbit. II. The effect of heparin on the regression of atherosclerosis. Arch. Path. 57, 495 (1954).

[1120] —, and B. M. CRAIG: Effect of long-chain polyunsaturated and saturated fatty acids on the serum lipids of man. Lancet 273, 566 (1957).

[1121] —, and J. B. O'NEIL: The modification of egg-yolk fats by sunflower-seed oil and the effect of such yolk fats on blood-cholesterol levels. Lancet 1958 II, 243.

[1122] HORNUNG, R.: Die osmotische Resistenz der Erythrocyten und der Lipoidgehalt des Blutserums bei Mutter und Kind. Dtsch. med. Wschr. 1926, 1849.

[1123] HOTTA, S., R. HILL and I. L. CHAIKOFF: Mechanism of increased hepatic cholesterogenesis in diabetes. Its relation to carbohydrate utilization. J. biol. Chem. 206, 835 (1954).

[*1124*] HOTTA, S., and I. L. CHAIKOFF: The role of the liver in the turnover of plasma cholesterol. Arch. Biochem. **56**, 28 (1955).

[*1125*] HOUSSAY, B. A.: Advancement of knowledge of the role of the hypophysis in carbohydrate metabolism during the last 25 years. Endocrinology **30**, 884 (1942).

[*1126*] — Hormonal control of fat metabolism. Internat. Physiol. Kongr. Kopenhagen **18**, 38 (1950).

[*1127*] — La régulation hormonale des fonctions de l'oviducte des crapauds. Schweiz. med. Wschr. **1952**, 997.

[*1128*] —, A. BIASOTTI et C. T. RIETTI: Action diabétogène de l'extrait hypophysaire. C. R. Soc. Biol. (Paris) **111**, 479 (1932).

[*1129*] —, and R. R. RODRIGUEZ: Diabetogenic action of different preparations of growth hormone. Endocrinology **53**, 114 (1953).

[*1130*] HOWE, P. E.: The dietaries of our military forces. In: Nutrition and food supply: The war and after. Ann. Amer. Acad. Polit. Soc. Sci. **225**, 72 (1943).

[*1131*] HOWELL, W. H.: The nature and action of the thromboplastic (zymoplastic) substance of the tissues. Amer. J. Physiol. **31**, 1 (1912).

[*1132*] HUBBARD, R. S., and F. R. WRIGHT: Blood acetone bodies after the injection of small amounts of adrenal in chloride. J. biol. Chem. **49**, 385 (1921).

[*1133*] HUEPER. W. C.: Polyvinyl alcohol atheromatosis in the arteries of dogs. A.M.A. Arch. Path. **31**, 11 (1941).

[*1134*] — Macromolecular substances as pathogenic agents. A.M.A. Arch. Path. **33**, 267 (1942).

[*1135*] — Arteriosclerosis. A general review. A.M.A. Arch. Path. **38**, 162, 245, 350 (1944).

[*1136*] — Reactions of the blood and organs of dogs after intravenous injections of solutions of methyl celluloses of graded molecular weights. Amer. J. Path. **20**, 737 (1944).

[*1137*] — Arteriosclerosis. A general review. A.M.A. Arch. Path. **39**, 51, 117, 187 (1945).

[*1138*] — Pathogenesis of atherosclerosis. Amer. J. clin. Path. **26**, 559 (1956).

[*1139*] HUME, E. M., L. C. A. NUNN, I. SMEDLEY-MACLEAN and H. H. SMITH: Studies of the essential unsaturated fatty acids in their relation to the fat-deficiency disease of rats. Biochem. J. **32**, 2162 (1938).

[*1140*] HUNTER, F. W.: Description of a B_1-lipoprotein found in chylomicron layer obtained by ultracentrifugation of serum. Proc. Soc. exp. Biol. (N.Y.) **88**, 538 (1955).

[*1141*] —, S. F.: Effect of ACTH-administration on certain enzyme systems in rat liver. Proc. Soc. exp. Biol. (N.Y.) **82**, 14 (1953).

[*1142*] HURXTHAL, L. M.: Blood cholesterol in thyroid disease. III.: Myxedema and hypercholesteremia. Arch. intern. Med. **53**, 762 (1934).

[*1143*] IGNATOWSKI, A.: Über die Wirkung des tierischen Eiweißes auf die Aorta und die parenchymatösen Organe der Kaninchen. Virchows Arch. path. Anat. **198**, 248 (1909).

[*1144*] INDERBITZIN, T.: Experimentelle Untersuchungen zur Frage der antilipämischen Wirkung von Heparin. Schweiz. med. Wschr. **1954**, 1150.

[*1145*] — Experimente zum Fettstoffwechsel (seine Beeinflußbarkeit durch Heparin und andere hochmolekulare Substanzen). Schweiz. med. Wschr. **1955**, 675.

[*1146*] ISELIN, B., u. W. SCHULER: Über die Einwirkung von Heparin auf Lipoprotein-Lipase aus Gewebe. Helv. physiol. pharmacol. Acta **15**, 14 (1957).

[*1147*] IVY, A. C., E. KARVINEN, T. M. LIU and E. K. IVY: Some parameters of sterol metabolism in man on a sterol- and fat free diet. J. appl. Physiol. **11**, 1 (1957).

[*1148*] IZAR, G.: Studien über Lipolyse. Biochem. Z. **40**, 390 (1913).

[*1149*] JACKSON, R. S., and CH. F. WILKINSON: The ratio between phospholipid and the cholesterols in plasma as an index of human atherosclerosis. Ann. intern. Med. **37**, 1162 (1952).

[*1150*] JACOBSEN, R. P., and G. PINCUS: The chemistry of adrenal steroids. Amer. J. Med. **10**, 531 (1951).

[*1151*] JAFFÉ, H., and S. L. BERMAN: The relations between Kupffer cells and liver cells. Functional studies. Arch. Path. **5**, 1020 (1928).

[*1152*] JAHNKE, K.: Klinische Ultrazentrifugen-Untersuchungen. III. Mitt.: Die Lipoproteide im Serum, ihre Differenzierung und klinische Bedeutung. Z. ges. exp. Med. **125**, 59 (1955).

[*1153*] JAMES, A. T., and V. R. WHEATLEY: Studies of sebum. The determination of the component fatty acids of human forearm sebum by gas-liquid chromatography. Biochem. J. **63**, 269 (1956).

[*1154*] —, T. N., H. W. POST and F. J. SMITH: Myocardial infarction in women. Ann. intern. Med. **43**, 153 (1955).

[*1155*] JANSEN, J.: Zur Diagnostik der Leberverfettung. Dtsch. med. Wschr. **1956**, 742.

[*1156*] JARISCH, A.: Über das Verhalten von Seifenlösungen bei verschiedener H-Ionenkonzentration. Biochem. Z. **134**, 163 (1923).

[*1157*] JASTROWITZ, H.: Pathochemie der Blutlipoide bei experimenteller Anämie. Z. ges. exp. Med. **27**, 276 (1922).

[*1158*] JEDEIKIN, L. A., and S. WEINHOUSE: Studies of the incorporation of palmitate-1-C^{14} into tissue lipides in vitro. Arch. Biochem. **50**, 134 (1954).

[*1159*] JEFFRIES, G. H.: Sites at which plasma clearing factor is produced and destroyed in the rat. Quart. J. exp. Physiol. **39**, 261 (1954).

[*1160*] JENCKS, W. P., E. L. DURRUM and M. R. JETTON: Paper electrophoresis as a quantitative method: The staining of serum lipoproteins. J. clin. Invest. **34**, 1437 (1955).

[*1161*] —, M. R. HYATT, M. R. JETTON, T. W. MATTINGLY and E. L. DURRUM: A study of serum lipoproteins in normal atherosclerotic patients by paper electrophoretic techniques. J. clin. Invest. **35**, 980 (1956).

[*1162*] JOBST, H.: Die Chylomikronen des Blutes (mit einem Beitrag zur Methode der Chylomikronenzählung im Serum). Klin. Wschr. **1955**, 746.

[*1163*] —, u. G. SCHETTLER: Über die chemische Zusammensetzung der Chylomikronen. IIIrd Internat. Conference on Biochemical Problems of Lipids, 26. bis 28. 7. 1956, p. 136. Brüssel: Koninkl. Vlaam. Acad. Wetenschappen 1956.

[*1164*] JOCHIMS, J.: Die alimentäre Chylomikronämie beim gesunden Säugling. Einwirkungen der Magenpassage. Arch. Kinderheilk. **153**, 19 (1956).

[*1165*] —, u. G. DOERKS: Zur Methodik der Chylomikrographie und zur Physiologie der Fettresorption beim Säugling. Z. Kinderheilk. **77**, 278 (1955).

[*1166*] JOEL, E.: Zur Klinik der Lipämie. Z. klin. Med. **100**, 46 (1924).

[*1167*] — Über spontane und experimentelle Lipämien. Klin. Wschr. **1924 II**, 1965.

[*1168*] JOHANSEN, A. H.: Lipemia in hemorrrhagic anemia in rabbits. J. biol. Chem. **88**, 669 (1930).

[*1169*] JOHNSON, R. M., and S. ALBERT: The uptake of radioactive phosphorus by rat liver following partial hepatectomy. Arch. Biochem. **35**, 340 (1952).

[*1170*] —, E. LEVIN and S. ALBERT: Lipid metabolism during cell division. Arch. Biochem. **51**, 170 (1954).

[*1171*] —, S. R., and A. SVANBORG: Investigations with regard to the pathogenesis of so-called fat embolism. Ann. Surg. **144**, 145 (1956).

[*1172*] —, W. A., S. FREEMAN and K. A. MEYER: The disappearance of intravenously injected emulsified fat from the circulation of patients and animals. J. Lab. clin. Med. **39**, 414 (1952).

[*1173*] JOLLIFFE, N.: Fats, cholesterol, and coronary heart disease. A review of recent progress. Circulation **20**, 109 (1959).

[*1174*] JONES, H. B., J. W. GOFMAN, F. T. LINDGREN, T. P. LYON, D. M. GRAHAM, B. STRISOWER and A. K. NICHOLS: Lipoproteins in atherosclerosis. Amer. J. Med. **11**, 358 (1951).

[*1175*] —, R. J., L. COHEN and H. CORBUS: The serum lipid pattern in hyperthyroidism, hypothyroidism and coronary atherosclerosis. Amer. J. Med. **19**, 71 (1955).

[*1176*] — — — The serum lipid pattern in hyperthyroidism, hypothyroidism and coronary atherosclerosis. Ann. N.Y. Acad. Sci. **72**, 980 (1959).

[*1177*] JORDAN, P. H.: Intravenous administration of an improved fat emulsion. Metabolism **6**, 656 (1957).

[*1178*] —, P. WILSON and J. STUART: Observations on patient tolerance with intravenous administration of fat emulsion. Surgery Forum **102**, 737 (1956).

[*1179*] JORES, A.: Die Beziehungen zwischen Hypophyse und Nebennieren, insbesondere in ihrer klinischen Bedeutung. Verh. dtsch. Ges. inn. Med. **57**, 8 (1951).

[*1180*] — Hypophyse und Schilddrüse. Verh. dtsch. Ges. Verdau.- u. Stoffwechselkr. **17**, 142 (1953).

[*1181*] — Innersekretorische Krankheiten. In: Hdb. inn. Med. VII/1. Berlin-Göttingen-Heidelberg: Springer 1955.

[*1182*] JORPES, J. E.: Heparin in the treatment of thrombosis. London: Oxford University Press 1946.

[*1183*] JOSKE, R. A.: Essential hyperlipaemia. Med. J. Aust. I/42, 826 (1955).

[*1184*] — Aetiological factors in the pancreatitis syndrome. Brit. med. J. **1955**, 1477.

[*1185*] JOSLIN, E. P., H. F. ROOT, P. WHITE and A. MARBLE: The treatment of diabetes mellitus. Philadelphia: Lea and Febiger 1952.

[*1186*] JOST, H.: Über die Umwandlung von Fett in Kohlenhydrat I. Über die Phosphatide als Vorstufen der Fettoxydation. Z. phys. Chem. **197**, 90 (1931).

[*1187*] JOYNER, C. R. JR.: Essential hyperlipemia. Ann. intern. Med. **38**, 759 (1953).

[*1188*] JUSATZ, H. J.: Untersuchungen über die Beeinflussung des Serumcholesterins durch Vitamin A. Klin. Wschr. **1934**, 95.

[1189] KALK, H.: Über die Differentialdiagnose des Ikterus. Med. Klin. 44, 490 (1949).
[1190] —, u. E. WILDHIRT: Die Krankheiten der Leber. Klinik d. Gegenwart 7, 377 (1958).
[1191] KALKOFF, K. W.: Xanthoma planum et tuberosum partim striatum bei biliärer xanthomatöser Cirrhose. Hautarzt 1951, 536.
[1192] KALLAI, L., u. S. CERLECK: Die Klinik der primären biliären Cirrhose. Acta hepat. (Hamburg) 4, I/97 (1956).
[1193] KALLNER, G.: Epidemiology of arteriosclerosis in Israel. Lancet 1958 I, 1155.
[1194] KARK, R.: Observations on various types of clinical nephrotic syndrome. In: The nephrotic syndrome, Proc. VII. Annual Conference, p. 141. New York: The National Nephrosis Foundation Inc. 1956.
[1195] —, R. M., R. C. MUEHRCKE, C. L. PIRANI and V. E. POLLAK: The clinical value of renal biopsy. Ann. intern. Med. 43, 807 (1955).
[1196] KARP, A., and D. W. STETTEN JR.: The effect of thyroid activity on certain anabolic processes studied with the aid of deuterium. J. biol. Chem. 179, 819 (1949).
[1197] KARRER, P., u. H. SALOMON: Über die Glycerinphosphorsäuren aus Lecithin. Helv. chim. Acta 9, 3 (1926).
[1198] KARTIN, B. L., E. B. MAN, A. W. WINKLER and J. P. PETERS: Blood ketones and serum lipids in starvation and water deprivation. J. clin. Invest. 23, 824 (1944).
[1199] KATSCH, G., u. H. G. KRAINICK: Zur Physiologie und Pathologie des intermediären Fettstoffwechsels. Klin. Wschr. 1939, 436.
[1200] KATZ, L. N.: Experimental atherosclerosis. Circulation 5, 101 (1952).
[1201] — The atherosclerosis problem. Minn. Med. 38, 755 (1955).
[1202] — The role of diet and hormones in the prevention of myocardial infarction. Ann. intern. Med. 43, 930 (1955).
[1203] —, and J. STAMLER: Experimental atherosclerosis. Springfield/USA: Ch. C. Thomas Publ. 1953.
[1204] — — and R. PICK: The role of the hormones in atherosclerosis. In: Symposium on atherosclerosis. National Academy of Sciences, National Research Council, Washington Publ. Nr. 338, 236 (1955).
[1205] — — — Nutrition and atherosclerosis. Fed. Proc. 15, 885 (1956).
[1206] —, S.: The reversible reaction of sodium tymonucleate and mercuric chloride. J. Amer. chem. Soc. 74, 2238 (1952).
[1207] KAUFMAN, R. J., M. BARCLAY, E. D. KIDDER, G. C. ESCHER and M. L. PETERMANN: Human plasma lipoproteins. II. The effect of osseous metastases in patients with advanced carcinoma of the breast. Cancer 8, 888 (1955).
[1208] KAWAGUCHI, S.: Über das Verhalten des Gesamtcholesterins im Blute. Biochem. Z. 221, 241 (1930).
[1209] KAYAHAN, S.: Cholesterol-binding capacity of normal and atherosclerotic intimas. Lancet 1959 I, 223.
[1210] KAYDEN, H. J., and J. M. STEELE: The phospholipid composition of human aortic intima. Circulation 14, 482 (1956).
[1211] —, B. C. SEEGAL and K. C. HSU: Biochemical and immunochemical studies on the low density lipoproteins of human serum and aortic wall. J. clin. Invest. 38, 1016 (1959).
[1212] KEESER, E.: Untersuchungen über den Cholesterinstoffwechsel (zur Wirkungsweise der Artischocke). Arch. exp. Path. Pharmak. 198, 683 (1941).
[1213] — Über die Ätiologie und Therapie der Arteriosklerose. Klin. Wschr. 1946 47, 165.
[1214] — Pharmakologie der Arteriosklerose. Med. Klin. 1952, 542.
[1215] KEIDING, D. N., G. V. MANN, H. F. ROOT, E. Y. LOWRY and A. MARBLE: Serum lipoproteins and cholesterol levels in normal subjects and in young patients with diabetes in relation to vascular complications. Diabetes 1, 434 (1952).
[1216] —, N. R.: Levels of serum protein fractions in diabetic patients with retinitis proliferans. Proc. Soc. exp. Biol. (N.Y.) 86, 390 (1954).
[1217] KEIL, P. G., and L. V. McVAY JR.: A comparative study of myocardial infarction in the white and negro races. Circulation 13, 712 (1956).
[1218] KELLER, H.: Blutcholesterin, Albuminurie und histologische Veränderungen bei einer chronischen Vergiftung mit Urannitrat am Kaninchen. Ein Beitrag zur Frage der experimentellen Nierenerkrankungen. Helv. med. Acta 20, 157 (1953).
[1219] KELLNER, A., J. W. CORRELL and A. T. LADD: Sustained elevation of blood cholesterol and phospholipid levels in rabbits given detergents intravenously. Fed. Proc. 8, 359 (1949).
[1220] — — — Sustained hyperlipemia induced in rabbits by means of intravenously injected surface-active agents. J. exp. Med. 93, 373 (1951).
[1221] — — The effect of total adrenalectomy on hypercholesterolemia and atherosclerosis in cholesterol-fed rabbits. Circulation 4, 462 (1951).

[*1222*] Kelsey, F. E., and H. E. Longenecker: Distribution and characterization of beef plasma fatty acids. J. biol. Chem. **139**, 727 (1941).

[*1223*] Kempner, W.: Treatment of heart and kidney disease and of hypertensive and arteriosclerotic vascular disease with rice diet. Ann. intern. Med. **31**, 821 (1949).

[*1224*] Kennedy, E. P.: Synthesis of phospholipids in isolated mitochondria. Fed. Proc. **11**, 239 (1952).

[*1225*] — The synthesis of lecithin in isolated mitochondria. J. Amer. chem. Soc. **75**, 249 (1953).

[*1226*] — Synthesis of phosphatides in isolated mitochondria. J. biol. Chem. **201**, 399 (1953).

[*1227*] — The synthesis of cytidine diphosphate choline, cytidine diphosphate ethanolamine, and related compounds. J. biol. Chem. **222**, 185 (1956).

[*1228*] —, and S. B. Weiss: Cytidine diphosphate choline: A new intermediate in lecithin biosynthesis. J. Amer. chem. Soc. **77**, 250 (1955).

[*1229*] — — The function of cytidine coenzymes in the biosynthesis of phospholipides. J. biol. Chem. **222**, 193 (1956).

[*1230*] — — Enzymic conversion of CDP-choline and CDP-ethanolamine to phospholipids. Fed. Proc. **15**, 381 (1956).

[*1231*] Kent, S. P.: Fat embolism in diabetic patients without physical trauma. Amer. J. Path. **31**, 399 (1955).

[*1232*] Ketterer, B., P. J. Randle and F. G. Young: The pituitary growth hormone and metabolic processes. Ergebn. Physiol. **49**, 127 (1957).

[*1233*] Keys, A.: The physiology of the individual as an approach to a more quantitative biology of man. Fed. Proc. **8**, 523 (1949).

[*1234*] — „Giant molecules" and cholesterol in relation to atherosclerosis. Bull. Johns Hopk. Hosp. **88**, 473 (1951).

[*1235*] — Human atherosclerosis and the diet. Circulation 5, 115 (1952).

[*1236*] — On overeating, overweight and obesity; Nutrition symposion. Series No. 6. National Vitamin Foundation R. S. Goodhart (New York) 1953.

[*1237*] — Mode of life and the prevalance of coronary heart disease. Minn. Med. **38**, 758 (1955).

[*1238*] — The diet and the development of coronary heart disease. J. chron. Dis. **4**, 364 (1956).

[*1239*] — Role of dietary fat in human nutrition. III. Diet and the epidemiology of coronary heart disease. Amer. J. publ. Hlth **47**, 1520 (1957).

[*1240*] — Calories and cholesterol. Geriatrics 12, 301 (1957).

[*1241*] —, O. Mickelsen, R. L. v. Miller and C. B. Chapman: The relation in man between cholesterol levels in the diet and in the blood. Science **112**, 79 (1950).

[*1242*] — —, E. V. O. Miller, E. R. Hayes and R. L. Todd: The concentration of cholesterol in the   blood serum of normal man and its relation to age. J. clin. Invest. **29**, 1347 (1950).

[*1243*] —, J. Brozek, A. Henschel, O. Mickelsen and H. L. Taylor: The biology of human starvation. p. 1385. Minneapolis/Minn.: University of Minnesota Press 1950.

[*1244*] —, F. Vivanco, J. L. R. Minon, M. H. Keys and H. C. Mendoza: Studies on the diet, body fatness and serum cholesterol in Madrid, Spain. Metabolism 3, 195 (1954).

[*1245*] —, B. B. Stewart, J. F. Broeck, A. Moodie, M. H. Keys and A. Antonis: Atherosclerosis, serum cholesterol and beta-lipoproteins and the diet in three populations in Cape Town. Circulation **12**, 492 (1955).

[*1246*] —, and R. Buzina: Blood coagulability: Effects of meals and differences between populations. Circulation 14, 479 (1956).

[*1247*] —, J. T. Anderson, M. Aresu, G. Biörck, J. F. Brock, B. Bronte-Stewart, F. Fidanza, M. H. Keys, H. Malmros, A. Poppi, T. Posteli, B. Swahn and A. Vecchio: Physical activity and the diet in populations differing in serum cholesterol. J. clin. Invest. **35**, 1173 (1956).

[*1248*] —, E. Buzina, F. Grande and J. T. Anderson: Effects of meals of different fats on blood coagulation. Circulation 15, 274 (1957).

[*1249*] —, N. Kimura, A. Kusukawa, B. Bronte-Stewart, N. Larsen and M. H. Keys: Lessons from serum cholesterol studies in Japan, Hawai and Los Angeles. Ann. intern. Med. **48**, 83 (1958).

[*1250*] —, M. J. Karvonen and F. Fidanza: Serum-cholesterol studies in Finland. Lancet **1958 II**, 175.

[*1251*] —, J. T. Anderson and F. Grande: Serum cholesterol in man; diet fat and intrinsic responsiveness. Circulation 19, 201 (1959).

[*1252*] Kim, K. S., and A. C. Ivy: Factors influencing cholesterol absorption. Amer. J. Physiol. **171**, 302 (1952).

[*1253*] Kingsbury, K. J., and D. M. Morgan: The effect of the lipids from human chylomicrons on the recalcification times of the plasma. Clin. Sci. **16**, 589 (1957).

[*1254*] Kinsell. L. W.: Fats and disease. Lancet **1956 I** 1017.

[1255] KINSELL, L. W., J. PATRIDGE, L. BOLING, S. MARGEN and G. MICHAELS: Dietary modification of serum cholesterol and phospholipid levels. J. clin. Endocr. 12, 909 (1952).
[1256] —, G. D. MICHAELS, J. W. PATRIDGE, L. A. BOLING, H. E. BALCH and G. C. COCHRANE: Effect upon serum cholesterol and phospholipids of diets containing large amounts of vegetable fat. J. clin. Nutr. 1, 224 (1953).
[1257] — —, G. C. COCHRANE, J. W. PATRIDGE, J. J. JAHN and H. E. BALCH: Effect of vegetable fat on hypercholesterolemia and hyperphospholipidemia; observations on diabetic and nondiabetic subjects given diets high in vegetable fat and protein. J. Amer. Diabet. Ass. 3, 113 (1954).
[1258] — — and N. FOREMAN: High vegetable fat diet in diabetics with extensive vascular disease. Geriatrics 10, 67 (1955).
[1259] —, R. W. FRISKEY, G. D. MICHAELS and F. R. BROWN JR.: Effect of synthetic triglyceride on lipid metabolism. Amer. J. clin. Nutr. 4, 285 (1956).
[1260] —, G. D. MICHAELS, R. W. FRISKEY, F. R. BROWN JR. and F. MARUYAMA: Essential fatty acids, lipid transport and degenerative vascular disease. Circulation 14, 484 (1956).
[1261] — —, G. WALKER, P. WHEELER and P. FLYNN: Plasma glyceride and cholesterol ester fatty acid composition in normal individuals, and in patients with atherosclerosis and lipoidoses. Circulation 18, 742 (1958).
[1262] KIRK, J. E.: Enzyme activities of human arterial tissue. Ann. N.Y. Acad. Sci. 72, 1106 (1959).
[1263] KISS, J., G. FODOR und D. BANFI: Zurückführung der Konfiguration des (natürlichen) Sphingosins auf die D-erythro-2-amino-3,4-dioxybuttersäure. Helv. chim. Acta 37, 1471 (1954).
[1264] KIYASU, J. Y., B. BLOOM and I. L. CHAIKOFF: The portal transport of absorbed fatty acids. J. biol. Chem. 199, 415 (1952).
[1265] KLATSKIN, G., and M. GORDON: Relationship between relapsing pancreatitis and essential hyperlipemia. Amer. J. Med. 12, 3 (1952).
[1266] KLEIN, E.: Die Elektrophorese der Serumlipoproteine. Dtsch. med. Wschr. 1956, 1808.
[1267] — Die Wirkungen des somatotropen Hormons. Dtsch. med. Wschr. 1957, 484.
[1268] —, u. F. H. FRANKEN: Das elektrophoretische Lipoproteinspektrum des Serums nach Heparineinwirkung und bei Leberkrankheiten. Dtsch. med. Wschr. 1955, 44.
[1269] —, u. H. HÜNER: Lipidogramm und Bilirubingehalt des Serums. Klin. Wschr. 1956, 450.
[1270] — — und F. H. FRANKEN: Das normale Elektrophoresediagramm der Lipoproteine des Blutes. Dtsch. med. Wschr. 1956, 1793.
[1271] —, and W. F. LEVER: Inhibition of lipemia clearing activity by serum of patients with hyperlipemia. Proc. Soc. exp. Biol. (N.Y.) 95, 565 (1957).
[1272] KLEMPERER, G., u. H. UMBER: Zur Kenntnis der diabetischen Lipämie. Z. klin. Med. 61, 145 (1907).
[1273] KLENK, E.: Über ein neues Cerebrosid des Gehirns. Hoppe Seylers Z. physiol. Chem. 145, 244 (1925).
[1274] — Über die Nervonsäure. Hoppe Seylers Z. physiol. Chem. 157, 283 (1926).
[1275] — Über eine Säure $C_{24}H_{46}O_3$ aus Cerebrosiden des Gehirns. Hoppe Seylers Z. physiol. Chem. 157, 291 (1926).
[1276] — Über die Nervonsäure. Hoppe Seylers Z. physiol. Chem. 166, 287 (1927).
[1277] — Über Sphingosin. Hoppe Seylers Z. physiol. Chem. 185, 169 (1929).
[1278] — Über die Sphingomyeline des Herzmuskels. Hoppe Seylers Z. physiol. Chem. 221, 67 (1933).
[1279] — Über die Natur der Phosphatide der Milz bei der NIEMANN-PICKschen Krankheit. Hoppe Seylers Z. physiol. Chem. 229, 151 (1934).
[1280] — Über die Natur der Phosphatide und anderer Lipoide des Gehirns und der Leber bei der NIEMANN-PICKschen Krankheit. Hoppe Seylers Z. physiol. Chem. 235, 24 (1934).
[1281] — Beiträge zur Chemie der Lipoidosen. NIEMANN-PICKsche Krankheit und amaurotische Idiotie. Hoppe Seylers Z. physiol. Chem. 262, 128 (1939/40).
[1282] — Beiträge zur Chemie der Lipoidosen. Hoppe Seylers Z. physiol. Chem. 267, 128 (1941).
[1283] — Neuraminsäure, das Spaltprodukt eines neuen Gehirnlipoids. Hoppe Seylers Z. physiol. Chem. 268, 50 (1941).
[1284] — Über die Ganglioside, eine neue Gruppe von zuckerhaltigen Gehirnlipoiden. Hoppe Seylers Z. physiol. Chem. 273, 76 (1942).
[1285] — Über die höheren Aldehyde der Acetalphosphatide des Gehirns. Hoppe Seylers Z. physiol. Chem. 282, 18 (1945).
[1286] — Zur Kenntnis der Ganglioside. Hoppe Seylers Z. physiol. Chem. 288, 216 (1951).

[1287] Klenk, E.: Über die Bildung der C_{20}-Polyenfettsäuren im Tierkörper. Naturwissenschaften **41**, 68 (1954).
[1288] — In: Hoppe-Seyler-Thierfelder: Handb. d. physiologisch- und pathologisch-chemischen Analyse. III, S. 413, 10. Aufl. Berlin-Göttingen-Heidelberg: Springer 1955.
[1289] — Chemie und Biochemie der Neuraminsäure. Angew. Chem. **68**, 349 (1956).
[1290] — Metabolism of the nervous system, p. 396. London: Pergamon Press 1957.
[1291] —, u. R. Härle: Über das Galaktosido-Sphingosin, das partielle Spaltprodukt der Cerebroside. Hoppe Seylers Z. physiol. Chem. **178**, 221 (1928).
[1292] —, u. W. Diebold: Über Sphingosin. Hoppe Seylers Z. physiol. Chem. **198**, 25 (1931).
[1293] —, u. E. Schumann: Über das Vorkommen einer n-Hexacosensäure unter den Fettsäuren der Gehirncerebroside. Hoppe Seylers Z. physiol. Chem. **272**, 177 (1942).
[1294] —, u. F. Rennkamp: Über die Ganglioside und Cerebroside der Rindermilz. Hoppe Seylers Z. physiol. Chem. **273**, 253 (1942).
[1295] —, u. F. Leupold: Über eine vereinfachte Methode zur Darstellung von phosphorfreien Cerebrosiden und über die als Spaltprodukte auftretenden Fettsäuren. Hoppe Seylers Z. physiol. Chem. **281**, 208 (1944).
[1296] —, u. H. Debuch: Zur Frage des Vorkommens der hochungesättigten Fettsäuren der C_{20} und C_{22} in Pflanzenphosphatiden. Hoppe Seylers Z. physiol. Chem. **286**, 33 (1950).
[1297] —, u. P. Böhm: Zur Kenntnis der Kephalinfraktion aus Gehirn. Hoppe Seylers Z. physiol. Chem. **288**, 98 (1951).
[1298] —, u. K. Lauenstein: Über die zuckerhaltigen Lipoide der Formbestandteile des menschlichen Blutes. Hoppe Seylers Z. physiol. Chem. **288**, 220 (1951).
[1299] —, u. W. Bongard: Eine Methode zur chromatographischen Trennung und quantitativen Bestimmung der beim oxydativen Ozonidabbau ungesättigter Fettsäuren gebildeten Spaltstücke. Hoppe Seylers Z. physiol. Chem. **290**, 181 (1952).
[1300] —, u. H. Dreike: Über die Polyenfettsäuren der Leberphosphatide. Hoppe Seylers Z. physiol. Chem. **291**, 104 (1952).
[1301] —, u. W. Bongard: Die Konstitution der ungesättigten C_{20} und C_{22}-Fettsäuren der Glycerinphosphatide des Gehirns. Hoppe Seylers Z. physiol. Chem. **291**, 104 (1952).
[1302] —, u. K. Lauenstein: Über die zuckerhaltigen Lipoide des Erythrocytenstromas von Mensch und Rind. Hoppe Seylers Z. physiol. Chem. **291**, 249 (1952).
[1303] —, u. H. Wolter: Über die zuckerhaltigen Lipoide des Erythrocytenstromas vom Pferd. Hoppe Seylers Z. physiol. Chem. **291**, 259 (1952).
[1304] —, u. G. Gehrmann: Über die Glycerinphosphatide des Rinderherzmuskels und das Vorkommen von cholinhaltigen Acetalphosphatiden. Hoppe Seylers Z. physiol. Chem. **292**, 110 (1953).
[1305] —, H. Debuch und H. Daun: Zur Kenntnis des Gehirnlecithins. Hoppe Seylers Z. physiol. Chem. **292**, 241 (1953).
[1306] —, u. K. Lauenstein: Über die Glykolipoide und Sphingomyeline des Stromas der Pferdeerythrocyten. Hoppe Seylers Z. physiol. Chem. **295**, 164 (1953).
[1307] —, u. H. Debuch: Zur Kenntnis der Acetalphosphatide. Hoppe Seylers Z. physiol. Chem. **296**, 179 (1954).
[1308] —, u. H. Faillard: Über Sphingosin. Hoppe Seylers Z. physiol. Chem. **299**, 48 (1955).
[1309] —, u. H. Debuch: Zur Kenntnis der cholinhaltigen Plasmalogene (Acetalphosphatide) des Rinderherzmuskels. Hoppe Seylers Z. physiol. Chem. **299**, 66 (1955).
[1310] —, u. F. Lindlar: Über die Docosapolyensäuren der Glycerinphosphatide des Gehirns. Hoppe Seylers Z. physiol. Chem. **299**, 74 (1955).
[1311] —, u. A. Dreike: Über die Polyenfettsäuren der Leberphosphatide. Hoppe Seylers Z. physiol. Chem. **300**, 113 (1955).
[1312] —, u. F. Lindlar: Über die Eikosapolyensäuren der Glycerinphosphatide des Gehirns. Hoppe Seylers Z. physiol. Chem. **301**, 156 (1955).
[1313] —, u. W. Montag: Über die Eikosapolyensäuren der Glycerinphosphatide aus Rinderleber. Justus Liebigs Ann. Chem. **604**, 4 (1957).
[1314] —, u. G. Uhlenbruck: Über die Abspaltung von N-Glykolylneuraminsäure (P-Sialinsäure) aus dem Schweine-Submaxillarismucin durch das „Receptor-Destroying Enzyme". Hoppe Seylers Z. physiol. Chem. **307**, 266 (1957).
[1315] —, u. G. Krickau: Über die Fettsäuren der cholinhaltigen Acetalphosphatide und des Lecithins vom Rinderherzmuskel. Hoppe Seylers Z. physiol. Chem. **308**, 98 (1957).
[1316] —, u. H. J. Tomuschat: Über die Dokosapolyensäuren der Glycerinphosphatide aus Rinderleber. Hoppe Seylers Z. physiol. Chem. **308**, 165 (1957).
[1317] —, u. W. Montag: Über das Vorkommen der $\triangle^{9, 12, 15, 18}$-n-tetrakosatetraensäure in den Glycerinphosphatiden des Gehirns und deren Isolierung. J. Neurochem. **2**, 226 (1958).
[1318] — — Über die C_{22}-Polyensäuren der Glycerinphosphatide des Gehirns. J. Neurochem. **2**, 233 (1958).

[*1319*] KLENK, E., u. G. UHLENBRUCK: Über ein neuraminsäurehaltiges Mucoproteid aus Rindererythrocytenstroma. Hoppe Seylers Z. physiol. Chem. **311**, 227 (1958).

[*1320*] —, and H. DEBUCH: The lipides. Ann. Rev. Biochem. **28**, 39 (1959).

[*1321*] KNICK, B.: Der therapeutische Insulinschock in der Inneren Medizin unter endokrinologischen und stoffwechselphysiologischen Aspekten. Verh. dtsch. Ges. inn. Med. **59**, 304 (1953).

[*1322*] —, G. SEVERIN und W. TILLING: Insulintherapie des allergischen Status asthmaticus. Ärztl. Forsch. **7**, 168 (1953/I).

[*1323*] KNISELY, M. H.: Annstated bibliography on sludged blood. Postgrad. med. J. **10**, 15 (1951).

[*1324*] KNOOP, F.: Der Abbau aromatischer Fettsäuren im Tierkörper. Beitr. chem. Physiol. Path. **6**, 150 (1904).

[*1325*] — Der Abbau aromatischer Fettsäuren im Tierkörper. Hofmeisters Beitr. **6**, 150 (1905).

[*1326*] KOBERNICK, S. D., and R. H. MORE: Diabetic state with lipemia and hydropic changes in the pancreas produced in rabbits by cortisone. Proc. Soc. exp. Biol. (N.Y.) **74**, 602 (1950).

[*1327*] KOCHAKIAN, C. D., and E. ROBERTSON: Adrenal steroids and body composition. J. biol. Chem. **190**, 495 (1951).

[*1328*] KOHN, H. I.: Changes in plasma of the rat during fasting and influence of genetic factors upon sugar and cholesterol levels. Amer. J. Physiol. **163**, 410 (1950).

[*1329*] KOLB, F. O., J. W. GOFMAN, O. DE LALLA and W. L. EPSTEIN: Serial lipoprotein studies in a patient with xanthomatosis secondary to acromegaly and uncontrolled diabetes (abstract). Amer. J. Med. **15**, 417 (1953).

[*1330*] —, O. DE LALLA and J. W. GOFMAN: The Hyperlipemias in disorders of carbohydrate metabolism: Serial lipoprotein studies in diabetic acidosis with xanthomatosis and in glycogen storage disease. Metabolism **4**, 310 (1955).

[*1331*] KOLDER, H.: Das Wachstumshormon. Wien. Z. inn. Med. **9**, 361 (1954).

[*1332*] KOLLER, F.: Arteriosklerose und Thrombogenese. „Symposium über Arteriosklerose". Bull. schweiz. Akad. med. Wiss. **13**, 81 (1957).

[*1333*] KORN, E. D.: Properties of clearing factor obtained from rat heart acetone powder. Science **120**, 399 (1954).

[*1334*] — Studies on clearing factor, a lipoprotein lipase. Circulation **10**, 591 (1954).

[*1335*] — Clearing factor, a heparin-activated lipoprotein lipase. I. Isolation and characterization of the enzyme from normal rat heart. J. biol. Chem. **215**, 1 (1955).

[*1336*] — Clearing factor, a heparin-activated lipoprotein lipase. II. Substrate specifity and activation of coconut oil. J. biol. Chem. **215**, 15 (1955).

[*1337*] —, and T. W. QUIGLEY: Studies on lipoprotein lipase of rat heart and adipose tissue. Biochem. biophys. Acta **18**, 143 (1955).

[*1338*] — — Lipoprotein lipase of chicken adipose tissue. J. biol. Chem. **226**, 833 (1957).

[*1339*] KORNBERG, A., and W. E. PRICER: Studies on the enzymatic synthesis of phospholipides. Fed. Proc. **11**, 242 (1952).

[*1340*] — — Enzymatic synthesis of phosphorus containing lipides. J. Amer. chem. Soc. **74**, 1617 (1952).

[*1341*] — — Enzymatic synthesis of the coenzyme A derivatives of long chain fatty acids. J. biol. Chem. **204**, 329 (1953).

[*1342*] — — Enzymatic esterification of alpha-glycero-phosphate by long chain fatty acids. J. biol. Chem. **204**, 345 (1953).

[*1343*] KORNERUP, V.: Concentrations of cholesterol, total fat and phospholipid in serum of normal man. Report of a study with special reference to sex age and constitutional type. Arch. intern. Med. **85**, 398 (1950).

[*1344*] KORNGOLD, L., and R. LIPARI: Immunochemical studies of human plasma beta lipoprotein. Science **121**, 170 (1955).

[*1345*] KOSZALKA, M. F., and J. J. LEVIN: Idiopathic hyperlipemia. Ann. intern. Med. **33**, 473 (1950).

[*1346*] KRACHT, J.: Glucagon und Inselapparat. Naturwissenschaften **41**, 336 (1954).

[*1347*] KRAMER, B., K. STERN and L. HELLMAN: Ultrafiltration and excretion of lipoproteins. In: The Nephrotic Syndrome, S. 30, Proc. VIIIth Annual Conf. New York: The National Nephrosis Foundation, Inc. 1957.

[*1348*] KRAUPP, O.: Der Mechanismus der Klärwirkung des Heparins. Wien. klin. Wschr. **1956**, 937.

[*1349*] v. KRESS, H. FRHR.: Die gesundheitliche Gefährdung des Geistesarbeiters. Vortrag am 25. 4. 1956, Berlin.

[*1350*] KRITCHEVSKY, D.: Cholesterol. New York: Wiley and Sons, Inc. Publ. 1958.

[*1351*] —, and R. F. H. McCANDLESS: Weekly variations in serum cholesterol levels of monkeys. Proc. Soc. exp. Biol. (N.Y.) **95**, 152 (1957).

[*1352*] KRITCHEVSKY, D., M. W. WHITEHOUSE and E. STAPLE: Influence of dietary fat on oxidation of cholesterol by liver mitochondria. Arch. Biochem. **80**, 221 (1959).

[*1353*] KROETZ, CH., u. F. W. FISCHER: Zur Blutchemie der akuten fortschreitenden Arteriosklerose. Elektrophoretische Lipoproteinbestimmungen bei Atheromatose und Atherosklerose. Dtsch. med. Wschr. **1954**, 653.

[*1354*] — — Über die Lipoproteine des Serums bei einigen Augenkrankheiten. Ärztl. Wschr. **1956**, 1029.

[*1355*] KROGH, A.: The anatomy and physiology of capillaries. New Haven: Yale University Press 1922.

[*1356*] KRÜSKEMPER, H. L., u. P. REICHERTZ: Elektrographischer Nachweis der Wirkung von thyreotropem Hormon an Meerschweinchen. Klin. Wschr. **1959**, 717

[*1357*] KÜCHMEISTER, H., u. K. D. VOIGT: Vergleichende papierelektrophoretische Gewebs- und Serumuntersuchungen des Eiweiß- und Fettverhaltens bei verschiedenen Leberstörungen in Experiment und Klinik. Verh. dtsch. Ges. inn. Med. **59**, 492 (1953).

[*1358*] — — Vergleichende papierelektrophoretische Gewebs- und Serumuntersuchungen des Eiweiß- und Fettverhaltens bei verschiedenen Leberstörungen in Experiment und Klinik. Dtsch. Arch. klin. Med. **201**, 1 (1954).

[*1359*] KÜHN, A., W. MÜLLER und R. PFISTER: Über chronische Cholangiolitis und ihre Beziehung zur primären biliären Lebercirrhose. Z. klin. Med. **154**, 462 (1957).

[*1360*] —, R. A.: Die diabetische Hyperlipämie. Wissensch. Z. Friedrich-Schiller-Univ., Jena **5**, 323 (1955/56).

[*1361*] — Hyperlipidämie bei Morbus BOECK. Tuberk.-Arzt **9**, 728 (1955).

[*1362*] —, u. H. WIEDING: Untersuchungen über die Lipoide und Lipoproteide des Blutserums unter normalen und krankhaften Bedingungen. Z. ges. inn. Med. **10**, 629 (1955).

[*1363*] — — Beitrag zur Methodik und Bewertung der Lipoidelektrophorese. Med. Mschr. **9**. 742 (1955).

[*1364*] KÜHNE, H.: Die klinische Bedeutung der Fettembolie. Dtsch. med. Wschr. **1958**, 1208.

[*1365*] KÜRTEN, H.: Ödemtendenz und Serumlipoidquotient. Z. ges. exp. Med. **91**, 178 (1933).

[*1366*] KUHN, R., u. R. BROSSMER: Über die prosthetische Gruppe der Mucoproteine des Kuh-Colostrums. Chem. Ber. **87**, 123 (1954).

[*1367*] — — Abbau der Lactaminsäure zu N-Acetyl-D-Glucosamin. Chem. Ber. **89**, 2471 (1956).

[*1368*] — — Zur Konfiguration der Lactaminsäure. Justus Liebigs Ann. Chem. **616**, 221 (1958).

[*1369*] KUHNS, W. J., and J. CRITTENDEN: Zone electrophoresis in studies of serum proteins, protein-bound polysaccharides and serum lipids in rheumatoid disease. J. Lab. clin. Med. **46**, 398 (1955).

[*1370*] KUMPF, A. E.: Experimental edema and lipemia produced by repeated bleeding. Arch. Path. **13**, 415 (1932).

[*1371*] KUNKEL, H. G., and E. H. AHRENS JR.: The relationship between serum lipids and the electrophoretic pattern, with particular reference to patients with primary biliary cirrhosis. J. clin. Invest. **28**, 1575 (1949).

[*1372*] —, and R. J. SLATER: Zone electrophoresis in a starch supporting medium. Proc. Soc. exp. Biol. (N.Y.) **80**, 42 (1952).

[*1373*] — — Lipoprotein patterns of serum obtained by zone electrophoresis. J. clin. Invest. **31**, 677 (1952).

[*1374*] —, and A. G. BEARN: Phospholipid studies of different serum lipoproteins employing P 32. Proc. Soc. exp. Biol. (N.Y.) **86**, 887 (1954).

[*1375*] —, and R. TRAUTMAN: The α_2-lipoproteins of human serum correlation of ultracentrifugal and electrophoretic properties. J. clin. Invest. **35**, 641 (1956).

[*1376*] KUO, P. T., and C. R. JOYNER JR.: Relief of lipemia-induced angina pectoris by intravenous heparin. Circulation **12**, 735 (1955).

[*1377*] — — Angina pectoris induced by fat ingestion in patients with coronary artery disease. J. Amer. med. Ass. **158**, 1008 (1955).

[*1378*] — — The effect of low fat diet and sitosterol on the serum lipids of patients with coronary and peripheral arterial diseases. Circulation **14**, 499 (1956).

[*1379*] — —, and J. G. REINHOLD: Effects of fat ingestion and heparin administration on serum lipids of „normal" hypercholesterolemic, hyperlipemic and atherosclerotic subjects. Amer. J. med. Sci. **232**, 613 (1956).

[*1380*] —, and A. F. WHEREAT: Lipemia as a cause of arterial oxygen unsaturation, and the effect of its control in patients with atherosclerosis. Circulation **16**, 493 (1957).

[*1381*] —, and C. R. JOYNER JR.: Effects of heparin on lipemia-induced angina pectoris. J. Amer. med. Ass. **163**, 727 (1957).

[1382] Kuo, P. T., A. F. Whereat and O. Horwitz: The effect of lipemia upon coronary and peripheral arterial circulation in patients with essential hyperlipemia. Amer. J. Med. 26, 68 (1959).

[1383] —, and J. C. Carson: Dietary fats and the diurnal serum triglyceride levels in man. J. clin. Invest. 38, 1384 (1959).

[1384] Kuroyanagi, T., S. Rodbard and C. Williams: Inhibition of cerebrovascular lipid infiltrations by estrogen administration in the chick. Circulation 16, 501 (1957).

[1385] Kuschinsky, G.: Über die Bedingungen der Sekretion des thyreotropen Hormons der Hypophyse. Arch. exp. Path. Pharmak. 170, 510 (1933).

[1386] Kushner, D. S., A. Dubin, G. J. Fels and H. Popper: Serumlipoproteins in hepatobiliary disease. J. Lab. clin. Med. 48, 918 (1956).

[1387] Kutschera, W., u. F. Rettenbacher: Verhalten der Serumlipoide bei Myokardinfarkt. Wien. klin. Wschr. 1957, 259.

[1388] Kwaan, H. C., and A. J. S. McFadzean: Inhibition of fibrinolysis in vivo by feeding cholesterol. Nature (Lond.) 179, 260 (1957).

[1389] Kyle, L. H., W. C. Hess and W. P. Walsh: The effect of ACTH, cortisone and operative stress upon blood cholesterol levels. J. Lab. clin. Med. 39, 605 (1952).

[1390] Labhart, A.: Klinik der inneren Sekretion, S. 169. Berlin-Göttingen-Heidelberg: Springer 1957.

[1391] de Lalla, O. F., and J. W. Gofman: Ultracentrifugal analysis of human serum lipoproteins. In Glick, D.: Methods of biochemical analysis, Vol. I, p. 459. New York — London: Interscience Publ. 1954.

[1392] Lambers, K., u. M. Eggstein: Der Fettgehalt der Granulocyten und ihrer Vorstufen unter normalen und pathologischen Bedingungen. Verh. dtsch. Ges. inn. Med. 65, 191 (1959).

[1393] Lande, K. E., and W. M. Sperry: Human atherosclerosis in relation to the cholesterol content of the blood serum. Arch. Path. 22, 301 (1936).

[1394] Lang, K.: Der intermediäre Stoffwechsel. Berlin-Göttingen-Heidelberg: Springer 1952.

[1395] — Kein Zusammenhang zwischen tierischen Fetten und Coronarerkrankungen. Dtsch. med. Wschr. 1959, Nr. 14, LXXI.

[1396] Lange, K.: Capillary permeability in myxedema. Amer. J. med. Sci. 208, 5 (1944).

[1397] Lansing, A. I.: Elastic tissue in atherosclerosis. — p. 167. In: I. H. Page: Connective tissue, thrombosis and atherosclerosis. New York and London: Academic Press 1959.

[1398] Lasch, F.: Über die Wirkung von Vitamin A auf das Serumcholesterin beim Menschen. Klin. Wschr. 1934, 1534.

[1399] —, H. G., u. K. Schimpf: Blutgerinnung und alimentäre Fettbelastung. Dtsch. Arch. klin. Med. 203, 146 (1956).

[1400] Last, J. H., P. Jordan, I. Pitesky and E. Bond: The eosinophil response: Immediate vs. delayed eosinopenia. Science 112, 47 (1950).

[1401] Laszt, L., u. F. Verzár: Beeinflussung der Fettwanderung durch Jodessigsäure und Nebennierenexstirpation. Biochem. Z. 285, 356 (1936).

[1402] Laurell, C. B.: Preliminary data on the composition and certain properties of human chylomicrons. Scand. J. clin. Lab. Invest. 6, 22 (1954).

[1403] — The serum lipoproteins in slight malnutrition. Scand. J. clin. Lab. Invest. 7, 257 (1955).

[1404] —, S.: Plasma free fatty acids in diabetic acidosis and starvation. Scand. J. clin. Lab. Invest. 8, 81 (1956).

[1405] — Turnover rate of unesterified fatty acids in human plasma. Acta physiol. scand. 41, 158 (1957).

[1406] Lawry, E. Y., G. V. Mann, A. Peterson, A. P. Wysocki, R. O'Connell and F. J. Stare: Cholesterol and beta lipoproteins in the serums of Americans: Well persons and those with coronary heart disease. Amer. J. Med. 22, 605 (1957).

[1407] Leary, T.: Genesis of atherosclerosis. Arch. Path. 32, 507 (1941).

[1408] Lechner, F.: Beitrag zur Behandlung der Fettembolie. Med. Mschr. 13, 644 (1959).

[1409] Lee, M. O., and N. K. Shaffer: Anterior pituitary growth hormone and the composition of growth. J. Nutr. 7, 337 (1934).

[1410] Leevy, C. M., M. R. Zinke, Th. J. White and A. M. Gnassi: Clinical observations on the fatty liver. Arch. intern. Med. 92, 527 (1955).

[1411] Lehmann, G.: Zur Physiologie des Adrenalins. Dtsch. med. Wschr. 1949, 193.

[1412] Lehninger, A. L.: Lipids, lipid metabolism and the atherosclerotic problem. Nat. Acad. Sci. National Research Council Publ. Nr. 338, 139 (1955).

[1413] Lehr, H. L., O. Rosenthal, H. M. Rawnsley, J. E. Rhoads and M. B. Sen: Clinical experience with intravenous fat emulsions. Metabolism 6, 666 (1957).

[*1414*] LEINWAND, I.: Serum lipid and protein fractions. V. The effect of hyperlipemia and hypercholesterolemia on the electrophoretic pattern of the proteins. Circulation 4, 467 (1951).

[*1415*] —, and D. H. MOORE: Serum lipid and protein fractions. IX. Comparison of ninety-six patients with vascular disease and sixty normal controls (with additional notes on blood donors). Circulation 10, 94 (1954).

[*1416*] LEIPERT, TH.: Stoffwechsel und vegetative Regulation zur Frage der Insulinwirkung. Acta neuroveg. (Wien) 1, 51 (1950).

[*1417*] LEITER, L.: Experimental edema — further observations on the plasma proteins and blood cholesterol. Proc. Soc. exp. Biol. (N.Y.) 27, 1002 (1930).

[*1418*] LEITES, S.: Studien über Fett- und Lipoidstoffwechsel. I. Über alimentäre Lipämie. Die Beziehungen zwischen Neutralfett und Lipoiden in der Norm und bei Belastung mit Neutralfett bzw. Oleinsäure. Biochem. Z. 184, 273 (1927).

[*1419*] — Lipocaic, das zweite Pancreashormon. Probl. Endokr. Gormonoter. 1, 71 (1955). (russ. Übersetzung Fa. Nordmark).

[*1420*] —, E. SORKIN und A. AGALETZKAJA: Zur Pathophysiologie des Fettstoffwechsels bei Schilddrüsenerkrankungen. Z. klin. Med. 128, 407 (1935).

[*1421*] LEMAIRE, A., J. ENSELME, J. COTTET, P. CASASSUS et TIGAUD: Les lipoprotéins du sérum leur étude par électrophorèse de zone sur papier. Ann. Méd. 57, 5 (1956).

[*1422*] LEONHARDI, G., I. VON GLASENAPP und P. KRAUSE: Über den Phosphatidstoffwechsel der Haut. Hoppe Seylers Z. physiol. Chem. 295, 310 (1953).

[*1423*] LERMAN, J., and R. PITT-RIVERS: Physiologic activity of triiodothyroacetic acid. J. clin. Endocr. 15, 653 (1955).

[*1424*] LERNER, S. R., I. L. CHAIKOFF and C. ENTENMAN: A fat emulsion for intravenous feeding. Proc. Soc. exp. Biol. (N.Y.) 70, 388 (1949).

[*1425*] LESESNE, J. M., C. W. CASTOR and S. W. HOOBLER: Prolonged reduction in human blood cholesterol levels induced by plant sterols, U. Mich. Med. Bull. 21, 13 (1955).

[*1426*] LEUPOLD, F.: Über die Aldehyde der Acetalphosphatide des Gehirns. Hoppe Seylers Z. physiol. Chem. 285, 182 (1950).

[*1427*] — Über den praktischen Wert der Acetalphosphatidbestimmungen für die Klinik. Ärztl. Wschr. 1956, 819.

[*1428*] — Untersuchungen der Serumlipoide während medikamentöser Arteriosklerose-therapie. Bull. schweiz. Akad. med. Wiss. 13, 451 (1957).

[*1429*] — Serumlipide und Serumjodzahl bei Gesunden und Arteriosklerosekranken. Z. Kreisl.-Forsch. 47, 281 (1958).

[*1430*] — Zur Früherkennung der Arteriosklerose. Int. Z. proph. Med. 3, 74 (1959).

[*1431*] —, u. H. BÜTTNER: Zur Physiologie der Acetalphosphatide. Verh. dtsch. Ges. inn. Med. 59, 210 (1953).

[*1432*] —, u. F. PORTWICH: Zum Regulationsmechanismus der Serumlipoide. Tg. dtsch. Ges. phys. Chem. (Vortragsmanuskript) 1954.

[*1433*] —, u. H. BÜTTNER: Über den Acetalphosphatidgehalt des Serums gesunder Personen und seine Beziehung zu anderen Lipoiden. Klin. Wschr. 1954, 119.

[*1434*] — — und K. RANNIGER: Untersuchungen über die experimentelle Beeinflussung der Acetalphosphatide im Serum. Klin. Wschr. 1954, 745.

[*1435*] — — Über den Einfluß geringer Hormondosen auf den Acetalphosphatidgehalt des menschlichen Serums. Verh. dtsch. Ges. inn. Med. 60, 965 (1954).

[*1436*] — — und F. PORTWICH: Untersuchungen über die Regulation der Serumlipoide, insbesondere der Acetalphosphatide. Klin. Wschr. 1956, 1020.

[*1437*] —, u. D. EBERHAGEN: Die ungesättigten Fettsäuren im menschlichen Blut. Klin. Wschr. 1958, 484.

[*1438*] —, u. H. WIELAND: Zur Diagnostik und Prophylaxe der Arteriosklerose. Verh. dtsch. Ges. inn. Med. 64, 614 (1958).

[*1439*] LEUTHARDT, F.: Lehrbuch der „Physiologischen Chemie", 13. Aufl. Berlin: Walter de Gruyter u. Co. 1957.

[*1440*] LEVENE, P. A., and I. P. ROLF: Cephalin. VII. The glycerophosphoric acid of cephalin. J. biol. Chem. 40, 1 (1919).

[*1441*] LEVER, W. F., and J. G. MACLEAN: Primary familial xanthomatosis and biliary xanthomatosis (biliary cirrhosis with xanthomatosis). Electrophoretic studies. J. invest. Derm. 15, 173 (1950).

[*1442*] —, F. R. N. GURD, E. UROMA, R. K. BROWN, B. A. BARNES, K. SCHMID and E. L. SCHULTZ: Chemical, clinical and immunological studies on the products of human plasma fractionation. XL. Quantitative separation and determination of the protein components in small amounts of normal human plasma. J. clin. Invest. 30, 99 (1951).

[1443] Lever, W. F., and N. A. Hurley: The plasma glycoproteins and lipoproteins. — p. 392. In: Tullis, J. L.: Blood cells and plasma proteins. Their state in nature. New York: Academic Press Inc. 1953.

[1444] —, P. A. J. Smith and N. A. Hurley: Idiopathic hyperlipemic and primary hypercholesteremic xanthomatosis. I. Clinical data and analysis of the plasma lipids. J. invest. Derm. 22, 33 (1954).

[1445] — — — Idiopathic hyperlipemia and primary hyperlipemia and primary hypercholesteremic xanthomatosis. II. Analysis of the plasma proteins and lipids by means of electrophoresis and fractionation of the plasma proteins; effect of high speed centrifugation and of extraction with ether on the plasma protein and lipids. J. invest. Derm. 22, 53 (1954).

[1446] — — — Idiopathic hyperlipemia (i. L. and primary hypercholesteremic xanthomatosis). III. Effects of intravenously administered heparin on the plasma proteins and lipids. J. invest. Derm. 22, 71 (1954).

[1447] —, F. S. Herbst and N. A. Hurley: Idiopathic hyperlipemia and primary hypercholesteremic xanthomatosis. IV. Effect of prolonged administration of heparin on serum lipids in idiopathic hyperlipemia. A.M.A. Arch. Derm. 71, 150 (1955).

[1448] — — and M. E. Lyons: Idiopathic hyperlipemia and primary hypercholesteremic xanthomatosis. V. Analysis of serum lipoproteins by means of ultracentrifuge before and after administration of heparin. A.M.A. Arch. Derm. 71, 158 (1954).

[1449] —, and W. R. Waddell: Idiopathic hyperlipemia and primary hypercholesteremic xanthomatosis. VII. Effects of intravenously administered fat on the serum lipids. J. invest. Derm. 25, 233 (1955).

[1450] —, and E. Klein: The inhibition of lipemia-clearing by hyperlipemia serum. J. invest. Derm. 29, 465 (1957).

[1451] Levin, A. I.: Über den Einfluß des Insulins auf die experimentelle Lipämie. Z. ges. exp. Med. 96, 532 (1935).

[1452] — Zur Kenntnis des Fett-Lipoidstoffwechsels bei depancreatisierten Hunden. Z. ges. exp. Med. 96, 548 (1935).

[1453] —, L., and R. K. Farber: Relation of cortisone pretreatment to mobilization of lipids to liver by pituitary extracts. Proc. Soc. exp. Biol. (N.Y.) 74, 758 (1950).

[1454] — — Hormonal factors which regulate the mobilization of depot fats to the liver. Recent Progr. Hormone Res. 7, 399 (1952).

[1455] Levine, L., D. L. Kauffman and R. K. Brown: The antigenic similarity of human low density lipoproteins. J. exp. Med. 102, 105 (1955).

[1456] Levkoff, A. H., and K. T. Knode: The treatment of familial hypercholesterolemia with a plant sterol. Pediatrics 19, 88 (1957).

[1457] Levy, B. M.: Idiopathic lipemia. J. Pediat. 29, 367 (1946).

[1458] Lewis, B.: Composition of plasma cholesterol ester in relation to coronary-artery disease and dietary fat. Lancet 1958 II, 71.

[1459] —, L. A.: The lipoprotein system. Minn. Med. 38, 775 (1955).

[1460] —, A. A. Green and I. H. Page: Ultracentrifuge. Lipoprotein pattern of serum of normal, hypertensive and hypothyroid animals. Amer. J. Physiol. 171, 391 (1952).

[1461] —, I. H. Page and Ch. Thomas: Effect of hepatectomy on serum lipoproteins in dogs. Amer. J. Physiol. 172, 83 (1953).

[1462] —, G. M. C. Masson and I. H. Page: Effects of sex hormones on serum lipoproteins in rabbits. Proc. Soc. exp. Biol. (N.Y.) 82, 684 (1953).

[1463] —, and I. H. Page: Electrophoretic and ultracentrifugal analysis of serum lipoproteins of normal, nephrotic and hypertensive persons. Circulation 7, 707 (1953).

[1464] —, M. L. Quaife and I. H. Page: Lipoproteins of serum, carriers of tocopherol. Amer. J. Physiol. 178, 221 (1954).

[1465] —, and I. H. Page: Serum proteins and lipoproteins in multiple myelomatosis. Amer. J. Med. 17, 670 (1954).

[1466] —, and W. Heymann: Ultracentrifugal analysis of serum lipoproteins in nephrotic syndrome of rats. Proc. Soc. exp. Biol. (N.Y.) 86, 766 (1954).

[1467] —, F. Olmsted, I. H. Page, E. Y. Lawry, G. V. Mann, F. J. Stare, M. Hanig, M. A. Lauffer, T. Gordon and F. E. Moore: Serum lipid levels in normal persons. Findings of a cooperative study of lipoproteins and atherosclerosis. Circulation 16, 227 (1957).

[1468] Li, C. H.: Pituitary growth hormone as a metabolic hormone. Science 123, 617 (1956).

[1469] — Growth hormone from monkey and human pituitary glands. Cancer (Philad.) 10, 698 (1957).

[1470] —, and H. M. Evans: The biochemistry of pituitary growth hormone. Recent Progr. Hormone Res. 3, 3 (1948).

[1471] —, M. E. Simpson and H. M. Evans: The influence of growth and adrenocorticotropic hormones on the fat content of the liver. Arch. Biochem. 23, 51 (1949).

[*1472*] LICHTENSTEIN, L., and E. Z. EPSTEIN: Blood lipoids in nephrosis and chronic nephritis with edema. Arch. intern. med. **47**, 122 (1931).

[*1473*] LIEBERMANN, I., L. BERGER and W. T. GIMINEZ: Cristallisation of cytidine diphosphate choline from yeast. Science **124**, 81 (1956).

[*1474*] LINDGREN, F. T.: Diskussionsbemerkung. Symposium über Arteriosklerose. Bull. schweiz. Akad. med. Wiss. **13**, 485 (1957).

[*1475*] —, H. A. ELLIOT and J. W. GOFMAN: The ultracentrifugal characterization and isolation of human blood lipids and lipoproteins with applications to the study of atherosclerosis. J. Phys. Colloid. Chem. **55**, 80 (1951).

[*1476*] —, A. V. NICHOLS and N. K. FREEMAN: Physical and chemical composition studies on the lipoproteins of fasting and heparinized human sera. J. Phys. Chem. **59**, 930 (1955).

[*1477*] — —, TH. L. HAYES, N. K. FREEMAN and J. W. GOFMAN: Structure and homogeneity of the low density serum lipoproteins. Ann. N.Y. Acad. Sci. **72**, 826 (1959).

[*1478*] LINDHOLM, H.: Studies in normal adults for variation in serum lipids with sex, age, relative body-weight, and with body-build. Scand. J. clin. Lab. Invest. 8, Suppl. 23 (1956).

[*1479*] — Serum lipids and jaundice. Acta med. scand. **156**, 121 (1956).

[*1480*] LINDLAR, F., u. K. BERNHARD: Über hochgradige Anreicherungen von Depotfett in der Leber bei Pankreasfibrose. Helv. physiol. pharmacol. Acta **14**, 221 (1956).

[*1481*] LINDNER, J.: Erweiterte histochemische Untersuchungen zur Atherosklerose. Verh. dtsch. Ges. Path. **41**, 108 (1958).

[*1482*] LIPMAN, F.: Biosynthetic mechanisms. Harvey Lectures. series 44, p. 99 New York 1950.

[*1483*] LIPSKY, S. R., J. S. McGURIE JR., P. K. BONDY and E. B. MAN: The rates of synthesis and the transport of plasma fatty acid fractions in man. J. clin. Invest. **34**, 1760 (1955).

[*1484*] —, A. HAAVIK, C. L. HOPPER and R. W. McDIVITT: The biosynthesis of the fatty acids of the plasma of man. I. The formation of certain chromatographically separated higher fatty acids of the major lipide complexes from acetate-1-C^{14}. J. clin. Invest. **36**, 233 (1957).

[*1485*] LITTLE, H. N., and K. BLOCH: Studies on the utilisation of acetic acid for the biological synthesis of cholesterol. J. biol. Chem. **183**, 33 (1950).

[*1486*] —, J. A., H. M. SHANOFF, R. W. VAN DER FLIER and H. E. RYKERT: Serum lipid fractionations in selected „atherosclerotic" and „normal" males. Circulation **14**, 500 (1956).

[*1487*] LOEB, O.: Über experimentelle Arterienveränderungen. Dtsch. med. Wschr. **1913**, 1819.

[*1488*] LÖHNER, L.: Über die Fettspezifität und Fettassimilation in ihrer Bedeutung für das Assimilationsproblem. Wien. klin. Wschr. **1952**, 953.

[*1489*] LÖW, A., u. R. PFEILER: Studien über den Fettstoffwechsel. Biochem. Z. **193**, 276 (1928).

[*1490*] LÖWENTHAL, K.: Zur Frage der Lipoidnephrose. Virchows Arch. path. Anat. **261**, 109 (1926).

[*1491*] LONDON, I. M., and D. RITTENBERG: Deuterium studies in normal man; rate of synthesis of serum cholesterol; measurement of total body water and water absorption. J. biol. Chem. **184**, 687 (1950).

[*1492*] —, C. F. SABELLA and M. M. YAMASAKI: Studies on the metabolism of cholesterol in normal man and in the nephrotic syndrome. J. clin. Invest. **30**, 657 (1951).

[*1493*] —, and H. SCHWARZ: Erythrocyte metabolism. The metabolic behavior of the cholesterol of human erythrocytes. J. clin. Invest. **32**, 1248 (1953).

[*1494*] LONG, C., and M. F. MAGUIRE: The structure of the naturally occuring phosphoglycerides. 1. Evidence derived from alkaline hydrolysis studies. Biochem. J. **54**, 612 (1953).

[*1495*] — — Evidence for the structure of ovolecithin derived from a study of the action of lecithinase C. Biochem. J. **55**, XV (1953).

[*1496*] —, and I. F. PENNY: The structure of the lysolecithin formed by the action of snake venom phospholipase A on ovolecithin. Biochem. J. **58**, XV (1954).

[*1497*] — The role of epinephrine in the secretion of the adrenal cortex. Ciba Foundat. Colloqu. on Endocrinology IV, Anterior pituitary secretion and hormonal influences in water metabolism. London: J. and A. Churchill Ltd. 1952.

[*1498*] — Regulation of ACTH-secretion. Recent Progr. Hormone Res. **7**, 75 (1952).

[*1499*] LONGSWORTH, L. G., T. SHEDLOVSKY and D. A. MACINNES: Electrophoretic patterns of normal and pathological human blood serum and plasma. J. exp. Med. **70**, 399 (1939).

[*1500*] —, and D. A. McINNES: An electrophoretic study of nephrotic sera and urine. J. exp. Med. **71**, 77 (1940).

[*1501*] LORENZ, F. E., I. L. CHAIKOFF and C. ENTENMAN: The endocrine control of lipid metabolism in the bird. II. J. biol. Chem. **126**, 763 (1938).

[*1502*] LORENZINI, R.: Osservazioni sulla fisionomia elettroforetica delle lipoproteine del siero. Il quadro lipoproteico nella semeiologia funzionale delle epatopatie. Fegato **1**, 401 (1955).

[1503] Lorenzini, R., e E. Innocenti: Importanza del lipidogramma elettroforetico del siero nella definizione di uno stato dislipemico. Boll. Soc. med.-chir. Modena 54, Fasc. III (1954).

[1504] Lossow, W. J., and I. L. Chaikoff: Carbohydrate sparing of fatty acid oxidation. I. The relation of fatty acid chain length to the degree of sparing. — II. The mechanisme by which carbohydrate spares the oxidation of palmitic acid. Arch. Biochem. 57, 23 (1955).

[1505] Love, W. D.: Failure of adrenalectomy immediately following stress to prevent eosinopenia in rats. Proc. Soc. exp. Biol. (N.Y.) 75, 639 (1950).

[1506] Lovern, J. A.: The chemistry of lipids of biochemical significance. London: Methuen and Co., Ltd. 1957.

[1507] Lown, B., and F. J. Stare: Atherosclerosis, infarction and nutrition. Circulation 20, 161 (1959).

[1508] Lowy, A. D. jr., J. H. Barach and Z. Hrubec: A study of lipoprotein molecules and cholesterol determination in 901 diabetics. Diabetes 6, 342 (1957).

[1509] — — Predictive value of lipoprotein and cholesterol determinations in diabetic patients who developed cardiovascular complications. Circulation 17, 14 (1958).

[1510] Ludewig, S. R., G. Minor and J. C. Horfenstine: Lipid distribution in rat liver after partial hepatectomy. Proc. Soc. exp. Biol. (N.Y.) 42, 158 (1939).

[1511] Lundquist, F.: Studies on the biochemistry of human semen. I. The natural substrats of prostatic phosphatase. Acta physiol scand. 13, 322 (1946/47).

[1512] Diluzio, N. R., M. L. Shore and D. B. Zilversmit: Action of cortisone and desoxycorticosterone on plasma lipids of adrenalectomized dogs. Fed. Proc. 12, 197 (1953).

[1513] — — — Effect of cortisone and desoxycorticosterone acetate on plasma lipids of adrenalectomized dogs. Metabolism 3, 424 (1954).

[1514] Lynen, F.: Acetyl coenzyme A and the „fatty acid cycle". Harvey Lectures, Series 48, New York 1954.

[1515] — Lipide metabolism. Ann. Rev. Biochem. 24, 653 (1955).

[1516] —, E. Reichert and L. Rueff: Zum biologischen Abbau der Essigsäure VI. Justus Liebigs Ann. Chem. 574, 1 (1951).

[1517] Lyon, T., A. Yankley, J. W. Gofman and B. Strisower: Lipoproteins and diet in coronary heart disease — a five year study. Calif. Med. 84, 325 (1956).

[1518] MacArthur, C. G.: Brain cephalin: I. Distribution of the nitrogeneous hydrolysis products of cephalin. J. Amer. chem. Soc. 36, 2397 (1914).

[1519] —, and L. V. Burton: Brain cephalin: II. Fatty acids. J. Amer. chem. Soc. 38, 1375 (1916).

[1520] MacCallum, W. G., and M. Fabyan: On the anatomy of a myxedematous idiot. Bull. Johns Hopk. Hosp. 18, 341 (1907).

[1521] MacFarlane, M. G.: Structure of cardiolipin. Nature (Lond.) 182, 946 (1958).

[1522] —, and B. C. J. G. Knight: The biochemistry of bacterial toxins. I. The lecithinase activity of clostridium welchii toxins. Biochem. J. 35, 884 (1941).

[1523] —, and G. M. Gray: Composition of cardiolipin. Biochem. J. 67, 25 p (1957).

[1524] Macheboeuf, M.: Lipoproteins of horse plasma and serum. — p. 358—377. In: Tullis, J. L.: Blood cells and plasma proteins. Their state in nature. New York: Academic Press Inc. 1953.

[1525] — Sur l'état physico-chimique de la lécithine et des esters de cholestérol dans le sérum et le plasma sanguins. Bull. Soc. chim. Fr. 45, 662 (1929).

[1526] —, et G. Sandor: Récherches sur la nature, et la stabilité des liaisons protéides-lipides du sérum sanguin. Etude de l'extraction des lipides par l'éther en présence d'alcool. Bull. Soc. Chim. biol. (Paris) 14, 1168 (1932).

[1527] MacKay, E. M., and R. H. Barnes: Effect of adrenalectomy on liver fat in fasting and after administration of anterior pituitary extracts. Amer. J. Physiol. 118, 525 (1937).

[1528] MacLagan, N. F., and J. D. Billimoria: Food lipids and blood coagulation. Lancet 1956 II, 235.

[1529] Maclean, H.: The composition of „lecithin" together with observations on the distribution of phosphatides in the tissues and methods for their extraction and purification. Biochem. J. 9, 351 (1915).

[1530] Magistris, H.: Das Fettstoffwechselhormon des Hypophysenvorderlappens. Endokrinologie 11, 176 (1932).

[1531] Malinow, M. R., and A. A. Pellegrino: The effect of estrogens on spontaneous and experimental atherosclerosis in the rat. Circulation 14, 491 (1956).

[1532] Malmros, H.: Arterioskleros och andra former av cholesteros. Nord. Med. 42, 1785 (1949).

[1533] —, u. B. Swahn: Lipoproteinstudien. Nord. Med. 48, 1028—1031 (1952).

[1534] — — Lipid metabolism in myxedema. Acta med. scand. 145, 361 (1953).

[1535] MALMROS, H., B. SWAHN and E. TRUEDSSON: Essential hyperlipaemia. Acta med. scand. **149**, 91 (1954).
[1536] —, and G. WIGAND: Treatment of hypercholesteremia. Minn. Med. **38**, 864 (1955).
[1537] — — Die Einwirkung gewisser animalischer und vegetabilischer Fettstoffe auf die Serumlipoide. „Symposium über Arteriosklerose" Bull. schweiz. Akad. med. Wiss. **13**, 315 (1957).
[1538] —, R.: Relation of nutrition to health: statistical study of effect of war-time on arteriosclerosis, cardiosclerosis, tuberculosis and diabetes. Acta med. scand., Suppl. **246**, 137 (1950).
[1539] MAN, E. B., and J. P. PETERS: Lipoids of serum in diabetic acidosis. J. clin. Invest. **13**, 237 (1934).
[1540] —, B. L. KARTIN, S. H. DURLACHER and J. P. PETERS: The lipids of serum and liver in patients with hepatic diseases. J. clin. Invest. **24**, 623 (1945).
[1541] —, and J. P. PETERS: Variations of serum lipids with age. J. Lab. clin. Med. **41**, 738 (1953).
[1542] —, and M. J. ALBRINK: Serum lipids in different phases of carbohydrate metabolism. Yale J. Biol. Med. **29**, 316 (1956).
[1543] MANCKE, R.: Studien über den Cholesterinstoffwechsel. II. Mitt.: Der Cholesteringehalt des Blutserums bei Leberkrankheiten. Dtsch. Arch. klin. Med. **170**, 358 (1931).
[1544] MANN, G. V.: Lack of effect of a high fat intake on serum lipid levels. Amer. J. clin. Nutr. **3**, 230 (1955).
[1545] — The variability of serum lipoproteins and cholesterol in normal and diseased people. p. 80. In: The Nephrotic Syndrome, Proc. VIIth Ann. Conf. New York: The National Nephrosis Foundation Inc. 1956.
[1546] — The epidemiology of coronary heart disease. Amer. J. Med. **23**, 463 (1957).
[1547] —, and H. S. WHITE: The influence of stress on plasma cholesterol levels. Metabolism **2**, 47 (1953).
[1548] —, S. B. ANDRUS, A. McNALLY and F. J. STARE: Experimental atherosclerosis in cebus monkeys. J. exp. Med. **98**, 195 (1953).
[1549] —, and F. J. STARE: Nutrition and atherosclerosis. — In: Symposium on Atherosclerosis, National Acad. Sci. and National Research Council, Publ. No. **338**, 169 (1954).
[1550] —, J. A. MUÑOZ and N. S. SCRIMSHAW: The serum lipoprotein and cholesterol concentrations of the Central and North Americans with different dietary habits. Amer. J. Med. **19**, 25 (1955).
[1551] —, B. M. NICOL and F. J. STARE: The beta-lipoprotein and cholesterol concentrations in sera of Nigerians. Brit. med. J. **1955 II**, 1008.
[1552] MANNICK, V. G.: Heterogeneity of human beta-lipoprotein. Cambridge/Mass.: Ph. D. Thesis, Radcliffe University 1955.
[1553] —, and J. L. ONCLEY: Studies on the human plasma lipoproteins. Proc. 5th Internat. Congress on Blood Transfusion, Paris 1954, 897.
[1554] MARBLE, A., M. E. FIELD, C. K. DRINKER and R. M. SMITH: The permeability of blood capillaries to lipoids. Amer. J. Physiol. **109**, 467 (1934).
[1555] MARCHIONINI, A.: Thema 1: „Xanthoma tuberosum multiplex", hierzu Diskussionsbemerkung. Dermatologica (Basel) **114**, 304 (1956).
[1556] MARDER, L., G. H. BECKER, B. MAIZEL and H. NECHELES: Fat absorption and chylomicronemia. Gastroenterology **20**, 43 (1952).
[1557] MARDONES, J., J. MONSALVE, M. VIAL and M. PLAZA DE LOS REYES: Tissue cytochrome C and prevention of experimental atherosclerosis. Science **114**, 387 (1951).
[1558] MARETT, W. C., and J. R. VIVAS: The effect of oral estrogens on serum cholesterol and total lipids. U. S. Armed Forces Med. J. **4**, 1439 (1953).
[1559] MARINETTI, G. V., J. F. BERRY, G. ROUSER and E. STOTZ: Studies on the structure of sphingomyelin. II. Performic and periodic acid oxidation studies. J. Amer. chem. Soc. **75**, 313 (1953).
[1560] —, and E. STOTZ: Studies on the structure of sphingomyelin. IV. Configuration of the double bond in sphingomyelin and related lipids and a study of their infrared spectra. J. Amer. chem. Soc. **76**, 1347 (1954).
[1561] —, and J. ERBLAND: The structure of pig heart plasmalogens. Biochim. biophys. Acta **26**, 429 (1957).
[1562] — — and E. STOTZ: The structure of pig heart plasmalogens. J. Amer. chem. Soc. **80**, 1624 (1958).
[1563] — — — The hydrolysis of lecithins by snake venom phospholipase A. Biochim. biophys. Acta **33**, 403 (1959).
[1564] MARMORSTON, J., O. HOFFMAN, H. SOBEL and P. STARR: Urinary estrogen and serum protein-bound iodine levels. Minn. Med. **38**, 800 (1955).
[1565] MARNER, I. L.: Lipoproteins in serum from normal persons and from patients with chronic liver diseases. Scand. J. clin. Lab. Invest. **7**, Suppl. 21 (1955).

[1566] Marshall, W. H.: Clinical use of intravenous fat in surgical patients. A.M.A. Arch. Surg. 78, 851 (1959).

[1567] Martin, J. B., and D. M. Doty: Determination of inorganic phosphate. Modification of isobutyl alcohol procedure. Analyt. Chem. 21, 965 (1949).

[1568] Martius, C.: Die Wirkungsweise des Schilddrüsenhormons. In: „Hormone und ihre Wirkungsweise", 5. Colloqu. dtsch. Ges. phys. Chem. 1954. Berlin-Göttingen-Heidelberg: Springer 1955.

[1569] Martt, J. M., and W. E. Connor: Idiopathic hyperlipemia associated with coronary atherosclerosis. A. M. A. Arch. intern. Med. 97, 492 (1956).

[1570] Marx, W., S. T. Gustin and C. Levi: Effects of thyroxine, thyreoidectomy and lowered environmental temperature on incorporation of deuterium into cholesterol. Proc. Soc. exp. Biol. (N.Y.) 83, 143 (1953).

[1571] Master, A. M.: Acute coronary artery diseases; history, incidence, differential diagnosis and occupational significance. Amer. J. Med. 2, 501 (1947).

[1572] Matras, A.: Hyperlipämische Xanthomatosen und ihre Behandlung mit Heparin. Arch. klin. exp. Derm. 203, 503 (1956).

[1573] Matsumoto, M.: The chemistry of the lipids of posthemolytic residue or stroma of erythrocytes. VII. Studies on chondrosamine-containing glycolipid and sphingomyelin of hog blood stroma. J. Biochem. (Tokyo) 43, 53 (1956).

[1574] Mattil, K. F., and J. W. Higgins: The relationship of glyceride structure to fat digestibility. J. Nutr. 29, 255 (1945).

[1575] Maurer, W.: Neubildungsrate einzelner Serum-Eiweißfraktionen nach Gabe von S-35-Methionin und Transportfraktion der Serum-Eiweißfraktionen für Phosphatide und die organischen Jodverbindungen des Serums (Papierelektrophorese von S^{35}-P^{32}- und J^{131}-markiertem Serumeiweiß). Arch. exp. Path. Pharmak. 218, 26 (1953).

[1576] —, u. E. Müller: Untersuchung der Transportfunktion einzelner Serum-Eiweißfraktionen für Phosphatide nach einer neuen papierelektrophoretischen Methode. Biochem. Z. 324, 255 (1953).

[1577] Mayerstein, W.: Über den Einfluß des Cholesterins auf die Seifenhämolyse. Arch. exp. Path. Pharmak. 60, 385 (1909).

[1578] McArthur, C. S.: The acetone-soluble lipid of the atheromatous aorta. Biochem. J. 36, 559 (1942).

[1579] McCalla, C., H. S. Gates jr. and R. S. Gordon jr.: $C^{14}O_2$ excretion after the intravenous administration of albumin-bound palmitate-1-C^{14} to intact rats. Arch. Biochem. 71, 346 (1957).

[1580] McCann, M. B., M. F. Trulson, W. R. Waddell, W. Dalrymple and F. J. Stare: The effects of various vegetable oils on the serum lipids of adult American males. Amer. J. clin. Nutr. 7, 35 (1959).

[1581] McCulloch, E. A., A. Britton, C. J. Bardawill and K. J. R. Wightman: Effect of growth hormone and acromegaly on plasma phospholipids. Science 123, 1084 (1956).

[1582] McDaniel, R. A., and M. I. Grossman: Paper electrophoretic study of C^{14} fat emulsion cleared from post-heparin rat plasma. Proc. Soc. exp. Biol. (N.Y.) 89, 442 (1955).

[1583] McDonald, H. J., and E. W. Bermes: A new procedure for staining lipoproteins in ionographic separations. Biochim. biophys. Acta 17, 290 (1955).

[1584] McDowell, M. F., A. Little and H. M. Shanoff: Lipemia clearing factor activity in coronary heart disease. Circulation 18, 495 (1958).

[1585] McFarlane, A. S.: Ultracentrifugal protein sedimentation diagram on normal human, cow and horse serum. Biochem. J. 29, 660 (1935).

[1586] — Behavior of lipoids in human serum. Nature (Lond.) 149, 439 (1942).

[1587] — State of lipids in blood plasma. Discuss. Faraday Soc. 6, 74 (1949).

[1588] —, R. G., J. W. Trevan and A. M. P. Attwood: Participation of a fat soluble substance in coagulation of the blood. J. Physiol. 99, 7 P (1941).

[1589] McGinley, J., H. Jones and J. Gofman: Lipoproteins and xanthomatous diseases. J. invest. Derm. 19, 71 (1952).

[1590] McKinley, W. P., H. Grice and M. R. E. Connel: The demonstration of acetyl phosphatids (plasmalogen) in the depot fat of fowl treated with diethylstilbestrol. Canad. J. Biochem. 33, 317 (1955).

[1591] McMahon, H. E.: Liver patterns in biliary hypercholesteremia. Amer. J. Gastroent. 30, 255 (1958).

[1592] McMeans, J. W., and O. Klotz: Superficial fatty streaks in arteries. An experimental study. J. med. Res. 34, 41 (1916).

[1593] Mead, J. F., G. Steinberg and D. R. Howton: Metabolism of essential fatty acids. J. biol. Chem. 205, 683 (1953).

[1594] —, W. H. Slaton jr. and A. B. Decker: Metabolism of the essential fatty acids II. J. biol. Chem. 218, 401 (1956).

[1595] MEAD, J. F., and W. H. SLATON JR.: Metabolism of essential fatty acids III. J. biol. Chem. **219**, 705 (1956).

[1596] MEEKER, D. R., and J. W. JOBLING: Chemical studies of arteriosclerotic lesions in human aorta. Arch. Path. **18**, 252 (1934).

[1597] MELLANDER, O.: Kataphoretische Untersuchungen über die Bindungsverhältnisse des Cholesterins im Blutserum. Biochem. Z. **277**, 305 (1935).

[1598] MELLINGHOFF, K.: Primäre hyperlipoidämische Xanthomatose mit Diabetes. Z. klin. Med. **153**, 185 (1955).

[1599] —, O. CLASSEN, M. KIENITZ and A. v. WILDEMANN: Untersuchungen über das Bluteiweißbild beim Diabetes mellitus. Klin. Wschr. **1951**, 708.

[1600] MELLINGKOFF, S. M., T. E. MACHELLA and J. G. REINHOLD: The effect of a fat-free diet in causing low serum cholesterol. Amer. J. med. Sci. **220**, 203 (1950).

[1601] MENG, H. C.: Removal of intravenously injected fat from the circulation and its appearance in the thoracic duct lymph. Amer. J. Physiol. **168**, 335 (1952).

[1602] —, and S. FREEMAN: Experimental studies on the intravenous injection of a fat emulsion into dogs. J. Lab. clin. Med. **33**, 689 (1948).

[1603] —, and CH. HOLLET: Purification and characterization of a lipaemia clearing factor inhibitor from normal plasma. A preliminary report. (Third Internat. Conf. on Biochemical Problems of Lipids, July 1956), p. 190. Brüssel: Koninkl. Vlaam. Acad. Wetenschappen 1956.

[1604] —, and J. I. HADLEY: The role of pancreas in the production of lipemia clearing factor in rats. Abstr. 20th Internat. Physiol. Congr. p. 637, 1956.

[1605] MERRILL, J. M.: Effects of nicotinic acid on serum and tissue cholesterol in rabbits. Circulat. Res. **5**, 617 (1957).

[1606] —, and J. LEMELY-STONE: Prevention of cholesterol deposition in the rabbit aorta by oral nicotinic acid. Circulation **16**, 915 (1957).

[1607] MERSKEY, C., and H. L. NOSSEL: Blood coagulation after the ingestion of saturated and unsaturated fats. Lancet **272**, 806 (1957).

[1608] MERZ, W.: Untersuchungen über das Sphingomyelin. Hoppe Seylers Z. physiol. Chem. **193**, 59 (1930).

[1609] — Über das Vorkommen von ätherunlöslichen Lecithinen im Gehirn. Hoppe Seylers Z. physiol. Chem. **196**, 10 (1931).

[1610] MESSINGER, W. J., Y. POROSOWSKA, Y. and J. M. STEELE: Effect of feeding egg yolk and cholesterol on serumcholesterol levels. Arch. intern. Med. **86**, 189 (1950).

[1611] MEUSER, W.: Über die Teilnahme des Blutplasmalogens an vegetativen Reaktionen. Acta neuroveg. (Wien) **10**, 485 (1955).

[1612] MIDDLETON, E. JR.: Immunochemical relationship of the protein moieties of human plasma beta lipoprotein and chylomicrons. Circulation **10**, 596 (1954).

[1613] — Immunochemical relationship of human plasma beta-lipoprotein and chylomicrons. Amer. J. Physiol. **185**, 309 (1956).

[1614] MIGEON, L. J.: Effects of cortisone on lipids of serum liver and testes in intact and adrenalectomized rats. Proc. Soc. exp. Biol. (N.Y.) **80**, 571 (1952).

[1615] MILBRADT, W.: Lipämiestudien. Biochem. Z. **223**, 278 (1930).

[1616] MILCH, L. J., R. F. REDMOND and W. W. CALHOUN: Blood lipoproteins in traumatic injury. J. Lab. clin. Med. **43**, 603 (1954).

[1617] MILL, E.: Über die anämische Lipämie. Arch. ges. Physiol. **224**, 304 (1930).

[1618] MILLER, C. D., M. F. TRULSON, M. B. McCANN, P. D. WHITE and F. J. STARE: Diet, blood lipids and health of Italian men in Boston. Ann. intern. Med. **49**, 1178 (1958).

[1619] —, O. N., J. G. HAMILTON and G. A. GOLDSMITH: Studies on the mechanism of effects of large doses of nicotinic acid and nicotinamide on serum lipids of hypercholesterolemic patients. Circulation **18**, 489 (1958).

[1620] MILLS, C. A.: Tobacco smoking: Some hints of its biologic hazard. Ohio St. med. J. **46**, 1165 (1950).

[1621] —, and M. M. PORTER: Tobacco smoking and automobile-driving stress in relation to deaths from cardiac and vascular causes. Amer. J. med. Sci. **234**, 35 (1957).

[1622] MILNE, L. S.: Über Blutungsanämie. Dtsch. Arch. klin. Med. **109**, 401 (1912/13).

[1623] MINDER, W. H., u. I. ABELIN: Über die hormonale und nichthormonale Beeinflussung der Acetalphosphatide (Plasmalogene) der Rattenorgane. Z. physiol. Chem. **298**, 121 (1954).

[1624] MIRSKY, I. A., and R. H. BROH-KAHN: The effect of experimental hyperthyroidism on carbohydrate metabolism. Amer. J. Physiol. **117**, 6 (1936).

[1625] MISLOW, K.: The geometry of sphingosine. J. Amer. chem. Soc. **74**, 5155 (1952).

[1626] MITCHELL, J. R. A., and B. BRONTE-STEWART: Alimentary lipaemia and heparin clearing in ischaemic heart-disease. Lancet **1959 I**, 167.

[1627] MJASSNIKOW, A. L.: Über alimentäre Beeinflussung der Cholesterinämie beim Menschen. Z. klin. Med. **103**, 767 (1926).

[1628] MJASSNIKOW, A. L.: Beiträge zur Konstitutionsforschung. 2. Blutcholesteringehalt und Konstitution. Z. klin. Med. **105**, 228 (1927).

[1629] v. MÖLLENDORF, M.: Handbuch der mikroskopischen Anatomie des Menschen. Bd. **II/1**, 261 (1927).

[1630] MOENCH, A., C. ROTHER, H. J. SARRE und H. SARTORIUS: Die nephrotische Komponente im Ablauf der experimentellen Nephritis nach MASUGI. Verh. dtsch. Ges. inn. Med. **59**, 458 (1953).

[1631] —, H. SARTORIUS und K. PÜTTER: Zur Pathogenese der sogenannten genuinen Lipoidnephrose. Verh. dtsch. Ges. inn. Med. **61**, 293 (1955).

[1632] MÖSCHLIN, S.: Der heutige Stand der ACTH-, Cortison- und Prednisontherapie. Schweiz. med. Wschr. **1956**, 81.

[1633] MOHNICKE, G.: Über Regulationsfunktionen. Dtsch. med. Wschr. **1952**, 1196.

[1634] MONTAG, W., E. KLENK, H. HAYES and R. T. HOLMAN: The eicosapolyenoic acids occurring in the glycerophosphatides of beef liver. J. biol. Chem. **227**, 53 (1957).

[1635] MONTGOMERY, M. L., C. ENTENMAN, I. L. CHAIKOFF and H. FEINBERG: Antifatty liver activity of chrystalline trypsin in insulintreated depancreatized dogs. J. biol. Chem. **185**, 307 (1950).

[1636] MOORE, F. D.: Bodily changes in surgical convalescence. Ann. Surg. **137**, 289 (1953).

[1637] —, N. S., C. M. YOUNG and L. A. MAYNARD: Blood lipid levels as influenced by weight reduction in women. Amer. J. Med. **17**, 348 (1954).

[1638] MORAWITZ, P., u. J. PRATT: Einige Beobachtungen bei experimentellen Anämien. Münch. med. Wschr. **1908**, 1817.

[1639] MORETON, J. R.: Atherosclerosis and alimentary hyperlipemia. Science **106**, 190 (1947).

[1640] — Physical state of lipids and foreign substances producing atherosclerosis. Science **107**, 371 (1948).

[1641] — Chylomicronemia, fat tolerance and atherosclerosis. J. Lab. clin. Med. **35**, 373 (1950).

[1642] MORRIS, B.: The interrelationships of the plasma and lymph lipide fractions before and during fat absorption. Aust. J. exp. Biol. med. Sci. **32**, 763 (1954).

[1643] — The exchange of lipids between circulating plasma and the hepatic lymph. p. 311. (Proc. III. Internat. Conf. on Biochemical Problems of Lipids, July 1956). Brüssel: Koninkl. Vlaam. Acad. Wetenschappen 1956.

[1644] —, and F. C. COURTICE: The protein and lipid composition of the plasma of different animal species determined by zone electrophoresis and chemical analysis. Quart. J. exp. Physiol. **40**, 127 (1955).

[1645] —, and J. E. FRENCH: The uptake and metabolism of 14 C labelled chylomicron fat by the isolated perfused liver of the rat. Quart. J. exp. Physiol. **43**, 180 (1958).

[1646] —, J. N.: Recent history of coronary disease. Lancet **1951** I, 1, 69.

[1647] — Fats and disease. Lancet **1956** I, 687.

[1648] —, M. D., I. L. CHAIKOFF, J. M. FELTS, S. ABRAHAM and N. O. FANSAH: The origin of serum cholesterol in the rat: diet versus synthesis. J. biol. Chem. **224**, 1039 (1957).

[1649] MORRISON, J. G.: The effect of adrenocorticotrophic hormone and growth hormone on the fat, water and protein content of mouse liver. Aust. J. exp. Biol. med. Sci. **30**, 313 (1952).

[1650] —, L. M.: Reduction of mortality rate in coronary atherosclerosis by a low cholesterol-low fat diet. Amer. Heart J. **42**, 538 (1951).

[1651] — Diet and atherosclerosis. Ann. intern. Med. **37**, 1172 (1952).

[1652] — A nutritional program for prolongation of life in coronary atherosclerosis. J. Amer. med. Ass. **159**, 1542 (1955).

[1653] —, L. HALL and A. L. CHANEY: Cholesterol metabolism; blood serum cholesterol and ester levels in 200 cases of acute coronary thrombosis. Amer. J. med. Sci. **216**, 32 (1948).

[1654] —, P. BERLIN and W. F. GONZALES: Fat tolerance tests in coronary thrombosis. Amer. Heart J. **38**, 477 (1949).

[1655] —, W. T. GONZALES and L. HALL: The significance of cholesterol variations in human blood serum. J. Lab. clin. Med. **34**, 1473 (1949).

[1656] MORTON, M. E., and J. R. SCHWARTZ: The stimulation in vitro of phospholipid synthesis in thyroid tissue by thyrotrophic hormone. Science **30**, 103 (1953).

[1657] MOSER, H., and M. L. KARNOVSKY: Studies on the biosynthesis of cerebroside galactose. Neurology (Minneap.) **8**, 81 (1958).

[1658] —, H. W., and J. EMERSON: Estimation of the phospholipid phosphorus turnover time in man: Studies in normal individuals in patients, with the nephrotic syndrome and in other types of hyperlipemia. J. clin. Invest. **34**, 1286 (1955).

[1659] MOVITT, E. R., B. GERSTL, F. SHERWOOD and C. C. EPSTEIN: Essential hyperlipemia. Arch. intern. Med. **87**, 79 (1951).

[*1660*] Mühlbock, O.: Der Cholesteringehalt der Frauenmilch. Z. Kinderheilk. **56**, 303 (1934).
[*1661*] — Studien über den Cholesterinstoffwechsel bei Neugeborenen (zugleich ein Beitrag zur Frage des Ikterus neonatorum) Arch. Gynäk. **160**, 1 (1936).
[*1662*] —, u. C. Kaufmann: Der Cholesteringehalt in Blut und Serum bei gesunden Frauen in verschiedenen Lebensaltern und seine Beziehungen zur Sexualfunktion. Z. ges. exp. Med. **102**, 461 (1938).
[*1663*] Muehrcke, R. C., R. M. Kark and C. L. Pirani: Biopsy of the kidney in the diagnosis and management of renal disease. New Engl. J. Med. **253**, 537 (1955).
[*1664*] Müller, C.: Xanthomata, hypercholesterolemia, angina pectoris. Acta med. Scand., Suppl. **139**, 75 (1938).
[*1665*] — Angina pectoris in hereditary xanthomatosis. Arch. intern. Med. **64**, 675 (1939).
[*1666*] —, F.: Ketonkörperstoffwechsel. Wiss. Z. Univ. Greifswald **1**, 172 (1951/52).
[*1667*] — Adrenalinketose beim Diabetes. Z. klin. Med. **150**, 407 (1953).
[*1668*] — Die Adrenalinbelastung als Fettstoffwechseltest bei Dysregulationen des Hypophysenvorderlappens. Z. klin. Med. **150**, 506 (1953).
[*1669*] —. H. F.: Über einen bisher nicht beachteten Formbestandteil des Blutes. Zbl. Path. **7**, 529 (1896).
[*1670*] —, J. F., M. I. Grossman and H. C. Moeller: The effect of intravenous fat emulsions on total bilirubin output as a measure of hemolysis in human subjects. J. Lab. clin. Med. **48**, 379 (1956).
[*1671*] —, O.: Die Capillaren der menschlichen Körperoberfläche. Stuttgart: Ferd. Enke 1922.
[*1672*] Muir, H. M., J. C. Perrone and G. Popják: Studies on the metabolism of the circulating erythrocyte in the rabbit. Biochem. J. **48**, IV (1951).
[*1673*] Mukherjee, S., and R. B. Alfin-Slater: Effect of gonadectomy on biosynthesis of cholesterol from (1-^{14} C) acetate in rat liver slices. IV. Internat. Kongr. Biochem., Wien 1958.
[*1674*] Munk, F.: Klinische Diagnostik der degenerativen Nierenerkrankungen. I. Sekundärdegenerative -primär-degenerative Nierenerkrankung. II. Degenerative Syphilisniere. Z. klin. Med. **78**, 1 (1913).
[*1675*] — Zum Wesen der Lipoidnephrose. In: Becher, E.: Nierenkrankheiten. Jena: Gustav Fischer 1947.
[*1676*] Murray, R. G., and S. Freeman: The morphologic distribution of intravenously injected fatty chyle and artificial fat emulsion in rats and dogs. J. Lab. clin. Med. **38**, 56 (1951).
[*1677*] Mustard, J. F.: Increased activity of the coagulation mechanism during alimentary lipemia and its significance with regard to thrombosis and atherosclerosis. Canad. med. Ass. J. **77**, 308 (1957).
[*1678*] Myasnikov, A. L.: Influence of some factors on development of experimental cholesterol atherosclerosis. Circulation **17**, 99 (1958).

[*1679*] Näätänen, E. K.: The paradoxical effect of giant intravenous insulin doses on rabbits. Ann. Med. exp. Fenn. **32**, 186 (1954).
[*1680*] Nakayama, T.: Studies on the conjugated lipids. 1. On the configuration of cerebrosides. J. Biochem. (Tokyo) **37**, 309 (1950).
[*1681*] — Studies on the conjugated lipids. II. On cerebron sulfuric acid. J. Biochem. (Tokyo) **38**, 157 (1951).
[*1682*] Nath, M. C., and A. Saikia: The effect of different food fats on experimental atherosclerosis and the beneficial effect of essential fatty acids, vitamin B_{12} and hydrolyzed glucose cyclo-acetoacetate. Arch. Biochem. **84**, 162 (1959).
[*1683*] Nava, G.: L'azione dei fattori lipotropi sulla fosfolipidemia e sulla cerebrosidemia in soggetti affetti da cirrosi epatica. Rass. Fisiopat. clin. ter. **21**, 764 (1949).
[*1684*] — Contributo alla conoscenza dei rapporti tra lipidi e proteine plasmatiche. Correlazioni tra cerebrosidi e fosfolipidi e frazioni protidemiche. Fisiol. e Med. **17**, 227 (1950).
[*1685*] Nerking, J.: Über Fetteiweißverbindungen. Arch. ges. Physiol. **85**, 330 (1901).
[*1686*] Neth, R., u. G. Schwarting: Das Verhalten der Coronarsklerose in der Nachkriegszeit. Dtsch. med. Wschr. **1955**, 570.
[*1687*] Netter, H.: Das Bild der Nebennierenrindenhormone und ihre Wirkung. Dtsch. med. J. **4**, 1 (1953).
[*1688*] — Theoretische Biochemie. Physikalisch-chemische Grundlagen der Lebensvorgänge. Berlin-Göttingen-Heidelberg: Springer 1959.
[*1689*] Neubauer, H., M. Eggstein und H. E. Kallusky: Das Serumcholesterin bei arteriosklerotischen Prozessen am Augenhintergrund. Klin. Mbl. Augenheilk. **134**, 330 (1959).
[*1690*] Neumann, A.: Über die Beobachtung des resorbierten Fettes im Blute mittels des Ultrakondensors. Zbl. Physiol. **21**, 102 (1907).
[*1691*] —, J., u. E. Herrmann: Biologische Studien über die weibliche Keimdrüse. Wien. klin. Wschr. **1911**, 411.

[1692] Newman, W., L. Feigin, A. Wolf and E. A. Kabat: Histochemical studies on tissue enzymes; distribution of some enzyme systems which liberate phosphate at pH 9.2 as determined with various substrates and inhibitors; demonstration of 3 groups of enzymes. Amer. J. Path. **26**, 257 (1950).

[1693] Nichols, A. V., N. K. Freeman, B. Shore and L. Rubin: The interaction of „heparin-active factor" and lipoproteins. Circulation **6**, 457 (1952).

[1694] — —, F. T. Lindgren, Th. L. Hayes and J. W. Gofman: Structure and function of serum lipoproteins. 132nd Meeting Amer. Chem. Soc. Div. Biol. Chem. Paper Nr. 169.

[1695] —, C. W., M. D. Siperstein and I. L. Chaikoff: Effect of dihydrocholesterol administration on plasma cholesterol and atherosclerosis in the rabbit. Proc. Soc. exp. Biol. (N.Y.) **83**, 756 (1953).

[1696] Niederberger, W., u. A. Thurnherr: Papierelektrophoretische Lipoproteidstudien an Gesunden und Arteriosklerotikern, unter besonderer Berücksichtigung der Erscheinung der Hyperlipoproteidämie bei Gesunden. Int. Z. Vitaminforsch. **27**, 64 (1956).

[1697] Nieft, M. L., and H. J. Deuel jr.: Studies on cholesterol esterase. 1. Enzyme systems in rat tissues. J. biol. Chem. **177**, 143 (1949).

[1698] Nikkilä, E.: Distribution of lipids in serum protein fractions separated by electrophoresis in filter paper. Ann. Med. exp. Fenn. **30**, 331 (1952).

[1699] — The effect of heparin on serum lipoproteins. Scand. J. clin. Lab. Invest. **4**, 369 (1952).

[1700] — Studies on the lipid protein relationships in normal and pathological sera and the effect of heparin on serum lipoproteins. Scand. J. clin. Lab. Invest. **5**, Suppl. 8 (1953).

[1701] —, and S. Majanen: The blood heparinoid substances in human atherosclerosis. Scand. J. clin. Lab. Invest. **4**, 204 (1952).

[1702] Nitzberg, S. I., R. Goldstein, M. A. Peyman, S. Proger and M. Dalton: Blood coagulation in normal subjects before and after a fatty meal. Tufts-New Engl. med. Cent. **4**, 13 (1958).

[1703] —, A. Peyman, R. Goldstein and S. Proger: Studies of blood coagulation and fibrinolysis in patients with idiopathic hyperlipemia and primary hypercholesteremia before and after a fatty meal. Circulation **19**, 676 (1959).

[1704] Nothman, M. M., L. Bellin and S. Proger: Effect of certain unsaturated fatty acids on serum lipids. Circulation **16**, 920 (1957).

[1705] Nunn, L. C. A., and I. Smedhley-MacLean: The nature of the fatty acids stored by the liver in the fat deficiency disease of rats. Biochem. J. **32**, 2178 (1938).

[1706] Nys, A.: L'étude combinée des protéines et des lipoprotéines sériques par électrophorèse, sur papier, en particulier dans les syndromes hépatiques, néphrotiques et dans l'athérosclérose. Rev. belge Path. **23**, 329 (1953).

[1707] —, et J. Vandenbroucke: L'électrophorèse des lipoprotéines dans les affections hépatiques. Acta gastro-ent. belg. **19**, 142 (1956).

[1708] O'Brien, J. R.: Relation of blood-coagulation to lipaemia. Lancet **1955 II**, 690.

[1709] — Effect of a meal of eggs and different fats on blood coagulability. Lancet **1956 II**, 232.

[1710] — Some pstgrandial effects of eating various phospholipids and triglycerides. Lancet **1957**, 1213.

[1711] — Blood coagulation before and after a fatty meal in patients with coronary-artery disease and in healthy controls. Lancet **1958 I**, 410.

[1712] O'Donnell, V. J., P. Ottolenghi, A. Malkin, O. F. Denstedt and R. D. H. Heard: The biosynthesis from acetate-1-C^{14} of fatty acids and cholesterol in formed blood elements. Canad. J. Biochem. **36**, 1125 (1958).

[1713] O'Reilly, P. O., M. Demey and K. Kotlowski: Cholesteremia and nicotinic acid. A. M. A. Arch. intern. Med. **100**, 797 (1957).

[1714] Oberman, J. L., and R. L. Fankhouser: Idiopathic periodic (familial) hyperlipemia. Bull. N.Y. med. Coll. **15**, 121 (1952).

[1715] Ogawa, K.: Über die fermentative Lysolecithinbildung. J. Biochem. (Tokyo) **24**, 389 (1936).

[1716] Okey, R., and R. E. Boyden: Studies of the metabolism of women. III. Variations in the lipid content of blood in relation to the menstrual cycle. J. biol. Chem. **72**, 261 (1927).

[1717] v. Oldershausen: Diskussionsbemerkung. — S. 148. In: Kühn, H. A.: Pathologie, Diagnostik und Therapie der Leberkrankheiten. Viertes Freiburger Symposium. Berlin-Göttingen-Heidelberg: Springer 1957.

[1718] Oliver, B. B., and B. Friedman: The effect of estrogen therapy on patients with angina pectoris. Amer. J. med. Sci. **231**, 205 (1956).

[1719] —, M. F., and G. S. Boyd: Changes in the plasma lipids during the menstrual cycle. Clin. Sci. **12**, 217 (1953).

[1720] Oliver, B. B., and G. S. Boyd: The plasma lipids in coronary artery disease. Brit. Heart J. 15, 387 (1953).

[1721] — — The effect of estrogens on the plasma lipids in coronary artery disease. Amer. Heart J. 47, 348 (1954).

[1722] — — Plasma lipid and serum lipoprotein patterns during pregnancy and puerperium. Clin. Sci. 14, 15 (1955).

[1723] — — Coronary atherogenesis. — An endocrine problem. Minn. Med. 38, 794 (1955).

[1724] — — The influence of the sex hormones on the circulating lipids and lipoproteins in coronary sclerosis. Circulation 13, 82 (1956).

[1725] — — Endocrine aspects of coronary sclerosis. Lancet 1956 II, 1273.

[1726] — — The influence of triiodothyroacetic acid on the circulating lipids and lipoproteins in euthyroid men with coronary disease. Lancet 1957 I, 124.

[1727] — — Hormonal aspects of coronary artery disease. Vitam. and Horm. 16, 147 (1958).

[1728] Olson, R. E.: Effect of dietary protein upon fat transport. Diabetes 7, 202 (1958).

[1729] —, J. H. Lewis, J. D. Myers and T. J. Moran: Xanthomatous biliary cirrhosis following chlorpromazine, with observations indicating overproduction of cholesterol, hyperprothrombinemia, and the development of portal hypertension. Trans Ass. Amer. Phycns. 70, 243 (1957).

[1730] Oncley, J. L.: Lipoproteins seen as carriers of hormones and vitamins A and E in blood plasma. Chem. Engin. News 31, 668 (1953).

[1731] — Physical chemistry of lipoproteins. — p. 68—78. In: The Nephrotic Syndrome, Proc. VIIth Ann. Conf. on the Nephrotic Syndrome. New York: The National Nephrosis Foundation Inc. 1956.

[1732] — Lipoproteins of human plasma. Harvey Lectures, series 50, p. 71. New York 1956.

[1733] — The lipoproteins of human plasma. — p. 14. In: Homburger, F., and P. Bernfeld: The lipoproteins. Methods and clinical significance. Basel/New York: S. Karger 1958.

[1734] — Plasma lipoproteins. — p. 114. In: Page, I. H.: Chemistry of lipides as related to atherosclerosis. Springfield/Ill.: Charles C. Thomas Publ. 1958.

[1735] —, G. Scatchard and A. Brown: Physical-chemical characteristics of certain proteins of normal human plasma. J. Phys. Chem. 51, 184 (1947).

[1736] —, F. R. Gurd and M. Melin: Preparation and properties of serum and plasma proteins. XXV. Composition and properties of human serum beta-lipoprotein. Amer. chem. Soc. 72, 458 (1950).

[1737] —, and F. R. N. Gurd: The lipoproteins of human plasma. p. 337. In: Tullis, J. L.: Blood cells and plasma proteins. Their state in nature. New York: Academic Press Inc. 1953.

[1738] —, and V. G. Mannick: Sedimentation analysis of plasma proteins. — p. 1. In: Amer. chem. Soc., 126th Meeting, New York 1954.

[1739] —, K. W. Walton and D. G. Cornwell: A rapid method for the bulk isolation of beta-lipoproteins from human plasma. J. Amer. chem. Soc. 79, 4666 (1957).

[1740] Opitz, H.: Hochgradige Lipämie unklarer Genese bei einem 12jährigen Knaben. Dtsch. med. Wschr. 1935, 88.

[1741] Oppenheim, F.: Review of one hundred autopsies of Shanghai Chinese. Chin. Med. J. 1925, 1067.

[1742] Orvis, H. H., and J. M. Evans: Serum lipids and enzymes in pancreatic disease. Circulation 16, 512 (1957).

[1743] Osborne, R. H., D. Adlersberg, F. V. DeGeorge and Ch. Wang: Serum lipids, heredity and environment. A study of adult twins. Amer. J. Med. 26, 54 (1959).

[1744] Oser, B. L., and W. G. Karr: The lipoid partition in blood in health and in disease. Arch. intern. Med. 36, 507 (1925).

[1745] Ott, H.: Das Blutserum bei Analbuminämie. Z. ges. exp. Med. 128, 340 (1957).

[1746] —, u. E. Roth: Fettfärbung der Serumlipoproteide am Filtrierpapier. Klin. Wschr. 1954, 1099.

[1747] —, F. Lohss und J. Gergely: Der Nachweis von Serumlipoproteiden in der Aortenintima. Klin. Wschr. 1958, 383.

[1748] Overbeek, G. A.: Fat-splitting enzymes in blood. Clin. chim. Acta 2, 1 (1957).

[1749] Overzier, C.: Beiträge zur Kenntnis des Hungerödems. Virchows Arch. path. Anat. 314, 655 (1947).

[1750] Paas, H. R.: Generalisierte Xanthomatose, dystrophia adiposogenitalis und Trauma. Arch. orthop. Unfall-Chir. 35, 652 (1935).

[1751] Padmavati, S., S. Gupta and G. V. A. Pantulu: Dietary fat, serum cholesterol levels and incidence of atherosclerosis in Delhi. Circulation 19, 849 (1959).

[1752] Page, I. H.: Atherosclerosis. An Introduction. Circulation 10, 1 (1954).

[1752a] — Connective tissue, thrombosis and atherosclerosis. New York and London: Academic Press Inc. 1959.

[1753] PAGE, I. H., and L. PASTERNAK: Einfluß des Adrenalins auf die Blut- und Organ-lipoide. Biochem. Z. **232**, 295 (1931).
[1754] —, E. KIRK, W. H. LEWIS, W. R. THOMPSON and D. D. VAN SLYKE: Plasma lipids of normal men at different ages. J. biol. Chem. **111**, 613 (1935).
[1755] — — and D. D. VAN SLYKE: Plasma lipids in chronic hemorrhagic nephritis. J. clin. Invest. **15**, 101 (1936).
[1756] —, and H. B. BROWN: Induced hypercholesterolemia and atherogenesis. Circulation **6**, 681 (1952).
[1757] —, L. A. LEWIS and G. PHAHL: The lipoprotein composition of dog lymph. Circulat. Res. **1**, 87 (1953).
[1758] — — and J. GILBERT: Plasma lipids and proteins and their relationship to coronary disease among Navajo Indians. Circulation **13**, 675 (1956).
[1759] —, F. J. STARE, A. C. CORCORAN, H. POLLACK and CH. F. WILKINSON JR.: Athero-sclerosis and the fat content of the diet. Circulation **16**, 163 (1957).
[1760] —, and L. A. LEWIS: Lipoproteins, cholesterol and serum proteins as predictors of myocardial infarction. Circulation **20**, 1011 (1959).
[1761] —, and R. E. SCHNECKLOTH: Hypocholesteremic effect of benzmalacene. Circulation **20**, 1075 (1959).
[1762] PANGBORN, M. C.: The composition of cardiolipin. J. biol. Chem. **168**, 351 (1947).
[1763] PAPPENHEIMER, J. R.: Passage of molecules through capillary walls. Physiol. Rev. **33**, 387 (1953).
[1764] PARONETTO, F., CH. I. WANG and D. ADLERSBERG: Fat ingestion and serumlipoproteins: Studies by starch electrophoresis in normals and in persons with idiopathic hyper-lipemia. Circulation **14**, 502 (1956).
[1765] — — — Comparative studies of lipoproteins by starch and paper electrophoresis. Science **124**, 1148 (1956).
[1766] PARSONS, W. B., R. W. P. ACHOR, K. G. BERGE, B. F. MCKENZIE and N. W. BARKER: Changes in concentration of blood lipids following prolonged administration of large doses of nicotinic acid to persons with hypercholesterolemia: Preliminary observations. Proc. Mayo Clin. **31**, 377 (1956).
[1767] —, and J. H. FLINN: Reduction in elevated blood cholesterol levels by large doses of nicotinic acid. J. Amer. med. Ass. **165**, 234 (1957).
[1768] — — Success of niacin and failure of niacinamide in reducing plasma cholesterol levels in patients with hypercholesterolemia. Circulation **16**, 499 (1957).
[1769] — — Reduction in serum cholesterol levels by nicotinic acid (including studies pertaining to the mechanism of action). Circulation **18**, 489 (1958).
[1770] PATERSON, J. C., B. R. CORNISH and E. C. ARMSTRONG: The serum lipids in human atherosclerosis. An interim report. Circulation **13**, 224 (1956).
[1771] — — — The GOFMAN-indices in coronary atherosclerosis. Canad. med. Ass. J. **74**, 538 (1956).
[1772] —, and J. B. D. DERRICK: Comparison of total cholesterol levels in blood serum with lipid concentrations in human coronary arteries: Second interim report. Canad. J. Biochem. **35**, 869 (1957).
[1773] —, and J. MILLS: The lipid content of the abdominal aorta in overweight and under-weight men. Circulation **18**, 494 (1958).
[1774] PAYNE, R. W.: Studies on the fat-mobilizing factor of the anterior pituitary gland. Endocrinology 45, 305 (1949).
[1775] PEARL, R.: Tobacco smoking and longevity. Science **87**, 216 (1938).
[1776] PEARSALL, H. R., and A. CHANUTIN: Electrophoretic, nitrogen and lipide analyses of plasma and plasma fractions of healthy young men. Amer. J. Med. **7**, 297 (1959).
[1777] PEDERSEN, K. O.: Ultracentrifugal studies of serum and serum fractions. Uppsala: Almqvist & Wiksell 1945.
[1778] — Low density lipoprotein appearing in normal human plasma. J. Phys. Coll. Chem. **51**, 156 (1947).
[1779] PEELER, A. L., O. P. HEPLER, V. M. KINNEY, L. E. CISLER and F. T. JUNG: Normal values for serum cholesterol and basal metabolic rates and their correlation in normal man. J. appl. Physiol. **3**, 197 (1950).
[1780] PELTIER, L. F.: Fat embolism. III. The toxic properties of neutral fat and free fatty acids. Surgery **40**, 665 (1956).
[1781] — An appraisal of the problem of fat embolism. Collective review. Int. Abstr. Surg. **104**, 313 (1957).
[1782] —, D. H. WHEELER, H. M. BOYD and J. R. SCOTT: Fat embolism. II. The chemical composition of fat obtained from human long bones and subcutaneous tissue. Surgery **40**, 661 (1956).

[1783] PERLMAN, I., N. STILLMAN and I. L. CHAIKOFF: Radioactive phosphorus as indicator of phospholipid metabolism; influence of methionine, cystine, and cysteine upon phospholipid turnover in liver. J. biol. Chem. 133, 651 (1940).
[1784] PESSOA, V. C., K. S. KIM and A. C. IVY: Fat absorption in absence of bile and pancreatic juice. Amer. J. Physiol. 174, 209 (1953).
[1785] PETERMANN, M. L.: The effect of lecithinase of human serum globulins. J. biol. Chem. 162, 37 (1946).
[1786] PETERS, J. P., and E. B. MAN: The interrelation of serum lipids in normal persons. J. clin. Invest. 22, 707 (1943).
[1787] — — Interrelations of serum lipids in patients with diseases of kidneys. J. clin. Invest. 22, 721 (1943).
[1788] — — The significance of serum cholesterol in thyroid disease. J. clin. Invest. 29, 1 (1950).
[1789] —, M. HEINEMANN and E. B. MAN: The lipide of serum in pregnancy. J. clin. Invest. 30, 388 (1951).
[1790] PETERSEN, V. P.: The individual plasma phospholipids in acute hepatitis. Acta med. scand. 144, 333 (1953).
[1791] PETERSON, D. W.: Effect of soybean sterols in the diet on plasma and liver cholesterol in chicks. Proc. Soc. exp. Biol. (N.Y.) 78, 143 (1951).
[1792] —, C. W. NICHOLS JR. and E. A. SHNEOUR: Some relationships among dietary sterols, plasma and liver cholesterol levels and atherosclerosis in chicks. J. Nutr. 47, 57 (1952).
[1793] PEZOLD, F. A.: Beitrag zur Therapie des Nephrosesyndroms mit adrenocorticotropem Hormon (ACTH). Verh. dtsch. Ges. inn. Med. 58, 229 (1952).
[1794] — Isolierung des Alpha-Lipoproteins aus Humanserum in der Ultrazentrifuge und sein Identitätsnachweis mittels Papierelektrophorese. Naturwissenschaften 43, 280 (1956).
[1795] — Lipid- und Lipoproteiduntersuchungen an Seren und Ultrazentrifugaten von Lebercirrhosen. Dtsch. Arch. klin. Med. 204, 162 (1957).
[1796] — Über das Verhalten der Blutlipide bei Lebercirrhosen. Verh. dtsch. Ges. inn. Med. 63, 312 (1957).
[1797] — Zur Kenntnis der elektrophoretisch trennbaren Lipoproteidfraktionen im Blutserum. Klin. Wschr. 1957, 475.
[1798] — Vergleichende Untersuchungen der Lipoproteine in Humanseren und Ultrazentrifugaten mittels der Zonenelektrophorese in Filtrierpapier und Agargel. Clin. chim. Acta 3, 40 (1958).
[1799] — Kritische Bemerkungen zur Anwendung der Papierelektrophorese in der ärztlichen Diagnostik. Ärztl. Wschr. 1958, 129.
[1800] — Alterswandlungen im Verhalten der Lipide und Lipoproteide und ihre Beziehungen zur Arteriosklerose. Verh. dtsch. Ges. Kreisl.-Forsch. 24, 276 (1958).
[1801] — Zur hormonalen Regulierung der Lipid- und Lipoproteidkonzentrationen des Blutes. Ärztl. Wschr. 1958, 482.
[1802] — Kann man die Anfärbbarkeit der Serumlipide auf Filtrierpapier zur Schnellbestimmung der Gesamtlipide heranziehen? Klin. Wschr. 1958, 560.
[1803] — Das Blutplasma und seine diagnostische Beurteilung. In: MÜLLER-SEIFERT: Taschenbuch der medizinisch-klinischen Diagnostik, 67. Aufl., S. 281—311. München: J. F. Bergmann 1959.
[1804] — Über die Rolle der Schilddrüse bei der Regulierung der Serumlipidkonzentrationen (Zugleich als Stellungnahme zur Frage der Anwendbarkeit von Schilddrüsenhormonen bei klinisch manifester Arteriosklerose). Ärztl. Wschr. 1959, 125.
[1805] — Untersuchungen zur Hyperlipidämie beim nephrotischen Syndrom. Klin. Wschr. 1959, 132.
[1806] — Statistische Erhebungen über Häufigkeit und Verteilung der Arteriosklerose an dem autoptischen Material eines Berliner Universitätsklinikums. (Vortrag auf dem Fettsymposium der Dtsch. Ges. f. Ernährung in Bad Neuenahr 1958). Wiss. Veröffentl. dtsch. Ges. Ernähr. 3, 162 (1959).
[1807] — Neuere Befunde zur Pathophysiologie der Hyperlipidämie beim nephrotischen Syndrom. Dtsch. Arch. klin. Med. 205, 640 (1959).
[1808] — Plasmalipide und Gefäßwand. Referat auf dem Symposion über „Plasma und Gefäßwand" vor d. Medizinischen Akademie in Magdeburg 1. bis 3. Okt. 1959. Jena: VEB Gustav Fischer 1961 (Im Druck).
[1809] — Die Lipoproteide des Blutserums und ihre klinische Bedeutung. Verh. dtsch. Ges. inn. Med. 66, 427 (1961).
[1810] — Lipoproteinstruktur unter besonderer Berücksichtigung der Ultrazentrifugenanalyse Referat auf dem Symposium „Nahrungsfett und Atherosklerose" der Sektion „Klinische Biologie der Fette" der Dtsch. Ges. f. Fettwissenschaften, Med. Univ. Klinik Erlangen 8./9. 7. 1960. Med. u. Ernährung 1, 244 (1960).

[*1811*] Pezold, F. A., u. H. H. Krüger: Beitrag zur Therapie des Nephrosesyndroms mit adrenocorticotropem Hormon (ACTH). Ärztl. Wschr. **1952**, 531.

[*1812*] —, O. F. de Lalla und J. W. Gofman: Experimentelle Untersuchungen über die Zuordnung der papierelektrophoretisch bestimmbaren Lipoproteidgruppen zu den mittels präparativer Ultrazentrifugierung trennbaren Fraktionen. Clin. chim. Acta **2**, 43 (1957).

[*1813*] —, u. H. Thomas: Elektrophoretische Untersuchungen von Humanseren und isolierten Proteinfraktionen mittels einer standardisierten Agartechnik. Z. ges. exp. Med. **129**, 412 (1957).

[*1814*] —, u. K. Steinhauer: Das Verhalten der Serumlipoproteide nach Herzinfarkt. Unveröffentl. Mitt. 1958.

[*1815*] —, u. R. Droege: Untersuchungen an Gesunden und klinisch manifesten Arteriosklerotikern über den Einfluß oraler Gaben von Trijodthyronin auf die Serumlipidkonzentrationen. Arzneimittel-Forsch. „Drug Research" **9**, 561 (1959).

[*1816*] —, u. K. F. Bergmann: Untersuchungen am Menschen über die Permeabilität von Blutcapillaren für Lipoproteide. In H. Peeters: Prot. Biol. Fluids, p. 213. Proc. VIIIth Coll. Bruges 1960. Amsterdam: Elsevier Publ. Co. 1961.

[*1817*] —, u. F. Schulbin: Thrombelastographische Untersuchungen über das Verhalten der Blutgerinnung im Verlauf der alimentären Lipämie an gesunden Versuchspersonen und klinisch manifesten Arteriosklerotikern. (In Vorbereitung).

[*1818*] —, u. B. Günther: Vergleichende statistische Erhebungen über Häufigkeit der Arteriosklerose und ihre Verteilung auf Altersgruppen und Geschlechter (Gegenüberstellung des autoptischen Materials des Städt. Krankenhauses Westend Berlin, aus den Jahren 1947—1949 und 1955—1957.) (In Vorbereitung).

[*1819*] —, u. H. G. v. Knorre: Untersuchungen über das Verhalten der Serumlipide und -lipoproteide am Nephrosehund, erzeugt mittels eines Antihundenieren-Kaninchenserums. (Manuskript abgeschlossen).

[*1820*] Pfeiffer, E. F., u. H. Wirtz: Hypercholesterinämische Xanthomatose bei intrahepatischem Verschlußikterus nach Salvarsan. Arch. Derm. Syph. (Berl.) **193**, 99 (1951).

[*1821*] Pfleger, L., u. H. Tirschek: Xanthomatose bei idiopathischer Hyperlipämie und Pankreatitis. Wien. klin. Wschr. **1956**, 435.

[*1822*] Pflüger, E.: Die Resorption der Fette vollzieht sich dadurch, daß sie in wäßrige Lösung gebracht werden. Pflüg. Arch. ges. Physiol. **86**, 1 (1901).

[*1823*] Phillips, G. B.: The phospholipid composition of human serum lipoprotein fractions sepatared by ultracentrifugation. J. clin. Invest. **38**, 489 (1959).

[*1824*] Pick, R., J. Stamler, S. Rodbard and L. N. Katz: The inhibition of coronary atherosclerosis by estrogens in cholesterol-fed chicks. Circulation **6**, 276 (1951).

[*1825*] — — — — Estrogen-induced regression of coronary atherosclerosis in cholesterol-fed chicks. Circulation **6**, 858 (1952).

[*1826*] — — and L. N. Katz: Suppression of estrogen anti-atherogenesis by hypothyroidism in cholesterol fed chicks. Circulation **12**, 488 (1955).

[*1827*] Pierce, F. T. Jr.: The interconversion of serum lipoproteins in vivo. Metabolism **3**, 142 (1954).

[*1828*] —, F. T., and J. W. Gofman: Lipoprotein, liver disease and atherosclerosis. Circulation **4**, 25 (1951).

[*1829*] —, and B. Bloom: Relationship of ACTH and cortisone to the serum lipoproteins of the rabbit. Metabolism **1**, 163 (1952).

[*1830*] —, F. T. Jr., J. R. Kimmel and Th. W. Burns: Lipoproteins in infectious and serum hepatitis. Metabolism **3**, 228 (1954).

[*1831*] Pihl, A.: Cholesterol studies; dietary cholesterol and atherosclerosis. Scand. J. clin. Lab. Invest. **4**, 122 (1952).

[*1832*] —, and K. Bloch: The relative rates of metabolism of neutral fat and phospholipides in various tissues of the rat. J. biol. Chem. **183**, 431 (1950).

[*1833*] — — and H. S. Anker: The rates of synthesis of fatty acids and cholesterol in the adult rat studied with the aid of labeled acetic acid. J. biol. Chem. **183**, 441 (1950).

[*1834*] Pilkington, T. R. E.: The effects of alimentary lipaemia on the calcium clotting time of human plasma. Clin. Sci. **16**, 261 (1957).

[*1835*] Pincus, G.: The biosynthesis of adrenal steroids. Ann. N.Y. Acad. Sci. **61**, 283 (1955).

[*1836*] Piper, J., and L. Orrild: Essential familial hypercholesterolemia and xanthomatosis; follow-up study of twelve Danish families. Amer. J. Med. **21**, 34 (1956).

[*1837*] Pitt-Rivers, R., J. R. Tata and W. R. Trotter: The thyroid hormones. London: Pergamon Press 1959.

[*1838*] Polano, M. K., and H. A. Suellen: Clinical and experimental aspects of xanthomatosis. J. invest. Derm. **22**, 447 (1954).

[*1839*] POLLAK, O. J.: Correlation between chemical and morphologic alterations in experimental atherosclerosis. Arch. Path. **39**, 11 (1945).

[*1840*] — Morphologic similarities and dissimilarities between human atherosclerosis and experimental atherosclerosis in the rabbit. Circulation **4**, 470 (1951).

[*1841*] — Prevention of hypercholesterolemia in the rabbit; successful prevention of cholesterol atherosclerosis. Reduction of blood cholesterol in man. Circulation **6**, 459 (1952).

[*1842*] — Visceral atherosclerosis in rabbits and man. Geriatrics 8, 135 (1953).

[*1843*] — Reduction of blood cholesterol in man. Circulation **7**, 702 (1953).

[*1844*] — Aortic mast cells in man and rabbit. Circulation **14**, 503 (1956).

[*1845*] POLONOVSKI, J., et M. MACHEBOEUF: Hemolyse par les savons à cation actif. Ann. Inst. Pasteur **73**, 980 (1947).

[*1846*] POMERANZE, J., and H. G. KUNKEL: Serum lipids in diabetes mellitus. Proc. Amer. Diab. Ass. **10**, 217 (1950).

[*1847*] —, and M. CHESSIN: Decholesterolizing agents. Amer. Heart J. **49**, 262 (1955).

[*1848*] —, H. FELDMAN, E. J. KING, R. J. LUCARIELLO and J. SIMON: A correlation of serum lipids, lipoproteins and blood sugar levels in diabetes mellitus. Circulation 18, 508 (1958).

[*1849*] PONDER, E.: Fragmentation of red cell ghosts in relation to the problem of red cell structure. J. exp. Biol. **28**, 567 (1951).

[*1850*] POOLE, J. C. F.: The significance of chylomicra in blood coagulation. Brit. J. Haemat. **1**, 229 (1955).

[*1851*] — Fats and blood coagulation. Brit. med. Bull. **14**, 253 (1958).

[*1852*] —, and D. S. ROBINSON: A comparison of the effects of certain phosphatides and of chylomicra on plasma coagulation in the presence of RUSSELs viper venom. Quart. J. exp. Physiol. **41**, 31 (1956).

[*1853*] POPJÁK, G.: Metabolism of lipids. Brit. med. Bull. **14**, 197 (1958).

[*1854*] —, and E. F. McCARTHY: The osmotic pressure of defatted human serum. Biochem. J. **37**, 702 (1943).

[*1855*] — — Osmotic pressures of experimental and human lipaemic sera. Evaluation of albumin-globulin with the aid of electrophoresis. Biochem. J. **40**, 789 (1946).

[*1856*] — — The possible influence of lipids on the osmotic pressure of serum proteins. Discuss. Faraday Soc. **6**, 97 (1949).

[*1857*] —, and H. MUIR: In search of a phospholipin precursor. Biochem. J. **46**, 103 (1950).

[*1858*] —, and M. L. BEECKMANS: Extrahepatic lipid synthesis. Biochem. J. **47**, 233 (1950).

[*1859*] —, and A. TIETZ: Biosynthesis of fatty acids by slices and cell-free. Biochem. J. **56**, 46 (1954).

[*1860*] —, J.: The effect of feeding cholesterol fat on the plasmalipids of the rabbit. The role of cholesterol in fat metabolism. Biochem. J. **40**, 608 (1946).

[*1861*] PORTMAN, O. W., and L. SINISTERRA: Dietary fat and hypercholesteremia in the cebus monkey: II. Esterification and disappearance of cholesterol-4-C^{14}. J. exp. Med. **106**, 727 (1957).

[*1862*] —, K. PINTER and T. HAYASHIDA: Dietary fat and hypercholesteremia in the cebus monkey: III. Serum polyunsaturated fatty acids. Amer. J. clin. Nutr. **7**, 63 (1959).

[*1863*] POST, J., S. GELLIS and H. J. LINDENAUER: Studies on the sequelae of acute infectious hepatitis. Arch. intern. Med. **33**, 1378 (1950).

[*1864*] POULSEN, A. H.: Familial lipemia, a new form of lipidosis showing increase in neutral fats combined with attacks of acute pancreatitis. Acta med. scand. **138**, 413 (1950).

[*1865*] POWERS, B. S., and N. R. DILUZIO: Dietary cholesterol and adrenal regulation of plasma lipids. Amer. J. Physiol. **195**, 166 (1958).

[*1866*] PRATT, H. M.: Serum lipoproteins in human atherosclerosis. Fed. Proc. **11**, 270 (1952).

[*1867*] PRAWITZ, H. H.: Die essentielle familiäre Hyperlipämie. Med. Klin. **50**, 1217 (1955).

[*1868*] PRIDDLE, W.: Hypercholesteremia: An analysis of 529 cases and treatment of 297 by low animal fat diet and desiccated thyroid substance. Ann. intern. Med. **35**, 836 (1951).

[*1869*] PRIVETT, O. S., F. J. PUSCH and R. T. HOLMAN: Polyethenoid fatty acid metabolism. VIII. Arch. Biochem. **57**, 156 (1955).

[*1870*] PÜRSCHEL, W., u. S. RUST: Xanthomatöse Haut- und Organveränderungen bei Hypercholesterinämie. Haut- u. Geschlechtskr. **15**, 89 (1953).

[*1871*] PUNSAR, S.: Essential hyperlipaemia and atherosclerosis. Ann. Med. intern. Fenn. **46**, 77 (1957).

[*1872*] PUTNAM, F. W.: The interactions of proteins and synthetic detergents. Advanc. Protein Chem. **4**, 79 (1948).

[*1873*] PUTT, F. A.: Flaming red as a dye for the demonstration of lipids. Lab. Invest. **5**, 377 (1956).

[*1874*] RAAB, W.: Das hormonal-nervöse Regulationssystem des Fettstoffwechsels. Verh. dtsch. Ges. Verdau.- u. Stoffwechselkr. **5**, 102 (1925).

[1875] RAAB, W.: Wirkung der blutfettsenkenden Hypophysensubstanz („Lipoitrin") an Menschen. Z. ges. exp. Med. 89, 588 (1933).

[1876] — Die Beeinflussung des Fettstoffwechsels durch Hypophysenstoffe. Klin. Wschr. 1934, 281.

[1877] RABEN, M. S., and C. H. HOLLENBERG: Effect of growth hormone on plasma fatty acids. J. clin. Invest. 38, 484 (1959).

[1878] RADDING, CH., and D. STEINBERG: Synthesis of low and high density lipoproteins by rat liver slices. Circulation 18, 484 (1958).

[1879] RADIN, N. S., F. B. MARTIN and J. R. BROWN: Galactolipide metabolism. J. biol. Chem. 224, 499 (1957).

[1880] RAFSTEDT, S., and B. SWAN: Studies on lipids, proteins and lipoproteins in serum from newborn infants. Acta paediat. (Uppsala) 43, 221 (1954).

[1881] RANDERATH, E., u. P. B. DIEZEL: Vergleichende histochemische Untersuchungen der Arteriosklerose bei Diabetes mellitus und ohne Diabetes mellitus. Dtsch. Arch. klin. Med. 205, 523 (1959).

[1882] RANSOM, F.: Saponin und sein Gegengift. Dtsch. med. Wschr. 1901, 194.

[1883] RAPPORT, M. M., and N. ALONZO: Identification of phosphatidal choline as the major constituent of beef heart lecithin. J. biol. Chem. 217, 199 (1955).

[1884] —, and R. E. FRANZL: The structure of plasmalogen. III. The nature and significance of the aldehydogenic linkage. J. Neurochem. 1, 303 (1957).

[1885] — — The structure of plasmalogens. I. Hydrolysis of phosphatidal choline by lecithinase A. J. biol. Chem. 225, 851 (1957).

[1886] —, B. LERNER, N. ALONZO and R. E. FRANZL: The structure of plasmalogens. II. Crystalline lysophosphatidal ethanolamine (acetal phospholipide). J. biol. Chem. 225, 859 (1957).

[1887] RAY, B. R., E. O. DAVISSON and H. O. CRESPI: On the stability of serum lipoproteins and evidence of a stabilizing factor. J. Amer. chem. Soc. 74, 5807 (1952).

[1888] RAYNAUD, E., R. D'ESHOUGUES, P. PASQUET et S. CRUCK: L'électrophorèse dans l'athérosclérose. Presse méd. 1952, 1515.

[1889] — — — et S. DI GIOVANNI: Technique d'étude des lipoprotéines sériques ad moyen de l'électrophorèse sur papier. Ann. Biol. clin. 11, 377 (1953).

[1890] — — — — Etude des lipoprotéines par l'électrophorèse sur papier dans l'athérosclérose. Bull. Soc. méd. Hôp. Paris 69, 394 (1953).

[1891] — — — — Etude des lipoprotéines par l'électrophorèse sur papier dans l'athérosclérose. Presse méd. 1953, 638.

[1892] — — — L'électrophorèse sur papier dans les syndromes néphrotiques. Sem. Hôp. Paris 30, 4065 (1954).

[1893] — — — Technique d'électrophorèse sur papier pour l'étude des Glycides et des lipides aux protéin sérique. Algérie méd. 59, 523 (1955).

[1894] RECANT, L.: Effect of growth hormone on glucose oxidation. Fed. Proc. 11, 272 (1952).

[1895] REDETZKI, H., u. R. TH. GRONOW: Untersuchungen über die Fettresorption und die alimentäre Lipämie nach Fettbelastung. Klin. Wschr. 1955, 701.

[1896] REED, C. F.: Studies of in vivo and in vitro exchange of erythrocyte and plasma phospholipids. J. clin. Invest. 38, 1032 (1959).

[1897] REGAN, T. J., K. BINAK, S. GORDON, V. DE FAZIO and H. K. HELLEMS: The modification of myocardial blood flow and oxygen consumption during postprandial lipemia and heparin-induced lipolysis. J. clin. Invest. 38, 1033 (1959).

[1898] REICHER, K.: Zur Kenntnis des Fett- und Lipoidstoffwechsels. Verh. dtsch. Kongr. inn. Med. 1911, 327.

[1899] REIN, H., K. LIEBERMEISTER und D. SCHNEIDER: Schilddrüse und Carotissinus als funktionelle Einheit. Klin. Wschr. 1932, 1636.

[1900] REINHARDT, W. O., M. C. FISHLER and I. L. CHAIKOFF: The circulation of plasma phospholipids: Their transport to thoracic duct lymph. J. biol. Chem. 152, 79 (1944).

[1901] REIS, J. L.: Studies on 5-nucleotidase and its distribution in human tissues. Biochem. J. 46, XXI (1950).

[1902] REISER, R.: Recent studies of fat digestion and absorption. Clin. Chem. 1, 93 (1955).

[1903] RENNKAMP, F.: Untersuchungen über das Sphingomyelin und die ätherunlöslichen Glycerinphosphatide des Gehirns. Hoppe Seylers Z. physiol. Chem. 284, 215 (1949).

[1904] RICH, A. R., T. H. COCHRAN and D. C. McGOON: Marked lipemia resulting from administration of cortisone. Med. Bull. Johns Hopkins Hosp. 88, 101 (1951).

[1905] —, C., E. L. BIERMAN and I. L. SCHWARTZ: Plasma nonesterified fatty acids in hyperthyroid states. J. clin. Invest. 38, 275 (1959).

[1906] RICHMAN, A.: Acute pancreatitis. Amer. J. Med. 21, 246 (1956).

[1907] RIGDON, R. H., and G. WILLEFORD: Sudden death during childhood with xanthoma tuberosum. (Review of literature and report of a case) J. Amer. med. Ass. 142, 1268 (1950).

[*1908*] RIGGS, D. S., E. B. MAN and H. WINKLER: Serumjodid of euthyroid subjects treated with desiccated thyroid. J. clin. Invest. 24, 722 (1945).

[*1909*] RILEY, F. P., and A. STEINER: Effect of sitosterol on the concentration of serum lipids in patients with coronary atherosclerosis. Circulation 16, 723 (1957).

[*1910*] —, R. F.: Metabolism of phosphorylcholine. J. biol. Chem. 153, 535 (1944).

[*1911*] RINEHART, J. F., and L. D. GREENBERG: Arteriosclerotic lesions in pyridoxine deficient monkeys. Amer. J. Path. 25, 481 (1949).

[*1912*] — — Pathogenesis of experimental arteriosclerosis in pyridoxine deficiency. Arch. Path. 51, 12 (1951).

[*1913*] — — Vitamin B_6 deficiency in the rhesus monkey. Amer. J. clin. Nutr. 4, 318 (1956).

[*1914*] RITTER, K., G. BORNMANN und A. LOESER: Allgemeinstoffwechsel und Trijodthyronin. Klin. Wschr. 1955, 743.

[*1915*] ROBERTS, J. C. JR., and R. H. WILKINS: Atherosclerosis in obese patients at autopsy. Circulation 18, 495 (1958).

[*1916*] —, S., and C. M. SZEGO: The nature of circulating estrogen: Lipoprotein-bound estrogen in human plasma. Endocrinology 39, 183 (1946).

[*1917*] ROBERTSON, J. D., and H. F. W. KIRKPATRICK: Changes in basal metabolism, serum-protein bound-jodine and cholesterol during treatment of hypothyroidism with oral thyroid and l-thyroxine sodium. Brit. med. J. 1952, 624.

[*1918*] ROBINSON, D. S.: The chemical composition of chylomicra in the rat. Quart. J. exp. Physiol. 40, 112 (1955).

[*1919*] — Further studies on the lipolytic system induced in plasma by heparin injection. Quart. J. exp. Physiol. 41, 195 (1956).

[*1920*] —, and J. E. FRENCH: The role of albumin in the interaction of chyle and plasma in the rat. Quart. J. exp. Physiol. 38, 233 (1953).

[*1921*] —, P. M. HARRIS, J. C. POOLE and G. H. JEFFRIES: The effect of a fat meal on the concentration of free fatty acids in human plasma. Biochem. J. 60, XXXVII (1955).

[*1922*] —, and J. C. F. POOLE: The similar effect of chylomicra and ethanolamine phosphatide on the generation of thrombin during coagulation. Quart. J. exp. Physiol. 41, 36 (1956).

[*1923*] —, E. J. FRENCH and P. M. HARRIS: The interactions of chyle, cholesterol and plasma. (III. Internat. Conf. on Biochemical Problems of Lipids, July 1956), p. 298. Brussels: Koninkl. Vlaam. Acad. Wetenschappen 1956.

[*1924*] —, and D. M. HARRIS: The effect of heparin injection on the lipemia induced in the rabbit by excessive bleeding. Biochem. J. 66, 18 P (1957).

[*1925*] —, R. W., N. HIGANO, W. D. COHEN, R. C. SNIFFEN and I. W. SHERER: Effects of estrogen therapy in hormonal functions and serum lipids in men with coronary atherosclerosis. Circulation 14, 365 (1956).

[*1926*] —, W. D. COHEN and N. HIGANO: Serum lipid and estrogenic effects of two new „weak estrogens" in male patients with coronary atherosclerosis. Circulation 14, 489 (1956).

[*1927*] —, N. HIGANO and W. D. COHEN: The effects of estrogens on serum lipoids in women. Arch. intern. Med. 100, 739 (1957).

[*1928*] ROBOZ, E., W. C. HESS, F. M. FORSTER and D. M. TEMPLE: Serum lipid studies in multiple sclerosis. A. M. A. Arch. Neurol. Psychiat. 72, 154 (1954).

[*1929*] RODBELL, M.: N-terminal amino acid and lipid composition of lipoproteins from chyle and plasma. Science 127, 701 (1958).

[*1930*] —, and D. J. HANAHAN: Some aspects of the metabolism of lecithin and its derivatives in liver. J. biol. Chem. 214, 595 (1955).

[*1931*] —, and D. S. FREDRICKSON: Nature and function of chylomicra proteins. Fed. Proc. 17, 298 (1958).

[*1932*] RÜMCKE, O.: Über zentral bedingte Acetonurie. Wien. klin. Wschr. 1930, 1373.

[*1933*] ROGER, H., et L. BINET: Le processus histologique de la lipodierèse pulmonaire. C. R. Soc. Biol. (Paris) 88, 1140 (1923).

[*1934*] ROHRSCHNEIDER, W.: Der Arcus lipoides corneae; seine Bedeutung für die Erkennung der Arteriosklerose. Med. Klin. 1958, 782.

[*1935*] ROSENBERG, A., C. HOWE and E. CHARGAFF: Inhibition of influenza virus haemagglutination by brain lipid fraction. Nature (Lond.) 177, 234 (1956).

[*1936*] —, and E. CHARGAFF: Nitrogenous constituents of an ox brain mucolipid. Biochem. biophys. Acta 21, 588 (1956).

[*1937*] —, I. N.: Behavior of lipids during electrophoresis of serum on paper. J. clin. Invest. 31, 657 (1952).

[*1938*] — Serum lipids studied by electrophoresis in paper. Proc. Soc. exp. Biol. (N.Y.) 80, 751 (1952).

[*1939*] —, E. YOUNG and S. PROGER: Serum lipoproteins of normal and atherosclerotic persons, studied by paper electrophoresis. Amer. J. Med. 16, 818 (1954).

[*1940*] Rosenfeld, R. S., and L. Hellman: The relation of plasma and biliary cholesterol to bile acid synthesis in man. J. clin. Invest. 38, 1334 (1959).
[*1941*] Rosenheim, O.: The galactosides of the brain. Biochem. J. 7, 604 (1913).
[*1942*] Rosenman, R. H.: Pathogenesis of hyperlipemia, p. 38. In: Experimental Nephrotic Syndrom. Proc. VIIth Annual Conf. on the Nephrotic Syndrome. New York: The National Nephrosis Foundation, Inc. 1956.
[*1943*] —, M. Friedman and S. O. Byers: Observations concerning the metabolism of cholesterol in the hypo- and hyperthyroid rat. Circulation 5, 589 (1952).
[*1944*] —, S. O. Byers and M. Friedman: Mechanism responsible for the altered blood cholesterol content in deranged thyroid states. J. clin. Endocr. 12, 1287 (1952).
[*1945*] — — — The effect of soybean sterols on the absorption of cholesterol by the rat. Circulat. Res. 2, 160 (1954).
[*1946*] —, B. Solomon, S. Byers and M. Friedman: Arresting effect of heparin upon experimental nephrosis in rats. Proc. Soc. exp. Biol. (N.Y.) 86, 599 (1954).
[*1947*] —, and M. Friedman: Change in the serum cholesterol and blood clotting time in men subjected to cyclic variation of emotional stress. Circulation 16, 931 (1957).
[*1948*] —, S. O. Byers and M. Friedman: Plasma lipid interrelationships in experimental nephrosis. J. clin. Invest. 36, 1558 (1957).
[*1949*] — — Study of possible causal role of lipoprotein lipase deficiency in nephrotic hyperlipemia. J. clin. Invest. 38, 1036 (1959).
[*1950*] —, W. Breall, S. O. Byers and D. D. Rabin: Hepatic metabolism of cholesterol in experimental nephrosis in rats. J. clin. Invest. 38, 1434 (1959).
[*1951*] Rosenthal, F., u. P. Holzer: Beiträge zur Lehre von den mechanischen und dynamischen Ikterusformen. I. Mitt.: Über die quantitativen Beziehungen von Bilirubin und Cholesterin im Blut bei den verschiedenen Ikterusformen. Dtsch. Arch. klin. Med. 135, 257 (1921).
[*1952*] —, u. R. Braunisch: Xanthomatosis und Hypercholesterinämie. Ein Beitrag zur Frage ihrer genetischen Beziehungen. Z. klin. Med. 92, 429 (1921).
[*1953*] —, E. Friedländer und R. Kohn: Untersuchungen über die Entstehung der Aderlaßlipämie. Arch. exp. Path. Pharmak. 175, 343 (1934).
[*1954*] —, S. R.: Studies in atherosclerosis: I + II: Chemical experimental and morphologic; roles of cholesterol metabolism, blood pressure and structure of aorta; fat angle of aorta (E. A. A.) and infiltration expression theory of lipid deposit. Arch. Path. 18, 473, 660 (1934).
[*1955*] Rosie: Vitamine und Atherosklerose. Dtsch. med. Wschr. 1957, 40.
[*1956*] Rossi, B., and V. Rulli: The hypocholesterolemic effect of phenylethylacetic acid amide in hypercholesterolemic atherosclerotic patients. Amer. Heart J. 53, 277 (1957).
[*1957*] Rouser, G., J. F. Berry, G. Marinetti and E. Stotz: Studies on the structure of sphingomyelin. I. Oxydation of products of partial hydrolysis. J. Amer. chem. Soc. 75, 310 (1953).
[*1958*] Le Roy, G. V., R. G. Gould, D. M. Bergenstal, H. Werbin and J. J. Kabara: Studies on extrahepatic cholesterol synthesis and equilibration in man using a double labeling technique. J. Lab. clin. Med. 49, 858 (1957).
[*1959*] Rubin, L.: The serum lipoproteins in infectious mononucleosis. Amer. J. Med. 17, 521 (1954).
[*1960*] —, and F. Aladjem: Serum lipoprotein changes during fasting in man. Amer. J. Physiol. 178, 263 (1954).
[*1961*] —, S. H.: The plasma and red blood cell lipids in persistent (diabetic) lipemia and in transient (alimentary) lipemia. J. biol. Chem. 131, 691 (1939).
[*1962*] Ruhenstroth-Bauer, G.: Über den Austausch zwischen dem Cholesterin der Erythrocytenoberfläche und dem Cholesterin des Blutplasmas. Z. ges. exp. Med. 121, 475 (1953).
[*1963*] Russ, E. M., H. A. Eder and D. P. Barr: Protein-lipid relationships in human plasma. I. In normal individuals. II. In atherosclerosis and related condition. Amer. J. Med. 11, 468 (1951).
[*1964*] — — — and J. Raymunt: Influence of gonadal hormones on protein-lipid relationships in human plasma. Amer. J. Med. 19, 4 (1955).
[*1965*] —, J. Raymunt and D. P. Barr: Lipoproteins in primary biliary cirrhosis. J. clin. Invest. 35, 133 (1956).
[*1966*] Russek, H. I., and B. L. Zohman: Relative significance of heredity, diet and occupational stress in coronary heart disease. Amer. J. med. Sci. 235, 266 (1958).
[*1967*] Russel, J. A.: The effect of growth hormone on glucosuria in the diabetic rat. Endocrinology 48, 462 (1951).
[*1968*] Rusznyák, I., M. Földi und G. Szabó: Physiologie und Pathologie des Lymphkreislaufes. Jena: VEB Gustav Fischer 1957.

[*1969*] Rutstein, D. D., E. F. Ingenito, J. M. Craig and M. Martinelli: Effects of linolenic and stearic acids on cholesterolinduced lipoid deposition in human aortic cells in tissue-culture. Lancet 1958 I, 545.

[*1970*] Sachs, B. A., P. Cady and G. Ross: A normal lipid-like material and carbohydrate in the sera of patients with multiple myeloma. Amer. J. Med. 17, 662 (1954).
[*1971*] —, and R. E. Weston: Sitosterol administration in normal and hypercholesteremic subjects. Arch. intern. Med. 97, 738 (1956).
[*1972*] Saffran, J., and N. Kalant: Mechanism of hyperlipemia in experimental nephrosis. J. clin. Invest. 38, 1717 (1959).
[*1973*] Sakai, S.: Pathogenese der Lipämie. Biochem. Z. 62, 387 (1914).
[*1974*] Sala, G., A. Amira, M. Borasi and C. Cavallero: Cortisone and fat metabolism. Lancet 260, 641 (1951).
[*1975*] Salgado, E., and H. Selye: The role of the thyroid in the production of cardiovascular and renal changes by methylandrostenediol. J. Endocr. 11, 331 (1954).
[*1976*] Salter, J. M., I. W. F. Davidson and C. H. Best: The effects of insulin and somatotrophin on the growth of hypophysectomized rats. Canad. J. Biochem. 35, 913 (1957).
[*1977*] Santo, E.: Die Beeinflussung der Langerhansschen Inseln durch das sog. pancreotrope Hormon der Hypophyse. Z. ges. exp. Med. 102, 390 (1938).
[*1978*] Sarre, H.: Zur Pathogenese und Therapie des nephrotischen Syndroms. Dtsch. med. Wschr. 1954, 1652, 1713.
[*1979*] — Nierenkrankheiten. Physiologie, Pythophysiologie, Klinik und Therapie. Stuttgart: Georg Thieme 1958.
[*1980*] Sayers, G.: Regulation of the secretory activity of the adrenal cortex. Amer. J. Med. 11, 539 (1951).
[*1981*] —, and M. A. Sayers: The pituitary adrenal system. Recent Progr. Hormone Res. 2, 81 (1948).
[*1982*] Scanu, A., e. L. Causa: Azione dell eparina in piccole dosi sulla iperlipemia postprandiale in soggetti normali e aterosclerotici. Minerva med. (Torino) 46, I, (1955).
[*1983*] Schäfer, G.: Plasmalogenstoffwechsel im Wochenbett und seine Beziehungen zur Milchsekretion. Zbl. Gynäk. 72, 1 (1950).
[*1984*] —, u. M. Taubert: Die Bedeutung der Leber für den Serumplasmalogenspiegel. Z. ges. exp. Med. 117, 439 (1951).
[*1985*] —, u. W. Höreth: Der Einfluß vegetativer Gifte auf den Serumplasmalogengehalt der Frau. Z. ges. inn. Med. 7, 526 (1952).
[*1986*] Schaefer, L. E., D. Adlersberg and A. G. Steinberg: Heredity, environment, and serum cholesterol. A study of 201 healthy families. Circulation 17, 537 (1958).
[*1987*] — — — Serum phospholipids: Genetic and environmental influences. Circulation 18, 341 (1958).
[*1988*] Schaffner, F., M. Meitus, I. de la Huerga, D. F. Magee, F. Steigmann and H. Popper: Relation of plasma to biliary phospholipids. Fed. Proc. 10, 369 (1951).
[*1989*] —, and A. L. Scherbel: Whipple disease (glycoproteins, lipoproteins and other biochemical studies before and after successful cortisone therapy). Gastroenterology 29, 109 (1955).
[*1990*] Schall, H.: Analytische Untersuchungen über den Einfluß von Keimdrüsenextrakten auf den Serumcholesterinspiegel. Münch. med. Wschr. 1954, 1336.
[*1991*] — Nachtrag zur Arbeit Schall: Analytische Untersuchungen über den Einfluß von Keimdrüsenextrakten auf den Serumcholesterinspiegel (in: Münch. med. Wschr. 1954, 1336) Münch. med. Wschr. 1955, 243.
[*1992*] Schally, A. O.: Störung und Regulation des Cholesterinstoffwechsels. II. Schilddrüse und Cholesterinstoffwechsel. Z. klin. Med. 128, 376 (1935).
[*1993*] Schelling, R.: Das Verhalten des Cholesterinspiegels im menschlichen Blutserum unter dem Einfluß von Vitamin A. Diss. Tübingen 1938.
[*1994*] Schenk, E., G. J. Alexander, C. A. Fish and T. H. Stoudt: Biosynthesis of substances which accompany cholesterol. Fed. Proc. 14, 752 (1955).
[*1995*] Schertenleib, F., and E. F. Tuller: Paper electrophoresis of serum proteins in diabetic patients. Diabetes 7, 46 (1958).
[*1996*] Schettler, G.: Das Blutcholesterin beim Saftfasten. Dtsch. Arch. klin. Med. 196, 7 (1949).
[*1997*] — Die Wirkung der Gallensäuren auf Cholesterin- und Fettsäurenresorption. Z. ges. inn. Med. 4, 718 (1949).
[*1998*] — Schilddrüse und Cholesterin. Beitrag zur thyreostatischen Therapie mit Aminothiazol und Methylthiouracil. Z. ges. exp. Med. 115, 251 (1950).
[*1999*] — Zum Einfluß der Ernährung auf den Cholesteringehalt des Blutes. Klin. Wschr. 1950, 565.

[2000] SCHETTLER, G.: Schilddrüsenfunktion und Cholesterinstoffwechsel. Verh. dtsch. Ges. inn. Med. **57**, 153 (1951).

[2001] — Neues vom Cholesterinstoffwechsel. Ergebn. Med. Kinderheilk., N. F. **3**, 299 (1952).

[2002] — Zur Wirkung der lipotropen Substanzen. Klin. Wschr. **1952**, 627.

[2003] — Lipoidstoffwechsel und Arteriosklerose. Verh. dtsch. Ges. inn. Med. **59**, 194 (1953).

[2004] — Arteriosklerose und Cholesterinstoffwechsel (unter besonderer Berücksichtigung der Diätfrage). Dtsch. med. Wschr. **1953**, 989.

[2005] — Die Pathogenese der Arteriosklerose als Stoffwechselproblem. Ergebn. inn. Med. Kinderheilk. **6**, 278 (1955).

[2006] — Lipidosen. — S. 609—778. In: Handb. inn. Med. VII/2. Berlin-Göttingen-Heidelberg: Springer 1955.

[2007] — Der gegenwärtige Stand einer kausalen Artheriosklerosetherapie. Medizinische **1955**, 1247.

[2008] — Über Lipoproteide. Verh. dtsch. Ges. inn. Med. **62**, 507 (1956).

[2009] — Arteriosklerose und Cholesterinstoffwechsel unter besonderer Berücksichtigung der Diätfrage. „Symposium über Arteriosklerose". Bull. schweiz. Akad. med. Wiss. **13**, 301 (1957).

[2010] — Die Rolle der Blutfaktoren für die Entstehung der Arteriosklerose. Verh. dtsch. Ges. Path. **41**, 41 (1958).

[2011] —, u. J. SCHMIDT-THOMÉ: Zur Frage der Hypocholesterinämie bei chronischer Mangelernährung. Klin. Wschr. **1948**, 463.

[2012] —, u. H. LUKAS: Der Blutcholesterinspiegel bei Schilddrüsenerkrankungen, Diabetes mellitus und Nephrosen. Z. ges. inn. Med. **6**, 14 (1951).

[2013] —, u. H. JOBST: Die Bedeutung alimentärer Fettbelastungen für die Diagnose der Arteriosklerose. Dtsch. med. Wschr. **1955**, 1077.

[2014] —, M. EGGSTEIN und F. DIETRICH: Zur papierelektrophoretischen Bestimmung der Lipoproteide. Klin. Wschr. **1956**, 684.

[2015] —, F. DIETRICH, M. EGGSTEIN und H. JOBST: Zur Bestimmung der Serumlipoproteide mit der Zonenelektrophorese im Stärkemedium. Klin. Wschr. **1957**, 268.

[2016] —, G. W. LÖHR und E. STEIN: Die Bedeutung der essentiellen Hyperlipämie und Hypercholesterinämie für die Entstehung von Herzinfarkten. Beitrag zur kausalen Begutachtung Herzinfarktkranker. Dtsch. med. Wschr. **1957**, 610.

[2017] —, M. EGGSTEIN und H. JOBST: Die essentielle Hyperlipämie. Dtsch. med. Wschr. **1958**, 1.

[2018] — — Fette, Ernährung und Arteriosklerose. Dtsch. med. Wschr. **1958**, 702, 709, 750.

[2019] —, K. KIRSCH, E. KUHN, M. KNEDEL, H. OTT, H. SCHLÜSSEL, P. SCHÖLMERICH und W. GÜNTHER: Die Vitamine A + E + B_6 in der Behandlung der Arteriosklerose. Dtsch. med. Wschr. **1960**, 732.

[2020] SCHEURLEN, P. G.: Über Serumeiweißveränderungen beim Diabetes mellitus. Klin. Wschr. **1951**, 708.

[2021] SCHILD, W., u. K. JAHNKE: Vortrag im Rahmen der Rhein.-Westf. Ges. inn. Med., Düsseldorf, 23. 11. 1957. — zit. nach SCHETTLER.

[2022] SCHILLING, F., u. A. GAMP: Essentielle familiäre hypercholesterinämische Xanthomatose: Ein Beitrag zur Kasuistik und Differentialdiagnose. Acta hepat. (Hamburg) **5**, 146 (1957).

[2023] SCHIRREN, C.: Hyperlipidämische Xanthomatosen. Hautarzt **8**, 119 (1957).

[2024] SCHLESINGER, M. J., and P. M. ZOLL: Incidence and localization of coronary artery occlusions. Arch. Path. **32**, 178 (1941).

[2025] SCHLIEPHAKE, E., u. G. VESCOVI: Über das Verhalten des Cholesterinspiegels im Blutserum bei Infektionskrankheiten und bei Ulcus ventriculi (Ulcus duodeni). Dtsch. Arch. klin. Med. **198**, 316 (1951).

[2026] SCHMID, J., J. ENZINGER, F. HERBST und F. WARUM: Die Serumlipoide bei der primär chronischen Polyarthritis. Wien. klin. Wschr. **1953**, 557.

[2027] —, E. PÄTZOLD und R. FINK: Die Protein-, Lipoid- und Kohlenhydratelektrophorese bei der primär chronischen Polyarthritis. Wien. Z. inn. Med. **36**, 33 (1955).

[2028] SCHMID-BIRCHER, M.: Histologische Organveränderungen beim Kaninchen durch hohe Cortisondosen. Beitr. path. Anat. **114**, 136 (1954).

[2029] SCHMIDT, A.: Zur Blutlehre. Leipzig: 1892, 1895.

[2030] —, G., B. HERSHMAN and S. J. THANNHAUSER: The isolation of alpha-glycerylphosphorylcholine from incubated beef pancreas: its significance for the intermediary metabolism of lecithin. J. biol. Chem. **161**, 523 (1945).

[2031] —, J. BENOTTI, B. HERSHMAN and S. J. THANNHAUSER: A micromethod for the quantitative partition of phospholipide mixtures into monoaminophosphatides and sphingomyelin. J. biol. Chem. **166**, 505 (1946).

[2032] SCHMIDT, A., L. HECHT, N. STRICKLER and S. J. THANNHAUSER: The quantitative determination of glycerophosphocholine. Fed. Proc. 8, 249 (1949).

[2033] —, H., u. G. ZERLETT: Lipoid- und Proteinelektrophorese beim Bronchialcarcinom. Med. Klin. 51, 1742 (1956).

[2034] —, L.: Coronary-artery disease. Letters to the editor. Lancet 1955 II, 1341.

[2035] — Coronary-artery disease. Letters to the editor. Lancet 1956 I, 249.

[2036] SCHMIDT-THOMÉ, J., u. F. PREDIGER: Untersuchungen über die Saponinhämolyse. Z. physiol. Chem. 286, 127 (1950).

[2037] SCHMITZ, E., u. F. KOCH: Über Veränderungen der Blutphosphatide bei der Aderlaß-lipämie. Biochem. Z. 223, 257 (1930).

[2038] —, u. J. KÜHNAU: Über die innere Sekretion der Nebennierenrinde. Biochem. Z. 259, 301 (1933).

[2039] SCHNECKLOTH, R. E., H. P. DUSTAN and A. C. CORCORAN: Experience with the use of intravenous fat emulsions in the treatment of chronic uremia. Symposium on Intravenous Fat Emulsions. Metabolism 6, 723 (1957).

[2040] SCHNEIDER, W. C., and G. H. HOGEBOOM: Intracellular distribution of enzymes. V. Further studies on the distribution of cytochrome c in rat liver homogenates. J. biol. Chem. 183, 123 (1950).

[2041] SCHNEIDERBAUR, A., u. F. RETTENBACHER: Über Eiweiß- und Lipoidelektrophorese des Serums beim Verschlußikterus. Wien. med. Wschr. 106, 852 (1956).

[2042] — — Über Eiweiß- und Lipoidelektrophorese des Serums bei Parenchymerkrankungen der Leber. Wien. med. Wschr. 107, 597, 633 (1957).

[2043] SCHÖN, H., u. G. BERG: Das Verhalten der Serumlipide und Serumproteine nach Einverleibung eines Netzmittels. Arzneimittelforsch. 7, 307 (1957).

[2044] —, u. N. HENNING: Untersuchungen zur Regulation des Cholesterinstoffwechsels. Dtsch. med. Wschr. 1959, 1385.

[2045] SCHÖNHEIMER, R.: Zur Chemie der gesunden und der atherosklerotischen Aorta. Über die quantitativen Verhältnisse des Cholesterins und der Cholesterinester. Z. physiol. Chem. 160, 61 (1926).

[2046] — Zur Chemie der gesunden und der atherosklerotischen Aorta. Z. physiol. Chem. 177, 143 (1928).

[2047] — Über eine Störung der Cholesterinausscheidung. (Ein Beitrag zur Kenntnis der Hypercholesterinämie.) Z. klin. Med. 123, 749 (1933).

[2048] —, H. v. BEHRING, R. HUMMEL und L. SCHINDEL: Über die Bedeutung gesättigter Sterine im Organismus. Z. physiol. Chem. 192, 73 (1930).

[2049] —, H. DAM and K. V. GOTTBERG: The absorbability of allocholesterol. J. biol. Chem. 110, 667 (1935).

[2050] —, and D. RITTENBERG: Deuterium as an indicator in the study of intermediary metabolism IX. J. biol. Chem. 120, 155 (1937).

[2051] SCHÖNHOLZER, G.: Zur Frage des cholesterolytischen Vermögens des Blutserums. Helv. med. Acta 6, 692 (1939).

[2052] — Über die Beeinflussung des Cholesterinstoffwechsels durch das aktive Prinzip der Artischocke und seine Anwendung in der Therapie der Arteriosklerose. Schweiz. med. Wschr. 1939, 1288.

[2053] SCHOLTEN, J., u. G. SCHULZ: Kasuistischer Beitrag zur symptomatischen Behandlung der Lipoidnephrose mit ACTH. Medizinische 1952, 1600.

[2054] SCHOTZ, M. C., G. M. C. MASSON and A. C. CORCORAN: Pituitary and adrenal relationships to cholesterol metabolism in the rat. Circulation 12, 504 (1955).

[2055] —, and I. H. PAGE: Hormonal factors in the hyperlipemia induced by protamine. Circulation 16, 515 (1957).

[2056] SCHRADE, W.: Über die Möglichkeit der alimentären Beeinflussung der Blutgerinnung. Inaugural-Dissertation, Bonn 1934.

[2057] — Über die Beteiligung der Lunge am Fettstoffwechsel. Biochem. Z. 301, 267 (1939).

[2058] — Untersuchungen über die zentralnervöse Regulation der Fette, Lipoide und Ketokörper des Blutes. Z. ges. exp. Med. 110, 623 (1942).

[2059] — Beiträge zur Regulation des Fett- und Lipoidstoffwechsels. Ergebn. inn. Med. Kinderheilk. 62, 743 (1942).

[2060] — Zur Regulation der Lipide des Blutes. Dtsch. med. Wschr. 1956, 617.

[2061] — Über die Polyensäuren des Blutes, insbesondere bei Arteriosklerose. „Arteriosklerose u. Ernährung". Wissenschaftl. Veröffentl. d. Ges. f. Ernährung 3, 107 (1959).

[2062] —, D. BECKER und E. BÖHLE: Weitere Untersuchungen über die Lipopeptide des Blutes. Klin. Wschr. 1954, 27.

[2063] — — — Das Krankheitsbild der idiopathischen Hyperlipidämie. Dtsch. Arch. klin. Med. 201, 344 (1954).

[2064] SCHRADE, W., R. BIEGLER und C. OTT: Über den Gehalt des Blutes an mehrfach ungesättigten Fettsäuren. Untersuchungen an Gesunden. Klin. Wschr. 1956, 1242.

[2065] —— und E. BÖHLE: Über den Gehalt des Blutes an ungesättigten Fettsäuren bei der Arteriosklerose und beim Diabetes. Klin. Wschr. 1958, 314.

[2066] ——— Die Veränderungen der essentiellen Fettsäuren des Blutes bei verschiedenen Krankheiten, ihre Bewertung und ihre Bedeutung für die Ernährung. Schweiz. med. Wschr. 1959, 117.

[2067] —, E. BÖHLE und R. BIEGLER: Über den Polyensäurengehalt der verschiedenen Lipidfraktionen des Blutes bei der Arteriosklerose und dem Diabetes mellitus. Klin. Wschr. 1959, 1101.

[2068] SCHRIEFERS, H., W. KORUS und W. DIRSCHERL: Vergleichende Untersuchungen über den Stoffwechsel von Cortison und anderen antirheumatisch wirksamen Steroiden in Rattenleberschnitten. Acta endocr. (Kbh.) 26, 331 (1957).

[2069] SCHROEDER, H. A.: Is atherosclerosis a conditioned pyridoxal deficiency? J. chron. Dis. 2, 28 (1955).

[2070] SCHUBE, P. G.: Variations in the blood cholesterol of man over a time period. J. Lab. clin. Med. 22, 280 (1936).

[2071] SCHULER, W., u. R. MEIER: Katalysierende Wirkung von Cortison und anderen Nebennierenrindensteroiden auf die Autoxydation von Linolsäure in vitro. Z. physiol. Chem. 302, 236 (1955).

[2072] SCHULTZE, H. E.: Über klinisch interessante körpereigene Polysaccharidverbindungen. Scand. J. clin. Lab. Invest. 10, 135 (1957).

[2073] —, u. G. SCHWICK: Immunchemischer Nachweis von Proteinveränderungen unter besonderer Berücksichtigung fermentativer Einwirkungen auf Glyko- und Lipoproteine. Immunoelektrophoretische Studien. Behringwerk-Mitt., H. 33, Marburg a. d. L. (1957).

[2074] —— Quantitative immunologische Bestimmung der Plasmaproteine. Behringwerk-Mitt., 35, 57 (1958).

[2075] SCHULZE, G.: Quantitative Untersuchungen an den Lipiden des menschlichen Blutserums. Arch. exp. Path. Pharmak. 214, 473 (1952).

[2076] — Untersuchungen an den Lipoiden des menschlichen Blutserums bei Hyperthyreose. Verh. dtsch. Ges. inn. Med. 59, 483 (1953).

[2077] — Zur Beurteilung von Serumlipiduntersuchungen. Rec. Trav. chim. Pays-Bas 74, 681 (1955).

[2078] — Das Lipoidsyndrom und die essentielle Hyperlipämie. Ergebn. inn. Med. Kinderheilk. N. F. 10. Berlin-Göttingen-Heidelberg: Springer 1958.

[2079] — Über das Verhalten der Blutlipide beim Krankheitsbild der „essentiellen Hyperlipämie" im Erwachsenenalter. Dtsch. Arch. klin. Med. 205, 505 (1959).

[2080] —, u. U. BALTZER: Untersuchungen zum Lipoidstoffwechsel bei Lebererkrankungen. Dtsch. Arch. klin. Med. 200, 550 (1953).

[2081] —, u. H. L. KRÜSKEMPER: Der Einfluß von körperfremden Fermentkomplexen auf den Fettstoffwechsel. Verh. dtsch. Ges. inn. Med. 62, 497 (1956).

[2082] SCHUWIRTH, K.: Serin als stickstoffhaltiger Bestandteil der Glycerinphosphatide aus Menschengehirn. Hoppe Seylers Z. physiol. Chem. 270, I (1941).

[2083] — Serin als stickstoffhaltiger Bestandteil der Glycerinphosphatide des Menschengehirns. Hoppe-Seylers Z. physiol. Chem. 277, 87 (1943).

[2084] — Die Lipoide des menschlichen Rückenmarks. Hoppe-Seylers Z. physiol. Chem. 278, 1 (1943).

[2085] SCHWARZ, O. H., S. D. SOULE and B. DUNIE: Blood lipids in pregnancy. Amer. J. Obst. Gynec. 39, 203 (1940).

[2086] SCOTT, R. E., and W. A. THOMAS: Methods for comparing effects of various fats on fibrinolysis. Proc. Soc. exp. Biol. (N.Y.) 96, 24 (1957).

[2087] SCRIMSHAW, N. S., M. TRULSON, C. TEJADA, D. M. HEGSTED and F. J. STARE: Serum lipoprotein and cholesterol concentrations. — Comparison of rural Costarican, Guatemalan and United States populations. Circulation 15, 805 (1957).

[2088] SECKFORT, H.: Zur Pathologie des Plasmalogenstoffwechsels. Verh. dtsch. Ges. inn. Med. 59, 212 (1953).

[2089] — Die alimentäre und hormonelle Steuerung der Acetalphosphatidkonzentration des menschlichen Blutserums. Verh. dtsch. Ges. inn. Med. 60, 967 (1954).

[2090] — Die Serumlipoide unter besonderer Berücksichtigung des Plasmalogens. II. Mitt.: Die alimentäre Steuerung der Serumphosphatide. Klin. Wschr. 1955, 612.

[2091] — Zur Frage der alimentären Beeinflussung der Serumphosphatide (Schlußwort zu der Bemerkung v. LEUPOLD). Klin. Wschr. 1955, 1054.

[2092] — Ein Blick in die Dynamik des Fettstoffwechsels. Med. Msp. 8, H. 9 (1958).

[2093] SECKFORT, H., u. E. ANDRES: Die Serumlipoide unter besonderer Berücksichtigung des Plasmalogens. III. Mitt.: Die Beeinflussung der Serumlipoide durch Insulin. Klin. Wschr. 1955, 863.

[2094] —, u. W. BUSANNY-CASPARI: Zur hormonalen Steuerung der Serumlipoide in Abhängigkeit von Leberstörungen unter tierexperimentellen und klinischen Gesichtspunkten. (3. Internat. Conf. on Biochemical Problems of Lipids, July 1956), p. 416. Brussels: Koninkl. Vlaam. Acad. Wetenschappen 1956.

[2095] — — und E. ANDRES: Die Cortisonlipämie. Acta hepat. (Hamburg) 1956, 4.

[2096] — — — Nebennierenrindenhormone und Fettstoffwechsel. Verh. dtsch. Ges. Verdau.-u. Stoffwechselkr. 18, 264 (1956).

[2097] — — — Der Einfluß von Cortison auf Serum- und Leberfette (insbesondere Plasmalogen) bei Leberschäden. Verh. dtsch. Ges. inn. Med. 62, 493 (1956).

[2098] — — — Der Einfluß des Cortisons auf Serumlipoide und Leberfett. IV. Mitt.: Die Serumlipoide unter besonderer Berücksichtigung des Plasmalogens. Klin. Wschr. 1956, 464.

[2099] —, u. E. ANDRES: Die Serumlipoide unter besonderer Berücksichtigung des Plasmalogens. V.: Traubenzuckerdoppelbelastung (STAUB-TRAUGOTT) und Serumfette. Klin. Wschr. 1956, 548.

[2100] —, W. BUSANNY-CASPARI und E. ANDRES: Die Serumlipoide bei chronischen Hepatopathien. Verh. dtsch. Ges. inn. Med. 63, 309 (1957).

[2101] — — — Die Serumlipoide unter besonderer Berücksichtigung des Plasmalogens. VII.: Die Serumlipoide Leberkranker unter Cortison. Klin. Wschr. 1957, 295.

[2102] —, u. O. BRAUN-FALCO: Acetalphosphatide bei xanthomatösen Erkrankungen. Klin. Wschr. 1957, 866.

[2103] —, W. BUSANNY-CASPARI und E. ANDRES: Die Lipoide des Blutserums Leberkranker und ihre Bedeutung für die klinische Diagnostik. Klin. Wschr. 1957, 980.

[2104] — — — Die Serumlipoide unter besonderer Berücksichtigung des Plasmalogens. IX.: Die Wirkung des Cortisons auf Serum- und Leberfette nach Teilhepatektomie. Klin. Wschr. 1958, 434.

[2105] — — Zur Biochemie der Acetalphosphatide. S. 97 IV. Internat. Kongr. Biochemie, Wien 1958. London: Pergamon Press 1960.

[2106] — — und E. ANDRES: Zur Wirkung von ACTH und STH auf den Lipoidgehalt des Blutes und der Leber. Verh. dtsch. Ges. inn. Med. 65, 718 (1959).

[2107] —, u. E. ANDRES: Die Serumlipoide unter besonderer Berücksichtigung des Plasmalogens. X. Vergleichende Untersuchungen über die Wirkung von Depot-ACTH auf die Serumlipoide Gesunder und Leberkranker. Klin. Wschr. 1959, 1075.

[2108] —, W. BUSANNY-CASPARI und E. ANDRES: Die Serumlipoide unter besonderer Berücksichtigung des Plasmalogens. XI: Die Cholesterinfraktionen des Serums und der Leber von Ratten nach Teilhepatektomie. Klin. Wschr. 1959, 992.

[2109] — — — Die Serumlipoide unter besonderer Berücksichtigung des Plasmalogens. XII.: Über die Wirkung von Depot-ACTH auf die Blut- und Leberfette gesunder und teilhepatektomierter Ratten. Klin. Wschr. 1960, 606.

[2110] — — — Die Serumlipoide unter besonderer Berücksichtigung des Plasmalogens. XIII: Der Einfluß des Wachstumshormons auf die Serum- und Leberfette gesunder und teilhepatektomierter Ratten im Vergleich zur Wirkung des ACTH. Klin. Wschr. 1960, 716.

[2111] SEGALOFF, A., and A. S. MANY: The role of adrenal steroids and ACTH in glyconeogenesis. Endocrinology 49, 390 (1951).

[2112] SEIFTER, J., and D. H. BAEDER: Lipemia clearing by hyaluronidase, hyaluronate and desoxycorticosterone, and its inhibition by cortisone, stress and nephrosis. Proc. Soc. exp. Biol. (N.Y.) 86, 709 (1954).

[2113] — — Occurrence in plasma of an extractable lipid mobilizer. Proc. Soc. exp. Biol. (N.Y.) 91, 42 (1956).

[2114] — — Lipid mobilization by a cristalline peptide isolated from plasma of horses. Administrated cortisone. Proc. Soc. exp. Biol. (N.Y.) 95, 469 (1957).

[2115] — — Role of the liver on consequences of lipid mobilization. Proc. Soc. exp. Biol. (N.Y.) 95, 747 (1957).

[2116] — —, CH. J. D. ZARAFONETIS and J. KALAS: Hormonal control of permeability and mobilization of fat depots. Ann. N.Y. Acad. Sci. 72, 1031 (1959).

[2117] SELBERG, W.: Beiträge zur Anatomie und Pathologie der menschlichen Konstitution. Beitr. path. Anat. 111, 165 (1951).

[2118] SELDEN, G., and U. WESTPHAL: Non-esterified higher fatty acide in serum of CCl$_4$-treated and normal rats and other species. Proc. Soc. exp. Biol. (N.Y.) 89, 159 (1955).

[2119] SELIG, A.: Chemische Untersuchung atheromatöser Aorten. Z. physiol. Chem. 7, 451 (1911).

[2120] Selye, H.: Textbook of endocrinology. Université de Montreal 1947.
[2121] — Prevention by somatotrophin of the catabolism which normally occurs during stress. Endocrinology 49, 197 (1951).
[2122] — Prevention of cortisone overdosage effect with the somatotrophic hormone (STH). Amer. J. Physiol. 171, 381 (1952).
[2123] — Effect of somatotropic hormone upon inflammation. In: Smith-Gaebler-Long: The hypophyseal growth hormone, nature and actions. New York: McGraw-Hill Book Comp. Inc. 1955.
[2124] Shafiroff, B. G. P., and J. H. Mulholland: Effects on human subjects of intravenous fat emulsions of high caloric potency. Ann. Surg. 133, 145 (1951).
[2125] — — and H. C. Baron: Intravenous infusions into human subjects of fractionated coconut oil emulsions. Proc. Soc. exp. Biol. (N.Y.) 79, 721 (1952).
[2126] Shafrir, E.: Partition of unesterified fatty acids in normal and nephrotic syndrome serum and its effect on serum electrophoretic pattern. J. clin. Invest. 37, 1775 (1958).
[2127] Shapiro, B., and E. Wertheimer: The metabolic activity of adipose tissue. — A review. Metabolism 5, 79 (1956).
[2128] —, W., E. H. Estes jr. and H. L. Hilderman: Hourly variations in serum total cholesterol in normal males. Circulation 16, 493 (1957).
[2129] Sheehy, Th., and J. W. Eichelberger: Alimentary lipemia and the coagulability of blood. Analysis by thrombelastography and silicone clotting time. Circulation 17, 927 (1958).
[2130] Shen, T.: Diet of Chinese soldiers and college students in wartime. Science 98, 302 (1943).
[2131] Sherlock, S., and V. M. Walshe: Hepatic structure and function. In: Studies of Undernutrition, Wuppertal 1946—1949 Med. Res. Council Spec. Rep. Ser. No. 275. London: H. M. Stationery Office 1951.
[2132] Sherman, H.: Pyridoxine and fat metabolism. Vitam. and Horm. 8, 55 (1950).
[2133] — Pyridoxine and related compounds. Effets of deficiency. Vitamins 3, 265 (1954).
[2134] Shipley, R. A., and C. N. H. Long: Studies on the ketogenic activity of the anterior pituitary gland. Biochem. J. 32, 2242 (1938).
[2135] Shore, B.: C- and N-terminal amino acids of human serum lipoproteins. Arch. Biochem. 71, 1 (1957).
[2136] —, A. V. Nichols and N. K. Freeman: Evidence for lipolytic action by human plasma obtained after intravenous administration of heparin. Proc. Soc. exp. Biol. (N.Y.) 83, 216 (1953).
[2137] —, and V. G. Shore: Amino acid composition of the proteins of human serum lipoproteins. Plasma (Milano) 2, 621 (1954).
[2138] —, S. C., and V. Schrire: A possible case of idiopathic hyperlipemia. Clin. Proc. 6, 138 (1947).
[2139] Shorland, F. B.: Chemistry of the lipides. Ann. Rev. Biochem. 25, 101 (1956).
[2140] Silberstein, F., F. Gottdenker und E. Hohenberg: Über die Einwirkung thyreotropen Hormons auf den Acetonkörperspiegel im Blute. Klin. Wschr. 1934, 595.
[2141] Silk, M. H., and H. H. Hahn: The resolution of mixtures of C_{16}-C_{24} normal-chain fatty acids by reversed-phase partition chromatography. Biochem. J. 56, 406 (1954).
[2142] Sinclair, H. M.: Essential fatty acids and their relation to pyridoxine. Biochem. Soc. Symp. 9, 80 (1952).
[2143] — Diet of Canadian Indians and Eskimos. Proc. Nutr. Soc. 12, 69 (1953).
[2144] — Deficiency of essential fatty acids and atherosclerosis. Lancet 1956 I, 381.
[2145] Siperstein, M. D., I. L. Chaikoff and S. S. Chernick: Significance of endogenous cholesterol in arteriosclerosis: Synthesis in arterial tissue. Science 113, 747 (1951).
[2146] — — and W. D. Reinhardt: C^{14}-cholesterol. V. Obligatory function of bile in intestinal absorption of cholesterol. J. biol. Chem. 198, 111 (1952).
[2147] —, H. H. Hernandez and I. L. Chaikoff: Enterohepatic circulation of carbon 4 of cholesterol. Amer. J. Physiol. 171, 297 (1952).
[2148] —, C. W. Nichols jr. and I. L. Chaikoff: Prevention of plasma cholesterol elevation and atheromatosis in the cholesterol-fed bird by the administration of dihydrocholesterol. Circulation 7, 37 (1953).
[2149] —, and A. M. Murray: Cholesterol metabolism in man. J. clin. Invest. 34, 1449 (1955).
[2150] —, and M. J. Guest: Studies on the homeostatic control of cholesterol synthesis. J. clin. Invest. 38, 1043 (1959).
[2151] Skanse, B.: The serum lipids and lipoproteins in obese women. Acta endocr. (Kbh.) 25, 445 (1957).
[2152] —, W. v. Studnitz and N. Skoog: The effect of corticotrophin and cortisone on serum lipids and lipoproteins. Acta endocr. (Kbh.) 31, 442 (1959).

[2153] SMITH, C., H. C. SAULS and J. BALLEW: Coronary occlusions; clinical study of 100 patients. Ann. intern. Med. 17, 681 (1942).

[2154] —, E. B.: Lipoprotein patterns in myocardial infarction. Relationship between the components identified by paper electrophoresis and in the ultracentrifuge. Lancet 1957 II, 910.

[2155] —, P. A. I.: Essential hyperlipaemia and primary hypercholesterolaemia. Proc. Soc. Med. 49, 1068 (1956).

[2156] —, S. W., S. B. WEISS and E. P. KENNEDY: The enzymatic dephosphorylation of phosphatidic acids. J. biol. Chem. 228, 915 (1957).

[2157] SNAVELY, J. R., W. H. GOLDWATER, M. L. RANDOLPH and W. G. UNGLAUB: The lipid composition of ultracentrifugates of serum from patients with acute hepatitis. J. clin. Invest. 31, 664 (1952).

[2158] SNOG-KJAER, A., I. PRANGE and H. DAM: Conversion of cholesterol into coprosterol by bacteria in vitro. J. gen. Microbiol. 14, 256 (1956).

[2159] SOBOTKA, H.: The interaction of serum albumin with fatty acid multilayers. — p. 108. In: POPJÁK, G. and E. LE BRETON: Biochemical problems of lipids (Proc. II. Internat. Conf. on Biochemical Problems). London: Butterworths Scientific Publ. 1956.

[2160] SOFFER, A., and N. MURRAY: Prolonged observations of the cardiovascular status in essential hyperlipemia. With special reference to serum lipid response to heparin. Circulation 10, 255 (1954).

[2161] SOHAR, E., E. T. BOSSAK, C. J. WANG and D. ADLERSBERG: Serum components in the newborn. Science 123, 461 (1956).

[2162] —, M. C. ROSENTHAL and D. ADLERSBERG: Plasma lipids and coagulation of blood. Circulation 14, 479 (1956).

[2163] SONDERHOFF, R., u. H. THOMAS: Die enzymatische Dehydrierung der Trideutero-Essigsäure. Justus Liebigs Ann. Chem. 530, 195 (1937).

[2164] SOSHEA, J. W., and E. B. FARNSWORTH: Serum lipid analysis in the nephrotic syndrome under ACTH administration. J. Lab. clin. Med. 38, 414 (1951).

[2165] SOULIER, J. P., and D. ALAGILLE: Lipoproteins in human and experimental atherosclerosis by electrophoresis and protein specific reaction. Plasma (Milano) 1, 439 (1953).

[2166] — — Etude des lipoprotéines dans l'athérosclérose humain et expérimentale, par l'électrophorèse et les réactions non spécifiques des protéines effet de l'héparine. Sem. Hôp. (Paris) 29, 3171 (1953).

[2167] SPELLBERG, M. A.: Observations on the treatment of hepatic coma: The favorable effect of corticotropine and corticoids and the responsiveness of adrenal-cortex to corticotropin during hepatic coma. Gastroenterology 32, 600 (1957).

[2168] SPERRY, W. M.: Lipid excretion. III. Further studies of the quantitative relations of the fecal lipids. J. biol. Chem. 68, 357 (1926).

[2169] — Lipid excretion. IV. A study of the relationship of the bile to the fecal lipids with special reference to certain problems of sterol metabolism. J. biol. Chem. 71, 351 (1927).

[2170] — Cholesterol esterase in blood. J. biol. Chem. 111, 467 (1935).

[2171] — Cholesterol of blood plasma in neonatal period. Amer. J. Dis. Child. 51, 84 (1936).

[2172] — The concentration of total cholesterol in the blood serum. J. biol. Chem. 117, 391 (1937).

[2173] — Lipide analysis. — p. 83. In: GLICK, D.: Methods of biochemical analysis. Vol. II. New York: Interscience Publ., Inc. 1955.

[2174] —, and W. R. BLOOR: Fat excretion. II. The quantitative relations of the fecal lipoids. J. biol. Chem. 60, 261 (1924).

[2175] —, and V. A. STOYANOFF: The enzymatic synthesis and hydrolysis of cholesterol esters in blood serum. J. biol. Chem. 126, 77 (1938).

[2176] —, and F. C. BRAND: A study of cholesterol esterase in liver and brain. J. biol. Chem. 137, 377 (1941).

[2177] —, and M. WEBB: A revision of the SCHOENHEIMER-SPERRY method for cholesterol determination. J. biol. Chem. 187, 97 (1950).

[2178] — — The effect of increasing age on serum cholesterol concentration. J. biol. Chem. 187, 107 (1950).

[2179] SPIER, W.: Kongenitale Xanthomatose. Z. Haut- u. Geschl.-Kr. 79, 179 (1949).

[2180] SPIRTES, M. A., G. MEDES and S. WEINHOUSE: A study of acetate metabolism and fatty acid synthesis in liver slices of hyperthyroid rats. J. biol. Chem. 204, 705 (1953).

[2181] SPITZER, J. A., and J. J. SPITZER: Experimental renal hyperlipemia. Circulation 18, 510 (1958).

[2182] —, J. J.: Influence of protamine on alimentary lipemia. Amer. J. Physiol. 174, 43 (1953).

[2183] — Hemorrhagic lipemia and the production of clearing factor in rabbits. Circulation 10, 611 (1954).

[2184] Spitzer, J. A.: Removal and mobilisation of lipids in normal and hepatectomized dogs. Amer. J. Physiol. 181, 83 (1955).
[2185] —, and J. A. Spitzer: Haemorrhagic lipemia: A derangement of fat metabolism. J. Lab. clin. Med. 46, 461 (1955).
[2186] —, J. A., and J. J. Spitzer: Effect of liver on lipolysis by normal and postheparin sera in the rat. Amer. J. Physiol. 185, 18 (1956).
[2187] —, J. J., and H. I. Miller: Unesterified fatty acids and lipid transport in dogs. Proc. Soc. exp. Biol. (N.Y.) 92, 124 (1956).
[2188] Sprague, R. G.: Effects of cortisone and ACTH. Vitam. and Horm. 9, 263 (1951).
[2189] —, M. P. Power, H. L. Mason, A. Albert, D. R. Mathieson, P. S. Hench, E. C. Kendall, C. H. Slocumb and H. F. Polley: Observations on the physiologic effects of cortisone and ACTH in man. Arch. intern. Med. 85, 199 (1950).
[2190] Sprung, H.: Beitrag zur „Xanthomatösen biliären Cirrhose". Med. Mschr. 4, 454 (1950).
[2191] Srere, P. A., I. L. Chaikoff, S. S. Treitman and L. S. Burstein: The extrahepatic synthesis of cholesterol. J. biol. Chem. 182, 629 (1950).
[2192] Sribney, M., and E. P. Kennedy: Enzymatic synthesis of sphingomyelin. Fed. Proc. 16, 235 (1957).
[2193] — — The enzymatic synthesis of sphingomyelin. J. biol. Chem. 233, 1315 (1958).
[2194] Stadie, W. C.: Ketogenesis. Diabetes 7, 173 (1958).
[2195] Stamler, J., E. M. Silber, A. J. Miller, L. Akman, C. Bolene and L. N. Katz: The effect of thyroid- and of dinitrophenol-induced hypermetabolism on plasma and tissue lipids and atherosclerosis in the cholesterol-fed chick. J. Lab. clin. Med. 35, 351 (1950).
[2196] —, C. Bolene, R. Harris and L. N. Katz: Effect of choline and inositol on plasma and tissue lipids and atherosclerosis in the cholesterol-fed chick. Circulation 2, 714 (1950).
[2197] — — — — Effect of choline and inositol on plasma and tissue lipid and on spontaneous and stilbestrol-induced atherosclerosis in the chick. Circulation 2, 722 (1950).
[2198] —, R. Pick and L. N. Katz: Intensification of cholesterol-induced atherogenesis by cortisone in the chick. Circulation 4, 461 (1951).
[2199] — — — Failure of vitamin E, B 12 and pancreatic extracts of influence plasma lipids and atherogenesis in cholesterol-fed chicks. Circulation 8, 455 (1953).
[2200] — — —, B. Kaplan, E. Kaplan, L. A. Baker, W. R. O'Connor, L. A. Lewis, I. H. Page, D. Berkson, B. W. Carnow, S. Cogan, J. Frankel, H. Gold, S. Kimelblot, A. Lichtman, C. Pilz, H. Zimmerman and D. Friedman: Interim report on the effects of long-term estrogen therapy in men under fifty years of age with a previous single myocardial infarction. J. Lab. clin. Med. 46, 955 (1955).
[2201] — — — Atherogenic effects of insulin combined with adrenal hormones in cholesterol-fed chicks. Circulation 14, 492 (1956).
[2202] — — —, B. Kaplan and A. Pick: Evaluation of estrogen therapy in males with previous myocardial infarction: Interim report-four-year follow-up. Circulation 16, 940 (1957).
[2203] Stanley, M. M., and S. Cheng: Cholesterol exchange in the gastrointestinal tract in normal and abnormal subjects. Gastroenterology 30, 62 (1956).
[2204] Staple, E., and M. W. Whitehouse: Recent aspects of cholesterol biosynthesis and catabolism. Ann. N.Y. Acad. Sci. 72, 803 (1959).
[2205] Stare, F. J.: Dietary aspects. Fed. Proc. 15, 900 (1956).
[2206] Starke, H.: Effect on the rice diet on the serum cholesterol fractions of 154 patients with hypertensive vascular disease. Amer. J. Med. 9, 494 (1950).
[2207] Starup, U.: Einige Untersuchungen über die hämorrhagische Lipämie. Biochem. Z. 270, 74 (1934).
[2208] Stary, Z.: Leber und Galle. S. 152—197. In: Flaschenträger, B., u. E. Lehnartz: Physiologische Chemie II/2a/1. Berlin-Göttingen-Heidelberg: Springer 1956.
[2209] Staudinger, Hj.: Biosynthese der Steroidhormone, S. 192. 5. Coll. Ges. Physiol. Chem. Berlin-Göttingen-Heidelberg: Springer 1955.
[2210] —, u. M. Staudinger: Die makromolekulare Chemie und ihre Bedeutung für die Protoplasmaforschung. In: Heilbrunn, L. V., u. F. Weber: Protoplasmatologia. Handb. d. Protoplasmaforschung, Bd. I/1. Wien: Springer 1954.
[2211] Stecher, R. M., and A. H. Hersh: Note on the genetics of hypercholesterolemia. Science 109, 61 (1949).
[2212] Steele, J. M., and H. J. Kayden: The nature of the phospholipids in human serum and atheromatous vessels. Trans. Ass. Amer. Phycns. 68, 249 (1955).
[2213] Steiger, W. A., C. J. D. Zarafonetis, G. M. Miller, J. Seifter and D. H. Baeder: Preliminary report on the effects of a plasma lipid mobilizing factor in man. Amer. J. med. Sci. 232, 605 (1956).
[2214] Steigerwald, H.: Über das Glucagonproblem. Medizinische 1954, 1497.

[*2215*] Stein, Y., and B. Shapiro: The synthesis of neutral glycerides by fractions of rat liver homogenates. Biochim. biophys. Acta **24**, 197 (1957).

[*2216*] — — Glyceride synthesis by microsome fractions of rat liver. Biochim. biophys. Acta **30**, 271 (1958).

[*2217*] Steinberg, D., and D. S. Fredrickson: Inhibition of lipid synthesis by alpha-phenyl-n-butyrate and related compounds. Proc. Soc. exp. Biol. (N.Y.) **90**, 232 (1955).

[*2218*] Steiner, A., and F. E. Kendall: Atherosclerosis and arteriosclerosis in dogs following ingestion of cholesterol and thiouracil. Arch. Path. **42**, 433 (1946).

[*2219*] — — and M. Bevans: Production of arteriosclerosis in dogs by cholesterol and thiouracil feeding. Amer. Heart J. **38**, 34 (1949).

[*2220*] — — and J. A. L. Mathers: The abnormal serum lipid pattern in patients with coronary arteriosclerosis. Circulation **5**, 605 (1952).

[*2221*] —, H. Payson and F. E. Kendall: Effect of estrogenic hormone on serum lipids in patients with coronary arteriosclerosis. Circulation **11**, 784 (1955).

[*2222*] —, P. E.: Necropsies on Okinawans; anatomic and pathologic observations. Arch. Path. **42**, 359 (1946).

[*2223*] Steinitz, H.: Chemische Blutuntersuchungen bei chronischer Adrenalinvergiftung des Kaninchens. Ein Beitrag zur Pathogenese der Gefäßerkrankungen. Z. ges. exp. Med. **44**, 757 (1924).

[*2224*] Stepantschitz, G., u. B. Schreiner: Beitrag zur Klinik und Therapie der Hand-Schüller-Christianschen Erkrankung. Wien. klin. Wschr. **1953**, 301.

[*2225*] Stepp, W.: Über den Cholesteringehalt des Blutserums bei Krankheiten. Münch. med. Wschr. **1918**, 781.

[*2226*] Sterling, K., and W. E. Ricketts: Electrophoretic studies of the serum proteins in biliary cirrhosis. J. clin. Invest. **28**, 1469 (1949).

[*2227*] Stern, R., u. G. Suchantke: Über die klinische Bedeutung des Cholesterins in der Galle und im Blutserum. III.: Das Gleichgewicht von Cholesterin und von Cholesterin-estern im Blutserum bei gestörter Leberfunktion. Arch. exp. Path. Pharmak. **115**, 221 (1926).

[*2228*] Sternheimer, R.: The effect of single injection of thyroxin on carbohydrates, protein and growth in the rat liver. Endocrinology **25**, 899 (1939).

[*2229*] de Stetten, W., and J. Salcedo: Source of extra liver fat in various types of fatty liver. J. biol. Chem. **156**, 27 (1944).

[*2230*] Stevens, B. P. V., and I. L. Chaikoff: Incorporation of short chain fatty acids into phospholipides by the rat. J. biol. Chem. **193**, 465 (1952).

[*2231*] Stewart, I. M. G.: Coronary disease and modern stress. Lancet **1950** II, 867.

[*2232*] Stoerck, H. C., and C. C. Porter: Prevention of loss of body fat by cortisone. Proc. Soc. exp. Biol. (N.Y.) **74**, 65 (1950).

[*2233*] Stoesser, A. V., and McQuarrie: Influence of acute infection and artificial fever on the plasma lipids. Amer. J. Dis. Child. **49**, 658 (1935).

[*2234*] Štork, A., u. L. Kučerová: Die Klärungsfähigkeit des Blutplasmas nach intravenöser Heparininjektion in Beziehung zur Atherosklerose. Z. ges. inn. Med. **11**, 276 (1956).

[*2235*] — — Die Klärungsfähigkeit des Blutplasmas und Veränderungen des Plasmacholesterinspiegels nach intravenöser Heparininjektion bei Diabetikern und Atherosklerotikern. Dtsch. med. Wschr. **1957**, 1410.

[*2236*] Strack, E.: Die Biochemie der Resorption (Aufsaugung): Fette. S. 230. In: Flaschenträger, B., u. E. Lehnartz: Physiologische Chemie, II 1 a. Berlin-Göttingen-Heidelberg: Springer 1954.

[*2237*] Strickland, K. P., R. H. S. Thompson and G. R. Webster: Hydrolysis of phosphoryl choline and related esters by the phosphomonoesterase of animal tissues. Arch. Biochem. **64**, 498 (1956).

[*2238*] Strisower, B., J. W. Gofman, E. F. Galioni, A. A. Almada and A. Simon: Effect of thyroid extract on serum lipoproteins and serum cholesterol. Metabolism **3**, 218 (1954).

[*2239*] — — —, J. H. Rubinger, G. W. O'Brien and A. Simon: Effect of long-term administration of desiccated thyroid on serum lipoprotein and cholesterol levels. J. clin. Endocr. **15**, 73 (1955).

[*2240*] — — — —, J. Pouteau and P. Guzvich: Long-term effect of dried thyroid on serum-lipoprotein and serum-cholesterol levels. Lancet **1957**, 120.

[*2241*] Stroebe, F.: Zur Cholesterinämie bei Lebercirrhose und hepatocellulärem Ikterus. Klin. Wschr. **1932**, 636.

[*2242*] — Über die Gesamtlipoide des Serums und ihre einzelnen Fraktionen bei Lebererkrankungen. Verh. dtsch. Ges. inn. Med. **47**, 406 (1935).

[*2243*] Strøm, A., and R. A. Jensen: Mortality from circulatory diseases in Norway, 1940 to 1945. Lancet **1951** I, 126.

[2244] STRONG, J. P., J. WAINWRIGHT and H. C. McGILL: Atherosclerosis in the Bantu. Circulation **20**, 1118 (1959).
[2245] STUART, H. A.: Die Physik der Hochpolymeren. Bd. I.: Die Struktur des freien Moleküls. Berlin-Göttingen-Heidelberg: Springer 1952.
[2246] — Die Physik der Hochpolymeren. Bd. II: Das Makromolekül in Lösungen. Berlin-Göttingen-Heidelberg: Springer 1953.
[2247] v. STUDNITZ, W.: Studies on serum lipids and lipoproteins in pregnancy. Scand. J. clin. Lab. Invest. **7**, 329 (1955).
[2248] —, u. D. BEŘEZIN: Das Verhalten der elektrophoretischen Proteinfraktionen im Serum von Frauen nach Gaben von androgenen und oestrogenen Hormonen. Klin. Wschr. **1956**, 1239.
[2249] STURM, A.: Beiträge zur Kenntnis des Jodstoffwechsels. V. Stoffwechselstudium an der überlebenden künstlich durchströmten Hundeschilddrüse. Z. ges. exp. Med. **74**, 514 (1930).
[2250] — Der Kreislauf des Jods in der Natur und seine Beziehungen zum Menschen. Klin. Wschr. **1931**, 1649.
[2251] SUNDAL, A.: Erkrankungen des Urogenitalsystems. Die Schrumpfniere. S. 694. In: FANCONI, G., u. A. WALLGREN: Lehrbuch der Pädiatrie. Basel: Benno Schwabe 1954.
[2252] SURANYI, L., und L. JARNO: Über den Einfluß der Lipoide auf die Toxinwirkung. Z. Immun.-Forsch. **57**, 199 (1928).
[2253] SURE, B., M. C. KIK and A. E. CHURCH: The influence of fasting on the concentration of blood lipids in the albino rat. J. biol. Chem. **103**, 417 (1933).
[2254] SURGENOR, D. M.: Extracellular lipoproteins. In: Symposium on Atherosclerosis, National Academy of Sciences. Washington: National Research Council. Publ. Nr. **338**, 203 (1955).
[2255] SVANBORG, A.: Studies on renal hyperlipemia. Acta med. scand. **141**, Suppl. **264**, 1 (1951).
[2256] SVEDBERG, T., and K. PEDERSEN: The ultracentrifuge. Oxford: Clarendon Press 1940.
[2257] SVENNERHOLM, L.: On sialic acid in brain tissues. Acta med. scand. **10**, 694 (1956).
[2258] SWAHN, B.: A method for localisation and determination of serumlipids after electrophoretical separation on filter paper. Scand. J. clin. Lab. Invest. **4**, 98 (1952).
[2259] — Studies on blood lipids. Scand. J. clin. Lab. Invest. **5**, Suppl. **9** (1953).
[2260] SWANK, R. L.: Changes in blood produced by fat meal and by intravenous heparin. Amer. J. Physiol. **164**, 798 (1951).
[2261] —, and V. WILMOT: Chylomicra: Their composition and their fate after intravenous injection of small amounts of heparin. Amer. J. Physiol. **167**, 403 (1951).
[2262] —, and S. W. LEVY: Chylomicron dissolution; dosage and site of action of heparin. Amer. J. Physiol. **171**, 208 (1952).
[2263] SWEDIN, B.: Cholesterol partition of the blood plasma in liver diagnostics. With a description of a simplified method of analysis. Acta med. scand. **124**, 22 (1946).
[2264] SWEITZER, S. E., and L. H. WINER: Xanthoma tuberosum and myxedema; report of case. Arch. Derm. Syph. (Chicago) **42**, 419 (1940).
[2265] SWELL, L., W. P. GOLDSTEIN and C. R. TREADWELL: Changes in serum cholesterol and cholesterol esters in alloxan-diabetic rats. Endocrinology **45**, 57 (1949).
[2266] —, H. FIELD JR. and C. R. TREADWELL: Role of the bile salts in activity of cholesterol esterase. Proc. Soc. exp. Biol. (N.Y.) **84**, 417 (1953).
[2267] —, D. F. FLICK, H. FIELD JR. and C. R. TREADWELL: Role of fat and fatty acid in absorption of dietary cholesterol. Amer. J. Physiol. **180**, 124 (1955).
[2268] SZEGO, C. M., and S. ROBERTS: The nature of circulating oestrogen. Proc. Soc. exp. Biol. (N.Y.) **61**, 164 (1946).
[2269] — — The influence of ovariectomy on the chemical composition of regenerating rat liver. J. biol. Chem. **178**, 827 (1949).
[2270] v. SZENT-GYÖRGYI, A., u. T. TOMINAGA: Die quantitative Bestimmung der freien Blutfettsäuren. Biochem. Z. **146**, 226 (1924).

[2271] TANNER, J. M.: The relation between serum cholesterol and physique in healthy young men. J. Physiol. (Lond.) **115**, 371 (1951).
[2272] TAPPEL, A. L., and H. ZALKIN: Lipide peroxidation in isolated mitochondria. Arch. Biochem. **80**, 326 (1959).
[2273] — — Inhibition of lipide peroxidation in mitochondria by vitamin E. Arch. Biochem. **80**, 333 (1959).
[2274] TAUPITZ, E., u. H. F. WIETEK: Der Einfluß mehrfach ungesättigter Fettsäuren auf die experimentelle Cholesterin-Atherosklerose des Kaninchens. Arzneimittel-Forsch. **7**, 119 (1957).
[2275] — — Der Einfluß der Phenyläthylessigsäure auf den Serumcholesterinspiegel und auf die experimentelle Cholesterinatheromatose. Medizinische **1957**, 1066.

[2276] TAYEAU, F.: Destruction des cénapses cholestéro-protéidiques du sérum sanguin les sels biliaires. C. R. Soc. Biol. (Paris) 137, 239 (1943).

[2277] — Le système lipidoprotéidique du sérum sanguin chez les malades atteins d'ictère par rétention. C. R. Soc. Biol. (Paris) 137, 240 (1943).

[2278] — A propos de l'éstérification du cholestérol sérique. Arch. Mal. Appar. dig. 44, 740 (1955).

[2279] TAYLOR, C. B., and R. G. GOULD: Effect of dietary cholesterol on rate of cholesterol synthesis in the intact animal measured by means of radioactive carbon. Circulation 2, 467 (1950).

[2280] —, H. L., J. T. ANDERSON and A. KEYS: Physical activity, serum cholesterol and other lipids in man. Proc. Soc. exp. Biol. (N.Y.) 95, 383 (1957).

[2281] TEJADA, C., I. GORE, J. P. STRONG and H. C. McGILL: Comparative severity of atherosclerosis in Costa Rica, Guatemala, and New Orleans. Circulation 18, 92 (1958).

[2282] THAL, A., and J. E. MOLESTINE: Studies on pancreatitis. III. Fulminating hemorrhagic pancreatitic necrosis produced by means of staphylococcal toxin. Arch. Path. 60, 212 (1955).

[2283] THANNHAUSER, S. J.: Serum lipids and their values in diagnosis. New Engl. J. Med. 237, 515 (1947).

[2284] — Lipidoses (diseases of the cellular lipid metabolism). New York: Oxford University Press 1950.

[2285] — Die Bedeutung der intracellulären Speicherung von Cholesterin in der Intima und der extracellulären Niederschlagsbildung von Cholesterin in den tieferen Schichten der Gefäßwand für die Pathogenese der Gefäßwandschädigung. Medizinische 1952, 599.

[2286] — Lipidosis, diseases of the intracellular lipid metabolism. London: Grune and Stratton 1958.

[2287] —, u. H. SCHABER: Über die Beziehungen des Gleichgewichtes Cholesterin- und Cholesterinester im Blut und Serum zur Leberfunktion. Klin. Wschr. 1926, 252.

[2288] —, u. J. BENOTTI: Untersuchungen über Organlipoide. XIII. Eigenschaften und Struktur des Sphingomyelins aus normaler Milz. Hoppe-Seylers Z. physiol. Chem. 253, 217 (1938).

[2289] —, and H. MAGENDANTZ: The different clinical groups of xanthomatous diseases; a clinical physiological study of 22 cases. Ann. intern. Med. 11, 1662 (1938).

[2290] —, and H. REINSTEIN: Fatty changes in the liver from different causes: Comparative studies of the lipid partition. Arch. Pathol. 33, 646 (1942).

[2291] —, J. BENOTTI and N. F. BONCODDO: The preparation of pure sphingomyelins from beef lung and the identification of its component fatty acids. J. biol. Chem. 166, 677 (1946).

[2292] —, and N. F. BONCODDO: Isolation and identification of hydrolecithin (dipalmityl lecithin) from brain and spleen. J. biol. Chem. 172, 135 (1948).

[2293] — — The chemical nature of the fatty acids of brain and spleen sphingomyelin. The occurrence of saturated and unsaturated sphingosines in the sphingomyelin molecule. J. biol. Chem. 172, 141 (1948).

[2294] —, and M. M. STANLEY: Serum fat curves following administration of I-131 labeled neutral fat to normal subjects and those with idiopathic hyperlipemia. Trans. Ass. Amer. Phycns 62, 245 (1949).

[2295] —, N. F. BONCODDO and G. SCHMIDT: Studies of acetal phospholipides of brain. I. Procedure of isolation of cristallized acetal phospholipide from brain. J. biol. Chem. 188, 417 (1951).

[2296] — — — Studies of acetalphospholipides of brain. II. The alpha-structure of acetalphospholipide. J. biol. Chem. 188, 423 (1951).

[2297] —, J. FELLIG and G. SCHMIDT: The structure of cerebroside sulphuric ester of beef brain. J. biol. Chem. 215, 211 (1955).

[2298] THEORELL, H.: Studien über die Plasmalipoide des Blutes. Biochem. Z. 223, 1 (1930).

[2299] —, u. G. WIDSTRÖM: Zur Methodik der Lipoidanalysen im Blut unter besonderer Berücksichtigung des Gesamt-Cholesterins. Z. ges. exp. Med. 75, 699 (1931).

[2300] THIELE, O. W.: Über die Acetalphosphatide des Blutserums bei Leberkranken. Klin. Wschr. 1953, 907.

[2301] — Über das Verhalten des Plasmalogens in Stressituationen. Z. ges. exp. Med. 123, 65 (1954).

[2302] — Der heutige Stand der Kenntnisse über die Acetalphosphatide. Ärztl. Forsch. 10 I, 363 (1956).

[2303] THIERFELDER, H.: Über die Identität des Gehirnzuckers mit Galactose. Hoppe-Seylers Z. physiol. Chem. 14, 209 (1890).

[2304] —, u. E. KLENK: Die Chemie der Cerebroside und Phosphatide. Berlin: Springer 1930.

[2305] THÖRLEY, A. S., and W. W. KAY: Some biochemical aspects of hypoglycaemic coma (I). Proc. roy. Soc. Med. 44, 969 (1951).
[2306] THOMAS, C. B., and F. F. EISENBERG: Observations on the variability of total serum cholesterol on Johns Hopkins medical students. J. chron. Dis. 6, 1 (1957).
[2307] —, E. M., A. H. ROSENBLUM, H. B. LANDER and R. FISHER: Relationships between blood lipid and blood protein levels in the nephrotic syndrome. Amer. J. Dis. Child. 81, 207 (1951).
[2308] —, W. A., and W. ST. HARTROFT: Myocardial infarction in rats fed diets containing high fat, cholesterol, thiouracil, and sodium cholate. Circulation 19, 65 (1959).
[2309] THOMASSON, H.: Biological standardization of essential fatty acids. Int. Z. Vitaminforsch. 25, 62 (1953).
[2310] THOMPSON, J. C., and H. M. VARS: Biliary excretion of cholic acid and cholesterol in hyper-, hypo- and euthyroid rats. Proc. Soc. exp. Biol. (N.Y.) 83, 246 (1953).
[2311] —, J. S., A. ABRAHAM, A. W. ELIAS and C. C. SCOTT: Observations on the variations of total serum cholesterol levels in normal individuals and in patients with coronary heart disease. Amer. J. med. Sci. 237, 319 (1959).
[2312] —, K. W., and C. N. H. LONG: The effect of hypophysectomy upon hypercholesterolemia of dogs. Endocrinology 28, 715 (1941).
[2313] THUDICHUM, J. L. W.: Die chemische Konstitution des Gehirns des Menschen und der Tiere. Tübingen: Franz Pietzker 1901.
[2314] THURNHERR, A., u. W. NIEDERBERGER: Neuere Auffassungen über Ätiologie und Therapie der Atherosklerose unter besonderer Berücksichtigung von Heparin. Schweiz. med. Wschr. 1954, 285.
[2315] — — Zur Heparintherapie der Atherosklerose. I. Internat. Tagung „Thrombose und Embolie", Basel 1954, 1135.
[2316] — — Lipoproteidstudien zur Ätiologie und Therapie der Arteriosklerose. Bull. Schweiz. Akad. med. Wiss. 12, 1 (1956).
[2317] TIDWELL, H. C.: Mechanism of fat absorption as evidenced by chylomicrographic studies. J. biol. Chem. 182, 405 (1950).
[2318] TIETZ, A., and B. SHAPIRO: The synthesis of glycerides in liver homogenates. Biochim. biophys. Acta 19, 374 (1956).
[2319] TONUTTI, E.: Zum Problem des Mechanismus der Diphtherie-Toxinwirkung. Behringwerk-Mitt. 25, 92 (1952).
[2320] TOOR, M., J. AGMON and A. ALLALOUF: Changes of serum total lipids, total cholesterol and lipid-phosphorus in Jewish-Yemenite immigrants after 20 years in Israel. Bull. Res. Council Israel 4, 202 (1954).
[2321] —, A. KARCHALSKY, J. AGMON and D. ALLALOUF: Serum-lipids and atherosclerosis among Yemenite immigrants in Israel. Lancet 1957, 1270.
[2322] TRENCKMANN, H.: Idiopathische Hyperlipidämie mit coronaren und peripheren Durchblutungsstörungen. Ärztl. Wschr. 1956, 423.
[2323] — Die Serumlipoproteide bei Erkrankungen der Leber. Acta hepat. (Hamburg) 5 I, 68 (1957).
[2324] TROTTER, W. R.: Effect of triiodothyroacetic acid in a case of myxedema. Lancet 1955, 374.
[2325] — Effect of triiodothyroacetic acid on blood-cholesterol levels. Lancet 1956 I, 885.
[2326] TUCHMANN-DUPLESSIS, H.: Mécanisme de régulation de la sécrétion corticotrope. Presse méd, 61, 1335 (1953).
[2327] — Propriétés physiologiques et mécanisme de régulation de la sécrétion corticotrope (ACTH). In: Hormone und ihre Wirkungsweise, 5. Colloquium, Ges. physiol. Chem. Berlin-Göttingen-Heidelberg: Springer 1955.
[2328] TULLER, E. F., G. V. MANN, F. SCHERTENLEIB, C. B. ROEHRING and H. F. ROOT: The effects of diabetic acidosis and coma upon the serum lipoproteins and cholesterol. Diabetes 3, 279 (1954).
[2329] TULLOCH, J. A., R. S. OVERMAN and I. WRIGHT: Failure of ingestion of cream to effect blood coagulation. Amer. J. Med. 14, 674 (1953).
[2330] TUNA, N., L. RECKERS and I. D. FRANTZ JR.: The fatty acids of total lipids and cholesterol esters from normal plasma and atheromatous plaques. J. clin. Invest. 37, 1153 (1958).
[2331] TURNER, K. B.: Studies on the prevention of cholesterol atherosclerosis in rabbits. I. The effect of whole thyroid and of potassium iodide. J. exp. Med. 58, 115 (1933).
[2332] —, and G. B. KHYATT: Studies on the prevention of cholesterol atherosclerosis in rabbits. II. The influence of thyroidectomy upon the preventive action of potassium iodide. J. exp. Med. 58, 127 (1933).
[2333] —, and E. H. BIDWELL: Some effects of iodine given to rabbits after a period of cholesterol feeding. Proc. Soc. exp. Biol. (N.Y.) 35, 656 (1937).

370   Literatur

[2334] TURNER, K. B., C. H. PRESENT and E. H. BIDWELL: The role of the thyroid in the regulation of the blood cholesterol of rabbits. J. exp. Med. 67, 111 (1938).
[2335] —, and A. STEINER: Long-term study of variation of serum cholesterol in man. J. clin. Invest. 18, 45 (1939).
[2336] —, G. H. McCORMACK and A. RICHARDS: The cholesterolesterifying enzyme of human serum. I. In liver diseases. J. clin. Invest. 32, 801 (1953).
[2337] —, M. E., and R. B. GIBSON: A study of the protein-lipid combinations in blood and body fluids. I. Normal human and dog plasma and horse serum. J. clin. Invest. 11, 735 (1932).
[2338] —, R. H., W. H. GOLDWATER, M. L. RANDOLPH, C. C. SPRAGUE, R. SNAVELY and W. G. UNGLAUB: Study of blood serum with the quantity ultracentrifuge with particular reference to serum fat and lipids in hepatitis. Trans. Ass. Amer. Phycns. 63, 230 (1950).
[2339] —, J. R. SNAVELY, W. H. GOLDWATER, M. L. RANDOLPH, C. C. SPRAGUE and W. C. UNGLAUB: The study of serum proteins and lipids with the aid of the quantity ultra-centrifuge. I. Procedure and principal features of the centrifugate of intreated normal serum as determined by quantitative analysis of samples from ten levels. J. clin. Invest. 30, 1071 (1951).
[2340] — — — — The study of serum proteins and lipids with the aid of the quantity ultracentrifuge. VII. Some features of a system of lipoproteins which contain phospholipid but non free cholesterol. Yale J. Biol. Med. 24, 450 (1952).
[2341] TUTKEWITSCH, L. M.: Vegetatives Nervensystem und Blutlipoide. Naunyn-Schmiedebergs Arch. exp. Path. Pharmak. 144, 55 (1929).

[2342] UHRY, P., et H. KAUFMANN: Les lipoprotéines du sérum sanguin dans l'artériosclérose. Bull. Soc. méd. Hôp. Paris 1952, 752.
[2343] ULRICH, H.: Organverfettung bei Sauerstoffmangel und Hunger. Frankfurt. Z. Path. 52, 80 (1938).
[2344] URIEL, J., et P. GRABAR: Emploi de colorants dans l'analyse électrophorétique et immuno-électrophorétique en milieu gélifié. Ann. Inst. Pasteur 90, 427 (1956).
[2345] UZIEL, M., and D. J. HANAHAN: An enzymatic route to L-alpha-glycerylphosphorylcholine. J. biol. Chem. 220, 1 (1956).

[2346] VANNOTTI, A., et L. A. GERVASONI: Action des vitamines liposolubles A et E sur le métabolisme des lipides chez les artérioscléreux. Bull. schweiz. Akad. med. Wiss. 13, 363 (1957).
[2347] VARTIAINEN, I., and K. KANERVA: Arteriosclerosis and war-time. Ann. Med. intern. Fenn. 36, 748 (1947).
[2348] VERZÁR, F.: Probleme und Ergebnisse auf dem Gebiet der Darmresorption. Ergebn. Physiol. 32, 391 (1931).
[2349] — Die Resorption aus dem Darm. Hdb. Physiologie 18, 78 (1932).
[2350] — Stoffwechselwirkungen des Nebenrindenhormons. Schweiz. med. Wschr. 1950, 468.
[2351] — Die Aktivität der Thyreoidea unter dem Einfluß von Nebennierenrinde und -mark, Hypophyse und O_2-Mangel. Bull. schweiz. Akad. med. Wiss. 9, 121 (1953).
[2352] —, u. A. KUTHY: Die Verbindung der gepaarten Gallensäuren mit Fettsäuren und ihre Bedeutung für die Fettresorption. Biochem. Z. 210, 281 (1929).
[2353] — — Die Bedeutung der gepaarten Gallensäuren für die Fettresorption. IV. Biochem. Z. 230, 451 (1931).
[2354] —, u. L. LASZT: Untersuchungen über die Resorption von Fettsäuren. Biochem. Z. 270, 24 (1934).
[2355] — — Hemmung der Fettresorption durch Monojodessigsäure und Phlorrhizin. Biochem. Z. 270, 35 (1934).
[2356] — — Die Hemmung der Fettresorption nach Exstirpation der Nebennieren. Biochem. Z. 276, 11 (1935).
[2357] — — Nebennierenrinde und Fettresorption. Biochem. Z. 278, 396 (1935).
[2358] — — Nebennierenrinde und Fettwanderung. Biochem. Z. 288, 356 (1936).
[2359] VIRCHOW, R.: Phlogose und Thrombose im Gefäßsystem. Gesammelte Abhandlungen z. wissenschaftl. Medizin. Frankfurt: Meidinger Son and Co. 1856.
[2360] — Der atheromatöse Prozeß der Arterien. Wien. med. Wschr. 6, 809 (1856).
[2361] VOGT, M.: The effect of chronic administration of adrenaline on the suprarenal cortex and the comparison of this effect with that of hexaestrol. J. Physiol. 104, 60 (1945).
[2362] — The role of adrenaline in the response of the adrenal cortex to stress of various kinds, including emotional stress. Ciba Foundation Colloqu. on Endocrinol. IV. Anterior pituitary secretion and hormonal influence in water metabolism. London: J. and A. Churchill Ltd. 1952.

[2363] VOIGT, K. D.: Neuere Untersuchungen über die Biochemie der Arteriosklerose. Ber. dtsch. ophthal. Ges. **61**, 192 (1957).
[2364] —, u. E. A. SCHRADER: Papierelektrophoretische und arteriographische Untersuchungen bei arteriosklerotischen und endangitischen arteriellen Gefäßverschlüssen. Z. Kreisl.-Forsch. **43**, 2 (1954).
[2365] —, u. E. GADERMANN: Serumproteine und -proteide bei der Arteriosklerose. Clin. Chim. Acta **1**, 364 (1956).
[2366] —, E. J. KLEMPIEN und C. SARTORI: Veränderungen der Bluteiweißkörper bei arteriosklerotischen Augenhintergrundveränderungen. „Symposium über Arteriosklerose". Bull. schweiz. Akad. med. Wiss. **13**, 277 (1957).
[2367] —, E. GADERMANN, E. J. KLEMPIEN und C. SARTORI: Vergleichende blutchemische und klinische Untersuchungen an unbehandelten und behandelten Arteriosklerosen. Dtsch. Arch. klin. Med. **204**, 409 (1957).
[2368] VOIT, K., H. SECKFORT und W. BUSANNY-CASPARI: Der gegenwärtige Stand der Plasmalogenforschung. Acta histochem. (Jena) **4**, 20 (1957).
[2369] VOLHARD, F., u. TH. FAHR: Die BRIGHTsche Nierenkrankheit. Klinik, Pathologie und Atlas. Berlin: Julius Springer 1914.
[2370] VOLWILER, W., P. D. GOLDSWORTHY, M. P. MACMARTIN, P. A. WOOD, I. R. MACKAY and K. FREMONT-SMITH: Biosynthetic determination with radioactive sulfur of turnover rates of various plasma proteins in normal and cirrhotic man. J. clin. Invest. **34**, 1126 (1955).
[2371] VOSS, H. E.: Bildung, Schicksal und Ausscheidung der Hypophysenvorderlappenhormone. Z. Vitamin-, Hormon- und Fermentforsch. **4/5**, 297 (1954).
[2372] — Die Physiologie der Hypophysenvorderlappenhormone. In: Hormone und ihre Wirkungsweise, 5. Colloqu. dtsch. Ges. physiol. Chem. Berlin-Göttingen-Heidelberg: Springer 1955.

[2373] WACHSTEIN, M.: Influence of experimental kidney damage on histochemically demonstrable lipase activity in the rat. Comparison with alkaline phosphatase activity. Z. ges. exp. Med. **84**, 25 (1946).
[2374] WACKER, L., u. W. HUECK: Über experimentelle Atherosklerose. Münch. med. Wschr. **1913**, 2097.
[2375] WADDELL, W. R.: Function of the reticuloendothelial system in removal of emulsified fat from blood. Amer. J. Physiol. **177**, 90 (1954).
[2376] —, R. P. GEYER, I. M. SASLAW and F. J. STARE: Formal disappearance curve of emulsified fat from the blood stream and some factors which influence it. Amer. J. Physiol. **174**, 39 (1953).
[2377] — —, E. CLARKE and F. J. STARE: Role of various organs in the removal of emulsified fat from the blood stream. Amer. J. Physiol. **175**, 299 (1953).
[2378] — — Effect of insulin on clearance of emulsified fat from the blood in depancreatectomized dogs. Proc. Soc. exp. Biol. (N.Y.) **96**, 251 (1957).
[2379] — —, N. HURLEY and F. J. STARE: Abnormal carbohydrate metabolism in patients with hypercholesterolemia and hyperlipemia. Metabolism **7**, 707 (1958).
[2380] —, and H. C. GRILLO: Metabolic effect of fat emulsion. Amer. J. clin. Nutr. **7**, 43 (1959).
[2381] WAGNER, A., and CH. A. POINDEXTER: Esterification of serum cholesterol. I. Serial determinations in health. J. Lab. clin. Med. **40**, 321 (1952).
[2382] WAGNER-JAUREGG, TH.: Hemmung der Acetylierungsfunktion des Coenzyms A. Experientia (Basel) **13**, 277 (1957).
[2383] WALDENSTRÖM, J.: ACTH und Cortisonwirkung bei Morbus ADDISON, zugleich eine Hypothese zur Erklärung der Adrenalinprobe der eosinophilen Zellen im Blute. Arch. exp. Path. Pharmak. **220**, 69 (1953).
[2384] WALDRON, J. M., B. HEIDELMAN and G. G. DUNCAN: The local and systemic effects of cream on blood coagulation: A physiological basis for early feeding in gastrointestinal bleeding. Gastroenterology **17**, 360 (1951).
[2385] —, and G. G. DUNCAN: Variability of the rate of coagulation of whole blood. Amer. J. Med. **17**, 365 (1954).
[2386] —, and W. NICHOLS: Plasma lipids and whole blood clotting time. Amer. J. Physiol. **171**, 776 (1952).
[2387] WALDSTRÖM, L. B.: Lipolytic effect of the injection of adrenaline on fat depots. Nature (Lond.) **179**, 259 (1957).
[2388] WALKER, A. R. P.: Effect of low fat intakes and of crude fiber on absorption of fat. Nature (Lond.) **164**, 825 (1949).
[2389] —, and U. B. ARVIDSSON: Fat intake, serum cholesterol concentration, and atherosclerosis in South African Bantu: I. Low fat intake and age trend of serum cholesterol concentration in South African Bantu. J. clin. Invest. **33**, 1358 (1954).

[2390] WALKER, W. J.: Relationship of adiposity to serum cholesterol and lipoprotein levels and their modification by dietary means. Ann. intern. Med. **39**, 705 (1953).
[2391] —, and J. A. WEIR: Plasma cholesterol levels during rapid weight reduction. Circulation **3**, 864 (1951).
[2392] —, E. Y. LAWRY, D. E. LOVE, G. V. MANN, S. A. LEVINE and F. J. STARE: Effect of weigth reduction and caloric balance on serum lipoprotein and cholesterol levels. Amer. J. Med. **14**, 654 (1953).
[2393] WALLACH, D., D. SURGENOR and D. WALTERS: In Sixth International Congress of the International Society of Hematology, Boston, 1956, Official Program, p. 335.
[2394] WANG, C. I., L. E. SCHAEFER and D. ADLERSBERG: Experimental studies on the relation between adrenal cortex, plasma lipids and atherosclerosis. Endocrinology **56**, 628 (1955).
[2395] —, E. T. BOSSAK and D. ADLERSBERG: Prednisone and plasma lipids. J. clin. Endocr. **15**, 1308 (1955).
[2396] —, F. PARONETTO and D. ADLERSBERG: Hyperlipemia and pancreatitis: In man and in experimental animals. Clin. Res. Proc. **5**, 197 (1957).
[2397] — —, E. SOHAR and D. ADLERSBERG: Effects of ethionine administration on rabbits and dogs. I. Changes in serum proteins, lipids, lipoproteins, and glycoproteins and in blood coagulation. A.M.A. Arch. Path. **65**, 279 (1958).
[2398] WATERMAN, A. J., and A. GORBMAN: Development of the thyroid gland of the rabbit. J. exp. Zool. **132**, 509 (1956).
[2399] WATKIN, D. M.: Clinical, chemical, hematologic and anatomic changes accompanying repeated intravenous administration of fat emulsion to man. Metabolism **6**, 785 (1957).
[2400] —, H. F. FROEB, F. T. HUTCH and A. B. GUTMAN: Effects of diet in essential hypertension. II. Results with unmodified Kempner rice diet in 50 hospitalized patients. Amer. J. Med. **9**, 441 (1950).
[2401] —, E. Y. LAWRY, G. V. MANN and M. HALPERIN: A study of serum beta lipoprotein and total cholesterol variability and its relation to age and serum level in adult human subjects. J. clin. Invest. **33**, 874 (1954).
[2402] WATSON, W. C.: Serum lipids in pregnancy and the puerperium. Clin. Science **16**, 475 (1957).
[2403] WEICKER, B.: Über den Nachweis gestörter Teilfunktionen als Grundlage funktioneller Leberdiagnostik. Z. ges. exp. Med. **81**, 481 (1932).
[2404] —, H.: Das Verhalten der Serumlipoproteine bei Leberparenchymschädigungen und ihre Bedeutung für die verschiedenen Ikterusformen. Ärztl. Wschr. **1955**, 1057.
[2405] — Die Lipoideiweißsymplexe bei Myxödem und Hyperthyreose. Acta endocr. (Kbh.) **22**, 73 (1956).
[2406] — Der Nachweis von acetonunlöslichen Lipoproteinen im Plasmocytomeiweiß und BENCE-JONES-Eiweißkörper. Dtsch. Arch. klin. Med. **203**, 79 (1956).
[2407] — Die Lipoproteine bei Schilddrüsenerkrankungen. Ärztl. Wschr. **1956**, 100.
[2408] —, u. I. WEICKER: Die papierelektrophoretische Darstellung der Phospholipoproteine des Serums. Klin. Wschr. **1955**, 1028.
[2409] WEIL, B., and S. ROSS: Growth hormone and fat metabolism. Endocrinology **45**, 207 (1949).
[2410] —, F.: Über Lipoidämie. Münch. med. Wschr. **1912**, 2096.
[2411] WEINHOUSE, S., and E. F. HIRSCH: Chemistry of atherosclerosis: lipid and calcium content of intima and media of aorta with and without atherosclerosis. Arch. Path. **29**, 31 (1940).
[2412] — — Atherosclerosis; lipids of serum and tissues in experimental atherosclerosis of rabbits. Arch. Path. **30**, 856 (1940).
[2413] —, R. H. MILLINGTON and M. E. VOLK: Oxidation of isotopic palmitic acid in animal tissues. J. biol. Chem. **185**, 191 (1950).
[2414] WEINREB, H. L., E. GERMAN and B. ROSENBERG: A study of myocardial infarction in women. Ann. intern. Med. **46**, 285 (1957).
[2415] WEISS, S. B., S. W. SMITH and E. P. KENNEDY: Net synthesis of lecithin in an isolated enzyme system. Nature (Lond.) **178**, 594 (1956).
[2416] —, and E. P. KENNEDY: The enzymatic synthesis of triglycerides. J. Amer. chem. Soc. **78**, 3550 (1956).
[2417] —, S. W. SMITH and E. P. KENNEDY: The enzymatic formation of lecithin from cytidine diphosphate choline and D-1,2-diglyceride. J. biol. Chem. **231**, 53 (1958).
[2418] WEISSBECKER, L.: Probleme des Hypophysen-Nebennierenrindensystems. Berlin-Göttingen-Heidelberg: Springer 1953.
[2419] — Klinik der Nebennierenrindeninsuffizienz und ihre Grundlagen. Stuttgart: Enke 1954.
[2420] — Die Akromegalie. Klinik d. Gegenw. **7**, 236 (1958).
[2421] WEITZEL, G.: Vitamin E in der experimentellen Arteriosklerose. „Vitamin E", Kongreßband III. Internat. Kongr. Venedig 1955, Ediz. Valdinega, Verona 1956.

[2422] WEITZEL, G.: Beziehungen zwischen Fettstoffwechsel und Fettablagerungen in den Gefäßwänden. p. 332. (III. Internat. Conf. on Biochemical Problems of Lipids, July 1956.) Brussels: Koninkl. Vlaam. Acad. Wetenschappen 1956.

[2423] — Beeinflussung der Aortenlipide bei tierexperimenteller Atherosklerose. Ber. ges. Physiol. 189, 125 (1957).

[2424] — Beeinflussung der Arteriosklerose durch fettlösliche Vitamine. „Symposium über Arteriosklerose". Bull. schweiz. Akad. med. Wiss. 13, 356 (1957).

[2425] —, H. SCHÖN und F. GEY: Anti-atherosklerotische Wirkung fettlöslicher Vitamine. Klin. Wschr. 1955, 772.

[2426] —, A.-M. FRETZDORFF und S. HELLER: Grenzflächenuntersuchungen an Tokopherolverbindungen und am Vitamin K_1. Hoppe-Seylers Z. physiol. Chem. 303, 14 (1956).

[2427] —, H. SCHÖN, F. GEY und E. BUDDECKE: Fettlösliche Vitamine und Atherosklerose. Hoppe-Seylers Z. physiol. Chem. 304, 247 (1956).

[2428] —, u. E. BUDDECKE: Antiatherosklerotische Wirkstoffe. Klin. Wschr. 1956, 1172.

[2429] — — und H. KÖNIG: Phenyl-äthyl-essigsäure im Fettstoffwechsel. Hoppe-Seylers Z. physiol. Chem. 310, 139 (1958).

[2430] WELD, C. B.: Alimentary lipemia and heparin. Canad. med. Ass. J. 51, 578 (1944).

[2431] WELLER, H.: Experimentelle Untersuchungen zum „Triolein-Test" nach SWAHN. Klin. Wschr. 1958, 563.

[2432] WELT, I. D., and A. E. WILHELMI: The effect of adrenalectomy and of the adrenocorticotrophic and growth hormones on the synthesis of fatty acids. Yale J. Biol. Med. 23, 99 (1950/51).

[2433] WENDT, H.: Über Störungen der Fettresorption bei Lebercirrhosen und anderen Erkrankungen. Klin. Wschr. 1929 II, 1566.

[2434] — Hypercholesterinämie und Vitamin A. Dtsch. med. Wschr. 1936, 1213.

[2435] WERHEIMER, E., and V. BEN-TOR: Fat utilization by muscle. Biochem. J. 50, 573 (1952).

[2436] WERNER, I., and L. ODIN: On the presence of sialic acid in certain glycoproteins and in gangliosides. Acta Soc. Med. upsalien. 57, 230 (1952).

[2437] WERTHESSEN, N. T.: Response of the aorta in vitro to hormones and a vitamin. Circulation 16, 484 (1957).

[2438] —, L. T. MILCH, R. J. REIMOND, L. L. SMITH and E. C. SMITH: Biosynthesis and concentration of cholesterol by intact surviving bovine aorta in vitro. Amer. J. Physiol. 178, 23 (1954).

[2439] —, J. W. HAHN and M. A. NYMAN: A method for studying aortal lipid metabolism in vitro. Circulation 14, 482 (1956).

[2440] —, M. A. NYMAN, R. L. HOLMAN and I. P. STRONG: In vitro study of cholesterol metabolism in the calf aorta. Circulat. Res. 4, 586 (1956).

[2441] WERTLAKE, P. T., A. A. WILCOX, M. I. HALEY and J. E. PETERSON: Variation on serum lipids during mental and emotional stress. Circulation 18, 798 (1958).

[2442] WEST, E. S., and W. R. TODD: Textbook of biochemistry, p. 544, 545. New York: Macmillan 1951.

[2443] WESTERMAN, M. P., L. E. PIERCE and W. N. JENSEN: Lipid quantification on normal young and normal aged circulating erythrocytes. J. clin. Invest. 38, 1054 (1959).

[2444] WEXLER, B. C., and B. F. MILLER: Production of arteriosclerosis in the rat by ACTH. Circulation 16, 498 (1957).

[2445] WHITE, A.: Lipid metabolism. In: DUNCAN, G. G.: Diseases of metabolism. Philadelphia and London: Saunders 1949.

[2446] —, J. E., and F. L. ENGEL: The influence of adrenocorticotrophic hormone (ACTH) on the release of nonesterified fatty acids from rat adipose tissue in vitro. J. clin. Invest. 37, 942 (1958).

[2447] — — Lipolytic action of corticotropin on rat adipose tissue in vitro. J. clin. Invest. 37, 1556 (1958).

[2448] —, P. D.: Heart disease, p. 482. New York: Macmillan 1944.

[2449] WICHERT, M., S. POSPELOFF und A. JAKOWLEWA: Über den Cholesterinstoffwechsel. Z. klin. Med. 109, 678 (1929).

[2450] WIDAL, F., A. WEILL et M. LAUDAT: Etude comparative du taux de la cholestérine libre et de ses éthers dans le sérum sanguin. C. R. Soc. Biol. (Paris) 74, 882 (1913).

[2451] WIELAND, H., u. E. DANE: Untersuchung über die Konstitution der Gallensäuren. 39. Mitt. Hoppe-Seylers Z. physiol. Chem. 210, 268 (1932).

[2452] —, O.: Funktion und physiologische Bedeutung des Co-Enzym-A. Klin. Wschr. 1954, 385.

[2453] WILENS, S. L.: Bearing of general nutritional state on atherosclerosis. A.M.A. Arch. intern. Med. 79, 129 (1947).

[2454] WILGRAM, G. F., W. ST. HARTROFT and CH. H. BEST: Abnormal lipid in coronary arteries and aortic sclerosis in young rats fed a choline-deficient diet. Science 119, 842 (1954).

[2455] WILHELMJ, C. M., D. E. GUNDERSON, D. SHUPUT and H. H. McCARTHY: A study of certain antagonistic actions of pituitary growth hormone and cortisone. J. Lab. clin. Med. 45, 516 (1955).

[2456] WILKINSON, C. F. JR.: Spaced fat feedings: Review of management of familial hyperlipemia. Ann. intern. Med. 45, 674 (1956).

[2457] — Drugs other than anticoagulants in treatment of arteriosclerotic heart disease. J. Amer. med. Ass. 163, 927 (1957).

[2458] —, E. A. HAND and M. T. FLIEGELMAN: Essential familial hypercholesterolemia. Ann. intern. Med. 29, 671 (1948).

[2459] —, R. S. JACKSON, R. C. BOZIAN, M. R. BENJAMIN, A. H. LEVERE, G. GRAFT and N. W. DAVIDSON: Symposium on sitosterol. II. Clinical experience with „sitosterol". Trans. N.Y. Acad. Sci., Ser. 2, 18, 119 (1955).

[2460] —, E. BOYLE, R. S. JACKSON and M. R. BENJAMIN: Effect of varying the intake of dietary fat and the ingestion of sitosterol on lipid and lipoprotein fractions of human serum. Metabolism 4, 302 (1955).

[2461] WILLIAMS, A. V., A. C. HIGGINBOTHAM and M. A. KNISELY: Increased blood cell agglutination following ingestion of fat, a factor contributing to cardiac ischemia, coronary insufficiency and angina pain. Angiology 8, 29 (1957).

[2462] —, R. C., and R. C. BACKUS: Macromolecular weights determined by direct particle counting. J. Amer. chem. Soc. 71, 4052 (1949).

[2463] WINDAUS, A.: Über den Gehalt normaler und atheromatöser Aorten an Cholesterin und Cholesterinestern. Hoppe-Seylers Z. physiol. Chem. 67, 174 (1923).

[2464] WINKLER, A. W., S. H. DURLACHER, H. E. HOFF and E. B. MAN: Changes in lipid content of serum and of liver following bilateral ablation or ureteral ligation. J. exp. Med. 77, 473 (1943).

[2465] —, W.: Die Störungen des Ketonkörperstoffwechsels bei Encephalitis lethargica. Z. klin. Med. 122, 466 (1932).

[2466] WINTER, C. A., R. H. SILBER and H. C. STOERK: Production of reversible hyperadrenocorticism in rats by prolonged administration of cortisone. Endocrinology 47, 60 (1950).

[2467] WITTE, S., u. B. SCHMIDT: Das Verhalten der blutgerinnungshemmenden Faktoren im Verlauf der alimentären Lipämie. Klin. Wschr. 1957, 301.

[2468] WITTEN, P. W., and R. T. HOLMAN: Polyethenoid fatty acid metabolism. V. Arch. Biochem. 37, 90 (1952).

[2469] — — Polyethenoid fatty acid metabolism. VI. Effect of pyridoxine on essential fatty acid conversions. Arch. Biochem. 41, 266 (1952).

[2470] WOERNER, CH. A.: Molecular size and particle size as factors in the deposition of lipids. Circulation 4, 463 (1951).

[2471] —, E., u. H. THIERFELDER: Untersuchungen über die chemische Zusammensetzung des Gehirns. Hoppe-Seylers Z. physiol. Chem. 30, 542 (1900).

[2472] WOLF, H. P., u. E. J. KIRNBERGER: Zur kurativen lipotropen Wirksamkeit von Phenyl-äthylessigsäure und Histidin. Materia med. Nordmark 9, 184 (1957).

[2473] WOLFF, O. H., and H. B. SALT: Serum-lipids and blood-sugar levels in childhood diabetes. Lancet 1958 I, 707.

[2474] WOLFSON, W. Q.: The three subtypes of pituitary adrenocorticotropin. Arch. intern. Med. 92, 108 (1953).

[2475] WONG, H. Y. C., F. B. JOHNSON, A. WONG, J. ANDERSON and D. LIU: Effect of exercise and androgen on cholesterol fed capons. Circulation 16, 501 (1957).

[2476] — — — Effect of exercise and androgen in cholesterol-fed pullets. Circulation 16, 954 (1957).

[2477] — — — Diet-induced tendency toward atherosclerosis in cockerels reduced by exercise and male hormone. Circulation 18, 482 (1958).

[2478] WOOD, J. D., and B. D. MIGICOVSKY: Fatty acid inhibition of cholesterol synthesis. Canad. J. Biochem. 34, 861 (1956).

[2479] WUEST J. H. JR., T. J. DRY and J. E. EDWARDS: The degree of coronary atherosclerosis in bilaterally oophorectomized women. Circulation 7, 801 (1953).

[2480] WUHRMANN, F., u. CH. WUNDERLY: Die Bluteiweißkörper des Menschen. Basel: Benno Schwabe 1952.

[2481] — — Die Bluteiweißkörper des Menschen. Untersuchungsmethoden und deren klinisch-praktische Bedeutung. 3. Aufl. Basel/Stuttgart: Benno Schwabe 1957.

[2482] —, H. MÄRKI SEN. und CH. WUNDERLY: Zur Methodik und klinischen Beurteilung der elektrophoretisch bestimmten Lipoproteide im krankheitsveränderten Serum. Wien. Z. inn. Med. 39, 173 (1958).

[2483] WUNDERLY, CH., u. F. A. PEZOLD: Die Lösung cancerogener Kohlenwasserstoffe im Blutserum. Naturwissenschaften 39, 493 (1952).

[2484] WUNDERLY, CH., u. F. A. PEZOLD: Über die Bindung von Fettfarbstoffen an die einzelnen Serumproteinfraktionen. Eine Anwendung der präparativen Papierelektrophorese. Z. ges. exp. Med. 120, 613 (1953).

[2485] —, u. S. PILLER: Die Färbung der im Blutserum enthaltenen Proteine, Lipoide und Kohlenhydrate nach Papierelektrophorese. Klin. Wschr. 1954, 425.

[2486] YAMAKAWA, T.: On the socalled sialic acids of blood cells and serum. J. Biochem. (Tokyo) 43, 867 (1956).

[2487] —, and S. SUZUKI: The chemistry of the lipids of posthemolytic residue or stroma of erythrocytes. I. Concerning the etherinsoluble lipids of lyophilized horse blood stroma. J. Biochem. (Tokyo) 38, 199 (1951).

[2488] — — The chemistry of the lipids of posthemolytic residue or stroma of erythrocytes. II. On the structure of hemataminic acid. J. Biochem. (Tokyo) 39, 175 (1952).

[2489] — — The chemistry of the lipids of posthemolytic residue or stroma of erythrocytes. III. Globoside, the sugarcontaining lipid of human blood stroma. J. Biochem. (Tokyo) 39, 393 (1952).

[2490] — — The chemistry of the lipids of posthemolytic residue or stroma of erythrocytes. IV. Distribution of lipidhexosamine and lipid hemataminic acid in the red blood corpuscles of various species of animals. J. Biochem. (Tokyo) 40, 7 (1953).

[2491] — — and T. HATTORI: The chemistry of the lipids of posthemolytic residue or stroma of erythrocytes. V. Glycolipids of erythrocytes stroma and ganglioside. J. Biochem. (Tokyo) 40, 611 (1953).

[2492] YARBRO, C. L., and C. E. ANDERSON: Acetal phosphatides in the adipose tissue of newborn rats. Proc. Soc. exp. Biol. (N.Y.) 91, 408 (1956).

[2493] YATER, W. M., A. H. TRAUM and W. G. BROWN: Coronary artery disease in men 18 to 39 years of age; report of 866 cases, 450 with necropsy examinations. Amer. Heart J. 36, 334, 481, 683 (1948).

[2494] YERUSHALMY, J., and H. E. HILLEBOE: Fat in the diet and mortality from heart disease. N. Y. St. J. Med. 57, 2343 (1957).

[2495] YI, C. L., and H. C. MENG: Plasma antihemolytic content and its relation to cholesterol and plasma protein after injection of various cultured organisms and toxins. Ref. in Chem. Abstr. 35, 6656 (1941).

[2496] YOFFEY, J. M., and F. C. COURTICE: Lymphatics, lymph and lymphoid tissue. London: Edward Arnold Publ. Ltd. 1956.

[2497] YOUNG, F. G.: The growth hormone and carbohydrate metabolism. Colloqu. on Endocrinology, Ciba-Foundation. IV. Anterior pituitary secretion. Churchill Ltd. 1952.

[2498] — Growth hormone and metabolism. Recent Progr. Hormone Res. 8, 471 (1953).

[2499] YUDKIN, J.: Diet and coronary thrombosis. Hypothesis and fact. Lancet 1957 II, 155.

[2500] ZABIN, J., and K. BLOCH: The utilization of isovaleric acid for the synthesis of cholesterol. J. biol. Chem. 185, 131 (1950).

[2501] —, and J. F. MEAD: The biosynthesis of sphingosine. I. The utilization of carboxyl-labeled acetate. J. biol. Chem. 205, 271 (1953).

[2502] — — The biosynthesis of sphingosine. II. The utilization of methyl-labeled acetate, formate, and ethanolamine. J. biol. Chem. 211, 87 (1954).

[2503] ZAK: Blutgerinnungslehre. Arch. exp. Path. Pharmak. 71, 27 (1912).

[2504] ZAMECNIK, P. C., L. E. BREWSTER and F. LIPMANN: Manometric method for measuring activity of Cl. welchii licithinase and description of certain properties of this enzyme. J. exp. Med. 85, 381 (1947).

[2505] ZARAFONETIS, C. J. D., GL. M. MILLER, J. SEIFTER, D. BAEDER, R. M. MYERSON and W. A. STEIGER: Metabolic studies in patients receiving lipid mobilizer hormone. Amer. J. med. Sci. 234, 493 (1957).

[2506] —, J. SEIFTER, D. H. BAEDER and J. KALAS: Lipid mobilizer hormone in hypercholesterolemia states and in surgical stress. J. Lab. clin. Med. 50, 965 (1957).

[2507] ZELDIS, L. J., E. L. ALLING, A. B. McCOORD and I. P. KULKA: Plasma protein metabolism-electrophoretic studies: influence of plasma lipids on electrophoretic patterns of human and dog plasma. J. exp. Med. 82, 411 (1945).

[2508] ZELLER, E. A.: Action of cortisone acetate on hemolysis produced by the enzymic formation of lysolecithin from dimyristoyllecithin. Fed. Proc. 11, 316 (1952).

[2509] ZEMPLÉNYI, T., Z. LOJDA and D. GRAFNETTER: Relationship of lipolytic and esterolytic activity of the aorta to susceptibility to experimental atherosclerosis. Circulat. Res. 7, 286 (1959).

[2510] ZIEVE, L.: Studies of liver function tests. III. Dependence of percentage cholesterol esters upon the degree of jaundice. J. Lab. clin. Med. 42, 134 (1953).

[2511] ZILLIKEN, F., G. A. BRAUN and P. GYÖRGY: Gynaminic acid, a naturally occurring form of neuraminic acid in human milk. Arch. Biochem. **54**, 564 (1955).

[2512] ZILVERSMIT, D. B.: Metabolism of complex lipides. Ann. Rev. Biochem. **24**, 157 (1955).

[2513] —, C. ENTENMAN, M. C. FISHLER and I. L. CHAIKOFF: The turnover rate of phospholipids in the plasma of the dog as measured with radioactive phosphorus. J. gen. Physiol. **26**, 333 (1943).

[2514] — — and I. L. CHAIKOFF: The measurement of turnover of the various phospholipides in liver and plasma of the dog and its application to the mechanism of action of choline. J. biol. Chem. **176**, 193 (1948).

[2515] —, T. N. STERN and R. R. OVERMAN: Effect of adrenal hormones on blood phospholipids. Amer. J. Physiol. **164**, 31 (1951).

[2516] —, and J. L. BOLLMAN: Role of the liver and intestine in the turnover of plasma phosphatides in the rat. Arch. Biochem. **63**, 64 (1956).

[2517] —, N. K. SALKY, M. L. TRUMBULL and E. L. McCANDLESS: The preparation and use of anhydrous fat emulsions for intravenous feeding and metabolic experiments. J. Lab. clin. Med. **48**, 386 (1956).

[2518] —, and E. L. McCANDLESS: Aortic phosphatide synthesis in hypercholesteremic and normocholesteremic atherosclerotic rabbits. Circulation **18**, 485 (1958).

[2519] ZINN, W. J., and G. C. GRIFFITH: A study of serum fat globules in atherosclerotic and non-atherosclerotic male subjects. Amer. J. med. Sci. **220**, 597 (1950).

[2520] —, G. FIELD and G. C. GRIFFITH: Effect of heparin and treburon in postprandial hyperlipemia. Proc. Soc. exp. Biol. (N.Y.) **80**, 276 (1952).

[2521] ZIZINE, L. A., M. E. SIMPSON and H. M. EVANS: Direct action of male sex hormone on the adrenal cortex. Endocrinology **47**, 97 (1950).

[2522] ZOECKLER, S. J.: Cortisone in portal cirrhosis: A controlled study. Gastroenterology **26**, 878 (1954).

[2523] ZÖLLNER, N.: Hypopituitarismus (SHEEHANSsches Syndrom) mit Hyperlipämie und Xanthomen. Dtsch. med. Wschr. **1955**, 999.

[2524] — Stoffwechsel der Neutralfette und Fettsäuren, Lipoidstoffwechsel. Stoffwechsel der Steroide und Carotinoide. S. 581—688. In: THANNHAUSERs Lehrb. d. Stoffwechsels und d. Stoffwechselkrankheiten. Stuttgart: Georg Thieme 1957.

[2525] — Über die Festigkeit von Eiweiß-Lipoidverbindungen in normalen Seren. Verh. dtsch. Ges. inn. Med. **63**, 631 (1957).

[2526] — Zur Struktur der Lipoproteine. Dtsch. med. Wschr. **1958**, 448.

[2527] — Angeborene Stoffwechselstörungen. Eine Übersicht über ihre Theorie, Biochemie und Klinik. I + II. Dtsch. med. Wschr. **1958**, 609, 688.

[2528] —, R. SCHENK und L. MANNMEUSEL: Veränderung des Dispersionsgrades der Plasmalipoide durch Heparin. Naturwissenschaften **39**, 111 (1952).

[2529] —, E. ROTHEMUND und W. SEITZ: Ein antilipämisches, nicht gerinnungshemmendes Abbauprodukt des Heparins. Klin. Wschr. **1954**, 1096.

[2530] ZONDEK, H., H. E. LESZYINSKY und G. WOLFSON-ZONDEK: Die Krankheiten der endokrinen Drüsen unter Berücksichtigung ihrer Anatomie und Physiologie. Basel: Benno Schwabe 1953.

NACHTRAG

[2531] BURR, G. O., and M. M. BURR: A new disease produced by the rigid exclusion of fat from the diet. J. biol. Chem. **82**, 345 (1929).

[2532] McMURRAY, W. C., K. P. STRICKLAND, J. F. BERRY and R. J. ROSSITER: Labelling of phospholipid phosphorus in rat-brain dispersions. Biochem. J. **66**, 621 (1957).

[2533] —, J. F. BERRY and R. J. ROSSITER: Labelling of phospholipid phosphorus in rat-brain mitochondria. Biochem. J. **66**, 629 (1957).

[2534] —, K. P. STRICKLAND, J. F. BERRY and R. J. ROSSITER: Incorporation of ^{32}-P-labeled intermediates into the phospholipids of cell-free preparations of rat-brain. Biochem. J. **66**, 634 (1957).

[2535] ROSSITER, R. J., W. C. McMURRAY and K. P. STRICKLAND: Discussion. Biosynthesis of phosphatides in brain and nerve. Fed. Proc. **16**, 853 (1957).

[2536] —, I. M. McLEOD and K. P. STRICKLAND: Biosynthesis of lecithin in brain and degenerating nerve. Participation of cytidinediphosphatecholine. Canad. J. Biochem. **35**, 946 (1957).

Autorenverzeichnis

Sachverzeichnis

Die *kursiven* Ziffern weisen auf die Seiten hin, auf denen das Stichwort als Hauptbegriff
behandelt ist.